人类知识

The Evolution of Knowledge
Rethinking Science for the Anthropocene

演化史

[德] 于尔根·雷恩
Jürgen Renn 著

朱丹琼 译

九州出版社
JIUZHOUPRESS

献给卡特林和埃丽卡、莱昂纳多、埃莱奥诺拉，还有路易斯

推荐序

德国科学史学家于尔根·雷恩（Jürgen Renn）的新作 The Evolution of Knowledge: Rethinking Science for the Anthropocene 于2020年由美国普林斯顿大学出版社以英文出版。该书刊出后很快受到国际学界和出版界的高度关注，被翻译成法文、德文和意大利文等文字，于2022年分别由不同的出版社出版。在后浪出版公司推出中文版之际，我非常乐意向中文读者们推荐这部学术力作。

The Evolution of Knowledge 是一部以人类世为视角，系统阐释科学和知识的历史的著作。作者提出了有关科学和知识及其历史演化的基本问题，选择力学知识史、知识全球化和人类世未来的挑战等为主要叙事对象，在宽广的文明语境下展开宏观与微观相结合的阐释。他强调实践知识和历史连续性的重要作用，探寻知识的传播、变革和全球化等过程，以揭示人类文明发展的特征。这部书所反映的研究成果将为知识史、科学史和科学哲学的研究提供新方法和新框架，为认识人类活动所开创的新地质年代所面临的复杂挑战提供全新的视角，也为做出明智的战略思考提供历史启发。

作者雷恩在全书的开篇就讲述"本书的故事"，专门介绍他带领团队从事25年持续研究，共同成就这部大作的故事及其中的学术主旨、研究模式和思想框架等，这为读者准确理解全书内容提供了"导读"。笔者与雷恩所长结识于1998年，从那时起有幸参与他主持的项目并筹划有关中国科学史的合作研究，也从这种经历中获益匪浅。在此，我想从科研组织的角度再讲一点自己所了解的情况，希望对读者有些许帮助。

德国马克斯·普朗克学会（Max Planck Society，简称"马普学会")在管理体制方面践行着哈纳克原理(Harnack principle),即在全球招聘杰出科学家,特别是有思想和发展潜力的科学家担任各研究所的所长,为科研人员提供最好的工作条件,支持他们做最优的科学研究。1994年马普学会在柏林创建科学史研究所(Max Planck Institute for the History of Science,简称"马普科学史所"),同时为这个新研究所选聘了第一位所长,即年仅38岁的数学物理学博士雷恩教授。在他和后来选聘的其他所长的主持下,马普科学史所开展很有创意的学术研究,包括"本书的故事"一章所讲述的知识史研究。

值得注意的是,雷恩及其合作者们雄心勃勃的、长期的研究是以马普学会的建制化研究所和独特的管理体制为重要条件的。马普学会一旦选定一位所长,就支持他(或她)实施具有学术引领性的长周期研究计划。通过系列的5年或10年以上的研究项目落实长期计划,这有利于克服短期行为和碎片化的资源配置。同时,根据计划和项目的需要,学会也从国际同行中选聘合适的研究人员。大多数科研人员与研究所或项目签订几个月至几年不等的聘用合同,必要时可以延长聘期。马普科学史所国际化程度高,其外籍科研人员的比例和英文出版物都超过一半,人员结构处于动态优化之中。这样,马普科学史所就形成了几位所长带队的研究室,也就是几个研究集群。

1994年以来,雷恩一直主持第一研究室及其长期研究项目,推行类似于物理学家玻尔当年在哥本哈根理论物理研究所倡导的集体讨论与合作研究,包括跨学科的合作研究以及跨文化的比较研究,这可以克服单一学科和个体学者的局限性。这样的研究明显地区别于通常人文学者中流行的"单干"或"拼盘"式的合作,便于组织学者分析非常复杂的知识史,克服"碎片化"的历史阐述。了解马普科学史所的这种体制特点,我们就不难理解这个研究所为什么能在20多年里发展为国际上最有影响力的科学史研究重镇。

马普学会非常看重雷恩在人类世视野下的知识史研究方面取得的突破,于2022年决定由他主持创办一个新研究所——马普地球人类学研究所（Max Planck Institute of Geoanthropology）。我们期待他同时带领科学史研究所和地球人类学研究所取得新的学术突破，为广大读者贡献新知识和新方法。

张柏春（中国科学院自然科学史研究所研究员、原所长）

2023 年 3 月 4 日

中文版序

看到 *The Evolution of Knowledge* 的中文版出版并提供给中国读者，我感到非常高兴。它接续了我之前一些书（主要涉及阿尔伯特·爱因斯坦和他的科学）的中译本，[1]并首次提供了一个更广阔的图景，这一图景来自我们近几十年来在柏林马克斯·普朗克科学史研究所与我们的国际同事一起进行的研究。我要感谢朱丹琼为本书所做的出色翻译工作，以及吕昕在出版后期提供的专业支持。

在写作本书的过程中，我从与中国同事和朋友的交流、丰富的中国科学史文献，以及对中国的多次访问中获得了巨大的收益。我要特别感谢张柏春和田淼，也感谢方在庆、胡大年和其他朋友，他们就本书涉及的许多主题与我进行了长期的合作。在共同努力中，我们逐渐了解到知识和科学的历史中真正全球性的特点，这段历史可以追溯到几千年前，不同文化和民族之间有许多形式的交流和相互充实。我们也清楚地看到，科学和文化是如何紧密地联系在一起，从而使不同形式的知识沿着不同的历史路径产生。

中国科学令人印象深刻的数千年历史及其与全球知识史的纠葛生动地说明了这一事实，这在本书中也发挥了重要作用。我对这段历史的了解，主要归功于与张柏春、田淼和马深孟（Matthias Schemmel）在中国科学院和马普学会的合作框架内进行的长期研究。这段经历从中国科学院自然科学史研究所2001年成立的马克斯·普朗克伙伴小组开始，并得到马普科学史研究所的支持。从那时起，这两个研究所就在许多主题上进行了密切的合作，范围从科学的古老起源到现代的挑战。其中许多主题也在本书中得到了体现。这种合作还促成了 *Chinese Annals of History of Science and Technology*（《中国科学技术史（英文）》）[2]期刊的创办，这是第一份由中国研究者创办的关于科技史的英文学术期刊。

《人类知识演化史》可能有助于理解这样一种意义，即我们今天对科学的理解是真正的知识全球化的结果，所有文化和民族都为之做出了重要贡献。因此，科学有可能使我们跨越政治、文化和意识形态的鸿沟，甚至在困难和冲突的时代也能团结起来。不过，本书还涵盖了另一个有关时事的话题，我想在这篇序言中强调一下：鉴于人类对地球环境、气候变化、生物多样性丧失和污染的巨大影响，调整科学方向以应对这些紧迫挑战是非常重要的。我们正生活在一个新的地球时代，即"人类世"，在这个时代中，人类已经成为一种地质力量，正在塑造我们星球的未来。

什么样的知识是应对这种新情况所必需的？我们必须如何组织科学及其制度，以产生必要的知识？我们需要哪种国际合作，以便足够迅速地采取行动，从而防止人类对地球环境的改变造成最具破坏性的后果？《人类知识演化史》邀请读者在深刻的历史经验背景下思考这些问题，这些历史经验同时呈现出知识产生和科学发展中的潜力和陷阱两个方面。这是对我们作为人类的共同责任的呼吁，要求我们塑造这一进程，以确保我们的物种在这个星球上的未来，并培养反映这一全球共同责任的新意识。这种意识深深扎根于中国的哲学传统，正如墨子的这句名言所反映的那样（墨子的后学在中国理论科学的起源中发挥了关键作用）：

今天下无大小国，皆天之邑也。
人无幼长贵贱，皆天之臣也。……
是以知天欲人相爱相利，而不欲人相恶相贼也。

——引自孙诒让《墨子间诂》卷一《法仪》

于尔根·雷恩（马普科学史研究所、地球人类学研究所所长）
2023 年 3 月 17 日

本书的故事

> 只有我们中的某些人，敢于冒着自己被看作愚蠢之人的风险，去大胆地尝试总结那些事实和理论（即便其中不乏第二手或者不完备的知识），我们才有可能摆脱这种困境，从而避免永远失去真正的目标。
>
> ——埃尔温·薛定谔《生命是什么?》

一项长期研究项目及其根源

本书的时间跨度从人类思想起源开始，直到人类世（Anthropocene）的现代挑战。在此，人类世被定义为人类活动对地球系统造成深刻而持久影响的新地质时代。因此，人类世既是知识史的终极背景，也是从全球角度研究文化演化的自然尽头。在这一视野下，我试图将多种历史和地理视野结合在一起。本书既探讨了知识演化的长线方面，又剖析了将我们带入人类世的知识发展的急剧变化。

本书的写作基础为1994年以来在德国马克斯·普朗克科学史研究所（Max Planck Institute for the History of Science，后文简称马普科学史研究所）从事的研究。[1] 我与同事们的研究从一开始就致力于将科学史作为更大的人类知识史的一部分。即便在关注现代科学的转折点时，我们也一直强调实践知识和历史连续性的作用。我们的调查包括跨文化比较，尤其是在西方科学、中国科学和伊斯兰科学之间进行比较，也包括一项关于历史上的知识全球化的研究计划。

本书的研究基础一直以来（并将继续）是共同努力的结果。它诞生于历史认识论——也被理解为知识的历史理论——的概念框架，以戴培德（Peter Damerow）与沃尔夫冈·勒菲弗（Wolfgang Lefèvre）关于科学与人类劳动和社会组织的关系的早期工作为基础，并在此后由戴培德、彼得·麦克劳克林（Peter McLaughlin）与吉迪恩·弗罗伊登塔尔（Gideon Freudenthal）做出发展。沃尔夫冈·勒菲弗、克劳斯·海因里希（Klaus Heinrich）和耶胡达·埃尔卡纳（Yehuda Elkana）不仅教会我在最广阔的人类历史背景下思考科学，也让我学会批判性地重新思考科学承诺的启蒙理想及其对人类自我意识做出贡献的潜力。

当前的工作在很大程度上要归功于戴培德，尤其是他的思想、他在我们研究团队中的主导作用以及我们30多年来的友谊与合作。本书也建基于他1996年的著作《抽象与表征》（Abstraction and Representation）中整合的基本理论洞见（来自哲学、教育研究、心理学和认知科学）。[2] 我也使用了一些我们合作的力学史著作中的材料，该书因他于2011年过早辞世而未能完成。

研究的两大轴线

我们在马普科学史研究所的研究主要围绕两大轴线：知识的长期传播与转化，以及知识转移并全球化的过程。我认为，这两个方面对于理解我们如何进入人类世时代都至关重要。这两方面也揭示了长期以来被人们低估的知识演化的模式，尽管它们与应对人类世时代的挑战完全相关。因此，这两方面都会在本书的结构中得到反映。

传统上，科学技术史重视创新，而轻视知识的传播、转化和转移。但是，通常却是那些最不引人注目的知识成就了最著名的发现和发明。这些知识中的一部分通常在基本变化的各个阶段中持续很长时间，表现出惊人的稳定性和持久性。同样，自人类文化诞生以来，知识在文化之间的转移和转化塑造了技术和科学成就，在仅仅关注明显的汇合点时，这种情况很容易遭到忽视。

在历史调查的基础上，我们尝试建立一种理论语言，以帮助我们描述所有这些发展和传播过程，无论其类型还是媒介。为此，我们既借鉴了一些历史学科（如考古学、政治和经济史、科学技术史、艺术和宗教史等），也借鉴了哲学认识论、认知科学、社会和行为科学等学科的见解，尤其是社会学、经济学、心理学和社会人类学。

一个人如何才能够应付这一雄心勃勃且全面的研究计划，并且展示其结果呢？早在1994年，我们就决定尝试一种方法，类似于生物学家通过关注单一模式生物［例如果蝇（*Drosophila melanogaster*）］来理解一般生物学模式的尝试，或者类似于电影制片人将一部包含众多紧密交织的叙事线索的复杂小说，简化成电影剧本的改编策略：减少角色和叙事层次的数量，并集中于一些精心挑选的关键人物和主题。[3] 当然，在我们的背景下，这不是选择戏剧人物的问题，而是专注于特定线索和领域的问题，这些线索和领域会看起来特别适合用于研究知识的长期发展和全球性转化。

力学思想史

我们致力研究的一条叙事线索是最广泛意义上的力学史。我的意思不是作为一门特定学科的力学史，而是力学知识的历史：从重力和压力占主导地位的世界中基本且直觉性的知识，到在使用仪器和工具的经验中获得的实践知识，再到书面文本中记录的理论形式的知识。力学知识的历史从前人类的起源——通过实践经验、自然哲学和经典力学的悠久传统——延伸至科学的最新成就，包括相对论和量子物理学。力学知识的另一个显著且相关的特征在于，它不是西方传统的专有自夸，而是也在其他文化中随着时间的推移蓬勃发展。

基于所有这些原因，我们在大约25年前决定将力学知识作为我们部门在马普科学史研究所的研究计划的重点。我们更宏大的目标，是探讨知识和人类思维的历史理论的可能性。事实证明，选择力学知识是个幸运的决定，这也是因为它鼓励我们与佛罗伦萨伽利略博物馆、其富有魅力的馆长保罗·加卢齐（Paolo Galluzzi）以及他的团队进行长期合作。

我们的具体研究致力于从古代到现代科学中的特定时间段；也致力

于不同程度的力学知识，从简单机械的使用到高度抽象理论的形成。按照计划，这项研究不仅要涵盖欧洲传统，也要涵盖中国和伊斯兰世界的发展。

本书并未特别关注个人发现和成就，而是关注更广泛的社会过程。正是这些社会过程使力学知识得以传播、积累和创新，造成力学知识的丢失，也造成力学知识的认知和社会结构在过去数千年中经历急剧的变化。其中许多研究结果已在专门研究中发表，在这些专门研究中，我们将新方法应用于历史资料。在此，我以这些研究结果为背景勾勒出一个总体框架，该框架可能会有益于知识史的未来研究。

我首先与戴培德、吉迪恩·弗罗伊登塔尔、彼得·麦克劳克林一起分析了经典力学的出现，以便对自然科学中的概念转变建立理解。这项工作对我们的进一步研究起到了指导作用。该成果于1991年在我们合著的著作《探索前经典力学的限度》（Exploring the Limits of Preclassical Mechanics）中首次发表。[4] 我们创造了"前经典力学"（preclassical mechanics）一词，以描述近代早期（大约1500年至1800年）较长的中间阶段。在这一时期，数百年来塑造了人们对自然世界思考的亚里士多德自然哲学转变为了经典力学，不是通过"科学革命"，而是通过在全新社会环境中整合实践知识的概念重组过程。

我们最初集中于主要人物，比如伽利略和笛卡尔，以及一些关键主题，例如自由落体定律和抛体运动。后来，约亨·比特纳（Jochen Büttner）、马深孟（Matthias Schemmel）和马泰奥·瓦莱里亚尼（Matteo Valleriani）大大扩展了这一研究，不仅通过进一步的个案研究，而且通过基本的认识论贡献，例如挑战性对象（challenging objects）、共享知识（shared knowledge）以及实践知识的结构（the structure of practical knowledge）等概念。[5] 这些概念成为本书的基石。近代早期科学的广阔背景也成为与其他同事进行合作的主题，尤其是里夫卡·费尔德海（Rivka Feldhay）和彼得罗·奥莫代奥（Pietro Omodeo）。我们的这些合作得到了德国-以色列科学研究与发展基金会（GIF）以及洪堡大学和柏林自由大学的合作研究中心644和980项目的支持。合作研究的成果发表在一系列专门研究力学的历史认识论的著作中。[6]

在近代早期科学之后，现代物理学的出现成为我们研究知识史上的转变过程的中心主题。我们以阿尔伯特·爱因斯坦在相对论上的工作为重点。[7] 之后，我们又以同样的重视程度致力于量子物理学的历史，这是现代物理学的另一支柱。[8] 在现代物理学的兴起中，若要对这一部分形成更深入的了解，就必须超越爱因斯坦的个人成就；我们必须考虑从经典物理学到现代物理学的变革所涉及的更广泛的知识系统，包括科学的学科化组织、科学与当代技术知识的关系、科学发生于其中的工业和社会环境、其他科学家的工作，以及这一变革本身只能被理解为某个长期发展——这一发展并未因几篇开创性理论论文的发表而完成——的一部分。

爱因斯坦著作的研究者，除了作为顾问的戴培德之外，还包括米歇尔·詹森（Michel Janssen）、约翰·诺顿（John Norton）、蒂尔曼·绍尔（Tilman Sauer）和约翰·施塔赫尔（John Stachel），他们不仅关切该项目的历史方面，而且也关切项目的意义，即对于知识转化过程的一般理解。对于爱因斯坦同时代的其他科学家的研究则是与利奥·科里（Leo Corry）和马深孟等人一起完成的。我们研究团队中的朱塞佩·卡斯塔涅蒂（Giuseppe Castagnetti）和米莱娜·瓦泽克（Milena Wazeck）则研究了相对论出现的文化背景。之后，关于相对论历史的研究由亚历山大·布鲁姆（Alexander Blum）、奥拉夫·恩格勒（Olaf Engler）、让·艾森施泰特（Jean Eisenstaedt）、哈诺赫·古特弗罗因德（Hanoch Gutfreund）、罗伯托·拉利（Roberto Lalli）、罗伯特·里纳谢维奇（Robert Rynasiewicz）和马深孟等人合作进行。在本书中，我会大量使用这些研究。

知识史的纵向研究

然而，本书所依赖的研究并不仅限于力学。沃尔夫冈·勒菲弗对达尔文进化论历史的研究，以及厄休拉·克莱因（Ursula Klein）对化学史的研究——尤其是实践知识领域中现代化学的起源，以及化学式作为"书面工具"（paper tools）用于科学知识的转化——都提供了重要素材。克莱因对科学与工业革命之间关系的洞察［尤其是"技术科学"（technoscience）和混合型专家的作用］，以及沃尔夫冈·勒菲弗和马泰奥·瓦莱里亚尼的贡献，极大地帮助我们理解了科学和技术知识的社会前提和可能影响。[9]

在更广泛的集体研究范围内，我们还进行了另外两项主要的纵向研究：一项关于空间的历史认识论，另一项关于建筑的认知历史，即建筑成就背后的知识史。在TOPOI卓越集群（TOPOI Excellence Cluster）框架内，一个由马深孟领导的研究小组研究了在空间知识从早期认知到现代科学的历史发展中，体验与反思之间的相互作用。[10] 第二项系统性纵向研究致力于从新石器时代到文艺复兴时期对于建筑的认知历史。[11] 该研究基于与另一家马普研究所的合作，即由威廉·奥斯图斯（Wilhelm Osthues）和赫尔曼·施利姆（Hermann Schlimme）领导的罗马赫齐亚纳图书馆（Bibliotheca Hertziana）。

知识流通研究

我们在关于知识全球化及其后果的研究项目中，研究了跨文化的知识转移和传播过程。在与来自不同学科的学者网络共同研究知识全球化过程的同时，我们开发出一种分类法，用于系统分析知识转移和转化的历史过程。这个项目是与戴培德、科斯塔斯·加夫罗格鲁（Kostas Gavroglu）、格尔德·格拉斯霍夫（Gerd Graßhoff）、马尔科姆·海曼（Malcolm Hyman）、丹尼尔·波茨（Daniel Potts）、马克·谢夫斯基（Mark Schiefsky）和海尔格·温特（Helge Wendt）等一起进行的。最初与马尔科姆·海曼共同撰写的一些文本（4个调查报告，在2012年一本记录了该研究项目结果的书中首次出版）如今被整合到此处的整体叙述中。[12] 遗憾的是，马尔科姆在这项工作完成之前就去世了。

我们对知识全球化的研究得到了跨文化比较和对知识传播的详细研究的补充，尤其是在西方、中国和伊斯兰科学之间的知识传播。与非欧洲科学的比较研究中，中国科学的部分主要依靠与马深孟、张柏春、田淼和鲍则岳（William Boltz）的联合研究，并得到马克斯·普朗克学会和中国科学院合作框架的支持。[13] 就伊斯兰世界而言，在与穆罕默德·阿巴图伊（Mohammed Abattouy）和保罗·魏尼希（Paul Weinig）的早期合作之后，我主要依靠与索尼娅·布伦特斯（Sonja Brentjes）进行的合作。[14] 这些研究是在"共存"（Convivencia）项目的大背景下进行的，该项目由佛罗伦萨艺术史研究所、马普科学史研究所、马普法律史研究所和马普社会人类学研究所共同倡议。

我参与了柏林自由大学合作研究中心的980项目（"运动中的知识"），这成为充实知识经济之类概念的一个重要有利条件。这些概念在本书中至关重要。全球化项目还鼓励探索新的方法论进路来解决知识转移和传播问题，特别是使用社会网络分析。在这方面，我的研究得益于马尔科姆·海曼、罗伯托·拉利、马泰奥·瓦莱里亚尼和德克·温特格林（Dirk Wintergrün）的重要贡献。[15]

知识的更广阔背景

由于科学知识史只能在其他更基本知识形式的背景下进行理解，因此，我们也一直致力于并鼓励研究不同文化中的直觉知识和实践知识。例如，卡特娅·伯德克（Katja Bödeker）在德国和巴布亚新几内亚从事了比较性的田野研究，分析了力、运动、重量和密度等直觉概念的发展。[16] 另一个记录详尽的研究是关于原住民及其力学和其他知识的，由伍尔夫·谢芬霍夫（Wulf Schiefenhövel）及其同事在埃博人（Eipo）中完成。埃博人是一个居住在新几内亚偏远山区的民族。我们还根据考古发现对实践知识进行研究：由约亨·比特纳领导的跨学科研究小组，在TOPOI卓越集群的领导下，曾经并且直到最近，也仍在系统地重建古代世界的称重技术。在意大利和中国开展的田野调查中，戴培德和马深孟一起对这类技术中的实践知识进行了研究，并在制造手工天平的描述中进行了总结。[17]

从演化角度对知识史做出解释可以追溯到与曼弗雷德·劳比希勒（Manfred Laubichler）的合作，他将进化发育生物学的见解带入我们的讨论。[18] 我们开始关注人类世挑战是一个大型跨学科项目的结果，该项目与卡特琳·克林根（Katrin Klingan）、克里斯托夫·罗索尔（Christoph Rosol）和贝恩德·舍雷尔（Bernd Scherer）共同策划，并设在柏林的世界文化馆（Haus der Kulturen der Welt）。[19] 该项目不仅涉及来自各个领域的科学家，而且还有来自民间团体的艺术家和代表。在本书中，我们特别使用了诸多研究成果，包括彼得·哈夫（Peter Haff）、威尔·斯特芬（Will Steffen）和扬·扎拉谢维奇（Jan Zalasiewicz）等地球系统科学家的见解；也包括与萨拉·纳尔逊（Sara Nelson）、克里斯托夫·罗索尔和其他人对"技术圈"（technosphere）概念的共同研究；还包括罗伯特·施洛格（Robert Schlögl）、本杰明·施泰宁格（Benjamin Steininger）、托马斯·特恩布尔（Thomas Turnbull）和海尔格·温特等人的著作中对能源系统转型的见解；以及与本杰明·约翰逊（Benjamin Johnson）和本杰明·施泰宁格共同研究的人类参与氮循环的历史。[20]

走向知识的历史理论

将专门研究整合为更大图景的努力已经很少见。即使进行了这些工作，它们也往往没有被这种综合思路的实证研究所证实。它们或者掩盖了细节，或者很少为进一步研究提供切入点。

我们的整合集中于知识历史演化的更普遍方面。重点在于思想和概念，而非技术性细节，但是我会从上述研究中提取一些具体且关键的个案研究，只要这些研究在某处尝试做出一般性说明。将专门研究整合到较大的理论框架中，而该理论框架只能得到部分支持，这显然存在风险。这样建成的大厦势必将保持着不完整，在某种程度上，它将永远只是脚手架。本书末尾的术语汇编中列出了我们框架之中的关键概念，并做出了解释。

结合普遍性研究与详细内容对于读者来说也成为一大挑战，他们需要在鸟瞰图和放大镜之间不停地切换。我们希望，这样做的回报将是更好地理解知识在人类世时代的历史作用，这一理解建立在众多详细研究的基础之上，而各项研究在这里第一次被综合起来。这也是一份邀请，邀请我们加深对人类世的见解，进而应对来自我们所面临的困境的挑战。

达尔文的进化论、马克思的政治经济学和弗洛伊德的精神分析学都在追求解放的目标，即创造更具包容性的关于人类现实的观点。达尔文的理论可以被视为对压制生物进化中人类根源的批判。通过其政治经济学批判，马克思抗议的则是资产阶级宣称代表整个人类物种的主张，这一主张否认了对工作的依赖，而工作是人类社会再生产的基础。弗洛伊德转而抗议了对人类需求和欲望的压制，这些需求和欲望被迫屈从于文明。

出于同样的原因，难道知识史不应该抗议自身屈从于一种单方面的科学观念，即限定知识只能服务于形式化的标准、学术竞争以及利益和权力吗？这种观念将科学与其他形式的反思隔离，从而将反思过程本身转化为压制工具，但正是通过这一过程，知识才能成为科学知识。

在知识理论中，政治往往是隐含的，却从未彻底缺席。在过去，"外史"将科学的政治维度表达得很明确，强调经济、社会和政治结构对科学的决定性作用。[21] 科学思想史的所谓"内史"则强调英雄科学家的智力成就，以致政治维度仍然相当隐蔽。

在当今的讨论中，科学通常被视为或者是社会建构的（例如通过"认知德性"），或者由"认知事物"所塑造。第一种立场将科学的主观主义观点极端化，冒着将其对象和内容边缘化的风险，倾向于在有限的共同体和文化背景下叙述一些共享信念和实践。在这种情况下，"社会建构"很少指大型经济和政治力量（如资本主义把科学调整为社会实践），而是指它们在地方的文化资源。第二种立场则将尚未明确定义的研究对象的作用激进化，冒着将其研究主体、他们的意图和认知边缘化的风险。它也没有真正提供一种明确的框架，这种框架可以被用来处理科学更广泛的社会背景。第三种选择是对人类作用与"事物"作用之间的区别轻描淡写，这将导致行为的去政治化甚至是去人性化，或者导致对自然界的人格化，就像地球被神秘化为"盖娅"（Gaia），被当作一个地质历史动因（agent）。

那么科学史的未来究竟在哪里呢？我认为，无论如何，科学史都会超出其自身的特定关注范围。科学史学家已经开发出全面的方法集，这使他们能够分析科学史发展的许多不同方面。但是，科学史也变得似乎过于学究气，更多地关注其内部事务以及与其紧密关联的人文领域，而对科学世界以及科学对人类困境的影响缺乏关注。

尽管科学和技术知识支配着我们的日常生活，并且人类在人类世的生存取决于对科学的解决方案的审慎应用，当前的主流科学史很少对这些讨论做出贡献。我们该如何改变呢？何种方法可以公正地对待作为人类实践的科学概念，将其心智维度、物质维度和社会维度都考虑到呢？人要怎样才能认识到，知识受地方以及更大的政治和经济结构束缚，但又不是被它们决定呢？何种历史和政治认识论可以帮助恢复对科学知识的追求的道德责任呢？

在这本书中，我无法为所有这些问题提供确凿的答案，但我会尝试超出当前讨论的顽固立场来寻求解答。我深信我们需要再次拥抱实验：我们不应该满足于解构传统叙事；我们应该超越孤立的个案研究；我们需要与科学家建立起新的联盟；我们应该寻求新的方法论，容纳更多的比较性和系统性观点。我们不能简单地将所有这些仅仅当作安全的象牙塔内的反思练习。我们必须进入科学的器械室，参加日常斗争，为使人类世变成人类的宜居环境而奋斗。

致 谢

将专门研究整合为更大图景时，需要进行许多比平常更密切的跨学科合作，这种做法通常并不受当前竞争激烈的学术体系的青睐。但是另一方面，马普学会的特殊条件，以及马普科学史研究所同事们的协作支持，都为我提供了独到的机遇，让我多年来一直受益于这种广泛的合作。本书的大部分内容都是在我担任马普学会人文科学部主任期间写就的，我感谢学会的同事们在此期间与我进行的许多激动人心的讨论。通过写作这本书，我试图表达我对马普学会、我的导师，以及与我分享这种合作经历的诸多同事和朋友的感激之情。

对抽象的更广泛社会功能的讨论要归功于克劳斯·海因里希关于宗教史和宗教哲学的研究，我在学生时期参加了他的讲座。对反思性思维的分析——这是戴培德和耶胡达·埃尔卡纳著作的核心，尽管是以不同的方式——是在广义的皮亚杰传统中进行的，而对戴培德和我本人而言，广义的皮亚杰传统主要指的是沃尔夫冈·埃德尔斯坦（Wolfgang Edelstein）及其团队在马普人类发展研究所的典范性研究。

我要特别感谢那些投入大量时间支持这一计划的同事和朋友，他们支持着我写作这一初步性的综合报告。最初的草稿是在戴安娜（Diana）和杰德·布赫瓦尔德（Jed Buchwald）的邀请下，在加州理工学院做弗朗西斯·培根客座教授期间完成的，他们从一开始就鼓励这一项目。此后，它经历过多次修订。每个新版本都经过了马普科学史研究所第一研究室的编辑经理琳迪·迪瓦西（Lindy Divarci）的批判性阅读和仔细编辑。没有她的忠诚和实质性的帮助，这本书就不会诞生。在项目的后半部分，琳迪得到了玛农·贡佩尔特（Manon Gumpert）的大力支持，后者负责检查参考文献、事实和引文。玛农还补充和修改了文献目录，并协助编辑了最终手稿。最后的编辑由扎卡里·格雷莎姆（Zachary Gresham）完成，他以敏锐的目光、极大的细心、惊人的毅力和创造力将我的日耳曼英语转变成美式英语。他对本书末尾的术语汇编的投入是无价的。

简要说明一下对文本进行补充的众多图片：图像在人类思维史上发挥着关键作用。它们是人类思维的众多物质体现（material embodiments）的重要例子，我在此称其为思维的"外部表征"，以将它们与人类心智的"内部表征"区分开来。但是这个有点技术性的术语不应该使人误以为这些物质体现是被动的。相反，图像和其他外部表征自得其乐，在被人类思维塑造的同时也塑造着人类思维。因此，图像与文本有时相得益彰，但也可能言不及像。在本书中，图片通常不只是作为从属于文本的插图，还通过与书面内容对话，有时甚至与书面内容形成对比，来传达它们自己的信息。在这一可追溯至阿比·瓦尔堡（Aby Warburg）、欧文·潘诺夫斯基（Erwin Panofsky）和霍斯特·布雷德坎普（Horst Bredekamp）的传统中，我尊重图片的自主性，同时感谢那些贡献者，尤其是劳伦特·陶丁（Laurent Taudin），他以其迷人的、有时是启发性的图画丰富了这本书。我还要感谢琳迪，她精心挑选和安排了所有视觉材料。

最后的攻坚阶段道长且阻。没有第一研究室的同事、部门中客座人员和朋友们的参与、慷慨帮助和可靠支持，这本书就难以付梓。如果没有我的秘书彼得拉·施勒特尔（Petra Schröter）的不懈支持（自研究所成立以来，她就一直在我左右），这一切都不会发生。我还要感谢研究所图书馆的前任领导乌尔斯·舍普弗林（Urs Schoepflin）和现任负责人陈以斯（Esther Chen），以及图书馆的工作人员和数字化小组，感谢他们在本书获取文献和插图方面提供的宝贵支持。

我要对我的同事们表达最热烈的感激：马西米利亚诺·巴迪诺（Massimilano Badino）、安东尼奥·贝基（Antonio Becchi）、亚历山大·布鲁姆、索尼娅·布伦特斯、约亨·比特纳、罗伯特·K. 英格伦（Robert K. Englund）、里夫卡·费尔德海、吉迪恩·弗罗伊登塔尔、萨沙·弗雷伯格（Sascha Freyberg）、哈诺赫·古特弗罗因德、玛格丽特·海恩斯（Margaret Haines）、斯文德·汉森（Svend Hansen）、朱莉娅·雅各比（Julia Mariko Jacoby）、厄休拉·克莱因、于尔根·科卡（Jürgen Kocka）、罗伯托·拉利、曼弗雷德·劳比希勒、马克·劳伦斯（Mark Lawrence）、阿丽亚娜·伦德茨（Ariane Leendertz）、沃尔夫冈·勒菲弗、斯蒂芬·莱文森（Stephen Levinson）、罗伯特·米德克-康林（Robert Middeke-Conlin）、加布里埃尔·莫茨金（Gabriel Motzkin）、彼得罗·D. 奥莫迪奥（Pietro D. Omodeo）、内奥米·奥雷斯克斯（Naomi Oreskes）、丹尼尔·波茨、卡斯滕·赖因哈特（Carsten Reinhardt）、朱莉娅·里斯波利（Giulia Rispoli）、克里斯托夫·罗索尔、马深孟、罗伯特·施洛格、弗洛里安·施马尔茨（Florian Schmaltz）、乌尔斯·舍普弗林、马泰奥·瓦莱里亚尼、海尔格·温特和德克·温特格林。我经常在部门会议上与他们所有人详细讨论本书的早期版本或其中的部分内容，根据他们与我慷慨分享的详细评论、批评和建议进行过彻底的修改。多年来，我与众多同事进行过许多热烈的讨论与合作，其中还包括朱塞佩·卡斯塔涅蒂、本杰明·约翰逊、萨拉·纳尔逊、马库斯·波普洛（Marcus Popplow）、西蒙娜·里格尔（Simone Rieger）、贝恩德·舍雷尔、本杰明·施泰宁格、托马斯·特恩布尔和米莱娜·瓦泽克。我与他们中的许多人共同发表过文章，我很感谢他们同意为当前工作的目的，对我们共同出版物的某些段落进行修订。我还要感谢保罗·加卢齐、科斯塔斯·加夫罗格鲁、格尔德·格拉斯霍夫和帕特里齐亚·南茨（Patrizia Nanz）与我进行的许多有益讨论，这些讨论也反映在本书中。我特别要感谢马普科学史研究所科学顾问委员会的成员多年来的可靠支持和鼓励，尤其是现任主席法比奥·贝维拉夸（Fabio Bevilacqua）和副主席安娜·西蒙斯（Ana Simões）。因此，本书后续章节中也将包含我的同事和朋友们的声音。文本所依据的具体来源在相关的尾注中做了标明。此外，我使用了维基百科，特别是一些生平信息和未另行说明的图注。我要向所有为维基百科这一美妙知识来源做出贡献的人表示感谢，它已经成为一种公共利益。最后，我要感谢普林斯顿大学出版社的两位匿名审稿人对本书的一个早期版本提出的宝贵建议和有益批评，还有阿尔·伯特兰（Al Bertrand，之前在出版社工作）和埃里克·克拉汉（Eric Crahan，目前仍在出版社就职）在本书整个出版过程中的鼓励和有益建议。

书中遗留的错误和误解都是我的，但有价值的部分肯定是共同成就。

目 录

推荐序 / I

中文版序 / IV

本书的故事 / VI

  一项长期研究项目及其根源 / VI

  研究的两大轴线 / VII

  力学思想史 / VIII

  知识史的纵向研究 / X

  知识流通研究 / XI

  知识的更广阔背景 / XII

  走向知识的历史理论 / XIII

  致　谢 / XV

第一部分　什么是科学？什么是知识？

第一章　人类世的科学史 / 3

  暴风雨 / 3

  谁在破坏我们的地球？ / 7

  作为知识问题的世界 / 10

  在科学史与知识史之间 / 13

  作为勾勒姆的科学 / 18

  知识如何演化？ / 19

  进化论的启发作用 / 22

《科学革命的结构》之外的另一种选择 / 24
全球学习过程？ / 25

第二章 人类知识历史理论的要素 / 27

本书的框架 / 28
知识结构如何变化 / 28
知识结构与社会如何相互影响 / 33
知识如何传播 / 34
我们的未来依赖何种知识 / 36

第二部分 知识结构如何变化

第三章 抽象与表征的历史性质 / 43

抽象的力量 / 44
哲学上的挣扎 / 46
心理学的视角 / 49
皮亚杰的抽象概念 / 51
社会实践中抽象的根源 / 54
作为物质实践的行动 / 56
知识之物质体现的作用 / 59
从发生认识论到历史认识论 / 67
历史语境中的社会认知 / 70
外部表征的生成性歧义 / 72
谁抽象地思考？ / 73
知识的三个维度 / 74

第四章 知识系统中的结构性变化 / 76

知识系统及其架构 / 77
认知科学的作用与达尔文的榜样 / 81

　　　　心智模型　/ 85

　　　　一个儿童故事　/ 86

　　　　默认设置　/ 88

　　　　科学思维中的心智模型　/ 90

　　　　知识系统如何演变？　/ 92

　　　　变革的诱因　/ 93

　　　　知识重组　/ 98

第五章　**作用中的外部表征**　/ 102

　　　　算术的出现　/ 103

　　　　文字的出现　/ 111

　　　　化学式的出现　/ 112

　　　　变化的图形表征　/ 114

第六章　**作用中的心智模型**　/ 118

　　　　力学知识的分期　/ 118

　　　　力学知识的类型　/ 120

　　　　理论力学知识的挑战　/ 124

　　　　调整直觉物理学的心智模型　/ 125

　　　　作为共享知识的亚里士多德主义　/ 126

　　　　近代早期技术的挑战性对象　/ 127

　　　　知识重组带来经典物理学的出现　/ 128

第七章　**科学革命的本质**　/ 135

　　　　哥白尼革命　/ 137

　　　　化学革命　/ 140

　　　　达尔文革命　/ 142

　　　　经典物理学的边界问题　/ 144

　　　　探索经典物理学的视域　/ 145

　　　　知识孤岛的出现　/ 147

狭义相对论的出现 / 148

为新理论建造母体 / 150

万有引力成为进一步变革的诱因 / 153

爱因斯坦的等效原理 / 154

数学表征 vs 物理解释 / 156

过渡性综合 / 158

知识整合的漫长过程 / 158

第三部分　知识结构与社会如何相互影响

第八章　知识经济 / 167

社会中的知识 / 168

作为边界问题的实践 / 169

人类学界域 / 170

社会制度 / 173

制度与知识 / 174

什么是知识经济？ / 175

知识传播过程 / 176

外部表征与知识经济 / 178

规范性系统 / 182

相互限制的僵局 / 183

社会制度的物质体现 / 185

症候性后果 / 189

第九章　实践知识的经济 / 196

建筑的知识经济 / 197

建筑知识的表征 / 199

管理与表征 / 200

建筑学作为一门职业的兴起 / 200

形成平台 / 201

作为外部表征的标准建筑 / 204

作为集体实验的建筑 / 206

佛罗伦萨大教堂的宏伟穹顶 / 209

第十章 历史上的知识经济 / 218

无文字社会的知识经济 / 219

早期文字社会的知识经济 / 224

美索不达米亚的例子 / 226

宗教框架下的知识生产 / 230

从宗教的知识生产到哲学的知识生产 / 235

经验知识的生产 / 238

科学技术专家 / 240

印刷革命 / 241

知识资源的整合 / 244

近代早期的知识社会 / 245

工业化时代的知识生产 / 253

第二次工业革命 / 257

作为知识经济催化剂的战争 / 261

大科学 / 263

电子学的变革力量 / 264

科学生产力的衡量问题 / 267

新学科的兴起 / 268

挑战科学的权威 / 275

学术资本主义 / 276

第四部分　知识如何传播

第十一章 历史上的知识全球化 / 281

需要一个全球的视角 / 282

近期的科学全球化 / 285

全球化的矛盾方面 / 289

知识在全球化中的作用 / 291

古代全球化及其沉积物 / 294

传播过程的动力学 / 298

作为近代早期科学涌现之条件的全球化 / 302

作为文化折射结果的希腊科学 / 304

希腊科学的复兴 / 305

翻译网络 / 310

伊比利亚全球化 / 312

第十二章　自然科学的多种渊源　/ 318

需要一个进化的视角 / 318

希腊和中国关于力学的早期文献 / 323

欧洲科学向中国的传播 / 331

殖民时代的传播 / 339

第十三章　认知网络　/ 341

社会网络分析 / 341

认知网络的三个维度 / 346

作为网络现象的希腊科学 / 349

中世纪的知识网络 / 351

《天球论》的启发性例子 / 353

广义相对论的认知共同体 / 356

历史网络分析 / 361

第五部分　我们的未来依赖何种知识

第十四章　认知演化　/ 365

科学变得关乎存在 / 365

　　　　　扩展演化 / 370

　　　　　技术演化 / 374

　　　　　空间简史 / 378

　　　　　人类语言的出现 / 384

　　　　　新石器革命 / 393

第十五章　"出全新世记" / 401

　　　　　全新世泡泡 / 401

　　　　　人类世始于何时？ / 405

　　　　　氮史话 / 413

　　　　　意外后果的威胁 / 419

第十六章　面向人类世的知识 / 426

　　　　　人类在人类世中的地位 / 426

　　　　　动　圈 / 431

　　　　　缺失的知识 / 434

　　　　　地方性知识的脆弱力量 / 435

　　　　　暗知识 / 443

　　　　　数字化、智能系统和数据资本主义 / 449

　　　　　迈向知识之网 / 457

第十七章　科学与人类的挑战 / 462

术语汇编 / 472

注　释 / 498

参考文献 / 544

出版后记 / 617

第一部分

什么是科学？什么是知识？

第一章

人类世的科学史

> 任何不诚挚希望全部人类都良善的人会滥用人性。但是，如果他希望在患者中活成健康者，在愚者中活成智者，在坏蛋中活成好人，或者在悲惨者中活成乐者，他甚至都不能成为自己的良友。
>
> ——扬·阿姆斯·夸美纽斯《泛教论》(*Pampædia*)

> 知识的问题如果没有在考虑**之初**出现，那它就已经被夺去了它的真正力量。现代哲学的决定性成就在于，它不再将知识视为一个问题，一个可以在其他系统性预设基础上顺便处理和解决的问题，而是学会了将知识理解为建构智性和伦理文化之整体的根本性创造力量。
>
> ——恩斯特·卡西尔语，出自《现代哲学与科学中的知识问题》第一版的导论

暴风雨

人类已改变地球。[1] 实际上，人类已经彻底改变地球，造成了严重后果。原始自然几乎已荡然无存。[2] 未被冰雪覆盖的地球表面大部分已被改造。极地冰川在融化，海洋水位在上升，沿海栖息地和海洋生境也在发生巨变。人类利用了地球一半以上的淡水。水产养殖正在酸化海洋，污染海

水。农业土壤正在退化。在地表之下，矿业和钻探正在改变地球。人们建造了数以千计的水坝，大规模砍伐森林，这些都极大地影响了水循环和土壤侵蚀速度，进而影响了许多物种的进化和地理分布。生物多样性的损失比没有人为干预的情况下要大好几个数量级。平均而言，我们体内至少三分之一的氮原子已经被化肥工业加工过。现存哺乳动物的所有生物量（biomass）中，大部分来自人类和家畜。

人类通过高能耗的化学过程，创造并使用了在自然条件下很少见的功能性材料，并使它们广泛流通。这些功能性材料中有铝、铅、镉和汞等元素，还有煤和石油在高温燃烧后产生的粉煤灰等残留物，以及混凝土、塑料和其他人造材料。许多材料表现出与自然界完全不相容的属性。大气核试验产生的钚在衰变为铀和铅之前，会先在接下来的几十万年里残留在沉积记录中。我们现在直接测量到的，是至少80万年以来温室气体二氧化碳和甲烷在大气中的最高浓度；而包括间接测量数据的话，则是400万年以来的最高浓度。数字在急剧上升。即使立即停止使用化石能源，我们也要花费数千年，才能使其浓度降到工业化之前的水平。

与自然过程相比，某些变化发生的速度更加迅疾。目前，大气中二氧化碳浓度增加的速度是过去42万年来任何时候的至少10倍，甚至可能是100倍。同时，新疾病通过携带者传播，病毒生命周期短，能够迅速适应新情况。人类社会又能够以多快的速度适应同一环境呢？无论如何，正在发生的变化将以不同方式影响全球不同地区，而遭遇全球性变化的人们并不总是轻而易举就意识到其全球性。随着洪水日益威胁位于大片水域附近的地势低洼城市，新形式的贵族化出现了，干燥而安全的地区住宅价格上涨，穷人最终流离失所。肥沃的农田因旱灾而干涸，引发分配斗争和向较富裕国家的移民。发达国家似乎确实从气候变化中受益，而发展中国家因此遭殃——但最终，每个人都会遭受损失，即使是有钱人也不能幸免。

简而言之，地球正在发生不可逆转的变化。人类如雨后春笋般遍布整个星球。人类已经大量干预了地球的各种循环，例如引起气候变化的碳循环，以及水循环、氮循环、磷循环和硫循环。所有这些循环都是地球生命的基础。人类已经影响了地表的能量平衡，从而使地球过渡到一个新阶段。人类并不是在亘古不变的自然背景下行动；在干涉自然之时，他们已被深深地编织进其结构之中，塑造了即将来临和更遥远的未来。人类对所有地球循环的干预仍然是生物圈的一部分，并没有超越它。我们并不是外在的旁观者！

我们对地球状态的认识的根本修正，也许只能与爱因斯坦相对论之后，空间和时间等物理概念发生的剧变相提并论。在经典物理学中，空间和时间似乎是世界事件发生于其上的刚性舞台。相反，根据爱因斯坦的理论，这个舞台并非一成不变的框架，而是本身就是舞台剧的一部分。演员和舞台布景之间没有绝对意义上的区别。空间和时间并不是物理过程的背景，而是参与其中。地球的新现实使我们面临同样迫切的需求，我们应该重新思考我们的处境：我们并没有生活在稳定环境中，环境并不是我们行动的舞台和资源；相反，这是一部综合性戏剧，人类和非人世界都是平等参与到这部综合戏剧中的演员。

2000年，臭氧层空洞机制的发现者，同时也是诺贝尔奖获得者保罗·克鲁岑（Paul Crutzen）对官方关于地球状态的说法感到不安，官方

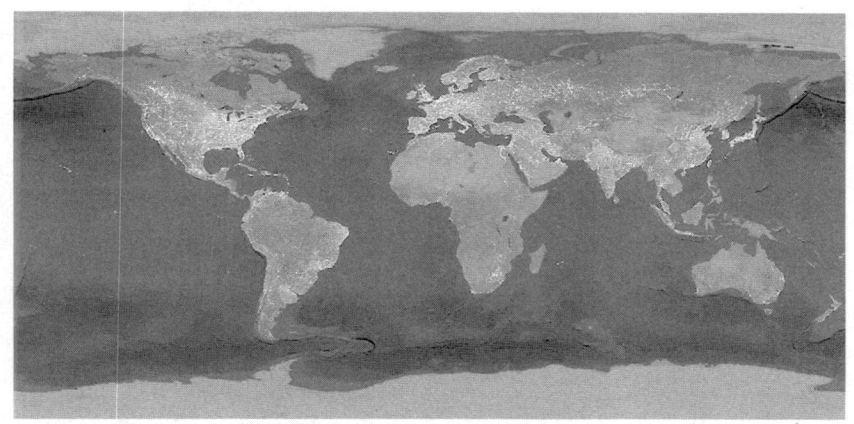

图1.1 地球上的人造光。最明亮的地区是城市化程度最高的地区，但不一定是人口最多的地区。某些地方仍然缺乏照明，例如非洲和南美的丛林或阿拉伯和蒙古国的沙漠，尽管这些地区也开始出现灯光。此图根据美国国防气象卫星计划（US Defence Meteorological Satellite Program）的运行线扫描系统（Operational Linescan System）的数据，创建于2006年。图自维基共享资源
*本书插图系原书原图

表示我们目前生活在"全新世"（Holocene）时代。地质学家拥有一套复杂体系，可以将地球史上跨度巨大的时间间隔划分为多个时期。Holocene 一词的意思是"完全最近的"，是继更新世（Pleistocene）之后的所谓第四纪的第二世。不管听起来多么奇怪，第四纪实际上是距今约260万年前开始的一个冰期。更确切地说，第四纪的特征是极地冰川的进进退退。全新世是冰川退缩的间冰期。全新世发轫于11,700年前，自彼时以来，气候条件一直异常稳定。[3] 克鲁岑曾在墨西哥城外参加过一次关于地球系统科学的会议，当时，他突然对全新世这一说法产生厌恶情绪。这种说法似乎完全忽略了人类对地球系统造成的巨大影响。他要求与会代表停止使用"全新世"一词，并在发言时找到了一个更好的说法："我们不再处于全新世。我们处于……处于……处于人类世！"[4]

事实证明，该术语早在1980年代就被湖泊学家尤金·F. 斯托默（Eugene F. Stoermer）使用过。[5] 好几位科学家也已经独立引介了类似的术语。尤其是弗拉基米尔·维尔纳茨基（Vladimir Vernadsky，1863—1945）、爱德华·勒罗伊（Édouard Le Roy，1870—1954）和德日进（Teilhard de Chardin，1881—1955），他们引入并发展了"心智圈"（noosphere）这一概念。虽然方式有所不同，但他们都将人类概念化，把人类作为强大的地质力量，并考虑到这一评价的伦理意义。[6] 将人类作为一种地球层面力量的想法，其根源可以追溯到18世纪，当时法国博物学家布封（Georges-Louis Leclerc, Comte de Buffon，1707—1788）表示："整个地球表面都已经烙上人类力量的烙印。"[7] 然而，这一想法现在的中心，是关于地球变化以及人类在其中作用的广泛论述，这是与2000年的那个关键时刻相关的。之后，克鲁岑本人和来自许多学科的学者们就人类世及其对于理解人类困境的意义进行了争议颇多的讨论，也探讨了将其作为地质时期的可行性。[8] 目前，人类世工作组（Anthropocene Working Group）作为地质科学家们的跨学科组织，正在研究地层的存在和肇始。工作组将向第四纪地层委员会提交正式报告。这一报告继而会被提交给国际地层委员会（International Commission on Stratigraphy）——该委员会本身对国际地质科学联盟负责——并在那里由其执行委员会批准。到目前为止，人类世工作组的建议是存在一个新的地质时期，其在功能和地层上都不同于全新世，且其边界层应该位于20世纪中叶左右。[9] 不论地质专家们的最终决定如何（在正式程序的每一环节，报告都需要获得至少60%的赞成票才能通过），人类世的概念已经让我们看到一个被根本改变了的全球环境，并且人类对地球的改变程度已经可与地质力量相比。

鉴于人类干预对地球环境的巨大影响，自然与文化之间的传统界限已经成为问题。由于人类自身的干预，我们生活在一种"人类学自然"之中。[10] 此外，人类历史的时间尺度已经与地质学的时间尺度内在吻合。经济代谢仰赖化石能源，人类在数百年中消耗了地球数亿年来创造的资源。正如地质时间被转变为历史时间一样，人类作为一种地质力量所产生的影响，也将人类历史转变为地质历史的重要组成部分。[11]

谁在破坏我们的地球？

人类世是否存在？始于何时？这些仍然存在争议。现在能够确定的是，人类的变革力量基于世世代代累积和实施的知识，这些知识自科学革命、工业革命以及1950年代以来的所谓"大加速"（Great Acceleration）之后，就在以更快的速度增长。[12] 但是，同时也在增长的是人类活动的意外后果。没有人真的打算毁灭地球，但许多人还是在大胆地冒险这样做。一些人有意识地决定不采取任何行动来应对明显的危险，只是进行破坏性的牟利活动。具体而言，我们陷入这种境地与科学和技术脱不了干系，二者对其自身造成的有问题后果也并非毫不知情。若没有科学和技术的进步，全球资本主义、工业化、交通和人口增长就不可能实现。[13] 它们不但将我们从马拉犁和四轮马车的时代发射到工业化农业和无人驾驶的时代，也使我们受益于现代医学，尽管医学资源的分配仍然不均衡。但随着科学技术的进步，意想不到的后果也随之发生，例如不受控制的增长，对自然资源的无节制开采，温室气体的排放迅速增加（因而正在改变全球气候）等。[14] 人类现在已经能够将火箭送入星际太空，但尚未找到方法保护数十亿人免于遭受贫穷或饥饿，遏制战争，或是应对人类世对人类整体造成的所有其他挑战。的确，这些是政治和经济问题；而不仅仅是知识问题，但它们也是知识和科学问题——正如我将要表明的，它们属于"认知问题"（epistemic questions）。

以全球能源系统从化石能源和核能到可再生能源的转变为例。如果要把气候变化控制在当今似乎可以管理的范围之内，这一转变将至关重要。[15] 其成功将既取决于生活方式的转变，也取决于许多未决的科学、基础设施和技术问题——诸如可再生能源的储存和运输等问题——的解决方案。转型所涉及的社会、经济和政治过程也需要新知识来应对。以往的经验表明，在特定情况下、适用于特定地理位置的技术或经济解决方案，可能无法轻轻松松地转移到另一种情况或地域。

在设计所有未来能源供应的解决方案时，应该考虑该方案对本地和全球地质、物理化学、生物，以及社会框架的影响，并对其进行验证。这将需要自然科学、技术、社会科学和人文科学方面的才能，以及前所未有的本地洞察力。至于通过哪种政治和社会过程，能源基础设施的转型可以协调或违背政治和经济利益，这一点目前尚不清楚。这可能需要广泛且博识的公众的积极参与，而与此类变化相关的社会过程的新知识也必不可少。因此，能源转型是个很好的例子，可以说明我们必须重新思考，将技术转型视为社会转型，再将社会转型视为知识转型。但是最终，重要的是我们应该停止燃烧化石燃料，而且停止的速度还要足够快，这样也许能够减轻进一步气候变化带来的灾难性后果。

鉴于这种岌岌可危的状况，科学和教育领域的全球跨学科合作比以往任何时候都更加紧迫。但是，全球化所固有的国际竞争也可能给研究和教育的组织带来问题，尤其是知识的碎片化、主流化、一致化与商业化。一般而言，科学和技术的运用方式取决于社会结构，取决于该社会利用或不利用知识的方式，取决于其中权力和知识之间的关系，也取决于是否以及在多大程度上考虑了科学技术所产生的意外后果。

每个社会都具备自身的"知识经济"。知识经济包括受社会支配的知识生产和再生产过程及社会制度的整体，其中尤为重要的是社会本身的再生产所依赖的知识。社会的行动潜力（例如它对外部挑战的反应）取决于其知识经济，特别是取决于促进或限制进一步探索知识的社会结构。尽管知识使得个人能够计划自己的行动并对结果做出考虑，但是社会不能"思考"，社会只能在其知识经济范围内预测社会行动的后果。因此，全球化社会应对人类世挑战的能力，将在很大程度上，取决于其知识经济的未来发展。

在21世纪初，科学管理的普遍机制鼓励用越来越多的出版物展示越来越小的信息单位。将科学知识分解为小贡献已导致科学的日益碎片化，这可能会排除掉那些与应对人类世挑战相关的洞见——这些挑战从本质上讲不能细分为学科化的孤岛。

受经济全球化进程的驱动，国家科学政策也越来越侧重提高国际竞争力，这有可能限制好奇心驱动的研究的范围，也有可能忽视独辟蹊径的机会。如今，似乎没有哪个主要社会允许自己不按照全球化模式来促进和规范科学系统和教育系统。全球竞争强迫科学应对经济全球化及其后果，例如，通过在公共和私人层面强化国家创新体系，也通过在教育和研究中遵循知识经济的全球化模型。激励措施在个人层面与机构层面都得到引进：在个人层面是根据合约规定的目标对研究进行管理，在机构层面则是通过增加对第三方资金的竞争来建立准市场，并从长期机构财务支持转变为短期和中期的以项目为导向的财务支持。

国际竞争的动态性增强了科学和教育的全球化模式，也加剧了知识的分裂趋势。随之而来的科学全球化趋向于用竞争力代替反思，漠视特定环境和地方性知识的作用，从而支持科学组织原则的全球化甚至是更普遍的有效性。然而，正是这种观点使得大多数社会在看待自身问题时，常常无视自身独特传统中或适应普遍原则的机遇中所固有的潜力，这些机遇有时只能在与全球趋势脱钩并将科学政策应用于当地情况之后才出现。

在考虑人类世挑战时，伴随全球化产生的科学知识的分裂尤其显得问题重重。要应对这些挑战，需要包括大气科学、地球系统研究、海洋学、进化生物学、环境科学、流行病学和空间科学在内的科学领域，以及社会学、政治学、经济学、计算机科学、历史学、文化研究和心理学等领域相互合作。这种合作不仅要超越学科界限，可能还要超越科学组织、知识生产和教育的传统形式。鉴于创新所具备的不可预测性和无法避免的偶然性，主要关注眼前的挑战会使科学实践变得目光短浅。另一方面，维持当前这种知识经济自我施加的碎片化特征也同样危险，因为这是由争夺现实资本和"符号"资本所驱动的。[16]

人类干预了地球系统，却没有意识到地球系统的内在特性会如何影响干预的后果。要理解这些后果，还必须考虑到人类和地球史之间的纠缠，以及人类思维的潜能，无论人类思维是创造性的还是破坏性的。因此，应对人类世的全球挑战及其自然和文化构成部分的不可分割性，所必需的是一种知识的综合性视角，这不仅要包括关于地球系统的物理科学，还要包括人文科学中的解释性和批判性学科。

我们已经不明智地离开了塑造人类文化和思维方式，且稳定得惊人的全新世。人类世可能是地球系统的一种相反状态，但这不一定是人类的终结，我们只是还不知道它为我们准备了什么。戳破我们的"全新世泡泡"并不意味着我们从一个静态系统中退出——我们是在一个本身就具有高度动态性的系统中进行干预的。我们正在对一个自身已经变化了的系统实施一场全球性实验，我们的干预引入的是二阶变化。因此，我们变得更加依赖于理解这个复杂动态系统以及与之交互。这种理解本身并非一成不变，而是动态性地演变着。

因此，了解知识的动态性对于人类世的未来至关重要。知识代代相传并且累积，环境变化也在这长期过程中发生和积聚，二者均未以任何方式保证人类文化必然幸存。

作为知识问题的世界

但知识是什么？个人知识基于对经验的编码，它使个人能够解决问题，而解决问题是适应性行为的一部分。个人知识根植于预期行动及行动结果的能力，并会根据结果进行纠正，因为我们能够思考或者"反思"我们的经验。由于个人知识依赖于先前的经验，其预测能力在原则上相当有限。另一方面，知识能够以认知结构的形式在心智中存储，并重新运用于新的目标。

知识不仅具有心智维度，还具有社会维度和物质维度。它可以借助"外部表征"（例如文字或符号系统，这些都属于社会物质文化的一部分）而存储、共享，并在个体和世代之间传递。物质文化不仅决定可能的行动和社会组织形式的范围，还决定思维水平。例如，在历史上，能源概念只有在通过物质实践而实现实际的动力转化后（如，用风力或水力替代人力，而后再用蒸汽机替代风力或水力）才有可能出现。同样，在20世纪的控制论和控制理论出现之前，需要有詹姆斯·瓦特（James Watt，1736—1819）的离心式调速器之类反馈机械的实践，该机械还改良了他首创的蒸汽机。[17]

许多科学家会认为知识在哲学上来说是中性的，知识既可以被用来做好事，也可以被用来做坏事。这至少是一种更加传统的立场，将科学影响的责任从生产新知识的专家转移到其他方面。比如说，如果科学家们开发的一种新化学物质在战争中被用来对付平民，这就不是科学家的责任。[18] 但是，我们真的能让科学家（以及其他知识生产者）这么轻而易举地脱身，让他们推卸掉所有责任吗？从某种角度来看，我们是否也可以认为，滥用知识是一种无知的表现？这种观点当然需要更广泛的知识概念，比学术话语中通常使用的知识概念更广。

这一知识概念还必须有助于理解，在具体情况下，什么在道德上是公正的，什么在道德上是不公正的，从而为道德决定和政治行为提供见解。我们可以想象出一种涵盖性如此之广的知识概念吗？这一知识概念也将促进，例如，能使一位马丁·路德·金（Martin Luther King Jr.，1929—1968）或纳尔逊·曼德拉（Nelson Mandela，1918—2013）式的人物改善世界的洞见？然后，这将构成对激进的新自由主义意识形态的激进回答，这一意识形态声称，当无法借助市场力量解决问题时，答案不是限制市场，而是要求更少的市场约束。相比之下，我在此主张，我们应该接受这样一种可能性，即所有挑战都应该被重新视为对知识的挑战，当知识匮乏时，我们需要更多以及可能是不同的知识（例如，关于市场运作的知识）。

就一个社会来说，可以临时在当地建立想要的任何价值和规范，然后生产、共享和消费地方性知识经济所能够产生的那些知识。然而，最终，随着全球联系的不断增强以及人类在人类世的集体行动产生全球性影响，我们所积累的全部经验将决定人类的命运，就像许多其他物种已经历过的那样。[19] 某些看起来不言而喻的或者显然可取的社会、经济和政治结构，甚至是已经确立的社会行为和知识生产准则，最终可能会导致人类文化的灭亡——它们最终将被揭示为不恰当的社会结构以及轻率的伦理和认知标准。这种观点表明，普世价值和知识的辩护不需要任何形式的超越性，只需接受这一原则，即最高价值是人类的生存和繁荣——也许还可以结合这一清醒且自由的见解，即人类生活最终不过是目的本身。

让我们回到我们的问题：根据可追溯到德国哲学家伊曼努尔·康德（Immanuel Kant，1724—1804）的传统，实在不是现成给我们的，而是以一种谜语的方式交给我们。[20] 如果人们将世界的问题考虑为知识问题，那这个世界会怎样；而处于世界之中的人们，又该对知识做出何种认识，以使这种观点成为可能呢？在个人生活中，我们体验过改变事物的能力。我们还学会了预测行为，也学会了我们常常是错误的。如果没有设定目标、做计划、对行为和由此得来的经验和知识进行思考，我们就无法想象我们的生活。思想和知识是决定我们如何生活的主要因素。若没有欲望和思想，没有集体经验、信念、情感和知识，那我们的集体生活与人类社会的历史都会是难以想象的。

因此，任何有助于解决人类世挑战的历史记载都应公正地对待明显的事实，即，人类是行动者。他们的行动不仅取决于自然、社会和文化环境，取决于经济、政治或宗教利益，或者是其欲望和激情；还取决于思维，尤其是他们对世界和自身的实际了解，取决于他们如何获得和分享这种了解，当然还有他们利用知识的方式。但是，这种说法的前提条件并不在于人类拥有这种力量，就像自然地（或神圣地）馈赠给人的属性一样；相反，挑战在于，要理解人类作为行动者的自主性（如果有的话）是如何通过知识获得的。通过这种方式，人们也可能更好地理解通常所说的人类自由。实际上，人类自由与我们理解和判断所处的困境，以及构思改变甚至改善困境之行动的能力密不可分——简而言之，与人类思考和利用知识的能力密不可分。

尝试对知识进行定义的历史相当悠久。对相关讨论进行评述将能够写出一本不错的书。对于知识史，以及知识在其中处于重要地位的一般历史而言，我们可以从历史行动者自己使用的分类开始。历史行动者的分类肯定能为他们在历史背景下赋予知识的作用提供重要线索，但这些分类并不必然涵盖他们自己的实践。这些分类也给比较不同的历史行动者和历史时期带来困难，它们很难达到我们今天要求分析性概念达到的标准，而分析性概念能使我们理解历史过程及其动态。

另一方面，来自非历史性研究的知识定义，例如哲学或认知科学中的知识理解，可能会导致时代错误，因为这些学科缺乏用来判断知识在历史上如何变化的实证基础。因此，研究历史上的知识既不能是在没有任何概念性装备的情况下踏上的旅程，希望拾起历史行动者之牙慧；也不能是采用一刀切的套路进行的远航。以知识本身作为分析范畴的知识史将是一次探索性冒险，它不仅为历史发展提供新见解，而且为知识本身的性质提供洞察。

在科学史与知识史之间

知识是否以及如何在历史中发展是个关键问题。显然，代际知识传递存在着一定程度的知识积累，但这一过程也伴随着知识的大量损失、严重失效，以及知识系统的深刻变革，即使变革并不属于突然断裂那种意义上的"革命"。限于特定的历史个案和历史行动者类别的调查表明，在千变万化的图景中，多样性是唯一可识别的整体模式。然而，知识史中有这样一条线索，发展逻辑在传统上被归于它：长期以来，人们认为科学史受进步逻辑的支配，除了偶尔因故态复萌或错误而中断。[21] 但是，当科学史被置于知识史的更广阔背景下时，人们会怀疑这种发展观念是否只是例外或幻觉。[22] 无论如何，这一问题与以下问题密切相关：社会是否随着科学的进步而进步，以及科学是否取决于文化背景。

自现代科学诞生以来,科学作为进步之典范的自我形象就一直陪伴左右。对于弗朗西斯·培根(Francis Bacon,1561—1626)而言,只有科学的进步,即progressus scientiarium,在时间上是无限的,而政治进步却受限于地域与历史,并且大多涉及暴力和混乱。另一方面,发明创造会带来幸福,而不会造成不公正或痛苦。[23] 在启蒙运动中,数学家马奎斯·孔多塞(Marquis de Condorcet,1743—1794)将科学进步与社会解放程序性地联系在一起,希望通过知识传播和教育消除不平等。[24] 但即使是孔多塞的思想也有可能最终导致所有生活的全面合理化,进而导致技术官僚化的社会。科学家亚历山大·冯·洪堡(Alexander von Humboldt,1769—1859)及其同僚深信,由科学推动的技术创新将改善公共利益。[25] 但是,在工业革命时代就已经越来越明显的是,科学技术的进步并不一定自动促进整个社会的进步,因为技术进步的成果在新兴资本主义社会中的分布显然是不均衡的,机器只是被用来从工人中榨取更大的劳动价值。

然而,人们依然希望在科学进步、技术进步和社会进步之间建立联系。达尔文进化论取得胜利之后,一些思想家甚至宣称,进步是支配生物进化和社会进化的自然法则。[26] 但是,这种希望在20世纪受到了诸多灾难的挑战。

无论科学家们对科学进步与社会进步之间的关系有何看法,大多数科学家主要通过科学活动的一种特性,即"累积性",将科学活动与人类的所有其他文化表现形式区分开来。就个人而言,几乎所有科学家都认为自己可以超越前辈,因为其成绩筑就在前辈基础之上。在传统的科学史研究中,科学进步也被视为理所当然。其基本图景就是一个泰坦巨神接力赛,巧妙创意的接力棒被从一个人传递给另一个人——这实际上是一种尚欠发展的知识经济概念。科学史于是变成了关于成功的编年史,一部关于谁在何时何地取得何种进步的历史。

事实上,这些问题更适合研究职业体育,而不是科学。它们没有考虑到科学的各种"运动"(即研究领域)本身总是需要重新定义的事实。传统上,科学史是通过从现在开始回溯写就的。因此,要讲述现在如何形成,成功何以诞生,那么当下的成功所需要的一切都属于科学史;而占星术或炼金术等令人尴尬的案例则属于科学的"史前史"。

最新的科学史研究倾向于质疑科学的进步性这一主张。科学在某种程度上也具有其他人类活动形式的谬误，这似乎与进步性不相容。结果，科学似乎不再能够与其他文化实践区分开来。科学已不再是普遍理性的范式，而是作为文化历史或社会人类学的又一研究对象而呈现。事实证明，即使是经典科学形象的最基本方面，如证明、实验、数据、客观性、合理性等，本质上也都具有深刻的历史性。[27] 一方面，这种见解被证明具有解放性，至少对于科学史编纂来说——现在的科学史编纂比以往任何时候都更考虑科学事业的文化背景。另一方面，基于此种认识，科学不再提供可用于其他人类生活领域的理性模型。[28]

这些更新的研究为科学史研究开辟了新视角，科学史正逐渐转变为文化史，其中包括科学以及其他形式的知识。其他形式的知识不仅包括学术实践，而且还包括与传统学术设定相距甚远的知识生产和再生产，例如，在手工艺与艺术实践中，甚至是家庭与家族中传承的知识。

在传统意义上，近代早期的科学革命被认为不仅通过特定发现，而且还通过一种一般科学方法建立了现代科学，该方法即提出假设，然后通过实验或观察进行检验。据称，现代科学和科学方法是在欧洲发展起来的，首先是在天文学和物理学领域，然后由此开始，征服了整个知识界和地理意义上的世界。但是，即使传统说法也承认，某些扩张通过强制而实现，例如，试图将力学定律强加于所有科学，或者通过西方科学的殖民扩张，通常伴随着对其他形式的思考进行暴力压制。

传统的论点是，科学知识，无论它来自何处，都具有不同于之前所有知识形式的独特品质。但如今，一些科学史学家并不承认科学知识与其历史渊源之间存在有效性方面的差别。例如，他们不再将科学革命视为历史性突破，不认为科学革命从根本上改变了知识生成的实践，并一劳永逸地建立起了科学方法。

很多在科学革命期间变得重要的知识是来自工匠、工程师、医师和炼金术士的实践知识。正是通过研究和转化这种知识（例如，与弹道学中的抛体运动或冶金学中的材料转化有关的实践知识），伽利略等近代科学家才有了伟大的发现。[29]

因此，伽利略在其生涯最后力作——1638年的《关于两门新科学的对话》(Discorsi)[30]——的开篇，向当时最伟大的造船厂之一威尼斯兵工厂的工匠们致敬。该书奠定了经典力学的基础。[31] 这本书是用对话形式写成的，并以作者的发言人萨耳维亚蒂（Salviati）的发言开头，赞扬那些熟练建造师的专业知识：

> 萨耳维亚蒂：你们威尼斯人在著名的兵工厂里进行的经常性活动，特别是包含力学的那部分工作，对好学的人提出了一个广阔的研究领域。因为在这部分工作中，各种类型的仪器和机器被许多手工艺人不断制造出来，在他们中间一定有人因为继承经验或利用自己的观察，在解释问题时变得高度熟练和非常聪明。

另一位志同道合的对话者萨格利多（Sagredo）对此做出回应，指出他本人从这些专家那里受益良多：

> 萨格利多：你说得很对。生性好奇的我，常常访问这些地方，纯粹是为了观察那部分人的工作而带来的愉悦，由于那些人比其他技工具有较强的优势，我们称之为"头等人"。同他们讨论对我的某些研究结果常常很有帮助，不仅包括那些明显的，还包括那些深奥的和几乎是不可想象的结果。[32]

简言之，其他形式的知识，例如这些工匠的实践知识，已成为科学知识的重要基础，但在传统上却被忽视。它们如此重要，以至于如果不考虑实践知识的发展，人们就无法真正领会科学革命的动态性。很明显，科学知识与知识的其他领域有关，不仅与哲学等理论传统中蕴含的知识有关，还与工匠的实践知识有关，甚至与我们每个人在个人发展中，为了应付外部物质世界所必须获得的直觉知识有关。

也许更为重要的是，当扩大视野以纳入其他形式的知识时，人们就不再立即根据已建立的西方科学标准进行衡量，非西方式的知识处理方法就出现了。"用他们自己的语言"成为现在分析中国科学、印度科学和伊斯兰科学的口号。[33] 同样，如今知识的全球传播不仅仅被看作从中心到边缘的单方面殖民或后殖民传播过程，也被视为知识的交换过程，其中交换的每一方都是活跃的。知识的传播过程既被传播塑造，也被"接收方"的主动占有塑造。

总而言之，这种对知识的包容性观点为人们打开了大门，带来了对科学知识的全球动态和历史的新认识。甚至可以说，科学知识似乎已经失去它在其他形式的知识中享有的特权地位。但这一结论还不能完全成立。显然，在科学之外也有知识。同样清楚的是，科学知识并不独立于其他领域的知识，也不独立于其他因素，例如技术。实际上，仅凭认识论的标准，甚至借助关于科学的理论，很难将科学知识与其他形式的知识区分开来。

然而，从历史角度来看，通常有可能将不同文化和时间段内的科学视为一种独特的知识形式，尽管其性质可能会随着历史背景而改变。科学知识不仅涉及理论，而且也涉及文化实践，后者往往有意识地创造可以代代相传的知识。科学知识通过"认知共同体"（epistemic community）积累和传播，而"认知共同体"通常在专门的教育机构内处理知识的保存、改进和生产。这一类知识通常使用特定的外部表征进行编码，例如文本和工具。

科学实践包括启蒙、教育、探索、论述和传播等形式，这些均受制于历史变迁。历史上各种争议性的论证标准、控制结构和用于验证知识的实践，都塑造了知识的积累和可修正性，从而将个人知识的学习和自我纠正等方面扩展到了社会制度。哲学家卡尔·波普尔（Karl Popper，1902—1994）的持久价值在于，将可修正性置于科学概念的中心位置，即科学是一种对知识的不懈追求。[34] 科学知识采取的具体形式取决于社会赋予知识的角色，即"知识之象"（image of knowledge）。[35]

科学知识首先出现在复杂社会中，这些社会为探索知识创造了独立于直接实践目的的社会空间。因此，当探索一个社会的物质或符号文化的内在潜力，而其首要目的是知识生产时，我们就可以说这是"科学"。[36] 没有人曾预料到人类社会最终会依赖于这种知识，这一挑战因科学知识的内在不确定性而变得更大。

作为勾勒姆的科学

科学的文化史主要关注具体的个案研究而无法说明科学的长期发展，不可避免地造成了高度分散的局面。在这种视角中，科学融于大量本地化和背景化的活动中，不再能与其他文化实践区分开来。[37]

在全球化世界中，这幅画面很难公正地处理科学势不可挡的社会、经济和文化意义。将欧洲或西方科学"地方化"（provincialize），认为其仅代表全球文化中众多同样合理的观点之一，这已成为政治正确的标志。[38] 但是，来自历史学家和哲学家善意的政治正确几乎无法弥补对原住民文化的破坏，无法弥补我们的罪过与种族灭绝——简而言之，无法弥补在世界历史上借助科学或西方理性的名义造成的巨大破坏和虐待。

科学可以被比作犹太民间传说中的勾勒姆（Golem），它是用无生命的物质创造出来的，然后被魔法般地赋予生命以提供有用的服务，尽管它有可能摆脱甚至对抗其创造者。正如哈里·柯林斯（Harry Collins，1943—　）和特雷弗·平奇（Trevor Pinch，1952—　）所说："科学是一个勾勒姆。勾勒姆来自犹太神话。它是人用黏土和水，通过咒语和魔力制成的人形生物。它很强大。它每天都变得更强一点。它听从命令，为您工作，并保护您免受具有威胁性的敌人的侵害。但它既笨拙又危险。如果脱离控制，勾勒姆可能会以猛烈的力量摧毁其主人。"[39] 无论如何，科学勾勒姆不会因为被低估就变得驯服，更不用说，作为科学的缔造者、见证人或批评者，我们还会高估自己的影响力。毫无疑问，自19世纪以来，科学为人类带来了新材料、新的运输和通信方式、新药物，以及医疗保健的进步，这些都极大地改变了人类在能源供应和食品生产方面的状况。现在，人类文化在人类世时代的生存可能要取决于恰当科学技术知识的生产。

从这个角度考虑，对科学发展的累积性和自我加速性的任何怀疑似乎都不过是小圈子里的学术辩论。相信科学进步者和持怀疑态度者最终会在这一点上团结起来：科学发展就像是强大的、一往无前的勾勒姆，其步

图1.2 拉比洛（Rabbi Loew）给勾勒姆注入生命。劳伦特·陶丁绘

伐无论是善是恶，都确立了现代工业社会和后工业社会的节奏。否认科学技术对现代社会的实质性影响就等于重新开始争论地球是否是平的。然而，科学造成的影响惊人，科学与社会之间的关系通常错综复杂且难懂，要在这种惊人影响和二者关系之间进行调和是另一码事。同样具有挑战性的事实在于，科学进步并非自动化或必然的，而只是人类历史中的机缘巧合。

知识如何演化？

科学思想的根本变革如何与之前知识的保留和逐渐扩展相协调呢？我们又该如何评价科学理性的明显存在和它的局限性，以及它不能被当作整个社会进步之典范这一失败呢？在本书中，我将表明：科学从未孤立地运作过，而总是作为更大知识系统的一部分；这些知识系统可能会在历史进程中深刻地改变其结构；这些系统是任何特定社会的知识经济的一部分。如果不考虑这些，就无法理解本段开头的问题。

知识系统的一大例子是中世纪大学的课程，其中有神学、医学和法学等部门，此前则需要预先完成七门文科课程。另一个例子是现代科学学科的整体。但是，知识系统并不必须是严格组织起来的概念体系或智性实践。实际上，它们根本不需要非常系统化。盖房子或打理花园所需要的知识也可以被认为是一种知识系统，它们由许多不同要素组成。这些要素没有通过严格的组织原则组合在一起，而是构成一种多相混杂的"知识包"（package of knowledge）。知识系统各构成要素之间的关系可能是语义上的，如在科学理论中；可能是制度性的，如在课程体系中；也可能是实践的，如在建筑项目的例子中所展示的。

知识系统的历史该如何编写，才能超越单纯的描述性说明，但又避免将其强行纳入必然进程的逻辑，或将其简化为一连串没有解释价值的偶然事件？此处与自然史进行比较或许有益，不在争取大历史（Big History，大写的B）叙事的意义上，而是希望从其他领域发展出的解释方法中学习一二。

进化论解释在19世纪盛行，当时的科学家和哲学家如查尔斯·达尔文（Charles Darwin，1809—1882）、恩斯特·海克尔（Ernst Haeckel，1834—1919）、卡尔·马克思（Karl Marx，1818—1883）、恩斯特·马赫（Ernst Mach，1838—1916）、路德维希·玻尔兹曼（Ludwig Boltzmann，1844—1906）、皮埃尔·迪昂（Pierre Duhem，1861—1916）、威廉·冯特（Wilhelm Wundt，1832—1920），以及很多其他人，都毫不犹豫地寻求将生命的进化与人类文化和思想的演化联系起来。例如，在马克思的《资本论》（Capital）中，我们读到："达尔文使我们对自然之技术的历史，即植物与动物维持生命的生产器官的形成史产生兴趣。人的生产器官的历史，即所有社会组织之物质基础的历史，难道不值得同样的注意吗？"[40] 在《19世纪全景》（Panorama of the Nineteenth Century）一书中，道夫·施特恩贝格尔（Dolf Sternberger，1907—1989）将"进化"描述为19世纪的魔咒。[41] 达尔文对生物学的综合，以及现代的进化生物学综合，在当今的科学问题中仍然很显著，也很关键。在科学史中却并非如此。在科学史中，关于科学、知识和文化的演化特征的讨论很少发挥作用。[42]

我不是要将历史还原为生物学，也不是要在知识史中证明适者生存。我宁愿建议我们从进化论的地位中学习：在解释历史连续性和生命形式的不断创新时，进化论将生物学的众多分支学科（从遗传学和生理学到古生物学和生态学）整合到单一的历史发展理论中，并在整合过程中改变了这些分支学科。是否可以在知识史中找到一种具有类似支配性、综合性和解释性的框架，并将其作为文化演化的组成部分？

仅通过模仿生物学框架还无法确保这种尝试的成功。正如生物进化理论的基础在于对生物变化机制的具体见解一样，对知识演化的解释也必须从详细分析知识史的变化机制及其与文化和社会之关系开始。类似地，知识的历史理论必须重视从新颖视角对众多学科进行整合，从而使它们更容易受到深刻的再诠释。

由于文化演化最终以生物学为基础，其最大的选择性力量是人类的生存。当然，最终的选择性力量受到文化和社会中许多层面的调停或缓冲，而这些层面本身对知识系统和文化演化又施加了不同的选择性力量。仅从生物学考虑很难预料到这些层次。但是，文化或社会的演化本身也被认为是一种进化过程。此想法可以追溯到19世纪，即达尔文的《物种起源》（On the Origin of Species）[43] 刚刚出现的那个时代，当时威廉·詹姆斯（William James，1842—1910）和恩斯特·马赫等思想家都有这样的想法。自1980年代以来，这一观点得到复兴，此时理查德·道金斯（Richard Dawkins，1941— ）、路易吉·卡瓦利-斯福扎（Luigi Cavalli-Sforza，1922—2018）、罗伯特·博伊德（Robert Boyd，1948— ）和彼得·里彻森（Peter Richerson，1943— ）等人开始利用由进化论发展起来的成熟形式工具（包括复杂的人口遗传学），以类似于生物发展的方式来解释文化现象。[44]

总的来说，这些尝试并没有将文化还原为生物学，而是强调其相似之处——例如将生物遗传和通过学习过程发生的文化继承进行类比——然后采用进化论、统计学和博弈论中的方法和模型,对系统发育谱系或文化变迁进行解释(如在语言的演化中)。因此,文化选择主义者假设了两个平行的继承系统,一个是基因遗传,另一个是文化传承。二者交织在一起,其交织方式之一是"生态位构建"(niche construction),它本质上提供了第三种继承系统,可以被描述为生态继承。生物通过表型或文化特征改变其环境,而改变后的环境反过来又重塑了选择压力。所有这三个继承系统都通过反馈回路进行耦合。[45]

进化论的启发作用

通过识别不同的传播和变异机制,将此方法推广到知识演化理论中,然后看看生物学类比和工具能够为知识的"种群动态"提供何种程度的洞察,这可能是很诱人的。但是,这不是本书所遵循的方法。我既不认为生物进化是一个包括并支配文化及其动态的总体过程,也不认为通过与生物学的类比,可以为文化历史的分析提供一个理论框架,该框架对人文和社会科学具有类似于达尔文理论对生命科学那样的整合功能。前者会无视文化的自主性,后者则会无视文化研究的自主性,二者都相当于某种形式的还原主义。

相反,我认为,生物进化理论是任何关于复杂适应性系统(如人类文化)之长期发展的历史理论的标准。然而,这些历史理论必须以它们自己从数个世纪的研究和众多学科的传统中获得的真正洞见开始。换言之,我没有将文化分析领域的概念,例如制度和权力、记忆和压抑、学习和反思等,与大体上从生物学中借鉴而来的进化框架相匹配,而是采取了自下而上的方法。这一方法始于概念、理论,以及人文和社会科学中的深入研究,并试图建立起一个解释性框架,以捕捉这些研究中蕴藏的财富。但要记住,人类历史的解释性框架应遵循从生命科学的进化论中学到的一些基本经验。[46]

这些经验包括整个过程的时间性指向和特定发展的异步性,即缺乏全球统一的发展。进化论的说法并不意味着任何传统意义上的"进步"。通常,进化的结果既不由其初始条件决定,也不由最后要达到的某种最终目标决定——可以说进化既不是宿命论的,也不是目的论的。实际上,现代生物学早已放弃了任何关于进化是向最"高度"发达的生命形式(以人类为创造之冠)胜利迈进的想法。相反,进化理论坚持的是,整个生命在地球上展开的过程,其全球连通性通常隐藏在令人眼花缭乱的各种本地形式之下。就文化史和知识史而言,我们距离这种全球性描述还很遥远。

另一个经验是,进化过程不仅允许偶然事件的发生,而且允许它们产生长远影响。进化过程是路径依赖的,即尽管过去的情况可能不再重要,但当前的发展取决于过去的事件。然而,未来发展的不可预测性、后期发展对早期发展的依赖性,以及偶然性在此类过程中的作用,绝不会迫使我们屈从于仅仅是描述性的或分类学的说明,也不会使我们仅仅止步于对地方叙事加以集合。进化论的确具有解释潜力,但首先是要意识到完全的复杂性,这种复杂性可能会在以下两者结合时出现:确保连续性的机制,以及变化和选择的可能性。

进化过程不仅会对外部条件做出反应,而且可能会塑造自己的环境,从而变得具有自我指涉性——这一特征在进化生物学中被称为"生态位构建"(例如,建造水坝的河狸)。这显然也是文化演化的特征。另一个需要与知识史进行比较的进化论特征在于这一洞察,即进化过程后期出现的生命形式并不一定会消灭早期的生命形式。相反,简单的生命形式是迄今为止进化过程所产生的最成功的生命模式,例如细菌。从某种意义上说,知识史也是如此。复杂的知识形式很难完全替代较早的知识形式,例如,高等数学就无法完全替代简单的算术。

进化过程可能会导致趋同,就像多个物种都独立发育出了眼睛一样。这种现象在科学的并行发现中也很常见。生物进化通常与模块化的组成部分一起运作,当某些器官重新目的化以适应新环境时,模块化的组成部分会被重塑为形成新生命形式的建造材料。物质环境的重新利用是文化演化中一个同样重要的方面。历史赋予的物质条件塑造了"可能性视域"(horizon of possibilities),它总是比在任何特定时刻实际实现的可能性要更为广泛。[47]

生物进化涉及基因及其在表型中的表达，后者是发育生物学的主题。我并不是要暗示可以将这种结构简单地类推到文化领域，但是，如果缺乏知识的概念和知识发展的理论，文化演化似乎就像缺乏基因和发育生物学的生物进化一样。事实上，有些人甚至在生态位构建的背景下，从知识获得和知识的社会传播角度界定了文化。[48] 在任何情况下，人类文化的传播都超出了上述与生态位构建相关的生态继承体系，它涉及社会学习以及物质性的人工制品和符号的传递，这些物质性的人工制品和符号存在于整体知识系统之内，但又与直接使用环境分离。

《科学革命的结构》之外的另一种选择

在后文中，我会根据详细的历史研究来勾勒出这种理论，这些历史研究都是带着其中的一些问题进行的。这些研究还特别涵盖了一些主要的所谓科学革命：近代早期经典力学的出现，18世纪的所谓化学革命，以及20世纪的相对论和量子革命。已确定下来的知识演化基本机制不能被还原为生物进化中的突变和选择等类似物。实际上，知识演化机制更多地取决于背景，并且机制自身在历史过程中也并非一成不变。科学变革的发生并不依照某种普遍框架——像是托马斯·库恩（Thomas S. Kuhn，1922—1996）在其划时代著作《科学革命的结构》（*The Structure of Scientific Revolutions*）中所假设的常规科学、科学危机和范式转换这样的顺序。[49] 但是，库恩的框架仍然可以作为一个有用的陪衬物。通过与已经广为流传却具有误导性的、与科学变革有关的根本性突破这一概念进行对比，我们能够确定知识史的演化叙述的特征。

简而言之，我主张知识系统会发生重大变化，但这些变化往往是漫长和旷日持久的过程。如果不考虑知识的分层结构——在一个社会的知识经济中共享的不同类型知识——就无法充分理解它们。正是由于科学知识的这种分层结构（通常也包括直觉知识、实践知识和技术知识），在实际科学工作中，科学世界观或"范式"之间的不可译性或"不可通约性",才没有像在哲学讨论中所认为的那样严重。实际上,不可通约性属于理论层面的概念,[50] 而无论理论如何变化,单个概念的所指(工具、现象等)都可能保持不变,从而使交流能够在知识的其他更实用层面上进行。

诸如文本、工具或基础结构之类的知识的外部表征和体现,是知识系统传播的支柱,确保了知识系统的长期连续性。知识系统及其外部体现由知识的从业者(如科学共同体的成员)运用或探索,他们或者在致力于知识生成的机构内部,或者在实际环境中进行应用和探索。他们的探索导致知识系统的丰富、扩展和逐步变化。此外,共享知识总是由个体承载,因此共享知识在本质上是可变的。知识系统从来没有唯一的定义,因此总是需要进行解释;而不同的个人或群体有时可能会见仁见智。这些变化可能会引起争议,但争议本身也是概念发展的一种手段。

因此,探究获取知识的特定历史性手段的内在潜能,会在知识系统内引起多种选择,从而成为新颖性的来源。在知识系统高度发展的状态中,这些变化通常会导致知识系统内部的张力与矛盾,可能成为知识系统重组或分支出新知识系统的起点。事实上,知识增长中一些最关键的步骤并不建立在获取新知的基础上,而是在于发展出运用旧知识的新方法。[51]

全球学习过程?

在此基础上,我认为,可以将科学史当作全球知识史的一部分:无须迫使其与进步逻辑相洽,无须放弃对改变地球的知识的长期积累、相应损失和不足进行解释,也无须放弃科学理性对偶然天才人物的依赖。但是,这样的历史将如何帮助我们回答本书开始之时提出的问题,尤其是,要解决人类世的挑战我们该需要何种知识的问题呢?首先,这将证明,在何种意义上,科学只是高度分散却不可阻挡的全球学习过程的一个方面,而在这种全球学习过程中,随着时间的流逝,全人类用塑造世界的潜力将知识整合起来。它还将说明这一潜力实际上被如何利用,并最终证明,作为这项全球学习过程中一个出现得较晚近的结果,科学因此获得其力量。

当我谈到全球学习过程时，我再次想到与生物进化的比较。整个过程显示出个体学习的特征，就像生命体对环境的功能性适应，但无须假定学习主体是有智慧的，正如我们不能保证生物适应性最终不会导致物种灭绝。（实际上，进化生物学中有许多失控选择的例子，使物种依赖于可能消失的特定生态位。）类似地，人类历史显然不受某种形式的全球性集体主体性支配，而是由主要在本地环境运作的过程引导——尽管这些本地过程中出现了越来越多的全球性纠缠和后果。

面对这些后果所带来的全球性挑战——例如地球系统的变化，其中气候变化也许是最明显的——我们可能希望出现这种集体主体性，并由此促发对全球问题的合理解决。的确，一些可持续发展政策的倡导者主张这种方式，比如希望有一个始终表现理性的世界政府来管理地球工程的相关措施，而这一世界政府由国际专家团体或权威机构组成。虽然地球工程在万不得已时可能是最后方案，但后一种希望似乎仍然虚幻得像通过"智能设计"来解释生命史的希望一样。另一方面，研究知识的演化可以帮助我们构想出解决这些挑战的更务实选择；这可能教给我们新的解决方案，在知识生产的全球机制中，这些方案将自下而上地出现，而不是自上而下地传达。[52]

第二章
人类知识历史理论的要素

在科学里，研究似乎最不起眼的东西，往往可以学到最重要的。

——马文·明斯基《心智社会》

[历史]资源既不像实证主义者所相信的那样如同敞开的窗户，也不像怀疑论者所认为的那样如同阻碍视线的栅栏；如果一定要作比，我们可以将它们比作哈哈镜。对每种特定资源的特定失真的分析已经暗示出构建性因素。但正如我试图证明的，构建……与证明并非不相容；没有欲望的投射就没有研究，而欲望的投射与现实原则所引发的反驳可以相容。知识（甚至历史性知识）是可能的。

——卡洛·金茨堡《历史、修辞和证据》

我们仍然需要学习新的、更好的方式来思考，来运用自己的思想——尤其是能够真正在人类世这一大背景下，对气候变化等重大问题进行思考。这可能需要退后一步，并对我们自己的思想如何运作进行更深入的反思。如果我们能够学会如此这般行事，那么我们就不仅能够预见一个安全的人类世，而且更重要的可能在于：一个美丽的人类世。

——保罗·克鲁岑《序言：向安全的人类世过渡》
（"Foreword: Transition to a Safe Anthropocene"）

本书的框架

面向人类世重新思考科学,意味着要对科学和知识以及它们的历史演变提出一些基本问题。在本书中,我将分五个步骤进行,这五个步骤与本书五大部分相对应。在第一部分中,我已经开始讨论知识的双重特征,即它所提供的权力,以及它所导致的意想不到的后果。这种双重特征在我们步入人类世的过程中至关重要。第二部分是三到七章,我在其中讨论了思维的历史本质,并追问知识结构如何变化。第三部分致力于探讨"知识经济",我研究了知识结构如何影响社会,以及社会如何反过来影响知识结构(第八到十章)。在第四部分,我分析了知识扩散与全球化过程,追问知识如何进行传播(第十一到十三章)。最后,在第五部分中,我回到人类世主题,在考量进化论的背景下讨论人类世的出现,并讨论我们的未来依赖何种知识(第十四到十七章)。接下来,我会概述其余四个部分的论证主线,以便为读者提供选择性阅读的可能。[1]

知识结构如何变化

第二部分专门介绍人类思维之认知结构的一些显著性质,这些可以帮助我们理解历史性变化。其中之一是,知识的结构和内容并不像将逻辑与意义区分开的悠久传统所认为的那样相互独立。任何概念(例如树的概念)都可以特定地指向一种具体经验,同时充当一种一般认知结构,以便将该经验同化并连接到其他经验的网络之中。仔细想想,每个概念都是一点小小的理论,因为它在语义上与其他概念相关联。

正如我将在第三章和第四章中论述的,认知结构是活跃的,因为认知结构在每一次执行时都会发生变化。如果我见到一棵前所未见的树,那么我可能会改变我的树概念,从而改变该概念所嵌入的整个语义关系网络。这是认知发展的基本特征,也说明了科学知识在回应新经验的过程中可能会如何变化。在第六章中,我处理了特定知识系统中难以消化的特定种类经验,我将这些经验称作"挑战性对象"。例如,当人们期望所有物理作用都需要物体之间的直接接触时，移动罗盘指针的无形力量就显得很神奇；这就是年轻的爱因斯坦所经历的，他一生都记得这一挑战性经验。

我们的典型困境在于，认知结构即使在信息不完整（或过多）的情况下也会允许思维过程的发生。正如我将在第四章中详细讨论的那样，部分结构中的信息缺失可以用先前经验中收集到的"默认假设"（default assumptions）来补充。例如，我只需要看到树的上部就能得出结论，它肯定有根，因为树通常都有根部。但是，如果事实证明根部已被砍掉，我不必放弃这一信念，即我所面对的是一棵树。艺术经常和我们的默认期望开玩笑。例如，艺术家赫伯特·拜尔（Herbert Bayer，1900—1985）就会用蒙太奇照片迷惑我们，照片里的他照着镜子，发现自己上臂的一部分脱落了。我们——当然，还有他本人——很自然地会以为，看到的只能是以受伤为代价被切断的人类肢体，但拜尔却惊讶地发现，镜子中反映的身体实际上更像是人体模型，其部件可以随意卸除。两个截然不同的"心智模型"（活的完整人体与模块化的人体模型）带有部分不相容的默认期望，二者的结合因此引起失调的震惊。在艺术和科学中可以找到许多类似例子。瓦尔特·本雅明（Walter Benjamin，1892—1940）和阿尔伯特·爱因斯坦（1879—1955）等人都认为这种效果具有启示性。[2]

与卡尔·波普尔等科学哲学家的主张相反，科学理论通常即便在面对反面证据时也并没有放弃。我们该如何处理这一显著事实呢？在第四章中，我通过默认设置的可用性，以及可以在保留一个概念性框架的基本论证结构的同时替换默认设置的灵活性，对此进行了说明。科学理论总是嵌入更大的知识系统中。不完整的科学信息通常由背景知识补充，而背景知识由来源于先前知识的默认假设组成。例如，当伽利略在自制望远镜中观察到月球的模糊图像时，由于他对风景图画的前期经验以及对看到另一个类似地球的天体的期待，他能够将月球的不规则处识别为陨石坑和山脉。

认知结构的组成部分可以产生于其他认知结构，比如：房屋的概念由地下室、地板、屋顶、墙壁、窗户、门等概念组成，而此等概念中的每一个又可以依次通过其组件进行扩展，例如门把手、铰链、锁、木材、油漆等。因此，认知结构有点像俄罗斯套娃，其内部嵌有其他认知结构的嵌

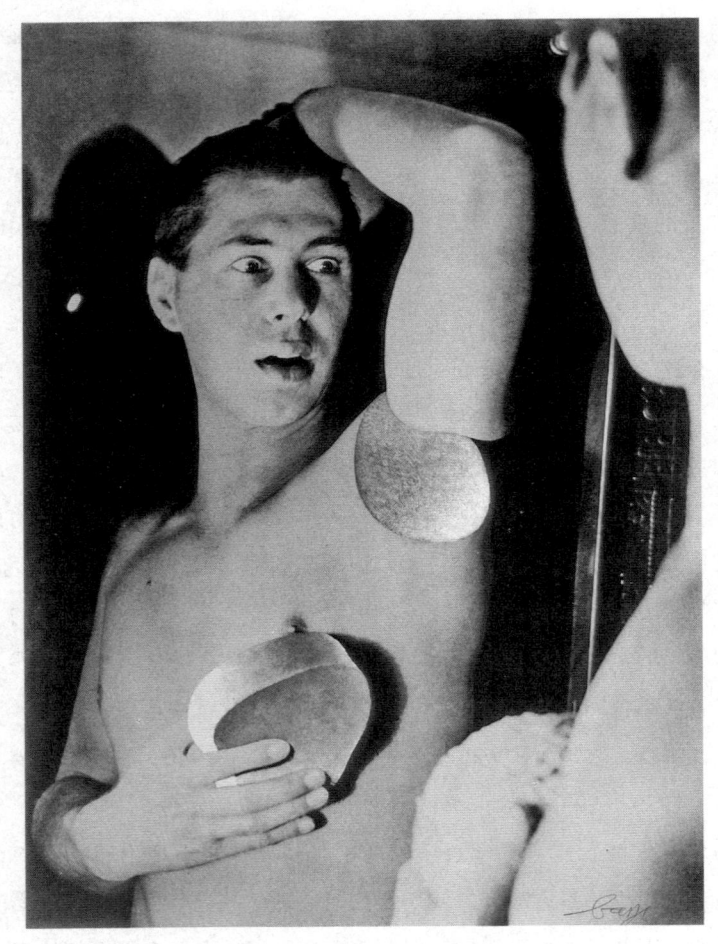

图 2.1　赫伯特·拜尔《人为难达（自拍人像）》[*Humanly Impossible（Self-Portrait*）]，1932年。拜尔的蒙太奇照片属于超现实主义实验的传统，其人体模型具有自己的生命。从某种意义上说，他们反向运用了古老的皮格马利翁神话。根据拉丁诗人奥维德（Ovid）的说法，皮格马利翁（Pygmalion）是一位雕塑家，他用象牙雕刻了一个女人。爱神阿佛洛狄忒（Aphrodite）满足了他的隐秘愿望，将雕像变成皮格马利翁可以结婚的真实女人。相反，一位超现实主义的艺术家会认为，自己是能够将自己的镜像变成人工制品的皮格马利翁。拜尔在蒙太奇照片中将自己的镜像变成人体模型，以揭示隐藏的欲望、恐惧、直觉和洞察——比如说，揭示了世界的机械化及由此带来的脆弱性。同时，艺术也展现了人工制品的力量（它们能够实现原本的"人为难达"），从而作为"外部表征"，体现并产生出这种精神状态。知识史中外部表征的生成性歧义是本书的一个中心主题。有关其在艺术史中的作用，参见 Bredekamp（2010）。© bpk 图片库

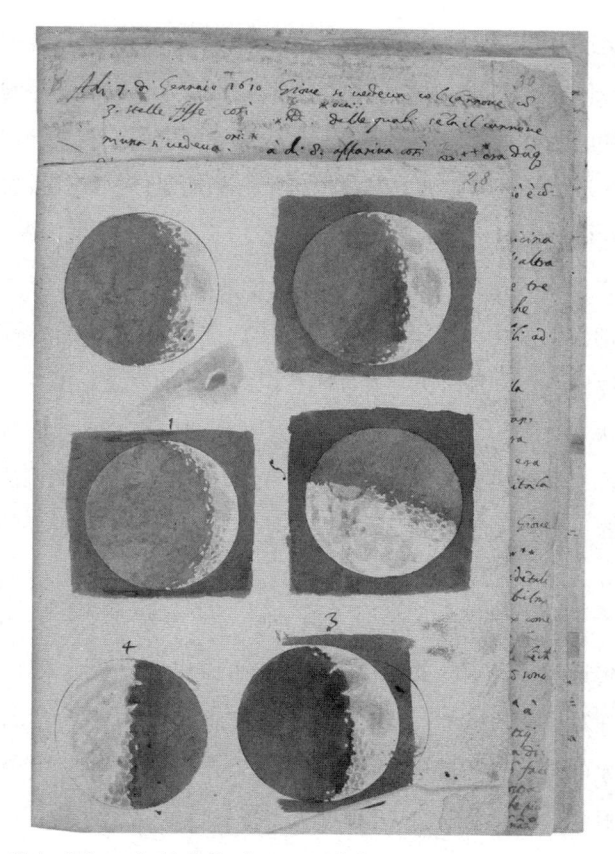

图 2.2 伽利略手稿。伽利略的《星际信使》(*Sidereus nuncius*)展示出伽利略通过望远镜看到的月亮。参见 Bredekamp (2019, Ⅳ)。Ms. Gal. 48, c. 28r, 意大利文化遗产和活动部 / 佛罗伦萨国家中央图书馆特许使用

套序列。我将这些复杂的相互依赖关系称为"知识架构"(architecture of knowledge)。

但是,与真正的俄罗斯套娃相反,概念的层次不会一劳永逸地固定下来——我们也可以从"盒子内部"开始,将其往另一个方向扩展。例如,从木板的概念开始,人们可能会在其"俄罗斯套娃序列"中找到木板制成的门,还有其他许多木板制成的东西。换句话说,语义网络能被安排在不同的层级结构中。改变这种层级结构的可能性会对科学中的概念变化产生什么作用呢?

为解决这些问题,我们必须更详细地研究知识架构及其变化机制。

正如在第六章中通过力学知识史的例子所阐明的，知识架构具有分层结构，因为我们在物质世界中的移动等经验相当基本且持久：举起重物需要费力，坚硬的墙壁难以穿透，等等。作为底层的这些"直觉知识"通常会为进入新领域，或处理不那么具体的事情时的期望提供默认设置。在这些情况下，它们经常以隐喻的方式重新出现。

当我在第十一章中讨论跨文化知识传播时，知识架构的另一特征将会显现，即人们努力寻求一种关于世界的、似乎很完整的心智表征。当然，在某种程度上，我们所有人都能意识到自己的盲点，但我们仍然倾向于避免"认知真空"。因此，我们会通过默认假设来补充我们对世界的不完整知识，力求对周围世界形成或多或少整体的看法。如何挑战这种观点是人类世的一个关键问题，因为我们将不得不克服我们对世界的许多先入为主的理解。

从第三章开始，我将讨论诸如文字或符号系统之类的外部表征在知识系统的传递和转换中的关键作用。它们可以作为"书面工具"[3]来支持"反思"，即对思考的思考：借助这种外部表征来反思行为（例如，对代表被计数对象的符号进行反思）可以产生"高阶形式的知识"（例如，对数字的抽象概念），我们把这一过程称为"反思性抽象"。[4] 这种高阶知识形式似乎与经验的初级对象相分离，但实际上，它们仍然通过历史上特定的知识转换而与之相关。由此产生的抽象概念，例如数字、能量、化学元素或基因等概念，被用来在一个概念系统（例如，热力学或现代生物学的概念系统）内部"整合"众多经验。当然，所有这些概念仍有可能进一步发生改变。

确实，科学的知识系统在长期积累、遗失和变革过程中会不断发生变化，这有时会导致知识架构和相关认知共同体发生意义深远的重组。某些变革过程在传统意义上被称为"科学革命"。但如前所述，它们并不是由"范式转换"造成的，而是由变革过程造成，例如，对已有知识系统的探索达到极限，可能会为新知识系统的出现提供"母体"（matrix）。

第七章讨论了科学革命的一些例子，在本书中，这被理解为知识系统的变革。在详细讨论一种重要的变革机制时，我们将看到，在适当条件下，最初处于特定系统边缘的某概念，最终可能会被发现正处于新概念系统的中心。例如，在弹丸沿直线离开弹弓的投掷运动中，惯性运动已被注意到；但只有在经典力学中，它才成为概念系统中得到明确定义的支撑点。

知识系统的这种重组开辟了新的视野，也带来了颠覆性社会变革的可能性，而任何科学或技术进步的"线性模型"都无法预测这种可能性。仅仅因为这个原因，将所有资源集中在应对明显的全球挑战的应用研究上就是没有意义的。严峻的挑战不会自动产生宏伟的解决方案，而观点的变革和颠覆性创新也几乎无法预料。

知识结构与社会如何相互影响

第三部分更系统地处理了知识与社会之间的关系，它们被视为塑造人类生存的普遍动力的两个方面。二者相互依存的一个关键机制是"相互限制陷阱"（entrapment of mutual limitation），这是在第八章中介绍的一个概念。个体的心智和认知发展会局限于社会向他们提供的经验范围，而社会制度也因个体心智能力和观点的限度而受到制约。这种相互依赖还塑造了个人和社会维持复杂形式的心智和社会组织的能力，即保持内部平衡，并抵御不断出现的自我毁灭诱惑。因此，社会变革必然涉及社会和心智结构的共同演变。

知识经济的概念在第八章的论述中处于核心位置，并在第九章和第十章中通过历史性事例得到了说明。第九章详细分析了建筑的知识经济，我把它作为实践知识之历史性发展的一个示例。第十章广泛回顾了历史上的一些主要知识经济。贯穿第三部分所有三章的一个重要问题在于，社会可以利用的外部表征——尤其是"知识表征技术"，无论是莎草纸、羊皮纸、现代纸张，还是网络——会如何影响其知识经济。第十章特别关注了作为知识经济一部分的科学知识的出现。科学知识的生产如何受到与社会再生产的迫切需求相分离的知识经济的调节，又如何成为全球社会的生存条件？显然，这种独立知识经济的内部调节，以及影响科学知识之社会实施的连接部分，已成为人类应对人类世挑战之能力的关键因素。

除了关注知识经济之外，第三部分还讨论了抽象概念在社会调节结构中所扮演的角色。能否将它们的历史起源与第三章中分析的科学概念的历史起源平行理解？我认为，正如物质实践的技术导致了能源概念等科学抽象，行政管理或市场之类的社会实践也可能引起"文化抽象"（cultural abstractions），例如时间和经济价值等概念。这些文化抽象的外部表征，如时钟或货币，可能反过来成为新的社会调节和发展的起点，如资本主义的兴起。随着信息技术在社会中的作用日益增强，数据已成为一种关键的文化抽象，并指导着社会和经济过程。文化抽象塑造了人们的思想和社会存在。文化抽象不容易变动，因为它们是高度依赖于路径的复杂系统进行演变的结果。然而，正如科学史向我们展示的，它们最终仍然可以发生变革。

尽管所有抽象对于它们从中诞生的特定历史经验而言都有些难懂，但它们可能会受到新经验的直接挑战。在科学史上，类似挑战引发了诸如空间、时间和物质等基本概念的重大变迁。在社会发展中，人类世的经验和挑战也可能要求新的文化抽象，以之作为应对环境安全界限（planetary boundaries）和有限资源等问题的调节机制。

知识如何传播

第四部分讨论知识的传播和知识转移机制。知识在过去和现在的全球化过程中扮演了什么角色？是否有一种创造扁平化世界的整体趋势，在这种扁平化世界中，知识将变得越来越统一？我在第十一章中表明，就社会凝聚方式（从经济到文化、知识，还有科学）的潜在全球传播，以及相互依存关系的增强而言，全球化是分层的过程。在历史过程中，全球化进程创造了"沉积物"，例如基本技术（粮食生产或文字等）的全球传播，这些"沉积物"改变了随后的全球化条件。我认为，全球化进程并不必然导致世界的均质化，因为知识的作用至关重要，特别是知识在塑造行动者的身份认同时所起的作用。知识转移总是涉及"接收"端的主动占有，这与新知识的产生和进一步传播有关,也会对"发送方"产生影响。

不同社会之间的知识转移是由各自的知识经济决定的。其结果是,知识转移通常相当于知识转型,这可能是通过修改被转移的知识以适应接收方知识经济的需要,或者构建现有知识和新知识的杂合(hybridization)来实现的。例如,在第十二章中,我讨论了近代早期欧洲科学知识向中国的转移及中国知识经济对其的同化。由于知识嵌入知识系统,知识转移可能会发展出自我增强动态,因为被转移的知识要素会指向仍缺失的那部分知识。例如,在塑造全球知识史的各种翻译运动中可以观察到这一点,我在第十一章中对此进行了论述。

在阐明来源知识经济中隐含的知识结构的意义上,与知识转移有关的重新情境化可能导致"文化折射"(cultural refraction)。例如,在古希腊的论辩文化背景下,巴比伦和埃及传统的实践知识的结构在文字中被编码,并成为明确反思的对象。因此,文化折射可能会促成高阶知识的出现,而这些高阶知识会更多地独立于地方语境和条件。现代科学是一个长期全球知识史的结果,这正是由于全球化进程形成的沉积物,以及刚刚所描述的文化折射。我主张,所谓的西方科学从两个方面来讲实际上是全球科学:其一,它是全球历史的产物;其二,全球历史现在取决于它。

根据第十一章的分析,内部动态和外部动态的相互交织驱动了历史上的"知识全球化"。"外部动态"一词指的是,在其他转移过程,如商业、征服或传教活动中,知识作为"同路人"(fellow traveler)而得以传播。内部动态则因知识系统的发展而产生。某种知识系统(如现代科学知识系统)的经验基础越来越广泛,这使社会能够因其技术、经济和军事优势而扩大其统治地位。这种交织诠释了知识全球化的路径依赖,在这种情况下,偶然情境成为其进一步发展不可缺少的条件。换句话说,我们可获得的知识中,即使是最抽象和看似最普遍的知识,其本质也是由全球化的偶然历史塑造的。

在第十三章中,我将利用涉及社交、符号和语义等层面的"认知网络"这一概念,进一步加深对知识传播的论述。认知网络可以用来阐明认知共同体和知识系统共同演化的自组织动力学。知识在社交网络上的传播

(例如一种新实验方法的传播）可能会导致该知识的扩散，并使其在最初松散联结的认知共同体中得到充实。新颖性通常来源于已建立的知识系统之外。反过来，共同体也可以回应通过相应外部表征网络（例如一组科学论文）表现出的被充实的知识，将积累的知识整合到更加有组织的知识系统中（比如新的科学学科），并围绕它进行知识重组。正是通过这种扩散和整合循环的迭代，独特的知识系统和围绕它们组织起来的知识共同体才有可能从弱连接的语义和社交网络中产生。

这也描述了一些所谓科学革命背后的社会-认知动力，这些科学革命不仅以知识的剧变为特征，也以科学共同体的重组为特征。但是，这种共同演化过程并不一定迅疾，正如专注于爱因斯坦广义相对论的科学共同体之涌现能够说明的那样，此一涌现过程耗时半个世纪。这种动力的有效性显然取决于所涉及的知识系统，以及外部表征和社交网络的特定属性。在考虑是否有可能将科学共同体的注意力重新集中到当前的人类世挑战时，这些思考是有意义的。

我们的未来依赖何种知识

第五部分回到人类世与知识演化之间的关系。人类与生物圈其他部分的不同之处在于文化演化，一个位于生物进化之上的、独特的代谢和学习层面。随着人类文化的迅速发展，除了岩石圈、水圈、大气圈和生物圈之外，人还创造了一个"动圈"（ergosphere），它作为地球系统的新组成部分，改变了地球系统的整体动力学。第十六章中介绍的动圈概念，将人类活动和物质文化的变革力量视为地球新陈代谢的新形式。它可能正在走向"技术圈"，其中人类创造的技术和其他全球基础设施将呈现出自组织、准自主性等特征。

在第十五章中，我论述了地球系统进入一种新状态并不是出于单一原因，也不能仅仅与人类历史上的某一特定事件联系在一起。这一过程最好用演化过程的级联来描述，即从文化演化转变为认知演化。在文化演化中，人类社会进入了马克思所称的依赖于物质文化的"生产关系"。在认知演化中，人类社会与地球系统的相互作用变得依赖于基于科学的技术，例如使用化石燃料、核能、人造肥料和基因工程。如果没有科学知识给生产资料赋能，人类就不会进入1950年代的大加速时代，而这在地质意义上正被视为人类世的肇始。一旦科学的知识经济与资本主义经济进入了正反馈循环，失控的效应最终会将文化演化转变为一个越来越依赖于科学技术的过程。石器、狩猎、采集，以及后来的食品生产、制衣和庇护所建造是属于全新世的，而科学和技术则是人类世的——它们是我们所知的人类生活的必要条件。

从文化演化到认知演化的转型表明，知识发展是文化演化的重要方面，这是我在第十四章中提出的观点。在从生物进化到文化演化的转型中，"生态位构建"的角色已经从生物进化的几个方面之一，转变为文化演化的根本特征，正如物质文化和工具的使用在现代人类崛起中的作用所表明的那样。在从文化演化到认知演化的过程中，科学知识的作用也类似地从一个方面，转变为新型进化动力学的特征。

但是，知识在文化演化中起什么作用呢？科学和技术的发展方向并不固定，当然也不受严格的进步逻辑支配。它们的发展受到认知因素和情境因素之间相互作用的影响，这些因素中不乏其他形式的知识。我们正在对地球进行的实验既造成环境的巨大变化，也产生出新知识。因此，如果我们希望对人类世困境做出判断，并相应地调整我们的行为和知识经济，那就需要更好地理解这种共同演化如何运作。我在第十四章中进行了这一尝试。

人类行为的调节结构与其物质环境的相互作用显示出一些显著特征：首先，在任何特定历史条件中，社会能够再造其中一些条件，而不能再造其他条件。例如，在新石器革命的过程中，正如在第十四章中讨论到的，人类学会了再造环境条件，从而能够生产自己的食物。这样，偶然的外部条件，例如当地有能够驯化的动植物，就成了进一步全球发展不可缺少的特征。这说明了过程的路径依赖性。

其次，特定的物理环境和物质文化为调节结构的发展提供了具体的可能性。正如我所强调的，这些物质条件塑造的可能性视域为探索调节结构留出空间。尤其是，正如对人类的社会和行为结构来说，其物质条件和外部表现在它们的调节中起关键作用；这种探索也会转而影响这些社会结构。

正如科学史的诸多例子所表明的，探索知识系统的物质条件和外部表征所提供的范围，可能会导致知识系统的转型。探索特定物质文化所提供的社会组织的可能性，同样可能会引发社会变革。毋庸置疑，这两种转型都不简单且不直接，但从共同的角度来看，两者都值得深入研究。像生物进化一样，文化演化也是不可逆的、单一的、不可重复的过程，其结果也无法预测。

从历史上看，利用化石能源是偶然和因地制宜的事情，这一条件促进了工业化社会的出现。但是，从长远来看，它为社会发展提供的条件无法维持，更别提再造这些条件。化石能源看似廉价且无限供应，一度使工业化社会与本地环境条件脱钩。丰富的能源使其调节结构去情境化，从而暗示出一种普遍性；也就是说，这种调节结构可以叠加于任意的地方条件并投射到无限远的未来。现在，这种"地方普遍主义"（local universalism）的时代已经结束。正如我在第十六章中论述的，工业化的后果在全球范围内恢复了对环境的调节功能，这将影响人类的行为和社会结构，尽管是以地区间各不相同的方式。

尽管在向非化石能源的全球经济进行转型时必须承受巨大的时间压力，但这一转型将不可避免。它也将成为一个探索性过程。由于地方性变量将再次变得越来越重要，因此不会有一种"一刀切"的解决方案。能源问题的未来解决方案在处理技术问题时，将不再能够独立于地方和全球的环境以及社会背景。新的知识经济将必须以"全球情境主义"（global contextualism）为基础，并关注各不相同的当地情境和人类干预地球系统的全球后果。[5] 因此，新的知识经济将必须应对在人类动圈和地球系统其他圈层的连接部分出现的"边界问题"。而且，它将必须提供一些模式，以整合全球人类知识的遗产与这些连接部分中出现的新型地方性知识。

我们尤其需要更多有关地球系统动力学以及人类干预在其中作用的知识。但是，我们可能也需要通俗易懂的文化抽象概念，例如生态足迹，来表征这些干预在人类行动者生活和思想中的影响,从而帮助社会不断对这些干预进行调整。[6] 在文化演化中,社会发展过程中特定外部条件的内部化和再造在很大程度上取决于环境。在认知演化中,这将日益成为知识问题。因此,意识到我们生活在人类世所带来的紧迫感,不仅应使我们关注政治和经济,还应带领我们寻求更多可能对社会行为产生跨尺度影响的知识。

但是,当前这种知识经济造成的科学知识的分散可能会阻碍知识整合和实施,进而阻碍迫切需要的创新。在第十六章中,我提出,互联网至少在原则上提供了一种知识表征技术,该技术有可能优化当前的知识经济,使其走向知识的全球联合生产,以及组织、整合、根据本地情况调整和实施科学知识的新形式。未来的知识之网或"认知之网"(Epistemic Web)将有助于平衡知识所有权和控制权的不对称性,并允许用户成为"产消者"(prosumers),例如,通过将浏览器替换为经过优化的网络界面,与网上呈现的全球人类知识进行交互。不只是内容,甚至链接网络也必须成为开放访问的公共产品。

最后,在第十七章中,我通过与宗教史的比较,简要回顾了科学史,以检验科学在不同时期和环境下为人类提供方向和指导的潜力。通过讨论当今科学在解决人类世中的人类生存问题方面取得的成就或过失,我强烈要求科学家和公民社会在应对人类面临的挑战方面建立新的联盟。这种联盟将需要重新思考科学自身的本质。希望本书可以贡献绵薄之力。

第二部分

知识结构如何变化

第三章

抽象与表征的历史性质

知识问题的意义是什么？不是仅对于反思性哲学或认识论本身而言，而是在人类历史活动中以及作为更广泛、更全面的人类经验的一部分，在这一视野中，它的意义是什么？我的论点也许在只是采取这一立场时就已被充分表明了。它意味着知识讨论的抽象性，其与日常经验的距离，乃是一种形式，而不是一种现实。它意味着知识问题并不是一个本身具有其起源、价值或命运的问题。这个问题是社会生活，即人类的有组织实践所必须面对的。哲学家们看似技术性且深奥的论述源于问题的提出方式和陈述方式，而不是问题本身。我认为，知识的可能性这一问题不过是知识与行动、理论与实践之间关系问题的一个方面。

——约翰·杜威《知识问题的意义》

本章讨论抽象在思维的历史理论中的意义。[1] 抽象在人类思维中具有强大作用，在提醒读者这一点后，我讨论了从哲学上解释这一作用的一些主要尝试。然后，我从哲学转向心理学，侧重于让·皮亚杰（Jean Piaget，1896—1980）对抽象在儿童发展中出现过程的研究。为了使他的"发生认识论"（genetic epistemology）[2] 研究对思维的历史理论有所帮助，我将论述抽象与社会实践之间的关系。考虑到这些社会实践包括物质世界中的特定历史活动，我据此勾勒了受益于心理学与历史洞察的"历史认识论"（historical epistemology）的基本观点。（历史认识论的关键在于物质体现和知识表征的作用，我将在后续章节中进行更详细的论述。）在本章结尾，我将讨论从上述分析中得出的知识的三个维度，即心智维度、物质维度和社会维度。

抽象的力量

任何关于知识的历史理论都必须说明抽象概念的出现、作用及历史转变。例如，想想数学，抽象对于科学的关键作用就显而易见了。诸如数字、空间、时间、力和物质之类的抽象概念通常是科学知识的核心，并且经常被用来强调抽象概念的特殊地位。抽象概念确实可以囊括大量经验。但是在知识的其他领域（例如哲学和宗教）以及日常生活中，人们也会遇到抽象概念。哲学家们一直对作为理解世界之关键的抽象概念着迷。抽象概念似乎保持着永恒的有效性，无论是诸如三角形和质数之类的数学构想，还是诸如物质和力之类的物理概念。因此，它们常常被认为是独立于人类发现或构成它们的历史的，并且因此，甚至非人类智慧也应该可以使用这些抽象概念。回想一下将数学定律用于与外星人交流的建议，这一思想已经被19世纪的人们归于当时的数学家卡尔·弗里德里希·高斯（Carl Friedrich Gauss，1777—1855）[3]，并且在美国天文学家卡尔·萨根（Carl Sagan，1934—1996）近期出版的小说《接触》（Contact）中得到推广。[4]

然而，抽象概念对于认知以及理解生命和自然的关键作用并不是最新近的科学的特权；其在哲学上的悠久传统可以追溯到古希腊。古代哲学家讨论抽象概念，例如存在、物质、形式、美、善和真理。与之后的科学概念一样，古代哲学概念带有一种主张，即允许人们捕捉、掌握甚至超越具体的个人经验。就哲学而言，这种对现实的掌握通常也使哲学家具有超脱于生活变迁的能力，并在应付实践世界时展现出某种形式的技术优势。这在关于米利都的泰勒斯（Thales of Miletus）的材料中得到说明。作为古希腊最早的哲学家之一，泰勒斯出生于公元前7世纪晚期，被列为古希腊七贤之一。[5]

亚里士多德认为泰勒斯创立了一个哲学流派，他们在物质的抽象属性中寻找万事万物的本原。"这派哲学创始人泰勒斯说是水（因此他认为大地浮在水上），他之所以作出这样的论断，也许是由于看到万物都由潮湿的东西来滋养，就是热自身也由此生成，并以它来维持其生存（事物所由之生成的东西，就是万物的本原）。这样的推断还由此形成，由于一切事物的种子本性上都有水分，而水是那些潮湿东西的本性的本原。"[6] 泰勒斯也因其天文兴趣而闻名，但同时又对世俗事物不甚了了。这种对普通经验的疏离是柏拉图所叙述的一件逸事的中心，苏格拉底在其中说道：

> 我的意思和那个故事的含义相同，相传泰勒斯在仰望星辰时不慎落入井中，受到一位机智伶俐的色雷斯女仆的嘲笑，说他渴望知道天上的事，但却看不到脚下的东西。任何人献身于哲学就得准备接受这样的嘲笑。他确实不知道他的邻居在干什么，甚至也不知道那位邻居是不是人；而对什么是人、什么力量和能力使人与其他生灵相区别这样一类问题，他会竭尽全力去弄懂。你明白我的意思吗，塞奥多洛？[7]

然而，标志着哲学家与日常经验之疏离的抽象知识，同样也可以使其表现出技术上的优越性，正如另一则有关泰勒斯的逸事所体现的：

> 因为所有这些对于那些评价致富术的人是很有帮助的。有一则故事讲的是米利都人泰勒斯致富的方法，其包含的原则具有普遍适用性，由于泰勒斯因智慧出名，人们将这个故事归于他名下。他因贫穷而备受指责，人们认为这说明了哲学毫无用处。据说，还在冬季他就运用天象学知识，了解到来年橄榄将大获丰收，所以他只用很少的押金，就租用了开俄斯和米利都的全部橄榄油榨房，由于无人和他竞争，所以他只用了极低的代价就租到了全部榨房。当收获季节来临时，一下子人们需要很多榨房，这就使得他可以用他所高兴的价钱将榨房租出去，他因此赚了一大笔钱。他晓喻世人，只要哲学家愿意，他们要致富轻而易举，但他们的理想并不在此。人们认为这是他运用智慧的一个极好的证据，但是，正如我说过的，他

的致富方式具有普遍适用性，说到底不过是创造了一种垄断方法而已。有些城邦在需要金钱时也常常使用这种方法，他们所做的是垄断供应。[8]

哲学上的挣扎

在柏拉图对话中，苏格拉底以几乎同种方式挑战了日常经验，证明了哲学思考的首要地位，从而论证了抽象思维相对具体经验而言所具备的优越性。苏格拉底尤其质疑了和工匠们了解其技术有关的所有论断。他指出，将这些技术或其结果鉴定为"善的"或"美的"需要关于善和美这些抽象概念的先验知识。人类知识只有最终从超越具体经验的抽象理念世界获得时，才具有意义。

因此，柏拉图设定了超验理念的王国，据说其能够独立于它们在世界中的物质表现而存在。根据柏拉图的说法，对真理的认知无非就是对这些原型理念的回忆，而我们具体经验到的不过是它们的影子。柏拉图在他著名的洞穴寓言中描述了理念世界与感性世界之间的关系。他将感性世界比作洞穴，将我们从这个世界得到的感觉印象比作影子。一辈子只能看到这些影子的人将不可避免地将影子当作真实世界。但是，一旦摆脱了洞穴的束缚，他们就会意识到，他们看到的影子不过是一个真实、稳定和不变的现实的微弱映像而已。当我们克服感觉的不足，并最终通过哲学反思或科学研究将理念世界视为真实的实在时，也会获得相同的结果。因此，柏拉图在赞扬像"善"这样的抽象理念的基础性作用时总结道："在可知世界中最后看见的，而且是要花很大的努力才能最后看见的东西乃是善的理念。我们一旦看见了它，就必定能得出下述结论：它的确就是一切事物中一切正确者和美者的原因，就是可见世界中创造光和光源者，在可理知世界中它本身就是真理和理性的决定性源泉；任何人凡能在私人生活或公共生活中行事合乎理性的，必定是看见了善的理念的。"[9]就此而言，通往真理之路可以从字面上理解为"照亮"（enlightenment，又译启蒙）。这是从黑暗到真理之光的道路，尽管真理被揭示的过程是渐进的，并且可能永远不会被全部揭示出来。

历史上最有影响力且仍被普遍接受的抽象概念可以追溯到亚里士多德。[10] 他的抽象概念以感觉经验为基础。这些感觉经验被分解为一些单个的属性，其中某些属性可以忽略。因此，在《形而上学》(*Metaphysics*)中，我们读到："例如一个数学家，用抽象的办法对事物进行思辨（把一切感性的方面都取去，例如重和轻、硬和软、热和冷以及其他的感性对立物。所剩下的只有量和连续，有的在一个方向，有的在两个方向，有的在三个方向，在这里各种规定都是作为量的规定和连续的规定。他并不看其他方面……）。"[11] 但是，这一关于抽象的概念带来了一个问题：哪些属性被忽略，哪些属性被认为是本质属性，这似乎完全是武断的。例如，新鲜的肉、樱桃和血液都是红色的，但这是来自非本质相似性的武断集合，不能作为科学的基础。相反，对于柏拉图而言，抽象建立在他的超验理念世界基础上。因此，在辨别哪些属性可以忽略，哪些属性需要保留时，人们可以回忆理念世界。但是，由于柏拉图的理念王国无法直接进入，其理念理论在这一方面并不比亚里士多德的理论更具优势。

在近代早期哲学中，抽象问题再次变得重要，这与数学在新科学中的合法化有关。像大卫·休谟（David Hume，1711—1776）这样的经验主义者严格区分了感官知觉的领域和数学命题的领域。对休谟而言，"根据经验得来的一切推论都是习惯的结果，而不是理性的结果"[12]。另一方面，数学命题"仅通过思维的操作就可以发现，而不依赖于存在于宇宙中的任何事物"[13]。而伊曼努尔·康德的理性主义哲学则旨在证明抽象概念对于新经验科学的基础作用。他认为，抽象概念并不是源于对经验的抽象，而是在认知过程中由主体自身构成的。根据康德的认识论，逻辑和数学形式在思维中的构成仅仅基于对心智活动的反思，"**我思必须能够伴随我的一切表象**"[14]。

康德的目的是解释，尽管我们的经验在不断变化，我们为什么仍然认为科学知识是一种特别可靠的知识形式，又如何能够更广泛地把它视为理性的典范。像柏拉图一样，康德认为数学和自然科学中的基本陈述显然具有无懈可击的可靠性,并由此进行推论,认为这些陈述的有效性不可能在感觉经验中找到,而是在先验(先于经验)给出的特定认知形式中才能找到。与近代早期哲学强调个体在世界中的生产性作用相一致,康德并不认同柏拉图空想般的理念王国,而是将人类心灵视为可靠知识的源泉。从这个角度来看,感觉经验仅仅是认知机制的原材料,认知机制的结构并不受经验的影响。就像一种绝对可靠的思维机器——思维机器预示了工业革命的生产机器——一样,人类思想据称能够将这种原材料转化为稳定而理性的见解。

康德"思维机器"的不变构件中,包括空间、时间和因果关系等先验概念,他根据近代科学中的知识状态对此进行了描述。例如,对于空间认知,康德假设其基本结构先验地与欧几里得几何学相符合。当然,他无法预料到其他非欧几何会在之后的19世纪被发现(非欧几何的出现使他的选择看起来有些武断),更不用说随后的物理学革命,特别是相对论引进的关于空间和时间的新物理概念。

康德传统下的哲学家们会对自然科学的进一步发展做出何种回应呢?选择之一是用一种更现代的思维引擎来更新或替换康德所设计的过时思维机器,而在新引擎中,当前自然科学的概念可以代替原先的概念,作为思

图 3.1 康德的思维机器。劳伦特·陶丁绘

维运作的普遍机制。或者，可以针对康德计划的失败，将问题从认识论这一处理认知问题的哲学分支转移到方法论上，从而尝试确定一种一般科学方法，让这种科学方法既能确保科学在认知上的进步，又能确保其结果的有效性。

自近代早期以来，哲学家们已经做出了许多这样的努力。一种努力与20世纪初被称为"逻辑经验主义"的哲学运动有关，该运动起源于第一次世界大战后所谓的维也纳圈子。[15] 在恩斯特·马赫等哲学家的强烈影响下，该学派的一些成员试图将所有哲学问题还原为一种特定的经验陈述，即论述直接感觉经验的命题，然后借助逻辑阐明这些命题与其他更一般陈述的关系。然而，在实践中，这些计划中的任何一种都很难与历史学家告诉我们的科学的实际运作与发展相协调。

心理学的视角

抽象范畴的出现和作用不仅是认识论的关注焦点，也是20世纪初已从哲学解放出来的其他智识领域的关注焦点。在生命起源之处，许多基本的认知结构并不存在，它们是在人类发展过程中构建起来的。它们会随时间而变化，甚至在不同文化中可能具有不同的含义。尽管哲学认识论在很大程度上忽略了抽象范畴形成中这些发展的、历史的和人类学的方面，但现在，这些方面已经成为一些新兴领域中实证研究的对象。

20世纪初期，心理学正在发展自身的实验范式。一方面，这导致了用经验主义的方法来描述人类行为，侧重于人对外部刺激的反应，实质上放弃了对内部心理结构的分析。另一方面，这也导致了捕捉思维过程的尝试，不仅通过内省（与传统的、更加哲学化的方法形成对比），而且也通过实验研究方法，尤其是与被试的访谈。

格式塔心理学的创始人之一马克斯·韦特海默（Max Wertheimer，1880—1943）在科学史的背景下探索了他关于思维过程的理论思想。他甚至有幸与阿尔伯特·爱因斯坦详细讨论了狭义相对论的创立，这是他的名著《创造性思维》（*Productive Thinking*）中的个案研究之一。韦特海默与爱因斯坦可能早在1911年或1912年就已经相识，当时爱因斯坦在布拉格德国大学（German University in Prague）任教授（布拉格是韦特海默的故乡）。[16] 他们于1916年在柏林成为密友，这是在爱因斯坦完成广义相对论之后。在其个案研究的引言中，韦特海默写道："那些美好的日子始于1916年，那时我足够幸运，一个小时又一个小时地和爱因斯坦一起坐在他的书房里，听他讲述事情的戏剧性发展，这些发展最终成了相对论。在漫长的讨论中，我详细询问了爱因斯坦思想中的具体事件。他不是概括地描述这些事件，而是从每个问题的起源开始向我描述它们。"[17] 当时，心理学将自然科学当作基于经验建立的研究的典范。从哲学角度看，逻辑范畴已经被提升为理性思考过程的普遍核心。正如韦特海默在其著作的引言中所指出的，"一些心理学家认为，只要一个人能够正确且轻松地执行传统逻辑的操作，他就是能思考的和聪明的"[18]。为了克服传统心理学对于内省的强调，新的经验主义观点遵循观察和实验程序来考察人的行为和思维，尤其强调在刺激、反应和联想方面进行概念化。再次引用韦特海默的话："许多心理学家会说：思维能力就是联想性纽带的运作；它可以通过被试获得的联想数量，通过其学习和回忆这些联想的容易度和正确性来测量。"[19]

相反，韦特海默把他所分析的认知结构设想为这样一些整体，它们在认知中起积极作用，既不能被还原为认知对象，也不能被视为外部刺激的间接结果。以这种观点，他成为心理学中所谓"建构主义的结构主义"（constructivist structuralism）的开创者。瑞士儿童心理学家让·皮亚杰的工作也属于这一传统。在皮亚杰的发生认识论中，思维的逻辑数学形式并不是从主体的心理活动中抽象出来的，而是从他或她的行为中抽象出来的。"人们同意逻辑和数学结构是抽象的，而物理知识基于一般经验，是具体的。但是，让我们问一下逻辑和数学知识是从什么抽象而来……在这一假设中，抽象不是从行为对象中提取出来，而是从行为本身提取。在我看来，这是逻辑和数学抽象的基础。"[20]

皮亚杰的抽象概念

皮亚杰理论的基本出发点在于，认知本质上是主动过程，且这一过程在通过行为和行动被转变的现实中受到经验的制约。行动及其相应结果于是塑造了思维结构。如果我数排成某种几何图形的小卵石（例如，排列成行或排成圆形），并且发现无论我从何处开始或无论小卵石被排成哪种形状，我总是得到相同的数字，那么我就在无意中发现了一种被称为交换性（commutativity）的数学属性，它允许在像计数这样的活动中改变元素的顺序。这一洞察并不怎么针对卵石的特性，而是针对我可以用它们进行计数这一行动。皮亚杰声称，逻辑和数学思维的基本结构来自经验触发的越来越复杂的心理组织和重组，以及使这种行动协调在实践中得以实现。

这个过程始于行为模式的内化所引起的感知运动图式，这些行为模式与感官知觉密切相关，例如吮吸和之后的追随运动。感知运动阶段从出生一直持续到语言的出现。在此期间，除其他才能外，儿童还获得了视觉与抓握之间的协调，以及手段与目标之间的协调，这些大体上都发生在出生后的1年半内。例如，一个孩子可能先用摇篮上挂着的拨浪鼓发出响声，这是偶然发现的结果，但随后会故意利用相同声音让母亲留在房间里。[21]

在感知运动阶段，儿童还会将对象的心理构建当作独立于自我及其行为的实体，这被称为"客体永久性"（object permanence）图式。最初，动作和感觉（口、眼、耳、触）的空间方面没有整合在一起，因此儿童没有形成对空间的统一理解。视觉控制下的动作图式和关于物体形状与大小的知觉恒常性都是以视觉和抓握之间的协调为前提的，即抓住所见物体的能力。[22] 例如，运动物体的知觉变化可归因于视角的变化，而不是物体的变化。尽管如此，儿童还是首先在他们最后看到的地方寻找一个被藏起来的物体，而不是在物体消失的地方寻找。这是因为对象被视为情境的一部分，而非与儿童行为无关的实体。还要再过几个时期，客体永久性的认知结构才能够充分发展，这是更多基本动作图式的协调及整合的结果，并以对环境的实际经验为中介。[23]

后来，儿童建立了皮亚杰描述为"运算"（operation）的动作图式和认知结构。运算是——至少在心理上——可逆的动作，例如，我可以将水从一个容器倒入另一个容器，然后再倒回去。运算始终以某种事物的恒定性——即某种不变量——为前提，在这个例子中就是水量。[24] 达到这种思维水平并不像看起来那样简单。处于"前运算"阶段的儿童还没有体积守恒的概念，也没有意识到将水从宽而扁平的容器倒入狭窄而高的容器中时水量是守恒的。[25] 运算通常与整个动作系统有关，这些系统遵循体积守恒或交换性这样的一般原则。

让我借助一个引人注目的示例来解释这一观念，这个示例是关于排序的。[26] 这种认知结构与下面这类心理任务有关：儿童被要求根据棍子的长度对它们进行排序，从最短的棍子到最长的棍子依次排成一排。孩子们会凭经验面对这项任务，就是说，他们先拿一根短棍和一根长棍，然后再拿一根短棍和一根长棍，依此类推，但他们并没有协调这些对子。通常，他们不能按其长度顺序为所有棍子排序。稍微大一点的孩子成功了，但只是靠不断试错才成功。但是，从某个年龄开始，儿童会以一种更加系统的方式进行不同的处理。例如，他们从最短的棍子开始，然后寻找下一根最短的棍子，依此类推。他们意识到，如果棍子A长于棍子B，而B长于C，则A也长于C。儿童不必直接比较棍子A和C，因为可以从同时建构起来的认知结构中推断出它们的关系。这种结构以相互性等原则为特征，这使孩子可以推断出，当他们在所有剩余棍子中搜寻下一根最短的棍子时，该棍子的长度比之前拿的所有棍子都要长。换句话说，他们能够协调"长于"和"短于"的关系。

值得注意的是，这种认知结构建立在儿童的个体发育——或如心理学家所说的"个体发生"（ontogenesis）——中，建立在经验性试验行为与认知发展之间的相互作用之上。这些认知结构产生之前，只能在不使用传递性的情况下执行任务，将每根棍子与其他棍子比较。一旦建立了这种认知结构，特定信息就会被同化进定义一个连贯动作系统的认知结构中。现在，该动作系统允许操作棍子的动作以能够预料比较结果的方式进行。

图3.2 一个2岁的男孩正在建造一个塔，并检查杯子的大小。他首先尝试将绿色大杯子放在绿色小杯子上，然后又将其放在黄色杯子上。在了解杯子大小的传递性后，他将立即得出结论，绿色大杯子不能放在黄色杯子的顶部，因为黄色杯子比孩子最初尝试的绿色小杯子还要小。图自本书作者

换句话说，思考是对可能性的一种探索，即在已建立的认知结构中由特定行动手段所打开的可能性。[27]

在皮亚杰传统及他的日内瓦学校中，儿童心理学对上述排序任务进行了广泛研究。这一排序任务也说明了认知结构的其他显著特征。皮亚杰认为，学习过程涉及所谓的将新内容"同化"（assimilation）到现有的认知结构中，也涉及这些结构的调整，皮亚杰称之为"顺应"（accommodation）。[28] 每个学习过程都是主动的，其特征是以同化和顺应的方式占有新经验。儿童发展始于一个明显缺乏认知结构的阶段。之后是一个中间阶段，在这一阶段，儿童可以预见要达到的目标，并且可以找到解决该问题的手段，但问题的解决仍然是纯粹临时性的。最终，儿童达到一个稳定阶段，此时的动作显然受已存在的认知结构（例如，预设了序列关系的可传递性）的支配。将新经验同化到认知结构中是个历史性过程，每次同化新经验时，认知结构都会发生变化。[29] 经验扩展和丰富了认知结构，这最终为顺应提供了材料，即认知结构会向更发达的结构转化。这种重组的一个关键机制是皮亚杰称之为"反思性抽象"（reflective abstraction）的东西，它一般是指对思维结构的思考，或者更具体来说，是指将动作当作更高阶认知结构的对象的可能性，比如说，将动作视为一种可逆运算。[30]

然而，对个体发育的这种理解似乎意味着一个具有预设步骤的普遍

层次结构，从有具体对象的动作到越来越高阶的心理运算。根据皮亚杰的说法，任何文化下的任何儿童在任何时候都将经历这些预定的个体发育步骤。如前所述，该序列从感知运动智力（sensorimotor intelligence）开始，这属于实践智力水平。在这一水平上，感觉数据被同化到协调的、可重复的动作图式中，在意识思维的水平以下发生作用。接下来是皮亚杰称之为"前运算思维"（preoperational thinking）的水平，在这一水平上，感知运动智力得到符号功能的补充，从而使对象可以通过区别于对象含义的符号来表示。[31] 最高层次的是运算思维（operational thinking），这在内化的动作成为可逆的心理运算时出现。从这些可逆的心理运算中，通过反思性抽象，诸如数量、时间、空间以及其他逻辑和数学思维的抽象概念被普遍地创造出来。

这是否就是对我们抽象概念如何起源这一问题的答案呢？在此，我们并不是在科学和哲学的崇高领域发现这些抽象概念；它们作为儿童发展的最终结果出现，至少在皮亚杰看来是这样。然而，并非所有文化都具有相同的抽象概念。因此，问题在于：我们如何解释不同的抽象概念系统的出现？一条线索来自这一事实：时间、长度、体积和重量等抽象概念——这些概念可能在历史上发生过变化，或因文化而异——也是社会生活的重要范畴，它们调节着像劳动组织或交通管理这样不同的社会制度。[32] 它们是抽象的，因为它们涵盖并连接了广泛的社会经验，从身体层面到行星层面，并在相同的类别和度量标准中捕捉这些经验。抽象概念的心理意义与社会意义之间是什么关系呢？

社会实践中抽象的根源

抽象范畴的存在绝非不言而喻和普遍的。相反，它与在历史和文化上不断变化的实践密切相关，这些实践在不同经验领域之间建立了实际的联系。例如，在古代世界以及一些晚近的无文字社会中，没有抽象的时间或空间概念可以将两次心跳之间的间隔和一年的长度，或一根手指的宽度和一天行程的长度这样不同的概念整合起来。埃博人是得到深入研究的晚近无文字社会之一，他们生活在新几内亚西部的中央高地，靠近埃博美克河（Eipomek River）。[33] 在1974年之前，生活在这一地区的这个孤立部落几乎没有接触过任何西方文明或附近的印尼文化。1974年，学者对其文化进行了深入研究。直到最近，埃博人也没有使用关于距离的度量标准，他们的语言甚至没有关于距离的通用术语。当他们去一个遥远村庄的旅行超过两天时，他们会将自己的旅程描述为"一趟我睡了两次觉的旅程"，而不把相同的估算方式应用于描述邻近环境中的距离。尽管我们对于空间的抽象概念涵盖各种空间现实，从身体的大小到旅途的距离，并将它们整合到统一的度量框架中，他们的导航空间并不由距离和方向构成，而是由代表地标的地名所编织的紧密网络构成。我们将在第十四章中回到不同的空间思维系统这一话题。

社会实践中抽象的历史渊源也可以通过另一个抽象概念的例子说明，即通过货币表示的商品的交换价值。在其著作《资本论》的开头，马克思强调了抽象的稀奇特性，它们与生产商品的社会实践有关。"最初一看，商品好像是一种简单而平凡的东西。对商品的分析表明，它却是一种很古怪的东西，充满形而上学的微妙和神学的怪诞。就商品是使用价值来说，不论从它靠自己的属性来满足人的需要这个角度来考察，或者从它作为人类劳动的产品才具有这些属性这个角度来考察，它都没有什么神秘的地方。"[34] 马克思接着解释说，产品之间的关系，表现为它们作为具有交换价值的商品的身份，实际上是其生产者之间社会关系的一种表达，"可见，商品形式的奥秘不过在于：商品形式在人们面前把人们本身劳动的社会性质反映成劳动产品本身的物的性质，反映成这些物的天然的社会属性，从而把生产者同总劳动的社会关系反映成存在于生产者之外的物与物之间的社会关系。由于这种转换，劳动产品成了商品，成了可感觉而又超感觉的物或社会的物"[35]。

因此，商品可被视作社会关系的代表。马克思看到了这个经济抽象与宗教领域占统治地位的抽象之间的密切联系，并提请人们注意这种抽象在人类中的起源通常被隐藏这一事实："因此，要找一个比喻，我们就得逃到宗教世界的幻境中去。在那里，人脑的产物表现为赋有生命的、彼此发生关系并同人发生关系的独立存在的东西。在商品世界里，人手的产物也是这样。我把这叫作拜物教。劳动产品一旦作为商品来生产，就带上拜物教性质，因此拜物教是同商品生产分不开的。"[36] 历史上，作为经济抽象的交换价值，其起源可以追溯到早期城市文明，例如美索不达米亚。在那里，在通常被称为乌尔第三王朝（Ur Ⅲ）的时期，即公元前3千纪末，银币或银锭开始在经济交流中发挥通用货币的作用，特别是在与外国势力的经济交流中。

根据国家管制渔业的相关丰富文献，研究楔形文字的专家已经证明，某些商业代理人不仅负责在王朝的经济内部，也负责与邻近社会交易过剩货物。[37] 这些经济活动最终创造出一个不断扩大的价值等价物体系。虽然这最初发生在国家管制的经济活动的边缘，尤其是在对外贸易中，但它最终导致了整个经济接受以白银为标准。同时，工作时间被整合到该商品经济体系中，工作日成为衡量价值的关键指标，这在很大程度上符合马克思的说法："在一切社会状态下，人们对生产生活资料所耗费的劳动时间必然是关心的，虽然在不同的发展阶段上关心的程度不同。"[38] 因此，在从物物交换经济向商品交换过渡的社会中，价值已成为一种抽象范畴，由比如白银的重量这样的标准尺度来代表。

在连接不同经验领域的社会实践中，抽象范畴的历史起源似乎是种普遍模式。但是，引发这种抽象的认知机制是什么？这些认知机制与我刚刚指出的社会过程的作用又如何相关呢？

作为物质实践的行动

让我们回到皮亚杰的"发生认识论"，它解释了一系列明确定义的阶段中抽象范畴的心理发展。如果将这种理解应用于认知结构的历史维度，就像皮亚杰等人确实尝试过的那样，我们将类似地得到一个知识演化的构思，其中知识演化的结果是被普遍预设的。换言之，这一推理路径最终将止步于知识演化的目的论概念。[39] 一旦这样考虑，我们就很难将抽象的出现与历史上特定的社会过程以及产生它们的集体经验联系起来，就像我们已经开始讨论的那样。

在这一点上，我们必须利用对这些历史上特定的社会过程给予更多关注的其他理论传统。1920年代，列夫·维果茨基（Lev Vygotsky，1896—1934）、亚历山大·鲁利亚（Alexander Luria，1902—1977）、阿列克谢·列昂季耶夫（Aleksei Leontiev，1903—1979）等人在刚成立不久的苏联形成了一个有影响力的心理学家圈子。[40] 他们专注于研究具有社会意义的活动，特别是物质和符号行动，以此作为解释人类认知的原则。在《儿童发展中的工具和符号》（"Tool and Symbol in Child Development"）这一著名论文中，维果茨基和鲁利亚强调了对工具和符号的实际利用在人类动作发展中的紧密联系。[41]

在1930年代，科学史学家鲍里斯·赫森（Boris Hessen，1893—1936）和亨里克·格罗斯曼（Henryk Grossmann，1881—1950）在马克思主义传统之下，对现代科学出现于其中的技术和经济条件提出了重要见解，这些见解也将物质实践置于某些思维形式发展过程中的重要位置。[42] 赫森认为，人的自然和机械概念在近代早期世界（随着城市的主导地位和资本主义经济的兴起）发生了变化，因为自然现象不断被认为是由机器而不是生物产生的。

这种见解发展了马克思的观点，即这一时期机械装置的发展演变引发了人们对动力可交换性的洞察。[43] 机器取代了劳动者的手，将劳动者的熟练活动还原为动力。因此，驱动力功能逐渐与手工生产过程中的其他功能相分离，从而可以用动物或自然力量如风、水、重力来代替人类动力。当发动机在生产过程中成为独立实体时，它便成为识别和交换不同动力的基础。格罗斯曼将这一见解扩展到认知领域：机械在历史上的转变为动力、功和运动等抽象概念奠定了基础。技术的经济重要性日益提高，科学的社会地位也随之增强，这也促进了实践知识和学术知识的日益融合。

我将在第十章更详细地讨论近代早期知识经济时回顾这些历史发展。当前，我只对以下事实感兴趣：所谓的赫森-格罗斯曼论点旨在根据历史上特定的物质和符号手段来确定认知的可能性视域。[44] 而关于符号手段，恩斯特·卡西尔（Ernst Cassirer，1874—1945）简洁地抓住了其基本作用。他在1944年的《人论》(*An Essay on Man*) 中写道："在使自己适应于环境方面，人仿佛已经发现了一种新的方法。除了在一切动物种属中都可看到的感受器系统和效应器系统以外，在人那里还可发现可称之为**符号系统**的第三环节，它存在于这两个系统之间。这个新的获得物改变了整个的人类生活。与其他动物相比，人不仅生活在更为宽广的实在之中，而且可以说，他还生活在新的实在之**维**中。"[45] 我的目的是在更大的框架内将这些见解与皮亚杰复杂巧妙的认知发展理论相结合，这个更大的框架会考虑发展的三条线索：**系统发育**（phylogenetic development，又译种系发育），即向智人的生物学进化；**个体发育**（ontogenetic development），即个体的发展；以及**历史发生**（historiogenesis），即经济、社会和文化发展——或简言之，人类社会的文化演化。[46]

演化的历史发生线索与其他两条线索以多种方式联系在一起。在人类的起源中，系统发育和历史发生两者密切相关。不仅生物进化是人类文化出现的先决条件，而且众所周知，人类文化也决定性地塑造了人类起源的最后步骤，即现代智人的生物进化。当考虑社会互动和工具使用的生物学影响时，这一点尤其明显。最终，无论是从系统发育还是历史发生的角度来说，物种的发展都需要通过个体发育来实现。认知结构的历史发生尤其取决于个体，个体在其个人发展的某个历史时刻获得社会中的共享知识，并通过其认知活动参与该知识的传播和转化。

现在，人们可以重新认识皮亚杰模型中动作的构成性角色及其在认知结构生成中的协调作用。考虑到我们从马克思的传统中学到的东西，这些动作应被赋予一种具体的、历史上特定的含义，包括这些动作的物质手段和社会约束。[47] 正如皮亚杰和其他心理学家所描述的，将人类行动理解为根植于社会的物质实践的一部分，在社会发展和认知结构的个体发生之间架起了一座桥梁。此桥梁尤其是通过生产资料、物质体现、知识的外部表征，以及人类行动的其他物质条件而构成的。桥梁的例子包括工具、基础设施、文本、符号系统，或可以用来编码知识的任何社会物质文化的其他方面。

知识之物质体现的作用

所有这些都暗示了物质文化作为知识演化支柱的作用。例如,就天文学史而言,尤其明显的是,它的进步是由仪器塑造的:从伽利略使用望远镜开始,到19世纪引入光谱学,再到20世纪的射电天文学,直至现在能让我们从事引力波天文学的仪器。显然,从简单的古代机械到高能物理的粒子加速器,随着这些物质工具、仪器和实验室设备的发明、使用和探索,科学史不时被打断。但是,如果物质文化作为认知手段改变游戏规则的作用,也扩展到思维的符号手段与算术的数字系统,扩展到作为语言外部表征的文字,扩展到数学、物理学、化学的符号系统,或更笼统地说,扩展到"书面工具",又会如何呢?[48]

人类行动的所有物质环境,例如所使用的工具或媒介、行动本身、伴随着的手势和声音、行动发生的地点,都可以视为知识的物质体现。知识的物质体现不仅可以采取不同的形式,而且,相同的物质体现也可以根据使用情况和文化环境发挥不同的功能。首先,像锤子这样的工具是行动的物质手段,但锤子也可以体现各种知识。我们尤其区分使用工具、生产工具和发明工具所需的知识。即使以前从未见过锤子,人们也可以从锤子的形状和物理构造中推断出使用锤子所需的知识,或者可以通过操作锤子轻松地获得使用知识。而通常来说,仅通过察看一项工具来得出生产该工具的知识会更加困难。从特定的人工制品中重建这种知识被称为"逆向工程"(reverse engineering)。

物质体现包括直接与动作本身相关联的"生成的"(enactive)方面,以及专门用于传输心理内容的通信系统。它们包括工具、人工制品、模型、仪式、声音、语言、音乐和图像,以及符号系统和文字。如果一种物质对象或环境被用来表征知识,那我们就称其为知识的外部表征(external representation)。

外部表征的功能基本上取决于皮亚杰(继卡西尔和齐美尔之后)所谓的符号功能或象征功能。[49] 符号功能是将事件和对象从其含义中区分出来的能力。外部表征依赖于专为知识表征而开发的技术,其复杂程度从刻在棍子上作为简单计数机制的痕迹到复杂的形式符号系统（例如数学公式或化学式），当然也包括当今的计算机系统。从历史上看，知识表征技术并不是直接演替式发展的，而是互相重叠的，并且几乎所有的技术都持续至今。

对外部表征在人类文化演化中的重要作用进行识别，其本身也具有悠久的历史，这涉及诸多哲学家的著作，如格奥尔格·威廉·弗里德里希·黑格尔（Georg Wilhelm Friedrich Hegel, 1770—1831）、卡尔·马克思、格奥尔格·齐美尔（Georg Simmel, 1858—1918）和恩斯特·卡西尔。外部表征也可以被视为符号学意义上的符号，这是一个可以追溯到弗迪南·德·索绪尔（Ferdinand de Saussure, 1857—1913）、查尔斯·桑德斯·皮尔士（Charles Sanders Peirce, 1839—1914）、约翰·杜威（John Dewey, 1859—1952）等人的研究领域。[50] 文化史学家加里·汤姆林森（Gary Tomlinson, 1951—   ）强调了指号过程（semiosis, 即理解和使用符号来传递知识的能力）的重要作用："所教授的、模仿的、学习的和传递给子孙后代的知识永远是**关于**（about）……的知识，就像一个符号永远是**对于**（of）……的符号一样。对于以行为形式出现的文化知识——比如在人类祖先中传承的燧石取火技巧，它并不具有现代语言——和最抽象的概念结构而言，都是如此。"[51] 符号可能涉及图标性的（iconic）、索引性的（indexical）、征候性的（symptomatic）和象征性的（symbolic）维度。如果符号与所代表的对象有一些相似性，例如图像或声音，则称"图标"；索引或征候与所指对象在物理上或因果上相关，例如烟雾表示火灾；象征不需要具有这些直接关系，但通常要遵循基于规则的用法，例如对象可通过语言文字来表征。[52]

外部表征通常涉及不止一个维度，具体取决于其使用语境。例如"砰"之类的拟声词不仅是象征，而且还具有图标性意义，模仿了特定的声音。征候也可以解释为象征，就像占星家把天空中的标志解读为人类事件的象征性信息一样。我们在宗教史和科学史上遇到过此类说法，即世界可以像文本一样被阅读。众所周知，伽利略在《试金者》（*Il Saggiatore*, 1623）中写道："哲学写在宇宙这本大书里面。宇宙总是向我们的凝视打开，但除非有人先学会掌握这本书的语言并能够解读写作它的文字，否则它是无法理解的。"[53] 符号只有在成为语言系统的一部分，而且主体理解其与系统其他符号之间的关系时，才能获得力量指向外部对象。整个系统承担索引的作用，指向一系列的对象或索引之外的过程。[54]

正如汤姆林森所论证的，指号过程以及符号所承担的不同功能（从图标、索引到象征）可能与文化的系统发生密切相关，这可以延伸到动物界，包括史前史和早期人类史，"表征在进化史上与符号学生物一起出现，将一种新的重复形式引入世界。在通过**位移**重复——香农通道两端的信息对应——的顶端是通过**替代**重复。我们完全有理由认为，具有这种能力的生物的出现反映了生命史上的一个或一系列重大转变"[55]。汤姆林森举例说明了自己的观点："海鸥将水中的贝壳视为食物的图标，这就发生了指号过程，但这并不是文化指号过程，当然也不是系统化的文化。另一方面，贝壳想要作为记号需要包含以下三个方面：它是对象的表征（它是一个符号）；它可以被转移并传播（它是一个文化符号）；并且它的含义根据它在集合中的位置而定（它是系统文化中的一个符号）。"[56] 外部表征的处理受它们所表征的认知结构引导，就像书写文本或绘制图形时，其意图是表达特定的思想内容。例如，画在纸上的单个三角形可以通过相似，作为一个一般的数学三角形（把线条视为没有粗细差别的）的图标性表征，但人们要具备三角形的认知结构才能知道各种三角形之间的差异。外部表征的使用也可能受到规则的约束，这些规则来自其物质属性的特征，也来自其所处的特定社会或文化背景，例如书写中的拼字规则或风格惯例。我们将此类规则称为给定外部表征相关的符号规则或调整结构。

外部表征可以用于共享、存储、传输或控制知识，但也可用于转换知识。个体知识通常源于个体对共享知识的占有，通过外部表征进行重构。知识的外部表征与内部心理表征通常并不是一一对应的固定关系。这种歧义性在引起误解时可能是个不利条件，但它也是创新的关键因素，因为个人认知通过共享的外部表征积累起来，具有变化的特质，而变化又可能成为新见解的起点。

科学史上被遗忘的传统

在20世纪，对科学的反思发展成不同的分支，代表了关于科学如何体现人类理性的完全不同的观点。每个分支都倾向于强调科学的某个方面，如科学的规范性或科学的思想性，科学的历史偶然性或科学的社会和经济背景，而放弃所有其他方面。从对科学进行全面反思的角度出发，试图既考虑科学的历史性也考虑科学作为理性之特权形式的主张，二者之间的分歧就构成了理性的真正分裂。科学由专门化产生，经过意识形态的分裂、世界大战、大屠杀和冷战而得到加强。因此，对科学本质的宝贵认识被人们遗失、碎片化或边缘化了。1930年代的三个插曲可能有助于说明这种理性的分裂，这三个插曲展示了在科学史上多年来一直鲜为人知的传统。[57]

第二届国际科学技术史大会于1931年6月29日至7月3日在伦敦举行。尼古拉·布哈林（Nikolai Bukharin，1888—1938）率领的苏联代表团出席了这次会议，这种情况引起了公众的关注，因为人们认为苏联人可能借此机会进行政治宣传。然而，其中一位苏联代表，莫斯科大学物理学研究所的所长鲍里斯·赫森，却报告了一项对科学史具有深远意义的学术研究。研究题为《牛顿〈自然哲学的数学原理〉的社会和经济根源》（"The Social and Economic Roots of Newton's Principia"）。[58] 听众几乎听不懂他的论证。会议上发表的大多数其他论文都是"老年人的回忆录，以及费解的业余爱好者的琐事"。一个报道表明，赫森的演讲被淹没在由英国科学史学家查尔斯·辛格（Charles Singer，1876—1960）敲响的船钟响声之中，其目的是破坏赫森的信息，更可能是针对苏联。[59]

左翼的英国科学和科学史学家J. D. 伯纳尔（J. D. Bernal，1901—1971）后来发现，苏联演讲者"有自己的观点，可对可错；而其他人却从未想过需要有一个观点"。[60] 然而，他补充道，这种令人印象深刻的表现几乎毫无效果："苏联人踏着方阵，统一装备了马克思主义的辩证法，却没有遇到有序的反对。他们遇到的是一个缺乏纪律的东道主,不仅没有准备,还装备了杂七杂八的个人哲学。他们没有遇到防御,但胜利是不真实的。"[61] 赫森回到了斯大林主义盛行的苏联,后来被错误地指控为密谋和恐怖主义,于1936年被处决。他的贡献并未被遗忘,但被歪曲了:西方历史学家往往将赫森的主张误解为将科学粗暴地还原为经济需求。他们没有意识到赫森反而强调了生产力对科学研究的**促进**作用,因为科学研究本身就是一项活动。

1935年,《社会研究杂志》(Zeitschrift für Sozialforschung)发表了一篇由马克思主义经济理论家亨里克·格罗斯曼撰写的题为《机械论哲学和制造业的社会基础》("The Social Foundation of Mechanistic Philosophy and Manufacture")的文章。[62] 在纳粹执政期间,这本德语杂志同时出现在法国流亡者中。这篇文章是对弗朗茨·博克瑙(Franz Borkenau,1900—1957)的《从封建世界图景到资产阶级世

图 3.3 参加1931年在伦敦举行的第二届国际科学技术史大会的苏联科学家代表团。**从左到右:**(前)鲍里斯·赫森、尼古拉·布哈林(Nikolai Bukharin)、阿布拉姆·约费(Abram Ioffe)、恩斯特·科尔曼(Ernst Kolman);(后)鲍里斯·扎瓦多夫斯基(Boris Zavadovsky)、莫杰斯特·鲁宾斯坦(Modest Rubinstein)、尼古拉·瓦维洛夫(Nikolai Vavilov)。参见 Chilvers (2015, 74)。© Hulton-Deutsch Collection 历史图片画廊

界图景的转变》(*The Transition from the Feudal to the Bourgeois World Picture*)[63] 一书的评论,但几乎没有引起人们的注意,并立即被遗忘。格罗斯曼本人在战争流亡中幸存下来,但是与赫森的贡献一样,格罗斯曼的文章也为近代早期科学与技术条件和经济状况之间的关系提供了深刻见解。

以马克思的劳动观念为出发点,赫森和格罗斯曼各自独立地发展了一种科学观,与广泛传播的对马克思主义的偏见形成了鲜明对比。随着吉迪恩·弗罗伊登塔尔和彼得·麦克劳克林的分析,我们可以确定三个"赫森-格罗斯曼论点":第一,技术为科学打开了认知视野,这解释了某些抽象得以产生的物质条件;第二,技术也限制了科学的视野,这解释了为什么在特定条件下无法形成某些抽象;第三,其他社会因素——包括意识形态、信仰以及政治和哲学理论——也会影响科学。[64] 1970年代之前,赫森-格罗斯曼论点对科学史几乎毫无影响。[65]

20世纪初,所谓的维也纳圈子中的哲学家[例如莫里茨·石里克(Moritz Schlick,1882—1936)]曾寻求更紧密地统一科学与哲学,并与阿尔伯特·爱因斯坦等著名科学家进行互动,以应对当时科学的挑战。[66] 但是到了1930年代中期,其中一些人退回到语言的形式分析。1933年,当石里克收到波兰细菌学家、医师和科学史学家路德维克·弗莱克(Ludwik Fleck,1896—1961)题为《科学事实分析:比较认识论大纲》("The Analysis of a Scientific Fact: Outline of a Comparative Epistemology")的手稿时,科学中哲学认识论与历史认识论之间的鸿沟变得昭然若揭。[67] 弗莱克曾希望石里克可以帮助他出版这一著作,该著作提出了一种新观点,即科学是一项集体事业,并主张所有知识史的发展都受到社会制约。

为描述这一集体事业,弗莱克引入了"思维集体"(thought collective)和"思维风格"(thought style)等概念。[68] 在弗莱克看来,科学知识史在本质上与教育和传统等社会机制密切相关。在写给石里克的信中,他批评了传统的知识论:"我永远不会动摇这一感想,即知识论

> 所考察的并非实际发生的知识，而是知识自身所设想的理想，这种理想缺乏所有的真实属性……所有知识起源于感觉经验这一说法具有误导性，因为人类知识的全部多样性很简单地源自教科书……最后，知识的历史发展也展现出一些显著的共同特征，例如各种知识系统在风格上的紧密联系，这值得进行一项知识论研究。这些考虑促使我从知识论的视角出发来看待我专业领域内的科学事实，于是我写作了上述手稿。"[69] 然而，石里克的出版商斯普林格出版社决定不出版这本书。弗莱克在奥斯威辛和布痕瓦尔德的集中营幸存下来。他的著作于1935年在巴塞尔的一家出版社出版，但在人们于1960年代重新发现它之前，它一直默默无闻。

关于知识的物质体现及它们在行动和思考中的使用，两者之间的关系相当灵活且依赖于语境。这种内在的歧义性是知识发展中新颖性的主要来源，我将基于几个示例进行更详细的讨论。认知结构的物质表征可能具有一些特征，这些特征不是原始认知结构所固有的，但我们可以在使用和探索它时发现。为说明这一点，我将参考数学形式体系（formalisms）在表示自然科学知识方面的作用。一个数学形式体系可以成为某些物理定律的外部表征，比如借助牛顿力学的微分方程可以描述下落物体定律或行星运行轨道。在根据相关符号系统（在本例中是微分学）的符号学规则操纵并探索这些方程式时，人们可以得出一些新颖的概念或见解，例如，关于如何用这一形式体系来描述彗星的轨道。

正如哲学家戈特弗里德·威廉·莱布尼茨（Gottfried Wilhelm Leibniz，1646—1716）或摩西·门德尔松（Moses Mendelssohn，1729—1786）等人在18世纪所提出的，在物理学或化学等科学领域，使用符号系统进行操作不是"盲目的思想"，符号系统也无法被它们所代表的东西取代。符号系统更像是一种自然语言，在其中，符号的组合不仅必须满足符号规则，而且其语义必须不断被检查。[70] 通常，对符号系统的操纵和探索可能会产生形式上正确但却没有实际意义的表达，比如说，所描述的是物理上不可感知的实体或不可能的情况。但是，对形式体系的这种探索也可能令人惊讶地产生能够赋予其新含义的表述，甚至是形式体系最初旨在代表的概念体系中所没有设想过的含义。

例如，我可以仅从力的定律开始建立牛顿力学，而无须在一开始就引入能量概念。然后，我可以开始运算方程式并形成某些数学表达式，例如，从物体质量和速度的符号开始。这些表达式乍一看似乎是任意的，但我之后会发现，它们代表了物理相互作用中守恒的量。也许我会称它们为"动量"或"能量"。然后，我甚至可以从这些新表达式开始重新构建整个框架，并认为它们比我最初提出的力的定律更为"基本"。这个例子有些简化了，但并不是完全虚构的：机械相互作用中是否存在守恒量确实是18世纪著名的"活力"（vis viva）论战的主题，我将在后面进行讨论。这个例子表明，对知识系统外部表征的探索与其概念结构的发展之间，可能存在多么错综复杂的相互作用。稍后，我将更详细地讨论探索形式体系对概念体系转变所造成的影响。

关键一点在于，知识系统从来不会在研究之初就完整地被给出。通过在外部表征帮助下进行的探索，例如，通过计算、将概念框架应用于新情况、在认知共同体内部开展相关辩论等，其含义才能逐渐展现出来。因此，我们谈到外部表征的"生成性歧义"（generative ambiguity），这导致其在知识传播过程中看似矛盾的功能：一方面，它们确保并稳定了代际知识传承，从而保证了知识的长久性；另一方面，作为思维工具，它们成为知识传播中变革和创新的推动力。

行动的物质手段与知识的外部表征的一个基本属性是，与这些特定手段和表征相关联的可能应用范围大于任何特定行动者集体所追求的目标。黑格尔认为这是"理性的狡计"（cunning of reason）。[71] 实用主义哲学家杜威将工具所具备的稳定和创新的双重功能描述如下："工具的发明和使用在巩固意义方面起到很大作用，因为工具是达到某种结果的手段，而不是直接和物理地被采用的事物。工具内在地具有关系性，可以被预期且有预测能力。若没有对缺席或'超越性'的参考，什么都不是工具。"[72] 如果某人为特定目的而采用或发明某种工具，总有可能遇到该工具的新应用，比如说在新的环境下使用该工具。但是，行动的物质手段也会决定行动可达到的有限范围。用哲学家埃德蒙德·胡塞尔（Edmund Husserl，1859—1938）的表达来说，这一范围可以被描述为与特定手段相关联的"可能性视域"。[73] 当然，这一视域不仅由行动的物质手段决定，还取决于支撑和协调这些手段的认知结构。

换句话说，通过特定手段执行的动作，其可能结果的范围也许会超出预先存在的认知结构中已编码的范围，并成为新认知结构的起点。因此，对外部表征的探索性利用成为知识系统演化的主要动力。由于对工具的利用远远早于现代人类的出现，这一动力甚至也对人类物种的出现发挥了作用。使用工具可能不仅是大脑生物发展的结果；它必须涉及双向的因果关系，因为工具的使用通过调节与工具相关的动作，提供了增强认知能力的机会，这反过来使人脑的扩容成为人类进一步生物进化中的有利突变。在第八章末尾的"表征、权力和超越性"文本框中，我会讨论物质表征在人类社会中的更广泛作用。

从发生认识论到历史认识论

知识演化的一个特定阶段是由个体认知中独特的、历史上可获得的外部表征来区分的。从历史角度来看，重建"可能性视域"因此成为一项至关重要的任务，它使我们有可能确定共同的社会领域，在此共同领域中，行动者会取得相似的结果，无论是行动者之间直接相互联系还是与公共资源联系，无论他们是否利用可获得的物质手段所固有的相似潜力来进行知识表征。这有助于解释，例如，同时发生的发现和发明，并且更普遍地，解释了共同主题、共同方法或共同智力成就的出现，它们在特定历史条件下似乎彼此独立地出现，但都与可能性视域相关。在处理这些现象时，人们常常会忽略：相互影响和共同资源取决于共享知识的性质，而外部表征承载着达成相似结果的共享潜力。例如，伽利略和他同时代的许多人都对加速运动现象发展了惊人相似的处理方法，这并非因为他们彼此之间交换了观点，而是因为他们都汲取了中世纪哲学中的相同智力资源来分析加速过程。在下文讨论外部表征的一个例子——图表——时，我将再次讨论这个中世纪的技术。

区分不同阶的外部表征很有用。认知结构的一阶表征实际上是通过符号或模型来代表真实对象，人们基本上可以利用这些符号或模型，执行在对象本身上可以执行的相同操作。通常，由于这些代理性操作没有受到真实情况中的偶然性的约束，因此可以更轻松地执行。想想使用筹码为离散对象编号，每个对象使用一个筹码。尽管使用筹码只是象征性的行动，显然不能替代具有真实对象的行动，但它确实允许我们对实际行动的结果进行预期，从而对它们进行计划和控制。

但是，利用一阶外部表征不仅是为了根据现有的认知结构来执行操作。一阶表征还发挥着建设性或创新性的作用，因为它们在通过操作的内部化而建立新的认知结构方面具有构成性。因此，算术中涉及的认知结构可以通过操作简单的计数系统来建立。在产生新的认知结构这一方面，像操作筹码这样的象征行动完全可以替代真实行动。

新出现的认知结构（例如，在我们的示例中是算术的认知结构）反过来又可以通过符号系统进行外部表征，例如，被表示为十进制数字的符号系统。但是为了使用这种二阶表征进行计算，人们必须已经了解算术。一阶外部表征代表真实对象，而二阶外部表征代表的认知结构不再需要直接指向具体对象。尽管在我们的示例中，简单筹码可以在不假设抽象数字概念或算术知识的情况下进行操作，但是增加的十进制数字却需要先前获得的认知结构，即算术先备知识。

与一阶表征一样，二阶表征也可以是符号或人工制品；处理和转换它们的规则基本上来自所代表的认知结构。想要充分利用这些符号和人工制品，就要假设真实对象和行动已经被同化进了其所代表的认知结构中。但是，二阶表征仅与这些对象和行动间接相关。对于所代表的认知结构而言，二阶表征并没有发挥建设性作用，但在二阶表征的使用过程中，它们可能反过来对即将出现的高阶结构发挥此等作用，例如，代数的认知结构建立在对算术运算的反思之上。

物质手段或外部表征通过确定一个行动结果系统来生成认知结构，这一结果系统又会在认知结构的生成规则中再现。因为行动手段是文化和

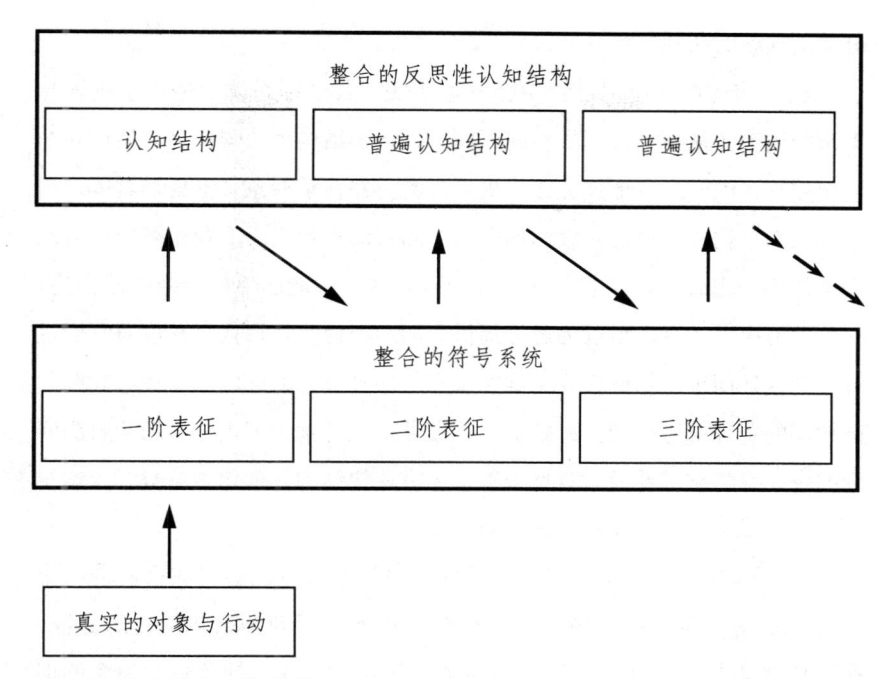

```
┌─────────────────────────────────────────────────────┐
│              整合的反思性认知结构                    │
│  ┌─────────┐    ┌───────────┐    ┌───────────┐     │
│  │ 认知结构 │    │ 普遍认知结构│    │ 普遍认知结构│     │
│  └─────────┘    └───────────┘    └───────────┘     │
└─────────────────────────────────────────────────────┘
      ↑      ↘       ↑      ↘       ↑      ↘
┌─────────────────────────────────────────────────────┐
│                整合的符号系统                        │
│  ┌─────────┐    ┌───────────┐    ┌───────────┐     │
│  │ 一阶表征 │    │ 二阶表征   │    │ 三阶表征   │     │
│  └─────────┘    └───────────┘    └───────────┘     │
└─────────────────────────────────────────────────────┘
      ↑
┌──────────────┐
│ 真实的对象与行动│
└──────────────┘
```

图3.4 抽象的反思性结构。摘自 Damerow (1996a, 379)。马普科学史研究所图书馆提供

历史上特定的物质对象，所以采用这些手段所产生的认知结构也是文化和历史上特定的。当研究或多或少集中在普遍特征，或研究未能包括比较维度时，人们通常会忽略这种情况。从这个角度来看，知识既具有结构性，也具有历史和经验上的具体性。关于某个对象的知识可以定义为解决涉及该对象的问题的能力，方法是将有关该对象的信息与理解其行为相关的认知结构联系起来。从这个意义上讲，知识始终是结构化的知识。但是，尽管这种结构看似完全抽象，它们实际上依赖于内容，因为它们是由外在于它们的、关于对象的具体行动和物质手段产生的。

尽管行动的物质手段在认知结构的产生中起到构成性作用，认知结构也会反过来塑造物质行动。当人们首先考虑认知结构在对行动的协调中所起的基本作用时，这一点显而易见。但是，认知结构也可能引导对物质手段的改进，或构造新的物质手段，从而使行动和应用能够超越既定结构（即那些首先允许构造这些物质手段的结构）中已编码的范围。其结果是可能出现新的认知结构。

认知结构在其应用过程中会发生改变，其规则系统会适用于越来越丰富的内容，从而变得更加普遍。同时，认知结构也会与许多其他认知结构相关联，因而变得更加分化、更加强大，并在某种意义上更加具体。当一个认知结构失效时，对该结构所基于的行动进行反思，利用新颖的或迄今未使用的思维工具及它们所开启的可能性，可能会导向新结构的构建。在这种情况下，反思可以为思考提供方向。即使是在按棍子长度对它们进行排列这样简单的示例中，也确实没有任何解决问题的尝试是在与先前尝试相同的条件下进行的。原则上，人们可以记住基于特定认知结构解决问题的每一次尝试，并通过自然积累来丰富认知结构。就像希腊哲学家赫拉克利特所说的：人不能两次踏入同一条河流。[74]

依据这些想法，皮亚杰的反思性抽象概念就可以转变成彻底的历史概念，在这个概念中，物质的、社会背景下的行动是认知结构的起源。在这种意义上，反思性抽象——例如产生出数字这一抽象数学概念的那些抽象——最终取决于其所源出的物质行动，例如通过数词、黏土代币（clay tokens）或数字符号来计算物质对象的具体行动。因此，反思性抽象成为一个建设性过程，人们通过反思具有特定外部表征（如语言或数学符号）的操作来建立新的认知结构。这些象征性手段通常代表先前构造的心智结构。这样，我们就得到了一条潜在的无限链，其中包括一系列反思性抽象和表征，我们称之为"迭代抽象"（iterative abstraction）。[75] 这是更发达的认知结构的标志：它可以重建之前的状况，但本身不能通过先前的框架来表达。这样，皮亚杰的"发生认识论"就变成了名副其实的"历史认识论"。

历史语境中的社会认知

知识的历史演化通过个体的认知活动实现。另一方面，它也是跨族群和跨世代的集体过程，涉及思想相互独立的个体之间的互动。人类认知本质上是社会认知，包括交流、分享知识和相互学习的能力。它假定人类视彼此为有意图的存在者,并且能够理解他人的观点。个体在特定文化条件下成长,这些条件决定了他们在学习知识系统时的挑战和限制。

从个体角度来看,内部表征关乎个人经历,且与个人预期中特定行动手段的可能使用有关。这就是知识的外部表征的**个体**意义或**主观**意义。从社会角度来看,外部表征体现了行动的潜能,这些潜能可能不是每个人都可以感知或预料到的,但却能在社会实践中实现。实际上,外部表征通常是早期行动的产物。这就是外部表征的**社会意义**。群体或社会可获得的知识的外部表征,其社会意义构成共享知识。

个体的认知发展可以视为一种过程,在这个过程中,个体通过在互动和交流中占有社会提供的共享知识,获得外部表征的主观意义。反过来,如果个体获得的新见解没有导向社会化过程中可以转移的认知结构,那么个体见解就会在知识传播中遗失,并与历史发展无关。只有在个体认知的结果被适当的社会制度系统性地复制和扩展时,个体贡献才能影响共享知识的历史传播,从而有助于知识的保存与积累。

主体间交流的可能性也基于共享知识,并通常由语言来介导。语言本身就是知识的外部表征,由认知结构生成,这种认知结构使说话者能够形成形式上正确的语言结构。[76] 然而,语言表现超越了语法能力,它要求在具体的行动环境下有意义地使用语言。此类环境还涉及非语言的认知结构,这些非语言结构与语言结构相结合,从而通过主观语义承担了意义。在语言表现的过程中,这种行动环境中产生的语言结构成为所涉及的主观意义的外部表征。

不同的主观意义产生于不同的个体发展轨迹。它们在行动手段的基本社会意义和知识的外部表征中找到了它们的共性。如果没有这种集体经验和共享知识作为基础,主体间的交流将是不可能的。共享知识的前提还包括,沟通对象的社会意义可以与主观意义相匹配,或其社会意义能够以个人经验为基础进行重构。

这样理解的话,共享知识的历史发展就成了高度路径依赖的过程,其中包括基于一系列具体历史经验的迭代抽象。就抽象思维自身的经验来源而言,按照这种知识结构编码经验,是抽象思维具有其特有的递归盲目性的原因之一，这种递归盲目性也可以解释与某些抽象思维结果相关的似乎先验的特征。

在随后的章节中，我将讨论此过程的例子。例如，经典物理学中的时空概念涵盖了广泛的经验，并构成一个似乎普遍适用的框架。了解和应用此框架并不需要任何有关其历史性出现的知识作为前提。这些情况的确可以表明，关于时间与空间的物理概念先在于任何具体经验，并且与任何具体经验无关。然而，当某些新的经验最终要求反思这些概念所源出的那些基本测量操作时，这种看似先验的特性就会受到挑战。正如我们将在第七章中了解到的，这一挑战的结果是一个新的时空框架，这一框架再次获得了看似普遍的有效性范围。

外部表征的生成性歧义

在这种背景下，我们可以讨论重建历史思维形式的一个特有的困难。根据皮亚杰的说法，由于认知的基本结构反映的是动作的协调，而不是动作本身，因此仅凭观察到的动作很难重建认知水平。实际上，例如，同样都是从一个地方移动到另一个地方，可能是出于感觉运动活动，可能是使用了地图和指南针，也可能是使用了 GPS 系统。只有在其社会和文化背景下更全面地描述这种行为，尤其是识别出历史上特定的行动手段，才有可能确定所涉及的认知水平。同样，知识的外部表征可以用来表达不同反身性（reflexivity）层次的知识，例如等式"5 + 7 = 12"既可以看作简单算术，也可以看作复杂数论的一个例子，还可以看作康德哲学意义上的所谓先天综合判断。

在教育或跨文化背景下使用外部表征进行交流，会产生内在的不确定性，即无法确定涉及哪些层次的反身性。[77] 当然，我们在处理外部表征的历史示例时也会遇到相同的问题，例如古巴比伦或古埃及数学中的运算。这些运算往往会被误解。这种误解通常会导致在重构时发生时代错误，这种时代错误的重构将现代思维的那种反身性赋予历史行动者，忽略了通常可以通过不同方式完成相同认知任务的事实。外部表征的这种歧义性是它们最初在产生不同水平的反身性时所起作用的痕迹,例如,如果没有历史上先于它们的简单算术的外部表征,那么显然就不会有数论或康德认识论。因此,我们可以将其称为外部表征的"生成性歧义"。

谁抽象地思考?

最后,让我们回到抽象思维问题。哲学家黑格尔在一篇文章中问道:"谁抽象地思考?"然后,他令人惊讶地回答:"没有受过教育的人,而不是受过教育的人。"黑格尔用有趣的例子说明了他的惊人回答,例如,他描述了一位被女佣指控卖烂鸡蛋的妇人。这位妇人回击那位女佣:"什么?我的鸡蛋烂了吗?可能是你烂掉了!你这样说我的蛋吗?你?"然后,她继续贬低那位女佣乃至她的家人的人格,就因为这位女佣指控她卖烂鸡蛋:"虱子没有在大路上把你父亲吃掉吗?你母亲不是跟法国人一起私奔了?你祖母没有死在公立医院吗?"[78]

黑格尔所暗示的是,认知始于将经验归于抽象概念之下,并且只有

图3.5 黑格尔的故事。劳伦特·陶丁绘

在此之后，它才能够产生对对象的更具体表征。认知既是抽象过程，也是具体化过程，因为它将认知结构中的抽象概念联系起来，并用它们来解释现实。抽象概念的有效性只有在具体化过程中才能得到验证；通过具体化，认知结构也会因经验以及与其他认知结构的关系而变得更加丰富。

这样一来，我们结合了哲学、心理学和历史学的洞见，找到了关于抽象概念的起源和作用的答案，尽管此答案有些抽象。科学思维的某些关键抽象概念来自对历史上特定的实践中物质行动的反思。但是我们学到了更多：本章概述的框架不仅使我们认识了——至少在原则上——抽象概念的性质，还指出了如何调和知识演化的非决定性特征、知识演化对非常具体的历史条件的依赖，以及长期积累知识的可能性。但是，我们不应该忘记，这一过程并不能保证知识的积累，也不能预先确定高阶形式知识的性质。我们将在后面各章节的例子中更详细地看到这一点。

知识的三个维度

总而言之，我们可以区分出知识的三个维度：一个认知的、心理的或"内部的"维度；一个物质的、体现的或"外部的"维度；以及一个社会的维度，即与知识的生产、分享、传播和占有有关的社会过程。所有这些维度对于理解本书所阐述的知识演化都同等重要。

只有将所有这三个维度都考虑在内，才能理解知识演化的动态。在社会维度中，这一点显而易见，因为社会维度包括那些传播过程，它们解释了这种演化在时间上的连续性。但这也适用于物质维度，它以底层物质文化的形式，构成这种传播的支柱。[79] 最后，知识的历史演化只有在包含了共享的知识库及其与个人思维过程发生的相互作用时才有意义。

知识是解决问题的潜力，即个体或群体解决问题，并在心理上预期相应行动的能力。知识以经验为基础，并在心智、物质和社会结构中被编码。它是通过对嵌入环境的行动进行反思产生的，并能作为预期和控制行动的潜力。知识在个体内部由认知结构表征，认知结构能够在过去和当前的经历之间建立联系。知识被物质文化和现有社会关系塑造（但不是被决定），最终源于受社会约束的物质实践中所积累的经验。

知识在历史上的连续性、散布和传播依赖于其外部表征，这些表征服务于社会内部的知识再生产结构。外部表征可能成为构建新知识结构的先决条件，因为这些新结构可能是应用于外部表征的行动导致的。这些新的知识结构已从原有行动中脱离，但其脱离方式取决于外部表征在历史上特定的物质性质和社会性质。新结构可以再次通过更高阶的外部表征进行编码，继而又成为知识进一步发展的先决条件。

知识的长期演化只能在认知的个体发育和历史发展相互纠缠的基础上，通过物质体现来理解。物质体现和外部表征在社会共享知识（历史发展的对象）与个人知识（这种共享知识的唯一真实表现）之间起着中介作用。

第四章
知识系统中的结构性变化

在一家大型城市医院的性病部门工作多年的经验使我确信，即使是一个拥有完整智力和物质装备的现代研究工作者，也无法将疾病的所有这些各种各样的方面和后遗症从他所处理的全部病例中孤立出来，或是将它们与并发症隔离开，然后进行归类。只有通过有组织的合作研究，在大众知识的支持下，经过几代人的努力，才能形成一个统一的图景，因为疾病现象的发展需要数十年。

——路德维克·弗莱克《科学事实的产生和发展》

科学，就像密西西比河一样，始于遥远森林中的小溪。渐渐地，其他溪流扩充了它的水量。而冲破堤坝的咆哮河流，其源头数不胜数。

——亚伯拉罕·弗莱克斯纳《无用知识的有用性》

在上一章中，我集中论述了抽象概念的出现。但是，知识的历史理论还必须说明在未数学化的知识框架中，或者在概念结构上与科学知识存在很大差异的知识框架中，推理是如何运作的。我已经表明，科学知识部分基于并包括其他形式的知识，如实践或技术知识。这些不同形式的知识之间的关系该如何理解呢？[1]

我也已经着手从大体上论述，认知结构如何通过同化和顺应过程、反思性抽象，以及探索外部表征打开的可能性视域而改变。到目前为止，我已经用非常笼统的方式描述了这些过程，并且特意留下了一个未决的问题，即人们如何才能理解涉及众多认知结构的重大历史变化过程，例如所谓的科学革命。

因此，在本章中，我将讨论复杂的知识集合体，因为这也是科学与技术的特征。我将这些集合体称为知识系统（systems of knowledge），但该术语绝没有暗示它们具有高度的组织性。就我在这里所采用的意义而言，"知识系统"也可以指因文化实践而产生的知识元素的松散积聚与集合。针对组织程度较低的此类知识积聚，我有时也使用"知识包"（packages of knowledge）一词。

然而，所有这些集合体都以一种随时间而变化的认识架构为特征。我将利用前面介绍过的知识的心智维度、社会维度和物质维度来描述这一架构。为研究知识变革的动态，我将以某种程度上概要性的方式区分三种知识：直觉知识、实践知识和理论知识。这个简短的清单并不是详尽的或排他的，但它仍然能够帮助我们分析科学变革中各种知识之间的相互作用。

我将借助认知科学中的概念来描述认知结构的演化，如框架、过程、心智模型和默认设置等概念。我认为，从认知心理学的当前观察中获得对认知变化的见解，并将之用于历史研究，类似于将关于生物变化的观察纳入生物进化的历史理论。两种情况都不仅涉及将概念或知识从一个领域迁移到另一个领域，还涉及概念本身对新领域的适应。从这个意义上讲，达尔文及其对大量生物知识的挪用可以成为知识历史理论的模型。最后，在讨论了知识系统、心智模型和默认假设以奠定论述的基础之后，我将勾勒科学变革总体动态的特征，并强调探索性过程、变革诱因和知识系统重组的作用。

知识系统及其架构

知识系统是社会共享的知识元素集合，这些知识元素以某种方式相互联系。它们可能是由相同的社会团体或机构进行生产和再生产的，如研讨会或大学。在这种意义上，在研讨会或大学课程中共享的异质性知识将构成一个知识系统，它们包括但不限于课程中讲授的内容以及从教科书中学到的知识。一个知识系统也可以根据其要素在认知上的关联性来考虑，例如，相对论等科学理论的各个方面，包括其阐述、应用和开放性问题。我们还可以强调知识元素之间物质联系的作用，比如图书馆中收藏的书籍。"知识整合"指将新知识连接到现有知识系统的任何过程。知识发展的动态首先取决于知识整合的可用手段，而知识整合又取决于社会制度、表征方式，当然也取决于知识系统的认知特征。

构造知识系统的不同路径可能导致截然不同的架构。尤其是，知识系统及其组成部分可以通过反身性（知识与行动的主要对象之间距离多远？）、系统性（知识组织得如何？）和分布性（知识的共享程度如何？）程度来描述。

不同知识形式具有不同程度的反身性，主要包括前面提到的这三类：直觉知识、实践知识和理论知识。直觉知识源于人类在个体发育过程中与自然和文化环境的相互作用。实践知识属于专门知识，源于从业人员的专门培训经验。它是所有手艺的特点，并在很长的历史时期内被作为专业技能传承的一部分而受到传递。[2] 理论知识通常可以通过文本被个体习得，但这些文本只有在特定外部条件下，与先前的知识结合在一起才能被理解。这三类知识会发生重叠：今天的实践知识可能也涉及科学知识，反之，通过文本传递的知识也并不自动是理论的。反身性在直觉知识中程度最低，因为此时缺乏有意识反思和符号形式的调节；当知识对象本身是一种知识形式时，反身性会更高。在上一章中，我已经阐明如何在迭代抽象链中识别不同级别的反身性。

知识也可以实现不同程度的系统化，从知识块（缺乏紧密认知联系的知识包）到具有或多或少连贯性的知识体系，例如，通过演绎而构造的知识体系。知识系统化的程度取决于以下几点：知识系统各组成部分之间相互交织的紧密程度，也就是说，各组成部分之间存在多少以及哪些联系；整个知识系统是否可以用这样的方式来代表，即能够从中推断出各组成部分和它们在系统运作中的作用（这需要一定程度的反身性）；以及是否可能仅通过某些组成部分重建整个系统。知识的分布性特征，其范围可以从社会团体共享的知识到在所有文化和历史时期中都基本相同的知识。

在随后的几章中，我将详细讨论几种不同的知识系统。为了在此简要说明这个概念，我将先举出几个例子并给出适当评论。

上一章中提到的新几内亚埃博人的力学知识属于知识包，主要通过特定的物质工具及它们的使用而串在一起。不同的棍子被分别用于特定的农业用途，例如挖掘棍用于翻土，挖掘棍在用作杠杆时用来挖出大石头，种植棍用来播种及种植蔬菜和根，而收获棍则用于连根挖出植物。这些棍子的尖端是根据它们的特定用途，并使用一些关于合适的楔形形状的知识制作的。[3]

特别是，挖掘棍最常见的用途是用作杠杆，即将左手放在靠近棍端处以形成支点，并将右臂的力施加到另一端。熟练的埃博人会根据要处理的土壤类型，以尽可能最好的方式握住棍子，并根据杠杆定律选择距离。显然，相关的知识是因为一系列具体的实践目的和使用相似手段而结合在一起的。但是，尚不清楚这一系统是否还包括某种形式的普遍力学经验。无论如何，并没有明显的证据可以证明，存在一个关于普遍力学知识的词汇表。该知识系统中，各组成部分之间的联系是在实际参与实践活动中实现的，而不是独立于实践活动进行编码。

实践知识通常被描述为"内隐"知识或"隐性"知识，因为实践知识的口头表达仅代表其传播的一个非常有限的方面。实际上，此类知识的特征表现在交流它们时所必需的各种媒介和结构化信息。[4] 其外部表征可能包括样本、各种工具及工具用法的演示、口头解释（可能涉及技术术语）、图纸或模型、具体的劳动分配，以及可能无法明确表达但在特定文化中被认为是理所当然的社会和物质环境。

一般来说，与通过文本进行理论知识交流相比，实践和技术知识的传递更加依赖于情境，正如人工制品的逆向工程中的困难所证明的。实践知识与技术知识的这种情境依赖性——因此也具有地方性——通常会因以下事实而得到加强：至少直到前现代时期，技术性的解决方案本身是根据特定情境进行调整的，而不是像如今的大多数情况那样针对全球情境而制定。

从历史上看，实践知识经常是通过家庭传统传播的，但也会在诸如研讨会或行会等机构的背景下进行传播。由于这种知识与人际关系的传统密切相关，因此在所创造出的人工制品的风格特征中，其所属的人际关系系统通常都是可识别的。相比之下，在相当长的历史时期内，由机构支撑的正规教育则是一项相当边缘的活动。

实践知识依赖于多种形式的外部表征，这些外部表征都有自己的调节结构。只要传播实践知识的相关情境不发生实质性变化，其稳定性就能得到保证。但是，如果情境确实发生了变化，那么与理论知识相比，实践知识和技术知识更容易被遗失。与单个设备的操作或理论知识的符号化表征相比，对范围广泛的多种外部表征进行反思也更加困难。对现有传统很难发起挑战，这成为前现代世界中实践知识传统具备惊人稳定性的原因之一。

在外部表征的帮助下对实践知识进行编码（例如，近代早期的欧洲出现的技术手册）一直是知识发展的重要动力，因为它可以把知识本身变成独立于其实施的传播对象。[5] 类似从具体情境中的解放也发生在专门的教育中。教学引起了问题和方法的颠倒。当知识在教育环境中传授时，问题和解决策略之间的关系确实可能发生逆转：最初，问题决定了选择教授的方法。但是在教学过程中，方法成了核心，问题的选择取决于要传授的方法。一个显著的例子是古代美索不达米亚的数学问题课本，这是专门为教育抄书吏而设计的。[6]

在知识的历史演化中，这种"解放性逆转"（emancipatory reversal）通常起到重要作用，从而允许人们创造出不受特定目的约束的探索性知识。也可以说，它通过专注于手段而不是目的，从具体的应用情境中"解放"了知识系统。例如，一种非常系统的知识形式可以因教学需要而合理地存在。托马斯·阿奎那（Thomas Aquinas，1225—1274）用"阐释"（即评注）必须遵循其所评论书籍的顺序来为其《神学大全》（Summa theologiae）的写作辩护；相反，对新手的培训则需要系统地介绍道理。[7]

理论知识系统具有比实践知识的集合更大的情境独立性，这一点可以通过围绕杠杆定律的知识体系来说明，该体系能够上溯至阿基米德。[8] 这一体系由书面文本进行外部表征，这些文本在关于机械装置和行为的陈述之间建立了明确联系，例如，以证明或解释的形式阐述平衡的原理或杠杆的功能。当然，也可以用完全不同的方式来表达同一知识体系，例如选择某些陈述作为公理，从中演绎出其他陈述。

重心之类的抽象概念具有广泛的应用，它们将众多装置和活动都归入力学知识的领域。在此，知识体系决定了其组成部分，以及它们如何运作。具有如此高度系统性的知识体系通常可以从它的某些组成部分中重建，正如历史上文艺复兴时期学者的辉煌成就所表明的，他们从古代遗迹中重建了已遗失的或碎片化的科学与技术著作，有时甚至只是根据古代作者的一些现存概念和陈述就构建了整个理论大厦。

认知科学的作用与达尔文的榜样

接下来，我将讨论认知科学，把它作为知识的历史理论中所用概念和示例的储备库。为说明认知科学对历史研究的有用性，我将首先简要讨论程序性知识，它是一种在实践知识和理论知识的背景下都经常出现的知识，特别适合用来引入认知科学中的一些基本概念，例如"组块"（chunking）或"插槽"（slots）。[9]

与特定目的相联系的知识通常作为问题解决型知识传播。我们可以通过例子和程序来说明它，其中涉及解决问题所必需的步骤。程序是一系列相对稳定的可重复动作，可以被编码为一组指令，使人每次在新情况下都可以按照确定的顺序执行一系列动作。

这些知识在通过口头或书面解释时，经常被称为"配方知识"（recipe knowledge）。它通常带有目标，即完成某些任务或解决某些问题。与认知结构一样，在新情况或新环境下执行该程序将对程序本身产生一些影响。不仅实践知识可以按照程序的方式来组织；数学问题的解决方法也可以采取这种形式。例如，中世纪早期的算盘课本通常用程序的形式来教读者计算技巧。

一个基本的例子是烹饪食谱。它将诸如清洗和切菜之类的分离动作作为独立的程序步骤串起来。因此,程序依赖于它们嵌入动作序列的相关先备知识(如关于清洗或切菜之类基本动作的知识)。通常,程序具有变量或"插槽"以供填充经验数据,如观察烤箱中的一块肉是否呈现出某种颜色或嫩度。

程序可能会有分支点,这和是否要采取某特定措施或替代性措施的决定有关。它们也可能会调用子程序,或者它们本身是某高阶程序的子程序。当一个程序调用子程序时,该子程序会被执行,然后控制权又会回到原始程序上。例如,建造房屋可能需要准备一些建筑材料,如砖块或木架,只有在材料准备完毕后才能进行房屋的建造。

程序可能或多或少是综合的。它们可能由一连串松散的动作组成,由线索来调节,比如当某人驱车驶入一条不太熟悉的道路时,偶尔会依赖地标,甚至向当地人寻求帮助。或者,程序也可能像是自动执行的动作序列,无须过多考虑即可顺利执行,例如当某人沿着一条非常熟悉的道路行驶时。

在后一种情况下,程序被作为一个单元("组块")来记忆,并被认为达到了"名词状态"(noun-status)。这类程序通常带有标签,以支持从记忆中提取它们。因此,食谱通常具有名称。此外,程序可能会与描述符相关联:一种数学运算可能会被记忆为分配律,因为它将加法与乘法联系起来。

对程序性知识的描述在很大程度上得益于认知科学的术语和思想——例如,当我将某个记住的程序描述为"组块"或与"描述符"相关联的一个单元时。[10] 认知科学在很大程度上受计算机科学的影响,它确实为知识的历史理论提供了有用的概念和区分。例如,我们可以将从记忆中调用知识表征结构的情况与在推理过程中构造知识表征结构的情况区分开来,即将"提取"(retrieval)与"实时综合"(real-time synthesis)区分开来。"实时综合"通常涉及知识结构外部表征的实时构建。

虽然认知科学可以为知识史提供工具,但是这些工具通常并不植根于对社会共享知识之架构的理解,而且它们往往没有考虑到思维的文化和

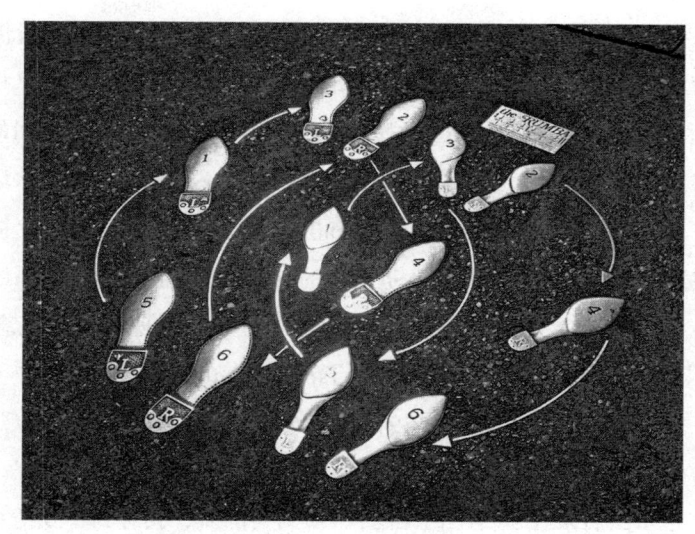

图4.1 作为配方知识的舞步。西雅图国会山附近的人行道上嵌有描述舞步的青铜足迹，这幅百老汇大街上的足迹则展示了伦巴舞的步伐。图自维基共享资源

历史多样性。该领域的研究人员感兴趣的主要是个体的认知行为，以及特定认知结构在这些行为过程中建立、识别或从记忆中提取的方式。但对于理解知识的演化来说，这些结构是传播中的知识宏观结构的一部分。它们属于一种社会的，或者说共享的知识储备库，个人知识可以从中汲取营养，并为之做出贡献。因此，就推理过程的研究来说，情况有点类似于达尔文进化论出现之前的生物学。

正如在今天的认知研究中，人们从不同角度（尤其是，一方面是从"内部主义者"的角度出发，强调大脑的功能；另一方面是从"外部主义者"的角度，考虑思想和文化实践的历史性）研究认知机制，生物学在19世纪上半叶被划分为各种互不相关的分支学科，如植物学、动物学、形态学、古生物学等。达尔文的进化论从根本上改变了这种状况，它使人们有可能在"环境"因素（例如物种的地理分布）与"内部"因素（例如形态学描述的结构）之间建立系统的概念联系。对前达尔文主义生物学与当今认知研究的这种类比表明，情境主义和内部主义知识方法之间的对立也许确实能通过知识演化理论来克服。

正如我将在第十四章中论证的，进化论的最新发展甚至为沟通内部

主义和情境主义的观点提供了更好的框架。对基因组、表观遗传和环境系统的复杂调控结构之作用的认识,有助于理解表型变异起源和模式的机制;同时,生态位构建这一概念又捕捉到了生物体与环境之间的动态相互作用。综上所述,这些观点将传统的内部主义和情境主义方法联系在一起,使它们共同成为复杂调控网络和因果网络的一部分,该网络同时在个体发生(发育)和系统发生(进化)的时间尺度上控制着生物系统。

是什么使达尔文能够从一系列互不相关的发现中形成概念上的统一?[11] 由地质学家詹姆斯·赫顿(James Hutton,1726—1797)和查尔斯·莱尔(Charles Lyell,1797—1875)提出的一种被称为"现实主义"的方法[12]至关重要,因为它提议,可以根据当前可观察的过程来解释历史。达尔文后来在自传中回忆道:"回到英国后,我想到,效仿莱尔在地质学中的做法,去收集有关动植物在驯化条件和自然界中发生变化的所有事实,可能会给整个主题带来一些启发……我很快意识到,选择是人类成功制造有用的动植物种类的基石。但是,在一段时间里,选择如何作用于生活在自然状态下的生物,对我来说仍然是个谜。"[13] 也就是说,作为达尔文标志性成就的自然历史化,其基础部分地在于对物种的历史发展问题没有明显影响的观察,即育种实践及其伴随的变异和选择等实践经验。这种实践为达尔文提供了生物生命形式变化的可控实例,他得以据此提出一种理论,即不是人而是自然本身担负着育种者的角色。

就知识的历史演化而言,我们处于类似的境地。确实有一种相似的非历史性经验基础可以为知识的历史理论提供资源,其方式类似于达尔文使用育种的方式。在这个研究方向上,这一基础即对认知的研究(在尽可能广泛的意义上),涉及神经科学、心理学、教育研究、计算机科学和认知科学。

这一广阔的研究领域既提供了丰富的经验知识,又提供了可用于知识演化理论的理论模型库。该资源的潜力尚未被人们完全意识到,原因可能在于,仅仅将实验室研究的结果转移到历史领域是不够的。正如生物进化理论的兴起所阐明的,有必要详细说明一个真正的历史构想——它必然会挑战实验室研究中所隐含的诸多理论预设。在上一章中我们已经了解到，通过将皮亚杰发生认识论中的一些基本概念"历史化"，他的理论可以转变为历史认识论。

除了对表征与反身性之间关系的重要见解，认知研究还为我们提供了更多的洞见，例如关于记忆和程序性思维的运作，以及关于日常思维的框架。这些洞见基于心理经验（模拟人类思维），并越来越多地基于神经科学。通过使用在它们那里借用的概念工具，我们可以解决思维的历史理论的许多基本问题，例如所谓的隐性知识的作用、更正推论的可能性、在不完全信息条件下的推理，以及不同形式知识的互补性。

心智模型

在下文中，我将继续挖掘对个体思维的研究，并调整其中一些发现以适应我的目的。当从认知科学中吸收像"心智模型"这样的概念时，我们主要关注的是，它们是在历史中传播的共享知识架构的一部分。这种共享知识架构提出了在认知科学中通常不会提出的问题，尤其是关于它们在历史上特定的经验背景下的起源和转变，以及在特定社会中被共享和占用的机制。认知科学通常并不涉及社会过程，其概念和理论也不能充分说明这些过程。

认知科学家已经重建了具有惊人连贯性的、强大且又多样化的日常思维的推理结构，例如，在物理过程的定性推理中。此类结构为思考物理过程提供了基础材料，即使是在有发达理论的情况下（如经典力学理论）。总是有必要将理论的抽象结构与我们对理论最终必须指向的物质对象的处理联系起来。科学教育的一个众所周知的陷阱，是将抽象理论应用于具体问题出现困难，这通常是由于定性地思考问题的心智模型与理论的概念结构之间不协调。

认知科学方面的研究表明，即使是在幼儿时期，对可以通过施加力来移动物体的认识也会导致相反的观念，即物体的每个可感知运动都必然是由施加力的推动者所引发的。换句话说，对作为运动原因的力的体验，被转化为对可感知运动的解释，即推动者向物体施加力引起了运动。同时，在其他条件相同的情况下，预计更大的力也必然会引起更强烈的运动。这一组预期可以看作是心智模型形成的典范——在这个例子中，它被称为"运动－暗示－力模型"（motion-implies-force model）。[14]

该模型所代表的经验是如此普遍，以至于我们可以大胆地说，身处每一种文化中的人们在其个体发育过程中很可能都会获得"运动－暗示－力模型"。它指示出一个关于运动的一般心智模型，其变量是推动者、运动对象和所做的运动。每当对变化的感知提取到这个凭直觉获取的模型时，它都需要识别特定情况下的推动者、运动对象，以及对象的运动。只要这三个变量中有一个无法具体化，模型的应用就无法完成，感知到的变化也不会被识别为对象的运动。因此，这些变量也被称为该模型的"关键变量"。

一个儿童故事

这个例子暗示我们采用这样一种构想，即从经验中获得的知识由认知结构表征，而认知结构包括一个相对稳定的与可变输入相关的可能推理网络。术语"插槽"用来指认知结构中的节点，这些节点中填充了必须满足特定约束的可变输入信息。这一基本想法可以追溯到尤金·查尔尼亚克（Eugene Charniak，1946—　）在1972年的论文中对儿童如何理解故事这一问题的研究，其见解后来由论文导师马文·明斯基（Marvin Minsky，1927—2016）进行了扩展和宣传，明斯基把这种知识结构称为"框架"（frames）。[15]

心智模型或框架为上一章中讨论的那种认知结构提供了不同的观点。乍一看，这个概念似乎过于简单，似乎在建议我们将认知还原为某种机械的自动售货机，人们可以向其中投入各种内容而不会影响机器本身。之前，与之相反，我曾强调认知结构会随着每次实施而改变。用新的经验丰富一个概念可能会改变它所处的整个语义网络。例如，如果力的概念不再简单地与运动相关——如在"运动－暗示－力"的心智模型中那样——而是与加速度的概念相关，正如牛顿力学所表达的，其语义就会发生深刻变化。"惯性"不再意味着一种静止的趋势,而是指对运动状态的保持。显然,这种语义变化是个重大转变,是在从亚里士多德主义向经典物理学转变的过程中实现的,这一过程延续了好几个世纪,我将在下面进行介绍。然而,正如我们将了解到的,与诸如框架或心智模型之类的概念相关的自动售货机隐喻,对于理解该过程的一些重要细节非常有益。它特别有助于说明先备知识如何影响我们判断情况、进行科学论证,或只是简单地理解一段文本。

让我们假设一本儿童读物中的故事是这样开头的:

> 这天是保罗的生日。简和亚历山大去买礼物。
> "哦,快看!"简说,"我要给他买个风筝。"
> "别,不要。"亚历山大回答说,"他已经有一个风筝了。他会让你把它退掉。"

让我们进一步假设,作者提出了这样的问题:

> 为什么简和亚历山大要买礼物?简和亚历山大去了哪里?亚历山大在最后一句话中用"它"这个词指的是什么呢?

大多数熟悉庆祝生日这一传统的人都能自发地回答这些问题:简和亚历山大买礼物是因为那是保罗的生日;为此,他们去了一家商店;"它"一词是指简将不得不退货的风筝。大部分人也会相信,这些答案包含在他们阅读的段落中。这两个事实其实都有些令人惊讶。没有一个答案直接包含于上述文本中,它们必须从给出的信息中推断得到。

但是,这种推理形式并不符合传统上对演绎的理解。因为从形式逻辑的意义上讲,不引入其他假设就无法得出答案。这些答案实际上是通过将文本中包含的信息与之前的经验联系起来得到的。该示例表明,存在一个关于生日的心智模型,其变量必须用给定情形或先备知识中的信息来实例化(instantiated),然后我们才能得出结论。

默认设置

　　插槽的填充物或"设置"可能具有不同来源，例如经验证据、合理预期或初步假设，或者它们也可以由其他推理过程隐含地决定。尤其是，它们也可能来自先前的经验或先前的推理。这样我们便谈及了"默认设置"或"默认假设"，这指的是，例如，代表先前经验的貌似有理的假设。一旦心智模型实例化，即输入信息满足插槽的约束，那么关于对象或过程的推理在很大程度上就由心智模型决定。

　　再次考虑"运动-暗示-力模型"。例如，可能会出现这样的情况：我们并不能立刻观察到引起运动的力，就像汽车的发动机在引擎盖下那样。但是，即便没有看到它，我们仍然相信大街上行驶的汽车实际上是由发动机驱动的——我们根据先前的经验填充了这个信息。因此，对运动的感知就与源自此类先前经验的结构化知识关联起来。这类知识允许得出关于

图4.2　荒诞的时刻表。劳伦特·陶丁绘

给定情况的结论，该结论可能远远超出直接感知的范围。

缺乏这种默认假设，科学交流将不可想象，就像任何其他领域的人类交流在缺乏外部表征——如口头语言或书面文字——的情况下也不可能发生一样。对于科学研究或任何外部表征所给出的对象而言，默认假设会对总是不够完整的对象说明进行补充。

举个例子，假设我们需要确定上午10点从波士顿到纽约是否有火车。在波士顿南站，我们找到了火车时刻表，上面并没有这趟列车的信息。于是我们得出结论，在这个时间点没有从波士顿到纽约的列车，尽管火车时刻表并没有做出明确说明。在火车时刻表中甚至都没有任何提示，告知我们时刻表以外的列车不发车。人们只是直接假设，看时刻的人已经学会利用默认假设来补充时刻表上的数据，即任何时刻表上未列出的列车都不会发车。我们关于所生活世界的知识是理解科学理论的先决条件，它当然并不局限于这种简单的默认假设。但是，在过去，默认假设经常被科学史学家所忽略，他们也很少从认知结构方面对默认假设进行更深入的分析。

诸如框架或心智模型之类的构想不仅使我们能够掌握基于不完整信息的演绎推理，还让我们能够设想由于情境变化而导致的结论变化。

图4.3　是崔弟吗？劳伦特·陶丁绘

默认假设确实也可以很容易地得到纠正，而无须质疑整个推理框架。一个常见的例子是一只叫崔弟（Tweety）的鸟。[16] 从崔弟是鸟的信息，我们可以推断出崔弟会飞，尽管信息中并没有给出明确说明。我们知道鸟类通常都会飞翔。但是，如果我们还被告知崔弟是企鹅，那我们就已经准备好收回先前的推论，且不需要放弃之前的任何前提。我们仍然坚信崔弟是一只鸟，通常鸟都会飞。在这个示例中，并未明确给出鸟类可以飞翔的说法。这是从我们的先前经验而来的补充。它代表了关于鸟类的标准假设，允许我们超出实际可获得的不完整信息进行推理。因此，关于鸟类的心智模型也从生物的高阶模型中继承了某些默认假设，比如说，鸟类需要食物。

科学思维中的心智模型

这种日常推理与我们在科学推理中经常观察到的情况是对应的。当一个推测事件没有发生，或理论上的预期效应在实验中没有出现时，科学家会做出什么反应呢？通常，科学理论不会被抛弃，而是会根据意外观察做出调整。

以"以太"理论为例，它是19世纪光学和电磁学的基础。"以太"这一概念是根据人们熟悉的介质携带波这一心智模型构造的，类似于大气是声波的介质。如果人们假定，静止时的"以太"是光之类的电磁波的载体，那么应该有可能通过实验检测地球相对于"以太"的运动。但是，实际测量这种"以太风"的尝试遭遇了失败。然而，这起初并没有导致人们放弃潜在的心智模型，而是导致了关于物体在"以太"中行为的特定假设，如长度收缩，以解释为什么它们相对于"以太"的运动仍然不明显。

心智模型通常基于特定情境，并非普遍有效。因此，它们允许对特定于对象的推理框架及其在历史上的变化进行理论描述和解释。心智模型在以不同形式代表同一对象的不同水平知识间架起桥梁，范围包括，例如，从实践者的技术知识到科学家的理论。因此，心智模型使对隐含结论的把握成为可能，这些隐含结论体现在实践者的行动逻辑中，但并没有以语言或文字形式明确记录。

心智模型如何帮助我们解释知识系统的变化？就像我对认知结构的总体主张一样，将不同对象和过程同化进一个心智模型中，这种实例化的结果会通过丰富其经验库而不断改变该模型。这可能会带来新的默认设置，不同的实例化也可能彼此关联。

其结果是，根据心智模型的差异、在不同环境下的调整，以及它们之间偶尔的整合，心智模型逐渐发生适应和修改。心智模型的应用也可能成为推理的对象，从而在高阶知识意义上产生新的知识。这可能是心智模型在某一特定情况下针对不充分匹配做出的即刻适应，也可能是由于反思形成的高阶知识不断积累，心智模型在此基础上进行了有意重组。当心智模型不匹配时，认知对象可能会被纳入其他模型，或者该心智模型可能会针对新的经验进行调整。

对于特定的对象或过程，可能会出现不止一个适用的心智模型。在这种情况下，不同的心智模型彼此关联，或者说，通过应用到同一主题而被"整合"或被"联网"。因此，最初独立的推理领域可能会通过应用于同一对象的不同心智模型而联系起来。这可能会产生复杂的知识表征，但也可能导致无法克服的矛盾。变化的另一个来源是心智模型与其外部表征之间的关系。物质模型可以作为心智模型的外部表征。这样的物质模型可以为相应心智模型的使用提供支持。但是，探索物质模型也可能揭示出其作为心智模型之具体化的最初构想中未包含的特征。此外，控制物质模型使用的符号学规则可能与相应心智模型的运作发生冲突，从而引发具有挑战性的解释问题。

由于所有这些特点，与基于思维过程和实证经验之间严格区分的理论相比，从认知科学借用的心智模型之类概念更适合解释知识的转变。实际上，框架和心智模型之类的构想本身就是在反驳那些假设的过程中发展起来的，即人类思维最终可以回溯到普遍形式逻辑或语言学理论规则的那些假设。

知识系统如何演变？

在初步论述了心智模型的作用之后，我想回到知识系统这个问题上。知识系统是一个团体或社会（或者说一个认知共同体或思想集体——在路德维克·弗莱克的意义上）共享知识的一部分，往往在具有稳健性的同时又有点反复无常。一方面，如果某个团体或某个社会的生活甚至生存取决于它们，那么它们就需要是稳健的。它们通常通过嵌入社会性制度，也通过积累的集体经验而稳定下来；知识传播的制度性框架可能涉及矫正和控制程序，以确保所传播知识系统的稳定性。另一方面，知识系统也趋向于灵活和能够适应新情况，也就是说，它们恰恰具有我们在心智模型中识别出来的特征，而心智模型是知识系统的典型构成要素。

知识系统如何变化呢？知识系统逐渐地发生变化，主要通过自身也在不断变化的从业者共同体对它们进行的应用和探索。知识系统永远不会被完整地构想出来，也就是说，其潜在结论和应用不会一次性全部呈现；实际上，它们只是随着它们嵌入其中的智力实践而逐层展开。例如，1915年时的广义相对论不过是爱因斯坦建立的一组方程。只有在从业者共同体的不断努力下，对它的阐释和探索才为天体物理学和宇宙学创建了一个框架，使人们能够认识到诸如黑洞和引力波之类的现象，并能够探究此类概念的实证效度。我将在第七章和第十三章再次论述这个例子。最终，知识系统可能变得如此稳定，以至于其结构往往会因其所反映的大量经验而压倒来自个人贡献的任何影响。尽管个体思维在很大程度上受到这些共享资源的支配，但个体思维也可能反过来影响与加强共享资源，有时甚至会改变共享资源的结构。否则，相对论就永远无法建立。

知识系统的基本结构确实可能经历重大修改。在历史的进程中，诸如数字、重量、惯性、化学元素和遗传学之类的新颖概念涌现出来，而自然运动、"以太"或"燃素"等概念则消失了，如今仅有科学史学家才熟悉这些概念。这类基本概念通常在整个概念世界中举足轻重，它们的消长标志着这些重大结构变革中认知层面的变化。

显然，这种重大变革通常还涉及社会组织的变化以及知识系统外部表征的变化。至少在事后看来，知识系统的重大结构变化通常表现为破坏性事件。这一直是科学史中最受欢迎的主题。它被描述为科学革命，并且与诸如突破性发现或范式转换之类的概念相关联，尤其与那些和这种创新联系在一起的杰出科学家相关。关于这种突破的信念和猜想都得到广泛传播：信念在于，认为这些突破主要基于科学家个人的独到见解；而猜想则在于，若没有某种非理性因素，突破就无法想象。伟大的科学家们自己也为这些发现的神秘性做出了不小的贡献，他们常常沉浸在对关键时刻的回忆中——一夜之间、某个谈话过程中，或某个假期中，据说决定性的思想就在那时形成。这种对颠覆性变革的强调如何与共享知识的长期发展观点相吻合呢？为回答此问题，我将分三步进行：首先讨论变革的诱因，然后是探索过程，最后是知识系统的重组。

变革的诱因

变革的诱因可能会在知识系统的所有三个维度中出现：心智维度、物质维度和社会维度。人类与环境的互动不断改变着周围的物质世界，从而创造出新的认知对象以及可能影响知识系统架构的新媒介和新知识表征。当新经验被纳入知识系统中时，总会存在个体差异。

知识的变革，尤其是科学知识的变革，可能是由经验范围的扩充、新知识表征的引入，尤其是冲突的爆发而触发，而冲突也可能有多种起源，且往往可以追溯到历史原因。但知识系统的转型并不遵循某种在所有文化和历史背景中都有效的通用方案。制度化知识系统的矫正机制会在多大程度上简单地抹去新经验，或将新经验当作促成其进一步发展的诱发因素，这取决于特定历史条件下的具体情况，尤其取决于社会的知识经济（我将在第八章中更详细地讨论知识经济的概念）。新知识能够刺激变革，但它如何发挥作用取决于特定知识经济中知识的控制结构和形象。即使在新颖性、创新性或好奇心不被看重时，新知识仍然常常被隐性地纳入特定的知识系统中，尽管它可能同时在表面上被明确拒斥，或被重新分类为"古老"或"遗失"的知识。

尽管如此，为分析知识系统的发展动态，我们仍然有必要研究变革诱发因素的典型范例。一个例子就是我们所说的"挑战性对象"。挑战性对象是现象、人工制品或物质文化的其他部分，它们使现有理论框架面临无法通过现成概念手段来完成的解释任务，从而诱发了理论框架的进一步发展，并最终引发其变革。挑战性对象通常体现了其他形式的知识——例如，产生问题现象所需要的知识，或发明、生产和使用此类对象的工匠的实践知识。"挑战性对象"以特定方式作用于知识系统，这种方式受其物质性质和所处具体环境的影响，因此，这些环境的物质性和偶然特征可以在知识系统的进一步演化中留下深刻痕迹。

例如，挑战性对象在近代早期科学的兴起中发挥了关键作用。这些对象绝大多数来源于当时飞速发展的技术领域。[17] 例子包括机械技术中使用的摆锤和飞轮，或是对炮弹的抛体运动的理解。这些成为当时的学者和工程师型科学家的焦点，他们试图在现成的知识系统背景下对其进行解释，如亚里士多德自然哲学或阿基米德力学，两者均为高度发达的体系。例如，对抛体运动的密切观察使得科学家们提出一个问题，即如何解释炮弹在与初始推动者——如投掷的手或大炮——失去接触后继续运动。从亚里士多德物理学的观点来看，这确实是个棘手的问题。在近代早期，抛体运动与军事技术的相关性也使它成为一个紧迫的问题，抛体运动因而成为挑战性对象。我将在第六章中更详细地讨论这个问题。

在研究这类挑战性对象时，所采用的理论框架在很大程度上决定了可能的理论问题和答案。现有理论框架中的概念在应用于这些对象的过程中得到探究，这带来了新的结果以及内部的不一致，从而推动了这些框架最终向经典力学转变。因此，例如，伽利略的新运动科学可以被认为是与摆和抛体运动所代表的挑战做斗争的结果。伽利略将二者与沿斜面加速运动的研究相关联，于是，斜面运动成为其新运动科学核心中的又一个挑战性对象。

现代技术的挑战性对象引发了从亚里士多德自然哲学和阿基米德力学到经典力学的转变，这表明，新知识系统是从先前存在的知识系统中历史地发展而来的。此外，两种知识系统之间的转变显然涉及知识的不同层面,在这个例子中,不仅有科学理论,而且还包括关于挑战性对象的实践知识,例如,炮弹射手所积累的抛体运动知识。

变革诱因的第二个例子是我所说的"边界问题"(borderline problem)。从某种意义上说,边界问题也属于挑战性对象,但它们还有另一个特点,就是它们属于不同的知识系统。它们使这些知识系统相互联系,有时相互冲突,从而引发知识系统的整合和重组。边界问题与理解高度发达的学科化科学的变化特别相关,因为在这里,我们经常遇到一种情况,即某个对象或问题属于不止一种知识系统的应用范围。我在第七章中详细讨论的一个例子是热辐射问题,它是1900年左右所谓的现代物理学量子革命的诱因。这个问题同时属于当时物理学中两个不同的分支学科:热理论和辐射理论。这两个分支学科各自具备独立的概念基础,但在应用于热辐射问题时就产生了联系,因为两者的应用领域都包括它。马克斯·普朗克(Max Planck,1858—1947)和阿尔伯特·爱因斯坦等科学家进一步研究了热辐射问题,并得出了一些具体见解,这些见解不易被纳入任何一个领域,但得到了实验中获得的经验知识的支持。[18]

现在,我们进入下一步,即由变革诱因驱动的知识系统的发展动态。对知识系统的探索很少是随机的,它们通常会因变革的诱因而具有特定方向。诱因和对现有知识系统的后续探索可能会在这些框架内造成内部张力,包括歧义性,这通常与替代性解决方案剧增、悖论乃至矛盾有关——简言之,就是系统性的丧失。新兴量子理论的许多众所周知的悖论和难题都可以视为这种发展状态的例证。

变革的诱因,例如挑战性对象或边界问题,刺激了其他观点的出现,这些观点在知识论争中体现出来。[19] 吉迪恩·弗罗伊登塔尔将此类论争描述为对实质性知识问题的持久分歧。它们在所有历史时期都普遍存在,通常涉及参与者的共享知识,并通过共享的概念体系预先假定了这种知识的共同结构。论争之所以频繁出现,是因为讨论者对共享框架采取了不同的解释,并从中得出不同的结论。

这可以在单个知识系统内发生。但是,如果相关知识被不同的概念系统共享,或在作为特定现象概念化起点的基础概念中存在替代概念,这种情况就更有可能发生。无论如何，在探索共享知识的过程中，主观意义会出现一部分差异。这些差异仅是部分的，这一事实允许在论争过程中进行有意义的交流，而这些差异的事实存在使论争本身不可避免。

近代早期科学论争的例子之一是17世纪末的所谓"活力"论战。它所关注的问题是，何种原因动力——如今被称为力、动能或动量——会产生特定的机械作用，又是何者在机械相互作用中守恒。这场辩论由莱布尼茨对笛卡尔的批评引发，并最终导致了这一见解，即传统术语"运动物体中的力"歧义性地指向两种不同的原因动力——动能和动量，并且两者都遵循守恒定律。[20] 此乃经典力学的关键成就。

在探索知识系统可用手段的过程中可能会出现既定框架的替代品。它们的经验基础越丰富就越可行，而经验基础在很大程度上又是由既定框架提供的。替代方案的阐述（在既定框架提供的手段帮助下）往往不会导致放弃既定的解决方案，而是会以新的和不同的方式重新概念化既定方案，例如借助新的表述。这种重新表述具有双重功能：它们将现有的未整合经验吸收到知识系统中，从而使知识系统更深地扎根于经验；它们也可能成为新经验的起点，并有可能最终突破既定系统。

通常，科学论争不是通过获胜解决的，而是通过知识系统的发展和随后转变为新事物解决的——在这种新事物中，原始问题已经改变甚至失去意义。但是，即使在没有明显获胜方的情况下，对立立场的其中一方也可能对新系统的出现产生更大的影响。无论如何，在事后看来，对立双方的立场都可以看作是对共享知识之相同基础的备选解释。正如我之前所强调的，这恰恰是知识系统更加发达的标志：它允许对较早的立场进行重建，而它本身却不能用先前的框架来表达。

从这个角度来看，许多特征都可以被识别为科学论争的特点，例如，有利于一方的例子成倍增加，试图从自己的角度重构对方的立场，还有不可避免的误解，以及转向更具反思性的立场。总之，这些推拉构成了对知识系统极限的探索。

正如我在之前已经强调过的，此类系统从来不是一开始就被完整地建立起来的，也就是说，其潜在的应用与结论不会全部出现。知识演化是通过在从业者共同体中探索共享知识而发生的。论争是这种演化发生的一个基本形式。这些论争的有效性取决于特定的历史条件，无论是物质的、社会的还是智力的条件，无论是促进还是阻碍其生产力。结果，按照上面所概述的，某些论争可能会在很短的时间内得到解决，而其他论争则可能会持续好几个世纪。

然而，与仔细研究其发展特征所得到的结果相比，科学中无所不在的论争和相互竞争的理论可能表明了更大的可变性。实际上，知识的发展比思想史所能解释的要有限得多。知识的发展在很大程度上由历史上赋予的一系列手段塑造，这说明了知识系统发展的路径依赖性。这种路径依赖性部分是由于赢家通吃的逻辑，该逻辑表明，任何既定的解决方案——在思想和制度上都"既定"，例如，牛顿的经典力学——通常可以通过吸收最大范围的经验而得到稳定和扩展，从而获得比其他可想象的替代方案（如莱布尼茨力学）更大的优势，而其他方案永远都不会有类似的机会来实施和制度化。

在探索知识系统的过程中，无论这种探索由个人研究还是从业者共同体的内部交流所驱动，系统化程度都会因该系统所涵盖的各个部分和领域而异。如果我们将知识系统构想为包括知识操作网络（论证和推理、在特定问题上的应用、构造假设、建构和计算、实验实践等），那么它的某些部分可能比其他部分更紧密地交织在一起。知识系统通常具有由心智模型、概念框架、论证模式、实践、工具、应用和结果等构成的紧密核心，显示出高度的系统性并可以长期保持稳定。例如，在亚里士多德物理学中，对不同原因进行分类、在天体运动和地表运动之间加以区别、将地表运动区分为自然运动和受迫运动，这些形成了亚里士多德物理学的核心，在很多个世纪的变迁中一直保持稳定。

在探索知识系统的过程中，见解、结果或活动的新集群可能会在与核心有一定距离的地方发展起来。这些集群通过非标准的应用，通过对心智模型插槽的陌生填充，通过弱的或大胆的假设，或是通过具有合理替代方案的论证，松散地联结着核心。但是，这些"知识孤岛"（epistemic island）可能会发展出自身的系统性。例如，伽利略的运动理论就构成了一个这样的知识孤岛，它（正如我在后面各章中要更详细讨论的）源于对亚里士多德物理学的转变，其诱因是诸如摆和抛体运动之类的挑战性对象。最初，这个知识孤岛不过是对抛体运动的抛物线形状、落体定律以及沿斜面运动的几个定理的见解。从亚里士多德自然哲学的角度来看，这些见解可以被认为是具有边缘意义的——无论将它们纳入现存框架中是多么困难。另一方面，这些独立的见解彼此相关，但尚未构成一个可与亚里士多德自然哲学的范围相媲美的理论系统。只有随着知识孤岛周边知识的进一步积累，才会出现更广泛的新知识系统，在这个例子中就是经典力学。

知识重组

这使我们进入第三步，即通过重组已积累的知识来建立新的知识系统。重组可能采取多种不同的途径。在此，我将重点讨论一个特殊却重要的案例，在该案例中，知识孤岛充当新概念框架的温床或母体。"母体"指的是通过探索特定知识系统而收集到的一组结果，新系统最终将从中产生。充分发展的知识系统具有内部系统性和普遍适用性，尽管充当母体的知识孤岛尚不具备这些条件，但它确实具有整合更多知识的潜能。整合结果在事后看来似乎是一种中间结构，它为知识转型的最终结果搭建脚手架，是新概念框架的实际母体。[21] 中间阶段的存在使我们很清楚地看到，知识系统的结构性变化既不是破坏性的中断，也不是单纯的累积过程，而是持久的知识重组。在物理学史上，伽利略时代的前经典力学、亨德里克·洛伦兹（Hendrik Antoon Lorentz, 1853—1928）的电子理论、尼尔斯·玻尔（Niels Bohr, 1885—1962）和阿诺德·索末菲（Arnold Sommerfeld, 1868—1951）的所谓旧量子理论，以及爱因斯坦和马塞尔·格罗斯曼（Marcel Grossmann, 1878—1936）的初始引力理论都是这种中间阶段的典型例子。[22]

母体如何促成知识系统的转变？由于母体与现有知识系统的核心在认识上隔离，因此它很可能会被重新解释，而不局限于原始系统的总体原则。与概念框架中心的距离暗示了这种重新解释的必要性。例如，考虑一下，洛伦兹电子理论引入了"长度收缩"作为有问题的临时假设（另一个例子将在第七章中进行详细研究）。另一方面，母体封装的知识外部表征也会暗示母体的可能重新解释，例如，著名的洛伦兹变换在数学上描述了长度收缩。操作这种外部表征而引发的反思性抽象可能会导致认知结构的变化，使其与已有知识系统核心处的认知结构产生差异，在这个例子中，这种反思性抽象就是爱因斯坦狭义相对论中新的时空概念。相关的外部表征本身通常是将特定认知框架推到极限而产生的，在此例中就是经典电动力学的那些外部表征。

前面提到的系统性崩溃，以及与运作良好的核心之间距离越来越远等迹象，会使这些极限变得显而易见。然后，知识孤岛的外部表征就会成为构建新概念框架的起点。因此，母体是旧框架的最后且常常有问题的终点；同时，它也构成新框架的核心。于是，我们再次认识到外部表征所具备的新旧框架之间桥梁的功能，它确保了知识演化的连续性——即使这种连续性在此与认知结构的转变联系在一起，而这种转变本身建立在外部表征的基础上。

知识系统的转变也是一个视角问题。一种新的知识系统从现有知识中产生，并在许多方面与现有知识系统保持联系。因此，这一新兴知识系统——正如我所说的"母体"所体现的那样——可以从两个角度来看：作为旧系统的晚期形态，或作为新事物的核心。正如我们经常强调的，历史行动者采取这两种观点中的哪一种可能是一个代际问题。但这也可能是一个研究领域内的核心问题或边缘问题，一般概述性问题或集中专门化问题。在探索知识系统的过程中，不同的观点不是简单呈现，而是不断形成。由于探索过程涉及个体学习的差异化，因此随着探索的进行，观点会不断发生变化。

从旧知识系统到新知识系统的转变通常伴随着知识重心的转移。我们可以称此过程为"重定中心"。最初在外围的事物，无论是作为应用领域、论证，还是作为辅助概念或辅助构造，现在都可能来到中心，成为新知识系统结构核心的一部分。这种重定中心的过程通常伴随着推论方向的逆转：在旧系统中取得的乏味结果可能会成为新系统的前提。

图 4.4 新知识系统的起点往往是在现有概念网络中找到的,在现有概念网络被从一个不同的点重新接受(pick up,"提起")时——就像爱因斯坦从新角度重新解释普朗克的工作一样。劳伦特·陶丁绘

  知识系统的转型可能会产生令人惊讶的深远影响,远远超出历史行动者的预期。某些转型可能从相当具体的一个局部问题开始,然后触及具有惊人普遍性的根本问题;而其他一些转型则始终保持着与初始问题相同的普遍性水平。呈现出这种多样性是因为转型过程涉及了不同层面的知识。在某种程度上,所有问题都涉及最普遍的框架,普遍框架为这些研究充当背景知识,例如我们对空间、时间、物体、物质、因果关系等抽象概念的理解。

  但是,大多数情况下,这些知识仍然只是背景知识,本身并不会成为问题。然而,在某些特定的条件下,新兴的知识系统将与这些普遍的背景结构产生共鸣,并导致抽象概念如空间和时间等的转变。[23] 新兴的知识系统若要影响普遍的背景结构,就必须在其外部表征层次上坚持对这些抽象概念的一种描述,这种描述与先前存在的概念既相连贯,又有所区别。正如我们将在第七章中看到的,从经典物理学到相对论物理学的转变就是如此。

  从某种意义上说,我们现在已经完成全过程的描述。我们从上一章的开头开始讨论抽象概念的性质和发展。现在，我们已经了解到，要改变现有抽象概念（例如，时间和空间），并使改变成为新的综合框架的一部分，实际上需要付出多少努力。

知识系统的变革实际上并不能一劳永逸。尤其是，确切地说，并不存在科学革命。只有经过长期的探索，在吸收新经验的过程中，通过不断进行内部重组，知识系统才能达到一定的稳定性和普遍适用性。例如，归功于伽利略和牛顿的经典力学只有在18世纪，经过约瑟夫·拉格朗日（Joseph-Louis Lagrange，1736—1813）、莱昂哈德·欧拉（Leonard Euler，1707—1783）和其他"分析力学"的代表人物重新表述之后，才达到了这种状态；达尔文的进化论只是在20世纪初的"新综合"之后才能如此；而爱因斯坦的广义相对论也只是在20世纪下半叶的"复兴"之后才变成这样（我将在第十三章中再次谈到这个例子）。

尽管所有这些例子都有很大不同，但我们已经开始确定知识系统发展动态的一般方面。我特别指出了变革之诱因的作用，个人和社会探索过程对于特定知识系统及其外部表征的作用，以及知识重组的扩展过程。这些过程需要稳定且灵活的心智模型作为知识系统的重要组成部分，并且依赖于这些模型中直觉知识、实践知识和理论知识的分层结构。历史不会重演，知识系统的变革也并非都遵循相同的模式。但是，这些具体的特征可能暗示了知识演化的更一般方面——不是在通用变革方案的意义上，而是在揭示机制和标准的意义上，这些机制和标准可能与其他例子相关，因此可能被用作分析它们的工具包的一部分。在接下来的三章中，我将探讨这种情况到底在多大程度上是正确的。

第五章

作用中的外部表征

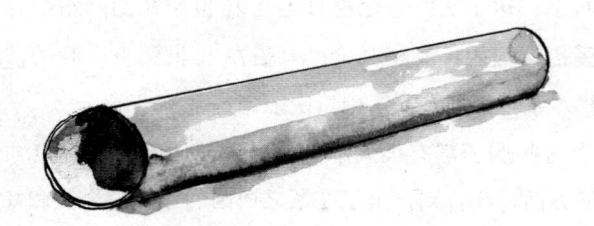

This is not a pipe

这不是一根管子。(Ceci n'est pas une pipe.)
——劳伦特·陶丁根据福柯《这不是一支烟斗》(*This Is Not a Pipe*)中勒内·马格里特(René Magritte)的画作《图像的反叛》(*The Treachery of Images*)绘制的图画

  外部表征是一种思想工具,它在物质世界和想象世界之间进行调解,也创造了自己的现实。[1] 在本章中,我将考虑知识史上的四个重要例子,用它们来说明外部表征对于知识系统转型的关键作用。[2] 这些例子还将用于说明外部表征的不同类型,从符号系统到图表(diagram)。前两个例子涉及古代美索不达米亚文化中算术和文字的出现。第三个例子涉及化学式的发明。第四个例子则说明了在对变化过程进行量化时,图表在塑造概念系统中的作用。在所有这四个例子中,每种外部表征带来的转型都对知识史产生了持久影响。即使在今天，在我们书写，计算，描述化学反应，或理解变化过程的方式中，也可以发现它们的影响。

算术的出现

戴培德与他的同事对古代美索不达米亚地区文字和算术的出现进行了研究，他们的研究成果对于理解外部表征在抽象概念历史起源中的作用具有典范性。[3] 因此，我对历史案例的研究从算术和文字的出现开始。我打算说明外部表征在抽象数字概念的产生中的作用，以及在从早期情境依赖的会计和管理形式演变到适合代表口语的文字系统中的作用。

实际上，当文字和算术在公元前4千纪的城市革命期间出现时，并没有立即产生抽象的数字或通用的文字系统，而是产生了适合特定情境和管理活动的心智模型的技术。这些心智模型的出现与符号系统的发展紧密相关，而符号系统被用于协调复杂社会中的人类集体行动。正如我们将要看到的，数字抽象概念和通用文字系统的出现遵循着我们在上一章已经熟稔的顺序：变革的诱因（在本例中是管理型经济的扩张）、对现有外部表征可能性的探索，以及对最初只是以会计实践为核心的知识系统的重组。[4]

因此，让我们利用前面两章介绍过的理论工具箱，更细致地思考这个重要例子。用名称、符号或筹码来标识具体对象就创建了该对象的一阶表征。然后，这些表征就可以按照与对象本身几乎相同的方式来处理，例如，它们可以连接或分离，也可以按顺序排列。从历史上看，最早的算术活动形式是使用具体物体或符号的标准系列作为对象的一阶表征，这些一阶表征与对象是一一对应的关系。然后可以通过筹码的重复来代表一组对象的数量。当按时间顺序将标准化的词语序列分配给特定集合中顺序固定的元素时，计数序列就出现了。它代表特定集合的所谓"序数"结构。

在这种可以被描述为"原算术"（protoarithmetical）的初始思维水平上，并没有对应于算术运算（如加法或乘法）的符号性转换。符号性转换仅被用于对象本身的表征，而不是更高阶认知结构的表征，后者体现了更抽象的数字概念。在许多留存下来的无文字文化中都发现了原算术的思维形式。在历史上，它们更难证明，但或许可以追溯到定居农业种植和畜牧业的开始。

但在美索不达米亚平原和波斯高地上，已经发现了可以追溯到公元

早期文字大事年表[5]

公元前	8500	中东地区的简单符号
	3500	复杂符号和黏土包层
	3400	数字板
	3300—3200	美索不达米亚与埃及的最早文字
	3200—3000	埃及的僧侣体手迹
	3100	原始埃兰（Proto-Elamite）文
	2500	美索不达米亚与叙利亚地区的改写楔形文字，用于书写闪米特（Semitic）语
	1850	原始西奈（Proto-Sinaitic）字母铭文
	1650	赫梯（Hittite）楔形文字
	1600	最早的原始迦南（Proto-Canaanite）字母铭文
	1400—700	安纳托利亚象形文字开始使用
	1250	乌加里特（Ugaritic）字母表
	1200	中国的甲骨文
	1200—600	奥尔梅克（Olmec）文字的发展
	1000	腓尼基字母表
	900—600	古老的阿拉姆（Aramaic）铭文
	800	最早的希腊铭文
	800	南阿拉伯文字
	650	埃及世俗体文字
	600—200	阿尔班山的萨巴特克（Zapotec）文字
	400—200	最早的玛雅文字
	250	希伯来语和阿拉姆语使用的犹太方形文字
	100	玛雅文字的传播
公元	75	最后的亚述-巴比伦楔形文字
	200—300	科普特（Coptic）文字出现
	394	最后的象形文字铭文
	452	最后的埃及世俗体涂鸦
	600—800	最后的古典玛雅文字

数字概念与算术思想大事年表[6]

阶段	时间	时期	活动	特征
0	直至公元前10,000年	大约到中石器时代晚期	前算术量化	没有算术活动。所有关于数量的判断都基于对数量与尺寸的直接比较。交流与传播仅通过可传递的比较性口语表达进行。
1	公元前10,000年至公元前3000年	新石器时代与青铜器时代早期	原算术	数量通过一一对应关系得到精准的确定。借助惯例化的计数步骤与计算技巧进行交流与传播。
2a	公元前3000年至公元前2000年	早期城市文明时期（直至古代近东地区六十进制系统的发明）	以符号为基础的算术以及情境依赖的符号系统	数量由计算系统构造。通过复杂的符号配置转换技巧进行关于这些符号系统及其相应心智结构的交流与传播。
2b	公元前2000年至公元前500年	发达城市文明时期（古代近东地区）	以符号为基础的算术以及独立于情境的符号系统	数量由抽象数字系统构成，有独立于抽象数字系统的运算。这些系统进行交流与传播通过统一的、独立于情境觉但依赖于特定文化的符号系统的"计算规则"。出现了"前古典数学"的最初形式。
3a	公元前500年至19世纪晚期	古典时代、古代晚期、中世纪与近代早期（直到分析数学的出现）	以概念为基础的算术以及自然语言中的演绎	有"先验"可证明性的抽象数字概念。借助书面表征进行交流与传播，书面数字抽象数学性质的"命题"。根据欧几里得《几何原本》的模式，通过演绎推理逻辑地排列并进行系统整理。
3b	19世纪晚期以后	现代数学传统	以概念为基础的算术以及形式演绎	有对算术结构的形式化理解，通过构造新算术结构扩展数字概念。借助形式语言系统进行交流和传播。

前8千纪初的黏土代币。可以想象，这些形状各异的黏土代币可能已被用作对象的一阶表征，并在原算术计数和核算的背景下用于代表和控制对象的数量。[7]

在公元前4千纪后半叶，旧的外部表征形式得到改造和重新利用。在美索不达米亚平原的农村经济背景下发展起来的适度结算技术，在新兴城邦的管理中得到了广泛利用。可证实的最早筹码包含捆绑在一起的高阶单位（6、10、60），它们本身就表明了对一物一代币关系的解放。传统结算技术中出现了代表某些行政行为的印章，例如记录工人的劳动量或为他们提供的食物。在经济增长的背景下，对这些管理知识的外部表征的探索最终导致了传统符号文化的转变。符号表征工具的潜力已被开发到了极限——这是之前讨论过的知识演化的特征。这一点在结算实践的剧增中尤其明显，结算实践在农村社区中原本只起到很小的作用。

此前，用于结算的符号基本上仍然是关于数量和管理或经济实践的一阶表征。但是，它们现在成了发达符号系统的一部分，并被用于更复杂的管理目的。它们不代表抽象数值；相反，它们的含义和数值取决于语境，即它们所计数的内容。同时，符号性转换并不代表真实行为；它们仅用于说明符号系统生产与结算环境相关知识的潜力。

当传统结算技术的两个主要要素——用于记录管理对象数量的筹码和记录相关行政行为的印章印记——被某种单一媒介所代表时，历史就来到了一个关键的转折点。特别是印章，它们带有决定其含义的行政和社会背景信息。它们为财产、法律行为或社会上的正确行为作证。最初，这两种要素以密封的空心黏土球（"大泡"，bullae）形式整合在一起，它们传达出黏土筹码的某些组合。有时，内部代币的组合由"大泡"表面的标记表示。原则上，密封的黏土板具有相同的功能，但它们比"大泡"更易拿取。无论如何，两种最初分开的结算技术（筹码和印章）因此被整合到一种新的外部表征形式中，其巨大的潜力可以（并确实）在此后得到探索。

这些密封的黏土板代表着原文字和原算术的早期阶段，成为探索古代美索不达米亚社会信息存储和处理新形式的起点。例如，我在这里关注美索不达米亚历史而不是埃及算术和文字，原因之一确实是，这个最终导

第五章 作用中的外部表征 107

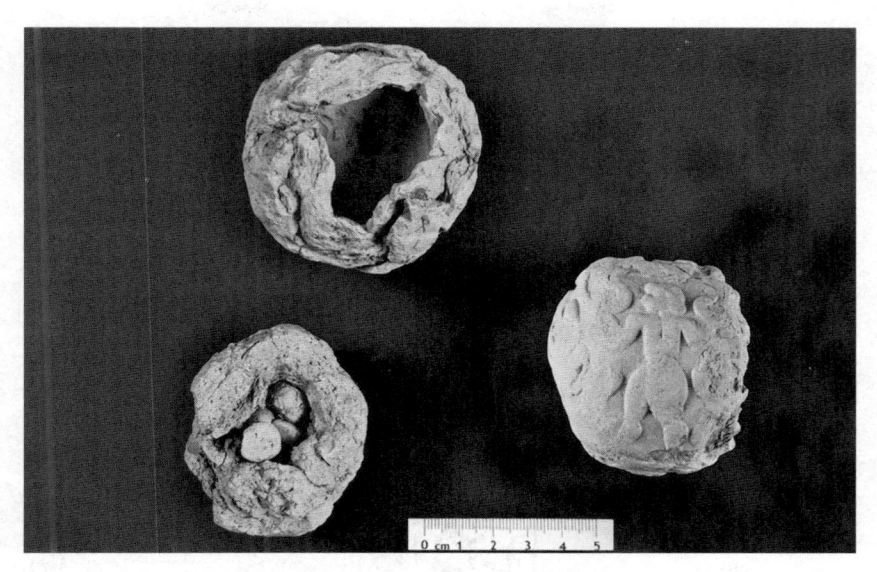

图 5.1 空心黏土球的样子，其中包含用于计数的小代币。其历史可以追溯到大约公元前3500年至公元前3300年。德国考古博物馆藏，伊姆加德·瓦格纳（Irmgard Wagner）拍摄

图 5.2 乌鲁克城邦的原始楔形文字板（约公元前3000年），它展示了对生产干谷物制品和啤酒所需成分的量的计算（见下页作者手绘图）。见 Nissen, Damerow, and Englund (1993, 42–43)。楔形文字数字图书馆供图

108　人类知识演化史

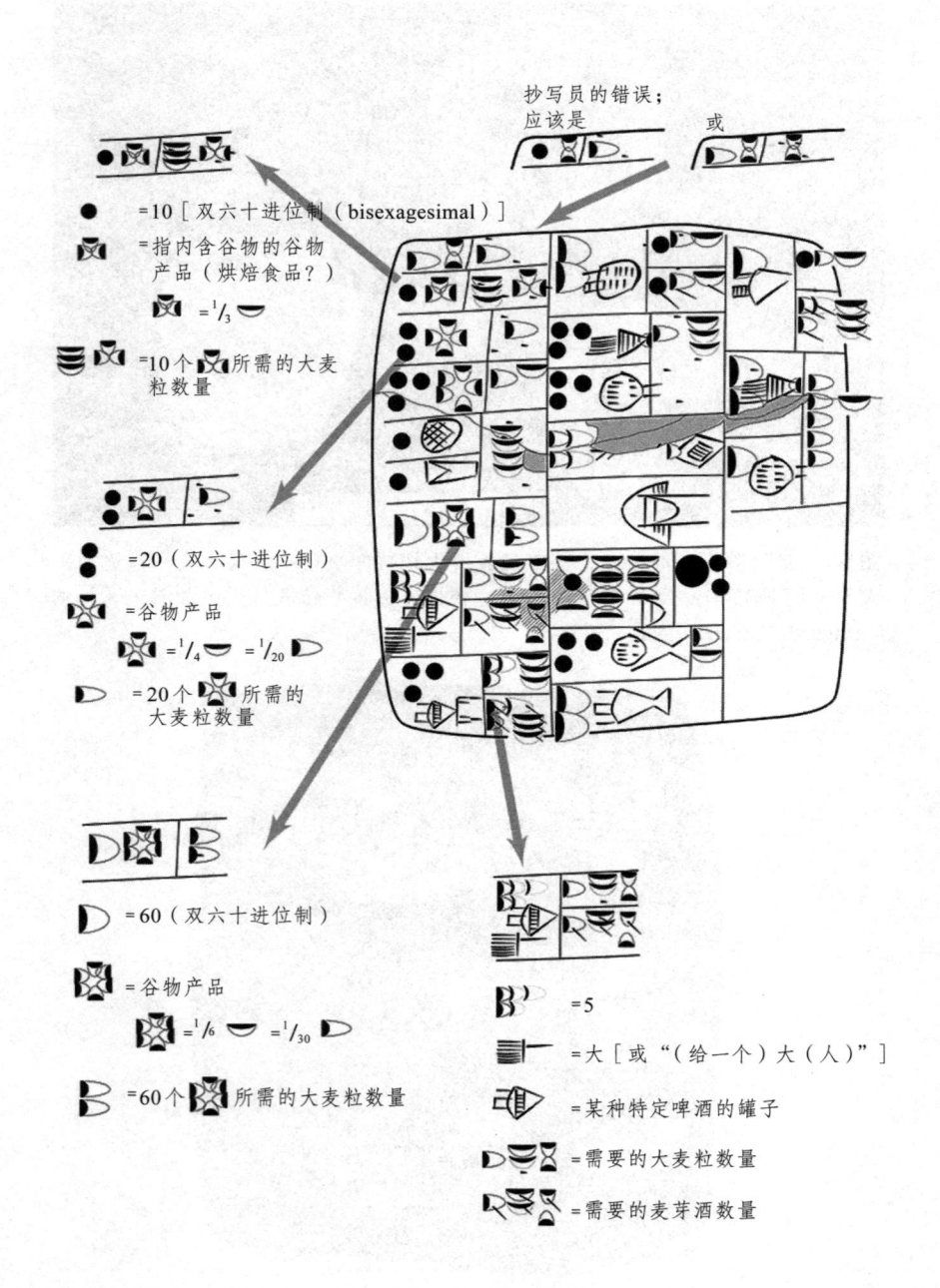

抄写员的错误；
应该是　　　或

● =10［双六十进位制（bisexagesimal）］

◈ =指内含谷物的谷物产品（烘焙食品？）

◈ = 1/3

◈ =10个 ◈ 所需的大麦粒数量

● =20（双六十进位制）

◈ =谷物产品

◈ = 1/4　　= 1/20

=20个 ◈ 所需的大麦粒数量

=60（双六十进位制）

◈ =谷物产品

◈ = 1/6　　= 1/30

=60个 ◈ 所需的大麦粒数量

=5

=大［或"(给一个)大(人)"］

=某种特定啤酒的罐子

=需要的大麦粒数量

=需要的麦芽酒数量

致了抽象数字概念和成熟文字系统的中间发展步骤拥有丰富的证据。

与早期管理技术相比，黏土板可以容纳更多信息，并且可以更加灵活和高效地构造信息。例如，很容易发明出表示新语义类别的新符号。反过来说，现有的经济和管理活动也被这些新的表征技术所塑造。这种发展的结果是，所谓的原始楔形文字管理文本成为行政官员积累和分配资源以及产品的心智模型的外部表征。这种心智模型又是通过反思该行政管理的具体实践而产生的。

通过反思这些原算术心智模型及其符号表征，数量和算术活动的二阶表征得以产生。尽管这些数量和算术活动最初可能保留了情境依赖性，但它们的含义不再主要由对具体对象的处理决定，而是由其一阶外部表征执行的行动确定。因此，二阶表征的特点是定义明确的数字符号系统和针对其应用的符号规则。这些形式规则直接适用于符号。形式规则可能是隐含的，也可能是明确表述的。无论如何，其应用都比较严格，也不再取决于具体世界中的偶然条件。在美索不达米亚的这个例子中有一个这样的明显阶段（对应于约公元前3200年到最晚公元前2000年的时期，即从首次出现文字到乌尔第三王朝时期末发明六十进制系统），在此期间，基于符号的算术二阶表征及其含义随情境而变化。[8] 在这段时期内，仍然缺乏一种标准化且能够涵盖所有领域的通用符号系统。

在随后的阶段中，这种标准化确实发生了，由此产生出一种记号，所有特定于情境的表征都可以转换为这种记号。这种通用表征允许进行形式操作，而无须指向任何特定应用。在美索不达米亚的例子中，这一阶段是随着六十进制的发明（大约在公元前2050年）达到的，该系统统一了先前所有对离散对象进行计数的、情境依赖的符号系统。这在乌尔第三王朝帝国统一城邦的过程中发生，相应时期也出现了中央行政机构。由于建立了六十进制，算术也得到了统一。在这种新情况下，对算术运算的反思产生了技术术语、问题类型和解决策略，这些都成为后来被称为巴比伦数学的内容的核心。

总之，算术作为处理外部表征的一种规则系统而出现。不必假设抽象的数字概念作为其历史发展的起点。类似的发展也发生在其他文化中。

在中国、埃及、印度、中美洲（Central American）和美索不达米亚等不同的文化中都出现了基于符号的算术。[9] 例如，中国的《九章算术》可以追溯到公元前1千纪。[10] 这部著作提到在算板上用算筹进行计数操作。[11]

这种算板成了算术运算中特定心智模型的物质模型，算筹数模拟了真实物体集合的组成和分解。在埃及算术中，这一功能由书面的象形数量符号来完成。[12]

数学知识的实践根源是如何被抑制的

希腊哲学家倾向于抑制抽象知识的实践根源。柏拉图在他的《理想国》中写到了理论数学与实践数学之间的关系，他贬低后者：

> 因此，格劳孔，算学这个学问看来有资格被用法律规定下来；我们应当劝说那些将来要在城邦里身居要津的人学习算术，而且要他们不是马马虎虎地学，是深入下去学，直到用自己的纯粹理性看到了数的本质，要他们学习算术不是为了做买卖，仿佛在准备做商人或小贩似的，而是为了用于战争以及便于将灵魂从变化世界转向真理和实在……因所有这些缘故，我们一定不要疏忽了这门学问，要用它来教育我们的那些天赋最高的公民。[13]

在讨论早期国家社会的大型行政机构中文字和算术的根源时，我们也不应该忘记这些行政机构帮助维持的权力机构所带来的剥削和痛苦。[14] 乌尔第三王朝时期（约公元前2100年至公元前2000年）的国家是集权形式的，对其所有资源进行严格控制，包括大量的国有工人。一旦长到可被剥削的年纪，儿童便被迫进入劳作过程；老年工人不得停止工作，直到丧失劳动能力。不从事国家劳作的方式要么是逃往不知所终的所在，要么是死亡。复杂的行政机构带来了许多对后来的人类历史非常重要的创新，最大限度地利用了这些劳动力。举例来说，想想在小黏土板上记录日常活动——这一做法在很多方面都预示

> 着现代企业的时间卡和信用凭证——然后再巧妙地将收集到的信息汇总到更大的经济控制结构中去。

文字的出现

在巴比伦，文字的发展与算术的发展非常相似。[15] 上面提到的原始楔形文字系统的使用，最开始完全受制于它在美索不达米亚行政机构内部的功能和它的日益复杂性。但是，这种复杂性也创造出一种背景，在这种背景下，该系统的新应用能够出现，被从新的角度看待，并与主要应用范围维持一定的距离。教育就是这样一种背景。这种重新情境化是知识演化的另一普遍特征，我在前面已经将其称为"解放性逆转"。系统日益增加的复杂性需要制度支持来实现代际传递。但是，学校教育意味着将行政管理的认知手段与其直接的应用环境分开。因此，它开辟出一种视角，即这些认知手段的潜力可以不依赖于其在具体行政管理问题上应用的限制，独立地得到探索。

因此，文字发展的下一步由在第三章中所强调的外部表征基本特性决定：外部表征的可能应用范围要比最初引入它们的特定目标更大。实际上，原始楔形文字文本代表心智结构的潜力远远超出了美索不达米亚行政管理应用的有限领域。在它最发达的形式——在约公元前2600年达到——中，它可能已经具有表征口语的可能性。[16]

书面语反过来又成为许多其他形式知识的重要外部表征。我将在第十章讨论早期文字社会的知识经济时回到这个问题。现在，我将自己限制在一个与数学的进一步发展有关的特定例子：文字可用于对算术运算的反思结果进行编码，从而产生，例如，关于数字概念之本质的明确语言陈述，正如我们在柏拉图等古希腊哲学家的著作中发现的。对数学运算的语言编码导向了更普遍的数学命题系统，可以用线性和层级的方式在所谓的演绎结构内进行排列。

一个例子是关于偶数和奇数性质的定义和命题，这是源于古希腊且最早可以追溯到公元前5世纪的毕达哥拉斯的学说，后来又被整合到欧几里得的《几何原本》(Elements)中。[17] 通过用代表偶数和奇数的符号对运算进行语言表征，这些概念相对于符号算术特定属性的独立性大大增加。偶数和奇数的概念含义不再由最初产生这些概念的算术技术直接构成，而是由语言学技术的应用构成。这种技术的一个例子是借助定义来确定含义，例如，针对某些算术运算的可能性或不可能性来定义质数这一概念。

自从知识传播可以依靠作为外部表征的文字以来，文字就包含了特定知识领域固有的术语、问题、秘诀和命题，以及对这些因素的结构化并常常是系统化的整理。在美索不达米亚地区，文字广泛传播之后，新形式的书面知识涌现出来，例如语法文本、占卜文本、各种主题列表、史学研究文本、治疗文本、天文文本等。后来，这些知识中的一些逐渐传播到古希腊，成为新的书面表征形式的主题。这些新形式又反过来成为表征知识——包括关于哲学问题和科学问题的详尽论述——的具有影响力的模型。古代知识以书面形式进行编码，这促进了复杂知识系统向其他文化传播，如叙利亚、波斯和阿拉姆世界，以及使用拉丁语的欧洲西部地区，从而刺激了新知识的产生和对这些模式的进一步阐释。[18]

此后，文字作为语言表征的一种手段，成为大多数社会的基本特征。文字的发明表明，历史过程的偶然结果或多或少会成为社会运作和社会稳定不可或缺的前提条件，尤其是对社会的进一步发展来说。知识的演化是高度依赖路径的过程，其中每一个特定阶段的动态，不仅取决于前一阶段的结果，也取决于某些初始生物条件和生态条件的整个演化轨迹。

化学式的出现

另一个引人注目的案例是瑞典化学家永斯·雅各布·贝采利乌斯(Jöns Jacob Berzelius，1779—1848)在19世纪初发明的化学式，这个案例由厄休拉·克莱因分析，其中，对外部表征的反思引发出新的知识结构。[19] 贝采利乌斯引入了化学式，如代表水的H_2O，它们可以同时表示无机化学领域的系统化基本实验知识，以及有机化学物质的组成和行为理论模型。正如我们将看到的，与我们在算术的出现中所观察到的类似，这些理论模型部分源于对使用这些化学式作为"书面工具"进行符号操作的反思。这种书面工具的作用是编纂知识，从而在更广泛的书面外部表征背景下保存和传递知识的某些方面，使其不只局限于书面语言。

当时研究的一个核心问题是贝采利乌斯所说的"化学比例定律"。[20] 基于约瑟夫-路易·普鲁斯特（Joseph-Louis Proust，1754—1826）和约翰·道尔顿（John Dalton，1766—1844）的早期工作，[21] 显然，无机化合物中的元素总是以相同的比例存在，而且如果两种元素可以形成不止一种化合物，那么一种元素与固定质量的另一种元素结合后，其质量比总是较小的整数比。尽管这些见解促进了化学原子论的发展，但仍然很难将在无机化学领域获得的经验性见解与有机化学中以及当时的物理学中关于原子本质的思想联系起来。后来，花费了一个多世纪的时间，科学家们才在现代量子理论中找到使化学原子论和物理原子论相协调的可靠基础。在此期间，化学知识的进一步发展是由与化学实验的实际情况更紧密相关的符号系统所塑造的，如贝采利乌斯的化学式。

化学比例理论中的关键实体实际上并不是原子，而是化学物质中与尺度无关的成分比例。[22] 化学物质被研究的内容是它们的化学性质和行为，与其机械性质如形状、方向或大小无关。因此，在数量上，重要的是这些物质中与尺度无关的成分比例，这正是贝采利乌斯的化学式所代表的含义。这种表征同时塑造了这种成分比的含义并使之稳定下来，因此有助于向有机化学扩展，而无涉于同时代的原子论概念。

虽然这些化学式被用作某些化学操作的一阶外部表征，涉及离散的、与尺度无关的成分比例，但它们也是反思用日常语言以及道尔顿的原子和分子来代表化学成分的有限性带来的结果。而且，它们被嵌入一个更广泛的语义网络中，该网络包括化学元素和化合物的概念，以及这些成分元素之间的可测量关系。它们被用于有机化学，并在建立有机化学构成和反应的心智模型方面发挥了建设性作用。化学式成为发达的符号系统的一部分，并服务于建构理论的更复杂目的。现在可以使用化学式进行符号转换，这些符号转换不再代表真实的行动，而是代表可以引发预测的行动和结构模型。在这个例子中，化学式既充当语义关系的符号，又充当图示（icons）。实际上，贝采利乌斯化学式的图示性质——例如，可能会将代表化学元素的字母用加号连接——以镜像形式反映了所表征的心智模型的某些方面，比如，化合物是由一些更基本的成分搭建起来的。

变化的图形表征

将图表作为书面工具可以确保连续性与创新性，一个引人注目的例子来自借助图表表示质性变化的中世纪传统。近代早期科学对这一传统进行了复兴和探索，为借助无穷小量微积分学理解经典物理学中的运动及运动的概念化奠定了基础。[23]

该方法可以追溯到14世纪的学者尼古拉·奥里斯姆（Nicolas Oresme，1323—1382），他介绍了用图形方式表示有关质的数量变化的学术思想。[24] 质可以是感觉上的，如白、热或运动，也可以是道德上的，如美德或上帝的恩典。这些质可能会在一定的时间间隔或空间间隔内发生变化。一个例子是热量沿铁棒长度发生变化。另一个例子是速度随时间变化的运动。空间和时间都被认为是质的广延（extension）。在铁棒的例子中，广延是其长度。在运动速度随时间变化的例子中，广延则是时间。

不断变化的质的强度由直线表示，这些直线在其广延的每个点上都是正交垂直的。垂直线的长度代表质在其广延上的"程度"（degree），这是此传统的共同特征。连接所有强度线的上端点将获得一条顶点线。把广延线、顶点线，以及变化的质的第一个和最后一个程度连起来看，我们就得到了一个表示变化的二维图形。其面积代表"质的量"。该图形现在可用于描述质的变化。例如，对于一定时间间隔内的匀速运动，人们获得的是代表"均匀的质"的矩形。三角形则代表"均匀变化的质"，其强度在其广延范围内均匀变化。[25]

在中世纪的背景下，这种图形表征是关于变化的复杂哲学论述的一部分。使用它的目的是分析诡辩、澄清神学问题或讨论一些虚构的情况——比如当苏格拉底不断加快自己的步伐时会发生什么。该方法的图形方面与现代表征形式中借助二维坐标图表示积分有些相似。比如说，考虑将速度作为时间函数描述的运动。在一定的时间间隔内保持匀速运动的例子中，此函数随时间的积分将给出给定时间间隔内，此运动所经过的距离。该积分由矩形的面积表示，而面积由时间间隔和代表匀速的水平线决定。从中世纪的角度来看，我们得到了一种均匀的质。在匀加速运动的例子中，从时间零点的静止状态开始，速度函数将由穿过原点的直线给出；相应的面将是三角形。从中世纪角度来看，我们得到的是均匀变化的质。

但是，从概念上讲，中世纪方法与现代微积分或经典力学非常不同。它既不涉及函数概念也不涉及积分概念，而中世纪的广延、强度和质的程度等概念也与现代框架无关。然而，在近代早期，伽利略、笛卡尔、以撒·贝克曼（Isaac Beeckman, 1588—1637）或托马斯·哈里奥特（Thomas Harriot, 1560—1621）等前经典科学的主要人物都依靠这种表征质的中世纪传统来解决同样的挑战性问题，这些问题在后来的经典力学中被归给了微积分。[26] 落体定律的推导就是其中一个例子，即从匀加速的假设出发，下落物体所经过的距离随时间的增加而呈二次方增长。该如何解释运动的现代概念（涉及瞬时速度和平均速度等其他概念）的出现，而中世纪传统对于其出现的作用又是什么呢？

答案是由前面讨论过的原理提供的，即外部表征作为思维工具，具有比最初引入时更广阔的适用范围。近代早期的科学家们重新利用了已有的外部表征，以应对新环境下出现的挑战。如前一章所述，这种情况的特点是，越来越多的实践知识和理论知识纠缠在一起，为处理诸如抛体运动、摆的运动或机械效果等当时技术的挑战性对象而被调动起来。在此，我们遇到了中世纪的外部表征，它们充当了从一种概念体系通往另一种概念体系的通道，而它们自身在此过程中也得到了重新解释。

通过近代早期科学倡导者们的新应用，中世纪时期对变化的概念化确实为经典力学和现代微积分的出现奠定了基础。这两个概念体系之间连续性的要素之一是中世纪图表的图示性质。用查尔斯·桑德斯·皮尔士的话来说，图表"在构成其对象的过程中，主要是一种对于关系形式的图示，很容易看出它对于表征必要推论的适当性"。[27] 比如说，表示匀加速运动的图表无论嵌入何种概念环境，都能通过其几何安排，准确把握这种运动的基本特征。由于我之前提到过的外部表征的生成性歧义，此类图表在近代早期的扩展应用，在新背景和新目的下，促进了新概念关系的出现。

对运动的研究确实是近代早期科学的中心，在实际实验和思想实验中，人们都考虑了不同的安排。例如，可以将一个加速的下落运动向水平方向偏转，使其转化为匀速运动，这样运动就可以沿着水平面继续下去。该水平运动将继续以一个恒定的速度进行，这个速度在中世纪框架中被称为加速运动的"最终程度"。这样，模糊的中世纪概念"程度"，就可以通过匀速运动中明确定义的恒定速度来解释。于是，它得到了一个直接的操作性含义，类似于经典物理学的瞬时速度，可以用来描述在无限短时间内的运动的特征。

这只是当时所进行的更丰富探索中的一个例子而已，在这些探索中，已有外部表征方式的各种解释都得到了研究，或者被验证，或者被排除。在这一探索过程中，中世纪框架被新经验所丰富，经过扩展、修改，最终被重新解释，并被转化为无穷小微积分以及经典物理学处理运动所需的概念环境的一部分。

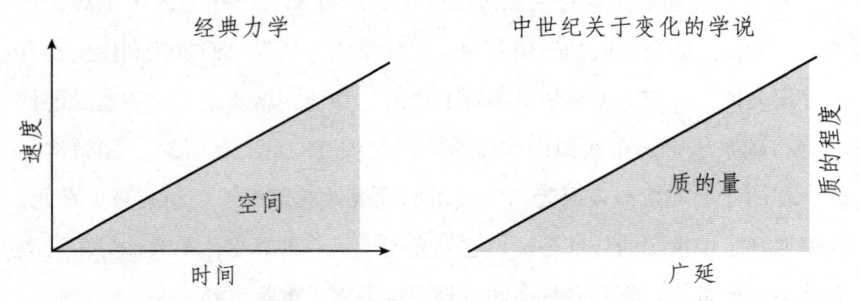

图 5.3 变化的不同表征方式。在经典力学中（**左图**），速度在匀加速落体运动中的增加，可以通过将速度表示为时间线性函数的坐标图表示，并以经过空间的面积作为该函数的积分。在中世纪关于变化的质的学说中（**右图**），速度可以通过其广延（时间）及其变化程度来表示为"均匀变化形状"或"三角形"的质。尽管这两种概念化大不相同，但图表相似，因此图形表征可以充当它们之间的桥梁。马普科学史研究所图书馆提供

这一插曲属于力学知识的长期历史，对其进行研究有助于确定前述知识系统发展过程的许多普遍特征。因此，接下来，我将用这段历史和一些具体示例来阐释其中的一些特征。

第六章

作用中的心智模型

以前人们只夸耀生产应归功于科学,但是科学应归功于生产的事实却多得不可胜数。

——弗里德里希·恩格斯《自然辩证法》

默认假设不只是方便,它们构成了我们进行概括的最有效方式。尽管此种假设经常出错,但它们通常不会造成什么损害,因为在可以获得更具体的信息时,它们会被自动替换。但是,如果将这些假设太当回事,就会造成无法估量的损害。

——马文·明斯基《心智社会》

力学知识的分期

在下文中,我将说明人类在力学知识领域思考自然所使用的心智模型的起源、功能和变革。[1] 力学知识涉及时空中的物体、它们的运动,以及引起或抵制这些运动的力。如果我们知道物体的当前状态以及作用在物体上的力,那么力学知识就使我们能够预测,物体的位置将如何随时间变化。粗略的研究表明,力学知识的长期历史可以分为六个具有或多或少连贯性的时期。

第一阶段可以简单地称为"力学的史前时期"。这一时期包含了很长一段时间,在此期间,人类文化积累了实践的力学知识,但并没有以书面形式记录下来,也没有发展关于它的理论。尽管数学和天文学等科学的起源可以追溯到巴比伦尼亚和埃及的古代城市文明,但令人惊讶的是,力学并非如此。实际上,尽管有许多资料证明这些文明中存在大型建筑项目,但并没有文件提及建设这些大型建筑项目所必需的力学知识。

下一个阶段可以恰当地贴上"力学的起源"这一标签。尤其是,这一时期出现了杠杆原理及其证明。更普遍地说,这一时期的特征是出现了第一批专门针对力学和物理学的论文:在西方,这与亚里士多德、欧几里得、阿基米德和亚历山大里亚的希罗(Heron of Alexandria)等名字相关;在中国则与墨家经典《墨经》相关,该著作可追溯到公元前300年。西方著作对之后相关理论的发展产生了巨大影响,而中国最早的力学著作直到很久之后才产生影响。

第三阶段开始的特征是将力学转变为"天平和重量的科学",其中杠杆定律再次发挥关键作用。这个时期涵盖了阿拉伯世界和拉丁世界的中世纪,产生了大量的力学文献,尽管集中在相对狭窄的主题上。

第四阶段是前经典力学时期,范围从列奥纳多·达·芬奇(Leonardo da Vinci,1452—1519)等文艺复兴时期工程师的素描,到伽利略的成熟著作。与前一时期相比,它涉及的主题越来越多,包括斜面、摆、物品的稳定性、弹簧等。尽管如此,杠杆定律继续发挥着重要作用。

第五阶段是机械论世界观的兴起。它包括从最早的机械论宇宙观的综合性视野(如笛卡尔的机械宇宙观),到牛顿、欧拉和拉格朗日等人建立的经典力学和后来的分析力学,再到19世纪科学家试图在完全的机械论基础上建立物理学的尝试。

第六阶段包括机械论世界观的衰落,以及力学从19世纪末到20世纪初的解体。这一时期与现代物理学及其概念革命的出现有关,以量子理论和相对论为代表。

这一对力学长期发展的概览提出了许多令人困惑的问题。例如:理论力学在古代是如何起源的,为什么它没有发生在更早的时间?何种知识使杠杆定律的提出成为可能,而证明它又需要什么知识?什么原因导致了西方与中国的力学知识发展存在显著差异，又是什么原因导致了阿拉伯和拉丁世界的中世纪重量科学与近代早期前经典力学之间的差异？何种经验知识使经典力学的出现成为可能，以及如何解释经典力学在两百多年的经典物理学中的卓越稳定性？什么能够解释亚里士多德物理学跨越两千多年的更大稳定性？如何解释20世纪初机械概念的解体，以及广义相对论等革命性理论——这些理论被证明是在其创立之时无法获得的知识的基础——的涌现？最后，杠杆定律等基本原理如何在所有这些变革中幸存下来？

鉴于力学知识发展中显著的连续性和非连续性，探寻塑造其历史却与力学知识之内在本质无关的偶然性因素可能相当诱人。以亚里士多德物理学的长期统治地位为例，其影响甚至延伸到前经典力学时期以及所谓的"科学革命"，后者以广泛的反亚里士多德主义态度而著称。亚里士多德哲学被天主教奉为正统学说，用像这样的外部因素来解释这种优势是否真的合理？只有在人们假定科学知识主要被编码于科学思想和理论中时，这种解释才听起来可信。

但是，如果考虑到所有类型和层次的知识，例如掌管我们在自然环境中的思维和行为的直觉知识，那么亚里士多德物理学的某些方面（正如在第四章中论述的那样）对中世纪和近代早期学者来说，肯定和对今天的儿童甚至高中生一样有说服力，因为它由普遍共享的心智模型构成。简言之，对力学知识长期发展的理解，除了要考虑在科学史上通常需要考虑的理论知识之外，还需要考虑直觉的物理学知识和实践的力学知识。因此，我们将回到第四章中讨论的三种知识类型，但这一次，我将根据力学知识的情况进行调整。

力学知识的类型

直觉的物理学以通过普遍或近乎普遍的人类活动所获得的经验为基础。与直觉的力学知识相关的经验包括，例如，对物体及其相对持久性、不可穿透性和物理性状的感知。直觉的物理学也是力学科学理论的论证基础。例如，在杠杆定律的证明中，默认情况下并不需要任何理由来说明，如果杠杆的一个臂上升，则另一臂就不能上升而必须下降。直觉物理学的基本模型包括第四章中所描述的运动-暗示-力模型，该模型对由推动者施加的力引起的感知运动提供了解释。另一个例子是一种关于稳定性的心智模型，它使我们推断出没有被另一个物体支撑或抓住的重物会掉落，同时，一个就要落下或倒下的物体可以被另一个物体稳定住。反过来说，我们可以从这种心智模型得出结论：如果一个重物没有掉落，那它一定被其他物体支撑着，即便我们不能直接观察到或辨认出支撑的物体。

第二类力学知识是实践力学知识，出现于对力学进行任何系统的理论处理之前。这是通过操作像杠杆这样的机械工具而获得的知识。这些工具的作用是在受生物学限制的人类能力之外增加机械力。与直觉的力学知识相反，这类知识不再被所有人普遍共享；它是特定于文化的，并且在同一文化中，通常也并不被所有成员共享。它与专业人士对这些工具的生产和使用紧密相关。

一旦获得这种经验和建立这种知识所必要的工具被发明出来，有关如何生产和充分使用它们的知识就可以在个人之间进行交流，并通过物质工具、共同的实践和使用秘传术语的口头交流等方式，将这类知识代代相传。

自古以来，实践者知识的一个基本示例就是确定一个物体的重量以及举起该物体所需的力。这典型地体现在一个真实的模型中，即等臂天平的模型。使天平保持平衡的力等于物体的重量。因此，我们将这种力与重量相互抵消的模型称为"平衡模型"（equilibrium model）。

古代技术人员和工程师的实践知识还涉及一些其他类型的基本经验，尤其是如何使自己摆脱重量和力之间等价关系的约束。实际上，机械师的技巧就在于借助杠杆之类的工具来克服事物的自然发展过程。根据这种理解，机械工具可在给定力的作用下获得"非自然"效果，这种效果如果没有该工具就无法实现。

因此，我们将这种理解所依据的模型称为"机械模型"（mechanae model）——mechanae是希腊语的"机械"，意思是装置和技巧，是"机械学"（mechanics）一词的起源。机械模型的一个更具体版本是"杠杆模型"，该模型将杠杆识别为省力装置。自古以来，杠杆就以工具的形式存在（如挖掘棍），还是建造葡萄榨汁机和榨油机的一个要素，也是移动和定位重物的辅助工具。

来自实践知识领域的另一个例子是关于"拱"的心智模型。它以实践经验为基础，即建筑物的开口处可以用拱形物跨顶，拱形物仅在插入拱顶石时才开始承受自身的重量。拱的技术在史前时代就已为人所知。但是，最初使用的是一种被称为"叠涩技术"（corbel technology）的方法，该方法将拱的重量垂直分布在支撑墙上，而拱顶石没有静态上的重要性。换句话说，拱的模型已经是学习过程的结果，这可能基于地下建筑与地上建筑都广泛使用拱顶。

与动物行为中固有的力学知识相反，人类的力学知识不仅源于受生物学决定的活动，而且还源于历史性传承的机械工具的使用，这意味着以工具为基础的力学知识的发展由社会环境决定。熟练使用机械工具需要积累经验，最好是通过专门操作这些工具来获得。因此，以工具为基础的力学知识发展在很大程度上是社会分工的结果，社会分工导致了职业的兴起，并将专业知识代代相传，包括一直存在的遗失这些知识的风险。

这些知识主要通过在学徒期参与工作过程来传承。以工具为基础的力学知识包括机械工具本身及其操作技术；力学知识的发展、应用和历史传承，原则上并不需要书面描述或图形描绘中的任何符号表征。但是，其发展可能会在语言的语义拓扑结构中留下痕迹，尤其是在专业术语出现时——专业术语是从相关的工具、技能和实践中衍生出来的词汇。

机械工具在历史上出现需要社会前提，其后果之一是，这些工具主要在对共同体的可持续性和再生产必不可少的领域中开发出来。因此，人类历史的早期文明发展出用于狩猎和采集、食品加工以及部落战争的机械工具。在这些领域，机械工具被证明是有利于共同体的，因此产生了激励措施，以系统地生产这些工具并传递给后代。

直觉知识和实践力学知识依赖于对特定机械工具和技术使用的熟悉程度，相比之下，表征机械经验的理论知识基于用语言编码的普遍概念。

其通常的形式或者是明确的力学理论，这些理论基于用自然语言编码的推理；或者是演绎理论，这些理论基于以规则为基础的、通常用数学语言表述的形式化系统。一个例子是关于重心的心智模型。如果您在重心处把物体悬吊起来，则无论您将其以什么摆放方式悬吊，物体都不会转动。该模型是在力学理论的背景下，通过概括关于天平的心智模型而得出的，根据该理论，每个物体原则上都可以被视为天平。因此，可以为物体假定一个虚拟支点，即一个抽象的点，物体在该抽象点悬挂时将处于平衡之中，无论怎样摆放都不会晃动。

理论知识并不像休谟等哲学家所主张的那样，起源于对感官数据的即时处理，而是起源于对心智模型的反思，特别是对直觉知识和实践力学知识的心智模型进行反思。借助于力学规则及其陈述等工具，反思带来了直觉推断。此外，反思还将这些规则和陈述整合为高阶的普遍概念体系，这些概念体系用理论形式表征直觉知识和实践力学知识中的经验。

古希腊的哲学家，例如亚里士多德，以概念和书面形式阐明了直觉思维的基本模型（如运动-暗示-力模型）。亚里士多德将此模型当作其运动理论的核心，他的运动理论影响了众多哲学家的运动理论，直至中世纪晚期和近代早期。[2] 在此过程中，哲学家们使用了纯理论语言，它不再与感知到的现实本身有关，而是与直接针对此现实的思考有关。因此，直觉推理的内在心智模型成为对明晰的自然哲学的一般性肯定，并声称具有普遍有效性。在这种情况下，理论思维的心智模型通过对模型的结构及应用条件的明确描述来传达。

这为之前提出的不同形式知识之间的关系这一问题提供了答案，尤其是实践知识和理论知识之间的关系。理论力学知识的出现与关于特定机械工具和技术的词汇有关，这些词汇随后被用于话语性描述，并最终通过演绎体系的形式化语言来表示用于操作的隐性或显性规则，以此来阐明它们之间的普遍关系。这些术语和关系直接或间接地反映出起源于直觉知识和实践力学知识结构的心智模型的整合。现在，这些心智模型确保了一般的力学概念可以运用于特定的力学经验背景，这些力学经验也是这些概念最初所源出的地方，从而成为有关力学经验的普遍理论陈述的示例。

理论力学知识的挑战

从直觉的思维模型到固定在书面语言中的运动理论,这一转变对思想的进一步发展产生了许多影响。对结论及其结果进行反思的可能性得到扩展,这尤其成了模型进一步分化的起点。这种分化的第一种形式来自对经验的处理,这些经验在形式上属于模型的一般书面概念,但无法被纳入作为其基础的直觉模型。

具体来说,在亚里士多德的《物理学》(*Physics*)中,运动因果关系的直觉模型很难解释无法确定推动者的运动,这导致该模型对特定运动类型的定义和排除。亚里士多德把两种类型的运动从运动-暗示-力模型中排除了出去:第一,天体的运动;第二,重物向地心下落,以及轻物沿相反方向的上升运动。排除的这两种运动被界定为"自然"运动,不需要原因动力,与"受迫"运动相反,后者是他的力导致区域性运动理论的唯一主题。

根据亚里士多德的理论,天体的运动通过第五元素即"以太"的自然圆周运动实现,而重物和轻物的自然直线运动则由它们所固有的达到其自然位置的趋势而产生。因此,对此等自然运动的考虑引发了一种概念上的分化,即从理论上将它们排除在运动-暗示-力模型的应用领域之外。

通过理论反思而引起模型内部分化的另一个例子是惯性运动,即在缺乏驱动力情况下的运动现象。当一个抛射体从投掷者的手中被扔出时,它会继续运动而不被任何可察觉的原因驱动。但是,要应用运动-暗示-力模型,就需要作为关键变量的**推动者**与被推动的物体之间有直接接触,以便对其施加力。

包括亚里士多德在内的古代哲学家们提出了各种巧妙的(有时甚至是过于巧妙的)论点,试图将原因动力分配给惯性运动,例如抛射体的飞行,尽管这种力的存在并不明显。论证通常从这样的假设出发,即投掷的手也引发了介质如空气的运动,进而通过介质与运动物体的直接接触导致运动继续进行——这是一种相当反直觉的解释。然而,这种人为的解释,尤其是亚里士多德本人的解释,之所以流传下来,与其说是由于其解释力，不如说是由于一种理论上的教条主义。与亚里士多德物理学的其他主张——如自然运动和受迫运动之间的区别——所根据的直觉上貌似可信的心智模型相反，这种旨在修复亚里士多德运动理论的人为尝试，其流传与特定的社会条件有关，尤其是学术机构的存在，它们保证了这些模型可以被确立为教条，并增强了其有效性。

心智模型适应挑战性问题的另一种机遇是在现有模型的空余位置中引入新的心智模型。例如，正如后来的发展所证明的，我们可以将通用变量**运动**改进为包括**加速度**这一特征属性。如此一来，亚里士多德自然哲学的"运动-暗示-力模型"就转变成经典力学的"加速度-暗示-力模型"。根据后者，不是运动需要力，而是运动的变化即加速度需要力。加速度-暗示-力模型最终成为经典物理学的基石。新模型仍然根植于直觉物理学，正如其拟人化的力概念及其来自对运动-暗示-力模型的修订所表明的那样。但是，加速度-暗示-力模型不再是直觉物理学或实践者知识的一部分，这可以在其反直觉的结果中看到，例如运动在不施加力的情况下永远不会停止。因此，在这一修订被历史地接受之前，人们花费了相当多的努力和时间。

调整直觉物理学的心智模型

尽管此简要说明显示出，从亚里士多德物理学中的运动解释到经典物理学中的运动解释这样的重大转型在原则上可以完成，但它并没有说明整个知识系统的变革如何造成这一转型。加速度-暗示-力模型并非临时性发明，而是产生于漫长的知识积累和转化过程，这一过程最终使它具有稳定性和力量，能够被整合到新兴的经典力学框架之中。

运动-暗示-力模型转变的一个出发点也建立在直觉物理学基础上，即惯性运动的日常经验，正如发展心理学的研究所证实的。[3] 受力推动的物体通常在力不再影响物体后还会继续移动一会儿，就好像有些东西已从力转移到了物体上一样。在古代晚期，这种经验成为对运动-暗示-力模型进行调整的起点，调整后的模型包括对原本难以整合的惯性现象的解释。这种调整通过改变力的概念而实现。引起运动的力不再被认为是直接影响对象的推动者的力量,而是可以从推动者传递到移动对象的实体。这种传递的力通常被称为"施加的力"(impressed force, vis impressa)或"推动力"(impetus)。[4]

在近代早期,这种扩大了的解释可能性构成了克服亚里士多德解释模式的重要出发点,且不必从一开始就放弃亚里士多德的基本假设。例如,如果人们假设,施加在抛射体上的推动力是逐渐耗尽的,那么人们就可以解释为什么其运动速度会变慢。相比之下,如果假设被施加的推动力只能由反作用力(例如来自介质的阻力)耗尽,那么得出的结论将是,只要没有反作用力影响物体,物体就会保持运动。因此,在这种情况下,运动-暗示-力模型得出的结论与后来经典物理学中的惯性定律所暗示的结论相对应,从而有效地支持了惯性物理学的发展。

作为共享知识的亚里士多德主义

正如我们了解到的,亚里士多德物理学捕捉到了许多日常经验,这是其持续存在数百年的原因之一。另一个原因是它在制度化教育中的重要性。在近代早期,当亚里士多德物理学在大学教育中属于基本知识时,任何创建同样普遍自然理论的尝试都必须从这种基本知识开始,即使其目标是修改占主导地位的亚里士多德体系。

这解释了为什么伽利略及其同时代人经常将反亚里士多德主义的态度与对亚里士多德主义基本假设的坚持相结合。他们还依赖中世纪经院传统对亚里士多德物理学做出的一些复杂阐述,我在上一章讨论14世纪奥里斯姆引入的图解表示法时曾提到过。这些知识并非植根于直觉物理学;它们是当时共享知识的一部分,因为它们被作为正统理论知识在大学中传播。

这一理论传统的假设中,没有一个像扎根于直觉物理学的亚里士多德理论要素那样,不言自明且似乎无可辩驳;其中一些假设已经成了几个世纪以来辩论的主题。因此,这一串共享理论知识依赖于文字或教学传统中体现的连续性。它解释了当时许多尝试解决加速现象的人物的显著共性，如伽利略、笛卡尔、贝克曼、哈里奥特以及很多其他人。[5]

特别是，他们都将加速运动概念化为既具有"广延"又具有"强度"的质，可以通过变化的"程度"来描述。实际上，这种概念化与表征变化的传统紧密相关，在论述中世纪的亚里士多德传统时，我已经对此进行了讨论。

近代早期技术的挑战性对象

但是，为什么加速运动的研究对近代早期思想家而言如此重要，而对于之前的亚里士多德主义的哲学家却并不如此呢？在讨论知识系统变化的诱因时，我们已经得到了部分答案。在这一案例中，当时技术（尤其是机械设备或弹道学）中的挑战性对象表明了更好地理解加速运动的重要性。在处理这些挑战性对象时，理论知识的资源（例如亚里士多德对自然运动和受迫运动的区分）得以与实践者的新经验结合在一起。

当时的任何严肃抛体运动理论都必须考虑到弹道技术从业者的常识，这些知识不仅通过参与和口头传播，而且也通过许多已发表和未发表的军事论文传承。炮手基于其专业经验所掌握的知识包括以下事实：炮弹的速度随爆炸粉末施加的力而增加；炮弹的重量越大，则达到相同距离需要施加的力就越大；炮弹飞行的距离取决于大炮指向与地平线的夹角；有一个角度能够让炮弹飞行最远的距离；在一些角度上，平击与斜击可以达到相同距离，却产生不同效果。[6]

比如说，伽利略开始对诸如摆的运动和炮弹呈现出的曲线之类的挑战性对象感兴趣。[7]他确信，炮弹的轨迹可以比作悬挂着的链条，二者都接近于抛物线。他还把摆的运动比作物体在球形碗中上下滚动的运动，从而形成了心智模型的网络。物体在球形碗中上下滚动的运动又可能与球体在倾斜平面上的上下运动有关。这促使伽利略认真研究沿倾斜平面的下落运动。不久，他提出了一些定理，试图以此建立新的运动理论。这一系列见解构成了我在第四章中称为"知识孤岛"的东西。该岛屿仍然被嵌入更

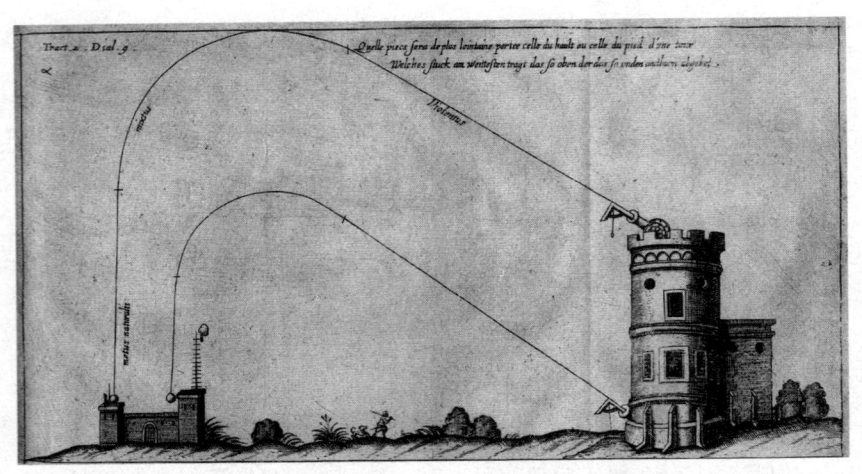

图 6.1 用"受迫""混合"和"自然"运动详细阐述亚里士多德对抛体运动的解释。摘自 Ufano (1628)。马普科学史研究所图书馆提供

大的亚里士多德体系中,但已经开始发展自身的系统性。

知识重组带来经典物理学的出现

将炮弹轨迹与悬挂链的曲线进行比较帮助伽利略看到了作为两者基本模式的对称性,并使他提议利用抛物线来识别两种曲线。[8] 其他炮兵学生(包括年轻的伽利略本人)曾认为,炮弹的轨迹首先由大炮传递给炮弹的猛烈运动控制,因此炮弹的运动会沿着射击方向;但轨迹最终会受沉重炮弹的自然运动支配,于是转变为垂直向下坠落的运动。[9] 因此,炮弹轨迹不应该对称,而是应该由三个不同部分组成:倾斜且笔直的初始部分,呈曲线的中间部分,以及最终的垂直部分。

然而,1592年,伽利略及其赞助人圭多巴尔多·德尔蒙特(Guidobaldo del Monte,1545—1607)做了一个简单的定性实验:在倾斜平面上滚动着墨的球。与在空中飞行的炮弹不同,墨球留下了运动轨迹的可见痕迹。伽利略和圭多巴尔多观察到,这种痕迹与悬挂链的轨迹极为相似(上下颠倒)。这向他们暗示了两种曲线是由相似的力产生的(根据经典物理学,实际上并非如此)。这种相似性使伽利略确信,轨迹的对称性是抛体

运动的重要特征。他进一步推测，轨迹的形状一定是抛物线。在随后几年中，他充实了其实验见解的此类结果，其间并没有放弃亚里士多德动力学的框架。[10]

根据水平运动和垂直运动的组合来构造抛物线，使我们有可能首先假设水平运动是匀速运动，其次假设垂直运动是匀加速运动，这就暗示了某种类似惯性定律的东西（至少对于水平运动），以及自由落体定律的一种具体形式。水平运动既不会加速也不会减速的假设非常适合伽利略关于倾斜平面的新兴理论，该理论仍然在亚里士多德物理学的框架内运作。下降运动被视为加速的"自然"运动，上升运动被视为减速的"受迫"运动，因此伽利略可以将沿水平面的匀速运动归类为"中性"运动。[11]

这组关于抛体运动和沿斜面运动的见解构成了伽利略新兴运动理论的核心。尽管该理论区分了自然运动与受迫运动，仍然属于对运动的亚里士多德式理解，但它开始表现出明显的偏离，例如强调加速现象（这种现象在亚里士多德物理学中没有发挥作用），或是主张存在类似于匀速中性运动的运动，或是假设炮弹的轨迹是对称的。[12]

但是，从与亚里士多德框架基本一致的原理出发，伽利略只能明确得出水平射击的轨迹。其中一个部分是匀速的水平运动，这是沿水平面的中性运动的情况。另一个部分是自由落体的加速运动。这两个运动的合成会产生水平投射物体的抛物线轨迹[13]。

但是在斜射的情况下，运动难以预料。沿倾斜平面向上的运动可以被清楚地识别为减速运动。在斜向投射的情况下，这是否意味着沿着射击方向的减速运动和向下坠落的加速运动？

这种可能性对我们来说很奇怪，因为它与经典力学相冲突，但伽利略及其同时代人确实很认真地考虑过这种可能性。[14] 沿斜向轨迹的运动是减速运动，这仅仅是将沿斜面运动的心智模型运用于分析抛体运动带来的默认假设而已。在水平射击的情况下，它暗示了抛体运动的水平分量是匀速的，就像沿水平面的运动一样。在斜向投射的情况下，它暗示了抛体运动的斜向分量是减速运动，就像物体沿倾斜平面向上的运动一样。但是问题在于，轨迹的最终形状未能在水平射击和斜向射击之间表现出预期的相符。

相反，根据经典物理学，沿着射击方向的运动实际上构成了惯性运动，只要没有其他力的介入，惯性运动将沿着该直线匀速进行。无论射击方向如何，炮弹轨迹的抛物线形状都可以从惯性定律和自由落体的垂直加速度得出。

但是，即使不具备惯性定律作为其物理学基础的一部分，伽利略也意识到，在斜向投射的情况下，轨迹也可能是对称的，正如水平投射的情况那样。[15] 因此，他获得了完全符合经典物理学原理的结果，却没有利用任何经典物理学的原理。相反，鉴于炮弹轨迹的形状通常是抛物线这一见解，惯性定律现在成了可以推论该结果的合理假设，反之亦然，惯性运动现在可以被认为是如果没有重力，则抛物线路径上的物体将会沿该路径继续进行。

因此，正如第四章所介绍的，前经典力学的假设充当了母体，因为它们可以被重新解释为一种新知识系统——经典力学体系——的关键。到17世纪末，艾萨克·牛顿（Isaac Newton，1643—1727）在

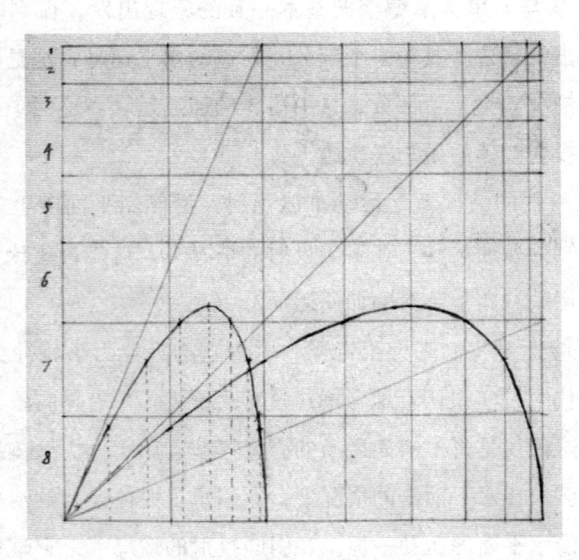

图6.2　假设炮弹的斜向运动分量为减速运动，逐点地构建炮弹轨迹，正如物体沿着倾斜平面向上的运动一样。托马斯·哈里奥特（Thomas Harriot）手稿，Add. MS 6789 fol. 5r.© 大英图书馆董事会

其著名的《自然哲学的数学原理》(*Philosophiae naturalis principia mathematica*)[16] 中将惯性定律转变为关于物体运动的演绎理论中的一条一般原理。他对力与运动的因果关系进行了修订，并且将修订后的解释方案用于解释天体运动，而根据亚里士多德的自然哲学，天体运动无法根据力与运动的因果关系得到解释。牛顿因此能够从数学上推导出开普勒的行

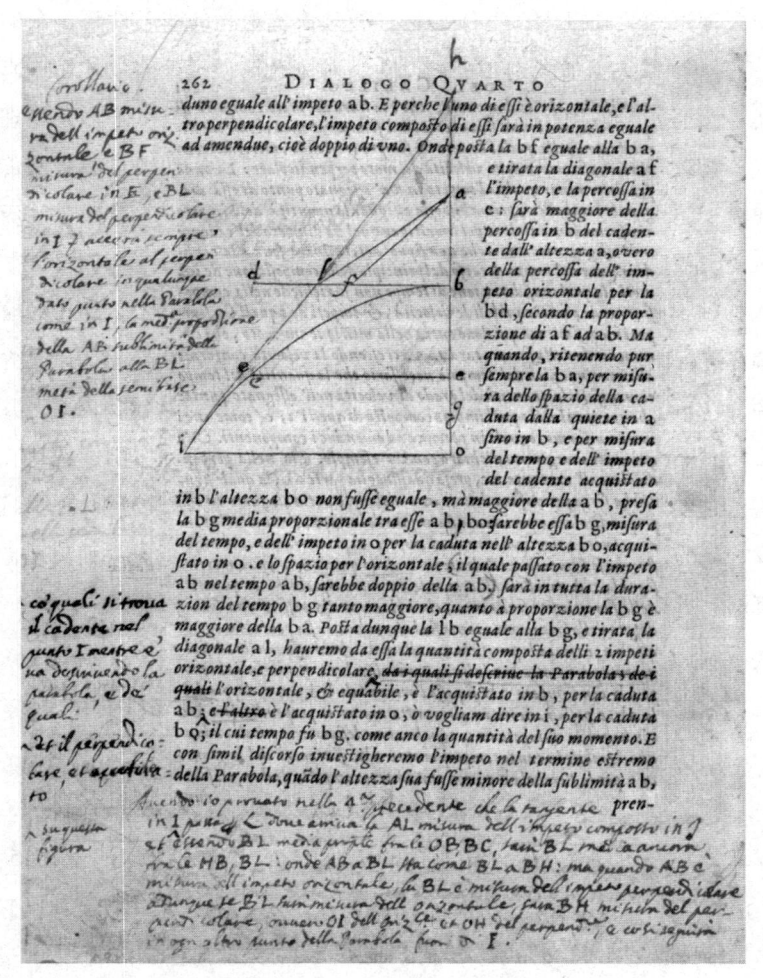

图 6.3 伽利略于1638年出版了关于力学的主要著作《关于两门新科学的对话》，这是其在手抄本中的修改痕迹。图片中添加的线条和相关的手写笔记构成了惯性定律的表述，这是伽利略发表论证之后的想法，发表出来的论证仍然扎根于亚里士多德的动力学。Ms. Gal. 79, c. 157v，意大利文化遗产和活动部/佛罗伦萨国家中央图书馆特许使用

星运动定律。

从经典物理学的角度来看，这一步似乎构成了对传统亚里士多德运动理论的最终征服。亚里士多德对运动因果关系的错误假设似乎已经被正确的假设所取代。但事实上，牛顿像他的前辈们一样，仍然认为物体的运动是由所施加的力引起的。[17] 牛顿不愿完全放弃仍然让人联想到推动力理论的运动概念，这似乎是一种对传统观念的非理性且多余的坚持——至少如果他的关键步骤被简化为对一个错误理论假设的简单修正的话。然而，牛顿用传统概念构造的定义，暗示了从亚里士多德物理学到经典物理学的变革实际发生的构成性条件，即从运动因果关系的传统心智模型（"运动-暗示-力模型"）向"加速度-暗示-力模型"的历史性转变。

物理学解释的急剧变革，正如牛顿模型在与基于运动-暗示-力模型的解释进行比较时所显示出的，是知识整合综合性过程的**结果**而不是**先决条件**，这一综合性过程包括伽利略对加速运动的研究以及约翰内斯·开普勒（Johannes Kepler，1571—1630）对行星运动的研究。因此，从我们的理论角度来看，知识转型的过程不再是基于新经验对现有理论的修正。相反，新的知识结构通常作为现有结构框架内发展过程的结果而出现，而现有的知识结构本身又通过新经验的积累而得到丰富。

古今之争

根据历史学家和哲学家阿诺德·J. 汤因比（Arnold J. Toynbee，1889—1975）以及人类学家杰克·古迪（Jack Goody，1919—2015）的说法，文艺复兴并不为欧洲所专有：在所有书面文化中，文艺复兴都是一种反复出现的现象。[18] 文艺复兴可以通过构建一个理想化的过去来使创新合法化，并在这样做的同时构建自身。[19] 谈论理想化的过去可以使激进创新显得像是对失去的黄金时代的恢复——黄金时代因遗失或忽视而暂时消失，但却能够（或至少声称如此）通过将变相的古老事物重新引入当代，而在其所有方面恢复其荣耀。但是通常，过去只是被简单地用作当前斗争的资源。无论如何，这种构建都需要重新解释，并且其实践对现在并非毫无影响。

这些过程也塑造了文化和科学中"现代性"的出现。它们可以用所谓的"古今之争"（Querelle des anciens et des modernes）或英语中的"书籍之战"（Battle of the Book）来说明。这场争论持续了相当长的一段时间，大约从17世纪中叶到18世纪中叶，主要发生在法国和英国，且在16世纪中叶意大利就已有了先驱者。[20] 这场争论最初是关于美学形式和标准的辩论，但后来扩展到关于如何相对于古代成就来定位当代成就。当然，辩论是在欧洲文艺复兴的背景下进行的，欧洲文艺复兴已经构成了一种将当代文化与古代经典联系起来的传统（距此时已超过两个世纪）。从这个意义上说，古今之争是一种二阶的文艺复兴，并在现代性的自我意识中发挥了重要作用。因此，古今之争的核心关注点也在于，对不断提及古代的必要性和规范性提出挑战，由于新成就所表明的现代性相对于过去的模型——包括想象中的模型和理想化的模型——表现出越来越大的独立性。

科学史上也发生了类似的过程，以艾萨克·牛顿为例就可以说明这一点。他的著作甚至在古今之争中被用作证词，但令人惊讶的是，并不是作为现代科学一边的证词。牛顿的《自然哲学的数学原理》（以下简称《原理》）于1687年发表，这本著作同时是前经典力学的巅峰和经典力学的基石，也是让·勒朗·达朗贝尔（Jean le Rond d'Alembert，1717—1783）、欧拉和拉格朗日等人的新分析力学的先声。然而，牛顿本人却推崇希腊几何学，拒绝诸如弗朗索瓦·韦达（François Viète，1540—1603）的新符号代数学及笛卡尔的解析几何学之类的创新。[21]

即便牛顿本人做出了明显的创新——例如流数术（现代的微积分），他也试图通过改变说法来掩盖其创新性，使它看起来仍像是旧事物的延续。例如，在第一比率和最后比率的方法中，他把微分系数设想为欧几里得几何比例的极限。牛顿并没有将微积分的基本作用放在新力学的前景中，而是用更接近经典几何学的方式改写了他在《原理》中的推论。相比之下,牛顿的竞争对手莱布尼茨则大力使用了新的符号手段。[22] 但是,牛顿也有充分的理由使用更熟悉的几何语言来撰写《原理》一书:否则,他的读者将更难理解其中的物理理论。

然而,对于牛顿的某些读者(尤其是在法国的读者)来说,《原理》一书最终成为一门新科学的基础,这一新科学无须建基于古代的几何方法或几何直觉。拉格朗日对《分析力学》(*Mécanique analytique*)倍感自豪,因为他彻底放弃了插图。[23] 对于拉格朗日及其同僚而言,可普遍适用的符号形式主义更为有力,但牛顿却更加珍惜并赞扬将自己的观点用直觉的自然语言表述(或改写)的可能性。因此,对于科学而言,古今之争的对应事件提出了现代性问题,这也是形式主义与直觉主义、综合方法与分析方法之间的争执——简而言之,即所谓科学的分析转向的可行性。[24]

然而,事实证明,形式主义与直觉主义之间的关系并不是一种科学上的相互排斥、二中择一。相反,如第三章所述,抽象和反思基于形式体系之间的相互作用,这种相互作用来源于形式体系是思维和认知结构的外部表征。尽管分析力学确实不再依赖于直觉知识和实践知识的心智模型,但它并没有全盘放弃心智模型。相反,分析力学创造出对自身而言在直觉上更合理的思维形式,它们产生了与古代科学的心智模型相同的说服力,且在古今之争中使自己的主要代表与古代模型拉开了距离。例子之一是函数的心智模型,由未指定的解析式 $y = f(x)$ 代表。另一个例子是所谓的最小作用量原理,即使在今天,该原理仍然是与物理学高度相关的、强有力的新形式体系的核心。同时,最小作用量原理也有助于对自然界倾向通过最小的努力完成某事的趋势做出直觉解释。

简而言之,古今之争只是知识演化中另一种反复出现特征的一个突出例子:关于形式体系与自然语言的首要地位,以及符号与语义的首要地位的争论。

第七章

科学革命的本质

概念永远不能从经验中逻辑地推导出来,也不能凌驾于批评之上。但是出于教学和启发目的,此过程不可避免。寓意:除非违背逻辑,否则一个人通常一事无成;或者,一个人不使用脚手架就无法盖房或搭建桥梁,但脚手架实际上并不是房屋或桥梁的基本构成部分。

——阿尔伯特·爱因斯坦《给莫里斯·索洛文的信(1953)》

范式根本无法被常规科学纠正。相反,正如我们已经看到的,常规科学最终只会导致对反常和危机的认识。这些的终止不是通过商议和解释,而是通过相对突然且非结构化的事件,如格式塔切换。

——托马斯·库恩《科学革命的结构》

经过仔细检查,不仅近代早期的科学革命是知识长期发展的结果,而且科学知识架构中的其他重大变化也是如此。正如我前面所论证的,创新通常发端于对现有知识系统的可能性视域的探索,也发端于重组其中积累的知识而同时出现的转型。在下文中,我将回顾所谓的哥白尼革命、化学革命和达尔文革命,并将详细介绍爱因斯坦的两次"相对论革命"的一些基本特征——第一次革命导致1905年的狭义相对论,第二次革命导致广义相对论和1915年提出的一种新的万有引力理论。在本章最后,我会简要介绍量子革命,这是库恩所钟爱的主题。在第十章中,我会再举一个例子,即20世纪的地质学革命。[1]

我会采用第四章所介绍的概念来强调一些共同主题。这些成就都不是无中生有的创造,而是对先前知识系统的转变。这些转型通常是旷日持久的过程,可能延续几代人。[2] 变革的外部和内部诱因(如将两种不同的概念系统应用于同一案例时,出现的挑战性对象或边界问题)可能会成为这些转型的催化剂。通过探索已有知识结构外部表征的内在潜力,以及构造一些与已有知识系统的核心脱节的知识孤岛,人们可以从已有的知识结构中产生新的知识结构。知识孤岛可以充当建立新知识系统的母体或温床。

库恩 vs 弗莱克

库恩对科学革命结构的分析受到冷战意识形态争论的影响,特别是对马克思主义观点的反对。[3] 比如说,库恩认为,经济结构、技术能力和实践条件在很大程度上对科学本身的历史来说无关紧要;根据他的说法,科学发现几乎是神秘的个人成就,而那些实践"常规科学"的研究者群体则被认为是精英,尽管大多数属于保守派。[4] 与库恩相反,路德维克·弗莱克既没有像库恩那样把思想集体局限于精英的科学共同体,也没有像通常认为的那样,将科学完全还原为一种社会和智力活动。[5] 他反而强调来自外界的"阻力"在塑造科学思维风格(thought style)方面的作用,类似于我在第四章中描述的挑战性对象所起的作用。

从库恩对弗莱克著作的矛盾反应中也可以明显看出"思维风格"方面的差异:"我并不认为我从阅读那本书中学到了什么,如果波兰德语不是那么困难,我或许可以学到更多。但我肯定得到了很多重要的支持。在许多方面,有人在以我的方式思考问题,以我的方式思考历史资料。我从未感到过完全的自在,我也仍然不同意〔弗莱克的〕'思想集体'。"[6] 弗莱克的著作实际上是用优雅的标准德语写的。在弗莱克著作英译本的序言中,库恩对弗莱克的批评甚至更加明确:"但是，它所阐明的立场却存在根本问题，对我而言，就像初读时一样，这些问题都围绕着思想集体的概念……我发现这个概念本质上具有误导性，也是弗莱克文本中反复出现的紧张关系的根源。"[7]

库恩对科学的看法在其职业生涯中发生过变化。他后来放弃了格式塔心理学角度的范式转换概念，转而对语言哲学发生兴趣，以此作为表达他科学观念的一种手段。在这种背景下，他甚至放弃了使用范式概念，而将其替换为"词汇系统"（lexicon）。[8] 但他继续强调科学作为公共事业的特征。

1960年，弗莱克于去世前不久在一份手稿中总结过自己的观点，该手稿很长一段时间没有出版。他显然发现他对科学之社会特性的看法已被科学的最新发展所证实："在当今这一团队合作的时代，合著者一起发表文章，还有多如牛毛的期刊、评论、学术会议、专题讨论会、委员会、理事机构、科学团体和代表大会，科学知识的公共性质已经显而易见。"[9]

哥白尼革命

对哥白尼革命的通俗描述就是一个很好的例子，说明了人们对科学范式转变的广泛理解。在过去对科学革命的重建中［亚历山大·柯瓦雷（Alexandre Koyré，1892—1964）和托马斯·库恩最为突出］，向日心说的转变通常被视为一种"范式之范式"（paradigm of paradigms）。哥白尼天文学被认为是导致该认识论突破的主要推动者，而近代科学最终从这一认识论突破中产生。[10]

哥白尼的《天体运行论》（*De revolutionibus orbium coelestium*，1543）将之前处于行星架构外围的太阳置于中心，并基于几何学考虑发起了崭新的天文学。对于建立在自然、哲学、形而上学和神学等教条的综合体系之上的地心说传统，新天文学对其关键假设提出了质疑。[11]

从亚里士多德传统的观点看，日心说体系相当于世界体系构造中的一个根本性变化,出于许多原因,这一变化是不可接受的,特别是由于其明显的物理荒谬性。从当时已建立的自然哲学(philosophia naturalis)角度来看,地球运动引发的问题比其解决的要多。可以肯定的是,哥白尼通过对一系列现象提供几何解释而简化了行星理论,这些现象曾迫使托勒密天文学家发展出奇特的临时装置。例如,水星和金星非常有限的距角,以及所有行星的逆行运动,都可以视为地球和其他行星绕太阳运动这一理论的必然结果。[12]

尽管如此,新的宇宙论还是违反了亚里士多德物理学(或"自然哲学")的基本假设,从破坏两个王国的本质区别开始,即具有基本直线运动的堕落的地上王国,以及具有优雅圆周运动的完美的天上王国。正如第六章所讨论的,亚里士多德框架使得人们有可能解释地面运动和天体运动的不同特征。实际上,天体运动是由"天球"来解释的,它负责运送行星。

哥白尼没有提供明确的物理选择。相反,他倒置了物理学和数学之间的优先权,转而关注数学天文学的基本问题。通过以地球绕太阳公转为基础来确定行星距离,哥白尼使确定行星的顺序成为可能,这一直是一个存有争议的问题。以前,该顺序是根据自然哲学的假设而确定的,即距离和公转周期成比例,但这对于地心说的天文学家们来说是有问题的,尤其是内行星的周期问题。而外行星的周期是一个接一个估计的,没有任何系统性的相互联系。根据哥白尼的理论,行星顺序成了几何推理的物理结果,而且,令哥白尼非常满意的是,它可以与距离-周期关系保持一致。

哥白尼颠倒了数学对物理学的依赖,通过质疑学科划分,在方法论和认识论上提出了疑问。然而,他的"革命"并不像乍看起来那样与传统彻底决裂。它确实解决了一系列问题,并提供了具有挑战性的研究前景和一些根本性的新问题,尤其是对物理学而言。

但是,哥白尼思想在很大程度上仍然基于对传统知识系统局限性的探索。其几何模型取材于托勒密及其后的阿拉伯天文学著作传统。[13] 哥白尼并不是从一块白板开始,而是继承了行星天文学的复杂方法,该方法在天文学中具有悠久传统。几何是表征技术,对几何学的探究使哥白尼的成就成为可能。

尽管如此，为理解日心说的方案，我们有必要重新进行一场古老的辩论，讨论协调几何模型与物理因果解释的可能性。这个尚成问题的假设（即它事实上可能）构成了从古代晚期到伊斯兰和拉丁中世纪时期天体物理学的核心。对天体运动之物理原因的研究可以追溯到阿弗罗狄西亚的亚历山大（Alexander of Aphrodisias）的开创性著作，他是3世纪初雅典的一位逍遥派哲学家。该研究后来在12世纪安达卢西亚的穆斯林哲学家伊本·路世德（又译阿威罗伊，Ibn Rushd 为阿拉伯语名，Averroes 为拉丁语名，1126—1198）的传统中被系统化，导致人们多次尝试根据亚里士多德哲学的基本哲学和形而上学假设（最重要的是天体的完美匀速圆周运动原理）发展行星理论。[14] 文艺复兴时期的经院派天文学家们在哥白尼的时代仍然面临着数学与物理学之间的关系问题。

哥白尼的几何方法与概念工具中最重要的方面可以在其前辈雷吉奥蒙塔努斯（Regiomontanus，又名 Johannes Müller，1436—1476）、乔治·范·派尔巴赫（Georg von Peuerbach，1423—1461）和阿尔伯特·布鲁泽夫斯基（Albert Brudzewski，约1445—约1497）等人的作品中找到。[15] 在这个例子中，数学模型同样可以被看作是对外部表征的精细化，在传统知识体系和新兴知识体系之间架起了一座桥梁。同时，这种精细化突出了传统体系的内在张力，尤其是几何表征和物理解释之间成问题的匹配。例如，派尔巴赫的《新行星理论》(Theoricae novae planetarum)[16] 阐明了几何模型与天球运载行星的经院信仰之间的张力，为寻求更佳的解决方案提供了动机。[17] 然而，随着哥白尼日心说体系的出现，这些张力并未得到解决。相反，对天空的可能数学模型及其物理学解释的探索仍然持续了好几代人。

只有在对彗星轨迹进行视差测量并确定其在天空中的位置之后，人们才对天球的存在表示了怀疑。从1580年代开始，这些来自彗星的新证据，引发了与行星运动的可说明性及新物理学的必要性相关的激烈辩论。从天体物理学史的角度，我们可以说哥白尼体系提供了一种行星模型，除非该模型可以得到自然和物理依据的支持，否则它无法使更广泛的学术界信服。实际上，布鲁诺（Giordano Bruno，1548—1600）的生机物理学、约翰内斯·开普勒（Johannes Kepler，1571—1630）关于力的天体物理学，以及笛卡尔的微粒力学，都是力图将哥白尼理论转变为物理学革命的尝试。[18]

化学革命

知识系统长期转型的另一个例子是18世纪的所谓化学革命，这在传统上与拉瓦锡（Antoine-Laurent Lavoisier，1743—1794）有关。厄休拉·克莱因将这种变革恰当地描述为一场"从未发生过的"革命。[19] 据说，拉瓦锡挑战了对化学物质的基本理解，包括对元素（elements）概念的理解，甚至对化学变化提出了全新的因果解释。除了这些问题以外，拉瓦锡的"化学革命"通常被认为是与化学"要素"（principles）这一古老概念决裂，并用现代的化学元素概念代替之，而化学元素是无法通过化学分析去进一步分解的简单物质。

但是，在拉瓦锡之前很久就已经有化学家提出，普通自然物质的组成部分是更为基本的物质，这些基本物质无法通过化学分析来进一步分解。此外，包括拉瓦锡在内，当时的化学界不仅没有否认古老术语"要素"，也没有否认与此相关的思想，即最简单的化学"要素"（在当时也被称为"元素"）能够赋予特定的性质。例如，拉瓦锡从希腊语"oxys"（尖锐、酸）一词衍生出"oxygen"即"氧"，[20] 意在传达这一观念，即氧是赋予化合物酸性性质的成分（或"要素"）；因此，他将氧指定为一种"酸化要素"。[21] 同样，他认为热（heat）或"热量"（caloric）是赋予气体弹性性质的要素。[22] 而且，热量与假想中的燃素具有许多共同之处：不可称量、可以穿透所有物体且无法在容器中储存。

拉瓦锡的工作实际上基于一个世纪以来对化学变化的研究，特别是在所谓的亲和力关系表（图7.1）中进行的总结。

这些代表了当时共享化学知识的很大一部分，并构成了拉瓦锡及其对手——即所谓的燃素学者——的共同参考。燃素学者认为，可燃物中

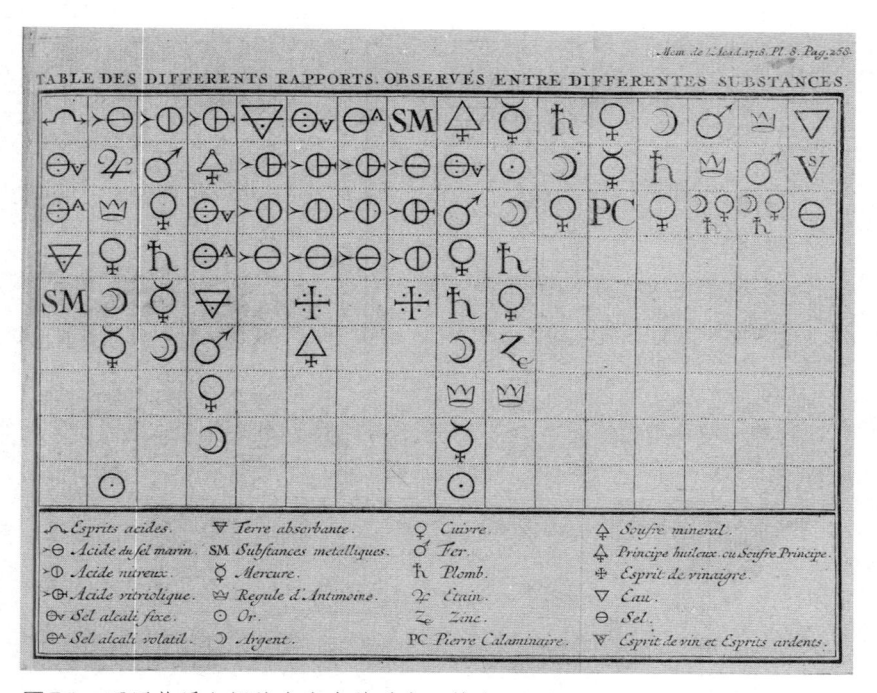

图7.1　不同物质之间的亲和力关系表。摘自 Geoffroy (1777, plate 8, 268)。马普科学史研究所图书馆提供

图7.2　拉瓦锡（戴护目镜者）和他的太阳能炉。摘自 Lavoisier (1862–1893, plate 9)。马普科学史研究所图书馆提供

含有一种叫作燃素的物质,并且会在燃烧过程中释放出来;而拉瓦锡则在1780年代表明,燃烧需要一种可称量的气体(氧气)和不可称量的热。在他的实验中,拉瓦锡采用了精确的定量测量,并系统研究了理论问题。

但是,正如厄休拉·克莱因和沃尔夫冈·勒菲弗所论证的,拉瓦锡的方法和理论分析都依赖于他自己所延续的悠久传统。[23] 通过将新的化学命名法和分类体系应用于理论问题,例如对燃烧的理解、永久性气体或酸性,他能够扩展并系统化那个时代积累起来的共享知识,并由此得出新的结论。但是,他并没有创造出一个从某种意义上说与他最初开始的世界不可通约的化学物质的新世界。拉瓦锡提出了一个连贯的理论体系,但该提议仅限于化学最有序的子领域,因此,他创建出一个知识孤岛,成为化学知识进一步结构性变化的出发点。

达尔文革命

进化生物学理论的出现是知识系统长期转型的又一案例,但它也突出了我的理论框架所强调的其他特征。[24] 首先,进化论的发展的确是个长期过程。进化思想至少可以追溯到18世纪。在19世纪上半叶,进化的猜想在诸如比较解剖学、分类学和生物地理学等多个生物学学科中形成了越来越重要的暗流。在这些学科中,完全非进化概念框架下的发现和结论,与物种恒定性的既定教条越来越矛盾。

达尔文在处理自己的进化纲领时所诉诸的恰恰是这些烦人的发现和结论,而不是明确的进化猜想。为了利用这些结果和见解,达尔文必须发现它们的进化潜力,将这些发现与得到这些发现的概念框架分开,将它们最终转化为他自己生物进化理论的证据和依据。用达尔文自己的话说,"……在自然主义者的脑海中已经储存了无数观察到的事实,一旦出现足够解释它们的理论,它们就会立即占据恰当的位置"[25]。

达尔文在1859年出版《物种起源》无疑是一个决定性的壮举,它将进化思想的暗流转变为受到越来越多生物学家公开支持的假设。但是,持有进化论信念的生物学家们并没有广泛接受达尔文用变异和选择对生物物种进化做出的解释。相反，这些科学家中的大多数发展了其他进化理论，这些理论符合更为人们所熟知的进化过程模型，例如个体遗传发育或对历史进步的信念。

与此相反，达尔文的理论并非以内部生物性发育的趋势为中心，而是以适应环境变化为中心。它还包括巧合性的改变。这对于他的同时代人来说，是一种革命性且完全不可接受的理论。因此，如朱利安·赫胥黎（Julian Huxley，1887—1975）所指出的，到19世纪末，达尔文的理论几乎被更为人们所熟悉的理论（定向进化理论，假设生物体有先天倾向，会朝着一个确定的方向进化，最重要的是，新拉马克主义的几个流派假设生物体可以把获得的特征遗传给它的后代）完全"掩盖"。[26] 这种情况在1930年左右发生了变化，当时，经典遗传学（尤其是群体遗传学）破坏了获得性遗传假设——达尔文也持有这一假设，但与拉马克理论的情况相反，这一假设并非其理论的要害。[27] 达尔文的理论获得了"第二次机会"，正如沃尔夫冈·勒菲弗所说。[28]

在这段历史中，我们看到了知识演化的其他阶段共有的一些特征。通过知识积累和整合的扩展过程，新的知识系统涌现出来。只有在最后，新知识系统才能达到一定的稳定性和普遍适用性。但是，生物进化理论的历史也说明了，这一知识整合过程实际上如何作用于已积累的知识。[29] 已积累的知识既包括（第四章中提过的）驯化的实践经验，也包括达尔文之前人们已获得的形态学、分类学、古生物学、地质学，以及其他形式的知识。这些知识的假设通常相互冲突，且与达尔文的新兴理论相冲突。

这些先前存在的、异质的知识领域产生了第四章讨论过的边界问题，这些问题把它们变成了知识变革的诱因。先前存在的知识要素构成了一组历史上偶然的前提，达尔文最终将其转变为进化理论的内部前提。由于他的工作，这些知识领域，无论是分类学还是形态学，都被重新诠释，获得了它们以前所不具备的"进化"含义。类似地，近代早期技术的挑战性对象引发了前经典力学的转变，这也使偶然的边界条件成为经典力学的基本组成部分。

正如生物学家和生物史学家曼弗雷德·劳比希勒所观察到的，即使在1940年代所谓的现代综合之后，发育生物学和进化生物学仍是各自独立的认知传统，各有自己的理论和实验实践。[30] 对整合的进化框架的搜寻——也许这一框架还包括文化的演化——于是一直持续至今。在第十四章中，我将回到文化演化框架的挑战这一问题。

经典物理学的边界问题

在20世纪初经典物理学向现代物理学的转变中，边界问题在诱发已积累知识的架构变化方面作用尤为明显。在20世纪初，经典物理学被划分为力学、电动力学和热力学等子领域。当时的科学家甚至把这些领域作为整个物理学概念大厦的备选基础来讨论，它们分别代表了机械论的世界观、电动力学的世界观或基于热力学基本概念如能量的另一种世界观。[31] 但是，基于这一系列经典概念来构建包容性观点的希望很快被证明是徒劳的。这些领域各自经历了专门化的迅速发展，成了独立的分支学科，产出的知识与多个分支学科相关，这不可避免地导致了不同的、高度结构化的知识体系之间的重叠。这些重叠（也即经典物理学的边界问题）被证明是进一步发展的关键动力，是来自知识系统内部的挑战。

边界问题之一是热辐射的平衡问题，这已经在第四章中做过简要介绍。该边界问题源于热的理论与辐射理论的重叠，也即热力学与一部分电动力学的重叠。当时的发现是，在热平衡状态下，封闭在空腔中的辐射具有独立于所有具体特征（如空腔材料的性质）的热属性。这种辐射的一般能量分布可以通过实验精确地测定，并由普朗克在1900年提出的著名辐射公式来精确描述。[32] 普朗克的辐射公式在电动力学和热力学的边界处解决了这个特殊问题，时至今日仍然有效。但是，普朗克的成功却掩盖了一个根本性危机：所有可能能量波的连续统构成的经典画面无法与普朗克的辐射公式相吻合。取而代之的是，事实证明，要找到这个公式所描述的热平衡中辐射能量分布的物理解释，就必须使用全新的非经典概念。这场危机引发的概念转变最终导致了量子理论的发展。

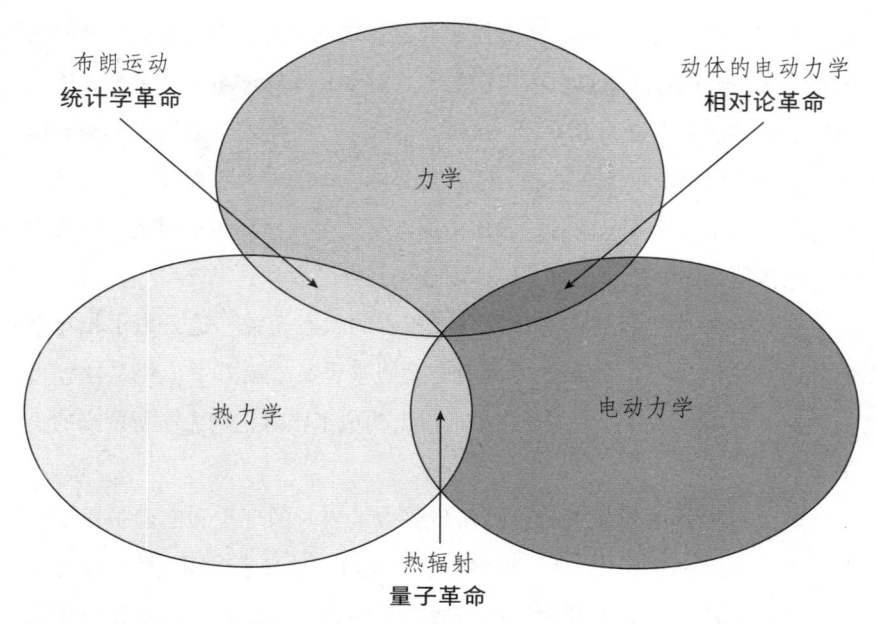

图 7.3 经典物理学边界问题中的科学"革命"。图自本书作者

  另一个边界问题是所谓的动体电动力学问题,出现在力学与电磁学之间的交叉点。这成了相对论的诞生地。[33] 它起源于光学和力学现象如何在运动参考系中发生的问题。经典力学的相对性原理表明,在相对对方以匀速直线运动的不同参考系中,物理定律应该相同。另一方面,经典光学则认为,光以一种本质上不动的以太为介质——一个具有优先性的绝对静止的参考系。荷兰物理学家亨德里克·安东·洛伦兹(Hendrik Antoon Lorentz,1853—1928)付出了越来越成功但也越来越别扭的努力,尝试发展一种结合光学、电磁学和力学见解的理论,以期对有关此边界问题的经验知识做出公正的处理。[34]

探索经典物理学的视域

  最终,爱因斯坦通过引入非经典意义上的新时空概念,成功地协调了看似矛盾的电动力学和力学原理。但他不是唯一设法解决这些问题的科学家,甚至也不是唯一一位将这些问题视为重新思考经典物理学之催化剂的科学家。爱因斯坦发现一个奇怪的现象：在电动力学中，相对运动的磁体和导体间的相互作用可以用不同的方式解释，尽管产生的结果与磁体或导体是否被认为在运动无关。[35] 在两种情况下，产生的结果确实都是导体中的电流，但是根据经典电动力学，解释随选择的参考系而变化：当我们认为磁体静止而导体运动时，导体中的电荷会受到磁场力；但是，当我们认为磁体运动而导体静止时，导体则会受到电场力。

磁体和导体之间的相互作用与观察者的状态无关，这是力学相对性原理的直接结果……如果此原理对电动力学也有效就好了。但是这种可能性似乎被排除在外，因为假想中的以太构成了当时电动力学所依据的参考系。

在这种困惑的驱使下，爱因斯坦探索了当时的理论和实验手段，以及可供他利用的书面工具所提供的可能性视域。他甚至试图阐述电动力学的一种替代理论，其中应用了人们所熟知的力学定律，尤其是相对性原理。[36] 边界问题通常是替代性理论剧增的刺激因素。但是，爱因斯坦年轻时的尝试几乎没有机会反驳荷兰物理学家洛伦兹的理论框架，这一框架建立在麦克斯韦理论的基础上，令人印象深刻。尽管洛伦兹的理论建立在静止的以太这一概念上，但它能够解释运动参考系中的电磁现象。洛伦兹先是在1895年写下了近似的变换方程，从静止系统的已知定律中得出运动参考系中的现象，[37] 然后在1899年得出了变换公式的精确形式。[38]

到1904年，洛伦兹形成了一个全面而系统的理论。[39] 通过他的变换，

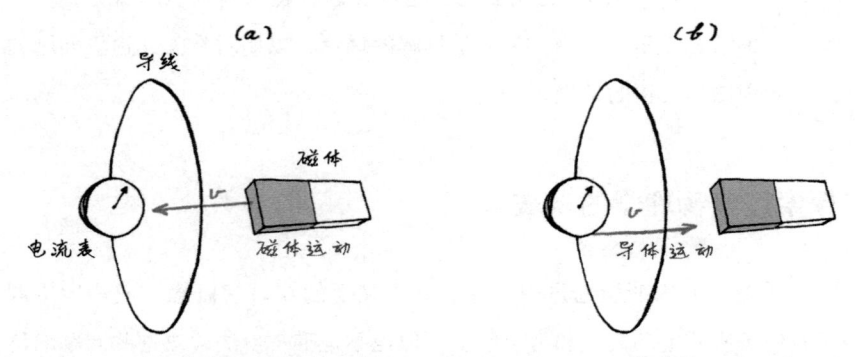

图7.4 磁导体的思想实验。参见Janssen (2014, 178)。劳伦特·陶丁绘

他原则上可以解释动体电动力学的所有现象。法国数学家亨利·庞加莱（Henri Poincaré，1854—1912）将这些变换称为"洛伦兹变换"，[40] 它们将成为之后的狭义相对论的核心特征。洛伦兹理论的完善形式已经包含了使相对论为今天的人们所熟知的诸多非凡现象：长度收缩，从不同参考系观察到的过程的时间膨胀，以及物体的质量随速度增加。

但是，这些方面在洛伦兹理论中具有另外的含义。为了解释地面实验室穿过绝对静止以太的运动没有造成任何可观察的效应，洛伦兹不得不对穿过以太的物体运动添加附加假设，来扩展他本来已经成功的电动力学理论。在1892年，他为运动系统引入了一个新的时间坐标作为辅助变量，这使他能够解释，为什么用地面光源进行的实验没有呈现由于在以太中运动而引起的v/c效应，其中v是系统的速度，c是光速。[41]

后来，洛伦兹引入了运动系统中长度收缩的假设，[42] 以便能够解释著名的迈克尔逊-莫雷实验，[43] 该实验可以检测到更高阶的v/c效应。在运动系统中引入长度和时间的特殊辅助量，这通过添加元素的方式，扩展了洛伦兹电动力学的形式体系，但这些元素的物理解释从经典物理学观点来看是有问题的。这些附加物使洛伦兹理论与经典物理学概念基础的联系愈加松散，将动体的电动力学问题变成了一个知识孤岛。

知识孤岛的出现

最晚在1905年初，爱因斯坦清楚地意识到了麦克斯韦和洛伦兹的电动力学没有其他选择，并放弃了寻找替代性理论的尝试。然而，他有充分的理由怀疑洛伦兹理论的基本概念，即绝对静止的以太这一概念，不仅因为以太违背他所遵循的相对性原理，还因为这一概念在他进行研究的其他物理学领域也已经问题重重。爱因斯坦同时也在进行着特别是考察以太的热性能方面的工作。步威廉·维恩（Wilhelm Wien，1864—1928）与马克斯·普朗克之后尘，[44] 他也在研究热辐射的问题。这项研究使他得出结论：洛伦兹的以太概念未能实现可接受的辐射热平衡，因为以太会消耗掉所有热量。因此，这一概念是不可接受的。

于是，由于爱因斯坦对当时的物理学进行了广泛概述并熟悉许多边界问题，他将动体电动力学视为一个独特的科学领域，与经典物理学的其他部分截然分开。这个"知识孤岛"更加清晰地显示出自己的内部逻辑，与此同时，它与经典物理学主体的联系也被严重削弱。正如我们将会看到的，爱因斯坦通过探究这种内部逻辑的含义，最终意识到，要解决此问题，就必须构造关于空间和时间的新概念。

爱因斯坦独特视角的作用似乎在强调个人创造力，这可能会破坏从更普遍的意义来解释这种转变的尝试。但是，不应忘记，多种观点的出现是知识系统探究的一部分。它自然涉及差异化的个体学习过程，而在存在变革诱因的情况下，差异会比平常时期更大。

洛伦兹理论已经成为解决动体电动力学问题的唯一可行方法。然而，从爱因斯坦的角度来看，一旦他质疑了以太的概念，整个理论就变得无法接受，因为一旦缺乏以太，洛伦兹理论的关键假设——光在以太中的传播速度恒定不变——就会失去其基础。此外，没有以太，也就没有物理机制能够解释长度收缩，而洛伦兹曾经引入该物理机制来解释迈克尔逊-莫雷实验的结果。

狭义相对论的出现

爱因斯坦的结论是，所有这些关键概念都属于运动学领域，而这就表明，在电磁学理论的具体层面上寻找全域性的意义是一种误导。[45] 他反而只专注于那些对最终解决方案有关键意义的元素：其一，洛伦兹引入的关于运动参考系中的时间和距离的辅助性假设；其二，光速不变和相对性原理。因此，爱因斯坦提出了一种与以太理论无关的光速不变原理，然后将该非经典原理与经典的相对性原理并列为新理论的公理。事实证明，洛伦兹变换可以从基本原理中得出，而不再需要辅助性结构。

如果现在将洛伦兹变换中出现的空间和时间坐标解释为有物理意义的量，则这些变换意味着，在相对于观察者运动的参考系与相对于观察者静止的参考系中，相同构造的测量杆和时钟所定义出的长度单位和时间单位会有所不同。这种行为显然需要一种解释，不是在电动力学水平上（如洛伦兹在物理证明中的有问题尝试那样），而是在运动学水平上。在这一点上，有必要进行进一步的反思，也就是说，需要进行包含另一层次知识的反思性抽象，不是专门的物理理论如电动力学的层次，而是使用测量杆和时钟进行实践操作的层次。

这里出现的第一个问题是，是否有一种方法可以在运动参考系中验证物体和过程的奇特行为。在这种系统中，测量杆和时钟如何起作用？"这些事件同时发生"究竟是什么意思，又该如何检验？这些问题使爱因斯坦认识到，在相对运动的参考系中确定同时性是解决问题的关键步骤。这呼应了他读过的哲学著作，尤其是休谟与马赫的哲学著作。[46] 在这种背景下，爱因斯坦意识到，时间概念并不是简单给出的，而是代表了一种相当复杂的构造；为了确定不同地点的同时性，人们需要一个必须是基于实践方法的定义。正是在这一点上，爱因斯坦对同时性本质的洞察成为前述推理链的合理结果，同时，这种洞察也呈现出其作为解决问题关键步骤的意义。

爱因斯坦确定不同地点同时性的方法是，通过以限定速度传播的光信号，使空间上相距遥远的时钟同步。这乍一看似乎与他试图解决的复杂物理问题无关。它甚至似乎没有超出经典物理学的范围。相反，此过程与

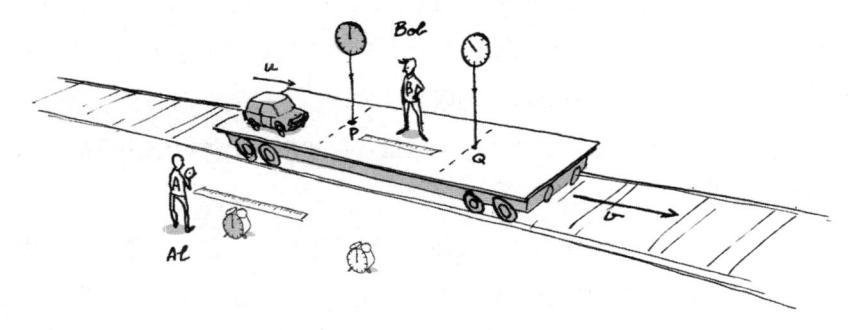

图 7.5　在运动参考系中使用时钟和测量杆进行测量的示例。对于阿尔（Al）而言，鲍勃（Bob）高估了遥控车相对于铁路车厢的速度，因为对阿尔来说，鲍勃正在使用已经收缩的测量杆和不具有同时性且走时变慢的时钟测量速度，即测量距离与时间的比率。参见 Janssen and Lehner (2014, Appendix A, sec. 1.5)。劳伦特·陶丁绘

我们关于时间测量的日常想法相当一致。它甚至被用于当时的技术实践，正如爱因斯坦从阅读通俗科学文本以及他作为专利书记员的经验中知道的那样。[47]

由于速度和时间这两个概念间存在千丝万缕的联系（爱因斯坦通过他确定同时性的过程认识到了这一点），现在可以通过两种方式来消除不同参考系中时间定义的任意性。

一种方法是引入一种假说，即不管运动状态如何，爱因斯坦建立同时性的方法都应得到相同的结果，并由此得出结论，确实存在一个绝对时间，如经典物理学中所假设的那样。第二种假说是光速（相对于时间）应与运动状态无关且保持不变——鉴于洛伦兹电动力学的成功，爱因斯坦天然地更倾向于这个假说，尽管它有一个非直觉的结果。

如果选择第二种假说，则同时性是相对的且取决于运动状态——人们立即获得了狭义相对论中令人目眩的所有运动学，从钟慢效应到运动参考系中测量杆的收缩。

为新理论建造母体

因此，我们看到，爱因斯坦关键的最后一步以一种全新的方式将两个层次的知识联系起来，即理论知识和实践知识。他反思时间概念的基础，将在不同位置进行时间测量的简单方法与现代电动力学中光传播的理论知识联系在一起。只有通过这种联系，对电动力学的专门研究才能影响到时间和空间之类的基本概念，这一结果远远超出了动体电动力学的具体问题。

这种联系还解释了狭义相对论的具体历史地位，它不可能来自对先前某种时间测量的哲学反思。实际上，光速不变的假定决定了爱因斯坦的新时间概念，它是我们称为经典物理学的知识系统长期发展的结果。它也代表了19世纪电动力学的精髓及其在与力学的交界处出现的问题。

洛伦兹发展的形式体系（特别是他对运动参考系中电动力学麦克斯韦方程的处理）在旧的、基于以太的理论和狭义相对论的框架之间架起了桥梁。爱因斯坦基本上使用了相同的形式体系，但给出了一个全新的解释。因此，洛伦兹的框架充当了母体，产生了后来被称为狭义相对论的新理论。狭义相对论的新运动学实质上是从洛伦兹的研究结果中得出的，只是颠倒了洛伦兹论证的推论方向。洛伦兹在辅助性假设的帮助下乏味地实现的目标——使电动力学符合相对性原理及光速不变原理——现在成了爱因斯坦直接推导的起点。

伽利略的追随者对伽利略关于抛物线轨迹的最前沿发现进行反向推导，类似地得到过惯性定律，这也成了发展运动理论新方法的母体。正如我们在第六章中看到的，伽利略通过延伸和捻转他所掌握的概念框架，获得了轨迹具有抛物线形状并且对称的认识。如果重力不再作用于炮弹，则以倾斜方向射击的炮弹将以匀速运动的方式沿直线继续前进，这种假设是一个大胆而尚有疑问的暗示。但是，伽利略的门徒及其追随者意识到，从这一假设（即惯性定律）出发，可以简单明了地得出轨迹的抛物线形状。同样，爱因斯坦可以通过反转导出洛伦兹变换的尚成问题的论点，来完成发展狭义相对论的最后一步。

在一开始，狭义相对论（爱因斯坦发表于1905年）这一新理论本身就是一个知识孤岛，因为它仅在有限的经验领域内得到了明确证实。正如我们了解到的，它源于对动体的电动力学这一特殊问题的研究，但它建立起新的时空框架，声称对所有物理学有效。如何将其余的物理知识纳入此新框架中还有待观察。这并不像库恩的科学革命概念所暗示的，是从一种世界观突然转变为另一种世界观，而是涉及整个科学共同体持续多年的工作。

将积累的经典物理学知识与对时空的新理解相结合，这本身就是一个充满冲突的过程。该研究计划中显而易见的一项任务是将万有引力纳入新框架中。进行此任务的一种自然方式是，创建类似于电磁场理论，并与狭义相对论一致的引力场理论。相应地，这一理论必须包括类似于电磁电位的引力位，以及类似于麦克斯韦方程组的场方程，以确保引力相互作用的传播速度不比光速快。换句话说，电动力学的例子为这样一个引力场理论应该是什么样子提供了一个心智模型，当然，其默认设置需要进行适当调整。[48]

　　这一理论成了爱因斯坦进行尝试的心智模型，理解这种作用对于重建他寻找引力场理论的过程确实至关重要。该心智模型的基本思想是，物质充当源，源创造出场，场进而规定物质的运动。这一定性模型尚未涉及任何数学框架，因此具有极强的可塑性。这是它的长处。同时，它可以灵活地用更具体的信息来充实。源创建场的方式可以通过场方程来描述，而场规定物质运动的方式可以通过运动方程来体现。在进一步说明此模型的每个步骤中，我们都可以从以前的经验（尤其是电磁场理论的经验），或从新识别出的信息（例如，通过使用手头的书面工具进行实时构建）中获取附加信息。现在让我们仔细看看爱因斯坦的研究途径。

狭义相对论

　　爱因斯坦将他的狭义相对论建立于两个假定之上：相对性假定和光假定。相对性假定指的是相同的物理定律适用于以恒定速度彼此做相对运动的所有观察者。光假定指的是，在任何这样的观察者的参考系中，无论光源的速度如何，光始终具有相同的速度 c。

　　这两个假定的直接结果是，不同地点的两个事件是否同时发生，取决于观察者的运动状态。这被称为同时性的相对性，在这里的图中

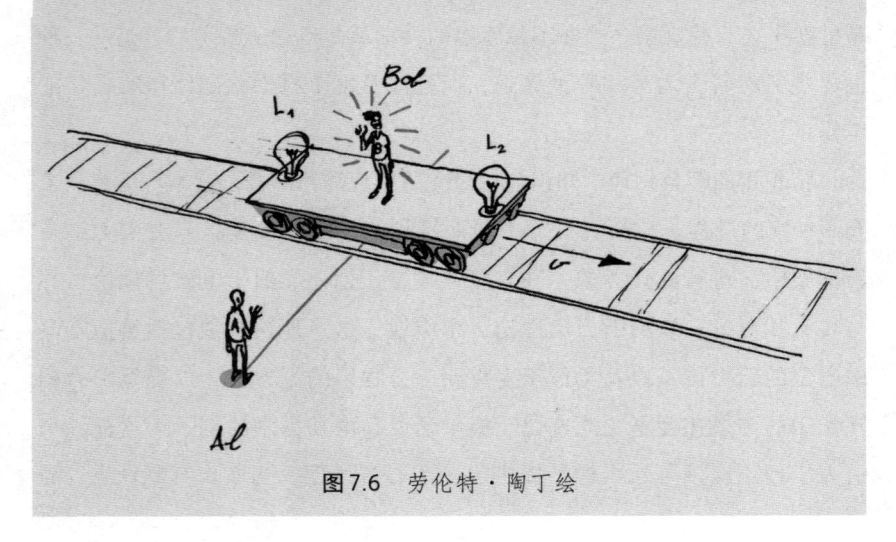

图 7.6　劳伦特·陶丁绘

进行了说明。鲍勃站在铁路车厢的正中心,相对于站在铁轨旁的阿尔以匀速 v 向右运动。根据相对性假定,两者的物理定律应该相同。光假定是物理定律之一种。两个灯泡 L1 和 L2 被安装在铁路车厢的两端。每个灯泡会闪烁一次。假设这些闪光同时到达鲍勃,这一点阿尔和鲍勃都同意。但是,他们对于在不同地方发生的事件(即 L1 和 L2 的闪烁)的同时性会持不同意见。

这两个灯泡是否同时闪烁?鲍勃会说是。光假定告诉他,两个闪光相对于他的速度均为 c(它们只是向相反的方向运动)。由于鲍勃站在铁路车厢的中间,所以两次闪光都必须穿过相同的距离才能到达他。如果两个闪光同时到达他,则必须同时从灯泡发出。因此,对于鲍勃来说,L1 的闪烁和 L2 的闪烁是同时发生的事件。

阿尔会不同意。光假定告诉阿尔(就像告诉鲍勃一样!),两个闪光相对于他的速度均为 c(再一次,两个灯泡的光还是朝相反的方向运动)。从阿尔的角度来看,鲍勃正背向 L1 的闪光冲向 L2 的闪光。因此,根据阿尔的理解,来自 L1 的闪光要比 L2 的闪光经过更长的距离才能到达鲍勃。然而,两次闪光同时到达了鲍勃。阿尔因此得出结论,L1 必须在 L2 之前闪烁。

因此,L1 的闪烁和 L2 的闪烁是否同时发生取决于我们在问阿尔还是鲍勃。总而言之,如果光速与观察者的运动状态无关,则在不同位置发生的两个事件的同时性必定取决于观察者的运动状态。

万有引力成为进一步变革的诱因

1907 年,[49] 爱因斯坦撰写过一篇评论文章,探讨狭义相对论引入新的时空框架对物理学各个领域的影响。令他惊讶的是,他发现狭义相对论在引力方面的应用引发出新的困惑。[50] 从 1907 年到 1915 年的几年中,他试图调和经典物理学中牛顿定律所体现的万有引力知识与狭义相对论的要求。在这一努力的过程中,广义相对论作为一种新的万有引力理论出现了。[51]

在这一点上，我想强调广义相对论历史上的两个显著方面：首先，广义相对论革命是又一次"缓慢革命"。该理论花了大约半个世纪的时间才变得足够成熟，可以用作处理物理学中时-空（space-time）问题的通用框架。这与更广泛的认知共同体的出现有关，他们致力于探究爱因斯坦在1915年建立的方程式所引发的结果。在第十三章中探讨科学革命的另一个面向，即知识系统和认知共同体的共同演化时，我将回到这一问题。

我想强调的另一个方面是，尽管广义相对论后来发生了种种变化，但爱因斯坦的最初成就仍具有惊人的稳健性。在他1915年发表引力场方程之后的一个世纪中，[52] 新理论的确引人注目地得到了证实。[53] 它预测了光线弯曲和光在引力场中颜色的红移。它可以解释宇宙的膨胀、黑洞和引力波。当爱因斯坦提出该理论时，这些作用还不为人知。唯一表明对牛顿万有引力定律的修正可能会有意义的经验线索是，与开普勒定律相比，万有引力定律在预测行星轨道方面存在某些非常微小的偏差。因此，我们得出一个新问题：是什么赋予广义相对论这种令人印象深刻的预测能力和稳定性？只要人们将广义相对论看作是一位头脑特别聪明的科学家的创意，就无法对此基本问题给出貌似合理的答案。正如我在下面所要论证的，广义相对论不是对经典物理学知识的替代，而是重新组织，它继续巩固并推动了理论的解释力。

爱因斯坦的等效原理

也许在思想实验中，我们能把这一点看得最清楚。这个思想实验是爱因斯坦在尝试解决将万有引力纳入狭义相对论方案所遇到的难题时使用的。他所面对的一个难题是，狭义相对论的引力理论似乎暗示了对伽利略原理的违背，即所有物体都以相同加速度下落，无论其构成如何。因此，将对引力的经典理解与狭义相对论结合在一起，就等于确定了一个新的边界问题。

爱因斯坦当时的想法是，如果允许人们通过加速度来模拟重力，那么伽利略原理就可以保留下来。想象一个处于外太空某处做匀加速运动的箱子，其中的观察者会感到有一种将物体拖到地板上的力，就像箱子被放置在稳固的地球表面受真实的重力场影响一样。由于所谓的惯性力，箱子里的所有物体都会以相同的加速度掉落到地板上。将这种加速度力设想为等于"真实的"重力，并根据狭义相对论对其进行处理，爱因斯坦就得到了一个强大的工具，从而能够在真正提出相对论的引力理论之前推断它的性质。

爱因斯坦把他通过思想实验得到的洞见称为"等效原理"。等效原理指出，均匀且同质的引力场中的所有物理过程，都等同于在没有引力场的情况下匀加速的参考系中发生的那些过程。可以将其设想为两种心智模型的结合，包括处于不同运动状态的两个实验室。在第一种情况下，实验室

图 7.7　正在走向等效原理的爱因斯坦。劳伦特·陶丁绘

处于静止状态，并且存在引力场。在第二种情况下，没有引力场，但是恒定的外力使实验室在做加速运动。通过这种思想实验，爱因斯坦将两个心智模型联系起来，它们分别体现了经典物理学和狭义相对论的共享知识。两种模型的结合使他能够从新的角度考虑这一知识，通过对加速参考系的研究来模拟引力效应，从而打开了通向广义相对论的大门。

数学表征 vs 物理解释

在某一时刻，爱因斯坦清楚地认识到，新引力理论中的引力位应该用所谓的度量张量来进行数学表征，这是非欧几何在19世纪中叶发展出来的复杂数学对象。[54] 构建新引力场论的关键问题是找到一个场方程，将这种引力位与特定的质量和能量分发（场源）联系起来。通过这样一个场方程，质量和能量就可以确定引力场，正如电荷和电流产生电磁场一样。

寻找引力场方程的主要挑战在于，需要将度量张量所属的复杂数学形式体系与这样一个场方程同样复杂的物理要求联系起来。这些物理要求中尤其有一条是，新的场方程需要能够在适当情况下重现大家熟悉且公认的牛顿万有引力定律。毕竟，除了上面提到的微小偏差外，该定律通过大量经验观察得到了证实。

起初，爱因斯坦并不清楚如何在度量张量的新数学形式体系中满足这种物理要求。当然，这种形式体系带有自身的规则，这些规则提示了备选项，但这些备选项似乎都无法满足必须加给他们的物理要求。我们在这里又一次看到了书面工具及其符号规则的启发作用，以及在认知上的生产性。

为了应对这种情况，爱因斯坦（与他的数学家朋友马塞尔·格罗斯曼一起）制定了双重策略。[55] 一方面，他们探究复杂的数学书面工具，试图将它们解释为诸如能量和引力之类的物理概念的外部表征。这是他们的数学策略。另一方面，他们研究了可以直接解释为熟悉的物理术语的数学表征，因为它们与牛顿的著名定律非常相似。然后，他们试图详细说明其数学结果，以寻求与复杂形式体系之间的联系。这是他们的物理策略。

度量张量

度量（metric）的概念本质上是距离概念的一种推广。1907年，爱因斯坦在联邦理工学校（后来的苏黎世联邦理工学院，ETH）曾经的老师赫尔曼·闵可夫斯基（Hermann Minkowski，1864—1909）提出了一种数学形式体系，用来表示空间和时间中的物理事件，以及爱因斯坦的狭义相对论所暗示的这些事件之间的关系。这种形式体系将空间和时间结合为一个实体——时-空——并配备了一个"度量"指令，用于测量在不同位置和不同时间发生的任意两个物理事件之间的几何距离。这一数学形式体系由一个四维时-空组成，其中代表物理参考系的坐标系通过4个数字描述每个物理事件：3个空间坐标和1个时间坐标。将时间坐标乘以不变的光速就获得了空间坐标的维度，这使得闵可夫斯基的四维世界更加接近于经典物理学的三维欧氏世界。

在三维欧氏空间中，人们熟悉的度量指令是在勾股定理的帮助下，将两个点的笛卡尔坐标间隔的平方相加，以此测量两点之间的距离。在闵可夫斯基的时-空中，此距离的平方改为两个事件之间的时间间隔的平方减去其空间间隔的平方。它实质上是勾股定理在四维上的延伸，针对时间坐标的特殊性质做出了调整。彼此以恒定速度运动的观察者可以使用其各自的位置和时间测量值来计算此值，并将获得相同的结果。

平坦表面可以通过在所有位置都以相同方式表现的度量来描述，但曲面的几何属性必须用可变的度量进行描述。可变的度量将不同的实际距离与表面上不同位置的给定坐标距离相关联。事实证明，这种可变度量是引力位的合适表示。在一个弯曲的四维时-空中，需要10个数字来计算从一个点到任意邻近点的距离。用4×4的矩阵数组表示这些数字是很方便的。该数组即是"度量张量"，它反映了所选坐标系中时-空的几何特性。

过渡性综合

在探究这些互相补充的研究方向数年之后，爱因斯坦最终找到了一种引力场理论，其中数学表征与新理论的物理解释匹配得可谓是天衣无缝。这条道路上的一个重要步骤是（再一次，与格罗斯曼一起）对一种临时性理论的详细阐述，该理论充当了过渡性综合，并最终成为形成广义相对论最终形式的母体。事后看来，我们可以将其视为帮助搭建最终理论的脚手架。

因此，这一临时性理论对于提出广义相对论所起的过渡性综合作用，就像洛伦兹理论相对于狭义相对论的出现那样，也像前经典力学对经典力学所起的作用那样。它成为整合各种相关知识组成部分的关键工具：牛顿万有引力定律、场论、数学形式体系和行星天文学突然被包含在一个框架中。就像塞进达尔文进化论中的各种异质元素一样，这些组成部分最终从偶然前提转化为爱因斯坦理论的内在要素和支撑证据。

临时性理论的发展最终使爱因斯坦及其合作者在新兴引力理论的物理要求和数学形式之间架起了一座桥梁。最后，通过重新解释形式体系的一些关键部分，最终理论基本上可以从临时性理论中收集起来了。新理论的物理解释与构成爱因斯坦起点的概念已经有了很大区别。新解释是使先前物理概念的含义适应数学形式体系含义的结果，这种数学形式体系由爱因斯坦和格罗斯曼在双重策略下探究得出。因此，对外部表征的探究引导了概念转变过程，其中外部表征的含义最终成为新物理见解的组成部分，如将引力理解为时-空的几何特性。

知识整合的漫长过程

对广义相对论的各种来源知识进行整合是个艰苦且充满冲突的过程，其结果不仅依靠爱因斯坦的贡献，也依靠许多其他科学家的付出。当爱因斯坦在1915年11月发表引力场方程时，此过程并没有结束；它至少持续到1950年代。就像我们在达尔文进化论中看到的那样，在诞生之初，广义相对论并不是广泛接受且普遍适用的理论框架。

我们再一次看到知识系统转型中的**长线**方面和渐进时期，这始于概念的重组阶段，涉及在事后看来像是最终结果脚手架的中间结构。在广义相对论的例子中，最终结果与作为单一关键人物的爱因斯坦密切相关。[56] 然而，这种单一关联并不一定存在于所有此类转型中，正如量子物理学的出现及其许多主要参与者所说明的。

此第一阶段之后是另一个阶段，人们将清除新系统中过渡性阶段的痕迹（脚手架被移除）。同时，典范性的应用领域得以建立，外部表征及其解释的直接含义得到进一步探讨（其结果往往充满矛盾）。就广义相对论而言，这是它的形成时期，[57] 是该理论精确解的首次建立，以及它在宇宙学中的首次应用（宇宙学很快成为其典范领域之一）。

最后，我们可能会看到一个阶段，其中典范性应用的局限性得到克服，新的知识系统成为稳定且广泛适用的框架，形式体系和概念解释最终达到平衡。就广义相对论而言，这发生在让·艾森施泰特所谓的低潮时期之后。[58] 在低潮时期，它几乎没有被当作一种概念系统来严肃对待，只是在1950年代后期才进入克利福德·威尔（Clifford Will）所谓的"复兴"，[59] 我将在第十三章中再次讨论此主题。

作为过渡性综合的海森堡矩阵力学

1925年，维尔纳·海森堡（Werner Heisenberg，1901—1976）发表了一篇开创性论文，题为《关于运动学和力学关系的量子论新释》("A Quantum Theoretical Reinterpretation of Kinematical and Mechanical Relations"），[60] 有效地建立了我们如今所知道的量子力学。[61] 据说，海森堡是在那年夏天的某个夜晚偶然想到的这个关键思想，当时他正在黑尔戈兰岛（Heligoland）度小长假。实际上，所谓的量子革命也是知识转型的另一个漫长过程。从19世纪发现的光谱线之谜到1930年代初成熟的量子力学表述，再到时至今日仍在进行的解释性辩论，此过程已经持续了一个多世纪。拐点之一是普朗克在1900年提出的著名辐射定律,[62] 另一个拐点则是尼尔斯·玻尔（Niels Bohr, 1885—1962）在1913年提出的原子模型。[63]

从1913年到海森堡发表论文的1925年这段时间，通常被描述为"旧量子理论"的统治时期。它类似于前经典力学时代，一群科学家应战了一系列松散相关的问题，以寻求一个有可能取代旧框架并提供融贯解决方案的统一概念系统。在这两个例子中，新系统都是通过探索仍然源自旧框架的各种路径而产生的；这有助于把相关知识集中起来，尽管是以初步的形式。

海森堡的论文就是此种过渡性综合。它提供了可推广的形式体系，这种体系随后可以扩展并解释为新的语义，因此成为新理论的温床。海森堡的形式体系可以被扩展为矩阵运算，并被解释为分析力学动力学方程的量子化，这一点很快就被马克斯·玻恩（Max Born, 1882—1970）和帕斯夸尔·约尔旦（Pascual Jordan, 1902—1980）意识到。[64]

不过，海森堡的开创性论文只是一种过渡性综合。这不仅是因为他尚未意识到自己的形式体系与矩阵运算相对应，而且还因为最初使他做出这一提议的具体物理问题——光谱强度的计算问题——限制了其语义。因此，海森堡在论文中强调说，他的形式体系只涉及这种可观察的量，他认为这种情况具有纲领性作用。[65]

只有在玻恩和约尔旦将海森堡的方法完善为一个成熟的形式体系之后，这种狭隘的解释才得到克服。现在，该方法可以看作以经典分析力学为基础的通用框架。但是，新量子力学的语义仍然是形式体系建立之后解释性辩论中的关键问题。因此，量子力学的历史提供了另一个例子，既说明了通过过渡性综合进行知识整合的作用，也说明了新的知识系统出现时外部表征及其解释之间相互作用的重要性。

当然，这绝不是必然的阶段顺序。正如我之前所强调的，变革的诱因在历史上可能会发生变化（如从挑战性对象到边界问题）；知识整合的机制也是如此。最重要的是，知识演化本身并不是一个好像由知识系统的内在结构所塑造的自主过程。某个知识系统是否会事实上在特定历史条件下得到探究，从而引发动态变化，这取决于更广泛的社会条件。因此，为了解知识系统的演化，我们必须更深入地考虑这些社会条件。

在我们转向知识演化的社会维度之前，关于知识论，或者更确切地说，关于知识架构对于知识发展的不同结果所起的作用，可能还需要做一些最后的评论。在第四章结尾，我们探讨过知识系统变化导致基本框架转型的条件，其中涉及诸如时间和空间之类的抽象概念的变化。我已经指出过更深层次知识的作用，例如那些与使用测量杆和时钟测量空间和时间的基本理解有关的知识。当一个新形式体系——例如，一个数学形式体系——仍然可以用和这些实践知识有关的方式来解释，那么形式体系也许可以反过来承担一个具体的物理意义，并同时引发与实践知识相关的抽象概念的变化。

这些是爱因斯坦创立狭义相对论（以及广义相对论，但在此论证中，为了简洁起见，我仍以狭义相对论为例）的必要先决条件。正如我们所论述的，狭义相对论源于解决动体电动力学中具体问题的尝试，该问题最终成为建立新的、普遍的时间和空间框架的母体。中间阶段充当了新框架的脚手架，将新形式体系的要素与熟悉的测量操作联系起来，使构建起来的新形式体系能够用时间和空间概念来解释。随后，新的数学形式体系得以建立：闵可夫斯基的四维时-空框架。它成为表述具体物理理论的普遍平台，自动满足了相对论的要求。

量子理论的情况与之相似，但更复杂一些。它也来自对特定问题的处理，这些问题引起了过渡性综合：海森堡在1925年发表的论文。这篇论文［以及埃尔温·薛定谔（Erwin Schrödinger，1887—1961）的波动力学］通过首先建立一般的形式体系，然后将其解释为经典力学的量子形式，成为一种新力学出现的温床或母体（见前文说明框）。与相对论一样，稍晚一点在1927年，作为狭义量子理论普遍平台的数学形式体系得到约翰·冯·诺伊曼（John von Neumann，1903—1957）的详细阐述，他将量子力学定义为一种关于可观察量的理论，该可观察量由量子态的抽象希尔伯特空间中的算子表示。[66]

但与相对论相比，以下这点对于量子力学来说要困难得多：通过与更熟悉的实践知识层——例如，相对论中的空间和时间测量——建立联系，来找到此框架的令人信服且具有可操作性的解释。量子物理学中备受争议的"测量问题"和量子理论正在进行的解释性辩论都是这一困难造成的。尽管这场辩论仍在进行中，但从玻尔提出量子物理学宏观和微观世界的"互补性"这一引起争议的观点以来，人们一直广泛承认，需要在量子理论与实践知识层面之间建立**某种**联系。

相对论可以被描述为对人们所熟悉的时间和空间概念提出新的理解，但与相对论不同的是，如果说量子理论修正了知识的更基本层面，这一点似乎并不那么明显。量子理论究竟是关于什么的？是能量的量子化，粒子的波动行为，还是信息的结构（其体现在自然界中新形式的概率相关性中）？[67] 量子理论在更基本的知识层面中缺乏相对论所具备的类似对应物，这没有让它变得不那么令人信服，但却使它更难被消化。诺贝尔物理学奖得主理查德·费曼（Richard Feynman，1918—1988）甚至宣称没有人真正了解量子力学：

> 曾几何时，报纸上说只有12个人了解相对论。我不相信有过这样的时候。可能有一段时间只有1个人了解相对论，因为他是唯一想出这个理论的人，在他写出论文之前，他就是那个唯一了解的人。但是在人们读了那篇论文以后，许多人以这样那样的方式了解了相对论，当然多于12个人。另一方面，我想我可以肯定地说，没有人了解量子力学……我要告诉您大自然的行为方式。如果您只是简单地承认，也许她的行为方式确实如此，您会发现她令人着迷且有趣。如果可以避免，请不要一直对自己说："但是怎么会这样呢？"因为您将"陷入徒劳"，进入一个无人逃脱的死胡同。没有人知道怎么会是这样的。[68]

量子理论的这种不可理解性，其更深层次的原因在于知识架构的某种偏斜，也就是说，其抽象理论概念与物理知识更基础的"地面层次"概念之间缺乏简单的呼应。然而，相对论和量子理论的起源在知识论上的相似之处却十分惊人：在这两个例子中，新的基本框架的出现都要求构造新的形式体系，对其操作进行解释，并转化为具有普遍适用性的平台。[69] 这些相似之处暗示出用于描述它们的概念具有更普遍的意义，这就是我的想法。就像米歇尔·扬森（Michel Janssen）在此情境下引入的脚手架概念一样，曼弗雷德·劳比希勒提出的平台概念也是在演化意义上使用的。[70] 从更一般的意义上讲，平台可以理解为具有调节功能的环境，可以打开并确定一个具体的可能性空间，比如说，类似于能使各种应用程序在智能手机上运行的操作系统，或可以让基因在其中执行其功能的细胞。在第十四章中，我将详细讨论进化论中的这些最新观点及其在文化演化中的应用。

第三部分

知识结构与社会如何相互影响

第八章

知识经济

> 我们看到，**工业**的历史和工业的已经生成的**对象性的**存在，是一本**打开了的关于人的本质力量**的书，是感性地摆在我们面前的人的**心理学**；对这种心理学人们至今还没有从它同人的**本质**的联系，而总是仅仅从外在的有用性这种关系来理解，因为在异化范围内活动的人们仅仅把人的普遍存在，宗教，或者具有抽象普遍本质的历史，如政治、艺术和文学等等，理解为人的本质力量的现实性和**人的类活动**。*
>
> ——卡尔·马克思《1844年经济学哲学手稿》

在本章中，[1] 我将借助知识经济的一般概念来分析知识与社会之间的关系。知识经济指社会对知识进行生产和再生产的实践和制度的集合。[2] 我首先对当前社会与行为科学中使用的实践概念做了一些评论，然后提出一些基本假设，作为我分析制度的背景［我将之称为"人类学界域"(anthropological gamut)］。我认为制度本质上涉及知识，是人类社会的调控结构。在此基础上，我将更详细地发展知识经济的概念，讨论知识转移、制度的物质体现的作用、规范性系统的特征，以及知识经济发生变化的机制。我在第四章中介绍了分析知识系统的基本概念，并在随后几章中通过具体示例进行了说明；类似地，我在这里主要讨论了知识经济的一

---

* 中译引自［德］马克思：《1844年经济学哲学手稿》，中共中央马克思恩格斯列宁斯大林著作编译局编译，人民出版社，2018，第85页。——译注

般方面，然后在第九章和第十章中将此分析应用到实例上。在第四部分，我将更广泛地研究知识传播的问题。

社会中的知识

我从一开始就主张，我们在人类世的困境也是人类社会在数千年间所累积的知识的结果。特别是，人类社会已经发展出促进此种知识累积的结构，并且反过来越来越依赖于所生产的知识，以及知识被分配、共享、遗失或遏制的方式。但是，社会结构在知识的生产和演化中究竟起什么作用，社会制度又如何分配知识且反过来依赖于知识呢？两者之间的关系在任何情况下都不是单边的。学习机构之类的社会结构显然制约着知识的发展，但知识也可能对社会稳定及其变革至关重要——就像在资本主义社会中，新知识的产生事关经济生产力一样。知识还可能是社会秩序问题的答案（就像人们所声称的那样），[3] 正如社会秩序由特定社会可用的知识系统所塑造。希拉·贾萨诺夫（Sheila Jasanoff）将此种相互依赖关系称为"共同生产"（coproduction）："简而言之，共同生产是这一主张的简写，即我们认识和表示世界（包括自然界与社会）的方式与我们选择在其间生活的方式不可分割。知识及其物质体现既是社会性工作的产物，也是社会生活形式的构成部分；社会没有知识就无法运转，正如知识没有恰当的社会支持就无法存在。"[4]

怎样才能从总体上将这种相互依赖概念化？接下来，我将介绍"知识经济"的概念，以描述和分析社会与知识之间的相互联系。在使用知识经济这一术语时，当今的经济学家和社会学家会用它来谈论，例如，全球经济从劳动密集型经济向知识经济的转变，而我对它的使用则更加宽泛。在我的用法中，知识经济是所有社会实践包括制度的集合，与特定社会中知识的生产、再生产、转移、分配、共享和占用有关。

这种视角需要我们重新审视社会科学的一些基本概念——这一点我在这里只能做出初步尝试。在分析社会结构时，我将把自己限制在一个宽泛的社会制度概念，以及它们如何关涉知识上。我认为，社会发展最终可以理解为制度和知识的共同演化（coevolution），这两者是人类实践（个人与集体）多种调控结构中的两个。在第五部分中，我将用到这一进化论的术语。此处研究的出发点是实践的概念。

作为边界问题的实践

正如我在前几章中论述的，在研究知识史时，了解行动的性质和作用是研究的核心。知识源于在行动中获得的经验，它伴随着人类实践，构成了人们在心理上预期行动的潜力。我在此处介绍的是更宽泛的实践概念，指的是社会框架内行动的集合，即不仅是个人临时执行的行动，也包括作为社会结构、物质文化和知识传统之一部分的行动。

19世纪末期，关于实践的性质和作用的问题成为实用主义的核心。实用主义是皮尔士和詹姆斯在美国发起的一个哲学流派，后来由杜威、乔治·赫伯特·米德（George Herbert Mead，1863—1931）等人发展壮大。[5] 这些思想家的工作表明，关于此问题的研究可以而且必然具有深远的影响，不仅包括经典的哲学主题，还包括社会学、心理学和历史学。当今社会科学中的许多研究都受到社会理论中所谓"实践转向"的影响，从科学技术史的组织化研究，到性别研究，再到对媒体和生活方式的研究等。[6]

不同的社会理论以不同的社会概念为核心。这些理论要么强调社会结构，强调由某种形式的理性引导的行动者或受制度性规范约束的行动者；要么强调将文化当作物质性和解释性的母体，社会从中建构起来。乍看之下，令人惊讶的是，这些路径被当成可供选择的替代性方案，而不是根本的可能性。显然，人类社会受制于一种结构，此结构并不一定可以被个体直接接触，甚至也不需要个体意识到该结构的存在，例如埃米尔·涂尔干（Émile Durkheim，1858—1917）所强调的与社会乃至全球分工有关的结构。[7] 正如理性选择理论所主张的，个体行动者显然被某种形式的理性和自利性所引导，虽然这种引导很难被认为是普遍的。也正如塔尔科特·帕森斯（Talcott Parsons，1902—1979）继涂尔干之后观察到的，个体行动通常遵循与社会期望和角色相对应的规范性原则。[8] 最后，行动者得以通过物质手段在他们可以接触到的世界中行动,并能够用共享符号系统、文化意向与知识层次来解释这些世界。[9]

马克思主义理论曾强调前者,而后者则被恩斯特·卡西尔等哲学家所强调,并在1970年代的文化转向中再获重视。在进行具体研究时,社会学家和历史学家们往往会务实地运用这些不同的方法,并对微观、中观和宏观层面的分析进行折中处理。挑战在于将这些方法整合到一个也包括知识演化的理论框架中。正如我在第五部分中所要讨论的,这一点现在变得更加必要,因为我们进入人类世是涉及所有社会层面的累积性和偶然性发展的结果。

同时,所有这些领域都经历了实质性的独立发展,包括经验知识的累积和理论方向的多样化。许多学科(如社会学、历史学、心理学等)正在对行动和实践的性质和作用进行研究,而实用主义只是许多可能的理论方法之一。然而,对行动和实践的研究仍然特别具有挑战性,因为在不同学科观点的背景下展开这一问题,恰恰构成了一个我在第四章中所说的边界问题。

正如我们所看到的,当研究对象引起不同学科观点的交叉,形成冲突和新颖见解时,边界问题就会出现。这些见解的产生,不仅是因为某个特定研究领域汇聚了多种多样的学科实践及概念体系,它们之间保持着紧张关系;也是因为人们不可避免地需要面对一个共同问题,它独立于这些学科,可以被具体地探讨。行动和实践目前正在社会和行为科学领域被研究,在历史调查的背景下,甚至是从生物学和神经学的角度被研究。[10] 因此,将所有这些视角应用于共同问题应当会成为重大创新的来源,从而引发可能挑战某些相关学科基本内容的知识整合。

人类学界域

我建议,这种知识整合应该从我称其为(因为缺乏更好的术语)"人类学界域"的地方开始:人类是动物。人与其他生命形式一样,需要在环境中新陈代谢,进行有性繁殖,以及死亡。这种生物构造引起需求、欲望和恐惧。此外，人与其他动物一样，也具有预测行为的某些后果和使用工具与环境互动的能力。

使人类有些特殊（但并非完全特殊）的是，人乃生活于社群中的社会性存在，通过社会传播的与环境的互动来维持自身，其中有些互动在传统意义上被称为"劳动"。这些互动尤其包括一系列在社会中共享的个人或集体的行动模式，涉及各种工具和知识。这些行动既不由生物性质预先决定，也不由环境预先确定，而是为了解决个人或群体在其环境中遇到的问题。习惯做法在个体发生层面通过个人经验被占有，并通过参与集体活动而传播。正如在心理学的广阔领域中所研究的，如果不考虑人类的思维、交流，以及思维的外部表征，这些学习过程就无法获得解释。人类文化以整体知识系统的形式传播。

人类社会的再生产取决于各种各样的物品、它们满足人类需求和欲望的可用性，以及生产它们的工具。再生产也取决于包括这些工具的物质文化的传播，取决于这些工具在其中得到使用的社会关系的传播，以及使

图8.1 彼得·保罗·鲁本斯（Peter Paul Rubens），《对无辜者的屠杀》（*Massacre of the Innocents*），大约创作于1638年，当时安特卫普发生了大屠杀。自我毁灭始终是人类社会迫在眉睫的危险，即使在有先进文化的社会中也是如此。图自维基共享资源

图8.2 复活节岛的拉诺拉拉库（Rano Raraku）采石场，拉帕努伊人（Rapa Nui）从这里获得火山石以雕刻巨型雕像，即摩艾石像（moai）。原住民人口崩溃的原因仍然是学术界争论的问题；但无论如何，与欧洲人的接触都对当地人口造成了最具破坏性的影响。参见 Hunt and Lipo (2012); Stevenson, Puleston, Vitousek, et al. (2015); Middleton (2017)。图自维基共享资源

用这些工具并按照已存的社会惯例行事的知识的传播。在任何特定的人类社会中，可利用的生产资料都被用于特定的劳动分工之中，而从某个特定历史阶段开始，劳动分工将智力劳动与物质劳动分开。行动的物质手段和环境不仅调节实践也限制之，并偶尔会带来意料之外的机遇和困难。

尽管除了严格意义上的社会劳动，还有许多可以想象的人类实践，但如果这些实践的总和未能实现人类社会的物理生存，如果它以不可持续的方式利用可获得的资源，或如果它以其他方式导致自我毁灭，那么人类社会就会消亡。同样，饮水、进食、睡眠、生育等实践几乎可以无限扩展，但不能任意地中止而不引发死亡或灭绝的危险。死亡还对人类实践施加了特定限制和挑战，例如将这些实践传递给下一代。总而言之，我们看到必然会发生的迭代和潜在的冲突，例如，关于有限的资源和机会、可能的学习和遗忘、物质文化的累积或遗失，不一而足。这些必然性在人类历史上一直存在，但关键的人类学事实却并未对其进行具体说明。

社会制度

人类社会通常由一系列制度构成，这些制度共同确保了社会的再生产。[11] 但是，制度并不是最普遍的社会互动形式。比如说，社会互动可以形成只具有自发性或暂时性的网络。我将在第十三章中更详细地讨论这些网络。使制度有别于其他的是制度中所涉及的社会互动的规则性和更加持久性这两个特征。制度的规则性结构从一组行动者传递到另一组，尤其是通过学习过程实现代际传递。这种规则性可以在各种形式中表现出来，例如以仪式或规章的形式。这些仪式或规章成为传播制度的手段，而与社会互动的具体环境无关。

社会制度调节人与人之间的互动，使人类社会能够应对经常重复发生的某些问题，从通过合作以掌握集体性挑战，到劳动分工和与之相关的权力结构，再到资源的获取和再分配以及社会冲突的解决。这是在生物性繁殖和经济再生产的背景下发生的，二者构成了所有社会制度的起源——但制度起源也要通过集体行为的仪式化、对权力的运用、明确的共识、市场，以及物质筹备（如建筑或交通系统）。制度受到社会的物质文化约束，但并不被其决定。它们具有人类社会所特有的自我指涉的特质，即个体行动既构成维系某个制度或社会的互动的总和，同时也由这一总和决定。因此，制度性规定的执行可能会采取多种形式，但通常具有系统性。社会制度的维持（例如，通过社会控制机制）需要成本，即一定数量的社会劳动。

随着劳动分工、社会阶层的形成以及社会的进一步分化，制度会获得相对的自主性；作为协调人类互动的舞台，其相互依赖性和自我指涉性都会增强。换句话说，制度可能会成为它们自身的目的。然而，在特定社会中存在的制度，其全体面临着再生产整个社会的挑战，需要确保其成员的生存。这一全球性挑战主要在于维持适当的劳动分工，但也可能涉及适应新的环境条件。将这些全球性挑战转化为个人和集体的反应能力，则要通过社会制度的整体以及制度传播的知识介导。

制度与知识

正如知识依赖制度一样，制度也依赖知识。制度体现并传播知识，尤其是那些与个人预测行动的能力相关的知识，以及有关社会合作、社会控制和冲突解决的知识。制度构成知识系统的基础，知识又反过来成为这些制度稳定和进一步发展的条件。但是，制度不会思考。[12] 制度所体现或激活的知识通常是主体间共享的知识，但最终意义上始终是个体的知识。由于制度是合作行动的中介，它们必须依靠这种分散的知识，并引发集体思维过程。在面临挑战时，制度稳定的一个关键条件是有能力将解决方案分解为个体行动。如果做不到这一点，挑战可能会导致修改现有制度或创建新的制度。

我在这里采用了一个宽泛的制度概念，比如说，并不要求规则是正式的或从外部被强制执行。[13] 但是，只有当制度性规章具有某种形式的外部物质表征（并在个人思想中形成内部表征）时，它们才能构成区别于随机行动的集体行动。制度代表着社会或团体协调个人行动并与环境互动的潜力。从最普遍的意义上讲，制度可以被认为是已编码的集体经验，它导致了由认知、社会和物质联系所连接的一系列共享行为，包括外部表征、书面工具等符号世界的行为。

作为"行动潜力"，制度是与知识类似的人类实践的调节结构。但是制度与知识也存在重要区别。所有知识都带有对行动进行**心理**预期的可能性，但在合作行动中，制度必须在缺乏心理预期的情况下规范集体行为。实现这种控制需要合作行动中固有的约束和物质条件，需要行为规范和信念系统，特别是需要我们在这里所说的知识经济。因此，比如说，"警察"——作为一种制度——不会思考，税务机关也无法**在心理上**预见其行为结果（如将所得税提高1%的结果）。思考是个体的特权；就制度而言，对其行动结果的预期是在个体知识和共享知识之间进行介导的问题。制度对其行动结果的预测程度，始终取决于它们存储先前经验、将其提供给个体行动者和协调个体思维过程的方式——换句话说，取决于它们的知识经济。社会没有能力"思考"是一种认知困境，我们可以尝试改善其知识经济来缓解这种困境，但我们很难从中摆脱出来。

什么是知识经济？

让我总结一下：每个社会都需要处理知识的生产、整合、传播、分配、占用和再生产的过程。合作实践需要先前的知识，也需要思维过程的协调或并行，因此涉及必然与个体思维相关的交流。知识的交流、维持和积累需要外部表征。例如，正如我们前面已经论述过的，实践知识可以用工具和行业规则来表征，通常通过直接参与工作过程和对规则的口头交流来传播。

所有制度都依赖于特定的知识，这些知识或者是它们产生的，或者是它们预先设定的。因此，制度依赖于更广泛的社会知识经济，而制度的活动可以包括知识的产生、转移、转化和占用过程，并涉及各种类型的外部表征。物质经济和知识经济相互依赖。对于社会的任何物质产品（例如，某种特定的机器）而言，我们可能会在发明它、生产它和使用它所需要的知识之间进行区分。社会的知识经济必须产生、分配和维持对应的知识系统，它也必须能够将新知识整合进现有的知识系统或新创建的知识系统中。

个体行动者通过在特定的社会条件下进行文化适应，来获得特定于历史的认知性和规范性判断。因此，在家庭、学徒制和学校教育背景下进行的教育、学习和培训（更一般地说，社会化过程）是知识经济的重要方面。知识经济可能不仅包括像组织化的教育过程这样的制度和社会实践，还包括关于这类实践的某些二阶知识，我们称之为"知识之象"。[14] 用来对知识和认知实践进行分类的二阶概念，如"事实""证据""证明""客观性"等，指的是知识经济的共享控制结构。这些二阶概念通常与科学的制度化实践有关，确立了科学的所谓普遍性，尽管是以特定的、历史上偶然的方式。[15]

与物质经济一样，知识经济作为一个整体，很少成为其参与者有意识反思的主题。从个体参与者的角度来看，知识经济的系统性特征主要作为他们自身行动的条件被体验到，通常他们必须服从这些条件。

随着早期城市社会中脑力劳动和体力劳动的分离，某些知识的生产和传播成为社会劳动分工的一部分，例如，牧师或抄写员成为某些种类知识的特权所有者。一个独立且具有自己的认知方面（如教育）制度的高阶知识经济出现了，它必须由物质经济来维持，并融入社会的其他制度框架。这种独立知识经济的载体形成了智力共同体或"认知"共同体。诸如哲学流派和科学流派之类的认知团体兴起，他们在处理资源分配、社会实践的制度性协调和控制等其他一般性问题方面，都创造了新的挑战。

更具体地说，这些挑战还包括需要处理社会内部的知识传播和获取规则，以及相应的交易成本。[16] 根据定义，由于认知制度在一定程度上与社会的直接再生产活动脱钩，它们也具有为自身创造知识的潜力，或更确切地说，为制度自身自我指涉地界定出来的目的而创造知识的潜力。这些知识可能会产生重要的溢出效应或颠覆性影响，也会与其他社会领域形成反馈回路。在第四章中，我已将这种动态称为认知制度的"解放性逆转"特征。

知识传播过程

知识传播过程可能涉及作为单个单元的知识和实践的共同传播，传闻信息的传播，以及通过程式化的口头交流、学徒制、学校教育或市场驱动过程（如通过商业媒体）而进行的制度化的知识传播。举例来说，在过去，知识通过手稿的抄写和流通而传播，后来是通过印刷媒体进行传播。知识也通过思想交流及由逆向工程实现的思想的重建、调整和适应而传播，后者即通过从人工制品中提取知识以达到再现目的。知识传播在诸如车间、实验室、工厂、学院、大学和研究所等机构中进行。它可能会受到政策的管制，并会不可避免地受到不断变化的知识表征技术的影响，例如印刷术的发明，我将在第十章中讨论该主题。

传播（transmission）和转移（transfer）在这里被用作表示知识要素从一处到另一处的通用术语。当指的是整个过程时，通常涉及知识系统或

图8.3 印刷机，约1600年。系列印刷品《近代的新发明》(*Nova reperta*) 中的插图页，该版画由老扬·科勒尔特 (Jan Collaert I) 根据史特拉丹奴斯 (Stradanus) 的设计雕刻，安特卫普的菲利普斯·加勒 (Philips Galle) 出版。图自大都会艺术博物馆，哈里斯·布里斯班·迪克基金，1934年

知识包，于是我们可以说知识的"散布"(spread)，有时也说知识的"扩散"(diffusion)，但这并不意味着单边传播意义上的单向性，比如说从"中心"到"外围"，忽略知识转移对传播方的反作用。[17] 当知识散布的整个过程是有意识进行的，我们通常将其称为"散播"(dissemination)。当知识交流是结构化知识经济的一部分时，我们称之为"流通"(circulation)。当被转移的知识不再受到本地环境的约束，因此原则上可以散布全球时，我们把知识的转移过程称为"全球化"。所有这些过程都涉及知识接受者的积极作用，且知识传播通常与知识转化有关。[18]

知识传播过程会因三个基本维度而异。首先是**中介**(mediation)：知识通过直接的个体接触还是通过外部表征进行传播？在个体接触（即时转移）中，主要的外部表征是瞬间的——言语和行动。它的两个主要组成部分是指导和模仿。在有中介的转移中，稳定的外部表征起到构成性作

用，即使外部表征的明确设计目的并不在此。从阿尔弗雷德·路易斯·克鲁伯（Alfred Louis Kroeber，1876—1960）和西里尔·斯坦利·史密斯（Cyril Stanley Smith，1903—1992）的角度来看，[19] 刺激性转移（stimulus transfer）是一种通过表征进行有中介传播的典范，这种表征并非明确为了代表知识而设计。通过文字传播则是通过明确为了代表知识而设计的知识表征进行有中介传播的典范。第二个维度是**直接性**（directness）：知识是在直接且连续的过程中传播，还是存在分程传播？在不同时间与空间中将知识口头封装并传播是分程传播的典范。第三个维度是**意图性**（intentionality）：知识传播是有意还是无意的？在口头传播的情况下，指导方面和模仿方面都会起作用。

知识接收方不应被视为被动的接受者，因为他们可能会抵制所传播的知识，也可能会占有并改造它，以使其顺应自己的知识。简而言之，接收方通常会参与知识的共同生产过程。知识传播涉及复杂动态，一方面是认知过程，另一方面是保存和传播已建立的共享知识系统。所有这些过程都是由以下内容决定的：相关的知识经济，特别是知识转移的各种媒介；产品、工具和技术，共享经验和口头交流；符号和信息处理系统。

外部表征与知识经济

在第一部分中，我强调了书面工具等外部表征的生产性和启发性功能。但是，可以说，外部表征也是知识经济的商品（甚至是货币）。知识可以和外部表征或者和人一起传播。这些都是它的主要载体。各种载体都具有其自身独有的特征，例如传播的速度、传播的可靠性或行动者——无论是个人、社会团体还是社会——的活动性。

正如我在前面关于书面工具所论述的，表征形式既会影响知识结构，也会影响可以在被表征知识上执行的操作，还会影响其传播潜力。知识可能过于嵌入针对特定文化的外部表征，以至于很难将之提取出来并进行传播。或者，提取过程可能从根本上改变了知识与其他知识项目之间的结构关系，以至于提取出来的知识被转化成了新知识。传播过程并不是简单的成功或失败，而是始终涉及选择与转化。因此，比如说，文字就成了知识传播中的选择性力量，因为没有被文字记载的知识通常会遗失。

　　特定的知识表征技术会以不同方式塑造知识经济，因为除了传统意义上的交易成本之外，它们还在一系列经济维度上有所不同。[20] 这些维度之一是**轻便性**（portability），它由知识表征到处漫游的容易程度刻画。电台和电视的广播节目传播非常迅捷，而刻有铭文的石碑一般不会移动，它们通常以副本形式得到传播。另一个维度是**持久性**（durability）。楔形文字石板已历经数千年，而在发明记录设备之前，口头语言片刻间就消失得无影无踪。进一步的关键问题与知识表征技术的**所有权**（ownership）有关：谁能获得知识表征技术的生产资料？这种获得权限又有多容易被控制？另一个经济维度是**竞争性**（rivalry）：某个人对某种知识表征的使用，是否会降低该知识表征对他人的价值？一部手稿一次只能供一人阅读，但可以许多人同时听人讲故事或观看电视节目。更进一步的问题是**再现性**（reproducibility），即复制一种知识表征需要多少成本。在发明活字印刷之前，书籍要贵得多；而现在，数字副本的成本则接近于零。

　　从数字世界的角度来看，我们意识到**交互性**（interactivity）是另一个重要的经济维度。一种表征能够被以多灵活的方式获取？一段独白只能从头听到尾，一本书的某些部分则可以跳过或重读，而电子文本能以比纸质文本更强大的方式进行搜索。我强调了知识演化的累积性和迭代性。从这个角度来看，**递归性**（recursiveness）是知识表征技术一个重要的经济维度：是否可以通过反思一种表征的使用，使关于它的高阶知识反过来被表征，并将其与现有表征结合起来？人们可以在书籍页边空白处写下注释，但电子文本可以让人们更广泛、更轻松地进行注释。另一方面，口头的独白根本无法注释。最后，我们必须注意**联结度**（connectivity）：一种表征在何种程度上与其他知识相关联，这种关联又有多明确？史诗可能包含其他文学作品的典故，但这种联系不如学术论文中的脚注或（更不用说）网页中的超链接那样直接。当我在第十章中分析历史知识经济，以及在第十六章末尾讨论认知之网的概念时，我将回到知识表征技术的这些维度。

马克思的价值理论及其在信息社会中的对应物

在《资本论》开头，马克思分析了使用价值、商品、交换价值、货币和资本之间的关系。[21] 商品对个体使用者而言具有使用价值，它仅在与其他物品交换时才具有交换价值——例如在市场上出售或通过以物易物的方式。如第三章所述，正是通过这种真实的交换，交换价值作为一个抽象概念才得以产生。因此，商品同时具备了代表使用价值和交换价值的双重面貌。在以分散劳动为基础的经济中，根据马克思的"劳动价值理论"，商品所具有的交换价值最终代表了生产商品所需要的社会劳动量；市场价格围绕这一价值上下波动。

货币作为一种特定的商品（例如，以白银为代表）出现，代表了交换价值。它通常可以与所有其他商品互换，并且易于储存。因此，在市场经济中，一种商品被出售以换取货币，而货币又能买到另一种商品。在资本主义经济中，商品—货币—商品的循环变成另一种周期，其中货币成了资本：货币—商品—更多的货币。马克思写道："简单商品流通——为买而卖——是达到流通以外的最终目的，占有使用价值，满足需要的手段。相反，作为资本的货币的流通本身就是目的，因为只是在这个不断更新的运动中才有价值的增殖。因此，资本的运动是没有限度的。"[22]

用这种方式，马克思在更开阔的社会视野背景下解释了资本主义经济的出现，在该视野下，市场并不是组织社会劳动的唯一可设想形式。相反，市场、货币和资本主义生产方式的出现是偶然的历史过程的结果。它们只能通过着眼于整个社会再生产的发展来理解，而不是缺乏历史背景地将个体经济行为假设为出发点——例如虚构的经济人（homo oeconomicus）的贪婪和"理性"。[23]

同样，知识必须被视为社会劳动的前提和结果，而非首先是某个孤单的鲁滨逊的私人物品，随后他又将之与同伴们分享。这样一来，意义、外部表征、信息、数据和大数据（或"数据资本"）等概念之间的关系就能够在社会背景下得到解释，并且与上述一系列概念（使用价值、商品、交换价值、货币和资本）进行类比。

知识对于占有社会共享知识的个人具有意义，这是其使用价值。在知识经济中，信息是知识的交换价值——它是为传输而编码的知识。信息的现代概念可以追溯到克劳德·香农（Claude Shannon，1916—2001）的信息理论，在该理论中，它被设想为与沟通消息有关，涉及源、发送方、具有一定容量的信道、接收方和目的地："交流的根本问题是将选定的某一点出现过的消息精确地或近似地在另一点再现。"[24] 信息的概念是在这种关于消息传递的实践和技术知识的背景下出现的，在相关的信息和通信技术对社会知识经济起关键作用的社会中，信息概念成为广泛使用的文化抽象。

外部表征将含义和信息结合在一起，因为它们既是供个人掌握的知识含义的代表，又是从发送方到接收方的信息载体。数据可以被视为信息的货币形式——一种特定但普遍适用的外部表征（在符号语言中被编码且现今通常在电子介质中存储和传输）——可以作为其通用标准和衡量标准。[25] 因此，大数据是信息的资本形式，其中数据的积累自身已成为目的，从"信息—数据—信息"的循环转变为"数据—信息—更多数据"的循环。举例来说，由于谷歌公司已经积累的大数据，使用谷歌搜索信息是有意义的；该搜索又将反过来增加数据，从而增加其积累所带来的权力和财富。我将在第十六章中回到数据资本主义的问题。

换句话说，数据和信息应根据知识来构建，这与将数据视为原子而信息（然后是知识）可以从中获得或构造出来的概念相反。只有当知识的外部表征可以用符号编码，采用相同格式，并在同一介质中存储和传输时，数据才会成为信息的通用标准。只有在电子数据及通过电子网络传输电子数据的时代，这才真正发生。

正如我将在第十六章中讨论的，所有知识最初都是共享知识，是一种公共利益。不同外部表征通过不同的途径将之私有化。尽管电子媒体原则上为将知识恢复到公共利益状态提供了新的机会，但数据资本主义却导致了在私人利益或国家利益下对知识更加全面的征服。

规范性系统

制度拥有关于其自身运行、原理以及对相关行动者之意义的知识。这些知识使个人能够按照与制度密切相关的规章和合作方式行动。我将此类知识称为"规范性知识"(normative knowledge)。更笼统地说，我将规范性系统视为价值、信仰和知识的集合体，涉及制度的运行、原理和对于相关行动者的意义。制度规章的执行及其背后的权力结构，绝不仅仅是由暴力、军事、政治或经济的支配地位和权威组成的。它们还依靠规范性系统的支撑，这些系统在施加粗暴力量这种方式之外规范了社会秩序。因此，由制度介导的个人行动的协调以行为规范和习俗惯例为前提，它们是宗教、法律、道德或意识形态等规范性系统的一部分。这里涉及的知识是社会知识。它不仅包括合并到此类系统中的特定内容（如关于某些传统和神话的知识），而且尤其包括遵循此类系统中所暗示的某些行为规范而行事的能力。

制度必须在心理上可行，能够处理可能会破坏社会凝聚力的个人需求、动力和欲望。人类作为社会实体而存在，他们的社会存在不断使他们面临挑战，要在个人需要、动力、观点、行动与社会运作所施加的要求之间保持平衡。只有在制度不仅可以协调人类行动，还能协调其动机性和认知性前提，从而提供适当的社会化和平衡过程时，它才能在这些要求之间进行介导。

规范性系统当然也可能具有其他功能，例如表征关于自然界或情感需求和情感经历的知识。在历史过程中，我们看到这些不同功能之间的区别，然而这种区别从来不可能是彻底的。通常，即使在科学界内，对科学客观性的理解也包括社会规范和角色模型。规范性思维和知识绝不能以任何绝对的方式分开：保持社会凝聚力需要解决问题，因而需要知识；而解决问题以合作为前提，因而也需要道德规范和习俗惯例。

规范性系统允许个人在其所属的社群框架内解释和控制自己以及他人的行为，这构成了规范性判断及其合法化的基础。因此，个体行为通过在实践上和心理上与群体行为相关而变得"有意义"。宗教尤其为表达集体的自我意识和自我反思提供了资源，包括对尚未解决的紧张局势的反思。宗教既维持又缓解了这些紧张局势的毒性。

相互限制的僵局

制度会不断变化，它们构成了社会互动中的动态平衡。人与人之间有差异，他们会以不同方式让社会结构在自己身上呈现出来，或在不同时间和地点，或在不同场合，尤其还有不同的世代。这是制度规定不断发生变化的原因。正如认知结构在每次执行时都会发生变化，制度结构在具体情况下的实施也是如此。

特别是，规范性行为的掌握也可能因人而异。这取决于掌握和实施制度性框架的具体经验。结果，一边是制度的监管结构，另一边是制度在具体行为中的外部化，二者之间总是存在很多博弈。具体经验不仅会形成有关受监管对象的知识，还会产生有关这些规则的知识，从而对规则本身产生反馈。更普遍来说，每一种社会经验都可能成为新规则的萌芽。

由制度进行调停并在规范性系统中解释的人际互动，既与个人身份的构成有关，也与个人身份和社会身份的关系有关。换句话说，制度塑造了人们所谓的角色模型或"制度角色"（institutional personae）。[26] 一个社会通常包括多种制度，这些制度可能彼此相对独立，也可能彼此重叠甚至冲突。因此，从个人角度来说，制度叠加创造了形成多重身份的机会和需求。这些身份反过来又嵌入到通常相互独立的不同规范性系统中，或多或少维持了这种社会、认知和情感上的复杂性。

随着劳动分工和社会中多种制度的出现，个体将进一步获得不同份额的社会财富、不等的权力地位，以及对社会及其制度的不同看法。特权地位使个人或团体可以控制合作行动以及获得的资源——以此来行使权力。相反，处于弱势地位的个人就成了权力服从者或剥夺与剥削的对象。

"权力"在这里指的是一个个人或团体引导和控制其他个人或团体的行动的潜力（通常是制度化的），这一般通过控制他们行动的条件来达成。出于各种原因，权力永远不可能是绝对的。这是因为它主要只以中介的方式影响行动和思维，并且权力通常受制于社会再生产的需要，以及社会存在的物质条件。权力受到各种因素的制约，如经济、政治、认知、道德和生态。在任何特定的历史条件下，"权力"都取决于社会的制度结构，特别是取决于其知识经济，从而取决于在很大程度上塑造了这一知识经济的可用表征。但是，在控制自然过程和社会过程方面，权力也更直接地取决于知识解决问题的能力。

分工所创造的社会地位也对应于特定的角色模型或制度角色，构成在这些位置上的个体的"客观利益"，尽管这些客观利益要在个体内部通过不同形式的"主观利益"而实现。利益冲突以及其他社会方面和认知方面的差异，以类似于前几章中讨论的变革诱因促进认知发展的方式，驱动社会的动态发展。它们构成了挑战和问题，但这些问题并不能决定社会发展的结果。社会发展的结果在很大程度上取决于社会可利用的内部资源和社会动态。

挑战可能具体地涉及社会的知识经济，特别是当人们认识到这些挑战属于知识问题时。认知创新和社会创新通常都始于个人对所传播的知识和实践的偏离。创新在社会中的广泛接受，以及在共享知识或制度性规定的持续传统中的融入，则取决于一个社会知识经济的具体情况。在结构松散的社会中，创新可以相对迅捷和容易地进行，但是也可能同样迅速地失去——制度化的缺失也意味着，几乎没有任何可供选择的手段可以保留异常知识或集体实践。

社会化过程涉及实际的个体及其需求、欲望和认知能力，涉及真实的生活环境及其在特定物质文化中的实际挑战。它们也涉及不可预见的事件。从个人角度来看，人们经历的地方性互动决定性地塑造了社会化过程。社会化过程所建立的制度性价值观和心智模型受到这些经验的促进和限制。例如，在个体发育中，儿童的规范性概念（如公平等）是由他们与合作相关的经验和交流观点的机会塑造的。[27] 此发展过程的实际结果始终受制于特定历史条件与社会情境中可获得的有形经验空间。制度因而必须在以下前提下发挥作用，即个体行为受到这些经验空间中有限内部表征的调控。

这样的结果就是陷入僵局，造成一种相互限制的反馈回路，其中个体能力和观点被社会所提供的有限经验视野所削弱，而制度性规定本身也由于个体有限的心智能力和观点而变得狭隘。这就是为什么威权社会更容易产生威权性格，而后者反过来又更喜欢威权社会。再举一个例子，市场这种机制容易将社会互动简化为买卖双方之间的关系，从而创造出特别有限的经验空间。它要求人们根据经济人模型确定制度角色，即假设人们能够在一系列选择中做出理性选择。然而，在现实生活中，鉴于人类选择和决策的"有限理性"，这一要求很难满足。

制度角色与制度的调控机制之间的交织和相互强化是保持社会及其制度稳定的重要机制，这在很大程度上说明了社会的保守性和弹性。但是，这种机制永远无法完美地发挥作用，原因之一在于，人类永远无法完美地活出所应该体现的制度角色，而且个人生活经验的现实也永远无法完美地契合制度的行为协调模式。

相互限制的僵局对社会适应新局势的能力划定了严格的边界——例如，针对不符合"本土"成员心智模型期望的移民，试图融合这些移民就对社会构成了挑战。知识经济在社会化过程之间进行介导：在一些社会化过程中社会塑造了个体；而在另一些社会化过程中，则是个体通过应用知识来塑造社会。因此，社会应对挑战的能力（如通过克服对移民的偏见来融合他们），在最关键意义上取决于其知识经济的能力，即知识经济是否能够集体性地分享、权衡和反思这些挑战所带来的全部经验，并使现有的规范性系统适应它们。社会知识经济的变化构成了政治干预的要点，因为政治干预可以通过提供新的机制来平衡冲突性观点，从而开辟新的经验领域。

社会制度的物质体现

迄今为止，尽管我们在讨论知识系统时已经看到了制度的物质维度的关键作用，但我仍略过了它作为个人行动与社会实践之间重要调停者的角色。我指的是这一事实，即社会实践从根本上由物质条件和各种体现制度的形式塑造，如生产力、基础设施、符号系统或扮演制度角色的人。

生产资料（如机械、工厂）或基础设施（如建筑或技术网络）解决物质世界的问题，同时创造出适合人们合作和互动的物质环境来规范集体行为。社会最初能够控制基础技术创新的使用和范围，在这个意义上，大型技术系统通常会发展出"技术动量"（technological momentum）；但随着时间的推移，技术带来的经济动力往往会增加其对社会的权力。[28] 制度的物质体现也可能具有象征意义，充当一种线索，触发个体按照相关制度规定行动。因此，物质体现充当了与这些规定相关的知识系统——尤其是规范性系统——的外部表征。

当制度的物质体现被用于实施制度规定时，它们就成为"社会技术"。它们代表由制度或社会调节的社会关系，正如技术工件可以代表某些起作用的物理力量一样，比如被用来省力的杠杆。操作杠杆并不需要知道关于杠杆的物理定律，但杠杆可以很好地充当这一知识的外部表征。技术工件解决物理世界的问题，而制度的物质体现则有助于解决集体互动的问题。

因此，我们可以对物质体现的操作功能及其作为制度规定外部表征的功能进行区分。制度规定的外部化有助于解决社会问题，因为人际互动的协调可以（部分地）由这些外部表征负责，而这些外部表征随后将成为社会技术——例如，遵循一个指令链，处理管理系统中的文书工作，将成文法应用于违反规范的行为，或在市场中交易商品。外部表征减少了解决集体互动问题所需的精力，因为个人只需要知道如何处理外部表征即可参与互动。经济学家弗里德里希·哈耶克（Friedrich Hayek，1899—1992）简明扼要地表达了个人对外部表征明显无意识的使用："如果我们想了解价格系统的真正功能，我们就必须把它看作一种交流信息的机制——当然，随着价格越来越僵化，这种功能也变得越来越不完善……关于该系统最重要的事实是它运作于其中的知识经济，或者说，个体参与者采取正确行动需要知道的知识有多么少。"[29]

制度的物质体现对于代际传承至关重要。这总是涉及学习过程，即知识的传递。物质体现保障了合作行动之规则的长期传递，从而形成一种制度性记忆。对制度化互动的反思由其外部表征介导，因此这些外部表征塑造了关于制度的内部心智表征，当然内部表征也会因人而异。外部表征转而又被赋予一种新的"超越的"（transcendental）含义，这种含义反映了其社会意义，尽管是以一种隐晦的方式。人、场所或人工制品可能以统治者、神灵、圣所或代表规范性社会秩序之物品的形式获得新的意义，界定出与制度规定相适应的行动领域。[30]

无论在知识还是在社会秩序中，外部表征本身都可以成为构成更高形式的认知或社会组织的东西和行动手段。例如，货币不仅代表市场中商品的交换价值，也可以成为企业的资本，用来进行社会控制或金融投机。同样，商业交易的记录文件也可以成为建立税收系统的起点。外部表征引导着现有制度或实践，促发了新制度的出现，这一点构成某种形式的"社会自反性"（societal reflexivity），它被理解为一种等级形成机制。（显然，不同于个体自反性，此类社会自反性并不一定会增强社会的自我意识。）

因此，外部表征可以成为创建"二阶"制度的起点，这些"二阶"制度使现有制度得以运作；"二阶"制度也可以代表监督机构，将上级逻辑施加于个体并改变合作行动的条件。在我们的示例中，这种现象就是税务机关的出现或资本主义企业的出现。二阶制度通常基于从外部代表合作行动之规则的可能性，或隐性或显性地利用这些可能性，以便对个人行动进行控制，使其符合（或不符合）复杂合作活动或社会过程的需求。

管理正是这类二阶制度。它们的任务是使现有制度永久运转。正如我们将在第九章和第十章中看到的，管理通常只在有劳动分工的社会中出现，并与复杂的合作项目相关。由于其复杂性，只有借助管理才能实现特定形式的制度化行动，特别是出现将一大群人的行动引导到一项共同任务上的挑战时。这种挑战会是一项持续较长时间的集体努力，例如古巴比伦和中国古代河流文化中的灌溉工程。[31]

由于制度规则的外部化，抽象概念（如第三章所述）可以承担重要的社会功能，成为"文化抽象"，不仅关乎知识系统，而且关乎社会技术领域。换句话说，文化抽象属于知识系统，其表征也具有社会技术的功能。考虑一下时间和货币这两个也许是最著名的例子。

图8.4 "时间就是金钱。"一名煤炭工人从位于肯塔基州弗洛伊德县的内陆钢铁公司下班，约1946年或1947年。图自美国国家档案馆

在现代社会中，对人际互动进行协调的某些方面——简单来说，比如约定某事或组织工作流程——由抽象的"时间"控制，抽象时间的外部表征则是时钟。[32] 因此，在时钟的帮助下调节人的行为，就成了复杂社会中成员之间通过其他更直接的交流形式来协调行动的有效替代。此即时钟的操作性功能：作为社会实践的特定协调的外部表征。但是，人们并不需要懂得任何有关这些协调机制的知识就可以充分利用时钟的这一功能。前面我曾强调，在发明、生产和使用人工制品所需要的知识之间进行区分非常有用。我将在第十四章谈到时间作为抽象概念的简史。

同样，货币作为价值的外部表征（即，在特定的社会关系系统中，就像第三章所讨论的那样）协调经济互动。更确切地说，作为社会关系的外部表征，货币代表了决定其价值（例如，生产某种商品所需要的成本）的协调机制。另一方面，作为社会知识系统的一部分，货币可能只是代表了货币所有者购买具有同等交换价值的商品的选择。为充分运用货币的操作性功能，人们并不需要理解决定货币价值的协调机制。

从个体的角度看，制度性规定的外部化会增加制度的不透明性［即遮蔽一种制度的"操作间"（machine-room）方面］，因为它使外部表征的行动与社会自反性中处于较低层次的具体互动脱钩。这也适用于相关的文化抽象，例如时间和货币，它们不再明显地与它们在历史上产生于其中的具体经验（在这个例子中，即自然界的循环与人类合作的促进）联系在一起。另一方面，很难完全压制社会"操作间"的噪声。例如，即使有可能借助诸如"人力资本""自然资本"或"生态系统服务"之类的文化抽象概念，从经济角度对所有人力资源和自然资源进行概念化，我们也无法保证可以通过相应的社会技术，可靠地掌握作为它们基础的现实。

症候性后果

让我来谈谈社会及其制度物质性的另一方面，在人类世时代，这一方面正变得越来越重要：社会和制度的物质体现不仅是其运作的先决条件，也可以是人类活动的显著**后果**。（在第十四章中，我会采用进化生物学的术语，在"生态位构建"这一名称之下再次论述这些后果。）其中一种后果是创建了与人类实践和社会制度相关的知识系统的新外部表征——不仅包括我到目前为止在社会技术的背景下论述的那些内容，还更广泛地包括所创建的"文化表征"，例如艺术品。

那些捕捉且保存冲突性经验的文化表征（从宗教表现形式到艺术品和科学作品）具有矛盾性，可以被描述为"症候性的"。弗洛伊德认为，神经症患者的症状不仅是个人思想中未解决冲突的表达，亦是调节、控制和压制人们的需求、动力和冲突的社会需要的结果。这是一项永远无法完美奏效的事业。因此，这些症状可能同时掩盖和揭示了，潜意识的或被压抑的冲突与创伤，以及社会的这种不完美的控制。[33] 正如詹姆斯·艾吉（James Agee）所指出的："需要记住的是，神经症可能是有价值的；另外，对病态和疯癫环境的'适应'本身并不是'健康'，而是病态和疯癫。"[34]

同样，文化表现形式可以与替代性行为的合理化相结合，从而获得一种仪式性。另一方面，在文化上，它们可能是解放性的。作为未解决问题的表征（因此也是关于这些问题的一种交流形式），我们过去活动的沉积物可能会成为在更有意识和更易沟通的层面上处理未解决冲突的起点。换句话说，在文化表征的症候性维度中，我们不仅认识到集体记忆的一种形式，还认识到我称之为外部表征的"生成性歧义"的另一个例子。

社会还因其在环境中留下的物质痕迹而面临过去行动的矛盾后果。这些物质痕迹也是外部化过程的结果，这一过程可以被描述为形成沉积物。[35] 这些痕迹是模糊的，因为它们可能会构成**行动平台**（action plateaus），即在新的物质手段和前提条件基础上，在未来开展行动、计划和创新的机会。我们称之为"平台"（正如在"平台经济"中那样）是因为它们可以充当基础设施，具有决定一个具体可能性空间的调控功能。行动平台也可能变得有效，因为早期社会的沉积物往往可以应用于全新的视角。但是，另一方面，过去的物质痕迹可能构成未来的责任和沉重负担——例如，正将我们带入人类世的环境变化。

图8.5 印度尼西亚雅加达，甘榜杜里（Kampung Bukit Duri）村，芝力翁（Ciliwung）河两岸的人为沉积物，2011年。© 约尔格·雷基特克（Jörg Rekittke）

尽管从传统上讲，这种沉积物可能是"外部化的"——从狭义的经济学意义上讲，是间接成本或向第三方排放的废弃物，尤其是向较弱的社会，但在人类世的全球世界中，这已经变得越来越困难，最终将不再有第三方可以供我们用来减轻我们行动的意外后果。因此，我们将越来越多地面临这样的挑战：将沉积物的形成视作并理解为全球社会运转的一个限制条件。正是在这里，人类实践的后果变为挑战，即人类活动的物质沉积物成为全球困境的文化症状。

应对这一挑战的一种可能方法是，在社会技术意义上发展恰当的人类活动的外部表征，从而在人类社会与其环境之间建立新的反馈机制。比如说，当前讨论的一种可能性是对碳排放定价，以期让那些对气候变化负有最大责任的人为自己行动的沉积物付出代价。但是，很难想象仅通过任何此类措施就能够将扩张型经济转变为封闭型生态的一个子系统，至少在不增强知识作为这种转变的进一步调节机制之作用的情况下。这样的增强，关键取决于使我们能够反思自身困境的文化表征，以及当前知识经济的进一步发展，包括在该经济中进行积极参与的新形式（我将在最后一章中回到这一主题上来）。

表征、权力和超越性

要理解人类随环境发展出的特殊代谢机制，表征是一个关键性的考量因素。人类生计最终以劳动为基础，劳动通过物质手段对环境进行改造。由此产生的变化和手段本身成为这些人工干预的表征或物质体现，甚至在干预本身终止后，这些变化和手段往往继续存在。表征客观地反映了这些干预，但它们也在人类的认知能力中发挥了基本作用，即创造和理解那些超越其作为物质条件或对象的直接存在而具有意义的符号。人类认知的这种能力源于人类特有的象征性的——或者如一些人所说，**超越性的**（transcendent）——世界，从原则上讲，在这一世界中，所有事物都可以获得超越其自身的意义。实际被代表的东西是可变的，但并不是任意的。那些能够实现集体生存的因素，即共同基础（common ground），它们的表征对于所有人类社会都相当重要，是共同文化实践的主题。但是，被理解为共同基础的事物可能会有所差别，其表征模式也会不同。

表征唤起了不存在事物的存在，但也可以通过加倍强化已经存在的事物而增强之。正如我们在第三章中所认识到的，通过增强其对象的持久性，以及允许思维对自身施加作用（我们称之为**反思**）从而改变其主题，表征于是能够以双重方式支持思维的运作。表征也以类似的双重方式支持制度的运行：[36] 它们使直接暴力变成权力，具有通过中介且远距离的有效性（使暴力发生，即使其并不在场）；它们将制度转变为由这种表征构成的社会规则（从而影响了它们的特性），比如根据传说，当路易十四用"朕即国家"（L'état, c'est moi）来表达君主专制的本质时。我将在第十章中论述专制国家的本质。

表征的两个领域并不彼此独立，因为支持制度运行（并且从某种意义上构成制度）的表征必须同时成为感知、情感和思维的对象。这些表征引发的思考可能有助于使以其为中介的间接权力的行使合法化，但当表征被视为潜在权力关系所造成的病态症状时，它们也可能破坏这种合法性。

因此，关于表征的斗争是社会冲突的一种可能表现形式。例如，当宗教传统禁止关于上帝的表征时，这意味着什么呢？这可能意味着不要通过人类立场来约束或限制共同基础，从而限定其权力。唯一可能的方式是与这种不可预测的权力结盟，使未来向变化敞开。或者，禁止形成上帝的形象可能会将共同基础提升至超越性世界，超出无限权力和具体人类存在之间任何形式的中介。神学辩论通常可以被理解为关于表征的辩论，而针对表征的哲学辩论则可以获得宗教和政治的隐含意义，因为哲学辩论也协商了个体与社会存在的共同基础之间的关系。

例如，关于本质与现象之间关系的哲学问题已经得到诸多讨论，该问题也可以表达为现象是否能代表本质。[37] 是本质在显现，但现象从来不是本质。哲学家已经利用这种看似矛盾的观点建立起一些学说，宣称必须超越现象才能理解本质，且只有本质才是最重要的。但

图 8.6　外部表征的层次。何谓国王？参见 William Makepeace Thackeray, *The Paris Sketch Book* (1840, 302)。图自互联网档案

这需要牺牲现象世界，放弃解决两者之间紧张关系的机会。另一方面，把现象从共同基础中孤立出来，如其所是来接受它们（并且所有现象都在同一基础上，正如现象学传统所主张的那样），最终会导向漠然——在最极端的情况下，甚至对生死问题也是如此。

然而，表征并不一定会将个体还原为共同基础的衍生物，或者换种方式，以漠然为代价将个体从这种起源中解放出来。表征反而可以成为一个中间地带，其中个体与它出现于其中的共同基础一样重要。因此，表征成为协商共同基础与个体之间关系的一种手段。是表征，而非任何形式的超越性——毕竟它们只是从表征衍生出来的——才是人类存在的独特媒介。

通过质疑作为理性存在的人的领域与自然领域之间的界限，达尔文的进化论挑战了人类理性代表上帝理性的愿望。他坚持认为，二者通过自然史联系在一起，而在自然史中，这两个领域受相同力量的影响。

同样，知识史也不应该坚持将超越性当作一种独特的人类条件，而应坚持物质体现和外部表征在知识系统中的作用，以便将人类社会的行动和思想锚定在自然史的连续性中。

我们已经考虑了作为制度集合体的社会，它具有在人类学界域所有维度上再生产其自身的能力。我在这里所指的社会不是绝对可区分的实体。相对于完整社会之间的联系性而言，对于形成特定社会的制度整体，制度间的联系会因其内部结构和相互作用而更加紧密。但是，这种分类可能与社会的自我认知不一致，其可能认为自己是由其知识经济所调停的可区分实体。

我已经强调过，知识经济对于社会应对外部挑战的能力至关重要。它还决定着新经验能否以及如何被转化为知识系统的发展。这些知识系统中有一部分属于规范性系统，用于管理服从性活动。就一个社会的知识经济而言，这种规范性系统还包括知识之象，它塑造了某个社会赋予特定种类知识的作用和价值。由于它们作为社会制度整体的一部分进行了系统的再生产，规范性系统往往会因相互限制而不易变化，其效果是制度和规范性系统之间相互稳定且相互加强。

这也适用于现代世界中管理专门学科化科学的知识经济及其相应的知识之象。在人类世，我们面临这样一个问题，即像学科科学这样高度分化的知识经济是否已经变得过于依赖路径而缺乏灵活性，以致无法确保产生我们已知的人类文明持续存在所必需的知识。

最后，我们已经了解到，制度涉及物质体现，包括与物质手段、社会技术和外部表征相关的那些。我已经强调过，可用的知识表征技术为知识经济打开了特定的可能性视域。制度的物质体现类似地确定了社交互动的特定可能性视域。例如，今天已经出现了一些算法制度，比如基于网络的仲裁或约会网站，它们利用了数字媒体提供的计算能力和交互性。[38]

知识与社会的关键连接部分包括知识经济、社会技术及其相应的政治结构，以及文化表现形式所提供的可能性，这些文化表现形式被用来反思和干预造成人类困境的机制。沉积物形成的重要性日益增加，全球社会在地球环境的限制下可以回旋的余地不断缩小，因此有必要根据当前的挑战重新审查和探究这些连接部分。但是，在我们于第五部分中回到环境界限及其含义之前，我们必须首先了解这些连接部分的历史发展，并更详细地考虑一些知识经济的例子。我们将以人类社会最基本的基础结构之一，展开对知识经济更为具体的讨论；在科学出现以前很久，自从人类开始建造自己的庇护所以来，这一基础结构就已经存在。

第九章

实践知识的经济

当一个人想要建造些什么时,他需要知道自己的目的——例如,这一块起支撑作用,这就是为什么它必不可少。但是,为了了解自己的目的,学习和思考十分必要:就像弓箭手如果不瞄准就射不中水罐一样,建造者如果专注于其他事情,就不会实现他的目的。

——达尼埃莱·巴尔巴罗《维特鲁威的〈建筑十书〉》

我们要考察的是专属于人的那种形式的劳动。蜘蛛的活动与织工的活动相似,蜜蜂建筑蜂房的本领使人间的许多建筑师感到惭愧。但是,最蹩脚的建筑师从一开始就比最灵巧的蜜蜂高明的地方,是他在用蜂蜡建筑蜂房以前,已经在自己的头脑中把它建成了。[*]

——卡尔·马克思《资本论》

接下来我将说明上一章所介绍的知识经济的某些一般特征,说明的背景是对人类生存至关重要且广泛的实践知识系统——建筑和建筑学的历史。[1] 这一知识经济涉及物质体现,即建筑物本身,它们通常同时承载着制度意义、文化意义和认知意义。建筑的认知史关注的是使过去的建筑成就得以可能的各种知识(及其传播和实施机制)。[2] 在此,我特别关注在16世纪科学与工程学对建筑进行重大干预之前,那些非凡且通常具有

---

[*] 中译引自[德]马克思:《资本论》,中共中央马克思恩格斯列宁斯大林著作编译局编译,人民出版社,2018,第208页。——译注

纪念意义的成就。[3]

在讨论了建筑的知识经济及其一般表征之后，这一知识经济演化的三个方面成为关注的焦点：我首先考虑的是二阶机构（例如建筑管理部门）的出现，以及建筑学作为一种新型职业在建筑过程及其监管当局的连接部分中出现。接下来，我们将仔细研究平台和沉积物的形成，以及标准建筑（canonical buildings）的作用，它们是代表和传播建筑知识的一种特别有影响力的形式。在这一背景下，我最终会解释一些探索建筑知识和进行各种实验的条件，它们在现代科学技术产生之前就已出现。尽管下文中的说明主要局限于欧洲视角，只是我个人对这一主题知识的反映，但其中的示例可以表明在哪些情况下，实践知识的经济可以为创新过程开辟空间，包括为科学和技术知识的对接开辟空间。

建筑的知识经济

直到进入近代以后很久，建筑史都以工匠、监工和建筑师的实践知识为基础。关于建筑物的设计、建筑材料和建造技巧的知识，以及后勤过程的组织，在很大程度上都是通过口头指导和参与工作过程来传承的。[4] 这一知识经济造就了：早期美索不达米亚和埃及文明中令人印象深刻的建筑；古希腊和古罗马的典范性建筑与基础设施技术；[5] 古代中国、印度和日本的伟大建筑成就；美洲古代文明中的纪念性建筑；中世纪的神圣和防御性建筑；以及文艺复兴时期具有震撼性、创新性的建筑项目。

自人类历史早期以来，建筑与粮食供应一样，一直就是人类实践的基本子系统之一。它通过改变环境来满足人类的基本需求，并有助于调控共存。因此，它在所有文化传统中都得到体现。建筑通常是一种合作活动，其前提是在特定知识经济中共享知识。[6] 由于几乎没有其他方法，因此个人必须直接参与建造，以理解工具使用的手工方面，理解何种情况下何种方法能起作用，以及了解建筑材料的特性与品质。[7] 但即使在早期历史中，也存在通过教学活动（例如，在美索不达米亚楔形文字板上发现的情况）以及有针对性的训练来传播建筑知识的情况。[8]

建筑的知识经济曾经且依然被诸多因素塑造，包括社会的资源经济、可用的材料和技术、关于它们的实践知识，以及与它们的管理及相关知识的传播有关的制度。这些制度决定了稳定性和连续性。知识经济也取决于社会内部的劳动组织。建筑的知识经济特别取决于建筑现场的专业水平、相关的培训形式以及可用的规划工具。长期以来，获取建筑知识都属于更普遍的社会化过程。它是广泛共享的关于如何建造庇护所和房屋的实践知识的一部分，因此与主要负责这些过程的社会结构联系在一起。[9]

因此，建筑知识在较长时期内的稳定性内在于社会内部广泛存在的条件和过程。一方面，稳定性由物质性的建筑物本身提供，只要它们能够持续存在。另一方面，稳定性以建筑知识嵌入社会结构为条件。关于管理和控制的知识，其代际传递在很大程度上取决于特定社会形态的持续存在——但实践的建筑知识甚至可以在这些社会形态崩溃之后继续存在。[10]

首先，这是由于这种知识的携带者属于独特的社会阶层，这一社会阶层经常能够在政治崩溃中幸存。其次，如上所述，实践知识非比寻常的连续性还在于其物质表征，这也使它在某种意义上独立于政治体系。另一

图 9.1　从业者知识的口头传授：利用晒干的砖头在中心不定的情况下建造努比亚桶形拱顶，埃及象岛，2001 年。迪特马尔·库拉卡特（Dietmar Kurapkat）拍摄

方面，这种知识的口头和实践交流也可能会限制其连续性，因为它很容易由于不被使用而流失。[11] 总而言之，这导致了建筑知识的历史演化，它或多或少在两种不同的时间尺度上发生：在现有社会形态内，或者在存在政治、文化、社会中断的较长时期中。

建筑知识的表征

建筑知识可以用多种不同形式表征：通过工具、目标、惯例、模型、图纸、规划，以及随附的书面或口头信息。尤其是，建筑知识也可以由建筑物自身表征，尽管它们通常并不提供有关其建造方法的直接信息。[12] 虽然古代文化的纪念性建筑常常能够在几千年中保持其影响，但每当相应社会秩序崩溃时，它们所依据的建筑知识的传播也变得岌岌可危。[13] 但是，通过建筑本身传播建筑知识通常采取"刺激性扩散"（stimulus diffusion）的形式，[14] 在此过程中，系统的外壳被各方接收，但内容与解释必须由各方自己填充。

在中断之后，建筑技术必须被重建或重新发明。那些通过与工人直接接触而传播的建筑技术受到干扰，后世建造者无法一对一地对其进行重建，因此，这些建筑知识会或多或少地被新技术取代——例如，当文艺复兴时期的建筑师试图模仿古罗马或古希腊的建筑时就是这种情况，我将在下文中继续讨论这个例子。[15]

在前现代社会中，关于建造的书面知识的传播相当有限。[16] 关于建造的技术和形式方面的文本，例如早在公元前6世纪末由希腊建筑师写作的文本，已然遗失。[17] 后来才恢复了传播书面信息这一做法。公元前1世纪的罗马建筑师和军事工程师马尔库斯·维特鲁威·波利奥（Marcus Vitruvius Pollio）[18] 写作了著名的《建筑十书》（*Ten Books on Architecture*），这是最早的建筑理论书籍之一，在文艺复兴时期产生了巨大影响。由于中世纪缺乏基本的学校教育，中世纪那些宏伟建筑的建造者通常无法写作。除了古代晚期和中世纪时期的文本中偶尔会提及建筑［当然也包括奥内库尔（Villard de Honnecourt）的著名速写本］，建筑知识只有在文艺复兴时期的论著中才重新成为书面论述的主题。[19]

管理与表征

大型公共建筑项目，例如建造水坝或其他灌溉措施，或是神庙、宫殿和陵墓之类的营造，需要大量的社会资源，这意味着实现这些目标与这些资源的可用指导和控制机制密切相关。在早期的文字文化中，这些机制主要由与整个社会相关的制度来定义。[20] 但是，针对建筑的特殊实际要求的适应性调整也时常发生，例如，在针对"超大型"建筑项目（即那些对建筑材料和人力需求过大的项目）进行个人或机构的责任分配时，鉴于所涉及的巨大社会努力，人们需要对建筑工地上的复杂执行过程进行优化和控制，并相应需要特殊的合法化策略。因此，建设项目往往会通过管理部门等二阶机构的出现，也通过整理书面知识，对更一般的社会控制机制产生影响。[21]

历史上，建筑管理部门的发展与某些建筑方面书面文件的发展同步进行。书面管理记录的增加更好地实现了对后勤过程的指挥和控制，尤其是在涉及更长距离和时间跨度的运输和通信时。对控制过程的整理也为反思这些过程创造出新的可能性，从而为优化创造了机会。

如上所述，早期建筑管理的结构与整个社会的普遍权力和管理结构相吻合。[22] 然而，后来出现了独立机构，例如石匠行会和建筑企业，后勤和技术知识得到积累、实施并被传递给后代。[23] 实际上，建筑行会之类针对特定任务的机构会与更为普遍的社会结构脱钩，这为贮存物质和技术知识开辟出新的可能性。[24] 专门机构的解放引发出新型知识经济，我们可以在以下例子中看到这一点：古希腊建筑师职业的兴起，以及建筑师在近代早期大型建筑项目的专业管理中的作用。[25]

建筑学作为一门职业的兴起

在古典时期的希腊，就像在美索不达米亚和埃及一样，建筑计划是由不专门负责建筑的官方管理的。[26] 在古典希腊，发起公共建筑合约的是城邦的人民议会。[27] 从公元前5世纪中期开始，主要建筑项目由专门为此目的部署的建筑委员会管理。这些委员会实现了高度的透明性和可控性，但是，由于其成员的服务期限较短，而且成员资格并不需要专业知识作为先决条件，这些委员会并没有提供连续性或成功完成建筑项目的保证。[28] 这里出现的是活动领域之间的新接口，这在较早社会中是由全面的等级制度调控的——而现在，这些领域必须通过新知识经济的结构进行连接。结果，执行建筑项目的实际责任很大程度上转移给了在建筑工地工作的建筑师和工匠。[29]

希腊城邦的政治背景在塑造建筑师的专业知识和作为制度角色的职业方面发挥了关键作用。建筑师成为建筑过程中连续性的线索，这一线索在早期社会中是由国家等级制度提供的。在政治职位人员迅速变化、私营企业的重要性日益提高的背景下，有必要设立一个专门负责建筑过程连续性的职业。在这种情况下（还有城邦中心之间的竞争），建筑师在设计、规划和塑造建筑物方面获得了独立的专家地位。[30]

在近代早期，建筑师在建筑的知识经济中承担了更具创造性的角色，而这一知识经济现在以精心设计的管理结构为特征，它确保了建筑知识的传递和评估。在下文中，我将通过结合一种更自觉的实验性建筑方法的出现来论述这一点。但是，让我首先讨论一下建筑知识积累的一般过程。

形成平台

历史上的建筑知识经济是前人成果沉淀并构成平台而形成的。例如，建筑规划的范围由可以合理预期的步骤数目来确定。进行更深入规划的潜力取决于所积累的建筑知识及其表征。另一方面，规划的必要性取决于行动的先决条件，即为建筑项目提供基础的平台。例如，如果在建筑工地上有预制的建筑构件，就不需要通过进一步努力来获取它们。

因此，在建筑项目中，可能会出现一个问题：对于所有的必要材料，是应该在项目开始时全部获得，还是在项目过程中逐渐获得。在第一种情况下，建筑项目可以更快地完成（条件是有大量工人可供使用）；而在后一种情况下，建筑项目可以更经济地利用资源。在新石器时代，考虑到公共建筑的新维度，人们将建筑准备工作与实际建筑过程分开来实现优化。[31]

　　这种分离显然与引入标准化的建筑构件（如砖块）密切相关。[32] 黏土从覆盖和密封木材的辅助建筑材料转变为主要材料，这一转变影响了之后的每一种建筑类型。最初，人们将潮湿的黏土抹到木材上，然后将其干燥几天，然后再粘连更多的层。这种方法不需要太多的预测性规划，但施工起来却既费时又困难。此外，大型项目需要大量工人。

　　早在公元前9千纪，墙壁就由手工砖砌成，砖块被手工成型，并在露天干燥。这种预制方式的优点在于，一个工作阶段的物质结果成为开始下一个工作阶段的手段。因此，建筑准备阶段可以与实际建筑阶段分开，这大大加快了整个过程。但是，这种方法也对后勤预规划提出了更高的要求，因为必须根据要建造的建筑物估算所需的材料量。在公元前8千纪，

图9.2　新石器时代早期遗址，土耳其哥贝克力石阵（Göbekli Tepe）中的一个圆角方形房间。迪特马尔·库拉卡特拍摄

人们已经开始制造常规的矩形黏土砖，显然是使用模具。于是人们就可以在不需要使用大量薄泥浆的情况下，适当地将砖块黏接。

通过这种方式实现的建筑构件标准化加强了直角建筑形式发展的趋势，并通过覆盖灰缝提高了墙体的稳定性。[33] 该示例表明，来自遥远过去的协调挑战可能会通过其物质痕迹产生深远影响——在这个例子中，影响在当今建筑中依然存在，毕竟，现今的建筑仍然青睐砖块和直角建筑形式。

一般而言，以下方式被证明是有益的，即将复杂过程分解成较小的行为，以便对现有平台进行最优化的利用，如自然条件下的运输（例如河流）或物质资源（如采石场或森林，或任何特定社会的可循环利用材料）。[34] 在这种背景下，就可以理解为什么早期帝国的大量建筑活动会优先考虑有效的基础设施，这使建筑项目的规划可以依靠标准化构件，以及或多或少永久性的资源。[35]

图9.3 在埃及中部索哈杰（Sohag）附近古阿特里比斯（Athribis）城的谢赫·哈马德（Sheikh Hamad）区域，用尼罗河淤泥生产的泥砖。干燥过程需要几天，因此需要面积很大的干燥场地。乌尔丽克·福尔巴赫（Ulrike Fauerbach）拍摄

具有或多或少永久性的基础设施的创建以及标准化建筑构件的出现，说明了在代际间积累和传递建筑知识的一种方式，即通过先前活动所形成的沉积物来积累和传递。促进建筑知识传播与散布的一种特别但非常有影响力的方式是引入标准的建筑形式，这是我接下来要论述的主题。

作为外部表征的标准建筑

建筑物可以被理解为社会制度的外部表征。它们使合作行动成为可能并得以执行，此外，它还体现了一种意识，即作为由制度构成的共同体的一部分究竟意味着什么。只有将人类的基本需求（对庇护所的需求以及对公共表征的需求）考虑在内，我们才能理解对建筑物的感知，而人类基本需求会通过建筑物被不断地重新诠释，从而融入其他的社会经验中。

希腊或罗马神庙等标准建筑充当了社会知识和实践知识之共享心智模型的外部表征。标准建筑的建立改变了建筑的知识经济。一方面，关于规划的知识在结构上得到简化。标准建筑的各构件之间有明确的比例，规划过程的主要挑战在于计算必要的资源并组织各个施工阶段。反过来说，可用资源决定了要建造建筑物的规模。一旦人们弄清楚要规划何种类型的建筑，完成规划需要做的所有事情就是确定其规模。标准化和模块化也简化了建筑工地上的规划和沟通过程。因此，简短的书面信息就足以确定将要建造的建筑物的主要组成部分。[36]

标准建筑形式的知识可能具有长期历史影响，而实践建筑知识的传播在某种程度上以"接触行动"为前提。与样式元素的知识相反，有关建筑过程的实践知识受所在地区建筑材料供应的制约，其流动性有限，并在很大程度上取决于历史情况。实践知识往往特定于地区，其之所以持续存在，部分原因是它仍然可以适应新建筑形式的要求。换句话说，实践知识是可扩展的。当地的工匠经常需要选择实施建筑规划要使用的技术。因此，当地知识与新建筑形式的并存可能会成为创新来源。[37]正如我们将在下文中看到的，文艺复兴时期的情况就是这样，当时新的审美要求遇到了传统的实践知识。

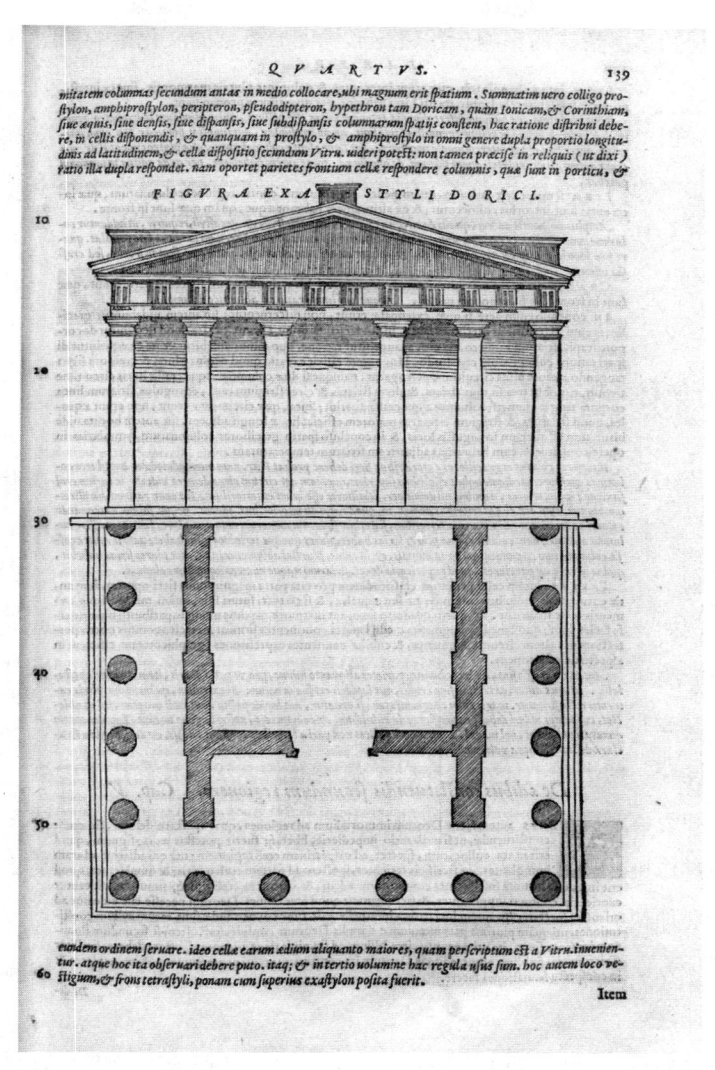

图 9.4 六柱式多立克神庙（Doric temple）的立面和平面图。参见 Vitruvius, *De architectura libri decem*, ed. Daniele Barbaro (1567, book 4)。马普科学史研究所图书馆提供

　　标准建筑形式的传播在多大程度上涉及明确且可复制的知识（连同幸存建筑记录的寿命），这会决定相应的建筑形式相对于每个接受社会中具体建筑知识的独立性。这一点在希腊和罗马建筑标准形式的长期影响中体现得尤为明显。通常，除重大的历史嬗变与文化断裂之外，个人进行明

确知识转移所造成的影响会比建筑形式标准模型的文化影响局限得多。这一点直到文艺复兴时期才开始发生变化，在文艺复兴时期，人们通过结合科学知识，尤其是关于建筑稳定性和材料特性的知识，对建筑技术进行了越来越多的说明和科学化。[38] 在此期间，通过复制建筑论文，印刷厂成为在欧洲和其他地区散布古典时代（classical antiquity）建筑标准形式的主要动力。

作为集体实验的建筑

大型建筑项目，例如哥特式大教堂的建造，可以被视为集体实验，其中的经验在之后可以被吸取、表征并得到考虑。此类实验的有效性取决于表征相关建筑知识的形式，这是由用来表达建筑评估的可用媒介决定的。例如，令中世纪和文艺复兴时期的建筑研讨会引以为荣的是，其知识经济鼓励建筑知识在不同项目之间进行整合和交流，并世代相传。[39]

从中世纪晚期的城市和主要建筑工地开始，一些帮助引导此类实验的制度性结构出现了，它们提供了制度记忆，使其具有持久影响。人们在管理和经营过程中越来越多地使用书面记录，这种情况在这一转变中发挥了关键作用。[40] 在中世纪晚期，意大利以及欧洲北部和中部的某些地区经济发展加快，这导致了建筑活动的大量扩展。中世纪晚期建筑项目的管理组织一方面受到以前建筑经验的影响，另一方面也以高度发达的商业文化为特征。[41]

建筑师的规划活动独立于其执行活动的过程始于中世纪初期，在文艺复兴时代也一直持续。[42] 建筑师的专业形象因教育标准及对建筑师教育和培训的制度化而得到加强。在建筑师的教育标准中，尤其以古典时代作为文艺复兴时期建筑的典范，因此，其基础是唯一尚存的古代建筑专著，即前述维特鲁威的著作。[43]

另一方面，就建筑技术而论，文艺复兴时期的建造者基本上延续了哥特时期的传统，但在形式和风格敏感性方面采用了一种新方法，这种方法主要受意大利古典时代模式的影响。以审美为由拒绝哥特式建筑形式带来了新的建筑任务，例如在给建筑冠顶时采用圆屋顶（穹顶），而不是以横梁为骨架撑顶。在下文中，我会详细介绍在佛罗伦萨建造的当时最大的穹顶，它实际上是一个八边形的回廊拱顶，尽管它使用了一些技术创新，具备自支撑式结构，从而具有一些圆形穹顶的静态特征。[44]

从历史上看，我们可以将八边形回廊拱顶视为朝着理想圆形穹顶演

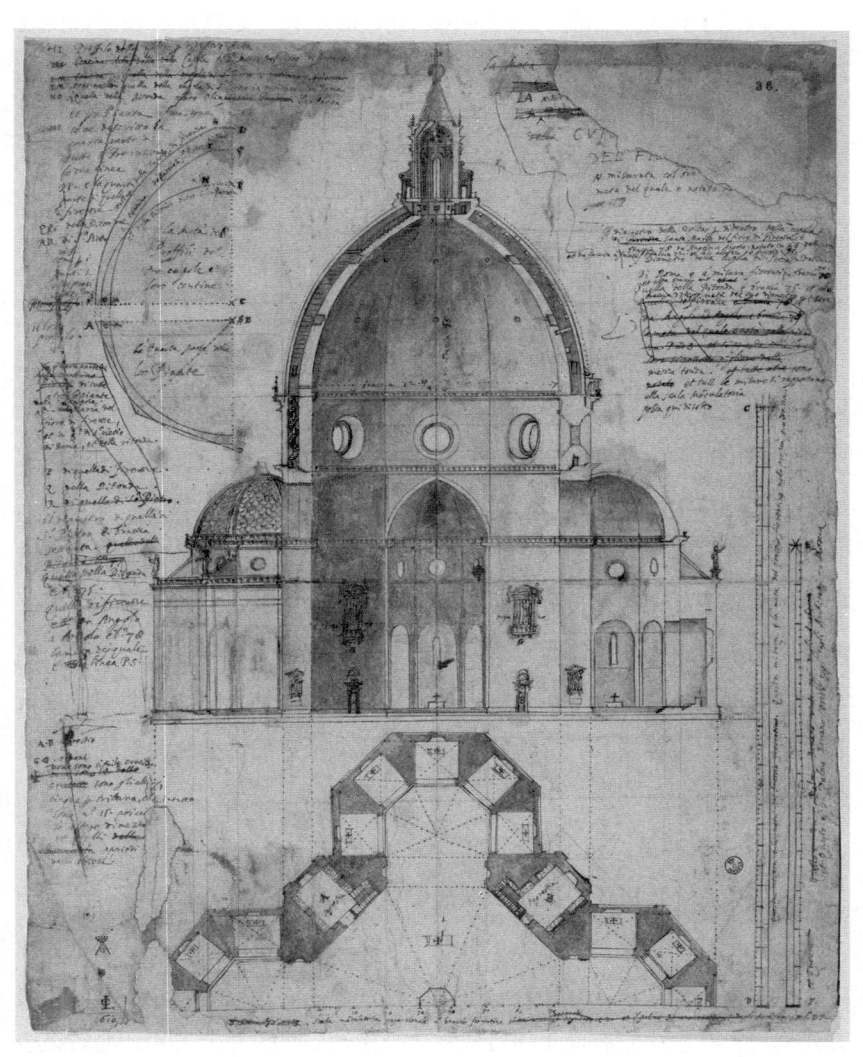

图9.5 洛多维科·奇戈利（Lodovico Cigoli）的圣母百花大教堂（即佛罗伦萨大教堂）的穹顶与主教座的剖面图和平面图，包括与万神殿和圣彼得大教堂穹顶的剖面图和平面图的比较，罗马，1601年。佛罗伦萨的斯卡拉档案（Scala Archives）提供，文化遗产和旅游部特许使用

变的一个步骤。这种拱顶在中世纪晚期巴西利卡式教堂的中殿和耳堂相交处使用，在早些时候的托斯卡纳大教堂（如锡耶纳教堂和比萨教堂）中就以较小的规模出现了。这些原始穹顶肯定是像所有哥特式拱顶一样在木拱架支撑下建造的，这在其结构的规模和高度上仍可实现。在佛罗伦萨，即使整个建筑的预计规模在1366—1368年的修订版规划中大大增加，人们也一定预见了传统的木制定中（wooden centering）是圆形穹顶的可能建造方法。这一点在建筑记录中得到了印证：1431年穹顶快要完工时人们才做出了决定，拆除钟楼旁被废弃的1368年模型，**除了拱顶的支架**，因为该支架需谨慎保存以备将来参考。[45]

通过在给定的经济参数下工作，建筑师将客户的愿望转变为具体的建筑规划，同时负责指导和执行项目。从原则上讲，这就创造出一座桥梁，可以将建筑工作过程中积累的经验用于规划。这种类型的反馈带来了相当于真正实验的建筑项目，其中规划的目标是可以立即得到验证（或否证）的创新。但是，如果没有制度记忆，这些经验将永远是暂时的。如上所述，自中世纪晚期开始就出现了这样的管理结构，它们可以作为制度记忆库，从而成了新知识经济的组成部分。[46]

意大利北部14和15世纪的发展以特别有启发性的方式显示出，建筑项目的管理责任通常被分配给具有商业知识的个人或组织。[47]大型建筑工地可以要求有自己的建筑管理部门，实际上，这种管理部门完全接管了建造中涉及的任务，以监督机构的权限为代价扩大了自身的职权范围。建筑管理的自主权日益增长，为建筑项目与实现该项目的社会之间新的互动形式提供了基础。

值得注意的是，建筑管理部门成立了专家委员会来讨论建筑项目的具体挑战。它还可以为公民投票或上级当局的决定提供各种选择。这赋予了建筑管理某种新角色，超出了组织和控制建筑过程的任务：它也以某种方式组织了知识管理。首先，它整合了社会共享的知识资源，并以最佳的方式利用；其次，它有助于项目的社会合法性。[48]转型带来的新型知识经济刺激了技术和经济实践的发展，该实践也越来越多地利用了其他知识资源，包括科学和工程知识。这样，由专家参与的新型知识经济将社会需求和挑战转化为知识发展的诱因。在下文中，我将以文艺复兴时期建筑中最著名的例子之一，即佛罗伦萨大教堂穹顶的建造来说明这些过程。

佛罗伦萨大教堂的宏伟穹顶

佛罗伦萨大教堂（即圣母百花大教堂）的穹顶是有史以来规模最大的无支撑架砖石穹顶，外径约55米，高约33米。[49] 它建于1420到1436年，所依据的是菲利波·布鲁内莱斯基（Filippo Brunelleschi，1377—1446）的规划——这位金匠大师后来成为第一批现代建筑师之一，集设计师、规划师、工程师和施工主管的角色于一身。[50]

大教堂塑造了佛罗伦萨的城市景观，其影响远超出了城市的边界。它的穹顶形成了一种人造山脉，在周围的群山中从很远就能看见。大教堂及其宏伟穹顶不仅是一个欣欣向荣的社区荣耀和繁荣的象征，在许多方面还代表着公民成就，即一种特殊的共享知识经济的产物。穹顶是在不使用木制定中支撑的情况下建立起来的，这代表了独一无二的工程壮举。这是如何可能的？是否就像与布鲁内莱斯基同时代的莱昂·巴蒂斯塔·阿尔伯蒂（Leon Battista Alberti，1404—1472）所提议的那样，这穹顶是布鲁内莱斯基一个人的壮举，他不仅是位金匠，还是钟表匠和了解各种机械设备的天才。阿尔伯蒂在他的《论绘画》（De pictura）中写道："看到这个如此宏大的结构，谁能固执或嫉妒到不称赞建筑师皮波*呢？它高高耸立直入天空，影子足以盖住所有托斯卡纳人，而且无须借助木制定中与大量的木材。"[51] 要建起穹顶，据估计需要吊起37,000吨的材料，其中包括400多万块石砖。[52] 为了做到这一点并在向上倾斜的穹顶上高度精确地叠放沉重的石块，布鲁内莱斯基发明了特殊的起重机和复杂的起重机械，后来达·芬奇等人都对其进行过研究，并表示了赞赏。达·芬奇当时是维罗基奥（Verrocchio）车间的学徒，负责准备放置在灯笼式天窗顶部的青铜球。[53]

从建造教堂的计划在1294年得到市议会的批准时起，教堂就是一个挑战性对象。建筑师阿诺尔夫·迪坎比奥（Arnolfo di Cambio，约1240—

---

* 即菲利波·布鲁内莱斯基。——译注

约 1310）的设计可能已经在中殿和耳堂相交处设置了一个较小的圆顶。在 1355—1357 年以及 1366—1368 年，该项目进行过重大改造，用高耸的交叉穹窿提升了中殿的高度，并极大地扩展了穹顶和东端的布局。社区决定采纳一种雄心勃勃的模型，即在中殿和耳堂相交处的巨型支柱上方采用耸立在八边形绷圈之上的自支撑式穹顶——八边形的坚固结构确保了其稳定性，从而无须使用哥特式教堂常用的大量外部支撑来稳定高耸的建筑结构。这个大胆的项目是由画工和石匠组成的委员会精心设计的，且也许已经采用了带有内外两层壳的双层穹顶规格。这一项目方案历经长时间论证，被认为较之传统提议更为可取。[54]

这个决定是在知道决定性的建设问题尚未解决的情况下做出的。随着建筑项目的进一步发展，在这一大胆选择下，关于如此庞大而独立穹顶的可行性出现过反反复复的挑战和争议。但强大的政治和文化动机支持了这个决定，这些动机不仅包括希望将佛罗伦萨与北方的敌人——例如米兰，其哥特式大教堂在 1380 年代才开始营造——区分开来，还包括强调它作为革新古典传统的共和制社会的雄心。[55]

建造穹顶的建筑知识尚不能依靠科学计算，但也绝不是仅仅依靠个人直觉。它属于实践知识，通过根植于建筑知识悠久传统的心智模型进行组织。在某种程度上，将这些心智模型应用于建造特定建筑物的问题类似于测量员的任务。测量员在测量不规则形状的土地时，需要尝试把它近似为熟悉的几何形状，如三角形或矩形，这些几何形状的面积可以很容易地计算出来。在这里，建筑师的技能在于面对极具挑战性的建筑任务时，对有关传统静力学知识的熟悉心智模型进行部署和组合。

与建造穹顶相关的心智模型之一是环向张力。关于环向张力和对它的处理方式，最为人熟知的物质模型是由铁环箍住的木桶，铁环可防止其在负载的压力下破裂。该模型表明，在圆顶周围或内壁构建链条，可以抑制圆顶上部的重量所产生的横向应力。另一个相关的心智模型是自支撑拱门。当将这一模型推广为旋转对称的圆顶时，很明显这种结构确实可以支撑自己。但这还没有提供关于如何不采用支架而将其建造起来的线索。为了完成建造砖石圆顶这一任务，建筑师必须想象将旋转对称的圆顶分解为很多个环，形成连续的砖层。

但是如何防止这些砖块掉落，尤其是当圆顶的墙在顶部倾斜得更陡峭时？在此，另一种心智模型开始发挥作用，我们可以把它比作下水道的堵塞：如果边缘向中心倾斜，则砖块将相互阻止彼此滑落，但前提是砖块得形成一个完整的圆环。显然，在填充圆环的过程中，我们需要一些中间装置，防止单块砖头在灰浆较软时掉落，比如沿边缘布置的有规律间隔的塞子。举例来说，这可以通过使用人字形石块的特定技术，以及跨越圆顶的垂直裂片骨架来实现。

然而，真正的挑战在于将这些静力学的基本心智模型适用于比球形圆顶复杂得多的几何形式。实际上，委员会已批准的模型指定了八边形的双壳穹顶，其横截面呈尖拱形。这种轮廓不仅使其可以达到的高度比在相同直径上建造起来的球形圆顶更高，而且还具有静态优势，因为尖穹顶产生的径向推力较小。布鲁内莱斯基使用了许多巧妙装置来应用和发展其静力学知识，以构建这种要求很高的结构，并确保其在建造过程中及完成之后的稳定性。

这些装置之一是特殊设计的砂岩梁组成的链条系统，它们通过内层穹顶内的铁夹连接，并附加一条木制链条。"大教堂工作组"（Opera del Duomo）*机构内部对确切设计展开过激烈讨论。布鲁内莱斯基还在厚厚的内层穹顶内壁使用了旋转对称的砖石结构。特殊成型的砖块沿向中心倾斜的圆锥形表面放置，按照人字形图案摆放以增强稳定性，特别是在施工过程中的稳定性。对于稍薄的外壳，则建造了砖石环，以便在砖砌的建筑物上类似地使用圆环结构。

建造圆顶不仅需要规划知识与建造知识，还需要建造者对所使用的材料非常熟悉，能够进行长期的质量监控，并准备好适应不断变化的供给和需求。组织材料供应及其质量监控，协调工人在不同工地上同时作业，

---

* 现在的佛罗伦萨大教堂后有一博物馆，名为 Museo dell'Opera del Duomo，通常译为大教堂歌剧博物馆。但整座大教堂没有与歌剧相关的部分，且此处为意大利语。考察意大利语单词 opera，其基本词义为"工作、活动、事业"，类似词有 opera d'arte（艺术作品）、opera di perline（珠子工艺品）等。综合考虑此处为一管理机构名称，因此决定采用"大教堂工作组"译名。——编注

这些部分涉及的后勤工作相当庞大。[56] 另外，整个过程还需要管理和商业知识来保证并部署资金，以确保"大教堂工作组"作为一个机构在经济上的生存能力。但是，工作组是何种机构呢？其知识经济又如何运作和发展？[57]

最初，建造新大教堂的项目属于主教和社区的共同事业，但很快就由社区单独接管。该社区又要求佛罗伦萨的主要行会负责管理和执行。从1331年起，强大而富有的羊毛协会（即 Arte della Lana，"羊毛的艺术"）承担起全部责任，这可能是因为其在城市中具有影响力，并且具备财务和管理方面的专业知识。

管理机构最初包括4名工作人员（Operai），他们是从合格的行会成员名单中抽签选出来担任最高监管当局的官员或监督员，监管周期最初是4个月，后来变成6个月。最开始，他们仅得到1名财务主管与1名公证员的协助，其中财务主管也是行会成员，负责资金的获取和支配。长期以来，社区通过直接税和间接税来保证资金，工作组也会将满足木材需求的森林同时作为商业资产，来获得自己的收入来源。[58]

逐渐地，管理变得更加复杂，新的制度角色出现了，它们将创造和艺术能力与专业的技术知识以及规划和后勤能力相结合。[59] 这种发展不可避免地在传统行会结构内创造出新的动力，也为经济和技术实践的创新形式铺平了道路，这些形式后来在工业革命期间成为企业家精神的特征。主建设者（Capomaestro，即工头或建筑经理）负责建筑业务的组织；从1350年代开始，专员（proveditore，即监督员或承办商）充当了工作组的管理结构与其员工队伍之间的连接点。

1419年，当人们清楚地了解到建造穹顶本身就构成了一项崭新且非常艰巨的挑战时，原有的管理结构被加强，4位经过精心挑选的行会成员（即穹顶官员）组成了长期咨询委员会，专门负责该项目。[60] 1420年4月，3名主建设者得到任命，他们不久就又被任命为穹顶项目的主管，或更确切地说，是穹顶建筑工程专员（provisores operis Cupole construendi）。其中一位叫巴蒂斯塔·丹东尼奥（Battista d'Antonio），是一位经验丰富的传统意义上的工头。另外两位是菲利波·布鲁内莱斯基和洛伦佐·吉贝尔蒂（Lorenzo Ghiberti，1378—1455），他们都是金匠，也曾是穹顶方案竞赛中的主要竞争者。[61] 这符合让艺术家参与大教堂建筑设计的传统。

布鲁内莱斯基很快成为中心人物，他在建筑工地的出现对项目的成功至关重要，这不仅是因为他精通建筑挑战的解决办法并善于发明机械设备来应对，还因为他与工作组的各个组成部分都有紧密互动。这些互动非常必要，因为他的许多创新需要一次又一次地获得工作组监管当局的批准，并且——同等重要的是——也需要其员工的创造性合作。实际上，玛格丽特·海恩斯及其团队所编写的有关穹顶建造管理文件的历史档案（最近其网络版已经公开）[62] 清楚地显示出，整个工作组在何种程度上成了一个实验场所，人们可以在其中探索新技术，而它也为社会发展提供了新机遇。

布鲁内莱斯基的职业生涯从金匠转变为穹顶项目主管，从某种意义上说，还有很多与此相似的例子，即工作组雇用的其他工匠为该项目之成功做出创造性贡献，并利用了工作组所提供的职业发展机会。例如，在穹顶项目中工作了20年的普通石匠雅各布·迪桑德罗（Jacopo di Sandro）最终成了几个重要子项目的主管。[63] 他负责烧制专门设计的砖头，这是一项具有强烈实验性的事业。久而久之，他也发展成了一个独立企业家，以自己的名义为工作组提供木材。因此，工作组也充当了母体，它在城市及其周边地区触发了活动网络，从中产生了新的技术和经济实践。[64] 这种发展是个体及其在工作组机构中的位置相互促进而形成的。这种相互促进显然是上一章中讨论过的因相互限制而陷入僵局之外的另一种可能。

关于工作组的共享知识经济，其特点之一是在该项目主要阶段依赖于公开竞争。通过竞争，工作组聚集了现有专家的知识，并围绕其大胆的努力达成了广泛共识。在此过程中，模型的作用至关重要，它是订约当局、专家和公众之间的中介，是设计过程的工具、项目可行性的实验演示、整合建筑师与实践者知识的建造过程的指南，也是通过成为合约协议的一部分来保证决策的手段。仅就佛罗伦萨大教堂而言，我们就知道许多模型的存在。[65]

例如，在1357年，工作组必须从3种中殿支柱模型中选择1种。它首先召集了由5位建筑大师组成的专家委员会，最后向公众展示了首选模型，并宣布在接下来的8天内任何人都可以指出模型的缺陷。1367年做出的支持石匠和画家提案的重要决定也首先在各个委员会中进行了讨论，随后由数百名佛罗伦萨市民参与的公众投票通过。[66] 1418年8月，工作组宣布了针对穹顶的拱顶结构模型（包括支架和建筑工具）的公开竞赛，并保证报销所有参赛者的费用。公告称："任何想要对该大教堂主穹顶的拱顶结构提供模型或设计者……无论是支架、脚手架或其他任何物品，还是用于建造和完善所述穹顶或拱顶结构的任何机器，都应在9月底前完成，并声明他是否想对前述管理者说些什么。若有，他将得到仔细和善意的倾听。"[67] 优胜者，或者根据工作人员的判断，其作品与后续工作内容最接近的人，将获得200金弗罗林的丰厚奖金，且所有人都将获得费用报销。

为此，布鲁内莱斯基在工作组院子里建造了一个圆顶的砖木模型。他得到了两位著名雕塑家——多纳泰罗（Donatello，1386—1466）和南尼·迪邦科（Nanni di Banco，1385—1421），以及石匠大师的帮助。此外，工作组指派了自己的工人来观察建筑过程，看它是否能像所宣称的那样完成，即在不需要支架的情况下用砖石砌成圆顶。该模型有一栋小楼那么大，并一直在那里保留到1431年，到实际的圆顶快要完工时，主管们才下令摧毁它。然而，在1418年，工作组在收到的各种提案中迟迟没有做出明确的决定。放弃木制定中的好处是可以节省大量木材，并避免所需尺寸的木制支架在穹顶建造过程中可能发生形变的风险。但建造一个即使在施工过程中也能保持自支撑的圆顶——像布鲁内莱斯基所声称的那样——似乎也太过大胆了。到1418年底，工作组支付了大多数其他模型的费用，并专注于剩下的两个提案：一个是布鲁内莱斯基的，另一个是他的长期竞争对手洛伦佐·吉贝尔蒂的。

在其他享有声望的顾问进行了多次讨论并提出新模型之后，行会负责人和工作人员才任命两位艺术家和巴蒂斯塔·丹东尼奥为专员，负责穹顶的建造。做出任命的时间与根据4名穹顶官员的明确说明而做出大型木制刷漆模型的时间相吻合，霍华德·萨尔曼（Howard Saalman，1928—1995）认为这是支撑穹顶的现存绷圈的实物模型，它被用来测试布鲁内

1436年8月31日：穹顶的祝祷仪式

1432年至1436年：采购用于封闭环的石材

1433年7月17日：最后一条石链到位

1432年夏：现场测试了封闭环的全尺寸木制模型

1430年秋至1431年夏：施工中断

1429年1月7日：订购第三条石链的石材

1429年或1430年：在第三条走道上抹灰泥

1426年2月：施工暂停，新项目获批

1425年6月至1426年1月：安装第二条石链

1423年至1425年：木链的材料和安装

1422年10月21日：开始砌建砖门

1420年8月7日：开始建造穹顶

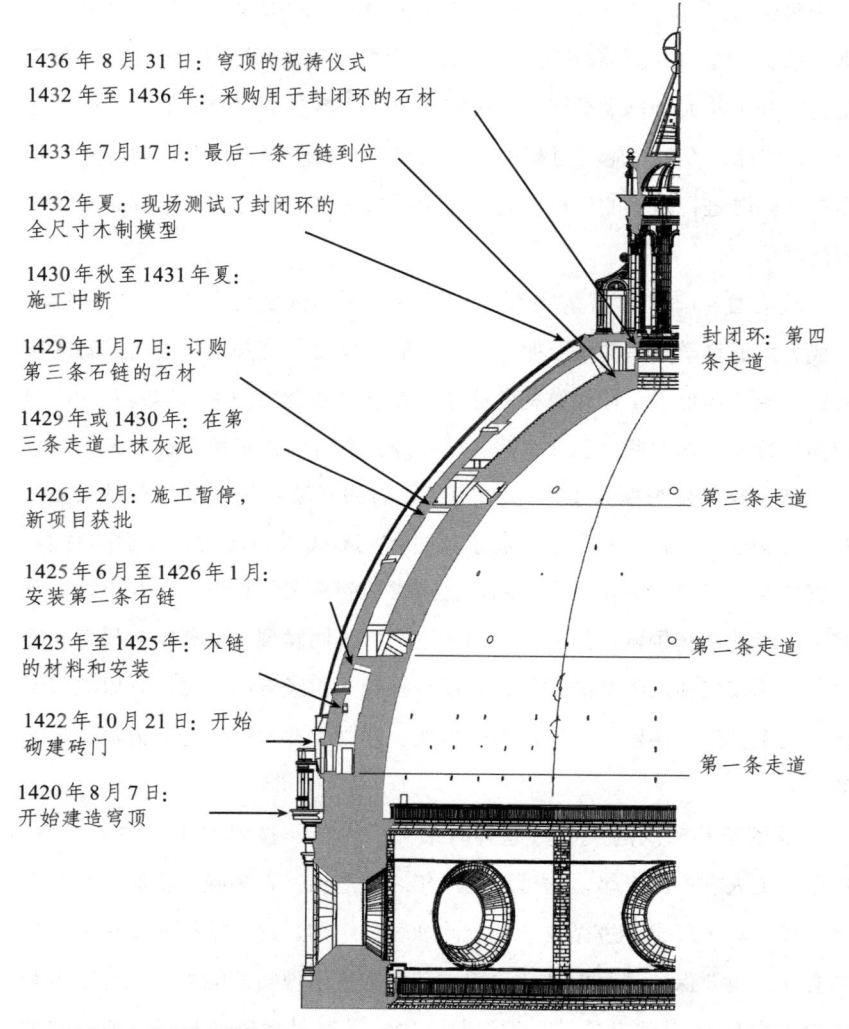

封闭环：第四条走道

第三条走道

第二条走道

第一条走道

图9.6 圣母百花大教堂的穹顶要录编年。摘自 Haines (2011–2012, 99)

莱斯基的无窗穹顶模型的照明情况，其光源仅来自下部的8个眼孔及其顶孔。[68] 官员们一定对结果感到满意，而评论家们也暂时不再置喙。

一直要到1420年的十二点书面备忘录中，我们才能明显看出人们决定按照布鲁内莱斯基的大胆规划进行建造，该备忘录明确指出，在建造穹顶的内外两层时都将不使用脚手架支撑定中。[69] 但是，即使在此基本决定于1420年8月开工前夕最终被正式登记之后，建筑过程中所有进一步的重要步骤仍需经过公开竞争和工作组决策机构内部的审议。例如，当穹顶的高度达到30臂（braccio）*时，在为期数月的磋商之后，1426年2月，行会负责人和工作人员再次会面，以决定建筑是否要在不定中的情况下继续进行。[70] 因此，在整个施工过程中，人们仍在根据当时为止获得的经验对基本技术问题进行激烈的讨论。完成穹顶项目对每个参与者而言都是不断学习的经历。

具有复杂知识经济的大型工程冒险，例如佛罗伦萨大教堂的建设，也成为发展科学知识的重要驱动力。它们不仅使传统知识系统面对新的挑战性对象，还促进了社会结构的建立，在这些社会结构中，实践和理论知识得到整合，例如通过公开竞赛、成立专家委员会或直接接触学者。

伽利略与威尼斯兵工厂在1600年左右的互动就是一个具有重大历史意义的例子。[71] 在第一章中，我引用过伽利略《关于两门新科学的对话》一书的著名引言，他在其中提到自己经常访问著名的兵工厂，并声称这开辟了广阔的调查领域。然而，仔细考察之后我们发现，伽利略与兵工厂的关系并不仅仅涉及随意的访问，它还是独特知识经济的产物。它以类似于将近两个世纪前佛罗伦萨工作组的方式，建立起技术挑战与智力资源之间的联系。

威尼斯共和国的兵工厂是当时最大的军事、技术和工业中心之一，雇用的工人有一两千名。它可以在一年之内造出一百多艘桨帆船。与工作组一样，兵工厂也要遵循复杂的统治和管理结构，这一结构既要保证监督和会计，也要保证将军事和政治需求转变为技术现实的能力。这些军事和政治需求是16世纪末的基督教海军强国，尤其是西班牙和威尼斯，在地中海与奥斯曼帝国舰队进行对抗时产生的。一个重要的转折点是1571年著名的勒班陀战役，当时奥斯曼舰队在帕特雷湾被击败。这场战役也是军事技术的转折点：由于火炮重要性日益提高，人们因此认为有必要建造更大的战舰，但是这给速度、可操控性和稳定性带来了问题。

在兵工厂，这些挑战导致了1590年代初，在威尼斯共和国军事委员

---

* 30臂约为21米。——译注

会的要求下进行的系统询问。询问的对象包括工程师、工匠和老兵，也涉及伽利略等外部专家。伽利略收到兵工厂长官之一贾科莫·孔塔里尼（Giacomo Contarini）的来信，并于1593年3月22日写了回信。孔塔里尼的信显然提出了桨帆船的推进和可操控性以及桨的最佳位置等问题。伽利略以亚里士多德力学为基础做出了回应，但也很快将孔塔里尼所提出的问题转变为发展关于材料强度的新科学的刺激因素。[72] 这是他关于力学的结论性研究《关于两门新科学的对话》中提出的两门新科学之一，另一门则是在第四章和第六章中讨论过的运动科学。

伽利略特别提出，几何上相似的梁不是同等强度的，它们随着线性尺寸的增加而变弱。显然，正如伽利略本人所意识到的，他对材料强度的新理解不仅对造船业而且对建筑业都至关重要，因为这一理解指出了依靠比例和使用比例模型来推测稳定性的局限："您现在可以看到，就目前所展示的内容来看，将机械扩大到巨大规模（不仅对于技术来说，而且对于自然本身）显然是不可能的。因此，不可能建造巨大的船只、宫殿或神庙，因为它们的桨、桅杆、横梁、铁链，总之所有部件都要固定在一起……"[73] 写下这些想法时，伽利略可能已经知道了穹顶中形成的第一道裂缝，这可能是影响大教堂的地震造成的。人们如今对其稳定性充满信心，这既依赖于布鲁内莱斯基发明的巧妙建筑技术，也依赖于伽利略建立的新材料科学的监测、修复和工程方法。但是，在后化石时代，当化石能源不再为建筑提供看似无限的前景时，应该如何修改建筑惯例和城市化进程？回到前工业化时代的某些经历是否有意义？无论如何，应对这一挑战将再次需要建筑师、科学家和公民社会的共同努力，包括通过相互促进来创造刺激因素。[74]

第十章

历史上的知识经济

  例如，在科学中，"个人"可以完成人们普遍关注的事情，且总是个人在完成它们。但是，只有当这些事情不再是个人事务而是社会事务时，它们才真正变得普遍。这不仅改变其形式，而且改变其内容。

——卡尔·马克思《黑格尔法哲学批判》

  如果认为认知的历史与科学的关系不大，就像比如，电话的历史与通电话的关系那样，那简直是一派胡言。至少四分之三（如果不是全部）的科学内容受思想史、心理学和社会思维学的制约，因此可以用这些术语来阐释。

——路德维克·弗莱克《科学事实的起源与发展》

  根据经济学家约瑟夫·熊彼特（Joseph Schumpeter，1883—1950）的观点，创新是资本主义社会的经济史最显著的特征。[1] 创新不一定是新发明，也可能是现有知识的新颖组合。[2] 然而，认为创新是现代资本主义的独有特征，而古代社会则保守且对任何新事物都怀有敌意，这就是一种错误的偏见。正如我们在前两章中了解到的，社会产生、促进和维持创新的能力取决于其知识经济，即取决于生产、流通和实施知识的社会组织方式，包括知识表征和知识交流的可用手段。[3]

  在下文中，我将回顾人类历史上一些典型的知识经济（并非面面俱到）。关键概念是知识的载体和知识的社会组织，这会涉及知识经济与物质经济之间的关系、知识的表征技术和外部表征、知识的社会性获取、知识的领域和系统、知识之象、知识整合的形式，以及反思性组织。

在接下来的内容中展现的类型研究并不表明进步是自动的，就好像存在某种力量可以推动知识经济从一种类型向下一种类型演化那样。我的主要目的在于，首先，我将说明如何借助先前介绍的理论框架有效地描述历史上特定的知识经济；其次，我将进一步提示一种共同演化特征，它发生在知识发展和由知识经济所调停的社会结构发展之间。

在此背景下，我的框架也不应该被误认为是知识经济的抽象社会学系统。框架的所有元素都有其历史，不考虑这一点它们将无法想象。此外，我的介绍显然依赖并体现了历史个案研究所塑造的特定视角，此研究主要基于这些个案研究之上。个案研究的范围从无文字社会中的知识，到近代早期知识社会，再到20世纪科学与社会的日益纠缠。在下一章中，我会尝试将这种观点嵌入更大的、关于知识史的全球视野中。

无文字社会的知识经济

人类学中知识的三个维度

人类学家弗雷德里克·巴特（Fredrik Barth，1928—2016）已展示出，对知识的心智、社会和物质维度的关注会如何帮助我们理解民族志材料中所记录的知识传统。巴特在2002年发表的一篇论文中提出："我认为可以通过分析而区分出知识的三个方面或层面。第一，任何知识传统都包含一个关于世界各方面的实质性论断和观念的语料库。第二，它必须以单词、具体符号、指向手势、动作的形式作为部分表征，在一种或几种媒介中进行实例化和传达。第三，它将在一系列已建立的社会关系中进行分配、交流、使用和传播。知识的这三个方面相互联系。由于彼此联系，它们之间会相互决定吗？我的主张是……"[4]

例如，巴特将此框架应用于他1968年在新几内亚Ok地区的田野调查中观察到的一种知识传统。[5] 他的观察集中于巴克塔曼族，除狩猎、采集和养猪外，他们还将种植芋头作为主要的生存策略。巴克塔曼人生活中的一项重要知识传统是一系列以生长和生育为中心的仪式和神话，这指导着他们对世界关键方面的理解。这一知识系统的心智层面是在不同生长模式之间建立起的联系网络，"树上的叶子、人头上的头发、有袋动物身上的皮毛、寺庙屋顶上的露兜树叶子、猪的皮下脂肪——将它们全部联系起来，就成为一种无形力量效果的图景，有点像热，它使芋头植株和地下的芋头球茎生长"[6]。

复制和传播该系统的知识经济主要由可用媒介决定——被用作符号的自然对象或元素，非语言图像，以及诸如祈祷、唱歌、口头传播神话和参加仪式之类的行为。但是，这种知识经济也被一种知识之象塑造，根据该知识之象，所有合法知识都来自祖先生前所传的东西。这两种要素创造了某种张力：知识之象禁止所传播的知识发生任何变化，但可用媒介又使这种变化不可避免，因为起始行为的表述性质要求一定程度的自发创造力。结果，尽管有人声称知识系统不变且直接传承自祖先，但还是可以观察到它随时间和空间的缓慢变化。

鉴于考古学和史前史能够提供的证据相当有限，很难评估知识在史前无文字社会中的作用和性质。考虑到晚近无文字社会的物质文化与石器时代社会有明显的相似性，用研究它们得到的见解补充该证据可能是合理的，即使从现代的观察对当时进行推论还非常有问题。

无文字社会拥有与其生存相关的能力和技术，其中包含关于传统技术的知识，以满足诸如粮食生产、医药、住房和出行等基本需求。他们对自然界的丰富知识可以从他们所掌握的可用动植物的分类和命名法中得到说明，这些分类和命名法既详尽，又完备得令人吃惊。即使在今天，一些原住民仍对当地环境保持着极为复杂的知识：关于用作食物和药品的本地植物，用作建筑物的原材料、武器、服装制作、乐器和各种工具的本地植物，甚至在仪式中使用的植物。高度发达的另一个知识领域是社会行为模式的领域——如最早的一些民族学研究所报道的，它由家庭和亲属关系的不同术语表示出来。[7]

无文字社会中基本上没有独立的知识经济制度，也不发生职业化。人们通过互动交流、参与劳动过程和仪式，以及在共同活动中进行模仿来获取知识。个体可以将他的共享知识结合到集体行动中，例如在农业中，或者在需要建造大型建筑物或纪念碑的团体活动中。在晚近的社会中，这一集体维度可以通过巴西的瓜拉尼人之间互相帮助的集体工作（mutirão）制度，或新几内亚的埃博人建造住房的例子来说明。[8] 这些例子也说明了共享知识具有实践上和文化上的双重作用。

此处的外部表征包括用来应对生存挑战的方法、环境要素、与背景关联的活动，以及在这些活动中使用的工具和物品：口头语言、涉及特殊语言形式的仪式化交流——技术术语、诗歌和歌曲、其他形式的仪式化社会行为如艺术或宗教表演及作品——以及有限的象征文化，包括面具、工艺品、装饰品、纪念碑等。距今超过15,000年的阿尔塔米拉洞穴（Altamira cave）中的壁画说明了这种象征文化可以达到的水准。

象征文化与口头传播的神话一起界定了社会认同，并提供了反思性资源以评估现实。但是，专门的认知领域，如计数或空间定位，可能在这种具有或多或少整体性的象征使用中属于例外——在计数与空间定位中，数字符号或地图可以发挥具体的实际作用。

无文字社会中的知识通常是所有社会成员都可获得的，但也可能会有例外。可能存在保守秘密知识的宗教专家。劳动分工或更普遍的性别分工可能会造成知识分配的差别。某些社会特别重视老年人的知识。例如，在巴西的瓜拉尼人中，知识集中在"帕杰"（Pajé）——部落祭司——手中，这使他能够充当向导、疗愈师、教育者、预言家和巫师。[9] 在其他社会中，特殊的挑战（如航海）会导致专业知识的形成和传播，而专业知识是一种预示着文字社会发展的知识形式。例如，传统的波利尼西亚和密克罗尼西亚地区航海技术已经能够让受过专门训练的航海家在岛屿之间进行长途旅行，这些旅行往往几天都看不到陆地。[10] 简而言之，无文字社会中也存在许多不同种类的知识分配，但大部分知识往往被广泛共享，且没有专业化。

从西方的观点看，传统航海技术的基础知识涵盖了完全不同领域内的知识，如天文学、地理学、海洋学、气象学和鸟类学等。星辰提供方位，而海浪和风则表明航行的速度；鸟类、洋流和水的颜色有助于识别附近的陆地。但是，这些地方性知识不仅仅是根据特定需求收集起来的孤立信息的集合——否则它就很难应对长距离航海的挑战和变化。事实证明，密克罗尼西亚人关于航海的传统知识具有复杂的认知结构，这可以通过某些心智模型来描述，这些模型让"计算"长途旅行中的船只航线成为可能。

这种情境化的知识可能具有与现代航海技术相同的效力，但它受限于特定的本地背景以及特定于本地背景的社会关系。此外，情境化知识通常嵌入在对整个世界的综合看法（"宇宙论"）中。例如在密克罗尼西亚地区的星辰导航例子中，这取决于此种导航发生在赤道附近的事实，在这里，恒星（和行星）沿着或多或少垂直于地平线的路径升起和落下。因此在夜里，一颗星可以简单地取代"在它下面"的另一颗星的作用，以指示一个特定方位。

在无文字社会中，知识本质上是行动的一个功能方面。知识的组织和整合特定于领域和语境，这是因为，知识与具体的物体、动作和环境之间存在紧密联系。例如，在埃博文化的例子中，空间是对材料、植物和动物等自然环境中的元素进行排序和分类的主要原则。但这个空间不是由距离和方向的度量概念组织起来的。他们生活与出行的地理区域相对较小，所构成的空间实体由数千个具有自己名称的个体实体组成：山脉、树林、草地、水域、山谷、山顶、洞穴、树木、花园、湖泊、河流汇合处等。[11]

材料、动物和植物被以能够找到它们或与它们有密切关系的位置命名。不用说，这一空间概念既不能在牛顿模型（空间是对物质来说虚空且中性的度量容器）中推广，也不能推广到其他数量级，例如人类活动的直接空间。本地空间是由具有拟人化起源的指示性概念构成的，如"**在那里**""**上面**"和"**下面**"，并辅以交际性的手势。[12] 依赖于环境的、地理和地方指示性的空间关系概念，使得原则上可以在日常生活中交流位置和运动，而无须将个体视角整合到总体的空间概念中（这是所有抽

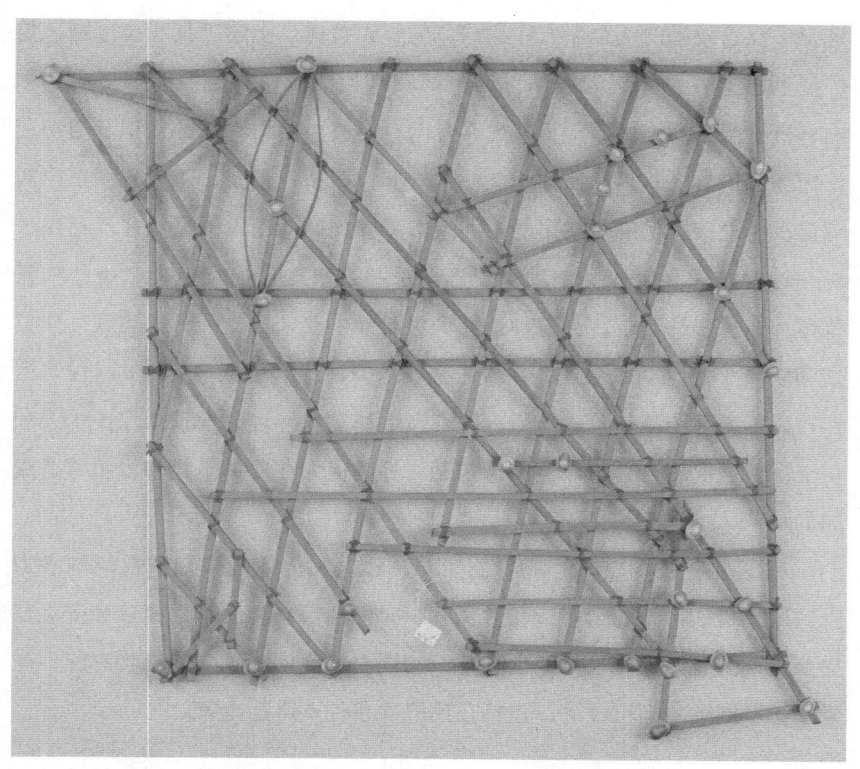

图10.1 用由线绑住的薄木条、露兜树（棕榈树）木条（表示波浪类型）和玛瑙贝的壳（表示岛屿）制成的导航图。来自马绍尔群岛拉塔克礁链（Ratak Chain）的马朱罗环礁（Majuro Atoll）。由加利福尼亚大学伯克利分校的赫斯特人类学博物馆提供

象的空间知识概念体系的特征）。[13] 我将在第十四章中回顾空间概念的历史演变。

埃博文化中使用的机械工具数量有限，因此可以被轻松分类为以下几种：用于土地耕作的农业工具、各种粗细绳索、各种用于运输和存储产品以及其他财物的容器、用于材料加工和工具生产的用具、点火的工具，以及用于狩猎和战争的武器。力学知识是建造房屋、架设桥梁和设置陷阱的隐性前提。使用工具所涉及的知识很简单，而且普遍针对具体工具，但其中包括多种机械现象。

虽然这些机械技术中的每一种都只限于某种工艺所涉及的特定知识，但综合起来，它们就代表了关于各种形式的机械力、材料的机械性质、机

械操作及其效果的一个令人印象深刻的知识整体。上述工具和技术隐含地广泛利用了各种知识，包括不同材料和结构的机械稳定性、摩擦力的影响、机械张力和弹性等知识，尤其是与杠杆省力潜力相关的知识。与特定作用力、工具、材料和操作相关的术语非常丰富，但是，正如我们在第四章首次讨论该示例时所指出的，一般力学知识的通用术语显然并不存在。

通常，无文字社会中的知识不会被归入由迭代抽象过程产生的抽象范畴。在这些社会中，甚至神话知识也可能主要来自支配日常实践（如狩猎和农业）的动机的投射。（另见本节开头解释框中的内容。）这种知识和它们的实际实施还可以从另一种意义上稳定对环境的干预：保护个人和整个社会远离来自其职权范围与控制之外的更大秩序的干扰和侵犯所造成的危险。

在无文字社会知识经济的条件下，建立和传播复杂知识系统的潜力受到可用表征形式的情境依赖性及其瞬时性的限制。波利尼西亚和密克罗尼西亚地区航海的例子是一个例外，它同时也说明了无文字社会有能力产生一个有差别的知识经济，包括在挑战性条件下产生专家。

早期文字社会的知识经济

如第五章所述，文字在公元前4千纪末期（约公元前3300年）开始在美索不达米亚南部出现。最早的书面文件是带有数字符号和印章的黏土板，这些数字符号和印章指示着制度性议题及其背景。尽管这些文件最终导致楔形文字的发展，在苏美尔语、阿卡德语和其他语言中用来代表文本，但最早的文字构成了一个（可能）在很大程度上独立于口头语言的符号系统，并且在任何情况下，都还作为管理工具，用于构造和控制中央集权的经济体系。[14] 我们也已经了解到，近似地，早期文字也产生出计算技巧与数学概念。早期文件与它们特定的管理环境紧密相连，且不代表此背景下社会行动者共享的背景知识；就此而言，早期文字在很大程度上展现了面对面交流的情境依赖性。

同时，在可操作符号的表征系统中，书写和算术技术允许出现新的自反性，尤其是算术概念和元语言意识的形成，正如我在第五章中所讨论的。一旦文字被用来代表语言，它就会引起对语言本身的反思（例如，导致词汇表的出现），而这种反思又会改变语言的使用方式，从而对语言进行重构。即使在现在，书面语言通常也与口头语言不甚相同，并且两者还会相互影响。书写技术的内部化创造出一种心智模型，可以将其应用于多种环境，尤其应用于对各种符号的解释。因此，巴比伦人在天空中看到"天国的文字"，祭司在脏卜（extispicy，一种基于"解读"动物内脏的占卜技术）中"读懂"器官。[15]

文字成为知识的第一种外部表征，受制于正式的符号学规则。原则上，文字非常便携、持久且可复制，故而非常适合传播。但是，由于最早的文本具有极端的情境依赖性，因此很难超越其所嵌入的特定制度背景。文字作为一种永久记录口头语言工具的潜力是随着不断增加的使用慢慢地被发现的。约公元前2600年的法拉（Fara）时期，首次出现了声门描记文字（glottographic writing），即代表口头语言的文字，它充当了记忆的辅助手段，用来记录口头体裁如谚语、咒语、赞美诗等。[16] 早期的埃及文字与具象化的审美功能密切相关，例如，使祭司和法老的权威合法化的纪念碑文中的文字。同样，在这个例子中，文字逐渐承担了越来越广泛的功能，如通信、编纂历史和文学写作等。

声门描记增加了语言意识。随后，书面语和口头语发展成为部分独立、部分互渗的系统。声门描记文字最终广泛传播，并因语言类型、社会使用和物理媒介的差异而在形式上差别巨大。随着文字开始表示口头语言的结构并变得越来越表音，其情境依赖性逐渐降低，并开始广泛传播。久而久之，越来越多的领域开始使用文字，有些领域保持了平行的口头语言，而有些领域则只有通过书写技术才能实现。文字的媒介多种多样，其中黏土板在美索不达米亚占主导地位，而埃及和希腊则流行莎草纸。这些媒介对所表征知识的持久性及其积累格外重要。

但是显然，文字并不是知识积累的必要条件。在印度早期，一种纯粹的口头文化，对神圣的《吠陀经》的反思，在精心设计的记忆术帮助下产生了广泛的二阶知识。这在公元前5世纪波你尼（Pāṇini）的语法中得到了最好的说明，该语法是一个大约4000条规则构成的复杂体系，以高度简写的佛经形式表示，几乎可以生成梵语中所有的单词形式。[17] 记忆术主要涉及内部表征，尽管这些内部表征的构造背景是通过学习获得的、基于共享符号形成的共享技术，并涉及依赖于外部表征的记忆轨迹。

美索不达米亚、埃及、古代中国、南美洲和中部美洲（Meso-America）早期文字社会的特征是可以在代际间系统性传递的知识扩展，其中包括：管理知识，复杂的度量衡系统，法知识，历史记录的保存，历法、天文和地理知识，疗愈和占卜知识，以及语言知识。在此，我将重点介绍美索不达米亚的发展。

美索不达米亚的例子

到公元前3千纪中叶，文字已从美索不达米亚南部传播到黎凡特（Levant）；同时，它也发生了重大变化，可以在语音上表征口头语言的结构。[18] 长期记录的保存也在这一时期首次得到证实。古阿卡德中央集权国家（约公元前2350—前2200年）融合了其前身的各种特征，证实了新秩序的制度（如王权、常备军、宫殿管理机构）以及文字、度量衡和其他领域中重要标准化过程的产生。在随后以庞大的管理机构著称的乌尔第三王朝时期（约公元前2100—前2000年），我们第一次发现了新形式书面文献和历史记载的痕迹，它们的建立在很大程度上基于旧传统，并为随后社会的文化认同建立了一个框架。[19]

在接下来的时期，社会组织发生了巨大变化。除神庙外，我们还发现了一个很大程度上独立的国家管理机构，以及一种增加个体化和私有化的趋势，包括私有财产和个体经济活动。早在古亚述（约公元前1950—前1750年）和古巴比伦（约公元前1850—前1600年）时期，我们就已经观察到楔形文字符号的使用在减少，信件和管理文件证实了这一点。[20] 这有助于日常交流。此过程可以被视为"文字的大众化"。黎凡特地区在同一时期的稍晚时候发明了字母文字。[21] 字母文字产生的原因在于知识传播，以及文字对公元前2千纪和前1千纪新的文化和语言条件的一系列适应，我将在下一章中更系统地介绍此过程。

　　这一时期出现的新形式的书面知识不仅包括占卜、语法和历史记载的文本，各种形式的清单，还包括第一批阿卡德语的书面语料库，私人法律文件，以及天文和原始数学文本。我们还发现了这一时期的若干多语言词汇表，从而证实了该地区书面和正式的多语制（multilingualism），其特征是整个历史上语言的多样性。某些文本具有其前身，但是在此期间，文本所尝试和部分实现了的系统化水平使它们明显不同于早期文本。这些文献中的很大一部分是在与神庙相关的学校，而不是与宫廷管理机构相关的学校（宫廷管理机构代表着这一时期的实际权力所在地）中传播和保存的。我们首次看到了共享许多相同角色的两个半自治社会单位（households，"家户"）之间的竞争，其中一方享有武力垄断权。从某种意义上讲，这可以看作是国家机构与宗教机构之间二分的发端。这种对立在美索不达米亚之后的历史中对创造和传播知识的经济至关重要，并且一

图 10.2　一个刻有两种文字的狮身人面像：象形文字和原始西奈文（右肩的象形文字表示哈索尔女神，原始西奈铭文也是如此）。来自约公元前 1800 年的埃及中央王国，西奈（Sinai），塞拉比特·埃尔-凯德姆（Serabit el-Khadem）。大英博物馆藏。© akg 图片库，埃里希·莱辛（Erich Lessing）

直延续至今。[22]

巴比伦文学的圣典化在很大程度上发生于加喜特王朝时期（约公元前1600—前1200年）。[23] 我们可以将这一过程解释为尝试有意识地整合现有知识模式。这些知识的散布范围远远超出了美索不达米亚、安纳托利亚和伊朗的边界，某种程度上甚至传播到了埃及，影响了当地的知识传统。自公元前12世纪起，随着美索不达米亚成为国际强权，知识收集也开始增加，并成为一项完全系统的事业。这一新知识经济的出现导致知识的大量积累，特别是在天文学和气象学领域。[24] 在此期间，阿卡德语不仅是通用语（lingua franca），也被用作外交语言。

尽管所积累的知识被圣典化和系统化，但知识整合的总体形式在很大程度上仍然是缺失的。以书面形式记录，并以史诗、神谱等形式系统化的神话故事成为知识整合的媒介。在将生活的各个方面相互关联并与整个社会联系起来时，神话主要反映出社会和政治融合，而不是作为其基础的实践本身。相应地，神话代表了不同宗教传统的融合，通常是通过分辨不同的神、确定神族系谱或利用父权制等级来实现的。

得到记录的是专家的知识，他们是城市革命过程中体力和脑力劳动的新分工所确立的精英阶层。这些官员、书吏或祭司负责经济再分配中的计划活动。他们不仅组织资源的分配，还会组织对被制服劳动力的使用，这些劳动力中的一部分来自奴役被征服者。因此，书面记录的知识主要是统治知识（Herrschaftswissen），即支配性知识，关于社会生产的组织和社会控制，而不是关于生产过程本身。

如果缺乏持久且便捷的外部表征，这些广泛的计划和组织活动将不可能实施，因为外部表征使知识能够独立于特定情境进行交流和存储。例如，从古代东方到近代早期，几何图形的绘制在建筑规划过程中发挥了关键作用。在埃及，从公元前2千纪开始，人们就已经在工作中使用平面图和截面图。人们在埃及和美索不达米亚都发现了近似比例图，部分附有比例尺和剖面细节。[25]

在第五章中，我详细介绍过会计技术和数字系统的作用，以及算术在规划过程中的出现。我还讨论了学校教育在稳定独立的知识经济中的作

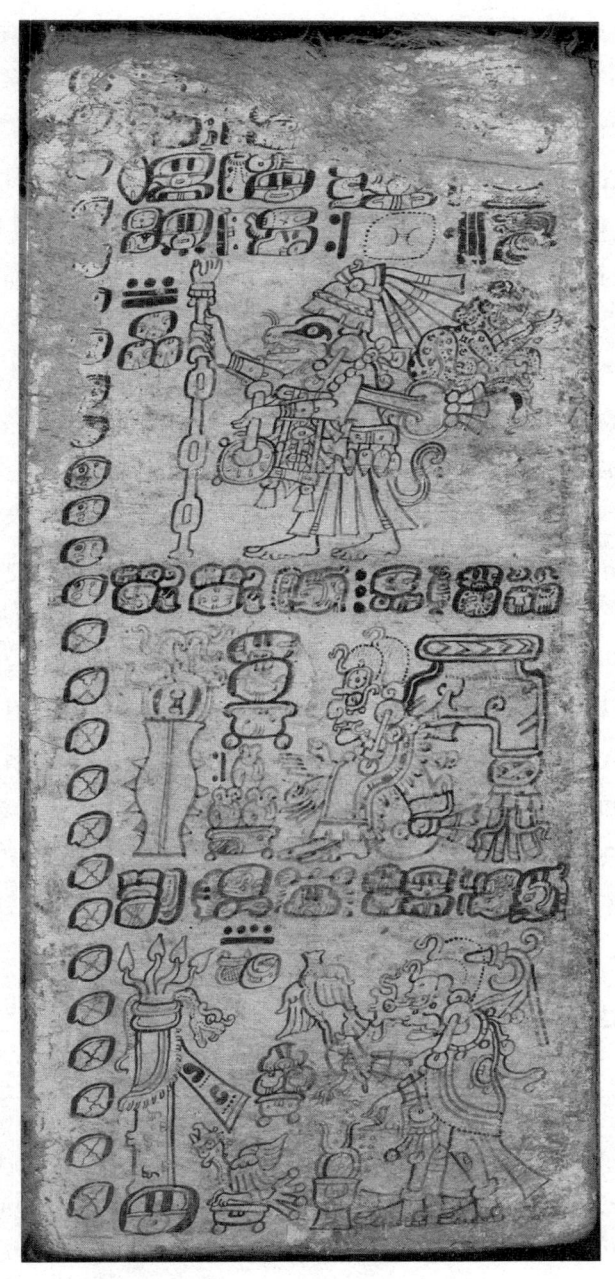

图10.3 尤卡坦人在365天玛雅历法的新年仪式上的场景。《德累斯顿手抄本》(*Dresden Codex*)第28页,约公元1200年至1250年。这是美洲现存最古老的书籍,以当地历史和天文表为特色。参见Kirkhusmo Pharo (2013, 171)。德累斯顿萨克森州立和大学图书馆提供

用,在学校教育中,相关知识得以产生和传播。持久表征的可用性以及这种独立知识经济的存在为上述各种知识形式的产生、积累和探索提供了关键条件。因此,学校教育成了一个起点,可以被认为是最早的"科学"实践,因为它探索了规划劳动的符号性手段,独立于实际规划本身。

这种知识主要涉及符号的处理,例如书写和阅读,并且仅间接地(通过这些符号的介导)与主要对象或行动本身关联。这些符号性的实践反过来代表了作为新知识中心内容的计划活动,如会计和控制。因此,这些知识在技术术语的帮助下得到标准化和编码,例如美索不达米亚社会的管理术语或玛雅的历法术语。[26] 这些处理和存储信息的符号性实践在很大程度上(在形式和内容上都)构成了早期文字社会的专家知识。

值得注意的是,这些实践在很大程度上被立刻采用,而没有被反思或引起对潜在知识的反思性重组。乍看之下,这可能暗示了一种解释,即它仅仅是"配方知识",总是能够被立刻实践。但是,正如我们所了解到的,这种知识实际上与实践脱钩,主要指的是文化技术,如书写和计算。这些实践以一种看似直接的方式进行,例如,缺乏对数学程序有效性的明确证明,这可能是由于它们的制度嵌入。制度嵌入为历史行动者提供了自明的背景知识,它们无须被表达出来,因此本身并不会成为反思的对象。这种情况只有在制度框架受到挑战时才会改变,例如,某些知识传播到了新的文化环境中。这会诱发对不再适合于系统的符号性活动的反思。

宗教框架下的知识生产

一段想象中的全球过往:"轴心时代"

1949年,存在主义哲学家卡尔·雅斯贝尔斯(Karl Jaspers,1883—1969)提出,在公元前1千纪(或更确切地说,在公元前800至前200年),深刻的社会精神变革或多或少同时在欧洲、印度、中国和中东地区发生。据雅斯贝尔斯所言,这些变革构成了对人类在世界所处地位的新认识。这一新认识从根本上以"超越性"为特征,它被理解为对直接给定的世界与超越于表象的世界——但这一世界可以通过理性和伦理进入——之间鸿沟的认识。雅斯贝尔斯将全球历史上发生这一剧变的时期称为"轴心时代"（Achsenzeit）。[27] 这一转变由在传统等级制度之外获得重要社会地位的新知识分子精英主导。这群人包括以色列的先知、印度的印度教或佛教信徒，以及希腊和中国的哲学家。主要人物则包括孔子、墨子、佛陀、查拉图斯特拉、以利亚与耶利米、巴门尼德、赫拉克利特和柏拉图。

雅斯贝尔斯声称，轴心时代不仅改变了直接涉及的文化，而且还造成了全球文化的转变，因为对世界的新理解最终塑造了历史舞台上的所有社会。因此，对于雅斯贝尔斯来说，"轴心时代"创造出一种文化共性，可以作为全球跨文化对话的参考点。雅斯贝尔斯的想法满足了战后不久人们的普遍愿望，即重建一个确实有可能进行这种对话的世界。[28] 轴心时代的概念得到广泛讨论，并于1980年代在社会学家什穆埃尔·艾森施塔特（Shmuel Eisenstadt, 1923—2010）手中成为跨学科研究项目的核心。[29] 在该项目的背景下，艾森施塔特及其同事专注于研究类似的社会过程，通过这种过程，知识分子精英在多个社会中出现，并引入了"二阶思维"（此概念由参与这项工作的耶胡达·埃尔卡纳提出）。[30]

雅斯贝尔斯对历史的哲学思考和艾森施塔特的社会学方法都强调或多或少同时发展的平行性，而不坚持相互影响。尽管在缺乏同时代联系（如在古希腊和古代中国的哲学家之间）的证据的情况下，这似乎是合理的，但知识的全球化仍可能为加强这种平行性发挥作用。古希腊和古代中国科学之间的相似发展（我们将在第十二章中进行探讨）可能确实由类似的社会和文化结构所触发；但是（正如我们将在第十一章中了解到的），它们也受到先前全球化进程的影响，可以追溯到更遥远的过去的全球化进程——那些进程包括食品生产、技术和读写能力的传播，其留下的沉积物构成了重要的共同条件。作为引发二阶思维的诱因，读写及其制度化在雅斯贝尔斯的原始论述中起的作用不大，但在对他论文的评论中这一点得到了强调，如埃及学家扬·阿斯曼（Jan Assmann）的评论。阿斯曼指出，埃及也有类似的发展，尽管这些发展比轴心时代要早得多。[31]

所谓的平行发展在轴心时代的各种文化中以独特形式表现出来：犹太教的一神教，希腊哲学对世界本质的哲学探究，印度宗教中的超越性，以及中国儒家思想中的普遍道德体系。这种多样性引出了一个问题，即这些发展实际上的共同之处何在。雅斯贝尔斯及其追随者们指出的是对超越性的相似经验，这意味着彻底打破了人类世界和神话世界之间已往的连续性，并放弃了二者之间的同源性。他们假设了一个前轴心的过去，那时的人们被认为生活在与神话的连续统一体中——经过仔细检查，这一假设被证明不过是历史虚构。从社会学的角度，艾森施塔特及其同事则更强调知识分子的出现与精英阶层的转变，这种转变是由他们意识到这一断裂所造成的张力带来的。该项目的一些参与者，如埃尔卡纳，清楚地看到了文化相遇在二阶思维出现中的决定性作用。[32]

为了涵盖所谓轴心时代的所有表现形式，雅斯贝尔斯不得不以相当含糊的术语来构想超越性概念，掩盖重要的差异性，并且忽略像埃及文化这样更早期的发展。[33] 其标准的说法是，轴心时代可以作为跨文化对话的共同框架，"超越性"可以被视为理性的觉醒，这一觉醒导致（根据雅斯贝尔斯的观点）后来被称为"理性"和"人格"的启示，以及在文艺复兴时期更新这一经验的可能性。关于造成这种唤醒的杰出个体，雅斯贝尔斯写道："在**思辨思维**（speculative thought）中，他把自己向着存在本身提升；在与对立面的一致中，在主体和客体的消解中，这种存在被非二元地理解。"[34] 就这样，欧洲人对超越性存在的概念上升到具体经验之上，被投射到全球的过往。

公元前1千纪的复杂城市社会中确实出现了知识分子精英，他们在各自的知识经济中发挥了特殊作用；也出现了二阶思维的蓬勃发展——只不过这些二阶思维的形式截然不同。[35] 但轴心时代这一**惯用语句**引入了一种排他性，抹杀了此种思维可能带来的基本多样性。它否认了这种思维可能在其他文化中更早或更晚出现的可能性，实质上

> 将历史冻结在某个关键的转折点。至于它作为跨文化对话参考框架的用处，对轴心时代智者们的想象不过是一个关于世界社会的起源神话。[36] 轴心时代的说法表明，未来的全球融合将是知识分子的事情。精英们将会在某些难以捉摸的二阶框架上达成共识，而不是通过全球努力在各个层面上有效地利用人类思维用之不竭的多样性。

在早期文字社会积累和传播的知识的基础上，公元前1千纪出现了新的知识经济，其特征是从这些社会的直接再生产目的中进一步解放知识生产，也从经济和政治制度中解放知识生产。宗教为这种解放提供了重要的制度框架，这种框架从政治和经济力量的支配下解放出来，可以发挥颠覆性作用。在早期文字社会中，宗教框架及其规范性知识系统反映出日益增加的社会复杂性，这种发展伴随着政治和宗教精英阶层社会分化程度的提高。当使用书面媒介进行表示时，这些系统在空间和时间上的潜在范围就大大增加了。在公元前3千纪，除最初用于管理目的的书面记录之外，宗教信仰和实践已造就第一批书面记录。信仰体系以及相应的文学作品、实践或宗教思想[例如，巴比伦《吉尔伽美什史诗》(Epic of Gilgamesh)中记载的原始洪水思想]可以远远超出它们最初出现于其中的社会环境的时空限制。[37]

随着印度佛教的崛起以及西方犹太教、基督教和伊斯兰教的兴起，宗教与国家的脱钩达到了前所未有的程度，成为一种独立于国家的权威来源，并有可能与国家发生冲突，从而发展出世界宗教在全球传播的能力。因此，宗教挑战了国家权威，并最终超越了国家界限——或者成了新国家的起点。宗教体现了国家权威，也体现出知识生产和散播所必需的机制；实际上，宗教构成了建立在现有社会秩序之上的虚拟帝国。它们提供了比国家更强大的新的社会秩序，但是以国家为蓝本，例如伊斯兰教中的乌玛（Umma）和基督教中的上帝之城（The City of God）概念。

在宗教发展的某个时刻，许多宗教本来就是或变成了国教，例如，印度北部阿育王（King Aśoka）统治下的佛教，罗马帝国后期狄奥多西一世（Theodosius I）统治下的基督教，阿拉伯世界穆罕默德及其信徒统治下的伊斯兰教。宗教可以成为有吸引力的信仰体系，被希望规范其社会秩序的国家和帝国所采纳。在这些条件下，它们整合了（或帮助创造，就像在伊斯兰教的例子中那样）一个国家中许多制度性和表征性的结构，例如不同的社会等级制度、综合性的世界观，以及保存和传播的制度性机制。宗教的自我完备性和自我组织性，再加上对超越性权威的关涉，使它们有能力挑战政治势力的权威，并能够远远超出其发源国家。

在权威主要由国家主张（并以武力作为基础）时，宗教不得不更加强调对自身权威的辩护。它们制定了复杂巧妙的辩护方案，并通过复杂的辩证逻辑过程产生出广泛的信仰和知识系统。这项新发展为知识的积累和传播奠定了基础——尽管这些积累和传播总是出于外在动机，但它们既不会局限于本地网络，也不会与直接的应用环境无法分割。因此，可以将这些知识自由地重新利用或转化至新环境。作为产生自我意识并由此反思性地构建个人和社会身份的一种手段，宗教利用知识之象和控制结构，通过确定其自身对个体和集体自我的价值，来指导新知识的选择、占有、凝聚或排斥。

按照各种共享的认识论框架，不同类型的知识被产生、传播、相互关联，且往往是根据各自框架给出的明确分类标准。宗教传统通常会将自身与世俗知识传统区分开来，认为后者是前者的附属品。以文本为基础的宗教进一步促进了与文本解释相关的知识积累，尤其是在语法、逻辑和修辞学领域。

宗教发展出的许多特点后来成了科学的特征：修道院和宗教学校之类的教育机构（提供高等教育的学校），解释、评论、对抗和与其他信仰体系融合中使用的递归传统，以及一种知识系统化（其中包括自身合法性的控制结构）。作为集体和个人自我反思的媒介，宗教从一开始就潜藏着批评宗教本身的能力，正如对神人同形同性论（anthropomorphism）——从人性的角度对神进行解释，这在各种宗教和哲学传统中都很常见——的讨论所表明的。[38] 例如，公元前6世纪的希腊哲学家色诺芬尼（Xenophanes）就反对关于奥林匹克诸神的多神论和神人同形同性论。他嘲笑奥林匹克诸神的人性弱点，例如盗窃、通奸和相互欺骗，并暗示神只是人类的投射，人类总是按照自己的形象造神：

> 埃塞俄比亚人［说他们的神］是扁鼻子、黑皮肤，
> 而色雷斯人说他们的神是蓝眼睛、红头发。
> 但假如牛、［马］或狮子有手
> 并且能够像人一样用手绘画和雕像的话，
> 那么马会画出、塑出马形的神像，
> 牛会画出、塑出牛形的神像，
> 它们会塑造与自己同种类型的神像
> 因为每种生物都有自己的身体骨架。

取而代之的是，他主张没有人类特质的独一神，这预示了亚里士多德后来对不动的第一推动者的构想：

> 有一位神，在众神与人类中最为伟大，
> 无论是在体格上还是思想上，他都不与凡人相似。
> 他无所不见，无所不思，无所不听。
> 他可用他的意志和洞察力［noou phrêni］毫不费力地左右一切。
> 这样的神永远静止在一个地方，完全不动，
> 他现在去一个地方，一会儿去另一个地方，这是不合适的。[39]

从宗教的知识生产到哲学的知识生产

希腊哲学作为一种与宗教平行的传统出现，与宗教享有同一种应对生活挑战的智慧，但哲学集中于精英知识分子，他们的思想与官方或大众的宗教实践相距甚远。[40] 在大多数情况下，精英阶层并不直接参与社会统治。他们所创建的知识系统与社会生产和组织的直接需求是脱钩的。这些

知识系统以书面形式编码，涵盖了广泛的主题，从数学、天文学到医学知识，也包括自然地理以及法律和文学等。它们的标志是这些知识所具有的一定程度的反思性。作为知识表征的书面语言本身已成为反思的对象。

结果，对这些知识的反思性组织中出现了新的方法和形式，例如将抽象概念整合到复杂详尽的知识系统中，对概念含义的明确**定义**，以及将知识系统组织成三段论和演绎结构。使用符号进行反思性操作成为**理论**的标志，而理论是组织和表征知识的一种典型的新形式。在对语言的形式化操作下，**复杂的论证和证据**得以发展，从而在知识系统内部建立起联系。**逻辑**成为一种普遍理论，涉及书面语言符号系统所打开的操作可能性。算术成为一种反思实际计算工具的操作的理论。几何也同样发展成一种反思尺子和圆规的操作的理论。阿基米德以他对操作天平砝码的反思为基础，创建出一套演绎的力学理论。[41] 以书面形式表示这些操作的特征，成为这种理论化的必要前提。

诸如算术、几何与力学之类的理论涉及抽象范畴，这些抽象范畴的根基是对利用具体物质手段（如计算工具、直尺、圆规或天平）的操作进行反思。在亚里士多德等人的哲学体系中，进行知识组织，更重要的是建立在对符号性活动（尤其是语言操作方面）的反思基础上的范畴。亚里士多德的哲学包含了对语言编码知识的积累、反思和系统化。[42] 但其系统化的关键是通过符号实践而非物质实践进行反思，也就是说在进行尝试时，反思语言操作而非物质部署的操作。因此，在许多情况下，哲学的抽象范畴对于所处理的材料来说仍然是粗浅的。在后来对亚里士多德哲学的翻译、评论和中世纪经院哲学对其的细化阐述中，亚里士多德的反思性构想的含义通常不再指所反映的构想的原始含义，而只是知识的形式结构。另一方面，亚里士多德主义之所以令人印象深刻，长盛不衰，不仅在于其抽象的逻辑结构，还在于其丰富的知识内容，这是基于对前面章节所论述的直觉和实践知识的心智模型的反思。其长盛不衰得到了一种新文学体裁的支持，即对经典文本的注疏，这可以让人们把新近获得的知识注入其中。[43]

在希腊，自然哲学和科学的传统最初是在一个多中心的城市环境中出现的，在希腊化（Hellenistic）时期之前，这些知识的制度化非常有限。尽管有各种系统化的尝试，例如亚里士多德及其逍遥学派后继者的努力，但知识增长在很大程度上相当零散，取决于少数人的兴趣。知识的传播者和知识本身都处于不稳定状态，只能在学园、法庭或后来的修道院等社会小生境中生存。希腊哲学、希腊化哲学和科学传统的命运与对其机构不断变化的政治支持紧密相关，例如雅典学园或亚历山大博物馆，它们一再受到意识形态和军事威胁的危害。[44]

我们可以把这些知识的保存归功于其在书面形式中的编码以及亚历山大图书馆等机构对这些著作的收藏，而这些机构的毁坏则表明了这种传播的脆弱性。亚历山大图书馆在古代科学知识的认知网络中起着枢纽作用，我将在第十三章中回到对它的讨论。实际上，许多古老知识都已经遗失了。传递到后来的时代并因此在现代有影响力的，通常不是古代积累的知识宝藏，而是高阶知识，即这种知识经济中特有的知识组织的反思性结构。这方面的例子包括三段论模型或演绎的知识组织，如亚里士多德现存著作和欧几里得《几何原本》中所体现的那些，或是与欧多克索斯（Eudoxus）相关的将宇宙的几何模型建立在球形运动基础上的想法，或者是可以追溯到阿基米德的一些概念，如物体的重心，或者是亚历山大里亚的希罗和帕普斯（Pappus）著作中用简单机械分析复杂机械装置的想法。[45]

创造和传播具有长期影响的高阶知识既不是希腊哲学的特权，也不是科学和哲学的专有特征。在第十一章中，我会考察"文化折射"在希腊哲学和科学思维传统从其他知识传统中产生和转化时的作用。在第十二章中，我会探讨中国传统中抽象知识系统发展的惊人相似之处。

抽象概念也塑造了宗教、政治和规范性思维的传统。例如，在犹太教中，我们可以辨认出一神论的重新概念化，以及公元前8世纪中后期，《圣经》中的先知们逐渐将神权从政治和军事力量中分离出来，以此回应新亚述帝国侵略性的意识形态。同样，公元前5世纪，印度的佛教兴起，这也是在对婆罗门教的回应中发生的，佛教的兴起还带来了高度反思性的文本传统。[46]

比起详细考察知识经济随后在欧洲的历史发展（包括罗马帝国的兴

衰,古代教育系统对中世纪文化的长期影响及其在基督教和伊斯兰教影响下的转型),我更愿意跳到将近2000年前,转向造就现代科学的知识经济。在下一章中,我将指出在后古典时代(post-antiquity)中知识的全球化过程为带来这种新形势而发挥的主要作用,尝试至少在某种程度上弥补这一遗漏。

经验知识的生产

在欧洲,近代早期科学是当时知识经济的重要组成部分。当时的知识经济建立在自我强化机制的基础上,该机制促进了经验性知识的系统化生产和流通。从中世纪开始,一些欧洲社会中的科学和技术知识对经济生产、社会组织、政治法规和领袖阶层的自我形象越来越重要,这一过程最终导致了涉及科学知识的社会转型,而且影响范围越来越大。[47] 在我的首选案例中,大型工程项目在近代早期欧洲的重要性与日俱增,这与当时的领土化进程以及城市日益增长的经济和政治力量有关。14世纪的鼠疫造成了毁灭性后果,从中恢复过来后,许多地方中心不断地争夺经济、政治和文化霸权。更加有序的领土管理与城镇人口的增长促进了基础设施建设相关的活动,例如对公路和运河的维护,以及建设一些防御工事以抵挡敌军入侵。从中世纪后期开始,在民用建筑、军事建筑、水利工程和采矿方面的大型项目因此成为高级技术专门领域的核心。

从中世纪鼎盛时期开始,某些工作过程的机械化程度就在不断提高。[48] 对于领土大国和其他投资者来说,将大型机械设备投入使用需要大量营运费用,而经济因素可能是提供这些营运费用的重要原因:机械设备可以节省劳动力成本,建造造纸机等工业设备然后将其出租也可以增加收入。另一方面,近代早期的君主、新兴的商人阶级和资产阶级对机械技术的兴趣也受到文化因素的影响。他们努力按照自然界自身的原则对其进行技术和智力上的掌握,这种做法为根据理性管理社会这一主张提供了范式。对文化声望的争夺促进了精密机械技术的发展。

中世纪的人们需要组织建造大型攻城机,这成为君主在战争期间聘

图10.4 1586年，人们将重达327吨的梵蒂冈方尖碑［由多梅尼科·丰塔纳（Domenico Fontana）设计］放倒，以便将其迁至圣彼得广场上的现有位置。这项工程壮举涉及900人、75匹马，以及无数滑轮和绳索。摘自 Zabaglia and Fontana (1743, 143)。赫齐亚纳图书馆提供

用技术专家的第一个刺激因素。后来，技术专家也会在行会系统之外被城市或宫廷临时雇用，参与土木工程和建筑项目。到了15世纪，除临时聘用工程专家外，还出现了更稳定的管理性基础设施，它们为成功实施大型项目提供了便利。在欧洲的工业和政治中心，人们在土地和水的基础建设、防御工事以及机械工程等方面都设立了职位。随着这些领域的专家参与进地区的管理性基础设施，越来越多的政治精英认识到了技术问题。工程任务的管理框架最初是为了应对上一章中讨论过的中世纪大型建筑项目（如大型教堂）带来的挑战而出现的，这些大型建筑项目已经具有预先制造配件、标准化和理性化等特征。类似的结构也出现在造船工程中，在威尼斯兵工厂中尤为明显。

科学技术专家

为响应近代早期工程项目的多种要求，新的一类专业人员出现了，他们通常负责工程项目所隐含的规划活动。在这种情况下，他们会完成技术、后勤和组织任务。这些近代早期的工匠、工程师、工程师型科学家和其他科学技术专家有着不同的教育背景。[49] 在没有任何正式工程指导的情况下，大多数具有工程专业知识的人都是在传统手工艺的框架下成长的。专业知识主要通过口头交流和直接参与活动来传播，知识在这些活动中得到收集和应用。

近代早期工程师和技术专家们的社会地位在其一生中一直是不确定的。宫廷聘用人员一直依靠无法预估的资助，包括其复杂的权力和声望系统。这些主角不确定的社会地位及其继承的文化遗产的异质性，使这一时期充满了膨胀的个人野心和激烈的智力斗争；反对盛行的亚里士多德传统成为独创性的标志，尽管亚里士多德传统仍然是这一时期所有知识努力的共同基础。

这种新的制度角色或专业类别的出现是自我强化机制的一部分。由于有限的劳动力和其他资源问题，这些技术专家和工程师型科学家们还不断面临技术和后勤方面的挑战。为了应对这些挑战，他们被迫最大限度地利用传统技术知识的潜力，以创造出新的技术手段——例如，正如我们在上一章中了解到的，布鲁内莱斯基研发出一套机械来建造佛罗伦萨大教堂的穹顶，而无须利用更昂贵和难以负担的脚手架。因此，近代早期技术专家和工程师型科学家们不仅是传统知识标准的载体（古代大型项目的管理人员大都如此），也参与了创新的积累过程。

这些从业者和知识分子同时也为知识文化做出了贡献，其中包括对近代早期宫廷文化中各种文学、艺术和手工艺活动中创造力的敏锐鉴赏。他们不一定（且在任何情况下也不会完全）参与技术实践，但通常会专门对这种实践产生的新知识进行反思，当然也会试图使这种反思再次被用于实践目的。从15世纪开始，机械装置的创新设计在欧洲多个地区开始受到司法框架的保护，这标志着现代专利制度的肇始。

印刷革命

自古典时代以来，一直存在着一种处理实践者和工程师知识的技术文献传统。到了16世纪，各种工程论文都以手稿的形式流传。纸张的可获得性和印刷技术的发展是近代早期知识经济的重要前提。在中国，公元前2世纪时人们就能用碎布造纸。造纸技术向西传播，公元8世纪时传到了阿拉伯世界，10世纪时传到了欧洲。欧洲的造纸业始于12世纪。我将在下一章详述这项技术的全球化。造纸是使印刷能够完成的必要技术（因此也是知识轻便性和再现性的一项关键进步）。印刷技术在中国始于公元1千纪的后半期。[50] 到16世纪末，欧洲印刷文化的发展加强了近代早期技术文献的某些普遍趋势：用本地方言而不是拉丁文写作；不仅面向有学识的读者和潜在的赞助人，而且面向识字的工匠本身；讨论更加专业化的主题；提高实践者和工程师们的社会地位。

但是印刷术也以更根本的方式改变了近代早期知识经济：它将市场转变成知识流通的重要基础设施。[51] 书籍迅速成为一种大众产品，既可以在本地也可以跨越远距离进行交易。出版也发展成为一项重要的经济活动，具有潜在的全球影响力。[52] 据估计，"例如，仅在1550年，西欧就出

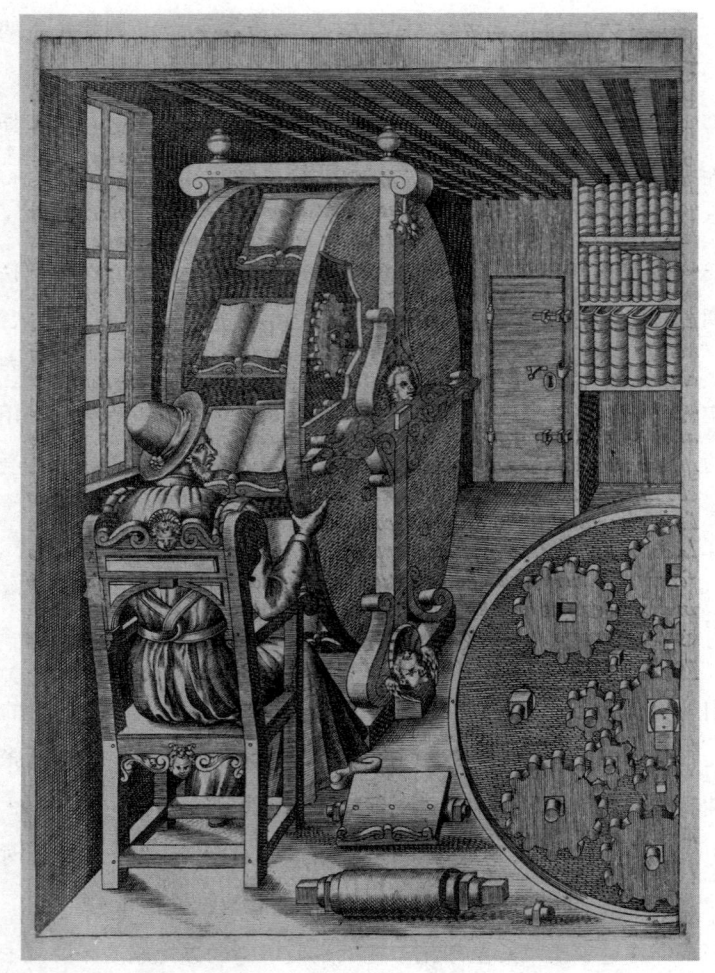

图10.5 阿戈斯蒂诺·拉梅利（Agostino Ramelli，1531—1610）在《阿戈斯蒂诺·拉梅利上尉的各种人造机械》（*Le diverse et artificiose machine del Capitano Agostino Ramelli*）中描绘的书轮。拉梅利将该装置描述为"美丽而巧妙的机器，对任何以学习为乐的人都非常有用和方便，特别是那些因痛风而无所适从和受尽折磨的人"。摘自 Ramelli (1588, 317)。马普科学史研究所图书馆提供

版了约300万本书，超过了整个14世纪产出的手稿总数"[53]。

由于学术出版物市场受到当时的教育机构，尤其是大学的强烈影响，教育机构与出版商之间的联盟出现了，这反过来又影响了知识经济，例如，通过将某些文本封为教学和学习的标准教科书的方式。[54] 在第十三章

第十章 历史上的知识经济 243

图 10.6 阿基米德和亚历山大里亚的希罗是近代早期工程师的榜样。参见 Salomon de Caus, *Les raisons des forces mouvantes*, 1615。马普科学史研究所图书馆提供

中，我会讨论这种经典化及其效果的一个特别引人注目的案例：萨克罗博斯科（Johannes de Sacrobosco，1195—1256）的《天球论》(*Sphere*)。

印刷术传播的进一步影响是建立了相应的法律和制度框架，首先是保护出版商权益，随后是作者——一个新出现的制度角色——的权益。

廉价书籍的爆炸性增长使普通人——工匠、工程师或科学家——能够建起重要的图书馆，此前图书馆一直属于机构或富裕赞助人的特权。[55] 例如，在15世纪，达·芬奇这样一个没有接受过高等教育的人收集了所有知识领域的近200本书。[56] 大量可利用的古典和当代著作为人们的个人观点开启了知识许可，允许人们通过新颖也可能是异端的方式对可获得的知识进行自己的综合。

对基于经验的知识进行编纂首先以图纸、论文、机械书籍和教科书的形式，后来以学院行为和科学期刊（附带权益和专利）的形式进行，这些成了整合、积累、传播和反思知识的特别重要的工具。[57] 在新兴印刷文化的背景下，这种知识编纂也创造出一种市场，其中，不仅是知识的物质应用及其产品，知识本身及其表征也获得了自身的文化和经济价值。正如上述出版商和学术机构之间的联盟所表明的，这种知识编纂与知识生产和流通的日益制度化密切相关。出版文化的制度化也是为了应对经验知识生产的增强，以及经验知识生产对许多社会进程的作用日益增大，无论这些进程是政治的、文化的还是经济的。反过来，知识编纂及其商业化也促进了经验知识生产的增强，从而形成了近代早期知识经济特有的自我强化机制的一部分。[58]

知识资源的整合

近代早期，工程师和其他技术专家所面临的问题使得他们必须开发现有知识资源，这常常造成不同种类的知识相互之间的第一次接触。近代早期工程师开发和使用的表征手段促进了对不同来源知识资源的整合。这也包括对新符号手段的转变和发展——例如，我在第五章中论述的图形表征、计算操作以及对函数相关性和变化过程的表征，它们最终引发了新的数学分支，如解析几何和微积分。

如前所述，在前经典力学的背景下，近代早期的工程师们可以利用许多共享知识资源，这些资源彼此之间存在局部的紧张关系，形成了一个知识系统的异构性集合。这些资源中包括实践的几何学，在实现大型项目中所获得的经验，以及一些理论框架，如亚里士多德自然哲学、欧几里得几何学、阿基米德的重心理论，以及亚历山大里亚的希罗关于简单机械的理论。几何知识对工程学的各个分支都至关重要。希罗的理论成为力学中理论知识和实践知识之间的重要桥梁，它允许通过简单的构件来分析复杂机械。[59] 实践表明，在完成大型项目的过程中获得的后勤和组织技能经验，对于工程师作为规划专家的额外工作而言是必不可少的。不断壮大的古代和中世纪科学文献库为工程师们提供了理论框架。由于人文主义者的成就，可供近代早期科学家型工程师们使用的古代科学论文越来越多。

异质知识链的整合对基于经验的力学知识的发展造成无比强大的影响，不仅最终导致了对传统概念体系的修订（如第六章所描述的），也导致了新社会结构的创建，这些社会结构被用来生产和传播科学知识。因此，如果仅将科学发展的"社会背景"视为某种特定的社会亚文化的外部框架条件，而不是将其视为社会动力学本身的基本组成部分，即作为一个日益知识化的社会的自我反思，其作用就会被低估。科学发展的某些根源可以追溯至中世纪大学的建立。

近代早期的知识社会

11世纪晚期，欧洲已经建立了大学。到13世纪，这些大学得到了巩固，有了自己的权益、课程和法律规定，可以保证它们具有一定的机构自主权。基础学部（the faculty of arts）是中世纪大学学习的共同基础，它包括对七门博雅课程（liberal arts）的学习：语法、修辞学和辩证法构成的**三艺**，以及算术、几何、天文和音乐构成的**四艺**。博雅教育塑造了一种对科学的理解，这种理解也被应用于对司法、医学和神学问题的高级研究。鉴于大学作为一种机构的相对自主权，以及大学所倡导的学习内容的多样化与系统化，它成为中世纪晚期和近代早期欧洲政治、宗教和思想上的紧张与冲突的焦点。[60]

阅读、写作和计算的基本能力对于崛起的商人经济而言必不可少，对于中世纪晚期和近代早期控制工程项目的管理程序来说也是如此。在像

14世纪的佛罗伦萨这样经济繁荣的城市中，有大约十分之一的青少年学习了阅读和写作。[61] 人们还选拔了一批男孩子学习计算技术，为他们成为商人做准备。还有一小部分人学习语法、逻辑、拉丁语和哲学。基础教育的日益制度化伴随着论文和教科书的散布，它们将实践知识编纂成文，并加强了其在传统社会分层中的散播。

在意大利，新的机构为培训从业人员而建，如佛罗伦萨的设计学院（Accademia del Disegno），在那里，理论知识和实践知识都得到传播。[62] 一些最早的学院如特雷斯学院（Accademia Telesiana），则主要以古代柏拉图学园的模式研究哲学、文学和科学。[63] 最初，学院的制度化较弱，代表着非正式的圈子，且通常依赖于赞助人。学院的进一步发展受到行会、宗教秩序和特权系统等现有制度化模式的影响，也受到自然知识和技术成就中生产需求的影响。学院也成为近代早期知识经济中有吸引力的机构，因为其他机构（如大学和宗教团体）的知识生产由于其课程体系或政治和宗教权力结构而受到更多限制。学院也为公共领域和公民社会的发展做出贡献。它们促进了科学团体的兴起，也促使社会对其见解保持开放。它们的定期出版物引领了第一批现代科学期刊的诞生，例如《学者杂志》（*Le Journal des Sçavans*）和《皇家学会哲学汇刊》（*Philosophical Transactions of the Royal Society*）。

到16世纪末，工匠和工程师们研究的问题在理论知识和实践知识之间创造了许多联系点，特别是在几何学、力学、天文学和光学等领域。工程项目并不作为孤立的技术冒险运作，这一事实促进了这种联系。工程项目构成了社会结构的一部分，其中包括越来越复杂的劳动分工，从工匠到管理人员，再到主要与此类努力的智力方面有关的工程师型科学家。实际上，正是由于这种社会结构中没有形成严格的阶级区分，知识的不同组成部分才得以整合——这也是近代早期技术和科学的特征。如前所述，将工程责任纳入社区或地区行政管理为实践知识和理论知识的交流提供了一个可能框架。[64]

实践知识和理论知识之间的联系点包括挑战性对象，例如摆或抛射体运动的轨迹；还包括新开发的科学仪器，例如望远镜、显微镜或温度计等所有近代技术的产物。这的确是近代早期知识经济的一个决定性特征，即生产资料现在被有目的地用作知识生产的手段。获得新知识的动机是新生产技术有可能从技术上实现特定的自然过程。因此，引入实验并不是以经验为基础的科学的前提，而是从这种实践中反思性抽象的结果，是对已有程序的补充。[65] 例如，长期以来，实践者和工程师们已经创建了机器模型等装置，以便更好地了解其工作原理。随着以创造经验性知识为目标的知识经济的日益解放，实验最终变成一种检验知识系统产生出来的主张和论断的方法，而这些主张和论断现在正因其自身而得到探索。[66]

鉴于这些主张的出处是工程师、技术人员、冶金学家、化学家和其他从业人员经验的理论化，这些知识系统反过来又可以巩固以经验为基础的新理论形式的创造——这种新理论形式后来成为现代科学知识系统的标志。通过实验和受方法论引导的观察，这些主张获得了前所未有的主体间可靠性。这些新的知识系统包括反思地构建的符号系统（如微积分），以及由反思经验构造的认知操作（如化学式）。最终，在工业革命的背景下，将科学知识的生产与社会经济增长联系起来的自我强化机制得到稳定并大幅度扩张。

但是，新的科学知识不仅来自对实践知识的反思，它还有更深的历史渊源。特别是，它是实践和理论知识与久远的史前史相结合的结果。从古典时代继承的关于知识组织之反思形式的高阶知识，对于将经验知识整合到新知识系统中确实至关重要。古代知识遗产包括具有高度系统性的知识体系——例如亚里士多德哲学、阿基米德力学、托勒密天文学和欧几里得几何学，它们是近代早期知识整合变革性尝试的出发点和模型。[67] 自中世纪大学建立以来，古代知识系统与新知识系统的传播、阐述和整合得到了前所未有的制度性支持。结果是经院主义的知识系统及其普遍有效性主张——出于同样的理由，它变得对认知挑战越来越敏感。

因此，西方基督教的经院知识系统处于不断变化的过程中，但由于宗教在知识经济的控制结构中处于首要地位，它同时也受到外部施加的限制。这种情况有助于解释为什么哥白尼对16世纪天文学的革新——将太阳而不是地球置于宇宙的中心——会产生如此深远的意识形态后果：它发生在支配性知识经济的背景下，这种知识经济赋予特定知识形式以普遍性和排他的有效性。最终，知识迅速积累，日益增长的数量和复杂性挑战了这一知识经济及其所支持的世界观。这种知识"爆炸"抵消了所有限制知识扩展的尝试，最终促进了上述知识生产新制度的建立。

另一方面，宗教充当了共享知识之象生成的背景，这种知识之象是关于新知识生产方式的可行性、有效性和合法性的。从某种意义上说，宗教以其自身的内部逻辑来抗衡国家权威，这一主张也激励科学向宗教的权威发起挑战。例如，近代早期哲学家、科学家和艺术家可以呼吁深入自然的秘密并获得一定知识的可能性，同时声称自然与人类在相似的条件下运作，使用的是相同的语言，并由同一位创造者创造。因此，上帝已成为人类这一基督教的教条可以有效地扭转为：既然人类具有与神相似的能力，那么人类也能获得某些知识。在《关于托勒密和哥白尼两大世界体系的对话》(*Dialogue Concerning the Two Chief World Systems*) 中的第一天对话里，伽利略在这一点上相当明确：

> 萨耳维亚蒂：你的论点提得很尖锐。为了回答你提出的反对，最好是借助于一个哲学上的区别，说人的理解力可以分为两种形态，一种是**深入的**，一种是**广泛的**。所谓**广泛的**，就是指可理解的事物的数量而言，可理解的事物是无限的，而人的理解力，即使懂得了一千条定理，也算不上什么；因为一千对无限来说，仍等于零。但是从**深入**方面来看人的理解力，单就深入这一词是指完全理解某些定理而言，我将说人的理智是的确完全懂得某些定理的，因此在这些定理上，人的理解力是和大自然一样有绝对把握的。这些定理只在数学上有，即几何学和算术。神的理智，由于它理解一切，的确比人懂得的定理多出无限倍。但是就人的理智所确实理解的那些少数定理而言，我相信人在这上面的知识，其客观确定性是不亚于神的理智的，因为在数学上面，人的理智达到理解必然性的程度，而确定性更没有能超出必然性的了。[68]

新的知识观强调了基于自然的内在原理来解释自然。为了回应占主导地位的宗教世界观,这种知识具有对世界进行全方位解释的特点。这种自成一体的世界体系构造的最早例子,包括布鲁诺的有无数个世界的无限宇宙、笛卡尔的永恒运动的动荡世界物质体系,以及伽利略的简化版哥白尼宇宙。[69]

最初,成功干预自然界的经验实际上仅限于少数特定的知识领域,例如力学。在这个意义上,新构建的知识系统显示出某种失调,失调出现在方法论引导下建立的特定知识领域与自然哲学的尝试之间,后者涉及原子论、机械论或其他方案,并希望提供一个共同的概念框架,以便将这些方案纳入一个总体的科学世界观中。开普勒的《世界的和谐》(*Harmonia Mundi*)、牛顿的主动本原、莱布尼茨的单子论、康德的力的形而上学或拉马克的生物转化理论等自然哲学体系,很快就被证明无法整合迅速增长的经验知识系统。[70] 然而,在把力学作为科学解释的基础或至少是模型的意义上,世界观的"机械化"一直持续到17世纪和18世纪。直到19世纪末,机械论世界观才完全丧失其作为科学研究之无可争议基础的地位。[71]

主权、代表与现代国家的出现

在近代早期的欧洲,国家的出现改变了知识生产和传播的条件。国家要求现存的知识经济改变重点,以满足其领地性的需求,并在新的规模上有效利用现有资源,正如乔瓦尼·博特罗(Giovanni Botero,1544—1617)当时所强调的那样。[72] 这刺激了诸如学院和大学之类制度性机构的创立(或转型)。在这种背景下,知识经济承担了新的职能:它现在成了支持新政治秩序的重要机制。这种发展也影响了受新知识经济支配的知识系统,因为它赋予有用的知识以特权,并以既适应新任务又适应传统知识经济中教育制度的形式对其进行组织。

这可以通过前经典力学的例子来说明(正如我在第六章论述的),这是一个由新技术挑战与古代知识体系(如亚里士多德自然哲学和阿基米德力学)的相遇而形成的综合体。[73] 一开始,新知识的内部组织通常直接反映政治秩序（例如，根据统治者的利益和权力结构或宫廷文学传统来安排主题）。[74] 最终，随着新兴科学共同体的自主程度不断提高，这种代表形式终于被克服，取而代之的是特定领域的准则和或多或少标准化的基础架构，这些都成为主权国家知识经济工具箱中的一部分。

主权国家不仅要求并促进了新的知识经济，其本身也是知识发展的结果。[75] 在16世纪的欧洲，由于不断变化的权力关系和对这些政治变化的理论反思，主权和国家概念具有了新的含义。它们产生出与教派战争联系在一起的新统治形式（在我们的术语中称为"母体"），这种统治形式需要一个高于并超越传统秩序的权威，而传统秩序被认为是由上帝赋予的。由于每一派系都声称要为上帝的意志而战，一个能够带来和平的新秩序就需要政治领域自身的发展，独立于并高于传统权威，在世俗和教会范围内都是如此。

法学家和法国专制主义的开拓者让·博丹（Jean Bodin，1530—1596）将这一新秩序概念化，他吸收了先前关于主权和国家的术语，并在围绕这些术语编织理论框架的同时赋予其新的含义。[76] 随后，该框架被广泛用于鼓励和辩护新的政治秩序。主权的基本思想是将权力移交给服务于社会和平的最高权力机构，该机构因此被赋予专有特权，尤其是司法权。

此后，主权成为描述新的政治统治形式的关键概念，新的政治统治形式将权力集中在单个统治者手中，同时将其限制在特定的领土范围内。政治领域由至高无上的统治者代表（"朕即国家"），其本身以一种新的方式变得可理解——不是由不同成员组成的社会的有机构成，其中每个成员都有自己的特定职能，而是通过统治者似神的权力而被合法化。[77] 新统治形式的自主性和可形成性是主权作为一种新政治概念的标志。尽管主权最初是由于其宣称符合神圣秩序而合法化，但其作为社会政治领域之代表的实际功能最终成为政治话语的中心。

根据托马斯·霍布斯（Thomas Hobbes，1588—1679）的说法，最高统治者的绝对权力由他负责保护的人民赋予。霍布斯在1651年于

图10.7 国家作为由身体组成的躯体。亚伯拉罕·博斯（Abraham Bosse）为托马斯·霍布斯的《利维坦，或教会国家和市民国家的实质、形式和权力》（1651）绘制的卷首插画。参见Bredekamp (2006)。图自维基共享资源

英国内战阴影中写下了《利维坦,或教会国家和市民国家的实质、形式和权力》(*Leviathan, or The Matter, Forme, and Power of a Common-Wealth, Ecclesiasticall and Civill*),描述了最高统治者的绝对权力由社会契约产生。[78] 约翰·洛克(John Locke,1632—1704)在其1689年的《政府论》(*Two Treatises of Government*)中为国家辩护,提到国家保障自然权利(例如个人自由)的任务,并承认政府若不履行这一职能就可能会被推翻。[79] 政治领域是协商个人与社会关系之处,这一理解表明国家主权与个人自主性相融合,这在让-雅克·卢梭(Jean-Jacques Rousseau,1712—1778)的著作中可以找到。卢梭的确得出过这一结论:如果某人要在国家建立过程中保持个人自主性,"主权就不能被代表"[80]。

不管怎样,这提出了主权与代表之间的关系,以及权力合法性来源的问题。更普遍的是,如果没有涉及不同形式的代表作为中介,就无法对个人与社会之间的关系进行协商。如第八章所述,这种代表不仅可以作为知识的外部表征,还可以作为制度的外部表征。二者都不能被还原为仅是认知技术或社会技术的功能性角色,而是还具有象征性或症候性的方面,指示着未解决的紧张局势——例如,在所谓的"集体意志"表征并不真正易受个人干预影响时。再比如说,专制国家的巴洛克式表现形式不仅支持了主权国家的所谓神圣权力,而且还赋予这种自命不凡以可见性,在其背后打上问号,揭示了其脆弱性。[81]

对主权实施方式和合法化方式的合法性提出疑问,最终为美国独立战争和法国大革命等政治行动奠定了基础。这些革命坚持认为,对主权的代表不应该仅仅被假定,而应该直接服从人民意志。值得注意的是,在这两个例子中,为行使立法权提供框架的成文宪法充当了这种人民意志的外部表征,起到了决定性作用。[82]

工业化时代的知识生产

自近代早期以来，科学的范围得到了极大扩展，这并不是因为所谓的科学方法被应用于新的经验领域，而是因为越来越多的对象接触到不断发展的科学知识网络，还因为该网络的认知动态。因此，从探索性航行中发现的新标本，新技术手段，或具有实际意义的社会和行为现象（如人口统计），成了已有科学框架的挑战性对象，而这一科学框架最终获得了全球意义。[83] 科学领域的这种扩展最终还包括了社会科学和行为科学等新学科，例如心理学、教育研究或社会学；这些学科产生于哲学框架，并（遵循着自然科学模式）采用了它们自己的实证研究方法。在此过程中，科学的各个方面都随着知识的日益专业化、碎片化和商品化而产生了巨大扩展。

从近代早期到19世纪末出现的自然科学核心学科中，少数抽象概念生发出了大量科学知识：空间、时间、力、运动、物质和其他一些概念在经典物理学中扮演了这一角色；化合物的概念对化学起着类似的基础作用；物种、基因、选择、变异和适应的概念则构成了经典的进化生物学。正如我在第七章中所论述的，这些核心概念群通常只有经过漫长的知识整合和重组过程才能在知识的组织中获得其优越地位。在18世纪和19世纪，将新见解吸收到这些学科知识系统中不再主要是单个研究人员的成就，而是跨学科交流过程的结果，该过程由具有自己的认知机构、明确控制结构和知识之象的知识经济来调节。

随着专门学科的建立，对知识进行总体的哲学整合在很大程度上已经过时。[84] 这种整合被学科制度化所体现的科学研究多元化所取代，包括跨学科冒险的可能性、新学科的出现，以及学科化科学的其他区分形式。这种多元化成为"学科化科学的经典形象"的一部分，此经典形象包括对由此产生的知识互补性和统一性的默认期望。[85] 据称，学科结构通过一种隐含的自动性保证了科学劳动合格和全面的分配。然而，这种互补性在实际操作中很少实现。另一方面，它确实仍然是现代研究型大学的理想之选，这可以追溯到威廉·冯·洪堡（Wilhelm von Humboldt, 1767—

1835）于1810年创立柏林大学的倡议。[86] 他当时提议将按照人文主义原则进行的通识教育与学科框架内日益专业化的研究结合起来。[87]

学科化科学在知识经济与物质经济越来越相互依赖的背景下发展，并伴随着主权民族国家（它们利用科学知识来稳定其经济和政治权力）的崛起与工业化的曙光。乔尔·莫基尔（Joel Mokyr）与玛格丽特·雅各布（Margaret Jacob）主张，所谓的工业革命在很大程度上依赖于近代早期科学革命以来的新型知识经济。莫基尔写道："我认为，与其关注奠定了工业革命基础的政治或经济变革，不如说工业革命的时机取决于知识的发展。工业革命时机的真正关键在于：17世纪的科学革命和18世纪的启蒙运动。"[88]

相关的发展包括几个方面。其中一项，正如雅各布所写，就是新知识本身。"在做出经济决策时，对物质世界的了解为企业家提供了独特的优势。他们参与当时的科学文化，这意味着他们可以用一度被认为与古典形式的'经济人'无关的知识来处理煤矿开采、棉花和亚麻布生产、纺锤制造，以及发动机制造。他们以系统的方式理解了诸如气压、杠杆作用力、摩擦问题之类的现象——所有这些只是相对较新的应用力学的一小部分。"[89] 新知识经济中与工业革命有关的其他方面，是新的学习机构以及获取和传播知识的新媒介与新机制。正如莫基尔所说："进步背后的驱动力不仅仅是更多的知识，制度和文化也共同创造了更好和更低廉地访问知识基础的途径。19世纪的技术与新的工业资本主义制度共同演化。"[90] 莫基尔认为，"18世纪的知识革命不仅是新知识的出现，它也是获取有用知识的更便捷途径"[91]。他将新知识经济描述为"工业启蒙运动"，认为这构成了科学革命与工业革命之间的缺失环节。[92]

更为重要的是，他坚持不同形式的知识之间存在反馈回路，而反馈回路又成为知识经济与物质经济之间反馈的驱动力。"历史性的问题不在于工程师和工匠们是否'激发'了科学革命，或者反过来说，工业革命是否由科学'引起'；问题在于，从业者是否可以获取能作为新技术认知基础的命题性知识。正是强大的互补性以及这两种知识之间的持续反馈，决定了新的道路。"[93]

在接下来的章节中，我将回顾产生这些发展的全球、环境和物质背景，其中包括煤炭的地质构造这一似乎难以置信实际上却至关重要的条件，以及煤炭所提供的超级丰富的生产能源。在19世纪，科学开始对人类生活产生重大的全球性影响。如果没有科学、技术、社会与经济发展之间的紧密联系，那么新肥料、新能源转换手段（如蒸汽机）、新通信手段（如电报）、针对广泛传播疾病的新措施（如抗生素和疫苗接种），以及新材料，都将是难以想象的。反过来，新技术又对科学的进一步发展提出挑战，例如需要生产廉价的钢材以满足建造建筑物、轮船、铁轨、机器和武器方面日益增长的需求。

同样，肥料成分（如磷酸盐或氮）突如其来的重要性定义了新的研究、技术开发和经济生产领域。像秘鲁鸟粪这样的自然资源最终被化学产品所替代。[94] 当我在第十五章讨论把我们带入人类世的道路时，我会回到这个鸟粪的例子。

人们发现了微生物在伤口感染中的作用，这刺激了消毒剂和防腐剂的开发和生产。[95] 化学也带来了新材料，例如工业橡胶（通过硫化过程实现）、第一批合成塑料和电木。同时，人工染料的发展极大地促进了化学工业和有机化学学科的发展。事实上，所有上述成就都造就了进一步科学探索的动力，这反过来又开辟出新的技术和经济可能性。

除了巩固和规范学术学科外，工业革命还使产生科学知识的方式进一步分化，特别是在与技术和与工业化应用或多或少紧密关联的那些研究之间。随着社会和经济对科学的需求日益增长，新的制度形式在19世纪和20世纪初被创造出来。[96] 与此同时，各类"有用"或"实用科学"也已经制度化，例如矿业科学与农业科学，以及后来被称为工程科学和技术科学的门类，从而通过新的方式实现了近代早期科学家型工程师实现过的实践知识与理论知识之间的耦合。例如，在科学技术专家的帮助下，技术科学在普鲁士的早期工业化中发挥了重要作用。[97]

工业革命对知识的表征和散播技术产生了重大影响。[98] 新技术沿多个方向扩展了印刷术。通过用键盘输入取代手工排版（即从铅字样中逐个选出铅字），铸字排版加快了自动化进程。打字机于1870年代在美国首次实现商业化生产，它消除了机械化文本生产方式的集中所有权，使机械技术甚至能被用来创建短期文件。1848年，美国制造了第一台轮转印刷机。在1886至1890年，行式铸排机的发明使借助键盘一次性铸造并排版整行铅字成为可能。在20世纪下半叶基本被影印技术取代的油印机降低了与复制印刷文件相关的成本、技能和时间障碍，从而使流行的自费出版书籍大行其道。电传打字机起源于1907年左右，它使文本的远程传输和打印成为可能。为了处理1890年美国人口普查时得到的海量数据，人们开发了打孔卡控制的雅卡尔织机（1804）和霍尔瑞斯制表机，这成为现代信息处理技术的最早例证。

科学知识对经济和政治进程的新战略功能也对教育提出了新的要求。通识教育和专业培训的现代机构随之涌现，并自身具备了综合知识系统。上学成为一种义务，从小学到高等教育各个层次的学校知识都被标准化和经典化，并伴随着对技术和科学学习的重视。传统大学经历了改革。新的工程学院、技术大学和技术学校得以建立，而医院则将临床医学与医学技术的发展相结合。此外，大学之外的研究机构得到了国家和私人资金的支持，工业实验室的作用也从19世纪中叶开始扩大。国家资助机构的例子之一是德国的帝国物理技术研究所（Physikalisch-Technische Reichsanstalt），它建立了以科学为基础的技术标准。威廉皇帝学会（Kaiser Wilhelm Society）——其中的许多机构将实践挑战转化为研究问题——的机构也依靠私人资金，它们还建立了一种由机构支持的基础研究新模式。[99]

大约在同一时间，制度化的科学政策应运而生，成为一种对科学组织的快速发展和日益增长重要性的新反思。总体社会目标和特定的经济、政治或军事利益引导着研究策略、教育政策，也引导着具有技术目标的大型研究项目的管理。仅在特定情况下，来自不同学科的知识才会以专家判断的形式，在科学知识的实施中发生整合。专家知识变得更加与众不同，因为专业化过程伴随着一般知识与科学知识之间的分歧，前者通过自然语言表达，后者则通过技术语言与特定于某一知识领域的复杂符号系统进行编码。因此，科学知识的散播变成了一个只能在特定情况下务实解决的问题。[100]

第二次工业革命

自19世纪中叶以来，以科学为基础的工业（如化学工业、电气工业等）应运而生，这使工业和市场、军事一起，成为科学创新的主要驱动力。结果，资源经济和科学知识经济更加紧密地交织在一起，从而（在19世纪中叶以后）为所谓的第二次工业革命奠定了基础。第二次工业革命首先与以科学为基础的工业的兴起有关，后来与电子产品的全球传播有关。[101]

第二次工业革命从根本上改变了技术变革与科学之间的关系，并大大增强了发达社会对科学知识生产的依赖。它导致了真正的"创新制度化"[102]。在起步之初，知识经济仍然十分薄弱，允许喜欢捣鼓小发明的人或个人发明家做出实质性贡献，但也足够制度化，能将发明作为科学和技术的挑战来系统地加以改进。最终，独立发明人的作用被减弱，在工业过程中整合科学创新日益占据支配地位。[103] 科学反而成为一个加速过程的一部分，在此过程中，以科学为基础的技术和商品化应用——如摄影、电信及后来的计算机存储——被系统地用作进一步探索的工具。因此，工业资本主义背景下的科学及其技术实施结果成了科学发展规模化和全球化的条件，这些条件也包括现代交通和通信技术的出现。

自1884年蒸汽涡轮发动机发明以来，推动铁路系统发展的蒸汽动力在运输方面得到了进一步推进，海运成本急剧下降。随着对热力学机器，尤其是对所谓的卡诺循环科学认识的提高，人们发明了内燃机，这开启了全新的发展。用加热的气体来产生动力的想法并不新鲜，但是，在1860年代通过原油精炼获得适当燃料——汽油——之后，这一想法才变得可行。四冲程燃气发动机发明于1876年，不到十年之后便被改造为汽油发动机，这种发动机奠定了现代汽车的基础。

汽车作为一种消费设备而传播也影响了共享技术知识的更广泛经济，因为制造、改进或修理汽车所需的知识也在广泛传播，从而导致了基本原理的累积、进化式改进和发展。在第二次工业革命中，运输和交通史从蒸汽机发展到以汽油为动力的内燃机，这说明了技术系统在此类变革中的关

图10.8 戈特利布·戴姆勒（Gottlieb Daimler，**右后**）在车把旁的威廉·迈巴赫（Wilhelm Maybach，**右前**）旁边，和埃斯林根市（Esslingen）的机械厂厂长阿道夫·格罗斯（Adolf Groß，**左前**）一起乘坐戴姆勒式皮带驱动汽车，该车外形仍然类似于马车，1897年。梅赛德斯-奔驰经典车型数字档案馆提供

键作用。[104] 正如蒸汽机依赖于煤炭开采和铁的加工一样，以内燃机为基础的汽车交通，其成功则依赖于新兴的石油工业，而汽车交通反过来也加强了石油工业。

在对电力的进一步技术开发中也可以识别出类似特征，无论是将其用于电力传输还是用于通信。[105] 电力技术应用背后的一些原理，例如其在照明、电动机、发电机和电报上的应用原理，可以追溯到19世纪初，并在詹姆斯·克拉克·麦克斯韦（James Clerk Maxwell，1831—1879）于1865年提出完整电磁学理论时得到进一步发展。[106] 基本思想的可行性和实施取决于众多技术改进和发明，但也取决于单个设备和装置可以适应的系统性基础设施的实现。将电力用作能源需要从其他来源产生电能的技术，也需要将电能转化为动能、光或热的设备，还需要长距离输电的基础设施。建立这样的基础设施需要在不同的基本方案中做选择，这不仅引发了技术动量，即技术对社会的影响日益增大，还引发了社会对进一步发展技术的决心。在交流电和直流电之间进行选择就是一个很好的例子。[107]

将电力用于通信很快就达到了工业规模。1851年,西联电报公司成立。它很快建成了横跨北美的第一条跨大陆电报线。同年,在英国多佛尔(Dover)和法国加来(Calais)之间铺设了第一条海底电缆。赫兹在1888年进行的实验证实了麦克斯韦关于电磁波的预言,这带来了无线电报的发展。[108] 这一消息通过一本电气期刊传到了20岁的古列尔莫·马可尼(Guglielmo Marconi,1874—1937)那里,激发他建造了无线电通信设备。他最终于1897年成立了英国马可尼公司,将其发明商业化。[109]

马可尼、亚历山大·格雷厄姆·贝尔(Alexander Graham Bell,1847—1922)和爱迪生等发明家利用了科学发展及可以通过科学和大众出版物大量获得它们而创造的机遇,这些出版物反过来又利用了前述知识复制技术的某些进步。[110] 第二次工业革命中的发明者成为新的制度角色,他们既通晓科学知识,又意识到科学思想与技术和经济实践之间的漫长路途。发明人通过申请专利来寻求保护其发明的商业利益权利,但他们自己也常常成为企业家。另一种选择是创建自己的实验室并担任大型企业的承包商,就像爱迪生和他在新泽西州门洛帕克(Menlo Park)的实验室与西联电报公司订立合约那样,这成为现代咨询机构的一种前身。

但是,创新的步伐、日趋复杂的技术系统,以及从最初构想到可行产品之间的漫长道路,最终使独立发明家的知识经济由于缺乏资金、缺乏合格的人才,以及缺乏应对技术系统性特征的能力而达到极限。另一方面,大公司力求对创新过程进行更大的控制,它们面临着例如技术系统的关键组件被竞争者申请专利的危险。结果,更大规模的工业实验室出现了,在这些实验室中,科学家越来越多地取代了个人发明家,创新成为工业过程的有机组成部分,其根本原因是设备通常属于更大的技术系统。

在第二次工业革命过程中,科学所提出并传播的关于社会普遍进步的期望日益增长。高等教育体系逐渐开放,妇女逐渐能够接受高等教育。在世界各地,女性为成为学术界的一员而奋斗;在一些国家,女性终于能够进入高等学府,并能够在传统上为男性保留的技术职业中开拓事业。如今，为争取机会平等并因此实现性别均衡的知识经济而进行的斗争仍在继续。

我们看到在19世纪下半叶，出现了新的制度结构，以应对创新加速的挑战及其对社会造成的深远影响，甚至包括对创新本身环境的影响。从传统的供水和污水处理系统，到铁路、电报、电力和电话的新系统，这些深刻的变革使我们有必要对技术系统的发展提出新层次的规定。[111] 政府和监管机构制定了这些系统的通行规则，从电压到打字机键盘的标准化。

这些监管机构通过建立新的知识生产机构来影响物质经济和知识经济，例如前述的帝国物理技术研究所，该机构的工作内容之一是处理光源的标准化问题。[112] 在第七章我们已经了解到，黑体辐射的相关测量最终引发了量子物理学的诞生。正如已经详细讨论过的，对这一挑战性问题的探索证明了经典物理学的局限性。

20世纪初，对技术系统的探索也在其他几个方面推动了社会实践和制度法规的极限。例如，制造业系统在"科学管理"的标签下，本身成了科学分析和技术改进的对象。[113] 通过大规模生产单个零件再组装复杂产品的方法，制造业利用了规模经济，从而变得更加高效。另一个创新是引入了连续生产流水线，任务转移到了工人身上，增强了对工作流程的控制，并最大限度地减少了两次操作之间的时间损失。

另一个被推到极限的调控系统是专利制度，它保护了个人发明家的创造性成果，但也越来越多地成为阻碍大型技术系统整合的障碍。无线通信在火花电报建立之后的进一步发展就是一个很好的例子。[114]

进入20世纪，已经很清楚的是（尤其对相关的大公司而言）下一步是声音的无线传输，尤其是人声的无线传输。尽管在1906年技术可行性已经得到证明，但是在美国，相互竞争者持有的单个组件的专利阻碍了整个工作系统的技术整合和经济实施。这一僵局在第一次世界大战前夕美国政府的干预之下才被打破，当时无线电传输成了海军的一项军事资产。[115]

作为知识经济催化剂的战争

20世纪科学的特点在于新的知识经济,这是在经济、政治和军事需求的压力下出现的。[116] 这些需求对科学和技术的组织施加了外部约束,对知识的进一步发展起了选择性作用。在20世纪的战争中,越来越多的科学和技术被调动起来为军事优势服务。军事需求刺激了技术创新,而如果仅靠市场力量来推动,这些创新是很难实现的。因此,这也在总体上增强了相关社会对那些以科学为基础的技术的依赖,这些技术一旦被释放,就很难加以遏制。

我已经提过军方在无线电传输发展中的关键作用。第一次世界大战中的另一个例子是在哈伯-博施法(Haber-Bosch process)的工艺基础上研发出人造肥料,我将在第十五章中论述这一案例。该过程既可用于生产肥料,也可用于生产炸药,如果不是由于军方的需求,它不可能如此迅速地扩大到工业规模。在一战期间,毒气、现代火炮、飞机、机枪、坦克和潜艇也发展和传播开来。[117] 然而,尽管战争破坏了一切,在此期间也出现很多新的破坏性技术,但这一社会条件并未抹去第二次工业革命在知识经济方面的成就。

例如,对传染病的理解并不仅仅是一项孤立的科学成就。[118] 人们成功减少了传染病,是因为有关如何预防感染的家庭知识传播开来,深刻地改变了知识经济——通过接种疫苗和与疾病携带者做斗争,也通过煮沸和过滤水,以及食物准备、保存和正确烹饪。常识经济中的这些变化导致发达国家的死亡率全面性地急剧下降。在下一章中,我将探讨这些以及其他科学技术发展的更广泛的全球方面。在第十六章中,我会专门论述其在殖民暴力与殖民统治中的作用。

战争造成了无数破坏,给人类带来了深重灾难。但客观来说,战争条件(包括冷战期间)对发达国家的知识经济总体产生了规模扩大效应。第一次世界大战的一个全球后果是内部研究实验室模式的迅速普及,而最初这只是少数大公司的特点。另一个更深层面的后果是科学与国民经济的日益融合,虽然这一融合在不同国家所采取的形式截然不同。在美国,战争条件总体上增强了科学对工业的重要性。在像法国和意大利之类的国家，研究较少整合到公司中，顾问和国家支持的研究组织——如法国国家科学研究中心——发挥着更大的作用。[119] 在苏联，科学越来越受到执政党和国家的集中控制。[120] 科学院（Academy of Sciences）被赋予了主导地位，该学院在1930年代从荣誉协会转变为庞大的研究机构，由苏联的政治和经济规划当局集中控制并与之关联。

所有国家都需要利用科学产生的资源作为国际竞争力，尽管研究取得切实成果的时间尺度通常各不相同。[121] 因此，它们发展出高度差异化的知识经济（有时也被称为"国家创新体系"），公司、军队、私立或公立的研究和教育机构以及政治和监管部门做出了不同的贡献，并且互相影响。在纳粹德国这样的专制政权下，科学被大量用于军事、经济和政治行动，包括像大屠杀这样反人类的恐怖罪行。其发生方式并不完全是国家和企业自上而下地调动资源，甚至不是主要以这种方式，而是科学自发地动

图10.9　在第一次世界大战的军事与科学之间。弗里茨·哈伯（Fritz Haber，合成氨气的哈伯-博施法发明者与"化学战之父"）指着装有氯气的罐子，与德国毒气先锋团的利奥波德·戈斯利希上校（Oberst Leopold Goslich，**图片正中**）以及军官富克斯（Fuchs，**左**）在一起。照片摄于1914—1918年，由柏林达勒姆的马普学会档案馆提供

员以回应新的资金和就业机会。[122]

大科学

如果说"大科学"是在工业规模上探求科学，对设备和人员进行大量投资，精心分配劳动力，并受管理流程的支配，那么其起源就可以追溯到第二次工业革命时期以科学为基础的工业，以及它们在第一次世界大战中的政府和军方庇护下扩大规模。但是到了20世纪初，随着科学家研发越来越大的仪器设备来解答基础问题，基础科学也开始变"大"。早期的例子包括乔治·E.海耳（George E. Hale，1868—1938）在世纪之交构想出的大型天文望远镜，以及欧内斯特·O.劳伦斯（Ernest O. Lawrence，1901—1958）在1929年发明的用于研究物质结构的回旋加速器。[123]

1938年，核裂变的发现开启了核物理，[124] 它在推动大科学以及军事、工业和科学利益的融合时起到了决定性作用。由美国领导的"曼哈顿计划"于1939年启动，该项目以空前的规模将研究、工程、生产和军事设施结合在一起，生产出了第一批核武器，最终雇用的人数超过13万人。它在美国总统德怀特·戴维·艾森豪威尔（Dwight D. Eisenhower，1890—1969）所称的"军工复合体"（military-industrial complex）的建立中起到了关键作用，艾森豪威尔在1961年的告别演说中曾提到"军工复合体"，并警示了"国家学者被联邦雇佣、项目分配和金钱力量所左右"的可能性。[125]

军工复合体，或更确切地说"军工科复合体"（military-industrial-scientific complex），成为第二次世界大战的持久遗产，在1950年代初期的朝鲜战争中、1957年的苏联人造卫星冲击（Sputnik shock）之后，以及在漫长的冷战时期不仅没有松动，反而得到加强。知识经济的这一特殊形式给科学技术乃至社会科学的进一步发展留下了深刻的印记，社会科学经历了科学主义的转变，这是由招募人文主义学者和社会科学家来解决军事相关问题所造成的。

第二次世界大战后，大型仪器的发展也影响了生命科学，例如，超速离心机、电子显微镜、电泳、X 射线晶体学、紫外光谱学和其他实验技术帮科学家们在大分子水平上理解了生物现象。[126] 在最初相对分散的科学合作网络中，几个枢纽发挥了决定性作用。这些枢纽由具有独特设备或独特技能组合的实验室构成，它们成为整合各种学科知识的催化剂。这是分子生物学的黄金时代。想象或现实中的工程和商业应用机会只是后来才出现的。分子生物学的新视野鼓励了大规模的有组织合作（例如人类基因组计划）[127]，但商业和文化的界限也引起了新的知识生产碎片化。

军工科复合体构成了一种将科学整合到大规模社会结构中的模型，因此我们可以更笼统地说"社会认知复合体"（socioepistemic complexes），其总体趋势是坚持并加强社会对科学知识的依赖。另一个例子是生物医学复合体，包括制药工业、医院、大学、专业组织和政府机构。[128] 它扎根于第二次世界大战期间生物医学研究的回升，并在战后成为生命科学的主要驱动力。临床实践和实验室研究变得紧密交织，统计学方法越来越成为临床实践知识的主导。对研究和专业培训的公共投资和支持在社会认知复合体的扩展和进一步发展中发挥了重要作用。

电子学的变革力量

军工科复合体的另一成果是电子工业的发展，首先是晶体管的发明，其次是数字计算机的发展，二者都对知识经济的转型造成了重大影响。[129] 我已经提到过，第一次世界大战对载声广播的发展起到了重要作用，这种技术很快就成为一种普遍现象。1930 年代解决的下一个技术挑战是电视。广播和电视等大众媒体使得知识可以极其快速地散播给前所未有的广大受众；但它们容易被控制，并且缺乏互动性，这也使其成为理想的宣传工具。

尽管作为这些技术基础的电子管潜力尚未耗尽，正如二战期间雷达的发展所表明的那样，但瓶颈在 1930 年代就已经相当明显。电子管的功率需求和发热限制了大型电话网络的进一步发展。为应对这一挑战，贝尔实验室（该实验室后来成为美国最大的公司实验室之一，在 1940 年代就拥有5000多名员工）启动了一项长期研究计划，重点研究半导体，希望把它作为电子管到当时为止一直被忽视的替代品。

尽管替换电子管这一目标是由其在现有通信网络中的重要性决定的，但事实证明，用半导体器件替换电子管可谓任重道远。研发被推迟了，因为战争确定了其他优先事项，如雷达研究。这项任务在战后立即再次启动，而它的实现并不在于将纯粹的知识变成应用科学。它需要的是根本性的新见解，这是无法预期的。贝尔实验室为知识经济提供了一个有限空间，在其中，人们可以通过探索性的基础研究解决具有经济利益的特定技术问题。这一过程引起了科学家型工程师的另一种转型：他或她成为一个制度角色，其特点是需要掌握前沿量子物理学的理论和实验技术。

然而，在1948年宣布发明晶体管时，人们仍然没有实现它在技术上和商业上的成功，尽管大家决定以宽松的许可政策来吸引早期使用者。由于成本高昂且不太可靠，晶体管的早期应用仅限于一些障碍较少的领域，例如那些买得起的人的助听器。突破来自军方对新技术的使用。对于军方来说，晶体管的小尺寸、低能耗成为其重要优势，特别是在导弹计划的背景下。在军方那里成本不是问题，这也很有帮助。最终，晶体管不仅进入了消费品行列，而且还开辟了全新的应用领域，超越了最初打算取代的电子管应用领域。它打破了集中于无线电的电子行业的寡头垄断结构，开创出（使用我在以前章节中用过的术语）一个全新的可能性视域。

产生新技术的研究型实验室成为其他大公司效仿的榜样，但随后的重大创新，例如硅晶体管或集成电路，却来自外部。[130] 但即使在一个由小型公司和初创公司所组成的世界中（后来被称为硅谷的地方是其代表），像贝尔实验室这样的大型研究实验室、斯坦福这样的主要大学，以及军方和太空计划对新技术的不断渴求也为创新过程提供了至关重要的资源，包括共享知识、合格的员工以及充足的资金。现在，大型中心不再是封闭的创新孕育空间，而更像是大型网络中的枢纽，可以让这些资源更灵活地交换。

半导体器件和集成电路微型化带来的关键创新是电子数字计算机。这一创新根植于构思和制造计算机器的悠久传统之中，受到以下因素驱动：首先是军事需求，其次是高级专业用途（包括用于科学目的），最后是不断扩大的个人计算机消费市场和越来越多包含数字技术的电器。半导体技术的进一步完善与计算机的完善紧密关联，这导致了现在被称为摩尔定律的预测所描述的那种加速发展：集成电路上可容纳的晶体管数量每隔一到两年就会增加一倍。这一经验法则自1965年提出以来已或多或少得到证实，但是由于物理和经济原因，现在已经开始失灵。[131]

第一代数字计算机极大地增强了人类在军事和工程领域管理知识的能力，在行政、经济与自然科学领域也同样如此。计算机首先导致了计算文化的发展。它们在文本和语言处理方面的应用也随之而来——起初进行得相当缓慢，但最终导致了重大变革，即计算机开始增强人类的记忆和语言能力。自从1950年代中期引入"人工智能"这一概念，想要使用新的信息技术来实现"人工智能"的尝试已经以深远的方式扩展了表征和处理知识的可能性。

计算机从计算机器转变为知识编码和处理的设备，与这一转型并行发展的是计算机网络。网络技术也可以追溯到军方，在1960年代中期，美国国防部高级研究计划局（ARPA）资助了一些开创性工作。阿帕网（ARPANET）是最早采用分组交换和TCP/IP协议等互联网基本技术的计算机网络之一，这些技术对网络中的数据传输至关重要。[132]

互联网和后来万维网的发展都是为了克服地区性计算能力和数据存储的局限性，并促进信息共享。这些发展首先是为了满足军事和科学目的，后来被作为通用信息网络使用。[133] 如果没有强大的计算机网络，从粒子物理学到人类基因组计划的大规模科学项目将不可能实现。但它们对知识的影响可能更加深远：通过将人类思维的操作功能转移到电子介质中，并有机会（由万维网提供）创建出人类知识的全球表征，数字网络技术正在急剧地改变知识经济。在第十六章中，我们将详细讨论这些变化的矛盾特征。

随着新信息技术的出现，新的研究领域不仅出现在技术领域（如计算机科学），还出现在认知科学等人文领域，受到人工智能研究的推动。[134] 在这里，理性和科学的传统问题以一种新方式得到解决，这种新

图 10.10　美国陆军雇员拿着首批四台军用计算机的部件。**从左到右**：数学家/程序员帕齐·西梅斯（Patsy Simmers）拿着埃尼阿克板（ENIAC，电子数字积分计算机）；盖尔·泰勒（Gail Taylor）拿着埃德瓦克板（EDVAC，离散变量自动电子计算机）；米莉·贝克（Milly Beck）拿着沃德瓦克板（ORDVAC，军械变量自动计算机）；数学家/程序员诺尔玛·斯德克（Norma Stec）拿着布热莱斯克一代板（BRLESC-I，弹道研究实验室电子科学计算机）。摄于1962年。图自美国陆军，照片编号：163-12-62

方式重新构造出一种思维逻辑，不假定其普遍性，也不再从其内容中进行抽象。这些方法已经表明，形式逻辑和从知识内容中抽象出来的认知心理学不足以表达人类思维的操作功能。在本书中，我广泛地运用了这些见解。

科学生产力的衡量问题

在20世纪，现代科学的知识经济受到科学事业规模不断扩大的挑战。对这一挑战的广泛回应是借助日益扩大的制度性框架来加强科学学科体系的潜在价值。通过施加外部可控并在可能的情况下可量化的标准，制度性框架强化了这些价值。这种科学标准的制度化（如科学计量学和科学出版物中的同行评议等现象）在20世纪下半叶开始发挥重要作用，确保了科学生产中的高度专业性和质量控制，尽管科学知识高速增长且散布全球。[135]

同时，评估科学生产力的新形式也削弱了其潜在价值，因为它缩减了智力交流的意义而支持社会控制的机制，以正式评估取代个人判断，以计数取代阅读，并以数量取代质量。学术出版格式的标准化已促成一种文化，将出版物的数量或其"影响因子"（被引用的频率和场所）作为学术成就的衡量标准，尽管这些充其量只是对智力价值的拙劣代表，且在最坏的情况下，会形成一种奖励高产出低质量工作的经济。科学的发展促进了许多控制程序的标准化、制度化甚至自动化，在现代科学萌芽之时，这些控制程序只是同行群体中对科学成就质量的多多少少非正式思考的一种表达。

新学科的兴起

但是，现代科学的知识经济并不仅仅受制于增长和专业化的单向趋势。随着科学的扩展，出现了知识整合和统一的新机遇，也出现了可以用来对知识进行判断和评估的新视角。边界问题（正如我在第四章中所描述的）继续扮演诱因，触发经典科学学科体系的转型。例子之一是生物学在与其他学科的断层线处发生转型，在20世纪的大战中一次又一次地占据舞台中心。第一次世界大战后，生物学首先与化学融合在一起，生物化学由此诞生；在二战后，生物学又与物理学一起催生了分子生物学；最后，它与控制论、计算机科学和自动化融合，从信息论角度促进了生物学的概念化，且在之后冷战的余波中带来了生物技术的发展。[136]

地球科学在20世纪的崛起构成了一个重大的概念性和制度性转型，它将以前零散的研究重新纳入一个统一的学科。[137] 地球科学的历史因此能够说明这种转型的旷日持久性，正如我在第七章中强调的。就像生物学中所谓的达尔文革命或在广义相对论的建立中发生的那样，在最初想法出现几十年之后，人们才建立起一个全面的、被普遍接受的新框架，该框架事后被认为标志了关键的所谓"范式转换"。

在地球科学方面，这个最初想法可以追溯到德国地质学家阿尔弗雷德·魏格纳（Alfred Wegener，1880—1930）在20世纪前三分之一的时间里所做的工作。魏格纳提出，今天的大陆在地质年代中脱离了原始的超大陆，并移动到它们目前的位置。[138] 但是，大陆漂移理论只是在复杂而广泛的知识转化过程之后才变得普遍令人信服。这不仅是要确认最初的假设的问题，还是1960年代建立的现代板块构造理论的问题，该理论现在被具有新特性的地球物理证据所证实，而新证据尤其符合战后美国科学界的要求。[139] 这与广义相对论的原始理论在类似漫长历史时期内的知识论转变惊人地相似，我将在第十三章中回到这个例子。20世纪地质学转型的长期性，不仅是因为所要获得与整合的经验知识的多样性和异质性，而且，正如我们将要了解到的，还因为引导这种整合的知识经济的特殊性。

地质学并不是一门新科学，它长期以来一直在研究山脉的形成、大陆和海洋的分布、地球内部的构造，以及地球的年龄等问题。地质学中的一大挑战性问题是存在于陆地上的海洋沉积物，以及在阿尔卑斯山脉中发现的已被长距离运输的大片岩石。

到19世纪末，地质学中的许多关键问题已经呈现出边界问题的特征，在了解地球性质和历史的各种方法之间的断层线上出现。一方面，某些方法试图主要从物理学和天文学角度来理解地球历史，例如布封和威廉·汤姆森（William Thomson，1824—1907），即后来的开尔文勋爵所采用的方法。另一方面，是亚伯拉罕·维尔纳（Abraham Werner，1749—1817）、乔治·居维叶（Georges Cuvier，1769—1832）或查尔斯·莱尔等人成熟的地质学家传统：走到野外，并专注于岩石中记录的证据。此外，古生物学用达尔文进化论来解释化石记录，这也对理解地球的历史有很大影响。

地质学边界问题的一个突出例子是关于地球年龄的争论。[140] 在1860年代，根据热力学计算，开尔文认为地球的年龄不会超过几千万年。这与

图 10.11　大陆漂移说的缔造者阿尔弗雷德·魏格纳的最后一张照片，摄于 1930 年格陵兰岛的考察中。© 阿尔弗雷德·魏格纳研究所档案馆

生物学家认为地球上的生命进化需要数亿年甚至更长的时间形成了鲜明对比。这也很难与"均变论"（uniformitarianism）对岩石记录的解释相洽，"均变论"的原则是，在地球历史上活跃的作用力与今天可以观察到的作用力是相同的。最终，事实证明，此边界问题只能在新的物理学基础上解决，也就是理解太阳的能量来源所需的核物理学。

魏格纳于 1912 年首次提出大陆漂移模型，然后在 1915 年出版的著作《海陆的起源》（*The Origin of Continents and Oceans*）[141] 中对之进行了详尽阐述。这一模型将大陆与海洋的分布解释为一个边界问题，同时考虑了诸如大陆之间的拼接、支持性的地层证据等地质事实，以及表明早期地质时期大陆之间广泛物种交换的化石记录。魏格纳的理论还提出了一种解决山脉形成问题的新方法,避免了早期提案的弱点,例如假设地球正在冷却的早期提案。

正在冷却的坚硬地球这一心智模型是开尔文所捍卫的,地质学家们早先曾用这个模型来解释地球表面的特征。根据奥地利地质学家爱德华·修斯（Eduard Suess,1831—1914）的说法,冷却、收缩的地球导致部分地壳坍塌,从而形成了海底。[142] 他推测存在一个巨大的超大陆,他称之为"冈瓦纳大陆"（Gondwanaland）,该大陆最终分裂。这一假设还可以解释在现在分离的大陆上存在相似的化石记录,因为这些大陆以前是由"陆桥"（land bridges）连接的。相比之下,对与他同时代的美国人詹姆斯·德怀特·达纳（James Dwight Dana,1813—1895）而言,地球地形的基本特征则是永久的、原始的特征,是由于地表最初变成固体时不同矿物的熔化温度不同而出现的。[143]

另一个心智模型,即"地壳均衡"（isostasy）模型,根据阿基米德的浮力原理描述了大陆与海洋之间的关系。地球表面的特征,如山脉或大陆板块,被认为与一些地下介质处于流体静力平衡状态,因此,海拔较高的地区由其下方的质量亏损所补偿。这一设想在19世纪中叶提出,当时英国正在对印度的殖民地进行大地测量。[144] 精确的测量必须考虑到喜马拉雅山脉等大型山体的引力,但其影响比原来预期的要小,这说明地下有质量亏损。地壳均衡的心智模型可以有两种不同的说法:或者山峰表现得像冰山,并由地下"山根"支撑（艾里模型）;或者通过密度随海拔高度成比例变化来实现流体静力平衡（普拉特模型）。艾里模型需要流体介质以让大洲和山脉漂浮其上,就像冰山那样。

魏格纳的大陆漂移模型将修斯模型的一些方面与地壳均衡说的艾里模型结合在一起。它结合了修斯对各大洲毗连性的见解以及地壳均衡说的建议,即这些大陆应该是由密度小于洋盆的物质组成的,可以漂浮,同时与地下的高黏性介质保持流体静力平衡。在魏格纳的构想中,冈瓦纳大陆并非一个部分沉没的大陆——这一假设很难与地壳均衡说调和,而是被分解成多个碎片。同时,他对大陆水平运动的假设可以解释山系、裂谷和岛弧的出现。他甚至可以解释一些挑战性问题,例如阿尔卑斯山脉大规模横向运动的证据。

在20世纪上半叶,这些以及其他一些心智模型成为核心,地质理论围绕它们阐述,新的证据围绕它们积累。但是,哪些理论得到详细阐述,新知识如何得到评估,这关键取决于相关的知识经济及其限制,其中包括知识之象以及由先前理论或实践承诺产生的路径依赖。这些知识经济随国家背景的变化而变化,随之变化的还有这些选择性过程背后的默认假设。

知识经济的关键作用体现在,新的经验知识的积累不仅受到研究问题的驱动,而且还受到支持地质学家研究的体制框架的驱动,特别是负责大规模大地测量的科学家。例如,在美国,1807年在托马斯·杰斐逊(Thomas Jefferson,1743—1826)任内成立了美国海岸和大地测量局,从这时开始,这种测量对于地球物理问题的研究就起到了重要作用。在20世纪,华盛顿卡内基研究所成为美国地球科学重要的机构赞助者。其地球物理实验室尤其促进了地球科学在物理和化学方面的发展。二战期间及之后,美国海军也支持了大量的地球物理和海洋学工作。这些制度性框架决定性地塑造了前述默认假设。

新经验知识的一个重要来源是新仪器的发展所带来的方法上的进步,也包括其他领域的进展,特别是物理和化学领域。自19世纪末以来,支持魏格纳假说的生物地理和古生物学模式就已基本为人所知。20世纪初,放射性的发现开辟出新的视野,削弱了开尔文关于地球冷却的论点,转而指出了辐射热的地质作用。

在1920年代中期,地质学家们一致认为,在地球地壳的下方有一个活动层。在1920年代后期,美国在加勒比海进行了一次海底考察,结果表明,洋盆是地质活跃的地区,可以在这里识别出地壳的主要区域应力。1930年代,地震证据也证实了区域应力的存在及其在地壳下挠中的作用。同时,英国地质学家阿瑟·霍姆斯(Arthur Holmes,1890—1965)指出,地底中的对流可能导致这种下挠。[145] 卡内基研究所在战争期间研发的磁力计使探测弱磁场成为可能。1960年代对古地磁的研究表明,地球磁场的极性反转过好几次,这一发现可以通过地球物理数据证实海底扩张的假说。

但是，新经验知识的积累本身并不导致在相互竞争的理论之间做出选择。否则，魏格纳的理论可能早在1940年代就已成为地质学家的共识，当时压倒性的（尽管大部分是定性的）证据都对其有利，而其他地质模型都出现了问题。当时的一些综合性著作，如亚历山大·杜托伊特（Alexander du Toit，1878—1948）的《我们流浪的大陆》（*Our Wandering Continents*，1937）和阿瑟·霍姆斯的《物理地质学原理》（*Principles of Physical Geology*，1945）中，都系统地阐述了魏格纳的理论，以及最新证据和对漂移机制的合理解释。但是，如同我们在爱因斯坦的案例中所了解到的，对边界问题的评价很大程度上取决于视角。正如内奥米·奥雷斯克斯令人信服地证明了的，在美国，对魏格纳大陆移动论点的评价受到了当地知识经济特性的深刻影响，使得对魏格纳理论的接受推迟到了1960年代。

她认为，这一推迟与当时知识经济中普遍存在的（用本书的术语来说）知识之象、默认假设和路径依赖有关，这种知识经济构成美国地质学研究的基础。[146] 相关的知识之象包括：坚持理论多元性，对魏格纳这种大统一理论保持怀疑；致力于归纳性的实验方法，强调定量证据和精确的重要性；倾向于模仿物理和化学——在生命科学的当代发展中也可以观察到这些趋势。

美国地质学家的默认假设及其理论承诺的路径依赖性，是由美国地质学的制度性背景所加强的地球物理学观点主导的。这些默认假设和路径依赖也受到其他影响，如地壳均衡的普拉特模型在美国地质学家理论研究中的特权地位，以及阿巴拉契亚山脉（Appalachians）等当地山脉的形成在他们的推理中所起的范式作用。相比之下，1960年代出现的新的经验知识在满足定量地球物理数据要求的同时，基本上不需要先前的理论承诺。因此，它可以被认为是支持研究大陆漂移的新方法的证据，这种新方法现在被称为"板块构造学"（plate tectonics）。实际上，板块构造学说作为一种稳定而统一的理论，其出现最终取决于对所有可用知识的整合，而这一整合最终解决了历史地质学、古生物学和物理学之间最初引发这一发展的紧张关系。

在20世纪下半叶，地球科学的进一步发展受到强大的经济和军事利

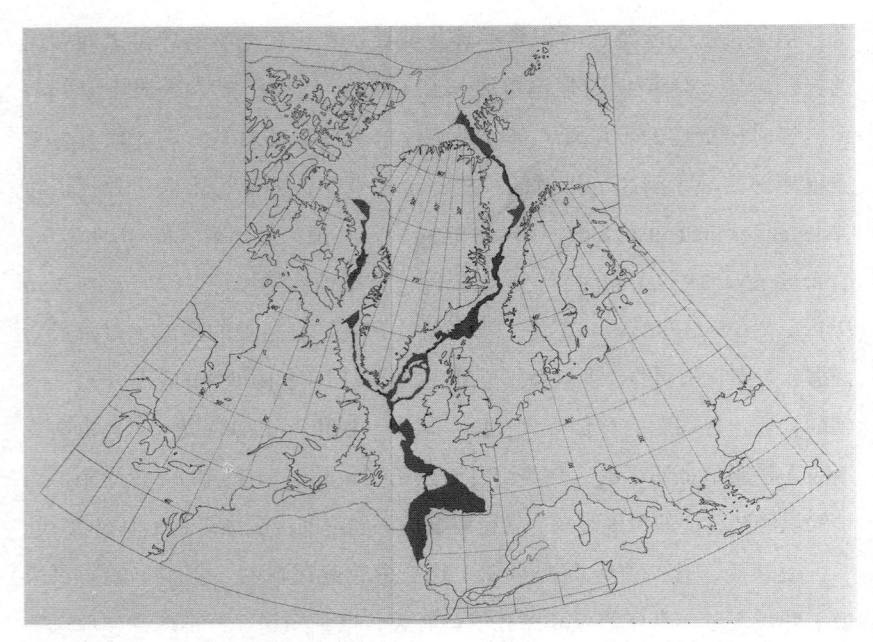

图10.12 "布拉德拟合"（Bullard fit）。1965年，爱德华·布拉德（Edward Bullard，1907—1980）发表了计算结果，确定了北美洲、南美洲、非洲和欧洲海岸线的最佳拟合。当时，这一结果被认为是支持板块构造学说的重要证据。出自 Bullard, Everett, Smith, et al. (1965, fig.7)。英国皇家学会提供

益驱动——尤其是冷战中对自然资源和地缘战略优势的寻求。转折点是1957至1958年的国际地球物理年。尽管美国的官方支持在很大程度上是受军事利益的鼓舞，希望获取具有战略意义的全球数据，但它仍然鼓励了全球科学共同体内的国际合作，开创了对地球系统进行国际观测和调节的时代。[147] 在第十三章中，我将借助网络理论，更仔细地研究这个形成共同体的过程。

在1960年代，地球科学的兴起促进了对环境威胁的全球视野，这种视野在政治协议中得到阐述，包括对在南极洲采矿和军事活动的限制、有限核试验的禁令，以及国际社会应对臭氧破坏等挑战的能力（我将在第十五章中回到这个例子）等。科学和通俗文学中也阐述了这种全球观点，例如蕾切尔·卡森（Rachel Carson）的名著《寂静的春天》（Silent Spring，1962）。[148]《寂静的春天》谴责了农药的毁灭性影响，成为国际环境运动的标杆之一。

挑战科学的权威

到1970年代，人们已经普遍认识到，进步和创新的概念作为知识之象，涉及社会利益和对科学意义、科学发展方向的看法。尤其明显的是，政治、经济或军事决策——以及市场和公众舆论——可能会影响科学发展的道路，带来长期并且有时是毁灭性的后果。

20世纪科学的巨大隐患已经表明，科学创新不仅仅是科学以及不可阻挡的科学进步的事情。此外，仍然生活在前工业化时代的传统社会的持续存在表明，人类社会的发展不一定与不可避免的技术加速联系在一起，也不一定与科学的出现和发展有关。显然，科学只是表达人类文化的多种可能形式之一。这种认识在人文和社会科学领域催生了一些科学研究的方法，它们不再接受单向的现代性概念，甚至对科学作为一种特权知识形式的崇高地位产生了怀疑。

然而，与此同时，现代社会内部的许多运作方式，其经济、其政治系统、其文化传统和思维方式，甚至是其生物繁殖机制，都已成为科学和基于科学的干预的对象，有时还附带直接的自我调控结果，例如在政治、经济、医学和教育中使用统计数据。[149] 另一方面，对于社会前途至关重要的知识通常并不是由学术机构产生的，特别是关于会影响环境的基本技术、基础设施、社会或经济决策的知识；即使这些知识已经产生，可能也会由于整个社会无力吸收或实施而使得这些知识形同虚设。

例如，直到1960年代，国家民用核能计划几乎没有得到核废料政策的补充。[150] 这种情况只是随着防止核武器扩散的紧迫性，能源供应相关的工业政策的需求，以及欧美反核运动的兴起才发生改变。结果，科学与社会之间出现了新的纠缠形式。各国政府援引科学作为权威以证明政治行动的合理性，目的通常在于使有争议的问题变得非政治化。科学家既作为专家（通常依赖于既得利益）也作为政治活动家参与了环境政治。

显然，没有任何一种"向权力说真话"式的简单的、理性主义技术统治的决策模式能够充分描述这种情况。通常并不是科学首先发现问题，然后提供一个政治最终必须实施的解决方案。这根本不能反映知识处理的社会动态。"真理"并不是在没有利益纠缠、无价值考量和具有相当确定性的领域产生的，而"权力"也不只是采用和实施专家知识，罔顾规范性和更广泛的社会考虑。[151]

在民主社会中，对科学进行公共资助需要辩护。社会期望可能会影响科学的发展方向，甚至对其施加苛刻的限制。将科学非常不同的时间尺度和视角与其他社会领域的短期期望（包括对科学的公信力、公众可及性、透明度，以及积极参与公共对话的要求）相匹配，已成为依赖科学进步之社会的主要挑战。

自1960年代以来，社会运动已经在众多领域挑战了科学的权威，从核物理学到农药化学，再到精神药理学等。另一方面，与大公司或保守的政治团体有关的科学家操纵了对话，以保持争论的开放性，即使在诸如吸烟、酸雨、滴滴涕（DDT）和气候变化等问题上已经达成广泛的科学共识。[152] 因此，他们让科学知识更难融入更广泛的社会性知识经济中。在第十六章中，我会回到这一问题，在"暗知识"（dark knowledge）的名称下讨论这种被压制的科学知识。

学术资本主义

1970年代以后的特征是资本和商品流动的"自由化"，新的跨国和国内治理形式（"新公共管理"运动）的出现，[153] 新信息技术的出现，共产主义阵营的解体，亚洲经济的崛起；但也有对全球自然资源局限性的认识，以及上述对科学进步作为现代工业社会不言而喻的组成部分的怀疑。

在现代科学的知识经济中，科学的公共形象发挥着重要作用，扮演了科学与社会其他子系统之间的中介，对其相互作用进行调节。它们通常反映了特定群体的利益和观点——至少在产生科学知识的实际过程的意义上。自1970年代以来，对所有社会领域的经济化促成一种科学形象，使科学成为一项以经济术语进行组织和概念化的活动，从而促进了可以被恰当地称为"学术资本主义"的东西。[154]

例如，根据1980年的《拜杜法案》(Bayh-Dole Act)，美国引入了一项统一的专利政策，该政策使大学和非营利组织可以为联邦资助研究项目中的发明注册专利。其目的是鼓励大学参与技术转让并提高商业化水平，从而增强美国的经济竞争力。[155] 于是，在美国、欧洲和亚洲建立了许多技术转让办事处。尽管这项政策催生了成千上万的衍生公司，为美国经济贡献了数十亿美元，但它也倾向于将视野局限于短期利润，而不是关注整个社会的利益。

通过减少用于高等教育的公共资金，这一趋势在美国得到加强。这迫使大学提高了学生的学费，也迫使教师寻求外部资金，而这些资金往往伴随着对赢利成果的期望。正如罗贝特·戴克赫拉夫（Robbert Dijkgraaf）所言："如今，工业研究的额外负担正在挤走许多大学的基础研究。同时，各国政府越来越多地将研究资金用于应对重要的社会挑战，例如向可持续清洁能源的过渡，与气候变化做斗争，以及防止世界范围的流行病，这些都在预算不变或预算减少的情况下进行。由于当代的优先事项和政治因素，基础研究被轻描淡写地忽略了，其预算往往最终成为一系列不断增长的减法的剩余部分。"[156]

但是，无论从严格的经济学角度还是从更广阔的社会角度来看，将知识经济简化为单一市场模式很难保证长期成功。这至少是我所讨论的许多例子所暗示的，这些例子表明了创新的长期性及其对公共投资的依赖（无论是军方还是民间投资），以及思想自由对于所有创新形式的关键作用。罗贝特·戴克赫拉夫在评论亚伯拉罕·弗莱克斯纳（Abraham Flexner）的文章《无用知识的有用性》（"The Usefulness of Useless Knowledge"）时问道："确实，在当今充满尺度和目标的文化中，我们如何有意义地传达'无用知识的有用性'呢？在漫长、迂回和出人意料的研究之旅中，往往有许多死胡同和导致进一步意外发现的急转弯，人们必须考虑多少要点？如何在不将某种想法套入已有模式的情况下，表述其潜在结果？"[157] 努乔·奥尔迪内（Nuccio Ordine）在自己关于无用知识之有用性的出色论文中引用了法国数学家和哲学家庞加莱的话："毫无疑问，经常会有人问及数学的用处，这些完全是我们头脑成果的精妙构造是否是人造的，仅仅源于我们的幻想。我应该对提出这个问题的人加以区分：实际的人只关心我们如何从中赚钱。这不值得答复。有可能更切中关键的是，问他们积累大笔财富的用处，以及为了达到这个目的，是否值得忽略艺术和科学，因为只有艺术和科学才能使我们从中获得乐趣，不为活命而败坏生命之根（et propter vitam vivendi perdere causas）。"[158] 请注意我在这里提出的更普遍的知识经济概念，它可能会对将来的讨论，以及关于科学主张的可靠性和可信赖性的论述有所帮助。

第四部分

知识如何传播

第十一章

历史上的知识全球化

希波克拉底（Hippocrates）、盖伦（Galen）和阿维森纳（Avicenna）的著作在15世纪占据了从巴格达到牛津再到廷巴克图（Timbuktu）的每个优秀图书馆的全部书架，但是这三位医学巨匠对梅毒却只字未提。
——阿尔弗雷德·W. 克罗斯比（Alfred W. Crosby）《哥伦布大交换》

我认为，有一条一般原则是，在某地首次成功地完成一项艺术或发明，和该艺术或发明在另一个地方首次出现之间，所经历的时间越长，它是纯粹独立发明的可能性就越小。
——李约瑟《中国铸铁冶金的优先性》

哥伦布以为自己找到了印度，其实意外地到了美洲大陆。我虽然到了真正的印度，但却发现在这里遇到的很多人都更像美国人。在印度，很多人都取了美国名字，我在印度的呼叫中心听到的都是美国口音，在印度的软件实验室看到的都是美国的技术。哥伦布归国后向国王和王后汇报说，世界是圆的。他也因这一发现而名垂史册。而我回到美国时，只是悄悄地和我的太太分享了我的发现。我悄悄地在她耳边说："亲爱的，我发现这个世界是平的。"*
——托马斯·弗里德曼《世界是平的》

---

* 中译引自［美］托马斯·弗里德曼：《世界是平的——21世纪简史》，何帆、肖莹莹、郝正非译，湖南科学技术出版社，2016，第5—6页。——译注

需要一个全球的视角

在上一章中，我从历时性角度考察了知识经济，强调了知识生产、共享和实施的社会条件。这可能会给人一种印象，即知识史遵循着一系列几乎不可避免的阶段，其整合与反思的水平不断提升。然而，从历史现实的角度来看，从一种知识经济向另一种知识经济的转变并非必然发生。[1]

的确，对知识进行更高水平反思和整合的可能性取决于在历史进程中积累的工具和经验，但积累过程本身，比如对所提供选择的利用，则取决于其他因素，这些因素不能被安排成一个明确的进步逻辑。尤其是，到目前为止，我所考虑的知识经济从未孤立于更大范围的知识传播和交流。最终，知识的演化只能被理解为一种全球过程。

近年来，知识迁移研究和比较历史研究已成为科学史研究中的活跃领域。[2] 但是，除了少数例外，研究重点主要是在当地历史上：主要集中于对政治和文化背景、社会实践，以及知识构建的细节性研究。由此产生的丰富但相当零散的图景可能会使我们低估很长一段时间以来，知识把世界连接起来的程度。实际上，从很早的时期开始，语言发展、粮食生产、资源和能源的利用、建筑、文字和计算等就已经成为长期乃至全球进程的一部分，只有从更全面的角度才能给出正确理解。

例如，最近（基于古代DNA分析等新技术）的考古发现表明，在公元前7千纪末至前6千纪初，农业从安纳托利亚向东南欧和中欧的扩散是农民迁徙的结果，他们将当地的狩猎采集人口边缘化。[3] 车轮和战车在公元前4千纪传播开来，大约同时出现在北海和美索不达米亚。显然，创新——例如有关车轮和车辆构造的知识，有关如何将一队牛轭到战车上的知识，以及如何开采铜矿或如何铸造轴承和车链的知识——可以通过相互连接的区域网络，以非凡的速度在欧亚大陆传播。

因此，我建议将全球化过程追溯到史前时期。我来谈谈这个常被忽视的古代全球化现象。在此，全球化被理解为物质文化和象征文化的全球散布，范围从商品和技术到语言、知识和信仰，也包括政治和经济制度，即使这种散布是长期发展的一部分。全球化的关键方面是由此产生的生存手段和社会凝聚力的积累,以及相隔遥远的地区之间相互依赖关系的加强。

但是知识史对于理解现代全球化进程有什么重要性呢?我认为,席卷各大洲的一系列创新浪潮留下了文化成就的分层结构,尤其是知识的分层结构,类似于地质沉积层。这种分层并不是简单的线性积累,而是还可能像地质记录那样,显示出扭曲和破碎的结构。尽管如此,全球化的早期过程,如农业的散布,陶艺或冶金学等基本技术的散布,或者文字、宗教和科学的散布,会因其不同的区域性影响或在某个地区未能扎根,而制约后期的全球化过程。正如我们将在下一章对古代欧洲和中国科学的比较中所了解到的,它们还有助于解释那些惊人的相似之处,这些相似之处可以用早期的全球化进程所创造出的相似前提而非直接转移进行更合理的解释。

知识全球化的长期动态由内在和外在过程的相互作用所决定,这些相互作用有可能增强知识的社会主导地位、应用范围和反思程度,也有可能破坏其自主性并降低其复杂性。正如我们在第二部分中所看到的,知识内部动态的特征在于知识形式和表征结构之间的相互作用,这引发了特定知识经济内部的发展,例如,这种相互作用将亚里士多德的自然哲学转变为被称作前经典力学的知识体系。相反,外在过程则是指移民、贸易、征服、殖民化、传教活动或其他扩张性活动,通过这些活动,知识系统得以散布,包括或多或少地以暴力方式强加给新的人群。

内在发展和外在发展紧密地交织在一起,二者之间的相互作用成为全球知识经济的决定性机制。一个知识系统的内在发展,例如在既定社会和文化背景下的探索以及随后的重组,可能会成为知识全球化的外部原因。内在发展过程可以增强一个社会的技术潜力,从而增强其参与外在的全球化过程的能力,或者也可能会使知识变得更适于传播,因为它更多地脱离了背景。近代早期欧洲的地理、天文和航海知识的发展为远距离海上航行提供了便利,并且它们可以不受地理位置的限制而普遍适用,这个例子就属于这两种情况。殖民的可能性也取决于知识内在发展的成就,例如天文学进步、航海技术或其他可以增强军事或经济优势的技术,这些将在下文中进行详细讨论。在第十三章中,我会回顾其中的一些成就如何在中世纪晚期和近代早期欧洲的认知网络中积累起来。

外在过程，例如将特定的知识系统转移到另一种自然和文化环境中，可能会反过来通过新经验促进内在过程，这会成为变革的诱因，就像欧洲对其他大洲的殖民使欧洲和非欧洲的知识系统都遇上了新的挑战性对象一样。全球化的外在过程会触发内在发展，这种情况的一个例子是日本在19世纪中叶对西方的开放。为捍卫日本内部的政治稳定，抵御外国传教士和商业入侵所带来的威胁，日本从17世纪开始实行了闭关锁国。在1850年代，美国海军的军舰抵达日本，其任务是在日本自行封闭与西方的商业和外交关系两个多世纪之后使其开放，必要时可以使用军事力量。这种外部压力引发了一个深刻的变革过程。1868年之后所谓的明治维新开启了日本的现代化进程，其中包括引入西方的科学和技术。但这一进程并不仅仅是对西方模式的模仿。它不如说是构成了全球化的内在过程，在这一过程中，全球的社会和政治秩序以及知识经济都发生了转变，这使日

图 11.1 图片展示的是 1853 年 7 月 8 日，美国蒸汽船在马修·佩里（Matthew Perry）的指挥下抵达日本的场景。这次探险的目的是打破日本两个多世纪的封闭状态，与日本政府接触，并建立外交关系。它成为日本与西方列强关系的历史转折点。该画作即月冈芳年（Tsukioka Yoshitoshi，1839—1892）《光复实录》（*Kōkoku isshin kenbunshi*），创作于 1876 年。图自大都会艺术博物馆

本在20世纪成为政治、经济、科学和技术方面的全球参与者。我将在第十六章中回到这一案例。

总而言之，全球知识史既不是简单的更合理、更有效或在其他方面更优越知识的胜利上升，也不能解释为该过程初始生态条件的长期结果。[4] 它更像是内在过程与外在过程之间复杂的相互依存关系，以及这种相互作用随着时间推移而展开的结果。

在本章结束时，我将回到一个得到充分研究的例子，即希腊科学随着时间的推移经历过的多次复兴，并强调对全球知识史至关重要的几点。其中之一就是我称之为"文化折射"的过程。它在这里指的是美索不达米亚和埃及知识在希腊语境中的转化，以及这种转化发生的条件。其中一个条件是先前嵌入在制度结构中的知识结构的表达和反映，而制度结构本身并不能为这种表达提供动力。

我还将以中世纪的重量科学为例做进一步论证，即阿拉伯世界对希腊科学知识的占用并不像在接力赛中传递接力棒那样。相反，它产生出真正新颖的概念。新概念的形成不仅出于对特定物质对象的关注，也出于对希腊源文本的特定选择及所形成的一种新的话语形式，由此产生了对希腊科学的重新概念化，这在拉丁世界的早期近代科学中留下了深刻的印记。这是将偶然情况转化为知识发展内部动态的另一案例。在这一背景下，我还将讨论作为知识传播方式的翻译过程的特征，强调翻译过程对来源社会和目标社会的知识经济的依赖，其网络特征，多语制的作用，尤其是这些知识经济通常释放出的自催化动力。[5]

最后，我认为伊比利亚（Iberian）全球化时期是我们进入人类世过程中的一个关键时刻，因为它引起大范围的全球互动，也因为它给美洲原住民和被迫在美洲种植园当奴隶的非洲人带来毁灭性后果，包括它所带来的全球环境的变革。

近期的科学全球化

19世纪以来，随着欧洲帝国主义、商业和殖民主义的发展，世界各地都采用了欧洲的教育和科学机构模式。[6] 德国的研究型大学成为英国、法国以及19世纪末的美国和日本所采用的模式。大学模式发展的背景是敌对国家之间的竞争，但也包括全球工业化和殖民主义——这是推动地球进入人类世的主要力量，正如我将在第十五章中讨论的。从欧洲开始的资本主义世界体系、欧洲的殖民统治，以及通过欧洲的海外经验发展起来的知识系统彼此很难分离，我们将在下面更详细地了解到这一点。

技术和科学标准在工业化过程中传播开来。国际会议帮助建立了全球科学家网络。在全世界，科学发展成了社会的一个高度整合的子系统，也越来越成为政治权力和决策制定的基础。各国都认识到，教育政策可以让政府在人口社会化、政治形成以及知识的存储和传播中维护自己的权力主张。于尔根·奥斯特哈默（Jürgen Osterhammel）认为，正在涌现的全球意识为社会提供了一个就其当前状况进行自我诊断的框架。

当今的知识，无论是科学的、技术的还是文化的，许多都为全球共享。21世纪的科学得益于创造并利用新的社会和技术结构，它们使知识和专业技术的全球流动成为可能。万维网也已成为科学知识的全球性知识基础设施。万维网于1989年在日内瓦的大型欧洲实验室——欧洲核子研究组织（CERN）——发明，该实验室是关涉全球的科学枢纽的一个突出例子。CERN成立于第二次世界大战之后，其明确目的是在高能物理领域促进欧洲国家间最大限度的国际合作。

高能物理本质上是亚原子粒子的科学，是一项昂贵的冒险，几乎不产生直接的经济或社会影响。要深入穿透物质的结构，就需要越来越高的能量，因此，越来越大的设备成为必要。CERN展示了在非常特殊的边界条件下，即在没有直接的政治、军事或经济影响的情况下，大规模开展知识生产上的国际合作的可能性。尤其因为这个原因，它成了新的全球知识基础设施的试验场。CERN不仅是发明万维网的地方，也是发展网格计算和发起开放访问运动的地方。[7]

在漫长的20世纪，知识全球化中内在过程和外在过程相互作用，一个重要结果是全球性科学对象的出现，特别是全球性的人类挑战，例如气候变化、水资源短缺、全球粮食供应、全球健康问题、可靠的能源供应、

图 11.2 1970 年代初，欧洲核子研究组织安装了欧洲大型气泡室（Big European Bubble Chamber）的容器。到 1984 年运行期结束时，它已经向 22 个致力于中微子或强子物理学的实验提供了 630 万张照片。来自全球约 50 个实验室的约 600 名科学家共同分析了它所拍摄的 3000 千米长的底片。© 1971–2018 CERN

可持续的人口发展，以及核扩散等。减轻和应对此类全球性人类挑战既与政策的制定有关，也与全球范围内产生的科学知识存在内在联系。例如，成立政府间气候变化专门委员会（IPCC）就是为了评估有关气候变化的知识，并为决策者提供建议。[8] 但是，目前尚无类似的组织可以应对许多其他的全球性挑战，如能源供应等。

如今，全球化的科学知识至关重要地影响着政策和政治。另一方面，政策塑造了科学的组织形式，并决定其研究的优先次序。任何与单个国家

> ## 政府间气候变化专门委员会（IPCC）
>
> IPCC由世界气象组织（WMO）和联合国环境规划署（UNEP）于1988年成立。其任务是考虑所有可用的科学信息，以评估气候变化及其后果，并制定可能的对策。更确切地说，《IPCC工作原则》（*Principles Governing IPCC Work*）指出，其使命是"……在全面、客观、公开和透明的基础上，评估与人为导致的气候变化风险、其潜在影响，以及理解适应方案和缓解方案的科学基础相关的科学、技术和社会经济信息。IPCC报告在政策方面应该保持中立，尽管它们可能需要客观地处理与特定政策之实施相关的科学、技术和社会经济因素"。2007年，IPCC被授予诺贝尔和平奖。
>
> IPCC的工作为1992年在里约热内卢地球峰会上签署的《联合国气候变化框架公约》提供了资料来源。该公约宣称的目标是"将大气中温室气体的浓度稳定在不对气候系统造成危险性人为干扰的水平上。这一水平应当在某个时间框架内达成，以使生态系统能够自然地适应气候变化，确保粮食生产不受威胁，同时使经济发展以可持续方式进行"。[9]

的国际政策或跨国行动者有关的科学知识流动都不可避免地具有全球性。但是，目前尚不清楚，哪些国际安排能最有效地解决集体性国际问题；哪些安排能够真正带来科学进步；政治协调是否在所有情况下都有利于科学发展；以及当科学成为一项资源，在构建国际制度、促成全球的知识之象或实现新形式的全球治理中发挥作用时，究竟会发生什么。[10] 实际上，全球化的科学常常成为使集体政治行动合法化的意识形态工具。根据亚龙·埃兹拉希（Yaron Ezrahi）的观点，援引看似"纯粹"的科学是一种将政治权力的行使"去人格化"或"去政治化"的方式。[11]

正如我在上一章末尾所讨论的那样，在竞争日益激烈的世界中，社会需要从公共资助的科学中获取收益，该需求不断增长，目前正导致学术界按照全球经济模式进行转型。在21世纪之交，所谓的"博洛尼亚进程"

得以建立,该进程旨在促使欧洲的高等教育标准化。后来,"里斯本战略"又致力于将欧盟转变为"基于知识的、世界上最具竞争力和最有活力的经济体"[12]。亚洲大学有很强的争取国际(偏向美国的)排名倾向,例如"软科世界大学学术排名"和"泰晤士高等教育世界大学排名",并会相应调整它们的政策。

关于当前全球化进程的政治讨论主要讨论的是发生在较短历史时期内,使商品、资本和劳动力市场全球化的经济过程;反过来说,技术创新和知识系统的长期全球扩散通常仅仅被认为是经济、政治和文化进程的前提或结果。但是,正如我将在下文中指出的,全球化以更重要的方式关涉知识,尤其是通过塑造行动者的观点及他们可能实施的干预。

全球化的矛盾方面

关于当前全球化进程的讨论通常会强调该进程的两个明显矛盾的特征:一方面是同质化和普遍化,另一方面则是全球化对日益复杂而又无法控制的世界的贡献。确实,全球范围内组织起来的跨国公司,其经济实力越来越转向大众文化的标准化和浪费自然资源的普遍趋势。与之形成对比的是,由于财富分配不均(以及其他因素),这种同质化压力又引发出越来越多不同的战略来应对这些压力,这导致社会关系日趋复杂。实际上,国家和地区性的制度与传统,在过滤和转化全球化影响方面发挥着经常被忽视的中介作用。

这些观察表明,只是在日益趋同的"扁平世界"(flat world)[13]和日益复杂的社会关系网络之间进行选择,这种方式可能不足以把握全球化进程的动态。实际上,全球化由各种不同的过程导致,所有这些过程都以普遍化与日益增长的复杂性之间的张力为特征。例如,经济全球化扩大了世界市场对当地生产和分配方式的支配地位,与此同时,也引发了在新条件下发展各种当地经济生存方式的对策。全球化使文化同质化并破坏了地方习俗,但同时也激发了基于道德的反全球化主义或反主流文化的民族主义,以及宗教上和政治上的"原教旨主义"。在政治决策结构的领域,全

290　人类知识演化史

图11.3　一位印度妇女坐在印度北方邦瓦拉纳西（Varanasi）的一家麦当劳快餐店的长椅上。罗伯托·富马加利（Roberto Fumagalli）拍摄，阿拉米图片库（Alamy Stock Photo）提供

球化导致了越来越多的国际机构，它们以解决超越民族国家政治机构影响的问题为己任。因此，虽然全球化通过全球压力对民族自治提出挑战，但与此同时，民族气节也受到寻求新的（或旧的）区域利益和区域身份的压力。

世界既趋向于"扁平化"又日益"分形"（在不同尺度上表现出相似的复杂模式），二者之间的对比表明，全面的全球化进程是各种进程叠加的结果，例如人口的迁移、技术的扩散、经济和政治结构的构造、文化或宗教观念的散播、多语制传统或通用语的出现。尽管这些过程各有其自身的动态和历史，但正是它们之间的相互影响，并且尤其是对知识的影响，标志着我们现在看到的全球化。

商品、工具、技术技能和巧妙的解决方案在不同群体之间以不同的传播速度流通，通常比语言、价值观、仪式、知识系统、宗教框架或管理与政治制度的速度更快。流通速度的差异说明了全球化过程在最初动机得到实现之后的特征性阻滞。商品和生产商品的技术通常相互独立地传播，各自与分离的知识系统相关联,而这些知识系统使它们相关于特定文化并能为其所用。生产和发明工具所必需的知识,其转移通常特别需要语言能力和思想框架,而二者通常在其他类型的全球化过程发生之后才能建立。

此外,在全面全球化过程中,各个阶段不会机械地一个接一个地发生,否则人们就可以肯定,比如说,市场的全球化意味着某种政治制度的全球化。但是情况显然并非如此。真实情况是,各个过程之间的相互作用可能导致完全不同类型的全球化。所有这些复杂的相互作用也表明了知识在这些过程中的关键作用。

比如说,二战后的经济政策发展就很明显地表明了这一点。[14] 1944年,在美国和英国领导下召开的布雷顿森林会议制定了国际经济政策规则,扭转了战前对贸易保护主义的强调,并促进了国际贸易的扩张。根据凯恩斯主义模型形成的国家干预主义是布雷顿森林体系的重要组成部分,直到1970年代初新自由主义时代开始之前,它都在国际经济政策中占据主导地位。国际货币基金组织、世界银行,以及之后在1994年成立的世界贸易组织,这些都是在它的基础上建立起来的。然而,仔细考察可以发现,这并不等于普遍范式的传播,即完全同样地复制一种范式;相反,这为不同国家之间的实验、适应和合作学习留出了空间。正如中央银行体系(凯恩斯国家干预主义模型的关键要素)的迅速扩散所表明的,地方经验及其交流——尤其是发展中国家之间的交流——可以在这种模式的转变中发挥关键作用。

知识史通过塑造其参与者和批评者的观点而影响其他全球化进程,包括市场的形成。在下文中,我首先会通过更多的案例来探讨知识在全球化进程中的作用。然后,我将回到全球化进程的各个组成部分,尤其是全球化在历史进程中遗留下来的沉积物或沉积层。

知识在全球化中的作用

人们普遍认为,知识与全球化进程有关,是因为知识构成了实现各种形式全球化的具体条件。在政治层面上,教育的传播和改善被认为对于应对全球化挑战至关重要。同样，知识的散布显然也是全球化进程的结果，就像商品交换或语言扩散也传输知识一样。因此，教育既被视为全球化进程的前提，也被视为全球化进程造成的结果。但是，通过教育实现的知识传播只是全球化进程中决定知识发展和扩散的一种——并且不一定是决定性的——社会互动方式。从更一般的意义上讲，知识并不仅仅作为全球化的前提或结果来构成全球化的一个方面；它代表了具有自身动态的一个关键因素，这个因素塑造了全球化其他要素之间的相互作用。

知识的关键作用以及需要对知识做出更广泛理解的一个例子，是将新技术和传统行为模式进行匹配的挑战。仅专注于传统的学校教育很难解决这一挑战。全球化进程，例如技术的散布或人口的迁徙，显然以不同形式知识的扩散为先决条件——在这个例子中，不同形式的知识即如何处理技术的知识，以及在新环境下如何生活的知识。[15]

在国际发展援助项目中我们可以观察到，西方人对问责制和道德责任出于特定文化的理解通常如何转变为一种全球标准，然后由更强大的西方伙伴在我所说的全球化的外在过程中实施。此类规范的最终根源是从西方城市社会经济的特定经验中汲取的当地知识，这种当地知识接着又被外推，然后被以一种外部的、政治指导的方式强加给发展中国家。[16]

例如，旨在改善发展中国家供水的发展援助试图将自来水厂建立为独立的、经济上可行的单位，并使其作为基本自给自足的企业运作，这一设想已成为国际化标准的一部分。但是，在实施该标准的各种社会环境中，很少有关于水管理知识的内在发展来补充该标准。

根据1990年代对这种基础设施转移所进行的人类学研究，在通过发展援助对坦桑尼亚的城市自来水厂进行技术改进时，确实没能按照国际化（globalized）标准，成功转移运营这些水厂所需的组织结构。但是，这一失败最终导致后续项目以一种不再完全由这些标准指导的方式处理此问题。相应地，在应对全球化的挑战中，后续项目为当地知识的涌现开辟出新的机遇。

同样，从1980年代中期开始，国际运动在发展中国家散布了关于如何应对艾滋病毒/艾滋病感染的知识。这些运动通常包括据说是国际化的标准，即关于如何建立恰当且"健康的"疾病应对方式——这些标准实际上是根据自主的、"有能力的"个人这一特定西方观念而制定的。[17] 一方面，这是一种对国际化医学、科学和技术知识的传播。但这也构成了地方性知识的全球化，而地方性知识植根于特定且非普遍的、关于个人与社会之间关系的西方观念。现在，在经济和政治全球化的支撑下，发展性政治的外在动力将这些特定于文化的观念强加于各种社会环境。

但是，由于这种知识转移以不同的、具有包容性的知识经济之间的相互作用为条件，因此并不一定会导致社会行为的变化，从而符合最初与之相关的期望。在某些国家，即使通过政府和非政府运动使人们广泛获得有关艾滋病毒/艾滋病的知识，当地人对疾病的行为往往在很大程度上仍然受传统知识经济支配，比如说，被家庭和部落关系的动态或冲突所影响，甚至在精神上把艾滋病等同于巫术，以及据说由于不遵守礼节规定而引发的疾病。

知识经济之间的互动最终决定了国际化知识与地方性知识之间冲突的结果，但它也可能导致局部出现新的社会行为形式以及知识和技术形式，以应对像疾病这样的挑战。在地方性知识和国际化知识的这种遭遇中，一部分国际化知识框架会瓦解并重塑，从而成为全面全球化进程（包括其政治和经济方面）的创新来源。在第十六章中，我会回到全球化所产生的地方性知识在应对人类世挑战中可以发挥出的生产性作用，有时这种知识也被称为"国际化本地"（glocal）知识。

但是，在这种情况下，本地视野的作用还有另一个更普遍的方面值得讨论。通过在地方或区域内部加强可持续性的实践和观点，来抵制国际化知识框架和国际化政治与经济法规的主导地位，可能会有助于稳定整个人类-地球系统，也即全球社会与地球系统动态耦合已经形成的复杂系统。例如，也许有人会问，如果在地方稳定性的孤岛中，民主合法机构重新获得对全球市场的掌控权，那么是否就可以减轻资本主义全球化的某些负面影响？[18] 它们也许会有助于防止共振效应，这种效应是由诸如金融危机或能源危机等全球有效的反馈机制，或对网络安全进行攻击造成的崩溃，在全球范围内的毁灭性后果造成的。虽然仅靠地方举措很难解决人类世不可避免的全球性挑战，但它们仍可能会有助于将全球性挑战与如何改善世界的当地经验联系起来。在第十五章中，我将更广泛地论述人与地球之间的相互作用，将之作为复杂动态系统的重要方面。

古代全球化及其沉积物

如第八章所述，行动会留下沉积物，改变后续活动的条件。当然，这也适用于历史进程中的一系列全球化过程，它们造成了此类沉积物的分层结构，为进一步的全球化过程创造了条件。知识的全球化尤其如此。全球化比人们只关注近期历史中的经济过程时看到的要更复杂和古老。通过商品、机构、技术或知识，将欧洲或世界其他发达地区的知识单向地转移到世界的其余部分，这一情况从未发生过。[19] 相反，知识转移的历史始终是多方向且多层面的。正如阿诺德·佩西（Arnold Pacey）所主张的，技术转移应被更恰当地视为"技术对话"。[20] 此类对话的开始时间比欧洲的扩张要早得多，而且一直是多方向的，即使是在欧洲殖民主义和帝国主义时期。

我们今日的处境是一个源远流长的历史进程所造成的。为了说明我的观点，我将讨论古代世界中的一些例子，包括知识通过人口迁徙的传播、多语制和文字的作用、新运输手段的引入，以及最终促成近代早期科学之成功的那些全球化过程。

长距离，或说实际上是洲际的联系以及随之而来的知识传播，甚至比智人本身还要古老。有大量证据表明，人类和他们的近亲人种分几波迁出非洲。超过180万年前，直立人从非洲扩散到欧亚大陆。大约30万至20万年前，非洲出现了智人。[21] 自此之后，解剖学意义上的现代人口开始迁移，至少在5万至6万年前，即所谓的旧石器时代晚期肇始之际，就开始永久地拓殖到其他大陆。他们的迁移还取决于这一时期不稳定的气候变化。[22] 在史前时期，洲际的、泛欧亚大陆规模的知识转移很容易被记录下来。早期人类的扩散伴随着知识的传播，例如石器技术中所体现的知识传播，这导致了旧石器时代晚期工具传统的广泛建立。[23]

口语一直是知识传播的主要手段之一。特别需要注意的是，有两种语言情况在古代世界和在现代世界一样常见：多语制和通用语。多语制和语言接触会引起诸如语言借用和翻译的现象，前者指外语中的单词成为传递外来概念所不可或缺的因素，后者指文本从一种语言转换到另一种语言，其形式和意义在此过程中会不可避免地发生改变。通用语成为解决语言多元化问题的战略方案，各方开始采用一种单一语言（如苏美尔语、阿卡德语、阿拉姆语、希腊语、拉丁语、英语等）作为通货，而这种语言可能只是某些人的母语。通常情况下，通用语是为了应对贸易的迫切需要而出现的，但它们在知识（学习中使用的语言）、法律（外交语言）和宗教（圣语，linguae sacrae）中也起到关键作用。但是，在成为通用语的过程中，不仅语言会改变它的价值（在社会意义上），其术语也经常会改变它们的价值（在语言学意义上）。[24]

随着后来与谷物及动物驯化有关的农业技术的扩张，知识也得到了传播。在新月沃地，小麦和大麦被集中采集，这最终导致了大约1万年前对谷物进行基因改造（驯化）的农业实践。而小型牲畜（绵羊、山羊、猪、牛）的驯化证据可以将这一实践至少追溯到公元前8000年。

在几千年内，这些农业进步与驯化品种通过人口迁移（即人口扩散）传播到了东南欧，可能是一波一波的。他们于公元前7千纪中期到达希腊，然后从希腊向西北扩散，大约在公元前5600年到达莱茵河上游的低地平原，而下一波拓殖者又从那里到达莱茵河下游地区。[25] 水稻种植遵循一个漫长的驯化过程，大约6500年到6000年前在中国完成，又在大约2000年后在印度完成；相关的扩散过程仍在研究之中。[26] 考古学家穆罕默德·厄兹多安（Mehmet Özdoğan）总结了关于新石器时代不同扩散形态的最新研究，指出："分析或综合的解释模型，如迁移、拓殖、隔离渗透、商品及其制造技术的转移、文化适应、同化和海上扩张，看起来似乎相互矛盾，但实际上是同时发生的不同形态。"[27] 我会在第十四章回到所谓的新石器革命（Neolithic Revolution），它是文化演化中的一个重要步骤。

农耕知识在整个欧亚大陆的扩散是通过一小批一小批的移民群体在

陆地上的扩张进行的，随后，狩猎采集者群体也接触到了他们的技术。自公元前4千纪以来，马科动物（*Equus asinus*和*Equus caballus*）和骆驼科动物（*Camelus bactrianus*和*Camelus dromedarius*）的驯化提高了不同群体之间进行远距离交流的能力。这些运输动物也被用作交通工具，构成了一种新且更快的人、货物和知识扩散的方式，促成了新的移民潮。[28]

船只很可能从直立人时代就已经开始使用了。海上旅行也扩大了早期农民的影响范围。有证据表明，第一批新石器时代的拓殖者使用了早期的水运工具，他们在公元前7000年左右带着植物和动物抵达克里特岛。早期航海不一定仅限于沿岸航行。非洲内陆的蒙萨（Munsa）遗址（位于乌干达）发现了大约有五六千年历史的香蕉植物化石，而在东南亚、印度或阿拉伯半岛的任何中间遗址都没有香蕉，这表明香蕉是从巴布亚新几内亚的原产地经过海上运输而来。跨印度洋航行显然是至少6000年前的事实。又过了大约1500年，印度、阿拉伯东南部和美索不达米亚之间的长距离航行已成为惯例。

到公元前4千纪末，欧亚大陆已被东西向和南北向的贸易路线很好地联系起来。沿这些路线可以实现经济、技术和知识上的交流。[29] 美洲也发生了类似的过程，例如动植物的驯化、定居、陶瓷和冶金等技术的发展，最终甚至是城镇化和文字——但这些发展的交流程度更为有限。在美洲，更大的地理障碍造成了根本性的限制，阻碍了漫长的贸易路线。正如贾雷德·戴蒙德（Jared Diamond）所论证的，美洲大陆南北轴线的气候多样性限制了人口接触以及农业成就的转移。[30]

最晚从公元前3千纪开始，连接早期城市化中心的贸易路线就已经存在，例如埃及、美索不达米亚和印度河流域。这些都被很好地记录下来。青铜技术等技术创新增加了对铜和锡等原材料的需求，这必须通过扩展的贸易路线网络来采购。因此，当地的技术、经济和政治发展与网络的增长相互促进。正如第五章和第十章所论述的，书写技术开始扩散，可能是从美索不达米亚和埃及开始；它可能几乎立即传播到伊朗和叙利亚，然后可能在1000年后传播至印度河文明；它甚至可能在又一个1000年后影响了中国的文字发展。楔形文字向埃兰古国或安纳托利亚（用来书写赫梯文）传

图11.4 一个亚述抄写员在黏土板上用楔形文字书写阿卡德语,而旁边的亚述抄写员在莎草纸或皮革(羊皮纸)上用字母文字书写阿拉姆语。公元前8世纪提尔·巴尔西普(Til Barsip)遗址壁画的重绘。参见Cancik-Kirschbaum (2012, 134)。弗洛连京娜·巴达拉诺娃·盖勒(Florentina Badalanova Geller)摄于卢浮宫

播,腓尼基字母向希腊传播,在这些事件中,我们看到书写观念对当地环境的适应。这种传播导致了上一章中讨论过的知识传播的巨大可能性。[31]

到公元前2千纪,大型帝国在西亚和东亚出现,从邻近非洲的埃及帝国(通过美索不达米亚的帝国和安纳托利亚的赫梯帝国)到中国的商朝及之后的周朝。在公元前1千纪中期,波斯帝国从尼罗河延伸至印度河,成了西亚和印度文化之间的一个重要通道。实际上,波斯阿契美尼德王朝既包括美索不达米亚,也包括西印度和巴基斯坦的部分地区,那里是受阿契美尼德控制的最东面的总督辖地。这种政治"保护伞"为单个帝国边界内

的知识和技术转移创造了条件。[32]

到公元前 1 千纪初，农业、陶器、砖石建筑、金属加工、水资源管理、城市化和国家地位（包括战争）、精细管理、文字、文学、艺术和科学雏形等成就，已成为许多古代近东文化的共同财产。尽管有大量战争，还有破坏和衰落时期——例如从公元前 1200 年到前 800 年的所谓古希腊的黑暗时代，但这些成就背后的知识仍在传播，最终有助于这些成就的长期稳定和进一步发展。[33]

后来，亚历山大大帝及其后继者的希腊化帝国，罗马帝国，伊斯兰统治，以及蒙古帝国都在不同文化之间建立了扩展的互动范围。这些帝国对社会和文化连通性的影响，其领土的扩张，对扩大的商业贸易的依赖，以及与邻国和游牧民族的持续斗争，都支持了对其运作具有或多或少实际意义的知识的扩散。尽管帝国也试图对某些知识保密，例如赫梯人的熔炼技术，或拜占庭帝国的希腊火（一种可燃液体），知识传播仍然得以发生。

总之，在人类历史的长河中，知识传播相关于移民和贸易，也相关于权力和信仰结构。作为其他扩散过程如帝国扩张或宗教传播的副产品，知识可以远距离传播，并且遍及广大区域。其中某些过程具有跨地区和跨文化的特征，但某些过程则更像是廊道，通过细细的通常也是间接且脆弱的传播链，将遥远的地区连接起来，例如将欧洲和中国连接起来的"丝绸之路"。

传播过程的动力学

由于知识往往只是其他全球化进程的"同路人"，参与其动态却并不支配它们，传播的结果有时相当短暂，但至少有一些成就还是长期沉淀下来了。这种积累会超出单个帝国的存续时限，因为即使在发生重大破坏的情况下，帝国间的更迭通常也会涉及对先前存在的基础设施的采用，对至少是一部分知识精英的接纳，以及对本地技术或文化成就的延续。结果，从美索不达米亚到波斯和罗马帝国，再到伊斯兰和蒙古帝国，这些大型帝国的历史更迭都包含了重要的知识积累过程。例如，罗马的农业法规被纳入伊斯兰法律体系；同样，波斯人的经济成就也成为阿拉伯人在征服中采用的方式的范本。[34]

只要知识仅仅作为权力和信仰结构或移民与商业活动传播中的同路人，其传播就会受到外部动态的制约。然而，知识传播通常还涉及内部动态，这可以在传播过程中增强知识的重要性——例如，通过刺激新的传播媒介和机构的产生。比如说，通过文字来传播知识需要以读写能力的传播为前提，读写能力通常需要教导。当文字传播至不同的文化，而这些文化使用不同的语言或拥有不同的书写媒介时，这项技术就会调整以适应当地条件。翻译运动（如下面讨论的翻译成阿拉伯文和拉丁文的运动）过程中的知识传播会促进新学习机构的建立或是现有学习机构的加强。例子包括早期伊斯兰世界中图书馆和翻译中心的建立，以及中世纪大学课程的扩展，因为它们吸收了通过翻译阿拉伯文本而传播的知识。

知识作为同路人传播的过程通常会增加知识的重要性，并可能会在事实上变成有意且具有针对性的知识传播过程。一种解释是，至少一部分被传递的知识具有系统性的特征，因此其中的一些知识会指向其他知识，从而倾向于重构一个系统。例如，克雷莫纳的杰拉德（Gerard of Cremona，1114—1187）是著名的阿拉伯语翻译，在12世纪的托莱多（Toledo）非常活跃，他的翻译遵循了一种受10世纪法拉比（Al-Farabi，870—950）的科学分类法影响的、或多或少系统性的程序。[35]

知识传播自催化特性的另一个原因在于，知识的获取通常对接收方而言意味着赋予其能力——或被预期如此。因此，举例来说，耶稣会的科学家在16世纪至18世纪向中国传播了欧洲的天文和技术知识，他们在朝廷中获得很高的职位，因为他们的知识被期望能加强王朝统治。

在下一章中，我将再次讨论这一特定情形，在那里我将展示出，知识在传播过程中也可能会变得更弱，尤其是当较大的知识系统在完全不同的知识经济之间传播时。当知识主要以同路人身份被传播时——如在传教活动中，知识可能会被原子化，从而使得只有孤立的数据块被传播，在"接收"或占有端的知识经济中，这些数据块又被重新情境化。

最初有利于传播过程的条件会施加一些限制，这些限制最终可能阻碍知识传播，尤其是在其他传播过程没有跟上，并且新知识的生产或多或少仍是单方面进行之时。例如，耶稣会在中国传教的动机是利用欧洲的文化成就（包括科学成就和其他方面）来传播基督教，以此寻求在中国朝廷中立足的机会。但是，正如我在下一章将要讨论的，所传播的知识在被不同的知识经济吸收后改变了它的特性：它未能引发重大的科学变革，更勿提中国社会的转型。在18世纪中叶，天主教会不再接受耶稣会士对中国传统礼仪的包容政策，欧洲方面最初推动传播进程的宗教动机最终导致了它的终结。[36]

成功的传播过程通常需要以发起方和接收方已经共享物质文化和基础知识的某些方面作为前提。更重要的是，传播的可持续性也以发起方和接收方之间一定程度的互惠为前提。当接收方和传播方属于不同文化且知识经济也存在差异时，由于目标文化的动机和知识结构不同，知识传播会不可避免地相当于知识转化。结果，所传播的知识会以新的方式重构，并受到目标文化中主导知识经济的支配，这通常对发起方也有反作用。在某些情况下，知识的传播也可能引起目标文化的知识经济发生变化，尤其是当其知识经济不稳定或处于危机状态时。在下一章中，我将以欧洲科学知识向中国的传播为例，再次讨论这些观点。

尽管在历史上，知识转移过程具有短暂甚至转瞬即逝的特点，但由于经济、文化和宗教传统的传播，技术、实践和观念的交流，或者是书面形式的知识封装，世界上大部分地区在很长一段时间内保持着联系。但是，这一联系并没有导致生产、传播和占有知识的文化之间的统一。这也是上述全球化过程的分层特性使然。

知识传播过程也会分层，新过程（如通过书面文本进行知识交换）的引入并不会使较早的过程（如通过物质文化的扩散或人际交往进行知识传播）消失。在古代文明中，文字属于一种精英现象，仅涉及某些主题，而手工艺知识则不断通过人际交往而传播。因此，在考虑全球化进程的历史之际，我们需要采取一种类似于地质学的视角，原则上，我们也必须考虑到任何局部环境都是由分层的全球历史所塑造的。就像在地质学中那样，我们不应该假定这些地层总是一层叠一层地整齐呈现。它们可能被扭曲、挤压甚至颠倒，并可能以令人惊讶的方式向地表排列上来。

传统上，技术史学家一直将重点放在关键的创新及其传播上，而忽略了以下事实：前沿技术始终只是复杂分层结构最上面的一层，在不同地方以不同形式表现出来。例如，在考虑19世纪和20世纪火车、汽车和飞机等新型出行方式的兴起时，正如戴维·埃杰顿（David Edgerton）所指出的，人们不应忘记，在工业化过程中，将马匹作为一种运输手段的情况仍在继续，甚至作用越来越大。比如说在英国，20世纪初期用于运输的马匹数量可谓空前绝后。在两次世界大战中，马还大量参与军事行动。因此，埃杰顿认为，马、骆驼、木犁或手摇纺织机等不应仅仅被视为以前历史时期的技术，而应被视为全球分层结构的历史底层。因此，在对全球知识史进行调查时，我们应像对待更显要的创新那样，认真对待那些基本知识层面的长期维系和再现。[37]

由于知识传播的多层结构，包括跨越了几代人的沉淀过程，即使在今日，技术和技术产品的全球可用性也不一定意味着国际化的知识系统是统一的。国际和地方条件都可能产生影响，知识的传播甚至可能会受到阻碍，就像日本在两个多世纪里将自己与国外影响隔绝一样。

但是，总的来说，传播过程是无法阻止的，尽管它们经常导致意料之外或非故意的后果。16世纪中叶，恰帕斯州第一位常驻主教巴托洛梅·德拉斯·卡萨斯（Bartolomé de las Casas）奉命为新西班牙的人口普查做准备，他收集的资料最终成为他为西班牙国王查理一世撰写的著名报告《西印度毁灭述略》（"A Short Account of the Destruction of the Indies"）的基础，该报告展示了西班牙对墨西哥的殖民给原住民带来的灾难性影响。[38]在本章最后，我将再次讨论这一特定全球化进程的毁灭性后果。

正如我们可以从前述例子（向发展中国家传播自来水技术和有关艾滋病毒的知识）中了解到的，全球化的技术基础设施或医疗手段的传播不一定会同时引起社会结构及相应社会知识的同类型变革，即最初伴随着所传播知识而在技术更先进的社会中发生的那些变革。

这是因为认知真空并不存在：即使在不利条件下，一种科学理论、

图11.5　马拉油罐车，温哥华，1911年。图自温哥华市档案馆

心智模型或世界构想通常也不会在新的理论、模型或构想取代它之前被丢弃。同样，当必须在外部强加或其他异质的知识经济条件下采取行动时——例如，在殖民占领或发展项目中，行动仍然伴随着赋予其意义的反思。被转移的知识总是与地方性知识相匹配。这种遭遇通常会触发带来新结果的转化过程，偶尔是在一阶知识的层面上，但实际上几乎总是在关于所转移知识的意义，以及知识携带者的文化和社会身份的二阶知识层面上。

作为近代早期科学涌现之条件的全球化

欧洲近代早期科学的出现关键取决于历史上的知识全球化，从文字等基本文化技术的全球传播、火药和火器等技术的扩散、地理知识的增强、生物标本的全球流通，到希腊科学的传播、丰富与转化（下文讨论）。[39] 但是，全球化进程将近代早期科学确立为自身具有全球化潜力的广泛共享的社会实践，其重要贡献，也许可以用两个惊人且为人熟知的例子来做出最好说明：纸和印度-阿拉伯数字。

在上一章中，我简要提到过作为廉价书写材料的纸张的发明和传播历史。纸张承担了古代由黏土和莎草纸扮演的角色，它有助于普及识字；

而中世纪欧洲的识字率有限，部分原因是当时的人们依赖羊皮纸和皮革作为书写材料。中国于公元2世纪的汉代发明了造纸术，这种技术随后沿着丝绸之路传到东亚和西亚。到7世纪末，造纸术已经传播至南亚次大陆，并在8世纪中叶到达撒马尔罕，由中国囚犯传递给阿拔斯王朝的征服者。随后，它又散布到了伊斯兰世界的其他地区。

纸张的扩散说明了全球化过程的分层结构，也说明了前面提到的相关阻滞效应。纸张在被广泛使用之后才开始从中国传播。它最初被作为商品引入其他地区，后来才被当地技术复制。阿拉伯人在7世纪时就知道纸，而制造纸的技术则在一个多世纪之后才到达。到10世纪，纸张已完全取代莎草纸。同样，最迟在10世纪的欧洲，纸张就已广为人知，但欧洲的造纸厂在纸张引入两个世纪之后才建成。

又过了一个世纪，欧洲人才意识到中国人也使用纸，而在更长的时间之后，他们才意识到纸张实际上是中国人的发明。与技术发明在伊斯兰教崛起之前的传播相比，伊斯兰帝国提供的连通性极为显著地促进了中国技术发明的传播。科学全球化累积性潜力的另一个关键例子也是如此，即现已被普遍使用的印度-阿拉伯数字系统的发明。[40]

最古老的十进制数字出现在公元595年左右的古吉拉特邦铜版铭文中。但是，有文本证据表明，位值系统的起源更早。至少从3世纪中叶开始，印度就使用了一种独特的数字系统，它将数字与物理对象或宗教对象相关联，并将数字排列于位值系统。值得注意的是，证明该系统投入使用的最早文本之一是基于希腊-巴比伦占星术传统的占星学论文。因此，印度的位值系统可能来源于巴比伦的传统，但它也可能会追溯到在中国使用的具有内在十进制位值结构的算盘，而算盘可能是由佛教朝圣者带到印度的。

尽管不能排除位值系统在印度的自主发展，但将旧知识带入新环境并由新媒介表征，而位值系统的产生就出自这一旧知识的传播和转化过程，这一产生方式也并非全无可能。印度文学文本就是这些新媒介中的一种，它出于文体原因使用了上述具体数字系统，并使用普通数字单词的同义词以保持诗句的韵律。因此，此类文学语境可能先于新数字系统在计算上的使用。到7世纪，十进制的位值系统向西已经到达叙利亚，向东已经到达柬埔寨、苏门答腊和爪哇。到8世纪末期，印度-阿拉伯数字在伊斯兰帝国中已为人知晓。

公元773年，一群印度大使访问了巴格达，其中包括一位通晓天文和数学专业知识的学者。来自花剌子模的阿尔·花拉子密（Al-Khwarizmi，约780—约850）是最早用阿拉伯语撰写数学论文的作者之一，他在9世纪上半叶哈里发马蒙（Calif Al-Ma'mūn）的领导下，在巴格达的智慧宫（House of Wisdom）工作。其算术论文是已知的第一部使用印度十进制位值系统的阿拉伯语著作。尽管早在10世纪末期，印度数字在西方国家就已经广为人知，但正是该论文在12世纪的拉丁文翻译才使数字系统在西欧得到广泛采用。到13世纪上半叶，人们已经撰写出一些易于理解的关于如何使用新数字系统进行计算的介绍，并在新成立的大学和文法学校中将它们用作教科书。这些教科书也成为广泛传播的方言数学训练的基础。如果纸张和印度-阿拉伯数字的全球化没有出现，也没有在全球化过程中所获得的其他技术，例如火药和指南针，近代早期科学的某些突破是很难想象的。

作为文化折射结果的希腊科学

通过跨文化转移过程实现知识转化的一个引人注目的重要例子是希腊科学。它经常被誉为"希腊奇迹"的一部分，仿佛它是无中生有的创造。但实际上，希腊科学根植于从古代近东地区向希腊语境的知识转移。

在公元前1千纪，古代近东地区的知识全球化是在更广泛的流通范围内，地方性发展的间歇性累积交流和扩散，例如将印度的文学世界与美索不达米亚的楔形文字传统联系起来，或将安纳托利亚的大女神崇拜与希腊宗教传统联系起来。显然，这些交流过程也涉及"接收方"对被转移文化成就的主动占有，其特征是这些成就的转化和重新情境化。这一过程不仅产生了经常被强调的文化混合体，而且还产生出深刻的新知识形式，如希腊科学。[41]

希腊科学起源于小亚细亚，这里距离美索不达米亚的文化中心并不遥远。由于美索不达米亚的医学、天文和数学知识被转移到另一个文化地区，这些知识本身也呈现为了另一种形式。尽管美索不达米亚或埃及科学知识的正当性在很大程度上内在于它们产生于其中的制度和表征结构，但在希腊语境中，这些辩护内容却成为明确规范推理的主题，这是为了公开讨论政治决策及政治决策的正当性。[42] 我们可以将这一转型描述为对科学主张从实践论证到理论论证的转变。

正如我们在第五章和第十章中了解到的，在巴比伦和埃及，数学知识已深深地嵌入到会计、规划和计量等实践知识中。通过学校教育，数学最终在某种程度上脱离了直接的实践目的，从而成为一种独立的活动。[43] 由于知识被嵌入美索不达米亚或埃及文化的古老制度和实践环境中，因此在当时，根本就没有动机促使人们以我们如今称为论证、"证明"或科学辩护的方式来详细阐明某些主张背后的推理。

在其中某些知识传播到公元前6世纪希腊的新文化背景之后，相关知识的发展进入了一个新阶段。在希腊，知识接触到一种新的文化技术，即修辞竞赛，在这种竞赛中，基于规则和定义的新方法被有意识地运用到陈述的意义中。[44] 如第五章所述，当这些方法被应用于数学知识时，抽象的数字概念出现了，并且这些数字概念又被用于基于这些新方法的推理。这种处理数字的方式不再与实践知识紧密相关。相反，在像毕达哥拉斯这样的思想家手中，它变成了与应用完全脱节的深奥技艺。这种知识本身成为希腊城邦中精英教育的支柱，这就可以解释为什么它不只是一个插曲，而是一项悠久传统的构成部分。

总而言之，在公元前1千纪后半叶，若没有知识过程的全球化，希腊哲学和科学是不可想象的。同样重要的是，对一阶的实践与技术知识、仪器和数据（它们为新的二阶知识，从而也是为希腊科学中理论反思的突破提供基础）进行的传播和占有，仍然经常被认为是精确科学的真正诞生。

希腊科学的复兴

希腊科学不得不被多次重新发现，有很多次"复兴"，这很说明问题。这些复兴每次都将科学置于全球化的新高度，将其与其他来源的知识传统相结合。实际上，重新发现总是构成一种扬弃，将较旧的知识置于全新的环境中。希腊科学首先被转变为希腊化的科学，然后于8世纪和9世纪在倭马亚和阿拔斯王朝哈里发的统治下，在阿拉伯语世界中得到应用和发展。当希腊科学（或者说希腊科学转化后之余绪）最终在近代早期的欧洲被应用时，其间已发生了许多变化——尤其是，书写技术已经扩散、多样化，并被新的印刷技术所改变。与其说希腊科学获得了重生，不如说希腊科学促成了一个导致新型科学即现代科学的过程。[45]

希腊科学的全球化是如何发生的？西罗马帝国解体后，更广阔的地中海世界仍然保持着高度联系，更远的领土如阿拉伯半岛、南亚次大陆和中亚最终与之紧密关联，主要是在早期伊斯兰哈里发的扩张之后。在通常被描述为"后古典时代"的几个世纪中，人、物质对象、思想和知识继续在广阔的地理空间中迁移。

继迪米特里·古塔斯（Dimitri Gutas）的开创性研究之后，正如索尼娅·布伦特斯的工作所显示的，在8世纪时和9世纪初，有限的一些中古波斯语、叙利亚语和希腊语文本被翻译为阿拉伯语，其内容与前几个世纪翻译成叙利亚语、中古波斯语或亚美尼亚语的文本范围似乎非常接近。因此，似乎第一波翻译成阿拉伯语的作品与早期翻译成这些其他语言的作品有着令人印象深刻的相似性，且部分是平行的。直到8世纪晚期，事情才开始慢慢改变。哈里发马赫迪（Caliph al-Mahdi，740年代—785年，在位时间775—785年）向伊拉克的基督教社区开放了他宫廷顾问的学术世界，从而使讲叙利亚语的学者融入了哈里发统治的知识、管理和政治世界。

来自巴克特里亚（Bactria）的巴尔马克（Barmakid）家族崛起，成为王朝的维齐尔（vizier）与主要管理者，他们赞助翻译了印度和希腊的医学、天文学和数学文本，并在巴格达建立了第一家医院。数量更多且主题更广的希腊哲学文本的翻译似乎在9世纪才开始进行。这些在传统上最受学界关注，然而学者们却忽略了以前的中古波斯语译本，以及伊朗和叙利亚学者在8世纪的阿拔斯宫廷中活动的作用。对哲学和科学文本以及相关研究的强调也趋向于消除占星术的文化功能，即占星术作为解释性理论、作为学者的职业背景和作为政治手段起到的关键作用。

在继续讨论阿拉伯文化对希腊科学的挪用之前，对翻译过程做出一些评论可能会有助于突出一些重要的普遍特征：翻译过程一直是知识传播的重要媒介，尤其是当知识被以书面形式表征时。翻译始终面临着双重挑战：两种语言之间的映射，以及两种通常不能共存甚至是不兼容的概念系统之间的映射。无论如何，翻译过程涉及语言能力和技术能力的结合，而这往往需要跨文化的合作。应对第二个挑战不仅需要掌握内容，还经常需要在此过程中创造新的语言资源。这可能包括从创建技术术语词典到创建详尽的语法，以及对语言做出其他形式的反思。

创造新语言资源的一个例子是佛教的传播，宗教史学家颜子伯（Jens Braarvig）在知识转移过程的视角下对此进行了研究。[46] 该案例显示出翻译过程的诸多特征，因此可能需要插入一些简短的题外话来解释一下：总体而言，佛教传播得相当随机，即使是在公元前3世纪，摩揭陀王国的统治者阿育王促进了传教活动，并将佛教作为国教之后。佛教中的一些概念性资产，如佛陀的生平故事或地狱的概念，甚至可能通过高度介导和间接性的方式传播至基督教，使二者的起源不再是完全不同的思想体系。

然而，当佛教第一次在新环境——如中国——扎根时，它通常会引发出获取新文本和新知识的活动。在西藏，藏王于公元7世纪决定接纳佛教，随后采用了适当的文字系统并组织了广泛的翻译活动，这导致西藏文化的彻底转变。正如佛教史通过令人印象深刻的方式说明的，知识的传播可以成为与语言有关的新知识的来源。

但是，这种知识的产生方式在很大程度上取决于相关的知识经济，特别是目标领域的知识经济。在将佛经翻译成藏语的案例中，人们创造出了体现语言学元知识的系统性辅助手段，但在将经文翻译为汉语的案例中，此类知识在很大程度上仍然是隐性的，只能通过典范性的例子表示。翻译的可能性取决于局部的文化重叠（即物质文化和知识中的共享元素），兼容的动机，以及多语言环境的存在或创造和利用多语言环境的可能性。这使我们回想起希腊科学的传播和转型，它强烈地依赖于这些共通性。

希腊哲学或科学文本的阿拉伯语译者并不只是在处理已死的文化，而是一个涉及活跃学者的活生生的传统。扎根于萨珊王朝制度中的知识、实践，也许还包括记忆——如果不是制度本身的话，很可能在伊拉克、伊朗西部以及阿拔斯王朝东部其他地区的基督徒、琐罗亚斯德教徒和其他宗教团体中保留下来。在阿拉伯语、中古波斯语和希腊语母语者中出现了具备多语能力的人，而多语能力是早期阿拉伯语译者的一项重要技能。除此之外，早期的一些译者还掌握了天文学或占星术、算术、逻辑学、哲学和炼金术等方面的技术知识。

翻译过程涉及对互不相同且通常互相排斥的目标进行协调。这些目标包括忠实地呈现原始语言结构，以及在新媒介中重建原始内容。其结果是，或者关于内容的基础知识在翻译中被转化并部分丢失，或者原始语言的表达被扭曲，干扰了呈现某些高阶内涵的可能性。高阶内涵实际上通常由更广泛语言领域内的语义连接所表征，因此存在于语境中而不是文本中。基于这些考虑，人们可能会声称，只有在翻译不再必要时，才有可能实现完美翻译。

当人们创建新的术语以在目标语言中忠实呈现原始资料的"技术"内容时，该术语在新语言的语义环境中几乎没有机会像原始术语在源语言中那样产生出共鸣。相反，这种新术语的创造可能会产生新的语义场，从而通过所传播的内容有效地改变目标语言。

通过阿拉伯语的挪用和翻译，希腊科学的传播相当于知识的深刻转型。例如，9世纪下半叶活跃于巴格达的学者塔比·伊本·库拉（Thabit Ibn Qurra，826或836—901）与其同伴对话者和学生一起，重新编写了希腊语的力学著作，以及他感兴趣的许多其他学科著作。[47] 这涉及对希腊和希腊化时代的文本片段进行文献学与术语学研究，很可能需要搜寻希腊文出处的进一步资料，并与在建造天平和进行实际计算方面具备丰富经验的实践者交流。他们追求一种类似于重量科学的愿景，试图与建造和使用杆秤（一种不等臂天平，将在第十四章中进行讨论）的广泛实践建立联系，并将自己的工作置于亚里士多德哲学的框架内。在扩展的且类似于研讨会的讨论中，他们试图在不同知识世界之间建立概念桥梁。

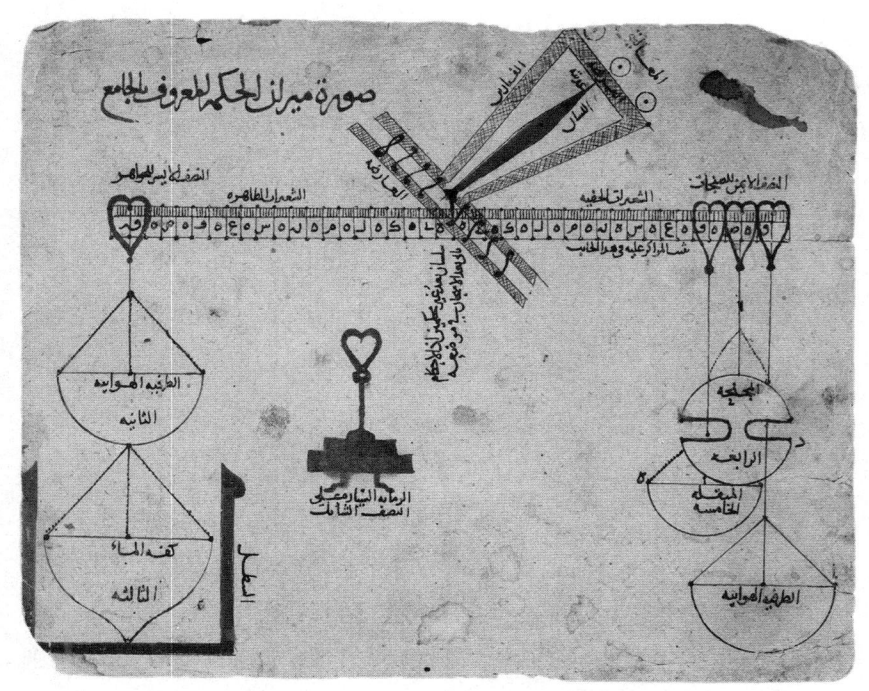

图11.6 "智慧天平",其各部分的描述和解释见于哈兹尼(Abd al-Raḥmān Khāzinī)于12世纪创作的一部手稿,约1121年。出自劳伦斯·J. 勋伯格手稿集 MS LJJ 386(未编页码),宾夕法尼亚大学基斯拉克特殊收藏、稀有书籍和手稿中心提供

作为这些不同知识世界的中间人士,塔比最终创造出的作品在希腊力学中没有直接先例。这一原创性的贡献将杆秤作为力学的挑战性对象,对关于天平的古代文献中的特定材料进行了汇编,并在研讨会背景下对这一古老知识进行了重组。

阿拉伯人在重量科学方面的工作最终在西方拉丁世界被约旦努·德内莫尔(Jordanus de Nemore,约13世纪)等学者所接受,约旦努是中世纪最重要的数学家之一,在1260年之前从事研究。[48] 在数学方面,他是与同时代的艾尔伯图斯·麦格努斯(Albertus Magnus,约1200—1280)并列的人物,后者将亚里士多德主义确立为神学和哲学话语的参考性框架,也受益于之前一个世纪从阿拉伯语到拉丁语的翻译运动。约旦努的学术鼎盛时期,是拉丁欧洲已经建立起自己的制度和知识性结构,并能吸收从阿拉伯世界继承下来的丰富知识的时期。通过将重量科学等学科转变成更为严格的欧几里得形式，约旦努将其提升为新兴经院学者们的科学标准。这一转变也在其相关内容上留下了痕迹。其中一个这样的痕迹是后来塑造了近代早期欧洲科学的"位形重力"（gravitas secundum situm, positional heaviness）概念，约旦努根据他的阿拉伯语资料引入了这一概念，以区分重量及其位置效应。[49] 例如，在杠杆上，重物离支点越远，其位置效应越大。类似地，在倾斜平面上，斜面越陡，重物的位置效应就越大。这些考虑在区分原始重量概念和新出现的概念中起到重要作用，新概念包括动量、扭矩和力的矢量特性等。此过程延续了许多个世纪，在此期间，传播中的实践力学和理论力学知识在不同的视角下被反复重组。这些视角也带着各自文化背景中的遗产，例如，塔比圈子里的辩论文化，约旦努的经院世界，或者是伽利略等近代早期科学家型工程师的世界。因此，力学知识的全球化是一个长期的、路径依赖的过程，在此过程中，过去的历史条件会在新兴的科学概念上留下印记。[50] 现在，让我们仔细研究一下将阿拉伯语翻译为拉丁语这一运动的整体动态，这是长期发展中的一大重要时刻。

翻译网络

从阿拉伯语到拉丁语的翻译运动相当于对部分源于希腊科学的知识的另一次转化。在拉丁世界中，自10世纪始，南方的知识已逐渐向北方扩散，首先是译自阿拉伯语的译本，以及在伊比利亚半岛传播的星盘等工具。之后在11世纪，这些知识从西班牙北部的修道院传播至法国西部、德国南部和瑞士。传播的知识包括与仪器有关的实践知识，但也包括占星、天文和算术知识。它们促成了一种特定的知识之象，刺激了对知识的进一步获取。这一知识之象体现在对外来文化的印象中，即认为外来文化应该拥有高级知识，甚至是秘密知识——人们认为这些知识也可能构成拉丁文化的强大资产。从11世纪开始，在距普利亚大区（Puglia）的拜占庭人聚居区不远的萨勒诺（Salerno），希腊的医学文献也开始被翻译成拉丁语。这批早期译文成为西欧和中欧知识经济中的重要因素，例如在图书市场上。最早的翻译因此展现出自催化的动态，因为翻译产物刺激了进一步的翻译活动。这一动态最终在12世纪和13世纪达到巅峰。[51]

从阿拉伯语到拉丁语的翻译过程是一个活动网络的结果。[52]（在第十三章中，我会以更加系统的方式讨论网络的作用。）该网络的枢纽通常出现在罗马天主教世界与伊斯兰帝国和拜占庭帝国的边界处，在多文化和多语言地区，如西班牙和意大利南部，尤其是西西里岛。在12世纪，处于欧洲外围的巴勒莫（Palermo）成为拉丁语学者和阿拉伯语学者的汇聚之地，他们不仅翻译出新作品，而且还做出新的共同贡献。[53] 在12世纪和13世纪，一个学术移民网络开始在这些中心区域之间的边界处发展，且此时也包括在欧洲的心脏位置维持学术的城市中心，如牛津和巴黎。

托莱多在1085年被征服后不久就成了翻译网络的枢纽，因为它提供了接触和跨文化合作的空间。这类具有相对较高政治和宗教宽容度的边界空间的存在，成为有利于知识跨文化边界传播的重要条件。一些译者是自主进行翻译的，他们大多是底层神职人员，从欧洲的不同地区来到新兴翻译中心，试图从翻译活动中收集新的知识。[54] 但在工作中，他们主要依靠熟悉阿拉伯语和本地拉丁方言以及要翻译的文本内容的当地人。与从希腊语到阿拉伯语的翻译过程一样，多语言能力至关重要。具备多语言能力的人主要是莫扎拉布人（Mozarab），即居住在伊比利亚半岛的阿拉伯化基督徒；还有犹太人，他们共享了阿拉伯文化和教育。各种各样的译者们也经常依赖熟悉文本内容的犹太学者。托莱多的犹太精英们还被委托复制和分发阿拉伯语的科学文献，其中部分工作由战俘完成。[55]

从阿拉伯语到拉丁语、希伯来语或方言等其他语言的传播和翻译过程受到许多本地和全球动机的推动。在更地区性的驱动力中，莫扎拉布人的文化是其中之一，莫扎拉布人不仅为这一进程带来了多语言能力，还带来了他们对保存自己文化的兴趣。在更全球性的动机中，有天主教欧洲对魔术、占星和占卜知识的广泛兴趣。现存的大多数译文都涉及这些主题，它们显然是12世纪甚至13世纪翻译活动的核心。[56]

翻译工作调动了知识获取的自我加速过程。某些翻译知识的系统性特征和知识之象（如科学的哲学性体系或分类法）触发了对缺失部分的寻求。最终，接受下来的知识经济经历了调整，其中包括中世纪大学的发展。结果是，所传播的知识在新背景下被复制和扩展。自11世纪下半叶开始，经院哲学作为欧洲范围内高等教育和学术交流的网络兴起，这也依赖于从阿拉伯语世界获得的知识的刺激。

伊比利亚全球化

随着欧洲人到达美洲和环绕非洲的航行，15世纪末出现了真正的全球互动领域。它由欧洲人主导，首先是西班牙和葡萄牙的征服和殖民。随后，荷兰、英国和法国的商业与殖民干预扩大了它的范围。这些商业与殖民干预不仅加强了人员、货物、技术和知识的全球流通，也一并挑战了当时世界各地现有的知识系统。[57]

但是，由于克里斯托弗·哥伦布（Christopher Columbus，1451—1506）1492年的航行所带来的巨大后果，人们称之为"哥伦布转变"（Columbian turn）的事件对知识史的影响可能更加深远。这次航行的后果包括美洲数百万人的灭绝和跨大西洋奴隶贸易的兴起；随之而来的原住民知识传统的瓦解；以及人为干预下的植物、动物和疾病的全球散布而造成的，作为知识对象的世界（世界甚至在工业化出现之前就已成为知识的对象）的急剧变化。[58]

美洲的殖民化本身就是全球化进程的一个结果。在欧亚大陆，蒙古人在13世纪的出征对更早历史时期中保存和传播的知识造成了毁灭性后果。由于基础设施遭到破坏且死伤无数（尤其是1258年围攻巴格达期间），可以追溯到远古时代——如美索不达米亚的灌溉文化——的整个知识经济全都不复存在了。重要图书馆被摧毁，其中的许多珍宝也永久遗失了。与此同时，蒙古人创造了一个从远东到中欧的欧亚互动圈，为人员、技术、货物和知识的流动创造出新的机会，但也让黑死病等疾病有机可乘。在14世纪，黑死病导致了亚洲、非洲和欧洲大约5000万人丧生。[59]

另一方面，欧亚大陆的连通性增强，这为欧洲提供了与中国、印度和亚洲其他地区进行探索和贸易的新机会；欧洲旅行者的报告可以说明这一点，如鲁布鲁克（William of Rubruck，约1220—约1293）或马可·波罗（Marco Polo，1254—1324），他们从13世纪下半叶的蒙古治世（Pax Mongolica）中受益。[60] 奥斯曼帝国在14世纪和15世纪崛起，它在1453年征服了君士坦丁堡，并控制了通往南亚和东亚的陆路——这些路线对于意大利城邦的香料贸易而言至关重要。于是，寻找通往印度的海上航线越来越引起人们的关注，这为大西洋强国西班牙和葡萄牙提供了机遇。正如我所强调的，欧洲向海外派遣探险考察和军事远征的能力建基于科学和技术的进步，而科技进步反过来也是知识全球化进程的结果，这里的知识全球化包括地理知识和地图绘制、航海技术（如使用指南针）以及军事技术（如将火药用于火炮和枪支）的传播。[61]

在13世纪，中国人于9世纪发明的火药知识传遍了欧亚大陆，例如，伊斯兰军队和蒙古人都会从弹射器上投掷火药炸弹。[62] 关于火药的第一份报告大约在13世纪中叶传到欧洲。火炮的发展也可以追溯到中国，早在12世纪，中国就有了先驱者。在欧洲和伊斯兰帝国，火炮技术在14世纪初才开始普及。

伊比利亚全球化的特殊之处在于，它不仅影响到人类事务，而且在某种意义上还影响到整个地球——至少是地球生物圈，而它对生物圈的影响几乎无法预测。[63] 它将分离了数百万年的生物群联系在一起，极大地改变了生态系统。动物、植物和病原体在旧世界与新世界之间循环，造成了灾难性后果，亟须建立新的生态平衡。哥伦布到达时，居住在新世界的人口有数千万之多，其中的绝大部分由于与旧世界的接触而丧生。在新世界中，马和牛等旧世界的动物蓬勃发展，依靠牛马的新定居者和开路的入侵者在新世界中也是如此。

两个世界的不同生物遗产有利于新移民，他们及他们带来的家畜和病原体已经过共同进化，并已对迅速杀死大部分原住民的疾病产生了抵抗力。[64] 在新世界的生存斗争和统治斗争中，生物遗产成为新移民的最大财富之一。考虑到最初的新移民人数很少，在他们所不熟悉的环境中，他们的技术和军事优势是否足以将力量平衡如此大幅度地扭转，这至少是值得怀疑的。[65] 然而，欧洲征服者和定居者很快就主宰了整个美洲双大陆，尽管它曾经人口众多，文明高度发达。这些新移民攫取其财富，并将之转变为后来世界市场的燃料。因此，欧洲人主宰16世纪和17世纪新兴世界体系的优势，与其说是征服美洲的先决条件，不如说在一定程度上也是征服的结果。

新世界的殖民化，最终将一个偶然的生物条件转变成欧洲人在全球的政治和经济优势，从而推动了其采掘经济和知识经济霸权，使二者达到了全球规模。对这一发展的一个重要贡献是新旧两世界农业系统的融合。土豆、甘薯、玉米和木薯最终成为欧亚及非洲的主食，而小麦和来自牛、羊、猪的动物蛋白则成为美洲的重要食物。到1700年，稻米成了从西非

图11.7 摘自泰奥多尔·德布里（Theodor de Bry，1528—1598）的《新世界》（*Das vierdte Buch von der Neuwen Welt*，1613），该书描述了西班牙对几个南美地区的入侵。此图（书中的插图18）描绘的是西班牙到西印度（今哥伦比亚）卡塔赫纳（Cartagena）腹地的军事远征。德布里的叙述利用了包括吉罗拉莫·本佐尼（Girolamo Benzoni）在内的多种资源，向广大公众讲述了美洲印第安人如何被西班牙人虐待的黑暗叙事。图自互联网档案

运往美洲的奴隶的基本供给。[66] 农作物和家畜的交换相当于基础农业知识系统的全球化，它也成了1750至1930年世界人口长期增长的重要因素，而这一长期增长再一次明显偏向具有欧洲血统者。

伊比利亚全球化还涉及其他形式的知识，包括科学知识，它在此过程中正在被转变。16世纪时，宗教团体在许多地方建立了学院（其中一些后来发展成为大学），包括圣多明各（Santo Domingo）、利马（Lima）、墨西哥城（Mexico City）、波哥大（Bogotá）和基多（Quito）。[67] 它们从一开始生产的就是具有全球性的知识，因为知识在殖民帝国的不同地区之间流通。[68] 全球性的知识流动由一种复杂的知识经济控制，它包括殖民机构和教会机构，以及众多仍然依赖原住民传统的地方基础设施。其特征之一是，流通中积累起来的大量知识未被公开，继续处于被审查和保密的状态。它们被存放在国家或教堂的档案室，图书馆，或个人收藏中，并且更大范围的公众在任何情况下都无法接触到。

在此类殖民地知识经济中，知识最初主要通过欧洲的宗教、哲学和科学框架及其传统而系统化，如亚里士多德主义的经院哲学、自然史或盖伦医学。但是，由于全球化过程中遇到的大量新经验和挑战，例如，迄今为止仍然不为人知的动植物或原住民的医疗实践，知识变得越来越多样化。它影响了随后欧洲知识经济和知识系统的转型，即从经院哲学转型为现代科学学科体系，而这一点反过来又在殖民地世界的知识组织上留下印记。无论如何，如果没有因伊比利亚全球化而形成的知识，其后从自然史到现代地球科学和生命科学的转变就几乎毫无可能。比如说，伊比利亚全球化促成了路易斯·安托万·布干维尔（Louis Antoine Bougainville，1729—1811）、詹姆斯·库克（James Cook，1728—1779）和格奥尔格·福斯特（Georg Forster，1754—1794）的探索性航行，以及卡尔·林奈（Carl Linnaeus，1707—1778）、亚历山大·冯·洪堡和达尔文的综合研究。[69]

在17世纪晚期和18世纪，欧洲的启蒙运动触及了美洲和亚洲的殖民地，刺激了新科学知识机构的出现，与社会和经济进步有关的新科学形象也显现出来。但是，教育的传播，特别是启蒙思想和科学知识的传播仍然受到殖民当局的限制，并经常受到压制。例如，即便在18世纪晚期，法

图11.8 爱德华·恩德（Eduard Ender, 1822—1883）的油画，描绘了身处奥里诺科（Orinoco）河畔的亚历山大·冯·洪堡（坐者）和埃梅·邦普朗（Aimé Bonpland）（1799—1800年在委内瑞拉考察期间）。© akg 图片库

律也仍然禁止古巴的美洲人和西班牙人研究或撰写任何与殖民相关的主题。[70] 然而，与此同时，西班牙在美洲的殖民统治已经被欧洲和北美的战争和革命打破。在1776年英国殖民地的《独立宣言》、1789年的法国大革命、1791年的海地革命，以及西班牙的拿破仑战争之后，19世纪初，拉丁美洲国家开始从殖民主义的枷锁中解放出来。他们作为民族国家获得了独立，采用并改造了欧洲模式。

在本章开头，我曾提到知识全球化中的内在过程和外在过程，以及这两者相互影响的关键作用。美洲殖民化之后出现的全球科学和技术互动显然是这些因素共同的结果。它由欧洲列强积累的全球化知识所促成，这些知识随后在征服和殖民中作为同路人传播。在下一章中，我将以耶稣会士在中国传教为例，讨论科学技术知识作为同路人的传播及其影响。

知识的全球传播引发并促进了随后的全球化进程。通过充当各种原始工业化和工业化形式的背景及放大器，知识的全球传播推动了世界市场的建立——主要但不仅限于在欧洲各中心城市。它包括资源开采和人力资源开发中所使用的技术的全球流通。例子之一是汞齐化工艺的发明和推广，该工艺用汞从矿石中提取银，决定性地导致了16世纪中叶以后拉丁美洲的银产量迅速增长。采矿活动和殖民经济的其他组成部分（如糖料种植园和其他单一种植）的扩张造成环境恶化，如有毒汞沉积物的扩散和滥伐森林，这些标志着迈向人类世的明确步伐。

殖民帝国为知识经济奠定了基础，这种知识经济使人们能够收集有关自然现象（如气象状态或洋流）和人口的全球数据，这进一步加速了全球化进程。但是，殖民地知识经济也为打开全球变化过程本身开辟了前景，包括人类作为环境转变的主要推动者这一角色。在18世纪末和19世纪初，许多主要人物都表达过这些新颖的全球视角，其中包括采矿专家亚历山大·冯·洪堡——与他的大多数同时代人相比，他有幸且有能力看到更大的世界。[71] 在1865年，达尔文仍然记得洪堡的旅行报告如何影响了他："我一直认为，这种性质的日记在提高人们对自然史的兴趣方面有相当大的好处。我知道，就我自己而言，没有什么比阅读洪堡的个人叙事更能激发我的热情了。"[72]

第十二章

自然科学的多种渊源

> 古者羿作弓，伃作甲，奚仲作车，巧垂作舟。然则今之鲍、函、车、匠皆君子也，而羿、伃、奚仲、巧垂皆小人邪？且其所循，人必或作之，然则其所循皆小人道也。
>
> ——墨子回应儒家格言"君子循而不作"（引自葛瑞汉《后期墨家的逻辑、伦理和科学》）

> 正如我在其他场合所写的，我非常希望从伽利略那里得到日月食的计算方法，特别是日食，这可以从他的许多观察结果中得到。实际上，所有这些对于我们校正历法都极其有用。而且，如果存在任何我们可以依赖的作品能让我们不被赶出中国，那么只能是这个了。[1]
>
> ——邓玉函（引自以撒亚·亚纳科内《邓玉函：文艺复兴科学和中国明朝的意大利猞猁之眼国家科学院精神》）

需要一个进化的视角

全球知识史如何影响科学观？在上一章中，我强调了全球化进程在现代科学出现中的作用，但仍侧重于众所周知的希腊科学变革这一示例，它是之后许多成就的重要来源。可是，自然科学在历史上究竟出现过多少次？难道就像欧洲科学的宏大叙事所假定的，它仅在古希腊发生过一次？

还是说，其根源深植于各种文化和历史背景？不过，人们也可能会怀疑此问题是否真的具有意义，因为事实证明，很难制定普遍的划界标准来区分科学和研究自然界的其他方法。从对"自然科学出现过多少次？"这一问题的回答中，人们可以期待何种洞见？例如，它们对"大分流"（Great Divergence），[2] 也即西方世界崛起为19世纪最强大的文明有何贡献呢？[3]

在下文中，我会从两个层面来回答此问题：其一是科学实践的层面，即科学特有的知识经济，这与为了获取知识而探索物质文化有关；其二，这种特定知识经济与整个社会的经济相互作用的层面。就第一层面而言，我认为自然科学在人类历史上确实存在多种起源，我会专门以古希腊和中国为例。

关于第二层面，在前两章的背景下，我认为，科学知识经济在一个长期的全球过程中与社会的知识经济和物质经济纠缠在一起。从这个意义上讲，自然科学作为其他社会过程，尤其是经济发展的主要组成部分和驱动力而出现，这实际上是世界史中独一无二的事件。这一点也是由于自然科学的发展在相对较短的历史时间跨度内产生了强大的全球性影响，从而减少甚至消除了替代性事物的增长机会。

在第十章，我们以欧洲的发展为介绍重点，看到了科学与社会之间日益增长的漫长纠缠。在第十一章中，我强调了这一过程的全球相互依存性和后果，特别是在殖民时代迅速促成了西方的统治地位。这一进程在特定时间、特定地点达到巅峰，以它的方式改变了力量平衡。这当然既是全球动态的结果，也是我间接提及的众多突发事件的结果，包括欧洲征服美洲所造成的生态碰撞。

这就是"自然科学出现过多少次？"这一问题如此诱人，却又如此棘手的原因。如果我们问一个结构上类似的问题，此问题的独特性可能会变得更加清楚。这个另外的问题构成了比有关自然科学的多元起源问题更突出的讨论主题："人类这一物种出现过多少次？"

"人是什么？"这在古希腊哲学家的时代就已经成为讨论的话题。第欧根尼·拉尔修（Diogenes Laertius）描述过锡诺普的第欧根尼（Diogenes of Sinope）对柏拉图关于此问题之回答的嘲笑："柏拉图对人的定义是：'人是一种有两只脚、没有羽毛的动物。'他的定义备受赞誉。于是，第欧根尼拔掉了一只公鸡的毛，将其带入柏拉图学园，并说：'这就是柏拉图的人。'为此，人们在定义中加了一句话：'有较宽的指甲。'"[4]

与自然科学的出现这一问题的答案一样，有关人类出现的问题，其答案长期以来一直受到起源概念的影响——从一方面来说，当然，是受到宗教上的起源概念影响（有时在自然科学及其英雄的起源神话中得到回应）；但是，另一方面的影响来源，据称是关于所谓生物进化之渐进特征的科学主张。然而，达尔文认为，人类与其他生命形式之间的关系是一种连续性，如果缺乏这种连续性，那么对人类物种的出现这一问题的回答实际上只能在起源神话中找到。[5] 通过将科学史嵌入更广泛的知识史中，我们创造出一种可能性，可以为我们的目的建立起类似连续性——这种连续性有可能使我们从明确起源的必要性中解脱出来。

在进化概念的背景下变得尤为明显的是，为什么不可能有一个独特的唯一标准将科学与非科学区分开来，其实就像没有一个唯一特征来区分

图12.1 柏拉图的人：一只被拔了毛的公鸡。劳伦特·陶丁绘

人类和动物一样。它当然不会是第欧根尼逸事中的"较宽的指甲"。我们不能凭借单一特征，也不能凭借我们的学习能力、工具使用、语言、同情心或暴力倾向来区分。这些特征也都以这样或那样的初始形式在动物界存在。

有关人类进化的最近研究表明，不仅从动物到人类的过渡期很长，而且人属的分支本身也比传统意义上向现代"进化"的思想所暗示的要多。在很长一段时间里，多个原始人种相互竞争或彼此孤立地生活。对于他们的个别代表，有时很难说其认知能力和现代人的认知能力有什么区别。我们还了解到，人类祖先之间存在交叉联系，他们相互异种交配并因此交换了基因，这一点最近已经得到证实。他们可能还从彼此的相处中汲取了经验，通过占据某些生态位和迁徙而间接地相互影响。[6]

此外，即使在解剖学意义上的现代人类出现之后，至少有10万年时间，并没有任何特征性现代行为可以作为明显的证据，将这些人类与其他原始人类区别开来。最近，这一生物进化和文化演化之间的时间差甚至因为在摩洛哥发现的30多万年前的类智人化石而延长，考古学家科林·伦弗鲁（Colin Renfrew）将这一现象称为"智人悖论"（sapient paradox）。[7] 因此，我们不能通过宣称一个人种（即我们的物种）由于其优越的生物学特性而成功战胜了其他物种，其他物种由于其劣势而理所当然地灭绝，这样来充分描述这种进化过程的结果。毕竟，最近的遗传分析表明，那些已经灭绝的人种（特别是尼安德特人和丹尼索瓦人）的某些遗传基因仍存在于现代人类中。

在人类漫长而多分支的进化过程中，最终获胜的不一定是更优越的人种，而是一种新型的过程，它塑造了自然选择的进化过程，并在一定程度上将其推到了幕后。[8] 新过程是一种文化演化过程，它本质上以物质文化传播为基础，同时构成了其中所保留和体现的知识的演化。我们能想象这种演化进一步发展到我们可以谈论科学知识，并找到其多元起源问题答案的地步吗？

从这样一个演化的角度来考虑，自然科学的不同"起源"是可以预期的。然而，这些起源不应被当作相互竞争的孤立事件，而应被视为轨

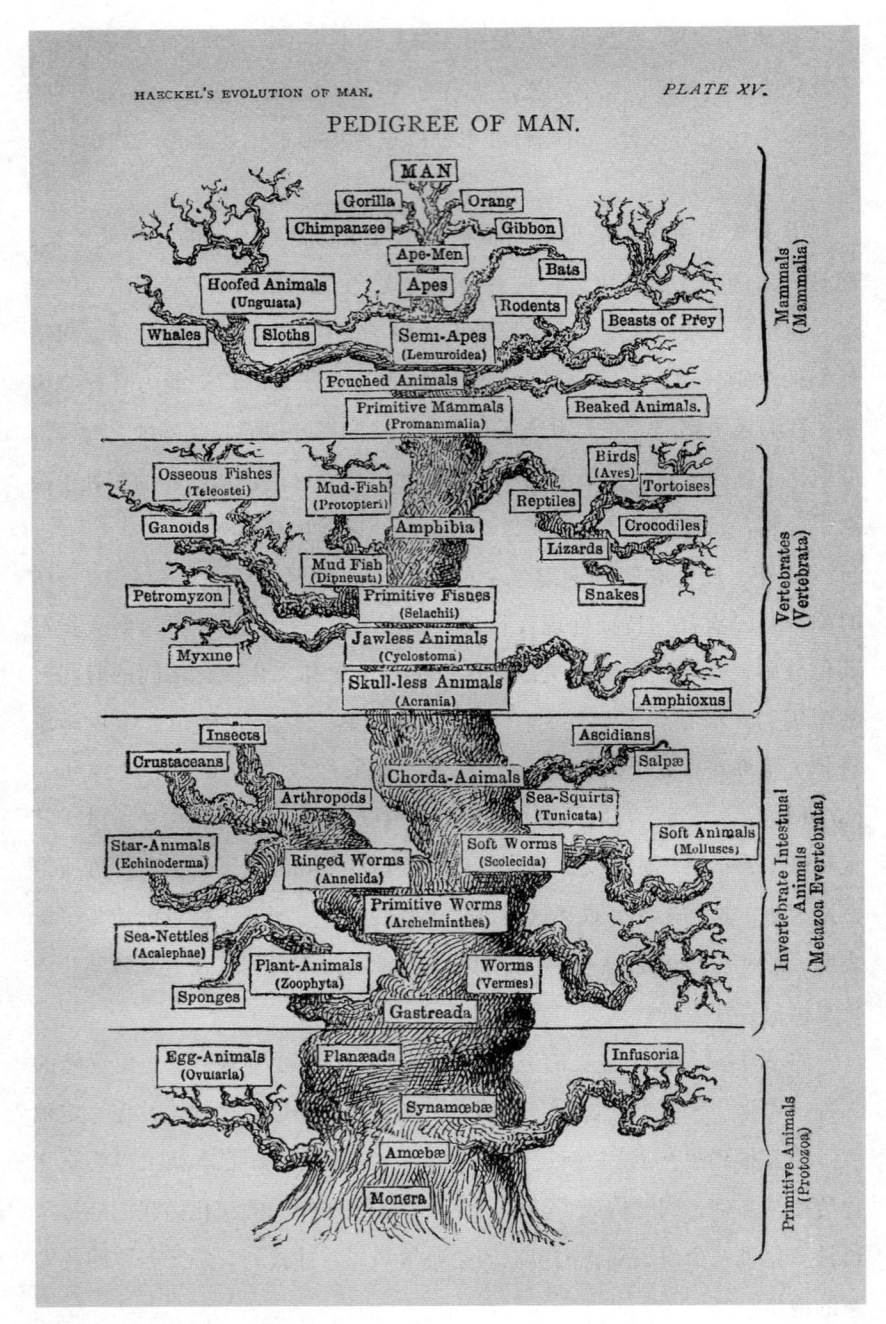

图12.2 恩斯特·海克尔绘制的"生命之树",这幅图展示了达尔文对普遍共同血统模式的隐喻性描述。摘自海克尔《人类的进化》(*The Evolution of Man*,1879)。图自维基共享资源

迹，所有这些轨迹都有助于自然科学的出现，正如本章开头提到的问题所阐释的。如果我们不考虑全球性的知识史，自然科学之涌现这一问题将从一开始就被起源神话所扭曲。在各种历史情况下，知识经由反思过程已被或未被转化为被称作"科学知识"的新形式，如果不对这些反思过程——包括对已错失机会、压制行为或潜在替代项的考虑——加以研究，历史记忆（或更确切地说，既往史）将只能产生起源神话。

比较欧洲科学和中国科学将有助于处理和澄清与自然科学出现这一问题有关的两点。首先，在历史上，自然科学（即通过持续且系统地反思人类对自然的物质干预而产生知识的社会实践）独立出现过多次。反思性思维过程可以采取多种形式，并产生独特甚至奇异的结果，这些结果不能被纳入以现代西方科学为终点的线性发展逻辑。

其次，自然科学在更大的认知和物质经济中的整合是一个长期过程的结果，该过程在近代早期开始对社会发展产生重大的、最终是全球性的影响，并最晚在第二次工业革命时成为全球范围内这一发展的构成要素。但是，这一全球化在不同时间、不同地点的发生方式，在很大程度上取决于当地的知识经济——当然，当地的知识经济也在此过程中发生变化。在本书的最后部分，我将回到科学知识在全球社会中的构成作用，它标志着我所说的"认知演化"（epistemic evolution）作为文化演化新阶段的肇始。

希腊和中国关于力学的早期文献

欧洲传统中最古老的关于力学的科学著作是《力学问题》(*Mechanical Problems*)，[9] 大约可以追溯到公元前330至前270年。传统上，它被认为是亚里士多德的作品，至少无论如何起源于他的学派，很可能是在他生前。[10] 到13世纪初，大部分亚里士多德著作在西方拉丁世界中为人熟知，部分是通过阿拉伯文译本的传播。亚里士多德力学也传播到阿拉伯语世界，又通过起源于10世纪拜占庭的手稿传到了西方拉丁世界。1497年，阿尔杜斯·马努蒂乌斯（Aldus Manutius，1449—1515）在威尼斯出版了

《亚里士多德文集》(*Corpus Aristotelicum*),《力学问题》作为其中的一部分首次印刷出版,此后才广为人知。由于其对技术设备的关注,《力学问题》引起了近代早期科学家型工程师们的浓厚兴趣,成为那个时期最有影响力的古代力学著作之一。

《力学问题》由引言和35个称为"问题"的部分组成,这些部分在长度上通常只有一个段落,并且几乎总是以"为什么……?"开头。论文的中心是这个问题:"为什么小力量可以借助杠杆来移动大重量?"[11]《力学问题》的书面形式反映了希腊的问题(problemata)传统,这很可能产生于真实的对话情境。显然,作者之所以谈到机械工具的话题,主要是因为它构成了对亚里士多德自然哲学体系的挑衅。实际上,《力学问题》讨论的是对亚里士多德物理学的挑战,因为这些技术设备产生的效果似乎与自然相悖。机械设备之所以会产生这种效果,是因为它们有能力克服一个看似基本的物理学原理:因果等价。在杠杆等机械装置的帮助下,用较小的力就可以举起较大的重量,这是怎么可能的呢?

在将知识的各个领域进行系统化的背景下,亚里士多德——或其逍遥学派的一位成员——分析了这一挑战性问题。他们特别关注了起重活动,这项活动中有**智胜**自然的技巧,即以更小的力提起更大的负载;他们也特别关注了称重活动,这项活动中有实现**相等**重量的技巧。是否可以这样猜想:由于天平总是意味着等价,所以天平就是理解杠杆的神秘能力如何与因果等价性相协调的关键?《力学问题》中的推理基本上以这种直觉为基础。

该论证由特定的心智模型决定:天平-杠杆模型。这一实践知识的心智模型由我们在第六章首次遇到的两个熟悉的心智模型组合而成:与普通的等臂天平相关的平衡模型,以及作为机械模型之特定版本的杠杆模型。两种模型可以加以整合,因为碰巧有一种对二者都适用的装置:不等臂天平,这在当时是比较新颖的。在第十四章中,我将更多地介绍其发明以及称重实践的历史,以此作为技术发展的一个例子。就当前的目的而言,我们只需认识到,因为该装置同时起到杠杆和天平的作用,所以我们有可能用这一新颖装置来结合两种实践知识的心智模型。在等臂天平的例子中,重量差异通过砝码来平衡；在不等臂天平的例子中，重量差异通过改变配重沿刻度的位置来平衡，或者如亚里士多德文本所述，通过将配重固定在横梁的末端但改变悬挂点的位置来平衡。

这使人们对平衡模型有所了解，即，重量不仅可以通过重量抵消，还可以通过距离抵消。通过将杠杆等同于天平的横梁，人们有可能借助该装置，将杠杆神秘的省力效果理解为因果等价，即通过长度差异来抵消力的差异。正是这种与不等臂天平有关的实践知识为杠杆定律的提出提供了经验基础。

因此，虽然《力学问题》反映出实践者的基本知识，但该文本显然并非出于实践考虑。如果缺乏一个对自然现象做出解释的预先存在的理论传统，力学的理论科学就不可能发展出来。力学的出现，即"杠杆变天平"的理论可能性的实现，发生在特定的文化环境中，在该文化环境中，理论反思已经在其他许多经验场所中进行过，并存在一种强烈的以论证形式进行辩论和说服的文化。希腊人（至少在雅典）的政治和司法习俗使得项目的成功取决于通过修辞和论证有效地说服他人。

在与马深孟和鲍则岳的共同研究中，我们将亚里士多德力学著作的开创性作用与中国传统中最早的力学著述进行过比较，即所谓的《墨经》中的一些部分，这些内容可追溯到大约公元前300年。[12] 墨家可以被描述为公元前5世纪至前3世纪——这是一个哲学流派在零散政治格局中相互竞争的时代——的一个哲学流派，但实际上不仅如此：他们是一个由对理性辩论、准宗教信仰和特定形式政治参与的承诺维系起来的团体。虽然我们对学派的传奇创始人墨子知之甚少，但墨家学派的一些关键文本仍然存在，尽管形式有所残缺。墨家在逻辑学的基础上批评了传统学说（如孔子的学说），并试图建立一种支持理性论证的体系。他们坚持兼爱原则，拒斥军事侵略——尽管墨家也是军事防御技术的专家，其现存著作中的一部分专门针对这一领域。

我们感兴趣的这一文本具有复杂的内部结构，类似于带有丰富内部参考的超文本。[13] 它涉及逻辑学、伦理学和科学，其中包括几何、光学和力学。墨家学派消失后（其消失很可能与公元前221年秦朝统一中国有关），该文本经历了最戏剧化的传播历史：秦统一之际哲学流派遭到压制，公元前206年开始的汉朝又采纳了儒家思想，以支持其建立的稳定政治秩序。该文本的传播还存在一个问题，即它显然需要教师来解释其复杂的顺序及其中独特的术语。口头传播中断之后，文本成为过去的神秘遗迹，只有通过持续的文献学努力才能恢复其原始含义。

公元前1世纪，为权威的汉帝国图书馆准备的文本使情况更加恶化。这次修订严重混淆了文本的内部结构，使其基本上无法理解。在隋朝时期（即公元6世纪末至7世纪初），墨家文集的简化版本开始流传，几乎取代了完整版本。然而，全本在帝国图书馆中幸存下来，至少一直保存到10世纪至13世纪的宋朝。它在这一时期被印刷出来，成为1000多种所谓《道藏》的一部分。《道藏》中还包括其他在道教中赢得尊重的非正统思想家的著作。尽管全本基本上被忽略了将近1000年，但它在16世纪中叶再次开始流传，刚好就在欧洲传教士与中国的官员和学者建立联系之前。在19世纪，中国学者意识到《墨经》与西方科学思想之间惊人的相似之处，这重新激发了人们对失传的知识传统的兴趣。

《墨经》的复杂结构由汉学家葛瑞汉（Angus Graham）重建，他的工作基础主要是中国文献学者的早期成就。它包含多个"部分"，由"经"和解释它的"经说"组成。经中定义了某些基本术语，经说中处理了复杂的问题。这些部分涵盖知识的四个分支。第一个分支可以被称为逻辑学，尽管它不属于三段论逻辑，而是对语言的反思，提供了自洽描述的步骤以使人避免陷入自相矛盾。第二个分支是伦理学。第三个分支即我们在这里感兴趣的，涉及科学。它还包括关于力学的部分。第四个分支则是关于辩论的艺术。[14]

该文本显示出与西方亚里士多德物理学之间的惊人相似。例如，它指出：

> 衡加重于其一旁，必捶，权重相若也。（横梁：如果您在横梁的一侧增加**重量**，则［此侧］必定垂下。这是由于［**重量的**］**有效性**和**重量**互相匹配。）

相衡则本短标长。两加焉,重相若,则标必下,标得权也。([两侧]齐平,则底端短而尖端长。将相等的**重量**添加到两侧,则尖端必定会下降。这是由于尖端获得了[**重量的**]**有效性**。)[15]

这些部分要解决的中心问题是:同一个重物在某些情况下的效果为何与正常情况下不同?书中通过引入一对抽象术语"重"和"权"来回答这个问题,通过将"权"从"重"中区分出来,该文本解释了其偶尔不一致的表现。换句话说,物体的自然表现会与其在某些人为环境下显示出的变化表现相对抗。在上一章中,我们遇到过类似的问题,当时是与阿拉伯和拉丁中世纪学者对希腊科学的转化有关。在这一转化中出现了位形重力的概念,它使观察者可以区分重量及其位置效应。古代中文文本显然解决了一个类似的问题。

根据直觉的心智模型,更大的力会产生更大的效果,这一推理结构可以按如下理解:该模型暗示了相等的重量会产生相同的效果。但是,在操纵机械装置时获得的实践经验可能会违反此模型,例如,事实证明,放置在横梁上的相等重量会因其位置不同而产生不同的效果。墨家的理论反思旨在解决这一明显的矛盾,即有关机械安排的实践知识与自然情况下(即没有机械装置时)会发生事情的直觉期望不符。其基本思想是,通过把原因概念和其"有效性"区分开来("有效性"是这里引入的一个新概念),我们可以恢复并充实最初的心智模型。

《墨经》描述了几种机械安排,这些安排产生的情况似乎都与预期会自然发生的情况相冲突。这些安排无法被全部重建,有些仍然晦涩难懂。但是,它们的意义始终在于它们会对事物的预期过程造成干扰。简而言之,它们通常会产生令人费解的结果。例如,我们会遇到这样的情况:一根横梁尽管承受了重量,却没有弯曲;或者某物倾斜着,无法直立起来。重物的自然趋势是其本身会垂直向下运动,但是通过巧妙方法的干预,例如,将重物向上或向侧面拉,或从下方支撑重物,人们可以在《墨经》中介绍的人为情况下,阻止其自然趋势的发生。

这仍然不是我们稍后在阿基米德的作品中遇到的那种定量解释,但类似于被归给亚里士多德的《力学问题》中使用的布局。《墨经》和《力学问题》都将力学效应描述为令人惊奇且需要解释的，似乎这些力学效应是自相矛盾的。随后，这种明显的矛盾通过引入一致的技术术语而获得了解决。《墨经》还按照该布局解决了光学问题。[16]

就像亚里士多德的《力学问题》一样，《墨经》中处理和解决难题的论证，可以被理解为在辩争文化的背景下对共享实践知识的反思。力学部分中出现的巧妙办法代表着显然在当时技术中发挥过作用的机械装置——例如在军事工程技术中，人们认为墨家在这方面非常出色。

尽管这些文本所记录的知识因此具有实践背景，但它们提出的问题显然并非实践问题，而是理论反思的问题，且借鉴了当时哲学讨论所提供的手段。墨家显然反对儒家传统所提倡的从自然倾向中推导伦理。他们宁愿竭力证明道德可以始终立足于人类意图及其行动领域。同样，墨家对力学问题的研究似乎也受哲学关注所驱使，他们想要表明，尽管人类引起的机械过程可能不像直觉所期望的那样发生，但它们仍然是可以理解的。

在中国和欧洲，无论是辩争文化的存在还是其具体关注点，首先都与实践的力学知识无关。就此而言，理论力学知识的出现属于偶然的历史事件，取决于特定的文化环境。然而，事实证明，中国文化与欧洲文化中类似的散乱实践以相似的方式塑造了对实践力学知识的反思，尽管并不完全相同。实际上，这导致了不同的抽象观念，例如中国语境中重量的有效性概念，或欧洲传统中的重心概念与杠杆定律。如上所述，在西方传统中，与墨家的"有效性"概念相对应的概念，直到后来才以位形重力概念的形式发挥出重要作用。

无论是在欧洲还是在中国，理论力学的具体特征最初都是短暂的，正如产生它的历史背景一样。从长远来看，成为科学力学实质的，并不是由这种环境塑造的特定书面形式，而是首先，由于工艺和工程的连续性而保持稳定的、直觉与实践知识的心智模型，其次，理论知识的心智模型和与之相关的抽象概念——只要它们能在依赖于书面文本传播的理论传统中流传下来。

这是否构成自然科学独立的第二次出现？中国和欧洲的方法会在历

史进程中融合吗？如果我们将自然科学视为通过探索可用物质手段来获得有关自然世界知识的持续而系统的努力，那么这个例子表明，第一个问题必须得到肯定的回答。关于第二个问题，我想提及我关于《墨经》历史的介绍性评述。自公元前221年起，秦朝开始在中国实行集中控制，《墨经》所代表的知识传统似乎被压制了。结果，墨家传统实际上从前现代中国的思想史上消失了。机械设备的实践传统在中国继续存在，并在近代早期中欧学者的交锋中成为重要的共同参考点。但是理论力学思维的传统在早期就已中断，因而要回答关于中欧科学方法之间可能融合的第二个问题就有些困难。

尽管如此，对中国科学起源的了解使我们能够分析与欧洲案例有关的一些特殊共性和差异，表明科学确实可以根据其文化背景而采取不同的发展道路。首先关于相似之处，令人惊讶的是，希腊传统和中国传统都非常关注谜题和悖论。这似乎不是巧合，因为两种传统都是在辩争文化中出现的。

例如，在公元前5世纪下半叶的希腊，我们遇到了所谓的智者，这是一群游荡的知识分子，他们忙于建立悖论，并在公开场合进行辩论和讲演。他们在雅典和其他城邦中漫游，为富有的年轻人提供教育服务。[17] 在所谓的战国时期，公元前4世纪的中国也出现了横议文化，当时的中国分裂成许多小国，不同学派各自对孔子学说发起挑战。[18] 墨家就是其中之一，他们向统治者和朝廷提供建议和服务，并与其他思想家竞争，以期获得政治影响。墨家是一个由商人和工匠组成的群体，对实践知识抱有浓厚的兴趣，这势必影响了他们对主题的选择。[19] 在公元前4世纪后期，随着新的竞争对手的加入，知识界的辩论愈演愈烈。在这种背景下，我们可以看出，墨家的雄心是涵盖人类知识的所有领域，并通过发展一种争辩术来增强其智力武器。他们的目的似乎是要证明，思想一致是有可能达成的。

另一个相似之处是希腊传统和中国传统中作为反思对象的那种知识，即（尽管不全然是）与当时的物质文化有关的实践知识，例如机械安排和装置。对这类知识的语言表征进行反思便产生了理论知识，其目标不一定是解决实际问题，而主要是为了组织和构造知识本身，就像在这个例子中这样。

　　成为反思对象的知识中存在这些共同点，一方面是由于当时普遍的物质条件，这超越了文化；另一方面，这也可以追溯到相当的技术发展水平，例如在两个文本中讨论的特定机械安排的可获得性。这种物质文化也可能部分地属于先前知识转移的结果——例如，当工具和设备（以及由此产生的内在知识）被交换时。这种可能性说明了我在上一章中描述过的知识转移的分层结构。

　　但是，这些社会中的反思性思维很可能都是独立发生的，因为没有证据表明相关的理论文本发生过联系或交换过。这也说明了为什么这两个反思过程产生了如此不同的结果。例如，墨家使用了"权"这一术语来解释杠杆效应，而希腊的《力学问题》则将此效应归于由圆半径描述的圆周运动速度的差异。

　　这种类型的差异也可能表明，在以理论形式反映出来的知识周围，使其出现的社会条件存在着更根本的差异。《力学问题》试图用亚里士多德自然哲学的框架来解释力学悖论。墨家显然没有预先存在的自然哲学框架，无法以此为依据来提出自己的论点。与他们竞争的学派也尚未发展出这样的体系。他们分析的背景似乎是正确行动和正确使用语言等主题。除科学思考外，道德和逻辑考量基本上就构成了《墨经》。

　　墨家在公元前4世纪作为一个学派开始活动时，就已经发展出一种基本的功利主义传统。后来，公元前4世纪中叶的所谓形而上学危机（由有关个人角色的问题引发）迫使他们和其他流派重新考虑其原则，并在新的反思水平上为之辩护。在《墨经》中，他们试图"独立于天道的权威来建立一个道德体系的基础，将此基础建立在个人实际的利益和损害、欲望和厌恶上"[20]。对世界进行一致解释的必要性显然出于这样一种追求，即不涉及权威或形而上的实体来解释人类行为。

　　在战国时期的中国，基于自然哲学的普遍世界观和宇宙论才刚刚开始兴起，而在古希腊，此种世界观的产生却先于对语言的理论反思。[21] 数学传统与演绎推理之间的联系在《墨经》中只是以初步形式得到记录，这一点在古希腊和古代中国文化之间也有显著差异。[22]

总之，两种文化都产生了对实践知识的理论反思，这相当于对物质环境中规律的系统性探索——一种科学实践的雏形。这些实践进行演化的不同背景和环境在概念层面上影响了演化的结果。希腊的这一传统继续存在（尽管是以断断续续的方式，并且是通过上一章所讨论的各种文化折射）而另一个传统被终止，这一事实基于外部环境，而不是该传统的内在属性。显然，科学传统的产生条件与其长期生存的条件并不相同。

欧洲科学向中国的传播

我们讨论的这个例子构成了另一种演化路径，或者至少是这种路径的发端。这是否在随后的历史进程中最终导致了一种"科学革命"？换句话说，这是否导致了相似的知识发展动态速率，就像在近代早期欧洲的不同条件下观察到的那样？关于中国为什么没有经历科学革命的问题通常被称为"李约瑟难题"，以英国的中国科学史研究先驱李约瑟（Joseph Needham，1900—1995）的名字命名。李约瑟难题是其综合性著作《中国科学技术史》（*Science and Civilization in China*）的指导原则之一。[23]

已经出现过许多解答这一难题的尝试，但是也有一些人强烈反对反事实历史的做法。在这里，我并不试图解决李约瑟难题，而是要讨论一个相关的问题，即为什么耶稣会传教士在17世纪将大量欧洲科学知识转移到中国并没有触发中国知识系统的重大转变。这使我可以在本章开头介绍的第二个层面——知识经济层面——的意义上，处理自然科学被发明了多少次这个问题。无论如何，这种重大转变的发生与否都不会仅仅与某个单一因素有关（例如是否存在可供借鉴的古代科学传统），而是一个社会更大的知识经济的问题，正如我将论述的那样。

耶稣会成立于1540年，在反宗教改革时代，它在欧洲知识经济中发挥过重要作用。[24] 耶稣会学院迅速遍布整个欧洲，提供免费教育，重点是人文经典；在高年级，学生的学习内容也包括经院哲学传统的哲学和神学。虽然这项服务面向的是那些准备好并有能力参与的人士，但这也意味着向较低社会阶层的人们开放获取知识的途径，从官员、工匠、城市居民的后代到乡村牧师偶尔发现的人才。到1600年，在欧洲以及西班牙和葡萄牙的殖民地上已经建起了数百所学院。

到17世纪中叶，耶稣会在欧洲天主教的教育制度中发挥了主导作用。这包括它在生产科学知识方面的作用，从耶稣会在天主教大学人文学院中的领导地位，到其成员在新科学中的参与。《教学大纲》（*Ratio Studiorum*）概述了16世纪末在罗马学院（Collegio Romano）开设的耶稣会教育中要遵循的基本规则，在克里斯托弗·克拉维（Christopher Clavius，1538—1612）的影响下，它给了数学教育一个重要地位。[25] 耶稣会士对当时科学的所有方面都做出了贡献，到18世纪末，他们已写出了约20,000本非神学主题的书籍。耶稣会学院与大学成为扩大学术和科学活动的重要机构支柱，尤其是为了在与宗教改革竞争的过程中争取并捍卫文化霸权。因此，如第十章所述，耶稣会的知识活动受到教条主义神学框架和相应控制措施如审查制度的约束。然而，耶稣会的科学家却能为近代早期科学做出重大贡献，这在某些情况下是因为他们能够访问自己独特的全球知识网络。

克拉维参加了负责1583年历法修订的罗马教皇委员会，即由教皇格里高利十三世发起的所谓格里高利历法改革。由于可以追溯到古代的儒略历与太阳的明显运动之间存在差异（当时的差异达到了10天），因此历法改革势在必行。这也与确定宗教节日有关，因为春分点被用来确定复活节的日期。在下一章中，我将回到这个问题，用它来说明网络在知识系统转换中的作用。在此，我们感兴趣的是历法，因为它在中欧知识分子关系的发展中起到了关键作用。

在中国，历法自古以来就是天命的体现，对皇帝及其朝廷具有至关重要的意义。[26] 对于农业社会而言，一个运转良好的历法当然也具有实际的经济意义，因为它对农业周期具有支配作用。自上古以来，历法的实用意义和象征意义就是共同演化的，而其象征意义对中华帝国的统治正在变得越来越重要。可靠的历法使帝王——即天子——可以根据日食和月食等天象阐明并确认其君权。另一方面，意想不到的天文事件会被解释为失德，甚至是帝王统治即将衰败的迹象。

因此，中国古代就已经发展出复杂的历法计算方法以及进行历法计算的机构，特别是钦天监，它在我们所考察的这段时期中属于礼部。在14世纪，明朝从之前蒙古人建立的元朝那里接管了该机构。1271年，元朝还设立过单独的回回司天台，使用可追溯至古希腊天文学的方法，按照伊斯兰传统进行历法计算。明朝没有保留这个单独的官署，而是将伊斯兰历法实践保留在单一的钦天监内，也没有将这种传统在更深的知识层面与中国传统相结合。

从15世纪开始，钦天监的官员们注意到了差异，并一再未能准确预测日食，但他们仍然无法说服当局对历法进行改革。正如本杰明·艾尔曼（Benjamin Elman）仔细追踪的那样，这种情况开始逐渐改变。到16世纪，预测错误及其对仪式的后果变得越来越明显。[27] 这种对危机的意识与第一批耶稣会传教士的到来同时发生，他们来到中国并与中国的士大夫们建立起联系。

耶稣会士来到亚洲和拉丁美洲，成为上一章所讨论的伊比利亚全球化的同路人和主角。印度的果阿（Goa）是葡萄牙在亚洲的殖民活动中心，也成了耶稣会传教活动的中心基地。他们从里斯本到达果阿，然后前往日本或中国。1583年，他们在中国建立了第一个耶稣会士永久居所，就在离澳门不远的地方。传教士中的一个关键人物是利玛窦（Matteo Ricci, 1552—1610），他曾在罗马学院跟随克拉维等人学习过神学、哲学、数学、天文学和宇宙学。耶稣会士到来后不久，中国学者就讨论了让他们作为专家参与讨论历法改革的可能性。中国学者之前采用过历法计算的伊斯兰方法，这成为一个先例，有助于将现在这些外国知识的使用合法化。

耶稣会士很快意识到，历法问题为他们的传教活动带来了机会。利玛窦要求向中国派遣更多的支持和专家。1612年，他的耶稣会同伴金尼阁（Nicholas Trigault, 1577—1629）返回欧洲，汇报了活动情况，并组织了一个科学代表团，将专门的著作、科学家和仪器带回中国。这一事业激起了巨大的反响，得到了教皇和欧洲宫廷的大力支持。欧洲科学界也赞扬了该项目，他们钦佩中华帝国士大夫的突出作用。许多欧洲学者自愿加入代表团。最终，成千上万的书籍被运到中国，天文仪器被制造，大炮被铸造，耶稣会的历法和地图制作专家也得到任命。

在1618年随金尼阁返回中国的专家中，有一位叫邓玉函（Johannes Schreck，1576—1630）的耶稣会科学家，他曾与当时一些最杰出的欧洲科学家一起从事研究，其中包括伽利略。1621年，当他在充满冒险的航行之后终于到达广州时，中国的历法问题已经变得更严重了。这帮助耶稣会士打开了机会之窗，但同时他们的传教活动也遭到极大的抵制。邓玉函于1629年开始在钦天监工作，但次年就去世了。他关于历法改革的工作继续由其他耶稣会士进行，他们仍然在朝廷中担任重要职务，即使是在1644年明朝灭亡并由清朝（即中国新的满族统治者）取代之后。邓玉函的耶稣会同伴汤若望（Adam Schall von Bell，1592—1666）后来成为首位领导钦天监的欧洲人。

图12.3 挂毯《天文学家》，出自"中国皇帝的故事"（L'histoire de l'empereur de la Chine）系列，羊毛和丝绸，博韦制造厂，1722—1732年。挂毯上的图案是在菲利普·贝阿格尔（Philippe Behagle，1641—1705）的指导下于1686至1690年设计完成的。中间是中国皇帝顺治（1638—1661），右边白胡须者是朝廷的耶稣会天文学家汤若望。其中老师和孩子可能是汤若望与邓玉函的继任者，耶稣会的天文学家南怀仁（Ferdinand Verbiest，1623—1688），以及顺治的儿子康熙（1654—1722）。Inv. Nr. BSVQ0140。位于班贝格（Bamberg）的玫瑰花园新居（Neue Residenz mit Rosengarten），10号房间。© 巴伐利亚宫殿管理局，赖纳·赫尔曼（Rainer Herrmann）、玛丽亚·舍夫（Maria Scherf）、安德里亚·格鲁伯（Andrea Gruber），慕尼黑

然而，对于耶稣会士及其中国接触者而言，转移和占有欧洲科学技术知识的兴趣不仅仅限于历法问题。自利玛窦到达中国之初，耶稣会与中国学者们就在许多翻译和编纂项目中进行了合作，以便中国读者能够理解欧洲科学的基础及其最新发现：从欧几里得《几何原本》的前六卷，以及克拉维对萨克罗博斯科《天球论》（对天文学和宇宙学的基本介绍，我将在下一章中详述）评述的翻译，到有关测量、水力学和农业管理的书籍，再到伽利略发明的望远镜。甚至像理论力学这样的领域，自从墨家以后就被遗忘并且不再在中国知识传统中流行的，也成了这场运动的一部分。[28]

在1626至1627年，精通其中许多学科的邓玉函在北京的一座教堂里等待皇帝下达有关他的天文项目的命令。在此期间，他遇到了志趣相投的学者工程师王徵（1571—1644），他也在北京等候，希望参加科举考试。在等候期间，他们共同进行了一个图书项目，即《远西奇器图说》，该书于1627年问世。它构成了一个独特的力学知识纲要，从亚当和夏娃开始，根据希腊力学传统发展为亚里士多德宇宙论和简单的机器，然后发展到西蒙·斯蒂文（Simon Stevin，1548—1620）和圭多巴尔多·德尔蒙特的最新定理。该书还包含了中国历史上已知的对杠杆定律的第一个明确表述。[29] 当时还没有欧洲书籍对理论和实践力学进行过类似这样全面而紧凑的描述。值得注意的是，邓玉函与王徵成功地重组了这些知识，并使之适应中国的数学问题集合，而没有遵循以欧洲术语为基础的理论阐述。并且，这种重组基本上成功地保留了所传递知识的实质。

鉴于所有这些，我们似乎可以合理地期待以下情况的发生：通过个人交流、书籍和仪器，最先进的科学技术知识从欧洲大规模转移到中国可以引发科学革命之类的事情，至少，如果人们认为知识本身或其产生方式是这种转变过程中的关键因素的话。毫无疑问，知识转移在知识层面上是成功的——此后出现的中文书籍并不仅仅是对欧洲资料的翻译和零散模仿。相反，由欧洲传教士和中国士大夫共同撰写的书籍构成了中国读者利用这些知识的有效工具。如上述关于"遥远西方的奇妙机器"的《远西奇器图说》所说明的，中国知识分子所掌握的科学技术知识在接触到熟悉的书面形式、知识传统和当地技术后，就获得了一种适合中国背景的

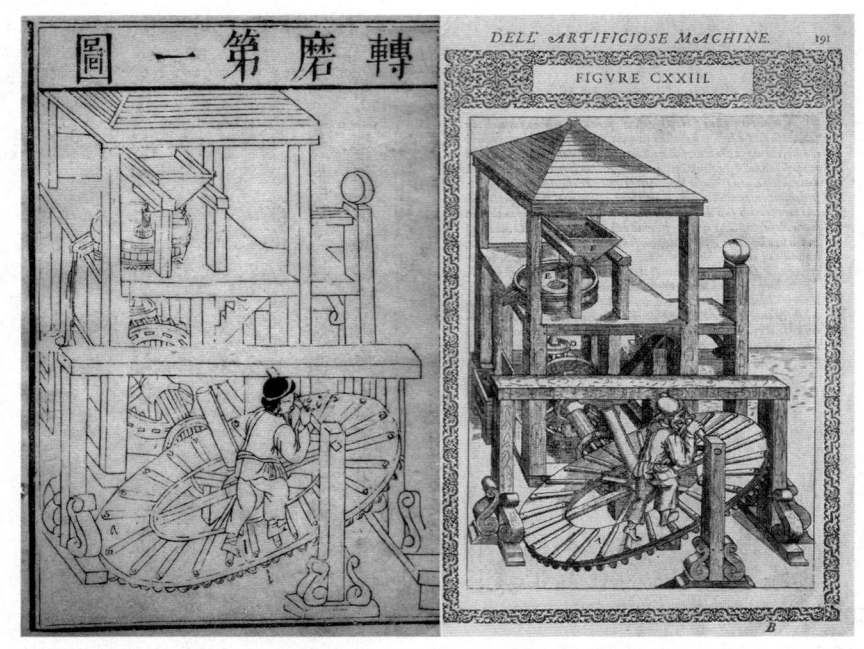

图12.4 工程知识的传播：在1627年的《远西奇器图说》（左）和1588年阿戈斯蒂诺·拉梅利的《各种人造机械》中的踏车（右）。马普科学史研究所图书馆提供

新形式。欧洲科学技术知识的深度和范围并没有在一个阴暗的"交易区"（trading zone）中被稀释，即，在全球范围内对所交换知识的真正含义存在分歧的情况下受限于地方交换规则。相反，由此产生的真正新颖的知识表征，其意义超越了交换过程在地点和时间上的限制。由于它们与更广泛共享知识资源的关联，它们实际上可以被更普遍地使用（正如它们后来的接受情况所表明的），以吸收和进一步发展这些著作中所包含的理论和实践传统。

然而，事实上，在17世纪和18世纪，中国并没有发生像欧洲那样的科学革命。正如马深孟所指出的，一种解释是两种知识经济的本质截然不同，而知识经济既是传播过程的驱动力，又是传播过程的选择性过滤器。[30] 由于这些差异，尽管耶稣会通过说服政治精英成员来获得影响力的策略与中国社会等级结构匹配得天衣无缝，其将科学技术用作服务于传教目的工具的计划却注定失败。问题在于，底层的知识系统及其在不同知识经济中的嵌入具有完全不同的科学、宗教和政治集成方式，以及完全不同的动力。

尽管传播科学知识是传教士的次要关注点，但是，从某种意义上说，他们在传播科学方面比在传播信仰方面更为成功。至少在有学问的中国士人中，科学引起了比宗教更多的兴趣，得到更多欢迎。因此，在中国传教的事业导致了两类知识精英的相遇，他们各自代表一种具有高度复杂知识系统和先进技术的文化。但是，尽管耶稣会士成功地吸引了中国士人的注意，并使他们对欧洲文明的成就产生了兴趣，西方科学并没有在更大的范围内融入中国近代早期的知识经济。尽管耶稣会士试图将数学、科学、亚里士多德哲学和基督教作为整合的世界观之不可分割的组成部分来传递，但这一世界观在中国的知识经济中被分割开来，各个部分的接受和运用程度大不相同。欧洲知识在很大程度上被认为是对中国传统的补充。欧洲人被视为优秀的计算者，但并非一种包罗万象的新知识系统的倡导者。

因此，正如我们所见，这一传播在数学和天文历法领域最为有效，因为从中国知识经济内部可以注意到这些领域中存在缺陷。此外，如上所述，先前对伊斯兰历法计算方法的采用为此类情况下处理外国知识开创了先例。钦天监有限的机构范围为应对这一问题提供了明确的限定空间，且不会有扩散到知识经济其他领域的风险。但是，对于所转移知识的其他部分，却不存在类似的强大结构或机制，即使个别中国知识分子试图参与更广泛的传播过程。一个著名的例子是徐光启（1562—1633），他是一位有影响力的官员，也是早期的改变信仰者，在1633年去世前一直负责历法改革。徐光启对利用欧洲知识来推动中国更广泛的制度和技术变革非常感兴趣，例如农业领域的变革。他也参与了一些传播欧洲相关农业知识的书籍项目。[31]

但是，尽管有大量新知识涌入，中国的知识经济在很大程度上仍然保持不变。它非凡的稳定性（至少与当时欧洲局势相比），也可以通过其在1644年从明朝向清朝过渡中的韧性来说明，清朝基本上是满族征服者的外来统治，也见证了耶稣会士作为天文事务科学顾问的持续甚至是加强了的作用。然而，新知识并未引发重大的制度变革。相反，是中国的知识机构和制度，如钦天监和国家科举制度，决定了新知识的命运。欧洲的科学和实践知识，特别是历法制定和天文事件的预测，被中国的知识系统所选择和吸收，其方式受中国知识经济的要求制约，而没有成为欧洲那种广泛的文化动力。可以被吸收到中国系统中的西方知识元素被接受，而其他元素如理论力学，则仍然处于边缘地位。

正如我在第十章中提到的，相关知识系统的特定架构发挥了重要作用。在欧洲，实践知识、科学知识和宗教观点在总体世界观中紧密地交织在一起。这不仅仅是高远的知识构造问题。它深深地扎根于共享知识中，而这些共享知识在更广泛的知识经济——例如众多的耶稣会学院、大学和学术机构——中产生和复制。由此产生的知识联结使挑战在整个知识经济中引起共鸣。想想哥白尼的日心说体系引起的反响，它们不仅发生在天文学中，还发生在自然哲学和宗教中。在欧洲，现实世界系统的问题，无论是日心说还是地心说，都具有深远的宗教和政治影响。中国没有发生类似的争论不是因为缺乏知识，而是因为存在不同的知识经济和架构。

除了历法的预测能力问题，这些知识与中国人的传统世界观发生冲突的可能性要小得多，因为它属于另一领域，这个领域在很大程度上与国家正统的道德和政治价值相分离。在某种程度上，这甚至适用于宗教信仰。从中国人角度来看，耶稣会士的宗教使命是合法的，只要它可以被同化到熟悉的佛教教派模式中，用来寻求自我修养，而不影响到国家正统的新儒家观念。1616年所谓的南京事件可以说明这一点，当时耶稣会传教士因侵犯儒家思想而被审判，并且实质上在1616至1622年不得不放弃公共活动。[32]

总之，欧洲科学知识向中国的传播发生在两种根本不同的知识经济之间。科学知识在更广泛知识系统中的嵌入，以及这些知识系统在一个社会的知识经济中的嵌入塑造了科学知识传播的结果，并有助于解释为什么中国社会没有经历由欧洲知识所触发的更大变革。虽然这不能构成对李约瑟难题的回答，即为什么中国没有经历科学革命，但已经很清楚的是，如果李约瑟难题确实有意义，那么它将不能通过只局限于某一特定时代来获得明智的解答，而只能在知识和知识经济长期演化的背景下进行考量。

最终，促成欧洲科技知识大量传播到中国的这一全球性集成方式又施加了一些限制，阻碍了其继续发展。耶稣会士在中国知识分子和朝廷中占有重要地位，部分原因是他们适应了中国习俗并容忍了儒家礼仪。这种适应使他们首先成为中国知识经济的一部分，能够将科学专业知识用来处理中国知识经济的一个内部挑战。但是，在这种情况下，他们最终达到了自身行动框架的极限。1704年，在对中国的礼仪习俗是否与天主教信仰兼容的问题进行了长期争论之后，教会谴责了儒家礼仪，结果是基督教传教士最终被禁止进入中国。

殖民时代的传播

将西方科学引入中国的第二阶段始于19世纪中叶。[33] 在第一阶段中，耶稣会士是伊比利亚殖民主义的同行旅伴；而在第二阶段，更多的传教士和专家作为英法帝国主义的同路人来到中国，其中也包括美国、俄罗斯、德国和日本的闯入者。在1840到1842年及1856到1860年的鸦片战争之前，清帝国一直保持其政治隔离，并禁止任何传教活动。第一次鸦片战争中的失败迫使中国接受与西方列强的不平等条约，中国向国际贸易开放了5个港口城市。在第二次鸦片战争后，中国则不得不允许外国传教士在中国自由传教。

随着英语世界福音派的复兴，19世纪下半叶，成千上万的新教传教士进入中国。就像他们在17世纪的天主教先驱一样，他们也从事科技文献的翻译，认为这有助于让人们接受基督教的世界观。值得注意的是，重新开始的翻译活动恰好始于耶稣会士停下来的地方。1857年出现的首批译文之一专门翻译了欧几里得《几何原本》的剩下几卷，从而完成了250年前利玛窦和徐光启未完成的工作。耶稣会在传递天文和力学知识方面所做的努力得到延续，例如对威廉·惠威尔（William Whewell，1794—1866）介绍力学的文本的翻译，这使中国得以知晓经典力学的解析表述。[34]

这些翻译活动的最初制度基础是与西方出版社结合的传教活动，特别是活跃于上海的墨海书馆（London Mission Press），上海是当时新开放的5个条约港口之一。后来一些中国机构建立起来，以应对与占据军事优势的西方列强打交道的挑战。例如，1862年，北京成立了一所新的官立学校。这所学校最初是为与外国列强打交道的翻译人员开设的语言学校，但它最终在课程体系中增加了数学和科学，从而刺激了西方人和中国人共同开展的进一步翻译活动。同样是在1860年代，上海成立了一个翻译局，作为江南制造总局的一部分。这个造船厂在所谓的洋务运动的背景下创建，洋务运动是中国现代化运动的一部分，旨在通过采用西方军事技术和基础设施来恢复国家实力。

持续的外部压力——例如中国在1894年甲午战争中的失败，以及在世纪之交的义和团运动之后受到的外国势力压制——引发了晚清时期的进一步改革措施。在这些事件之后，尽管经历了漫长而艰苦的重组过程，中国的知识经济最终还是达到了新的稳定结构。在这个新结构中，现代自然科学与其他的社会和经济发展紧密相连，并最终为建立工业化社会做出了贡献。

如果自然科学出现过多少次这个问题也包括这种与更广泛知识经济的联系，那么科学只出现过一次，是作为扩展的历史进程的结果，在这一进程中，全球知识经济对科技知识日渐依赖，并最终发生了转变。这一全球性发展在不同时间以不同形式出现在不同地区的现象不足为奇，并且不应该被误解或简化为因果关系。

西方科学向中国传播的历史只是这种全球性发展中的一条线索，这条线索只是看上去呈线性。因此，一些20世纪初的中国学者有这样的印象，即墨家学说构成了通向自然科学的另一种中国路径的开端，在这种更包容性的意义上可能并不是完全错误的。[35] 这一学说的不幸命运恰恰表明了，这条路径在一开始是多么脆弱——正如在西方军事和技术优势的压力下，中国传统知识经济的转型表明了，新知识经济一旦成熟会多么强大。

第十三章

认知网络

我们所有人几乎都有过这样的经历：在远离家乡的地方遇到某个人，而令我们惊讶的是，他与我们竟然认识相同的人。这种经历的发生频率很高，我们的语言甚至为此提供了口头禅，让我们能在适当时刻喃喃一声。我们会说："天啊，世界可真小。"

——斯坦利·米尔格拉姆《小世界问题》

个人行为如何聚合成集体行为？这个问题问起来简单，却是所有科学中最基本、最普遍的问题之一。

——邓肯·瓦茨《六度分隔：一个相互连接的时代的科学》

社会网络分析

从前面的讨论中我们了解到，自然科学作为工业化社会的强大组成部分，其出现属于世界历史事件，只有在全球历史背景下才能理解。但是，这种发展并没有导致统一的景观，而是继续受到地方传统和地方环境的影响。即使我们仅关注欧洲的情况，自然科学的出现也不会只与单一起源相关联。事实上，新知识经济的发展过程在此也很漫长，特别是在涉及异质及部分独立的知识传统的相互融合时。如前几章所述，这些知识传统处理着各种各样的现象和过程，包括天文规律、机械技术或化学变化等——它们是相互关联又高度多样化的社会知识生产和积累的对象。

知识生产新尝试的发展涉及社会结构和认知结构的变化，正如在上一章讨论的意义上，整体自然科学的出现同时也是全球范围内的认知变革和社会转型。因此，在下文中，我将更详细地研究社会结构和认知结构的这种共同转型或共同演化。[1] 为此，我使用了适应这种情况所必需的特定工具：社会网络分析。由于对社会网络与更稳定的经济、政治和社会基础之间的相互作用进行建模存在复杂的数学和概念问题，而且这些基础在不同时间尺度上会发生变化，社会网络分析的影响仍然有限。多级网络分析中的新方法旨在将这些复杂的相互作用考虑在内，但它们的许多方面仍在研究之中。[2] 因此，将网络分析用于知识演化的历史理论是正在开辟的新天地；也正因为如此，下面呈现的某些材料仍然处于初步状态。

但是，正如下面要讨论的一些个案研究所表明的，社会网络的语言能够揭示有关知识结构转变的重要新见解。它开辟了关于社会过程和心智过程的关系性视角，通过将知识经济中的个体互动和知识结构的整体变化纳入同一理论框架，而且是一个可以进行定量分析的框架，我们有可能深入研究知识的演化。[3] 借助网络分析，我们可以捕捉到认知共同体的自组织动力学，认知共同体即围绕共享知识系统组织起来的共同体。研究这些动态对于回答哪些知识、哪种知识经济以及哪些认知共同体可以应对人类世挑战的问题也是有意义的。我将在第十六章中回到这个问题。

网络概念在社会学解释中并不是什么新鲜事物，而在分析知识转移过程时，网络概念的用处也相当明显。在当前这个世界，初期、不明显且灵活的联系变得越来越重要，像马克·格兰诺维特（Mark Granovetter）于1973年发表的《弱关系的力量》（"The Strength of Weak Ties"）或邓肯·瓦茨（Duncan Watts）于2003年出版的著作《六度分隔》（*Six Degrees*）这样的经典文献越来越有意义。[4] 网络分析对于网上的大量信息被排序和被接触的方式也是至关重要的。关于创新性的涌现和扩散中网络结构所起的作用，社会学研究提出了深刻的见解。[5] 借助网络概念进行的历史研究，例如约翰·帕吉特（John Padgett）和克里斯托弗·安塞尔（Christopher Ansell）对美第奇家族崛起进行的研究，也产生了诸多新见解。[6] 但总的来说，历史学界对网络工具的使用更为犹豫。对历史过程的定量网络分析超出了对网络概念的隐喻使用，直到最近才被更深入地研究，即通过将网络分析与历史解释相结合的方式。[7]

到目前为止，网络分析主要限于特定的历史网络，比如美第奇家族的社会网络，再比如海事网络、通信网络、借助引用和共引分析进行研究的信息网络、创新性的扩散网络，以及作为科学合作代理（proxy）的合著网络。[8] 但是，在我们的背景下，我们必须设想一个更大的目标：从网络分析的角度，将知识演化历史理论的各维度之间的联系概念化，即前几章中讨论过的社会、物质和认知维度。在下文中，我尝试根据与罗伯托·拉利、曼弗雷德·劳比希勒、马泰奥·瓦莱里亚尼和德克·温特格林的共同努力，勾勒出涵盖所有这些维度的认知网络理论的基本概念。认知网络在此被理解为涉及知识传播和转化的社会网络。它们构成所有知识经济的一个基本机制。

除了在知识演化历史理论上的可能应用外，网络概念（以及非线性动力学、混沌、复杂性和演化理论的概念）还具有识别出迄今为止无关联领域之间的联系或平行性的潜力，从而可以在数学、科学和人文学科之间

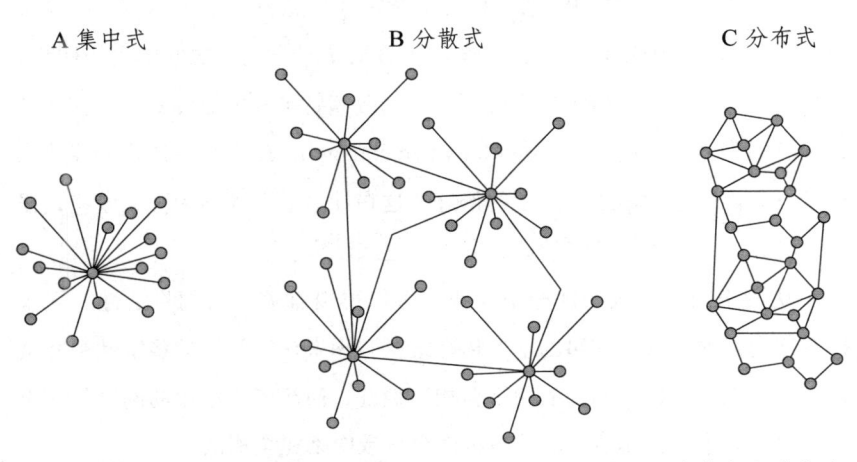

A 集中式　　　　B 分散式　　　　C 分布式

图 13.1　集中式、分散式和分布式网络。参见 Baran (1964)，这篇文章被作为兰德公司（RAND）研究的一部分发表，该研究旨在创建稳健且非线性的军事通信网络。马普科学史研究所绘

架起新的桥梁。这一前景如果与信息技术的能力相结合，还能为应对社会科学和人文学科中定量分析和大数据集的挑战带来新的可能性。在这个背景下，网络分析已经成为一种重要的研究工具，但它也必须被谨慎对待，因为其中存在模糊概念差异，或丢失人文学科中其他传统和方法的理论深度的风险。

让我介绍一些社会网络分析中的基本概念、术语和研究，它们对概述知识演化的历史理论特别有帮助：网络由节点和边组成，边可能有方向也可能没有。节点的度（degree）是它与其他节点的连接数。度高于平均水平的节点也称为枢纽节点（hub）。整个网络上度的概率分布是网络的特征度分布。一个重要的特殊情况是所谓的无标度网络（scale-free network），该术语由艾伯特-拉斯洛·巴拉巴西（Albert-László Barabási）和雷卡·阿尔贝特（Réka Albert）于1999年引入，用于描述度分布遵循幂律的网络，即根据该定律，一个变量因某个因子产生的变化会引起另一个变量因某个常量因子而变化。[9] 遵循幂律的网络因而是标度不变的，因为标度变化只是产生一个与原来成比例的幂律。在标度不变的网络中，枢纽节点很常见。当网络在所有长度的标度上呈现自我重复模式时，它们被称为自相似的。

早在1965年，物理学家、科学史学家和信息科学家德瑞克·J. 德索拉·普莱斯（Derek J. de Solla Price）分析了科学论文之间的引用网络，发现它具有我们今天所说的无标度网络的分布特征。[10] 他后来尝试将这种性质解释为"累积优势"（cumulative advantage），或者是将边优先连接到已经具有许多边的枢纽节点上的偏好。这在社会学上被称为马太效应，根据这种效应，富人会越来越富而穷人会越来越穷。[11]

从关于图形的数学理论中，我们可以得出有关网络的稳定性、冗余性及连通性的见解。网络的基本拓扑结构与理解认知网络的稳定性和冗余性有关。例如，标度不变的网络会相当稳健，而高度集中化的网络往往更容易出错。中央枢纽节点的故障可能会导致网络完全崩溃。

为了进一步描述社会网络的内部结构，马克·格兰诺维特区分了"强连接"（strong ties）和"弱连接"（weak ties）。[12] 强连接是指网络中节点

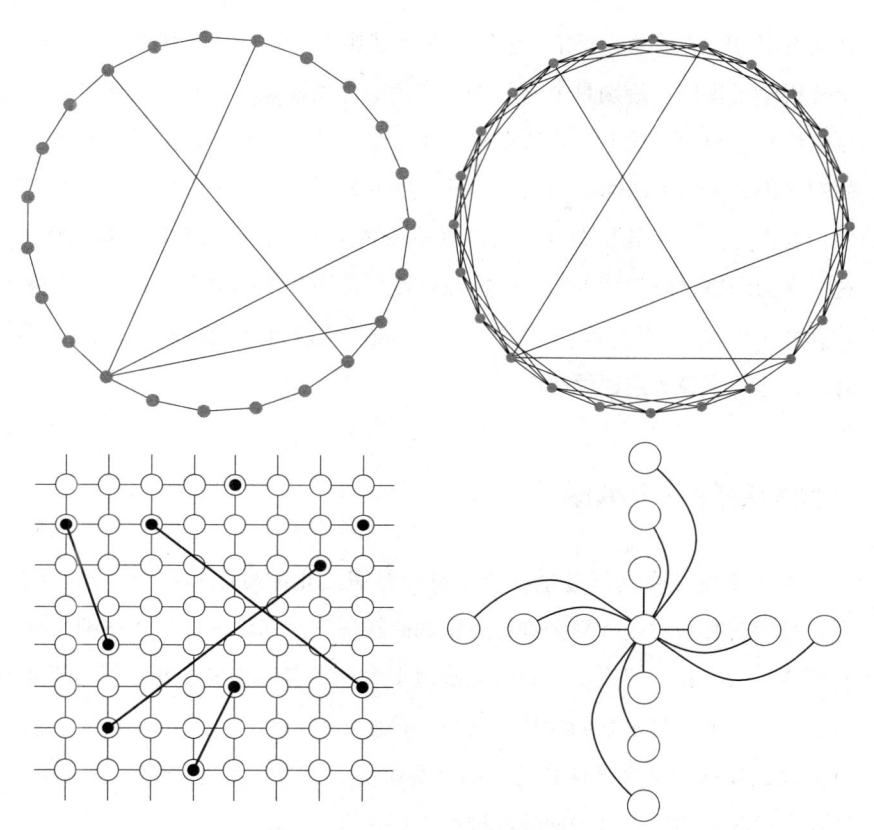

图 13.2 真实网络通常有两个特点：它们的规模很大，但两个节点之间路径的平均长度相对较短。瓦茨和斯托加茨（Strogatz）(1998) 引入了"小世界"模型，以描述这种网络的产生。阿尔贝特和巴拉巴西（2002）讨论了一些来自广泛应用领域的示例，例如，万维网、科学网络或生态网络。图片展示了"小世界"示例，它们通过仅仅引入一些捷径而出现，这些捷径或是基于循环网络（**上部图**），或是基于底层模型（**下部示例**）。修改自 Newman and Watts (1999, fig. 1)。马普科学史研究所绘

之间的这种关系：它们旨在保持较长时间，并显示出高度的互动性。通常，这些关系必须通过高额的经济和社会资源投入来保证。一个典型的例子是长期的业务关系。相反，弱连接则是偶尔的接触，不会导致直接的业务关系，例如一个人与扩展了的朋友圈的关系，或是在交易会与展览会中的偶遇。

邓肯·瓦茨采纳了［由斯坦利·米尔格拉姆（Stanley Milgram）于

1960年代引入的〕"小世界"思想，并将其作为网络理论的基础，主要用于分析电子媒体，特别是电子邮件所产生的连通性。[13] 瓦茨模型建立在格兰诺维特思想的基础上，其特点是，在一个行动者只与其直接近邻有联系的网络中，人们可以通过引入很少的一些额外弱连接，实现相当高的连通性，即在通过"平均短路径"可以到达的意义上。在社会和历史研究中，这被视为网络之时间发展的一个特征阶段，按照瓦茨的定义，该阶段也被称为"小世界"。在这里，当一个行动者可以直接连接到所有其他行动者时，就达到了最大连通性状态。

认知网络的三个维度

如果要将社会网络理论这个工具与知识演化的维度和动态分析相结合，我们就必须对这些网络进行更精细的描述。与知识一样，认知网络具有社会、物质和心智维度，它们紧密地交织在一起。这些维度由不同的网络表示，以下我将称它们为社交网络、符号学网络和语义学网络。或者也可以说，我指的是多维认知网络的社交维度、符号学维度和语义学维度。现在，让我描述一下这些网络或维度中每一种的基本特征。

首先是行动的社交网络，其节点代表个人或集体行动者，而边则代表他们之间的互动或其他关系。在知识论的背景下，我关注的是拥有知识并参与生产、交换、传播或占有知识的行动者；因此在这种情况下，我说的是与知识相关的或纯粹认知的行动。在行动者之间会发生社交和沟通交流过程。如第八章所述，这种交流过程受制于社会再生产的普遍条件，并通常涉及社会及其组成机构内部的分工。这些条件尤其体现在传统、规则、惯例和规范等形式中，但也体现在加强、削弱、促进或阻碍社交网络内部联系的约束和权力结构中。

其次是这样的网络，它的节点是真实的对象、物质手段、人工制品或外部表征（如符号系统），它的边是行动、物理变换或为了连接它们而建立起来的其他关系。为简单起见，我将它们称为"符号学网络"，尽管它们不是仅限于标志，而是包括行动的整个物质环境。

符号学网络的具体示例包括根据生产者的技术知识生产出来的技术工件、图书馆中收藏的书籍、科学期刊上的文章、字母表中的字母，以及数学、化学或物理学的形式语言系统。在这些例子中，我们可以识别起作用的特定监管机制，例如公司的生产技术、期刊的编辑权或恰当使用符号系统（如数学和化学公式）的规则。对于历史学研究来说，符号学网络通常是重构认知网络其他方面的起点。因此，例如，博物馆和档案馆收藏物品是为了能够重建和说明它们在历史背景中的原始含义和用途。

最后，知识的心智或认知结构也可以从网络结构的角度进行分析，我遵循长期以来的传统，把它们称为"语义学网络"，尽管我可能会从更广义的角度使用这个术语。[14] 节点代表概念、心智模型之类的基本构件，或是从它在解释经验中的作用和与其他节点的关系中获得意义的要素。语义学网络的边由思维过程或认知链接组成，认知构件通过这些思维过程和认知链接而相互关联。

在历史背景下，语义学网络无法直接获得和分析，而必须从外部表征（如书面文本）中重构出来。这种重构利用了以下事实，即概念具有语言表示形式，这被称为"词汇化"（lexicalization）。但是，通常这些词汇化与概念或其他认知构件没有形成一对一的关系。某一个概念可以对应语言上的不同术语，而相同术语又可以代表不同的概念。书面文本中语词的邻近关系，尤其是其句子结构，可以充当语义学网络中边的代理。虽然文本是知识的线性表征，但它们没有构成明确的复杂语义学网络结构。在这个意义上，文本仍允许读者重建至少是语义学网络的一些部分，即承载其含义的部分，而缺失部分通常由预先存在的知识提供。在历史文本的情况下，此种预先存在的知识可能已经遗失，因此，读者必须从记录特定历史情况下共享知识的其他来源中重新构建。

在此，我将网络视为一种更一般的社会结构，可以通过增加调节性控制——如确定哪些关系合法或不合法，哪些关系是被需要、被促进或被阻碍的，哪些关系需要哪些其他关系，等等——使制度（如第八章中所讨论的那样）从中形成更具体的社会形式。从这个角度来看，制度为网络的各个部分提供了系统性，因为其调节特性使之能够维持和再现网络中相关元素之间的关系。例如，一个认知共同体可能会以松散的社会互动网络出现。在某个阶段，互动规则可能会得到阐明，从而将网络转变为更具有组织性和持久性的合作实践形式。

调节性控制不仅可以在社会领域中发挥作用，而且可以在认知网络的所有三个维度中发挥作用：我们可以想象一群社会行动者在例行会议、组织成立或某种其他管理形式中达成共识，或者我们可以考虑符号学网络，其中的系统结构通过特定的监管机制来实现，这些机制包括自然法则、技术关系或符号使用的惯例法则，例如正确使用文字系统的规则。同样，对于语义学网络，我们可能会考虑排列原则，例如导致这些网络"制度化"（即系统化）的演绎结构。这样，一个知识系统就形成了，在其中，以前不相关或仅仅有松散关系的知识块聚集起来，形成一个高度组织的知识体系。一个例子是，在欧几里得演绎地组织起来的《几何原本》中，许多古代几何知识汇聚在一起。

如以下一些示例所示，认知共同体的出现和发展是由三种网络之间的相互作用形成的。因此，我们可以观察到，一种网络的制度化（或系统化）如何支持其他两种网络中调节结构的建立。社交网络的制度化将知识切分成知识系统。高度组织化的知识系统或通过其外部表征惯例对知识进行的正统化，使行动者网络更容易围绕共享知识进行自我组织。

在定性层面上，这些相互依存关系在直觉上貌似可信（或不可信），但是借助定量网络分析，我们现在有可能在大量经验数据的基础上，证实关于知识系统和认知共同体转变的广泛启发性主张。因此，原则上，定量网络分析可以超越对此类问题仍然盛行的地方性个案研究方法，运用于大型的乃至全球性的变化过程。

因此，网络分析至少在原则上提供了将我们研究的垂直轴和水平轴整合在一起的可能性，也就是说，将第三部分的长期性、历时性视角与第四部分的全球性、横断性视角相整合。网络确实在长期和跨文化边界的知识传播中扮演了关键角色，还通常与商业和政治联系一起受到地理和生态条件的促进或阻碍。第十一章中描述的知识全球化可以很方便地用网络的术语进行重新表述。因此，我将再次回到希腊科学传播的例子，以便在熟悉案例的帮助之下说明上面介绍的概念。然后，我将转向应用了网络分析的更具体的历史个案研究。

作为网络现象的希腊科学

尽管数学家和哲学家分散在整个希腊世界，但希腊思想家的认知网络以某些枢纽节点的中心作用为特征，例如（按时间顺序）米利都、雅典和亚历山大里亚。[15] 这些中心的重要性受地理、政治和经济因素影响。因此，宇宙论思想在泰勒斯、阿那克西曼德（Anaximander）和阿那克西美尼（Anaximenes）等米利都思想家中的出现，与米利都在小亚细亚的核心地位有关——这里是文化的十字路口，巴比伦人的宇宙论知识最可能在此适得其所。同样，海上帝国时期的雅典所积累的财富和在那里建立的贸易和政治联系一起，为伯里克利时代艺术与科学的蓬勃发展提供了社会经济条件。

尽管网络有利于知识的交流以及对创新的包容和扩散，但只要没有专门致力于知识系统化和知识保存的制度，知识的长期积累就仍然是脆弱的。在希腊，自然哲学和科学的传统最初是在一个多中心的城市环境中出现的，在希腊化时期之前，这些知识的制度化非常有限。科学知识的增长在很大程度上是偶然发生的，取决于少数个人和机构的兴趣，如柏拉图学园或亚里士多德的吕克昂学园。

在希腊化时代，对科学进行更实质性的制度化并对知识进行系统性积累的尝试开始了，但是，由于对一些大型枢纽节点的依赖（这些枢纽节点并不是稳健网络的一部分，并且成为失败的关键点），这些努力受到了限制。尽管如此，正如第十一章所讨论的，希腊化科学在天文学等领域取得了重大进展，部分原因是希腊化世界包括了巴比伦尼亚。因此，希腊思想家可以直接接触巴比伦尼亚文本和巴比伦尼亚实践者的知识。

这三种不同网络，即社交网络、符号学网络和语义学网络之间的相互作用，可以通过一个人们熟悉的例子来说明——著名的亚历山大博物馆，它由托勒密一世在公元前3世纪建立。[16] 该博物馆迅速成了著名的学习中心，加强了亚历山大里亚在希腊化文化中的核心作用，并通过收集来自已知世界所有地区的文本，形成了一种新的文化身份。亚历山大计划在尼尼微建造一座巨大的图书馆，以实现他在文化和学术领域的宏伟抱负，而该项目可能就是在这一计划的末尾构想出来的。

通过系统性地利用和增加所积累的知识，馆藏文献的价值被提高了。因此，我们可以将文本视为符号学网络的节点，在它们之间建立连接的活动则是边，即与这些文本的获取、存储、分类和系统化有关的所有活动。对于历史学家来说，非常有限的幸存记录（现存的著作、目录、叙述性语句、编辑或翻译痕迹）可以作为该符号学网络之要素的代理。

相关的社交网络可以被定义为由作者、编辑、译者、图书馆员和书记员，以及他们的赞助人和卷轴的所有者或携带者构成。他们与知识有关的活动基本上与刚才描述的活动相吻合。但是从社交网络的角度来看，政治举措、制度和法规对知识经济的重要作用变得尤为明显。根据盖伦的说法，托勒密三世致信全世界的君主，要求他们将藏书寄给他。商人们也被要求从旅行中带回书籍。当一艘船驶入亚历山大里亚的港口并碰巧携带卷轴时，这些卷轴就会被没收并送到博物馆，它们在那里被复制——原件被保存，复制品则归还原主。信使们被派往地中海沿岸及其他地区的宫廷，以获取文本并将其带回亚历山大里亚。[17]

基于所汇集的知识，并结合博物馆的学术工作，再部分地与技术冒险、实验和探险相结合，新的见解产生了，这些见解对后来的发展产生了重大影响。在后来成为文艺复兴和近代早期科学革命关键的那些领域——文献学、数学、力学、医学、光学、地理学和天文学——中，希腊化知识经济预示了后来的成就。[18]

我们可以从托勒密关于天文学和地理学的著作、盖伦的医学著作或希罗的力学著作等幸存文本中，重构出包含这些知识的语义学网络，该网络可以被认为——至少部分地——是对刚才描述的符号学和社交网络汇集的知识进行内部化的结果，即在对它们进行智力反思、系统化和综合的意义上。[19] 这些有影响力的著作所代表的新知识系统，其基础的确在于对古代世界的分散式知识资源进行的整合和反思性重组，而这些知识资源是由博物馆的独特认知网络聚集起来的。

因此，该例还说明了在特定情况下，不同网络之间如何交互。博物馆高度组织化的知识经济在其产生的知识系统和外部表征上留下了痕迹。博物馆将积累古代世界零散知识的社交网络制度化，从而促进了由著作记载的知识系统的出现和转化，这些知识系统后来又成为新认知共同体的核心。

中世纪的知识网络

另一个展示认知网络如何促进分散知识整合成新知识系统的例子，是中世纪宇宙论和地理学知识的积累和转化，马泰奥·瓦莱里亚尼最近对此进行了研究。[20] 从11世纪开始，旅游和出行在欧洲变得越来越广泛。它们受到多重因素的刺激和介导：涉及香料、丝绸和羊毛等产品的广泛贸易关系的出现，十字军和其他军事行动，远程朝圣之旅，以及日益增强的学习的重要性。大学的建立、主要建筑活动的扩散、拉丁欧洲与拜占庭及伊斯兰世界的接触和竞争等也起到了促进作用。同时，以城市和宗教中心为重要枢纽节点，社会关系网络不断发展，成为有利于知识交流和积累的认知网络。[21]

该网络中的知识交流受到天主教会等强大机构的监管，并由修道院和教会学校以及新兴大学等教学机构加以稳定。诸如此类的监管性实例使特定知识系统正统化并且开枝散叶，例如，基于古代地心说传统的宇宙论观点，或根据宗教教义和礼拜仪式规则准备历法的特定方式。但是，这些知识不是仅从一个单一中心开始传播；它们必须在网络中的不同节点进行本地复制。

这一点对于制定历法来说尤其明显。在13世纪，历法制定既要满足罗马天主教会的严格要求，又要考虑当地独特的地理条件。因此，在这种情况下，传播的并不是统一的历法，而是关于制定历法的集中化知识。这种知识与其他领域的知识交织在一起，尤其是基础的天文学和地理学。它也被中央机构所正统化和扩散，例如巴黎大学——一个与天主教会紧密关联的枢纽节点。但是，知识并不是仅在本地复制，它还通过网络上不同节点处的活动得到丰富和扩展。从 13 世纪开始，有关宇宙论、历法制定和其他主题的论文在整个欧洲被不断复制，并加上了不少评注和新材料。这些创新又在整个认知网络上传播，从而引发了欧洲范围内知识的加速积累。

尽管知识的总体结构在几个世纪以来一直受到中央机构的规范和限制，但选择优先进行知识积累，以及知识积累的长期结果，都只能被理解为一种累积的网络效应，而不是单一的政治、宗教或经济干预的结果。因此，前述商人、士兵、学者和探险家增强了的流动性有利于传播对旅行者的地理定位有用的知识，无论是在陆地上还是在海上。基于托勒密坐标网格的数学地理学，南半球探险家进行的航海创新，以及关于气候带的新知识都是在网络中传播的重要主题，这些也都会以关于自然界的经验知识来丰富网络。

制定历法的实践——通过网络效应——也具有类似的效果，从而增强了经验知识在社会实践中的作用。[22] 独特本地历法的扩散表明，这些实践既偏离了罗马教会集中控制下的礼拜仪式秩序，也与天文学中的自然秩序大相径庭。宗教当局认为这种多样性对其中央控制构成了威胁。因此，这成了增强历法制定计算与实际天文观测之间兼容性的一个强大动机。对经验知识的进一步重视于是在一定程度上成为网络动态的结果，即不同的地方历法的网络、集中化时间计算的语义学网络，以及教会施加的控制这一社交网络之间的相互作用。这种紧张关系最终导致了 16 世纪的重大历法改革，格里高利历（公历）由此诞生。

这个例子表明，借助网络分析来研究欧洲中世纪晚期和近代早期科学知识的大规模扩散是有意义的。通过这种方式，我们可以基于定量数据来证实、扩展或修正直觉上合理的图景。如第十章所述，这种大规模的知识传播被大学、学院和教育机构的扩散所促进，以新的知识规范为框架，并由熟悉它的认知共同体所支撑。新兴知识经济显然受到经济和社会条件的支持，但它也表现出一种可以被理解为网络效应的自组织行为。对科学实践缺乏有效的中央控制、存在阻碍知识扩散的强大社会和心理（包括宗教冲突所造成的）界限都表明了这一点。尽管如此，科学知识还是以惊人的速度积累，并迅速跨越了地理、政治和文化边界。

近代早期科学知识的增长和流动显然是网络的结果，在这个网络中，大多数主角只与少数几个其他人接触。但是也有一些主角与其他许多人联系，成为网络的枢纽节点。例如，法国博学家马兰·梅森（Marin Mersenne，1588—1648）就是17世纪上半叶大型通讯员网络的枢纽节点。[23] 在赞助和传播科学知识的机构层面，如宫廷、宗教团体、富裕的赞助人集团、大学，以及新成立的科学学会（比如英国皇家学会），此类网络具有类似的连通性。再一次，大多数机构仅与少数几个其他机构有直接联系，但其中有一小部分机构是拥有众多直接联系的枢纽节点。

这种在个体科学家和机构层面出现的相似结构表明，相关网络表现出前文论述过的自相似和无标度的特性。正的网络外部性（即某一实体的一个使用者对该实体于其他使用者来说的有用性的影响）带来了传播科学知识的内在动力，因此，参与其中的人越多，该网络就越有用。如果这一图景正确，那么科学知识在认知网络中的传播就促进了社会和经济状况的变化，这些变化反过来又有利于科学的进一步发展，进而促进了科学自身的蔓延。

认知网络分析不仅揭示了对知识整合动态的详细洞察，而且还揭示了对认知共同体形成的理解。因为在新兴知识领域的历史中，我们通常不是在处理一个给定的"科学共同体"（库恩）或一个现存的"思想集体"（弗莱克）。对此类共同体出现和转型的理解就成了一个至关重要的问题，而在这个问题上，认知网络分析被证明相当有用。[24]

《天球论》的启发性例子

约翰尼斯·德·萨克罗博斯科著名的宇宙论论文《天球论》（*Tractatus de sphaera*）的传播或许可以说明此问题，马泰奥·瓦莱里尼亚及其合作者对此进行了调查。《天球论》写于13世纪，在巴黎大学，按照早期的拉丁语尤其是阿拉伯语传统编写而成。在超过300年的时间里，原始论文的

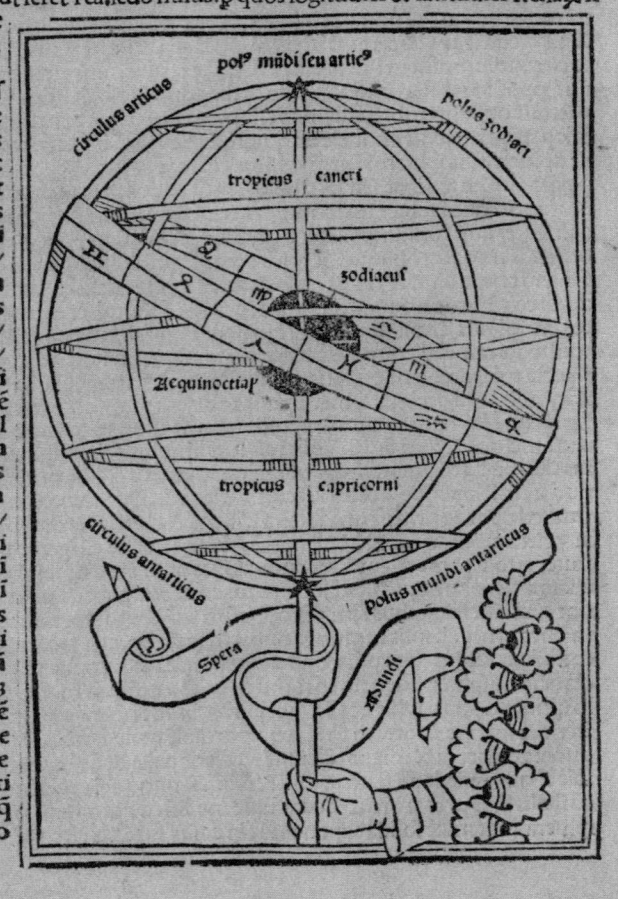

图13.3　天球模型的图示。摘自 Johannes de Sacrobosco, *Sphaerae mundi compendium foeliciter inchoat* (Venice, 1490)。马普科学史研究所图书馆提供

衍生物将不断扩大的天文、物理、地理和数学知识集合传播到整个欧洲，远远超出了有限的学术界。

《天球论》通常被认为是保守文本，但它极大地促进了共享知识的转变，最终帮助哥白尼的新天文学体系被接受并被辩争性地讨论——不仅

仅作为少数专家感兴趣的解决技术问题的方法,而是作为包含众多知识领域的新世界观的一部分。《天球论》传统将不同的知识领域整合到其不断扩展的知识体系中并形成一个熟悉它的认知共同体,以此来做到这一点。

到17世纪末,《天球论》已被重印了300多次,并发行了数十万本。因此,借助网络分析来追踪其在欧洲的传播,就意味着要获取有关其印刷、修订和接收的大量数据。[25] 有关印刷的信息以及有关不断发展的相关社交网络的其他数据,必须与关于论文结构和内容变化的符号学和语义学信息相结合。原始论文分为四章。第一章描述了地心说世界观的基本设定,包括地球的球体、地轴和地极。第二章介绍了这个球体上的圆以及天球。第三章讨论了黄道十二宫、昼夜变化以及气候的划分。第四章则介绍了地心说观点的进一步基本特征(如行星的轨道及运动),并解释了日/月食的原因。

因此,该论文呈现了亚里士多德和托勒密的地心说传统背后,宇宙心智模型的基本特征,但没有涉及专业天文学家和哲学家多年来整合到该模型中的所有复杂技术性细节和相关问题。尽管《天球论》并不是经典文本,但它很快就适应了评注的做法,这使它适合在大学中使用,从而成为17世纪之前所有欧洲大学中标准的介绍性教科书。

由于这些特性,《天球论》可以充当知识积累的晶种。它对特定知识经济(大学和其他学习机构的教学环境)的适应保障了其成功。它成为被广泛阅读的标准文本,可以很容易地按照这个机构背景支持的评论文学传统进行扩展。它对世界基本心智模型的关注以及对这一模型的精炼表述,为用新知识来丰富基本模型提供了认知上的可能性,而这些新知识随后将能够在整个机构网络中传播。[26]

《天球论》传统的社交网络节点是作者与大学之类的机构,以及在印刷术发明之后的近代早期印刷公司。他/它们获得并生产知识,也消费、制作和传播论文,并在《天球论》的修订版中对外展示这些知识。由此产生的社交网络只有少数核心的枢纽节点,例如威尼斯、巴黎、维滕贝格和安特卫普,它们的相对主导地位随着时间的推移而变化。弱连接对于在整个网络中快速传播新知识非常重要。

例如，旅行的个体可能会实现这种弱连接，就像法国人文学者埃利·维内（Élie Vinet，1509—1587）访问葡萄牙著名的科英布拉学院那样。在那里，他显然了解到了葡萄牙宇宙学家佩德罗·努内斯（Pedro Nunes，1502—1578）的工作，即根据托勒密的《地理学》（Geography）对气候带进行数学处理。努内斯在其1537年对《天球论》的评注中收录了这一处理方法以及托勒密的其他材料。[27] 他对气候带的数学处理随后由维内翻译，并被收入卡韦拉（Cavellat）在巴黎出版的1556年版《天球论》。[28] 从这一重要的枢纽节点开始，它迅速在整个欧洲网络中传播，为气候带概念建立起广泛共享的新数学框架。由于其在大学课程以及更广泛知识经济中的重要作用，《天球论》传统形成了一个认知共同体，其特征就是对此类新概念的熟稔，包括从当时的探索性远航中获得的知识。

广义相对论的认知共同体

社交网络塑造了知识系统，就像知识系统可能反过来通过社交网络引发与该知识有关的认知共同体一样。此种自组织过程的结果是一个新知识系统与实践此系统的认知共同体一起出现，这可以被称为（滥用一下库恩提出的概念）"范式"，在实践者与实践相统一的那个意义上。正如第七章所讨论的那样，不应将新范式理解为库恩最初相信的那种意义，即由某个具有聪明才智的科学家引发的突然的、非结构化的格式塔转换的产物，[29] 而应将其理解为一个旷日持久的知识重组，通常是一个共同体的努力。借助网络分析，我们可以更详细地追踪此类重组过程的认知维度和社会维度。

一个明显的例子是，二战后，在所谓的广义相对论复兴的背景下，出现过一个致力于广义相对论的物理学家共同体，第七章末尾部分曾简要提到这一点。这种重新出现的兴趣是对半个世纪前该理论创立的延迟反应。是什么造成了这种延迟，广义相对论又为什么在战后出现了惊人的发展，并与量子物理学一道成为现代物理学的第二大基础支柱？

广义相对论的基本思想和数学方程是在20世纪初随着爱因斯坦的工

作而出现的。正如第七章所讨论的，新理论的建立本身就是知识重组过程的结果，不仅是爱因斯坦，还有一小部分合作者和竞争者都参与其中。然而，在1915年爱因斯坦发表广义相对论的场方程时，它还不成其为前面所定义的那种范式。当时，不仅还没有实践这一理论的认知共同体，该理论本身也还没有被阐述为广泛适用于物理世界的综合性知识系统。其应用范围最初仅限于一些天文现象，例如水星近日点异常或光在引力场中的偏转。它的许多概念性含义尚未得到探索，特别是那些与它建立于其中的经典物理学知识系统相冲突的概念性含义。逐渐地，广义相对论才成为一种与经典物理学截然不同的概念框架，且普遍适用。其发展不仅是爱因斯坦的成就，更是新兴共同体的成就。直到1960年代初，它才初步完成。[30]

请允许我简要回顾一下相对论历史的主要阶段（参见第七章的最后一节）。爱因斯坦和其他一些人在1907至1915年提出了广义相对论，其后在1915年至1920年代的形成时期，有过一个短暂的阶段，充满激动人心的事件。在此"形成期"，一个由物理学家、数学家和天文学家构成的共同体逐渐兴起，他们探索了该理论对物理学和天文学的直接影响，例如1919年证实的引力场使光线偏转。

然后，在一直持续到1950年代的"低潮期"（让·艾森施泰特），这一增长停滞，除宇宙学方面的工作以外，关于该理论的工作被一些主流关注所制约，包括试图用更全面的框架来取代它，如统一场论。[31] 与其他研究分支（如量子力学、核物理学和量子电动力学）相比，广义相对论对大

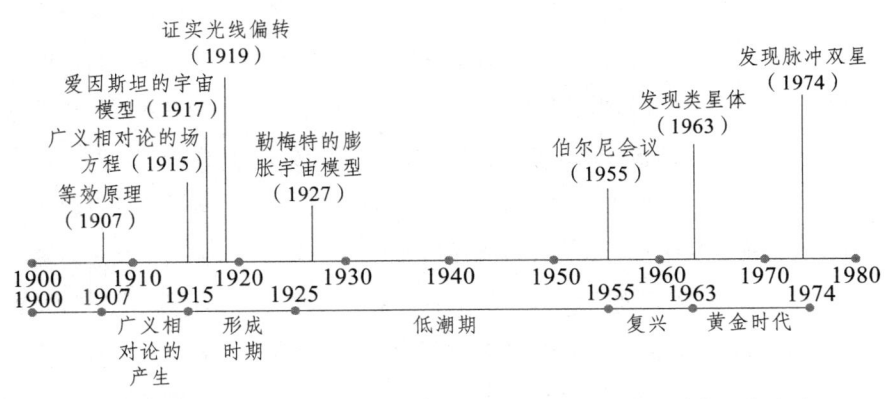

图13.4 旷日持久的相对论革命的基本时间线。马普科学史研究所绘

多数理论物理学家来说成了一个边缘问题。因此，只有少数科学家，大多是在彼此孤立的情况下，投入大量精力来发展该理论的特定方面。而那些这样做的人，就像爱因斯坦本人一样，通常将广义相对论仅仅看作迈向更大理论框架的中间步骤。

因此，直到1960年代初，广义相对论在物理学的概念性基础以及天体物理学和宇宙学理解上的很多深远影响——如时-空奇点或黑洞概念——基本上仍未得到探索。专门研究广义相对论的专业期刊和协会的兴起，诸如类星体、宇宙微波背景辐射和脉冲星这样的新天文发现，以及该领域的主要代表如约翰·惠勒（John Wheeler）、罗杰·彭罗斯（Roger Penrose）和斯蒂芬·霍金（Stephen Hawking），标志了克利福德·威尔所说的战后广义相对论的"复兴"。其标志是出现了一个以广义相对论为主要学术关注点的科学家共同体。[32] 复兴之后是基普·索恩（Kip Thorne）所谓的广义相对论的"黄金时代"，直到最终发现了引力波。[33]

因此，广义相对论似乎最终建立了自己的认知共同体。这是如何发生的？合理的解释包括：新的观测技术使天文学的突破性发现成为可能，从而刺激了复兴；或者，这是二战后物理学界经费充足造成的物理学普遍繁荣的涓滴效应，当时物理学界极大地受益于军事经费。

然而，经过仔细审视，这个故事——在与亚历山大·布鲁姆和罗伯托·拉利的合作研究后——实际上更加复杂，我们最好从认知网络的角度来理解它，而不是从那种解释的角度，即将知识的社会维度还原为认知维度，或将认知维度还原为社会或物质维度。[34] 在这个例子中，社交网络的节点既是研究广义相对论各个方面或相关领域的科学家，又是支持该领域研究并决定其方向的机构。相关符号学网络的节点则是充当知识传播工具的外部表征，例如文章、书籍、预刊本以及行动者之间的函件。其中包括活跃于该研究领域的科学家对所采用的方法和工具进行的整理，也包括知识生产的物质手段，如天文台或计算机。语义学网络则包括广义相对论的概念以及物理学、数学和天文学中的相关知识领域。

从1920年代到1950年代中期，社交网络还只是一群对广义相对论特定方面感兴趣的科学家之间的松散联系。只有少数机构，特别是普林斯顿大学的高级研究院，设有专门研究该领域的小型研究小组。此外，由于数学、物理学和天文学之间僵化的学科界限以及国界的分割作用，这少数几个团体和机构之间的信息交流也非常有限。例如，在1955年之前，人们并没有很努力地组织关于广义相对论所有方面的会议。

符号学网络同样发展不佳。1920年代至1950年代初只出版了少数几本综合性专著，且其中大多数出版于1925年之前。即使这些作品通常也只是代表了相关作者的个人观点。这些作品中没有一部能够充当符号学网络的中心枢纽。由于活跃于此领域的科学家属于不同学科领域和不同国家，因此他们的研究结果分散在国家学会的系列出版物，或诸如数学、天体物理学和物理学等具有不同学科重点的期刊之中。各个行动者所采用的理论方法高度依赖于所受的教育、各自的研究目标和背景，因此彼此之间非常不同。所以，符号学网络和社交网络中的联系密度不足以确保新知识的快速传播。

至于语义学网络，它是按照追求各自目标的不同研究计划而划分的。主要的研究方向有：尝试扩展广义相对论以建立一个统一场论；在量子引力理论的意义上量子化爱因斯坦引力场理论；发展相对论的宇宙学，除了关于微分几何学的平行数学工作之外，这也或多或少与其他研究脱节。结果，几乎不可能找到一个清楚界定的知识内核，使它由所有这些在不同传统中工作的科学家共享。因此，在广义相对论复兴之前，并不存在一个完全连接的认知网络。

为理解这种情况最终是如何改变的，我们必须考虑"由分散却不断增长的行动者组成的社交网络"，"广义相对论最初的智力资源所形成的连接薄弱的语义学网络"，以及"分散在不同地点的出版物组成的符号学网络"三者之间的相互作用。

这种相互作用发生在一个由战后政治和经济条件形成的迅速变化的知识经济中。由于物理学在第二次世界大战中的基本作用以及其在冷战期间全球军备竞赛中的重要性，物理学家的人数激增——这导致物理学领域的博士后项目呈指数级增长。[35] 与此同时，长期且流动的博士后阶段成为职业生涯中的正常阶段。在1950年代，一些研究中心出现了，它们主要致力于与广义相对论有关的各种研究项目。长期的博士后阶段这一新传统使知识可以更快地从一个中心传播到另一个中心,并且——尽管程度更低——从一个学科传统传播到另一传统。许多年轻科学家先后在3个或4个中心工作,并带来了他们自己的知识资源。同时,他们仍然与其他机构的观点和研究概念保持联系。后面我会再次谈到这些博士后在塑造广义相对论的认知网络时的重要作用。

冷战期间,东西方的政治分裂自然使网络某些部分之间的连接更加困难。但是从1950年代中期开始,随着缓和时期的到来,东西方的连通性提高,跨越铁幕的合作也为此提供了便利。例如,由爱因斯坦的前合作者利奥波德·英费尔德(Leopold Infeld,1898—1968)领导的华沙大学理论物理研究所就是国际网络中的一个重要枢纽节点,它可以接待博士后并将科学家派往国外。[36]

符号学网络在战后也经历了节点的快速增加:有关广义相对论的文章数量迅速增长,并从1950年代中期开始急剧攀升。然而,由于出版文化在很大程度上仍然有国别差异和地方传统,该网络仍然被隔离成相互孤立的子网络。在1948至1962年,大约有1500篇用6种不同语言写成的论文在200多种期刊上发表。[37]

广义相对论的复兴涉及我介绍的所有网络类型的相互作用。转折点来自建立了联系不同子网络的弱连接,这是偶然条件下一小部分行动者的活动造成的。一次偶然但重要的活动是1955年在伯尔尼(它的诞生地)庆祝狭义相对论诞生50周年。[38] 这相当于第一次组织了专门讨论相对论问题的会议。恰逢爱因斯坦逝世之际,庆祝活动的几位参与者首次意识到,广义相对论的研究在最近几年中取得了重大进展,而他们现在作为一个共同体,负有推进广义相对论的责任。伯尔尼会议使分散在各地从事广义相对论不同方面研究的科学家们增强了自我意识,并导致认知网络所有维度中的连通性迅速提高。

直到1950年代中期,前述研究中心或多或少地遵循了由少数著名领导人所制定的稳定研究议程。它们最初通过博士后交流而松散地联系在一起,这种交流起初并没有显著影响认知网络的拓扑结构,特别是在语义学维度上。伯尔尼会议之后，情况发生了变化。现在，在将知识和研究观点的碎片整合成广义相对论的连贯图景方面，连接不同研究中心的博士后发挥了越来越重要的作用。他们的流动在认知网络的所有维度都建立起弱连接。博士后不仅增强了社交网络的连通性，还增强了符号学网络和语义学网络的连通性。无论到哪里，他们都带着他们的预刊本，讨论着如何将特定情况下发展出来的知识用于解决新问题。这种连通性的增加反过来又促使人们集体认识到广义相对论尚未开发的潜力，并最终导致其制度化进程，从而促进了它的复兴。

短短几年内，社交网络的结构和规模发生了变化，这源于历史行动者的有意决定和措施，他们意识到了该理论的发展潜力。在这一过程中，理论本身经历了深刻的变革，首次转变为一种普遍适用的物理框架，在该框架中，它所适用的对象可以被合理地定义。只有在这时才可能诞生一个值得被称为广义相对论"范式"的东西。通过在1959年成立国际广义相对论和引力学会（International Committee of General Relativity and Gravitation），相关认知共同体被制度化，这一转变得到了巩固。根据对广义相对论的新理解，我们可以认为，例如，引力波是该理论所预测的可测物理现象。同样，黑洞作为有物理意义的对象出现了，它如今可以在理论中进行定义，并用天体物理学的方法进行探索。

当新的重大天文发现为广义相对论开辟了崭新的天体物理学应用时，这些发现落在了一片由全球的科学家网络所准备的肥沃土地上，而这些科学家能够利用该网络所聚集的智力资源来处理这些发现。广义相对论最终成为时空理论、天体物理学和观测宇宙学的公认基础，构成了一个由稳健制度框架所支撑且发展迅速的语义学网络的核心。

历史网络分析

由于此处所提供的示例仅涉及特定的个案研究，并没有涵盖前面几章所阐述的整体领域，因此，我认为，关于对知识史进行网络分析的未来远景，可能还需要有几点评论。

本章中讨论的知识系统和认知共同体共同演化的例子表明，网络分析在适当调整后被用于知识史，可以帮助我们将微观历史和宏观历史相连接，也有助于将知识发展与传播的历时性研究方法和横断性研究方法相连接。乍看之下，网络分析似乎只是用复杂的语言对人们所熟知的历史过程进行了重新表述。但实际上，它可以通过丰富的历史数据、对历史数据的解释以及对数据之间关系的数学分析来验证广泛概括的全球历史，并将这一概括与基于"繁重"历史背景描述的精确微观历史相结合。

达成这一宏伟目标的挑战不仅在于要阐述恰当的理论工具、数学工具和软件技术，还在于要找到收集和准备相关数据的方法。这种方法所需的数据可能不是典型的自然科学意义上的大数据（Big Data），但它们肯定是"富数据"（rich data）。富数据对于计算人文学（computational humanity）来说必不可少，但与处理类似问题的比如生物信息学相比，计算人文学在利用这些数据方面仍显落后。富数据在数量上通常比典型历史个案研究的相关数据更多，在质量上又比许多社会科学研究的大数据更为精炼和带有更多背景信息，部分原因是，在历史上，变化过程的结果往往是已知的。富数据的特点是有大量的属性，而且通常是非常异质的。相比之下，许多网络模型是为由较少属性定义的数据而开发的。

如本章开头所述，处理多层次和多维度的网络，例如认知网络的社交、符号学和语义学维度（每个维度还包含多个层次），带来许多理论考验和技术挑战。认知网络的一个耐人寻味的特征是其自我指涉性，即，历史行动者意识到他们参与了一个特定的网络活动这件事可能会影响其思维和行为，从而反过来影响网络活动本身。正如历法改革和广义相对论复兴的例子所表明的，这种意识可以作为运行于网络的监管结构出现的转折点。它可以被认为是一种集体反身性行为。对这种行为的理解通常需要一种混合方案：将传统的学术分析和解释与旨在处理潜在复杂相互作用的新颖定量方法相结合。由于此类行为与应对未来挑战越来越相关，有必要将此处介绍的有限个案研究扩展到全球知识史的更大范围。在第十六章中，我会探讨数字媒体在支撑这种反思和自组织行为中可能扮演的角色。

第五部分

我们的未来依赖何种知识

第十四章

认知演化

人类的起源和历史将被照亮。

——查尔斯·达尔文《物种起源》

人们在自己生活的社会生产中发生一定的、必然的、不以他们的意志为转移的关系，即同他们的物质生产力的一定发展阶段相适合的生产关系。

——卡尔·马克思《政治经济学批判》序言

……必须将有机体当作一个整体进行分析，其蓝图（Baupläne，建设计划）受种系传承、发展路径和总体框架限制；与在变化发生时介导变化的自然选择力量相比，这些约束在划定变化的路径上更加有趣和重要。

——斯蒂芬·古尔德（Stephen Gould）、理查德·陆文顿（Richard Lewontin）《圣马可的拱肩和盲目乐观范式》

科学变得关乎存在

我们已经了解了自然科学的各种样貌——例如，在古希腊和古代中国。我强调了初期科学的独有特性，主张科学的发展并非单向或决定论的过程。现代科学显然是这样一种全球知识史的结果，即如果不考虑知识与其他各种社会结构（尤其是资本主义经济及之后的工业经济）的相互作用，就无法理解它。科学与经济的联结本身具有悠久的历史，至少可以追溯到近代早期知识经济的自我强化机制。

在第十二章中，我提出过现代科学起源的问题，并将其与人类起源的问题进行过比较。后一个问题的回答涉及对一个新出现的演化过程的思考：文化演化。文化演化最初是生物进化的外围现象，从工具使用和社会学习开始，然后才最终成为人类历史的主导过程。能否以类似的方式处理现代科学起源——不是作为一项边缘活动，而是全球历史中改变游戏规则的一次事件——的问题，把它当作关于演化过程，尤其是关于新的演化过程之开端的问题，以补充生物进化并调节文化演化？[1]

在这种情况下，科学能够出现并成为我们当前状态的主导因素而不是某些初始条件的必然结果，就会变得比较合理。从这种角度来看，科学知识不太可能是某些特定初始条件的必然结果，就像根据达尔文进化论，人类的出现只是进化过程的偶然结果一样。同时，考虑到文化演化和生物进化的演替，我们可以想象，这种演化过程的级联可能会由新形式的演化过程来继续，这些新形式的过程最初作为当前主导过程的边缘效应出现，但随后接管了这个过程。

有人猜测，超越文化演化的演化过程将涉及技术系统的自组织能力，特别是基于人工智能的未来发展。在此种情况下，超越文化演化的演化主要涉及的不是生物圈，而是技术圈，即那些技术系统和基础设施的全球集合，它们最初由人类创建，但可能同时也已经开始发展自身的动态，从而将人类行动者推向边缘角色。在第十六章中，我将回到技术圈的概念及其在评估人类世困境中的作用。

在我看来，那种认为文化演化即将被大型技术系统的某种控制论演化（或许还结合了技术升级后的人类）所取代的敌托邦观点，掩盖了文化演化已经发生了的重要转变，这种转变来源于科学技术的加入。这种加入使人类行动者更加强大，也更加依赖他们为自己创造的技术生境，包括智能系统的使用。正是通过科学技术的发展及其对工业经济的影响，人类才

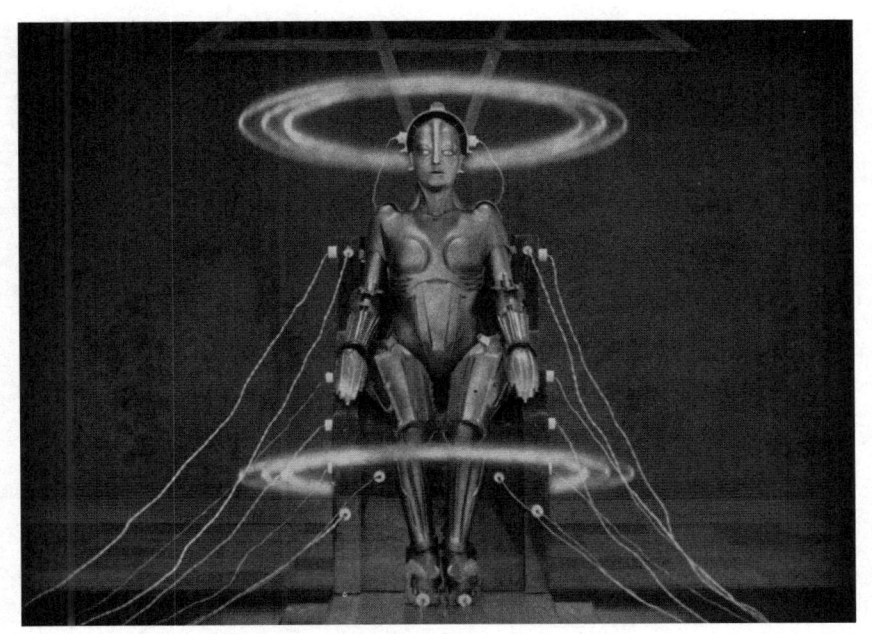

图14.1 弗里茨·朗（Fritz Lang）的表现主义电影，1927年的《大都会》（Metropolis）中的机器人玛丽亚（Maria），它是最早出现在电影中的机器人之一。瓦尔特·舒尔策-米滕多夫（Walter Schulze-Mittendorff）设计，WSM艺术都市（WSM Artmetropolis）提供

能够扩展到目前超过70亿的规模，而且只有在科学技术的帮助下，人类才有可能保持这种规模的人类的文化演化。至于设想中的人工智能控制地球的可能性，人类知识目前仍在发挥着改变平衡的作用。简而言之，文化演化已经严重依赖于全球知识经济，尤其是其所产生和散播的科学、技术、社会、政治和其他种类的知识。

在创造、维护和进一步发展全球文化演化所依赖的大型社会和技术基础设施方面，必要的知识在其中发挥着特殊作用。其中某些知识只能在被我们视为科学之特征的复杂知识经济中产生。从这个意义上讲，一旦这种特定类型的知识经济从偶然转变为在全球范围内保存、共享和发展文化演化成果的必要条件，人类就进入了文化演化的新阶段，或者也可能是一系列级联演化过程的下一阶段。作为一种简称，我使用"认知演化"（epistemic evolution）一词来称呼这一崭新的独特阶段和演化过程。

诸多迹象表明我们已经进入了这种新的演化逻辑，也许是在19世纪的某个时候，如果我们考虑到，比如说，没有自然科学和技术所带来的生产过程，我们将不再能够养活所有人口（这一点我将在下一章中继续讨论）。新演化逻辑以自然科学、工业生产和社会发展的其他方面之间的耦合为特征，并在此后以一种特定方式塑造了科学和技术的历史。在讨论过的一些例子中，我们已经了解了认知结构和社会结构相互纠缠的强大后果。

为避免可能的误解：科学和技术仍可以仅被视为文化演化的特定方面，就像原始人中工具使用和社会学习的早期形式并没有阻止生物进化一样。但是，在我看来，新学习过程在人类历史上最终承担的存在主义作用——文化演化中的社会学习，认知演化中的科学知识的积累——证明，有必要为这一重大转变引入新的术语。由于我们所知的人类文化的继续存在不仅取决于科学和技术知识的不断积累，而且还取决于这种积累在未来如何被塑造以及所产出的知识为了确保人类文化继续存在会如何被实践，这一点就变得更为重要了。至于这即便不是革命，也可能涉及重大的社会变革，则是另一回事。

为避免另一种误解：科学本身并不是将人类推向认知演化的主要动力。如第十章所述，在大多数人类历史中，对科学实践的追求都取决于偶然的外部环境，例如资助者。只是通过资本主义生产方式，科学才成了生产的重要因素。在工业革命的过程中，科学和技术参与了资本主义经济的扩张性动态，并带来全球性后果。但是在此过程中，由于其对地球造成的影响，科学和技术已经从经济发展的边界条件转变为文化演化不可或缺的因素，无论它在未来会以何种形式的经济或社会组织为基础。

这可以与人类历史发端之时的情况相提并论，当时，文化知识的产生已成为智人进化和进一步存在的生存条件，因此成了文化演化的众多途径的起点。就像文化演化以生物进化为基础一样，这种新的演化形式——认知演化——也以文化演化为基础。然而，在这个级联中，随着每一个新的演化过程出现，之前的演化过程最终都会在某种程度上取决于之后的层次。因此，文化演化一达到全球水平，我们在生物学意义上的物种存续就变得依赖于文化演化；随着一种依赖于科学技术的经济变得全球化，我们所知道的人类文化的继续存在就会变得依赖于认知演化。

我在剩下的几章中提到了进一步的征兆，它们指向一种超越文化演化的新演化过程的发轫。这一观点可能有助于我们从人类物种进化的角度重新思考人类世的概念。或许，我们甚至可以将认知演化的发轫与充满争议的"人类世"的发端联系在一起，而不必陷入第十二章中提到的关于起源问题的陷阱——就像"人类世"的概念激发我们重新考虑未来人类发展的生物（或自然）与文化维度那样。但是，即使一个崭新且独特的演化过程的出现还有待讨论，它也的确暗示我们，应该根据本书所讨论的知识作用来重新考虑文化演化。为此，我在下文中探讨了重新表述文化演化的方法，即以在本质上涉及知识的方式。我将用知识史上的诸多案例来阐明这一重新表述，而把认知演化的本质问题留待以后研究。

我的出发点之一是物质文化的基本作用，即物质文化塑造了人类在某些社会经济结构中自我复制的方式。[2] 物质文化的这种代际传承构成了人类历史的基本连续性。对下面的内容来说同样重要的是，历史地赋予社会的、其可以自行再生产的条件，与其他不能自行再生产的外部条件（如生态资源或社会资源）之间的区别。这些概念和见解可以追溯到马克思，并经常被视为等同于对人类历史的决定论描述。然而，这一误解忽视了，马克思的概念仅仅意味着，物质生产资料为社会行动打开并维持了一个历史上特定的可能性视域，而不是指历史发展的自动性，更不是在说保证进步。

如何才能以一种考虑到我们对知识发展见解的方式，将文化演化概念化呢？在前几章讨论的基础上，我们可以通过考虑知识的作用来补充上述图景（尽管尚未完成！）。历史地承继下来的物质文化不仅限制了可能的社会结构的范围，而且还限制了在特定阶段可以获取的知识的范围，还有可能的知识经济。在特定情况下可获得的知识和知识经济，反过来又会限制某些特定历史条件（而不是其他条件）的社会再生产的可能性。从这个角度来看，知识可以被认为是文化演化的一个重要调节机制，与其他调节机制（如制度结构）并列。

但是，不管知识史的演化框架多么可取，重要的问题在于，我们是否真的能够在历史记录中认识到一种演化逻辑——而不是通过与生物学的夸张类比将其强加于历史，也不是直接上升到一个抽象层次，在那里所有猫都是灰的。* 我相信，前面各章中考察的历史发现都指向这一方向，特别是知识发展的长期累积方面，它对偶然社会背景的依赖，以及知识架构的深刻转变。

例子包括：从先前系统的重组中涌现出新的知识系统；知识经济的沉淀和平台建设过程；将偶然情境和挑战转化为知识系统进一步发展的内部条件，这说明了知识发展的路径依赖性和分层结构；以及知识经济和知识系统之间可能出现的反馈机制，它导致了新的认知共同体的出现。

就像生命进化一样，知识发展也具有方向，但不是全球统一的。它既非决定论的，也非目的论的。偶然事件可能会因融入发展过程而造成长期影响。知识发展是自我指涉的，通过对应于生物学中生态位构建的沉积和平台形成过程，知识也塑造了自身的环境。从某种意义上讲，这也是一个分层的过程，因为后继的知识形式不一定能取代早先的知识形式。外部表征塑造了知识的长期传播，确保了知识的连续性，在不同情况下对外部表征进行探索则为知识的变异和改变提供了可能性。

扩展演化

用进化论阐明这种对我们发现的一般描述可以有许多方法。但是最终，知识的演化将仅仅是看待文化演化的一个特殊视角。文化演化显示出一些特征，它们来自进化理论的最新发展，例如生态位构建和复杂调节网络的作用。在下文中，我认为这两者都可以被整合到"扩展演化"（extended evolution）这一概念中。[3]

特别是，人类社会通过其物质文化来改变环境，这形成了一种"生态位"（niche），并决定性地塑造了人类的历史演变。此外，人类社会并

---

* All cats are grey in the dark. 谚语，指在黑暗中，一切外表都变得不重要了。——编注

不是随机变化，而是通过社会结构而变化，它们对个体和集体行动者的活动进行规范。前几章中讨论的制度和认知结构就属于这种规范结构的例子。人类在历史进程中构建的生态位不仅会影响生物学家所说的适应度地形（fitness landscape），即塑造选择过程的条件，[4] 还会提供至关重要的调节作用。因此，扩展演化的概念应该在一个相互作用的因果要素框架内整合调节性网络和生态位构建的观点。此框架的一大关键方面在于，生态位构建不仅取决于复杂的调节结构，而且反过来也塑造了这些结构。所构建的生态位于是可以充当扩展的调节系统。因此，我也谈到"调节性生态位"。现在让我们考虑一下这对文化演化的作用。

人类实践改变环境的方式以行动者集合体为特征，例如一个社会及其调节结构，包括其社会组织和知识。由此产生的转变由调节结构以及所涉及的物质对象和手段的性质决定。转变也影响行动者及其物质环境。物质环境往往揭示了通过挖掘其内在潜力来重新利用社会物质文化各方面的方式。生物学家称这种对现有特征的重新利用为"扩展适应"（exaptation）[5]——比如说，根据某种理论，羽毛是作为一种温度调节手段而进化出来的，但最终被重新用于飞行。

我将社会与其环境之间这种复杂互动的物质、外部结果的产生称为"外部化"（externalization）。影响其调节结构的相反过程则称为"内部化"（internalization）。内部化可以通过生物进化、文化演化以及社会和个体发展中的不同机制来实现。重要的是，不要将外部化误解为内部结构向外部世界的某种投射，也不要将内部化误解为这个外部世界的直接反映——它们总是同时取决于转化者和被转化者。

人类的物质干预不会让他们的社会和认知系统保持不变，而是会不断改变其内部结构，从而导致人们所说的"内化适应"（endaptation）。在最简单的情况下，内化适应仅限于将新经验同化入共享知识系统和现有制度的调节结构中。但是，总的来说，新经验可能会导致这些结构的转变。正如扩展适应是指现有特征的新外部功能的出现，内化适应也指现有环境提供的新的内部调节可能性的出现。后者也可以通过第三章中讨论过的排序任务来说明，从中我们可以看到一般认知结构是如何从具体经验中建立起来的。

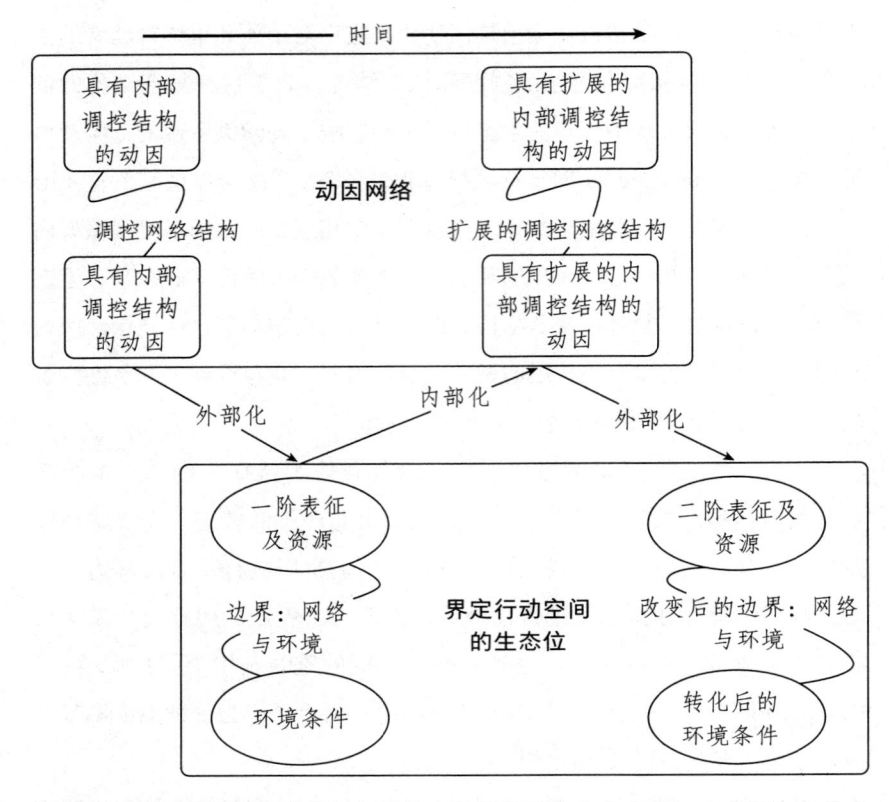

图14.2 动因网络不断演化，包括其内部调控结构和生态位。生态位本身具有由初级网络诱发的网络结构，其节点是环境中那些制约、调停或成为行动目标的方面——简而言之，就是内部系统的环境资源和条件。包括环境在内的扩展网络界定出一个行动空间，它塑造了可能的创新，引导了进化过程，并限定了继承系统的结构。参见 Renn and Laubichler (2017)。马普科学史研究所绘

正如我在第三章抽象概念的出现中所讨论的，在此过程中，被内部化的不是环境本身，而是人类行动者与环境实际关联的方式。与外部化一样，内部化总是由行动者及其物质手段和对象共同介导。内化适应指的是这种复杂的相互作用对调节结构的影响，并且同时取决于转化者和被转化者。

这些说明可能看起来很微妙，但它们具有根本的重要性。它们清楚地表明了，人类社会的调节结构与其物质体现不能割裂，并且物质环境总是意味着比人类调节结构的体现或人类实践的背景更多的东西。可以说，

环境的物质性将其自身的逻辑强加给了所有相互作用。因此，借助外部化和内部化概念，我所描述的人类对其环境的物质干预并没有形成那种耦合过程，这些过程总是完美地相互补充，构成一种预先确定的发展。相反，我在这里从演化角度描述的历史过程是开放的，这不仅是指它们为偶然情况在这个演化过程中变得"内部化"留下了空间，也是指它们的结果总是还取决于我们尚未考虑到的更广泛的自然和社会背景。

尽管如此，对环境转变与人类社会的调控结构之间相互作用的理解，仍然为我们提供了对文化演化动态的深刻见解，这可以尝试与生态位构建的调控功能相比较，在生物进化中，当环境成为已扩展的生物系统的一部分时，生态位构建的调控功能就体现了出来。更重要的是，这种观点提供了一种可能性，即将社会调控过程和认知调控过程纳入以人类行为和实践的物质属性为核心的同一框架。

马克思的一句名言简洁地概括了这一框架对文化演化的影响："人们自己创造自己的历史，但是他们并不是随心所欲地创造，并不是在他们自己选定的条件下创造，而是在直接碰到的、既定的、从过去承继下来的条件下创造。一切已死的先辈们的传统，像梦魇一样纠缠着活人的头脑。"[6] 我们的重点是在特定的物质和社会文化背景下的人类实践。这种文化背景可以被认为是由先前行动所产生的"生态位"，这就是马克思在

图14.3 摘自《亡灵书：胡内弗的莎草纸》(*Book of the Dead: The Papyrus of Hunefer*)。《亡灵书》是一种古埃及殡葬文本，约在公元前1550至前50年使用。**上部**：胡内弗跪在一张供品桌前，在十四位坐着的神面前担任审判官，进行崇拜。**下部**：审判，或称量良心；胡狼头的阿努比斯（Anubis）在检查天平的指针。伦敦大英博物馆藏。© akg图片库，埃里希·莱辛

说人们创造自己的历史时所指的,"并不是在他们自己选定的条件下创造,而是在直接碰到的、既定的、从过去承继下来的条件下创造"。人类社会的文化演化涉及其应对挑战和经验的方式,这些方式之后被内部化到人类的心智和社会结构之中。用马克思的话讲:"一切已死的先辈们的传统,像梦魇一样纠缠着活人的头脑。"因此,这种由物质文化介导,产生特定的人类社会组织和思维体系的机制,就可以被描述为人类实践及其内外部条件的迭代转化过程。

该方案涉及上面描述的外部化和内部化过程,概括了前面各章中讨论过的转变过程的特征,并且仍然足够具体,可以指导历史解释;当然,这些解释必须始终基于对历史资料的分析——正如生物学中的进化解释那样。现在,根据第十三章中所讨论的网络结构来详细说明此方案,并将系统及其调控性生态位视为扩展的调控网络,这似乎是可行的。然后,行动就会由这个扩展的调控网络的结构所调节。这些行动可能会针对环境或其他动因,并且总是涉及环境资源。请注意,生态位和环境之间的区别是与尺度有关的,也就是说,某个尺度上内部网络的生态位,可能是另一尺度上的一部分内部网络。带来真正新颖性的调控性演化变化,则可以被解释为是创建了额外调控模块[汤姆林森称为"本轮"(epicycle)]或网络转化的结果。主要的演化转变可能会以出现新平台为特征,这些新平台允许系统执行新的功能。但是现在,暂时不再研究扩展演化这一概念的更多技术细节,让我们来讨论一些例子。[7]

技术演化

例如,可以将技术演化视为文化演化的一个特定方面。[8] 从我们的角度来看,技术设备可以被认为是发明、生产和使用这些设备的社会中制度调控结构和认知调控结构的物质表征;它们通过创造行动空间,反过来又塑造这些结构,行动空间即决定了人们在特定历史环境下能做什么和不能做什么的空间。

称重技术的出现和转变可以作为一个得到比较充分研究的例子。称重技术最初是为了调节与商品交换有关的社会和认知过程而引入的。这些调节过程的外部表征包括（除其他外）：简单天平、标准砝码和专门的技术术语。对这些外部表征的反思产生了一个抽象、定量的重量概念，并将其与其他物体特征（如体积或材料特质）相区别。

如第三章所述，当早期城市社会的行政和经济发展开始涉及交换价值的标准时，称重技术就出现了。在埃及，以及在可能稍晚的美索不达米亚，大约在公元前4千纪到前3千纪之间产生了固定长度的等臂天平。在美索不达米亚，可以追溯到公元前3千纪中期的标准砝码被保留下来。在公元前1千纪的政治和经济全球化进程中，标准价值（等价物）和标准砝码的使用广泛传播。到公元前1千纪中期，在吕底亚（Lydia）、希腊和印度，以及稍后在中国，铸币已经很普遍。

天平和标准砝码之类的简单制品，其可得性或不可得性深刻影响着人类思维，而这种可得性或不可得性则构成了前述演化叙事中的"生态位"。如果我们考虑到今天仍然由物质文化的这一基本方面引起的基本概念的多样性，这一点就变得尤为明显。在一项关于直觉物理思维的跨文化研究中，心理学家卡特娅·伯德克将欧洲儿童的重量概念与特罗布里恩群岛（Trobriand Islands）儿童的重量概念进行了比较，该群岛是所罗门海（Solomon Sea）中的珊瑚环礁群岛，位于新几内亚海岸以东，是马林诺夫斯基时代民族学研究的经典场所。[9]

尽管在欧洲和特罗布里恩群岛，直觉物理学的某些方面相似（例如第四章中讨论过的用"运动-暗示-力模型"来解释运动），但伯德克发现，这两个地区在对重量的物理理解方面存在着显著差异。与熟悉天平的欧洲儿童相比，对于不熟悉这种测量设备的特罗布里恩群岛儿童来说，像头发或羽毛这样的物体是完全没有重量的，即使它们堆积了很多。[10]

没有天平就没有机会也没有理由形成一个广泛的重量概念。另一方面，岛上的居民拥有许多自己的知识形式——例如，关于时间及其测量的复杂知识，该知识在社群内分布于专家和普通人中，并与农业问题和其他社会活动紧密交织。[11] 虽然这种地方性知识可能会因文化接触而减少，但在下一章中谈到的人类世全球挑战的背景下，它恰恰具有不可忽略的意义。

待称重货物

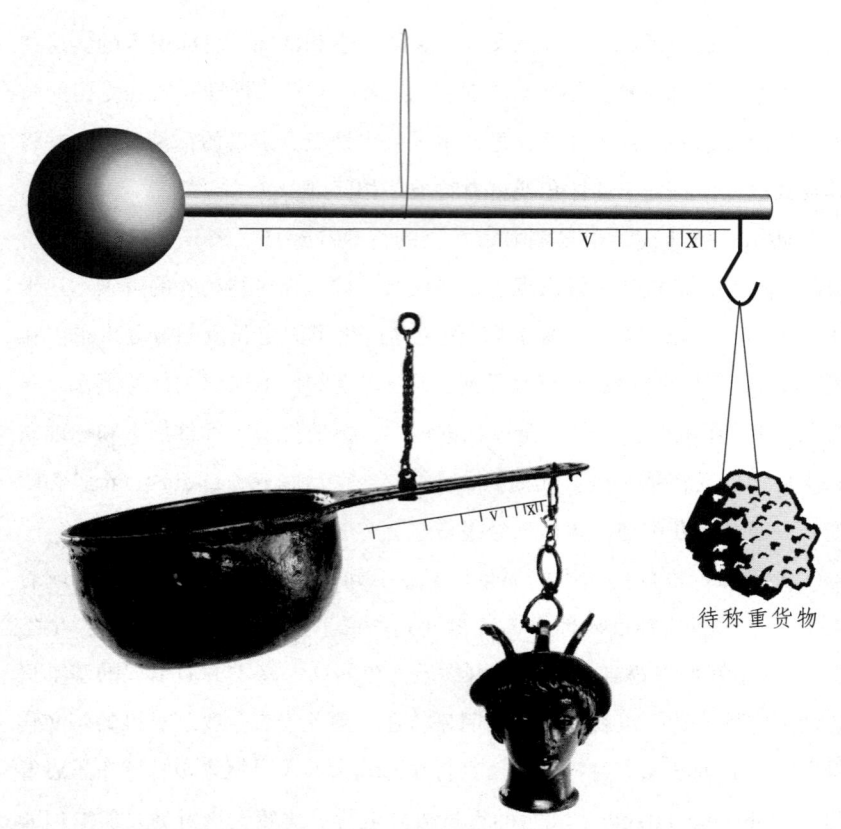

图 14.4 上图：具有可移动支点和非线性刻度的比斯马秤的图形表示。下图：庞贝古城的一个简易比斯马秤：在锅柄上切开一条狭缝，悬链就可以在其中滑动，这样平底锅就被改装成了一个天平。锅充当配重，而负载则悬挂在手柄的末端（在右侧）。现在挂在手柄上的墨丘利头是一个重建错误。参见 Damerow, Renn, Rieger, et al. (2002, 99)。inv. 74165，那不勒斯国家考古博物馆提供

几千年来，天平的基本原理一直保持不变：在天平一臂上的待称物品的重量，由放置在等长的另一臂上的一个或多个标准化天平砝码的相同重量来抵消（或从字面上来说的"平衡"）。[12] 只有在出现了一种根据不同原理的新型天平时，这种情况才发生了变化：具有可变臂长的天平，通常称为不等臂天平。不等臂天平在公元前5世纪晚期的希腊被记录下来，可能同一时间或稍晚也在印度使用。在这种天平中，配重保持不变。取而代之的是，力从支点起作用的距离是变化的，人们以此来实现平衡。

引入可变臂长天平的最早证据来自阿里斯托芬（Aristophanes）的戏

第十四章　认知演化　377

图14.5　带有两个不同支点和相应吊钩的杆秤或罗马秤。杆秤有一个可移动的配重（在左侧），而待称物品则放置在秤盘中（在右侧）。当使用另一个支点时，杆秤会倒过来，因此呈现出不同的称量范围。这种精巧的秤在整个罗马帝国中非常普遍，直到最近也仍然在地中海区域使用。参见 Damerow, Renn, Rieger, et al. (2002, 102)。inv. 74041，那不勒斯国家考古博物馆提供

剧《和平》(Peace)，该剧于公元前421年在雅典首次上演。在剧中，一个战争号角制造者受到了人们的嘲笑，因为他不知道该如何处理他多余的号角。戏剧的主角特里盖乌斯（Trygaeus）建议将铅倒入其中，再加上"一个用绳子悬挂的秤盘，这样您就有了称无花果的东西……"[13] 尽管这段将号角转变成天平的描述相当简略，但它明确无误地表明，号角被变成了一种特殊类型的不等臂天平：比斯马秤（bismar）。

在这种秤中，平衡是通过改变支点相对于秤杆的位置而达到的，例如，通过一根用来悬挂秤杆的可移动悬链。在更为人熟知的罗马秤（也被称为杆秤）中，平衡则是通过改变可移动的秤锤与支点之间的距离来达到的。在印度，比斯马秤最早可追溯到公元前4世纪末。考古记录表明，比斯马秤的历史是持续的。今天仍然可以看到它的使用。

阿里斯托芬的戏剧中提到了将号角之类的日常用品改造成比斯马秤的故事，这突显出构造它所要满足的要求相对较少。比斯马秤确实是一种相当简单的工具。它最明显的复杂特点是它的非线性刻度，代表相同重量差异的刻度间隔遵循调和分割。但是在古代，比斯马秤的刻度并不是从理论上建立起来的，而是根据测量经验建立的。因此，其构造对作为基础的力学知识仅提出了最低要求。

然而，作为一种社会上可接受的技术，不等臂天平的建立取决于特定的前提条件，这些前提条件构成了使创新成为可能的生态位。这种预先存在的知识水平和社会规则水平涉及重量的抽象概念、作为其表征的一系列标准砝码（是物质文化的一部分），以及对称重实践的广泛熟悉。这些实践提供了必要的认知规则和社会规则，根据这些规则，人们可以凭经验评估这一新型的天平，并接受新的测量方式，不需要任何进一步的复杂知识。它们的稳固存在创建了特定的调控性生态位（或平台），人们可以在其中发明和建立这种反直觉的新型天平。

空间简史

我们的演化框架使人们有可能识别并简洁地描述长期发展的各个阶

段，例如马深孟及其研究小组所调查的人类对空间的掌握。[14] 根据他们的研究结果，这一长期历史可以大致分为五个阶段，与我们前文讨论过的知识经济阶段相匹配，只是现在我们可以更清楚地认识到从一个阶段到另一个阶段的演化机制。所有阶段都可以用心智和社会调节结构以及它们的外部表征（包括语言）来描述。[15] 它们显然建立在彼此的基础上，但是以这样一种方式，即空间思维和空间实践的高阶或后继结构并不一定或并不会完全替代以前的结构。正如第十章中所强调的，从一个阶段到下一个阶段的转型不是预先确定的，而是取决于外部环境，因此是高度路径依赖的。它们涉及反思过程，这些反思过程尤其取决于形成调控性生态位的外部表征的可用性。以下是这五个阶段：

1）动作图式意义上的**自然条件空间**，其基础是所有人类的相似生物构成及其物理环境中的基本相似之处。这些动作图式植根于感觉运动智力，允许在实践和感知背景下进行空间推断；在其他背景下，行动者则无法进行空间推断。

2）**文化共享空间**，它仍然由"自然条件空间"中控制行动和感知的基本心智模型所塑造，例如发展心理学研究熟悉的所谓永久客体模型和地标模型。前者让我们能够处理身边的物体，后者则是认知地图技能的基础，允许我们在各种环境中实现导航。但现在，这些心理结构被赋予了文化意义。因此，文化上共享的大尺度空间不仅被地标、地点、区域及其关系所覆盖，而且还被附加在这些实体上的意义所贯穿。自然和文化环境的各个方面、基于文化条件的实践，以及语言，都可以作为外部表征。

社会在世世代代的探索过程中积累了有关环境的知识。由此产生的巨大文化多样性基于以下事实：不同知识系统和制度可能代表着对非常不同的生态挑战所做出的回应，但同时，这也是由于这些探索所遵循的演化轨迹有所不同。

3）**行政控制空间**，例如在美索不达米亚、埃及、中国或印度的古代文明中所设想和实践的那些。空间的社会控制涉及与建筑活动、城市规划、测量和现场实测相关的实践知识的心智模型。例如，它们可能由建筑物、模型、仪器、测量工具、图示或符号系统来进行外部表征。在古代社会中，通过探索这些工具以及行政实践中所采用的外部表征，新形式的空间知识得以出现。

如此一来，长度、面积和体积的单位首次被整合到跨越不同尺度空间的公制系统中，而它们以前不存在任何关系，例如，在身体领域的空间维度与一次旅行的空间维度之间。但是，不同领域空间知识的这种整合在不同文化中可能采取了不同的形式。无论如何，它们发生在由预先存在的一阶表征塑造的生态位之中，一阶表征支撑了历史上特定的空间思维调控结构，并允许通过探索这些表征的内在潜力来扩展它们。

4）**高阶空间概念**，由书面文本进行外部表征，可能包括图表、形式化语言和其他符号系统。社会劳动分工产生出一种知识经济，从美索不达米亚和埃及开始，然后在希腊和中国变得更加明显。其中包括新的行动者群体和诸如教育及辩论之类的社会互动结构。现有的空间概念及其表征因而可以得到进一步探索。首先，对空间的思考受前一阶段出现的一阶空间概念及其外部表征的调节。反思涉及这些外部表征的实践又进一步产生出更高阶的空间概念，例如，欧几里得的《几何原本》中所表达的空间概念。[16]

由于这种高阶空间知识由书面文本表示，因此，即使是在上一次对该传统进行积极探求的好几个世纪后，它仍然可以被持续。我们可以对不同的演化路线进行区分：数学上的高阶知识尤其产生于对实践空间知识和工具使用的反思，哲学高阶知识则源于对直觉空间知识的语言表征进行的反思。对空间二阶概念的进一步探索和对结果的反思导致了哲学和几何学中空间理论急剧增长。

5）最后是**凭经验控制的空间概念和实践**，它们随政治扩张、贸易、勘探和工程在经验空间的倍增中出现。这种扩展（作为一种"外部化"）改变了自然环境和社会环境，也改变了符号表征和工具表征的世界——这些转变反过来又引发了一种"内部化"，其形式是社会和认知领域的新调节结构。

例如，在近代早期的欧洲，经验性知识的积累部分地发生在专门为获取知识而设计的机构中，如学院或大学。从智识上而言，所积累的经验知识被组织在基于符号语言和形式语言的整体结构中，这些符号和形式语言包括数字坐标、解析几何、微积分和微分方程。这些结构稳定了或带来了凭经验控制的空间概念和实践,而这些概念和实践高度违背了直觉,例如地球的形状是球体,地表分布着陆地与海洋。[17] 经验空间的扩展所带来的理论知识,也对其他层面的知识以及社会实践的调控结构产生反作用。一个例子是全球地理坐标对航海技术的影响,特别是对远洋导航的影响。这一最后阶段还包括在第七章中讨论过的爱因斯坦相对论背景下新时空概念的出现。

一个更短的时间简史

所有人类的相似生物构造及其物理环境的基本相似性表明,有一些时间认知的结构在各个时代和文化之间没有显著变化,因此构成了所有时间思想的基础。另一方面,人类社会从结构简单的社会团体一直发展到城邦和帝国,这种文化发展导致了新鲜且多样化的社会经验形式,并导致了以象征为媒介的时间控制——比如仪式、历法、书面记录和时钟等形式。

通过探索历史学、地质学和生物学,人类的经验范围得到延伸,时间概念得到很大扩展。总体而言,历史和自然史研究对时间概念的作用与发现新大陆对空间概念的作用一样。在现代物理学的发展中,作为时间概念之基础的经验范围再次(并且进一步)同时向更精细和更辽阔两个方向上的时间单位扩展,有时带有革命性的后果。

发展心理学已经确定了时间认知的一些基本条件:在人脑中形成动作和事件序列的能力,理解运动的能力,以及序列和运动之间相互协调的能力。[18] 这三种能力在不同复杂程度的动物行为中都很常见。它们涉及记忆、因果关系识别和不同运动的区分,并在人类的个体发生中随着动作模式的逐步协调而发展。

人类文化的发展使这三个维度(记忆、因果关系识别和运动区分)经历了本质的变化:记忆通过外部表征的发展而变化,甚至使孤立的行动和事件也具有可比性;因果关系则根据不断更新的干预环境的可能性而演变；知识范围的扩展作为人类文化的结果，改变了运动区分。

因此，人类进行时间理解的特点主要不在于人类独有的、基于生物学的"时间器官"，而在于人类的社会认知能力。分享时间性知识的一种基本形式是联合行动。但是，允许个体之间交换时间经验信息的主要是语言。大多数语言在最基本的语法层面上对时间序列进行编码。但是，一般来说，对时间性知识的基本结构进行语言表征，并不涵盖时间及其属性的任何与语境无关的抽象术语。

几乎很难自然地想到，音乐中的时间性体验、旅途中的时间性体验或代际转换中的时间性体验都应该涵盖在一个总的时间概念中。相反，此概念的发展取决于两个必要的先决条件：在时间经验的不同领域之间发生了进行调停的真实过程，以及在能够对其进行反思的媒介中表现这种经验的可能性。

因此，时间概念发展的一个重要阶段是出现了由动物迁徙、收获时机以及后来的作物种植和畜牧业所决定的定期活动，以及对这些活动与季节和天文周期关系的必要把握。因此，某些人类过程和自然过程进入了真正的关联，此关联在不断重复的行为序列及其与自然事件的协调中得以体现。这种协调的一个重要外部表征是所有形式的历法，包括仪式和典礼（参见第十三章中对历法的讨论）。这种协调的心智相关物是一种涵盖地上和天上各个领域的时间概念，正如曾经（并仍然）在许多文化的宗教和占星学思想中所反映的那样。

依靠特定的表征和像算术这样的工具，历法使人类能够将季节周期性、月相变化，以及昼夜交替相互关联，并确定它们重合的周期。如此就创建出一个以事件的周期性重复为特征的时间概念。尽管美索不达米亚、埃及、中国、中部美洲和希腊罗马文化基本都以周期性模型为开端，但它们最终阐明的是截然不同的时间概念。这种多样性反映了合并不同领域的时间经验并将它们整合到总体方案中的多种方式。

时间概念的进一步发展是由确定时间的工具——例如圭表、日晷、水漏或沙漏——的发明，以及可用来代表和整合各种时间经验的

图14.6 庞贝古城的球形切割日晷，中间有一个晷针点。该日晷的优势在于，这种仪器完成的时间空间化具有特别简单的形式，这样的简单形式可能已经支持了天体运动是匀速且发生在看起来呈球形的天空中的想法。庞贝库存编号34218，第25号刻度盘的照片，柏林日晷合作组织提供

媒介——如仪式、神话叙事、图标性表征或哲学世界观——所决定性地塑造的。例如，希腊的日晷不仅广泛传播，而且以非常不同的形式出现，甚至呈球形。这种形式的日晷有一个特殊优势，即时间的空间化变得易于辨认，可以与球形天空中的匀速天体运动相匹配。[19]

在古代世界中，对天文事件序列的系统观察以及将其纳入天体运动模型（如希腊自然哲学的模型）的努力最终导致了对时间的新理解，这种理解将天文学意义上的时间流逝与匀速连续的圆周运动联系在一起。[20] 随着地心说世界观的建立，作为所有天体运动基础的均匀时间流逝思想也由此确立，为众多科学发展奠定了基础。

在近代早期科学中，普遍的时间概念最终承担了一种基本作用，与欧几里得几何学对空间科学起到的作用相似。[21] 然而，在很长一段时间内，对于实际生活中的社会时间，天文时间仍然是一个远非普遍的参考。实际上，直到进入现代工业化的时代，统一的天文时间还只是许多可能时间之一，而每种时间都在它们自己的特定领域中占据主

> 导地位。[22] 我在第七章中讨论了时间的物理概念的进一步转变，在第八章中则提到了作为一种文化抽象的时间。

人类语言的出现

扩展演化框架是我与曼弗雷德·劳比希勒共同研究的，它有助于我们理解所谓的"超大过渡"（XXL transitions），即从根本上影响人类在环境中地位和作用的重大转变，如从生物进化到文化演化再到认知演化的级联过程。人类语言的出现，农业和驯化带来的食物生产的发展，都是这种超大过渡的例子。在我最终讨论我们进入人类世这一超大过渡之前，我先简要讨论一下这两个例子。[23]

引发特定的人类思维方式的演化机制经常是根据不同阈值来描述的。[24] 我们的演化方案并不是假设从生物进化到文化演化有不同的步骤，而是提出了一种持续有效的反馈机制。在这种反馈机制中，作为演化驱动力的生态环境本身部分地通过生态位构建而由人类进化的调节结构所创造。这是由于人类实践的物质方面对于不断发展的调节结构的传递和转化至关重要。它们可以充当外部记忆，充当不同观点出现的催化剂，以及充当反思的触发器。通过这些方式，它们影响了思维过程的所有维度，而这些维度已被作为典型人类思维的重要组成部分来讨论。

在《人类思维的自然史》（*A Natural History of Human Thinking*）中，迈克尔·托马塞洛（Michael Tomasello）基于对非人灵长类动物和人类儿童进行的广泛实验，分析了人类思维的特征，研究了人类思维合作性质的起源。[25] 他假设了两个关键的演化步骤。在第一步中，人类觅食时的一种新型小规模协作导致了在社会意义上共享的联合目标和"联合注意"（joint attention），这在临时情况下为个人角色和个人观点创造出可能性。第二步以人口不断增长造成相互竞争为特征，在这一阶段，人类发展出"集体意向性"，这使他们能够通过共享的文化习俗、规范和制度建立起共同的文化基础。因此，演化机制被描述为：生态环境驱使人类进入更合作

图14.7 黑猩猩利用木棍作为采掘觅食工具，以获取原本无法获得的食物来源如蜂蜜（**左**）或白蚁（**右**）。黑猩猩会根据诸如弹性或直径之类的属性来选择工具，并将其调节到合适的长度。照片由大黑猩猩项目的利兰·萨穆尼（Liran Samuni）提供

的生活方式，并促进了处理社会协调问题的适应能力。

在对儿童与非人灵长类动物进行比较的广泛实证研究背景下，托马塞洛确定了在这两个演化步骤中出现的具体认知能力，并将它们分别称为联合意向性和集体意向性。联合意向性的特征在于，人们可以从不同角度对同一情况进行概念化，可以对彼此的意向性状态进行递归推断，也可以根据他人的规范性观点来评估自己的思维。集体意向性则扩展了联合意向性，使这些认知能力包含了一个习俗维度；这些能力现已在一种文化中广泛共享，而不再仅仅属于临时情况。

托马塞洛提到约翰·梅纳德·史密斯（John Maynard Smith）和厄尔什·绍特马里（Eörs Szathmáry）对演化中重大过渡的著名论述，[26] 指出，"人类通过新的合作形式创造了真正的演化新事物，并由新的交流形式支持和扩展……人类已经实现了两次，第二次建立在第一次之上"[27]。对于梅纳德·史密斯和绍特马里来说，重大过渡涉及信息存储和处理方式的改

变。例如，他们自己对语言的演化解释涉及用遗传同化来解释语法结构的起源，本质上是把文化变成生物遗传。这一论点可能与通过重大演化过渡来描述的人类认知演化非常吻合，正如托马塞洛假设的那样。他声称，语言"仅在演化过程的后期才发挥作用……语言是人类独特认知和思维的拱顶石，而不是其地基"[28]。

但是，这一观点并非毫无争议。与他们相反，语言学者斯蒂芬·莱文森及其合作者认为，"可识别的现代语言可能是我们这个物种的一个古老特征，至少早于约50万年前现代人类和尼安德特人的共同祖先"[29]。尽管如此，他们强调，人类进化是一个旷日持久的、网状的过程，涉及基因-文化共同演化的纵向和横向过程，导致了如今所观察到的人类交流系统的多层次调节结构。事实上，人类的交流系统包括手势、面部表情、指向、手语和发音，这些都是集成的多模态交流系统的一部分。[30] 莱文森及其合作者提出，这种多模态系统是演化层叠加的结果，涉及他们所说的"沟通能力的基础设施"。[31]

但是什么样的演化会产生这般的分层结构呢？当我们在协作和交流结构的背景下分析语言的出现时，不同演化步骤的假设与我们的演化方案之间的区别就变得很清楚了。一般而言，交流结构必定是在协作情况下出现的，取决于相关团体的具体结构、规模及随后的挑战。甚至在第一个原始语言交流系统出现之前就肯定已经存在一些合作方面的调节模式，如由视觉和其他物质线索介导的情境动作的协调。[32]

至少在180万年前，在能人（*Homo habilis*）时期，这种调节结构就已经被关于工具使用和传播的共享物质文化所塑造。包括手势、指向、面部表情、手语和（很晚才出现的）发音在内的交流系统最初只能勉强支撑这种调节结构，而不能代表全部的合作可能性。相反，它们可能是作为零星的、特定领域的、高度情境依赖的交流互动开始的，这是对其他调节结构的补充，并从中继承了它们的"含义"。[33]

尽管交流系统在行动者一侧以某些认知能力为前提，如联合注意，但它们也会通过开辟维果茨基"最近发展区"意义上的探索性空间，来影响这些认知能力的发展。[34] 探索性空间之所以存在，恰恰是因为交流系统和作为基础的物质文化一样，构成了调节结构的这样一种外部表征，它们的适用范围通常比其最初目的或应用环境所赋予的更大。最近发展区是指行动者在缺乏帮助的情况下可以自发执行的操作，与行动者在有利环境支持下可以执行的操作之间的差异。这一差异不仅可以在儿童中观察到，而且在被带入人类环境的受同化非人灵长类动物中也可观察到。[35] 在种群演化中，外部表征系统可能为阐述在功能上对应于维果茨基最近发展区的含义提供了条件。因此，对早期交流系统内在潜力的探索可能会引起发展可能性的"自展"（bootstrapping）。

这个自展过程为语言演化的迭代过程打开了可能性。它以社会和认知互动的调节结构与这些互动之外部表征之间的相互作用为基础。自展过程一定源自某种偶然的生态背景，该背景构成了人类社会互动的外部支架，例如有利于集体觅食、狩猎和工具使用的条件。这些最初脆弱的社会互动可能涉及依赖于情境的信号发送，例如通过模仿动作的手势。

图14.8 坎济（Kanzi）是只雄性倭黑猩猩，生于1980年，曾在数种有关大型猿类交流能力的研究中表现突出。在这张2006年的照片中，他使用带有符号的便携式"键盘"与灵长类动物学家休·萨维奇-朗博（Sue Savage-Rumbaugh）进行了交谈。有关坎济的故事，参见 Savage-Rumbaugh and Lewin (1994)。图自维基共享资源

下一步将会是逐步探索和扩展这种依赖于情境的行动配合，包括发现新的可能性，例如手势和发音的仪式化和惯例化，并通过思维和社会互动的外部表征打开经验内部化的可能性。这还将导致符号使用和符号系统化的增强，不仅包括它们与直接使用情境的脱钩，而且还包括与遗传控制的脱钩，而后者是由于文化演化对生物进化的缓冲作用。

关键在于，探索这些新可能性有效地改变了发生社会互动的环境，从而创造出一种新的生态位，其中有对于行动配合本身的反馈——尤其是对于阐明行动目标可能性的反馈，并因此有了分离行动计划和行动执行的可能性。

结果，行动可以在新环境中进行，而且必然伴随着越来越广泛的交流实践，这些交流实践又随着符号系统内部组织程度的提高而获得了系统性特征。仪式化可能在促进这种系统化方面发挥了特殊作用，正如加里·汤姆林森在他对人类语言起源的论述中所指出的："在初期仪式中，与旧石器时代的日常栖居活动模式（taskscape）既相对又有些联系的活动不断迭代，给它带来了一些新东西，即，新兴文化系统的复杂性在仪式形成过程中引起了一个额外的褶皱。"[36] 仪式和习惯性做法之间没有明显的界线：

> 我们可以想象，上一代尼安德特人向下一代传递复杂的技术序列所需的教授方法是一种一对一的注意力分享……涉及熟练的工具制造者和善于观察的新手。如果稍稍扩展一下，我们可以想象一群新手在观察和向工具制造者学习。关于尼安德特人的社会，我们所知的一切都不会让这样的场景变得难以置信。但是，在这个群体场景中，我们已经转移到更高层次的社会组织，也许它与周围的其他活动存在更明显的区别，并且更清楚地标明了老师的特殊地位。进一步的变化——虽然轻微但意义重大——可能会是对集体教学法特殊重要性的微弱认识，其标志是独特的社会实践——例如，用人体彩绘来打扮新手，或是燃烧肉或树叶。现在，文化系统的一个元功能正在形成，随之而来的是仪式这一特殊舞台。[37]

文化系统一旦建立，它就会改变其组成部分的含义，"如果在许多早期人类文化中发现的制珠系统也伴随着其组成部分，如贝壳、牙齿等物以及社会差异的思想和实践，那么在它形成之后，它也强制执行了一种体验这些元素的新方式。贝壳不再只是贝壳，而是潜在的标志物，社会差异现在已与物质实体的特定聚合方式联系起来"[38]。交流和仪式实践的这种扩展和系统化反过来又丰富了行动配合的可能性。最初在一个无关紧要的交流过程中零星的、依赖情境的信号，最终可能被转变为日益自我维持的交流系统中的要素，包括可以在其本地语境之外使用的约定俗成的手势和发音。因此，这些要素不仅从其适用的原始行动情境中获得意义，而且也从它们在新兴交流系统中的作用中获得意义。

这种外部情境内部化的一个直接影响是稳定了脆弱的社会支架，这些支架最初可能高度依赖于偶然的外部条件，例如特定的生态。事实上，稳定性似乎也是其他旧石器时代文化实践的一个标志，例如，典型的勒瓦娄哇（Levallois）式石器打制法在旧石器时代早期到晚期的20多万年中都表现出显著的一致性。[39] 但是，与此同时，技术实践的长期发展显示出操作序列的内部组织和系统化程度会不断提高。这可能是由于前述技术演化的迭代过程。

近期的语言出现

语言的演化很难重建。人类的原始祖先和兄弟姐妹早已灭绝，没有留下任何早期语言形式的记录。因此，在尝试重建人类语言起源的研究人员中，近期历史中新语言的出现特别地引起了他们的兴趣，尤其是在生物学意义上语言的先决条件与文化发展对语言出现的作用之间的关系方面。克里奥尔语和聋人群体中充分发展的手语——前者来自代表有限交流系统的皮钦（pidgin）语言，后者则来自更基本的手势交流形式——是两个突出的例子，这些新语言不是从现有语言的转变中产生的，而是从更基本的组成部分中涌现的。[40]

但是，一方面是语言在系统发育层面的演化，另一方面是语言的个体发育和历史发生,在二者之间比较相似性尚有疑问。后者都发生在由既定的人类语言塑造的环境中,相关的学习过程涉及人类大脑,而人类大脑则进化得更早,以能够理解和产生这种语言。然而,语言从更基本的构成要素中涌现的历史案例可能说明了,在扩展的(文化)演化过程中,先前存在的认知倾向与共享意义和语言结构的社会建构之间存在相互作用。

尼加拉瓜手语在1980年代的出现被认为是一个特别引人注目的案例,它基本上是由聋哑儿童完全靠自己构建的一种语言。朱迪·谢泼德–凯格尔(Judy Shepard-Kegl)是最早注意到这一特殊案例的语言学家之一,她于1986年应尼加拉瓜教育部邀请,作为聋人教育顾问访问了尼加拉瓜。[41] 该案例甚至被解释为,为语言关键结构的先天特性提供了明确证据。当时,尼加拉瓜的识字率很低,尤其是聋哑儿童几乎没有任何机会接受特殊教育。与其他美洲国家不同,尼加拉瓜也没有广泛使用美国手语(American Sign Language)。尽管有这些情况,一群儿童和年轻人显然完全靠自己创造出了手语。这是如何可能的呢?

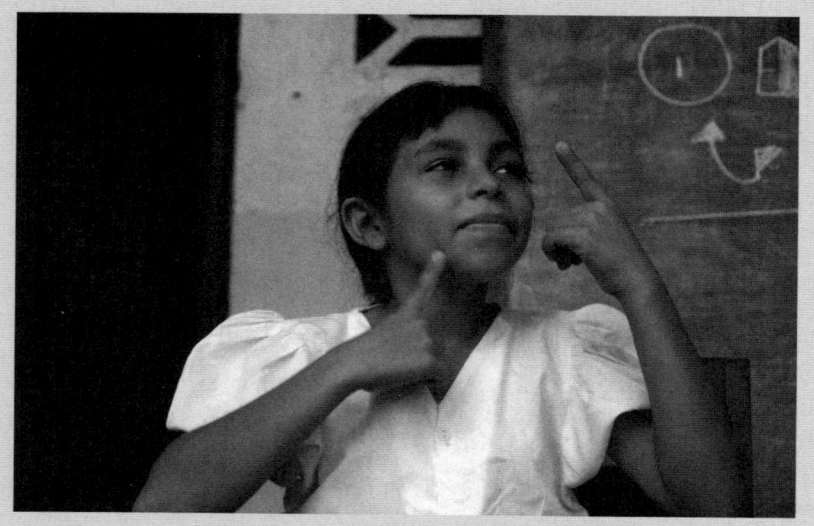

图14.9　一个正在使用尼加拉瓜手语的聋哑女孩,布卢菲尔兹的埃斯奎利塔(Esquelitas de Bluefields),尼加拉瓜马那瓜省(Managua),1999年。玛格南图片社焦点通讯的摄影师苏珊·迈沙拉斯(Susan Meisalas)拍摄

1979年尼加拉瓜大革命期间，索摩查（Somoza）独裁统治被推翻了，聋人教育迎来了新的机会。但是，正规教育侧重于"唇语主义"方法，该方法仅在特定方面（即教授口语的唇读法，以使聋哑儿童融入讲西班牙语的大多数人）是成功的。正如劳拉·波利克（Laura Polich）所说，对聋人群体更有利的是新创造出来的参与正常工作生活的可能性，以及这一少数群体自我组织的机会。[42]

因此，尼加拉瓜的新手语很难被认为是无中生有的创造，或者仅仅是一种预先存在的语言生产生物程序的展开。实际上，其出现背景是这样的：聋人群体不仅可以获得新的经验和文化资源，而且第一次有可能建立一个社群。在此过程中，聋哑儿童的社会地位也发生了变化：不再是羞耻的对象，而是成为社群中具有社会意识的成员。

但是，与一种新语言的涌现有关的认知过程不仅仅是外部环境或受生物性决定的自动化产物。相反，从产生和掌握手语的调节性认知结构发展的意义上说，它们是认知和社会结构的外部化与其外部表征的内部化之间相互作用的结果。这种相互作用发生在随后的表达者组群中。

第一组是1979至1983年在马那瓜的一所学校里聚集起来的学生，他们只使用手势和"家庭符号"（homesign）——聋哑儿童发展出的交流系统，通过指向物体或模仿动作的手势与他们听觉正常的父母交流。由于缺乏同龄人群体中的动态互动，这些交流方式的表达内容相当有限，主要用于适应孤立家庭环境中的交流功能。第二组人在1983年后加入第一组，他们接触到一种尚未完全发展的语言，但这种语言开始代表一种社群成就。两位调查尼加拉瓜手语诞生情况的先驱者安·森格斯（Ann Senghas）和玛丽·科波拉（Marie Coppola）表示："这些最初的资源显然不足以使第一组儿童在进入成年之前稳定地掌握一种完全发展的语言。然而，在他们共同生活的最初几年中，第一组孩子以某种方式对这些资源进行了系统化，将原始手势和家庭符号转化为部分体系化的系统。显然，这项早期工作为第二组孩子继续构建语法提供了足够的原材料。"[43]

要创建能够表达任意内容的成熟语言，一个关键因素显然是需要出现语言使用者的互动社群。尼加拉瓜手语成熟的两个关键方面是：将预先存在的"整体"手势转变成一个综合交流系统的构成部分；以及语言的"语法化"[莫福德（Morford）]，即出现与语言处理的"自动化"有关的系统内部语法属性。[44]

　　这种自动化（更年轻的学习者特别熟练的一种过程）可以被认为是可用语言资源的一种内部化，由语言学习者积累的经验来充实。其中很可能包括青少年语言学习者的特殊作用，他们的经历显然比最初的家庭符号使用者要广，因为他们接触到了新条件下的工作生活，尤其是由青少年职业中心的老师创造出的新条件。[45] 新手语的成熟反过来又影响了其使用者的认知能力，从而影响了，例如，他们的空间认知，正如心理语言学的研究所证明的那样。[46]

　　因此，尼加拉瓜手语的出现可以被看作是一个共同演化过程的结果，包括语言系统及其用户社群的自组织。这一过程并不是在真空中进行的，而是得到了维果茨基所说的最近发展区的支持，它充当了一个对语言、认知和社会发展具有调节功能的生态位。[47] 这一最近发展区由参与其中的教师带来，如格洛丽亚·米内罗（Gloria Minero），[48]她鼓励儿童和年轻人建立自助小组。现成的发达语言（包括手语）在更切近和更广阔这两方面的环境中塑造了文化资源，这也促成了最近发展区的形成。

　　这样一种迭代演化过程可能确实可以解释人类交流的多模态系统的出现，其中现代语言是其顶点。在任何情况下这都是我们演化方案的特征之一，即新的层次不能取代较早的层次，而是在一个越来越广泛的调节结构中与现有层次整合在一起。例如，我们的声音语言仍然伴随着肢体语言这个事实。语言的出现从根本上改变了人类相对于其他物种的地位，因为这大大增强了人类进行合作、行动规划、劳动分工和知识积累的能力，以及因而对环境进行大规模干预的能力。

新石器革命

超大过渡的第二个例子涉及所谓的新石器革命。[49] 植物和动物的驯化通常被认为是人类文化进步中的一个重大飞跃，它使定居、城市化和国家形成能够发生——依此次序发生。但是，这一"进步"的线性序列除了与考古学事实不符（例如，考古学证据表明，定居远早于从驯化的动植物那里获取食物），还存在另一个更深层次的问题：经过仔细考察，从狩猎采集者（或牧民）生存方式到定居农民生存方式的过渡看起来根本不像是进步！狩猎采集者的食物资源要更加多样化，他们的生活是流动的，不会被限制在受传染病困扰的拥挤定居点，也不会被迫整天辛苦劳作，靠流汗生存。正如考古记录所表明的，他们也通常比同时代的农耕者在体格上更高，很可能更健康。[50] 如果这是文明的"进步"，人们可能会想知道，为什么会有人自愿走上这条道路。狩猎采集者的多样化生活常常与"更先进"社会条件下的生活形成对比，甚至被马克思称赞为乌托邦——当然，是在进行适当的修正和补充后：

> 原来，当分工一出现之后，任何人都有自己一定的特殊的活动范围，这个范围是强加于他的，他不能超出这个范围：他是一个猎人、渔夫或牧人，或者是一个批判的批判者，只要他不想失去生活资料，他就始终应该是这样的人。而在共产主义社会里，任何人都没有特殊的活动范围，而是都可以在任何部门内发展，社会调节着整个生产，因而使我有可能随自己的兴趣今天干这事，明天干那事，上午打猎，下午捕鱼，傍晚从事畜牧，晚饭后从事批判，这样就不会使我老是一个猎人、渔夫、牧人或批判者。[51]

实际上，狩猎采集者的流动生活方式是我们人类历史在大部分时候的特征，只是后来才逐渐改变。即使在今天，狩猎采集者的最后传人仍在我们左右，而他们的生态位却在迅速消失。在全球范围内，定居型粮食生产社会很可能仅在近代早期才成为大多数人的主要生存方式。但是，人们最初为什么会放弃狩猎采集呢？他们为什么要先成为农民，然后成为工业化社会中的工人，承担这样的艰辛？这究竟是不可避免的事态发展，还是我们只是在历史的某个时刻走错了路？从扩展演化的角度来分析这一超大过渡可能有助于我们回答这些问题。

首先，人类已经深刻改变其环境，这一事实在根本上无法只是追溯到动植物驯化、固定田地农业和城市化的开端。甚至早在智人出现之前，人类就已经参与了生态位构建。可以断言，生态位构建本身对人类的出现至关重要。有证据表明，至少在距今40万年以前，人类就开始广泛使用火，这一点具有大规模的生态效应，并带有对人类遗传的深刻反馈。但是，火的使用可能可以追溯到更早，甚至直到距今100万年前。人类对火的控制是另一漫长转变过程的结果。人们用火来烧毁森林，这塑造了景观，为人类所需的蘑菇和植物（如草和灌木）腾出了空间。火也可能有助于狩猎。而通过烹饪，火使人类能够将消化过程的一部分外部化，从而用比他们的灵长类亲属小得多的肠道进行消化。[52] 的确，在新石器革命开始时（公元前1万年左右），人类的数量大约只有400万，然而，他们对地球的大规模影响已经开始显露。威廉·拉迪曼（William Ruddiman）谈到了早期农业引起的"早期人类世"；[53] 詹姆斯·斯科特（James Scott）则引入了"薄人类世"的概念，认为人类世在大范围景观管理通过火烧得以实现时就已经开始，后来才出现了"厚人类世"。[54] 在下一章中，我将回到人类世肇始这一问题。

向农业过渡的一个稀奇方面在于，在某些条件下，狩猎采集者的多种生存策略被放弃，转而依赖一小部分农作物和家畜。这是如何发生的？显然，并不是较早阶段必然决定着较晚阶段。从扩展演化而非目的论发展的角度来看，我们看到的是一个高度路径依赖的过程，其中某个阶段提供了可能性的范围，而下一阶段则可能将偶然（例如环境）条件和变化的触发因素转变为新的内部调节机能以及保存自身和进一步发展的必要组成部分。这就是前面"扩展演化"部分中我所说的"内化适应"的本质。

正如可能有许多途径引发早期的交流系统一样，也有许多途径引起了世界不同地区的粮食生产——以及许多其他地方的不进行粮食生产。

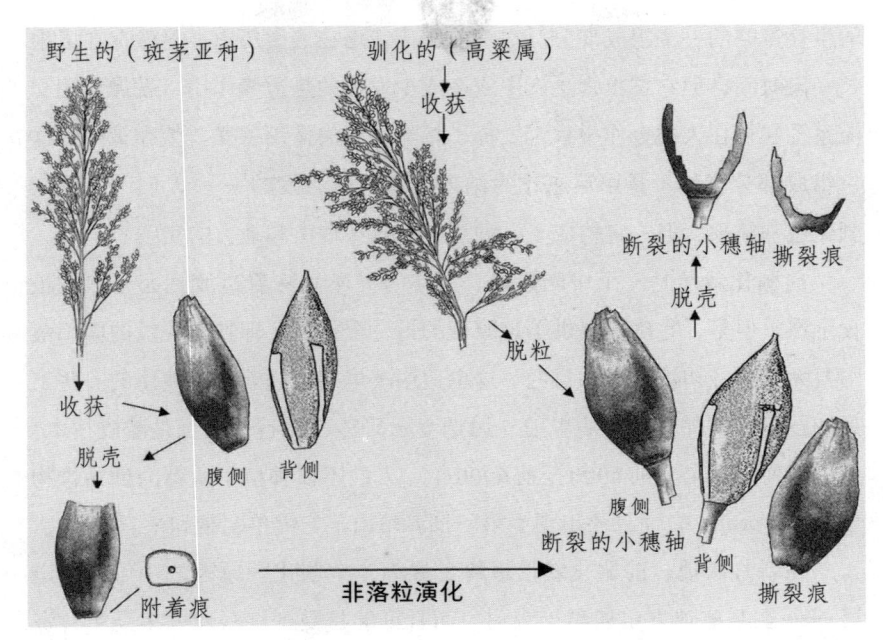

图14.10 从野生高粱到种植高粱的演化。种植农作物的关键特性是降低落粒性（shattering），即种子在作物成熟时散落，这使收割更有效。参见 Winchell, Stevens, Murphy, et al. (2017)。图片由傅稻镰提供

在这里，我主要关注公元前1万年左右新月沃地粮食生产的出现，以及美索不达米亚南部第一批城市的兴起。发达农业是一项涉及大量人力劳动的综合性生存战略。它代表着一种经济体系，某些人类社会通过这种经济体系来促进和调节取自驯化动植物的大部分食物和其他便利事物（例如衣服）的生产。谷物等驯化的植物适应了人类的营养需求，甚至依靠人类干预来繁殖。

但是，人类在开始播种收获的种子之前很久就已经种植了野生的谷物和豆类，如小扁豆、豌豆和鹰嘴豆。[55] 我前面已经提到过早期的交流形式，如原始语言，它们形成了真正语言出现的平台。在第五章中，我讨论过原始书写的作用。我现在将以类似方式讨论这种前驯化栽培（predomestication cultivation）。[56]

与充分发展的农业不同，从控制野生动植物的角度看，前驯化栽培本身并不构成完整的生存策略，而只是狩猎采集者普遍拥有的、更为广泛

的生存策略的一个组成部分。尽管前驯化栽培在人类历史上显然存在了很长一段时间，但它在粮食生产中或多或少发挥的是边缘作用，就像早期交流系统起初在人类合作中肯定发挥了相当边缘的作用一样。生存策略的这一组成部分当然不是由后来作为结果的驯化所激发的——人们不能预知驯化这一结果，但一定构成了一种具有其自身理由和动力的实践。

前驯化栽培是一个中间阶段，其本身并不意味着过渡到完全依赖粮食生产。但是，它确实提供了该原理的另一个示例，即特定手段的应用范围要大于它最初被使用的目的。这也适用于早期植物栽培中使用的一些工具和技术，例如镰刀、脱粒篮、风选盘、研钵、磨石，甚至是灌溉技术。无论如何，在公元前8000至前6000年，人们不仅种植了所谓的创始作物（founder crops），而且还出现了第一批养殖山羊、绵羊、猪和牛。[57]

在新月沃地，前驯化栽培最终发展为完全驯化。原因之一可能是定居——在某些地方定居早于驯化，而且可能是受到这些地方多余粮食资源的鼓励——有利于与当地环境相适应的耕种实践。[58] 鉴于在这些方面的劳力投资会牺牲许多其他的生存策略，这种局部的前驯化栽培可能反过来稳定了定居状态，从而在漫长的驯化道路上制造了考古学家傅稻镰（Dorian Fuller）所谓的"陷阱"。[59]

因此，定居与栽培之间的这种相互加强类似于前语言交流系统的稳定，是由进化系统的外部条件与内部结构之间的共振效应造成的。无论如何，最初都无法保证前驯化栽培一定会导致驯化。只有在某些点上沿着某些轨迹才能达到"临界点"，这些"临界点"又会朝着特定方向推动进一步发展，而其他轨迹则可能会被中止，或停留在中间阶段。因此，偶然的外部环境偶尔会转化为社会形态内部稳定和进一步发展的条件，而驯化过程就在这些社会形态中发生。[60] 就被驯化动植物的进化而言，人类的劳动实践构成了它们所适应的新的生态位。

由于栽培是在广泛的地理区域内进行的网络活动的一部分（而不是像传统认为的那样仅在较小的核心区域内进行），因此，不同定居群体之间的迁徙和交流最终在许多地方促成了栽培品种的多样化和丰富化。[61] 由此产生的栽培的重新情境化可能会有助于将野生物种与栽培物种分开，从而促进了人类定义的动植物种群最终转变为生物学定义的种群的过程。最后，被驯化的农作物不再局限于最初发现其祖先的当地环境，而是传播到其他地区，并最终遍布世界。

新石器时代早期的定居点一定是不稳定的团体，因为其可持续性不仅取决于一系列环境因素，而且还取决于无法立即产生收益的劳动投资。只有在一段时间后，而且只有在条件保持稳定的情况下，收益才会显现出来。新的象征性做法可能提供了支持这些社群的支架，以应对不确定性并增强社会凝聚力，从而将更大的社群维系在一起。[62] 也许正是由于这些象征性做法，大规模的建筑项目才能够完成，即那些远远超出了个人或自发的集体活动能力的项目。就这些建筑项目而言，构想和维持劳动链的能力也为创新性发展创造出条件，如第九章中讨论的砖的发明就是一个例子。

然而，在4000多年的时间里，被驯化动植物的出现并未导致城市和国家的崛起——政治学家詹姆斯·斯科特最近提请大家注意这种显著的延迟。[63] 相反，我们看到的仍然只是分散的景观，人们奉行多种生存策略，但现在其中"稳定、高度可持续的生存经济基于自由生活、管理和完全驯化资源之间的结合"，正如研究驯化的主要理论家之一梅琳达·齐德（Melinda Zeder）所表述的。[64] 这些定居下来的村庄最终构成原材料，在美索不达米亚南部肥沃的冲积平原上，后来的城市和国家由此得以建立。

但是同样的，这一过渡并不必然意味着从一开始就注定不会持久的中间阶段。相反，临时的生态环境，尤其是公元前3500年至前2500年幼发拉底河水位的急剧下降，可能引发了某种变化，为建立城邦创造了条件。[65] 这些情况可能导致人口集中在较小的区域，预示了后来成为"城市环境"的局面，而这些区域周围则是数量有限的耕地，它们现在需要更深入的开发，在某种程度上是通过使用劳动密集型的灌溉技术。到公元前3200年，具有分层社会和再分配经济的乌鲁克（Uruk）城牢固地建立起来。它为发展基于体力和脑力劳动分工的精细管理奠定了基础，并引发了前面各章中讨论过的复杂知识经济。

詹姆斯·斯科特提出，古代国家依赖谷物或大米等特定主食绝非偶然。他认为，这些食品不仅特别适合储存和分配，而且由于容易确定其成熟度和收获时间，还特别适合通过税收和会计进行国家控制。[66] 实际上，监管结构始终与创建和实施它们的物质手段紧密相关。在任何情况下，施加这种监管结构的可能性，塑造社会和生物节律的可能性，以及将二者结合起来的可能性，只是先前驯化阶段的一个意外结果。

但是，在古代国家的背景下，这种控制结构的实施现在已明确地将驯化过程从探索环境生态位的偶然副产品（仅仅是多种生存策略的一个方面）转变为国家进一步发展的必要组成部分。在这种情况下，依赖几种主食农作物和少数几种家畜成为主要的生存策略，这对人类社会及其生态的进一步共同演化产生了巨大影响。早期国家的自我保存依赖于通过强迫来维持劳动力，与狩猎采集者或先前阶段"多边主义者"的广泛生存策略相关的流动性就被排除在外了。

早期城邦的人民不仅从事繁重的劳动，也要遭受接踵而至的身体劳损。城市社会的人口密度达到了新的水平，从而为多种传染病的演变创造了便利；这反过来又产生了巨大影响，不仅是对这些社会的监管结构，而且最终也是对权力和财富的全球分布，正如第十一章中讨论过的那样。此外，这些早期社会的结构很脆弱，总是容易因传染病、人口流失、资源枯竭、战争、迁徙或气候变化而崩溃。在之后的几千年里，国家仍然是其他社会形态汪洋中的孤岛。然而，为什么这些脆弱的、具有强制性的社会关系还是占了上风？这主要是人口增长的问题吗（最初相当缓慢，可能是由于城市环境中的高死亡率，但后来逐渐增长迅速）？詹姆斯·斯科特评论道："根据一项谨慎的估计，公元前1万年的世界人口约为400万。整整5000年之后，在公元前5000年，人口仅上升到500万。这几乎不代表人口爆炸，尽管新石器革命取得了文明的成就：定居和农业。相比之下，在随后的5000年中，世界人口将增长20倍，达到1亿多。"[67]

从长远来看，人口增长肯定起到了重要作用。但是，更笼统地说，我认为第十一章讨论的全球化进程是这一发展背后的驱动力。早期的城市和国家可能是孤岛，但它们往往通过贸易、旅行者、移民或战争联系在一起，即使这些在区域间网络中只构成弱连接。通过人口扩张、移民、贸易网络和征服，通过工具或武器等物质文化沉积物的传播，通过奴隶制或雇佣兵等社会技术的传播，以及通过不可低估的文化抽象的传播，如以货币或宗教和政治概念（神、帝国）为代表的经济价值，社会之间的相互依存性和社会凝聚力在缓慢但不懈地增长。

不管从最初几个孤岛那样的城市或国家中涌现出的物质或精神产物是什么——这些城市和国家具有复杂的知识经济，由体力劳动和脑力劳动之间的分工来实现，这些产物触发了内部全球化和外部全球化之间的反馈回路。如第十一章所述，知识的内部全球化是迭代抽象过程的结果，该过程在经验基础上发生，而经验基础又主要取决于外部全球化的过程。它导致了知识的形式不再受限于特定的地方背景，例如，当地理学以球形的地球模型为基础时，任意两处的天文事件观测就可以在相互关系的前提下被考虑。球形模型的出现取决于外部全球化进程，这种进程首先使人们有可能获得对地球上相当大一部分地区的经验知识。反过来，球形模型通过促进航海，进而促进贸易和征服，又实现了进一步的外部全球化进程。这种地理知识的全球适用性与更本地化的知识形成了鲜明对比，例如，密克罗尼西亚水手的航海知识仅限于赤道附近的地区，正如第十章所讨论的。

全球化之内在过程和外在过程之间反馈回路的广泛性，最终是由于探索不同时间和不同地点出现的可能性视域。因为我们生活在广阔而有限的世界中，所以在人类历史上的大部分时间里，有许多生态位可供不同的地方性发展使用。但是，这些发展不可能永远保持孤立。相反，它们引起了反馈回路，最终导致了从城市化和国家的形成到大型帝国的建立，再到殖民主义和全球资本主义。

但是，这种广泛性不应与进步混为一谈，这不仅是因为该过程是由偶然事件形成的，仍然高度依赖于路径，而且也因为我们无法保证全球化的反馈回路能在事实上帮助我们应对一个有限的世界。因此，我们最终必须面对边界条件，以上动态自我们这个物种诞生以来就在这些边界条件下展开。这就是生活在人类世的关键挑战，我现在将转向这个问题。

粮食生产的出现这一示例，说明了将知识和人类社会其他管理结构的演化纳入一个以人类物质实践为中心的文化演化框架的重要性，也说明了我所称的超大过渡，它从根本上改变了人类在其环境中的地位。从这一角度出发，在下一章中，我将探讨在20世纪初，作为人类生存系统的农业是如何受到科学知识的影响的，这是进入人类世的几种路径之一，也许是超越文化演化的路径。

第十五章

"出全新世记"

> 我发现，就普遍演化而言，我们要使自己摆脱虚荣、短视、偏见和无知，以下列方式思考是非常重要的。我经常听到人们说："我想知道登上太空船会是什么感觉。"答案很简单。它是什么**感觉**？就是我们经历过的一切。我们都是宇航员。我知道这么说或许引起了您的注意，但我确定您不会立即同意并说："是的，没错，我就是一名宇航员。"我敢肯定，您没有真的感觉自己登上了一艘难以置信地真实的太空船——我们的球形太空船地球号。
>
> ——理查德·巴克敏斯特·富勒《地球号太空船操作手册》

> 进步的概念必须以灾难的概念为基础。"现状"**即是**灾难。
>
> ——瓦尔特·本雅明《拱廊计划》，《选集》第4卷

全新世泡泡

科幻小说家曾想象过外星世界，并对外星世界的生活甚至文化感到好奇。设想一下，一个几乎没有任何严格边界的、充盈着水的世界，或者一个没有可见光的世界，或者一个生命基于另一种化学物质的世界。在这种幻想中，我们自然始终以自己的世界为标准。但是，近年来我们了解到，这样的外星世界可能不仅存在，而且其中一些实际上在地球历史中出现过——例如，当氧气对生命来说是有毒的，或整个地球被冰雪覆

盖时。[1] 我们逐渐意识到，在我们自己星球的未来，可能还有更奇怪的世界。[2] 我们只需越过围栏，看看太阳系可居住区域中我们的邻近星球：火星可能曾经温暖湿润过，但现在却是一片荒芜；而我们的姊妹星球金星已经由于失控的温室效应而变成地狱。从外太空看到的地球形象——这个蓝色弹珠在太空时代变得如此具有标志性——也传达了人们对地球的认识，即地球是一个小而脆弱的球体，其资源有限。我们所有人都开始意识到，我们居住的世界是"太空船地球"，它确实是个孤岛，无论在空间上还是在时间上。[3] 人类文明在其中繁荣发展了约12,000年的环境，即全新世，很难永远持续下去。[4]

我们逐渐开始意识到，我们对世界以及我们自身的掌握和理解，在很大程度上取决于全新世偶然和短暂的环境。[5] 例如，它为我们提供了或多或少温和的气候，使我们不至于太难找到住所和食物。简而言之，在全新世有利和相对稳定的条件下，我们能够通过农业和动物驯化等创造来巩固我们在全球范围内的扩张。这些资源以及相对稳定的环境条件有利于技术和基础设施的长期累积性增长和全球性扩散，例如金属加工，或是将木材用作可再生的建筑材料和能源。技术和基础设施的传播得到了陆上和海上远距离迁移的支持，而迁移又以这些资源为基础。后来，全新世的条件促进了对煤炭、天然气和石油等化石资源的获取，以及对它们的开采和运输。

同样，尽管在不同的时代和文化中，我们对世界的看法可能各不相同，但这些看法都深深地被全新世条件以及迄今为止我们用来观察世界的小小窗口所塑造。事实上，从地质学的角度来看，人类的存在是一种新近出现的现象。更近的是我们开始对地球进行科学观测的时间。与此同时，我们已经了解到——例如，从欧洲南极冰芯计划（EPICA）冰穹C冰芯的80万年记录中——地球系统的巨大变化。然而，在人类历史的大部分时间里，更大的自然环境在我们看来是基本稳定的，是人类可以利用的资源——当然，是利用到它的边界条件，还是利用到足够补偿它所占用的世界（无论是牺牲还是效忠），对这一点还存在不同的看法。我们也已经习惯了自己物种的扩张，没有意识到我们曾经并且可能再次成为濒临灭绝的物种。我们理所当然地认为，我们可以根据自己的需要来塑造我们周围的环境，而更大的环境仍然会在那里，也许是未被触及且友好的，也许是陌生而敌对的，或者仅仅只是与我们无关的。或者，正如人类世史学家杰里米·戴维斯（Jeremy Davies）所简洁指出的："全新世很重要，因为它是迄今为止唯一一个有着交响乐团、皮下注射针、月球登陆、性别平等法、各式糕点、小啤酒厂和普选的地质年代——或者，简而言之，就是有着最终让这一切成为可能的农业文明的地质年代。"[6]

正如戴维斯所描述的那样，生活在两个不同世界（全新世和人类世）

图15.1　阿尔弗雷德·魏格纳、约翰内斯·格奥尔基（Johannes Georgi）、弗里茨·勒韦（Fritz Loewe）和恩斯特·佐尔格（Ernst Sorge）组成的德国考察队在1930—1931年前往格陵兰岛考察期间拍摄的照片，图片中格奥尔基正手持一个风速计。约翰内斯·格奥尔基博士的遗物，德国极地研究档案馆提供

的夹缝中，我们遇到了新的问题。在西方资本主义的倡导下，自然作为一种廉价资源的特性被突出，而那些强调在人与环境之间寻求平衡的文化和传统则被边缘化。是否某种特定的社会组织和对自然的利用要对破坏全新世的稳定条件负责？不同的社会组织方式可否阻止这种破坏？与人类进步有关的某些观点和价值观，例如个人自由、正义和民主，是否取决于我们对待和构想自然以及我们自身的方式？它们是否特别取决于开采化石资源所产生的丰富能源？可持续发展是否需要不同的理想、价值观和自我调节过程——尤其是放弃人类的特权？这个星球究竟能承载多少人，在何种生活条件下？不管这些问题听起来有多激进，它们仍然预设了作为人类的我们有选择权，并且最终（如果我们"振作起来"）可能成为地球系统——我们的栖息地——的原动力，或至少是和平租户。

也许不是。到目前为止，我们在很大程度上忽略了我们的栖息地是一个高度耦合的非线性系统，其过去经历了戏剧性的不同阶段，其间的过渡阶段也同样戏剧性。[7] 这些系统不会有规律地运行，而是在外部力量（例如人为干预）的影响下表现出混乱的动态。地球系统的变化在不同时间尺度上延伸，甚至包括那种重大过渡，其所用时间比广为人知的冰期/间冰期循环更短。例如，考虑一下撒哈拉在不到1万年前才变成沙漠这一事实。[8]

地球系统的特征是有无数的耦合和反馈回路，直到最近我们才知道这一点。[9] 陆地和海洋生物圈不仅通过水和碳循环而耦合，而且还通过产生、运输和沉积尘埃而耦合。当气候变得更加凉爽和干燥时，植被减少，这加强了贫瘠土壤中含铁尘埃的扩散。含铁尘埃通过气流输送至海洋，成为浮游植物的肥料，这又增加了对大气中二氧化碳的吸收。这种吸收反过来又使气候变得更加干燥和凉爽，从而形成了正反馈链。

在全新世期间，水循环、碳循环和所有其他耦合恰好使我们的环境和气候保持相对稳定，但它们现在受到了人类干预的巨大影响。随着我们的不断发现，在地球系统更大、更戏剧性的历史背景下，现在变得很清楚的是，我们不能认为我们一直生活于其中的"全新世泡泡"（Holocene bubble）舒适区是理所当然的。事实证明，它可能没有我们所假设的那么可靠。

人类世始于何时？

我们已经进入人类世了吗？[10] 它是何时开始的/将于何时开始？这是典型的"起源问题"。自古以来，这类问题就与罪责问题联系在一起。从这个角度来看，从全新世到人类世的过渡相当于被逐出伊甸园。但是谁应该负责？可能的罪魁祸首显然是采掘型经济、对自然的剥削性观念和资本主义，但也包括现代科学和技术，以及——为什么不可能？——也许甚至是文化演化本身。

然而，重要的是要记住，人类世（带着它所有的煽动性影响）首先是一个描述性概念，一个尚存争议的地质学专业术语（terminus technicus）。[11] 人类世作为地球历史的一个阶段究竟始于何时，这是一个专门的地质学问题，与该学科用于建立其时间分类方案的特征工具、标准和规范有关。因此，该概念缺乏解释力，没有告知人们当前这种从全新世出走背后的驱动力是什么，也没有告诉我们这些力量如何运作和发挥作用。人类如何成了地质力量，这已经成为单独依靠地球科学无法回答的问题。

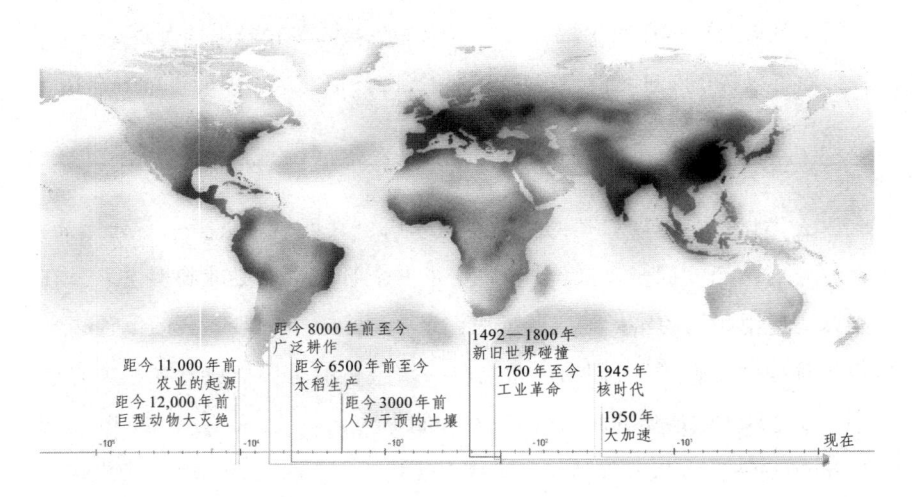

图15.2 用时间轴表示关于人类世开端的一些提议。克里斯·雷兹尼奇（Chris Reznich）作图

人类世的肇始：融合历史和地理历史时间景象

从地质学角度来看，通过"坚如磐石"的地层证据获得关于人类世起点的精确年代至关重要。目前，最有希望的提议关注的是20世纪中叶，它将原子时代开始时的钚信号与1950年左右开始的"大加速"结合起来。[12] 但是，这并不意味着较早的历史事件——甚至更慢的累积性过程——对于理解向这个新纪元的过渡不重要。

有很多迹象表明，人类世的到来是不同步的。例如，土壤圈（地球的最外层，由土壤组成）的变化是人类对全球环境影响的一个关键指标。作为固相地层的边界，它标志了人类改造的地面和自然地质沉积物之间的分界，但通常是以扩散、渐变或混合的形式。[13]

其次，历史和地质时代交织的视角不止一种。一个例子是工业革命期间化石燃料使用的增加，这导致了在较大地质时间跨度上积累的能源的快速消耗。另一个是所谓的第六次大灭绝，指的是目前正在发生的生物物种的大规模灭绝。至少自晚更新世（Late Pleistocene）以来，随着大型哺乳动物的灭绝，因人类而造成的生物多样性减少就一直在发生，而这在整个全新世时期还在继续。一些科学家认为，目前的物种灭绝速率比整个地质时期的正常本底速率要高出几个数量级，从而可以将正在进行的灭绝与地球历史上其他五次主要的灭绝事件相提并论。[14]

人类世作为地球科学的一个专业术语，其评估取决于一系列标准：最好是有一个"同步基底"，它规定了一个时间，或更准确地说，是在全球各地都相同的年代地层；沉积记录中界定这一同步基底的位置——也被称为"金钉子"，因为通常会将一块金色的金属板放置在相关岩层中，即全球界线层型剖面和点位（Global Boundary Stratotype Section and Point 或 GSSP）；以及在地层等级体系（代、纪、世、期）中一个指定的地质年代。[15] 更具体地说，金钉子指的是一个物质参考点，它定义了地质年代中一个期的下边界。

正如地质学家扬·扎拉谢维奇及其同事所建议的，进入核时代（以1945年7月16日在新墨西哥州引爆"三位一体"A型炸弹为信号）可以用来标志人类世的开始，因为有来自人造放射性核素的地层证据，也有来自全球工业化的沉积物，如粉煤灰、混凝土和塑料的地层证据。这一独特事件堪比陨石撞击，后者导致了恐龙的灭绝并标志着中生代的终结。[16]

关于人类世的开端，专家们已经有了一些提议。某些提议认为，人类世开始于对地球环境造成大规模影响的最早人类干预措施，一个例子是原始人对火的掌握。另一个提议则指向晚更新世时发生的巨型动物的大灭绝，距今大约有1.3万年。大约在这一时期，大多数大陆上都出现了史无前例的巨型动物大灭绝，这可能是气候变化、人类对大型哺乳动物的猎杀，或人类存在导致的其他更间接影响的综合结果。[17]

另一个提议也主张人类世在很早就开始了，它提到了距今1.2万到8000年前的定居社会兴起和新石器革命，以及其对动物、植被和土壤的长期影响。根据威廉·拉迪曼的说法，前工业化时期的农民通过清除欧亚大陆上的森林，实际上推迟了下一个冰期的到来。[18] 布鲁斯·史密斯（Bruce Smith）和梅琳达·齐德指出过驯化在地球生态系统的巨大变化中起到的作用。根据这一观点，全新世和人类世是同时代的。[19]

如上一章所述，新石器革命过程漫长，长达数千年，其间地表景观发生了变化，驯化动植物的基因库也发生了变化。粮食生产导致人口规模增加并诱发了迁徙，迁徙又通过全球化效应传播了新技术，正如第十一章中所讨论的。所谓的早期人类世假说（Early Anthropocene Hypothesis）认为，农业实践的集约化和全球化对陆地生态系统和全球气候产生了深远影响。

新石器时代以及后来的青铜时代和铁器时代在考古和地质记录中留下了许多痕迹，包括在冰川中留下的使用木炭冶炼金属的痕迹，以及中全新世时期（Middle Holocene，距今7000到5000年前）温室气体增加的迹象。[20] 在后来的历史时期，许多陆地表面都由人类改造后的土壤构成。这种地球土壤圈的变化也被提议为人类世开始的标志。[21]

在第十一章中，我讨论过由于哥伦布转变而导致的、旧世界和新世

408　人类知识演化史

图 15.3　J. 罗伯特·奥本海默（J. Robert Oppenheimer，左）和莱斯利·R. 格罗夫斯（Leslie R. Groves）在原子弹爆炸后参观位于新墨西哥州"三位一体"试验场（Trinity site）的试验塔遗迹，1945年。美国陆军工程兵团少将莱斯利·R. 格罗夫斯在1942至1946年指挥过曼哈顿计划。核物理学家J. 罗伯特·奥本海默则是设计实际炸弹的洛斯阿拉莫斯实验室的负责人。图自美国陆军工程兵团

界之间的生态系统碰撞对全球造成的巨大影响。人们正在讨论近代早期的生态系统全球化以及接踵而至的人口、经济和政治变化，这些被认为是通向人类世道路上的另一个里程碑。[22]

另一项提议指出，工业革命以及18世纪后期工业资本主义的兴起是至关重要的转折点，当时，某些作为人类世指标的地质信号首次出现。这

一提议最初是由人类世概念的倡议者，克鲁岑和斯托默所支持的。克鲁岑后来修改了这个观点。在与环境历史学家约翰·麦克尼尔（John McNeill）和地球系统科学家威尔·斯特芬的合作下，克鲁岑提出了一个更为持久的过程，指出大气中的二氧化碳含量是进入人类世进程中唯一最重要的指标。[23] 这一进程的其他指标包括农业对地表景观的大规模改造，城市化和能源消耗的大规模增长，尤其是1800至1850年英国化石燃料行业的发展及其对大气的影响。

就化石燃料行业而言，技术和社会经济加速发展的驱动因素众所周知。早期的工业化主要基于棉纺产业，这成为工业化资本主义的平台和模式。詹姆斯·瓦特等人于18世纪后期开始发展的蒸汽机等技术创新，煤和铁的大规模开采、生产和使用，这两者相互促进，形成了一种可以称为"资源耦合"的模式。广泛的采矿和煤炭使用可以追溯到中世纪。在英国，由于煤炭资源接近地表，且可以通过运河和沿海路线便利地运输，广泛采矿和煤炭使用尤为突出。[24] 由于特定的技术挑战，例如需要使用机械泵将水从较深的矿坑中排出，英国的煤矿发展出一个单独的地方性生态位，其中出现一种（成为工业革命之特点的）反馈机制，可以将化石燃料的使用与基于钢铁的进一步机械化相结合。这一反馈机制之后也从这里传播开来。

正如经济史学家爱德华·安东尼·里格利（Edward Anthony Wrigley）所写的那样：

> 煤炭作为一种热能来源得到了非常广泛的使用。它克服了依赖木材提供热能所固有的瓶颈。但是，在工业与运输领域，如果在依靠人或动物肌肉来提供动力方面并没有类似地因为机械能而实现突破，则能源问题将继续阻碍人力生产率的提高。矿井排水问题与可靠的蒸汽机研发之间存在着密切的联系……
>
> 此外，由于萨弗里（Savery）和纽科门（Newcomen）发动机的煤炭利用效率都非常低，因此只有在煤价很低的情况下，早期的发动机才能投入经济性使用。只有很小一部分潜在能量得到了利用。

鉴于所涉及的运输成本，在远离煤田的地方，给此类发动机提供运转它们所需规模的煤炭将会得不偿失。然而在矿坑附近，由于煤炭在生产地被消耗掉，即使是非常低效的燃煤发动机也可以使用……

当然，没有煤矿开采及其排水问题这一特殊背景也有可能研发出有效的蒸汽机，但是在英国工业革命中，很明显的是，在煤矿开采所遇到的问题与发现一种令人满意的解决方案——即以更大规模和更低成本提供机械能——之间，存在着密切的联系。[25]

19世纪中叶出现了新的冶铁技术，这使金属能够被用在众多产品中，尤其是在耐火机械的制造中——这是进一步发展蒸汽机和后来的燃煤蒸汽机车的关键条件。

煤炭的使用带来了钢铁产量的增加，而钢铁生产又扩大了铁路网络，从而促进了煤炭的运输，并增加了对铁的需求和生产。由于这种相互促进，首先是欧洲，然后是许多其他地区的经济和社会结构发生了深刻变化，均势局面变得有利于工业化国家——这种情况又以直接和间接的方式促进了进一步的工业化。[26] 工业化还带来了重大的环境变化，包括大气中二氧化碳浓度的大幅增加。与工业资本主义相伴而来的，还有公众对这些变化及其破坏性社会后果的意识，从一开始就是如此。[27]

自20世纪初以来，人类引入工业化生产的化学物质，改变了地球系统的循环。例子包括人类通过哈伯-博施法大量生产的活性氮（将于本章稍后讨论），以及用作制冷剂、推进剂和溶剂的氯氟烃和其他卤烃（这也是我稍后要谈的主题）。

关于人类世开始的另一提议，同时也是一个得到诸多支持的提议，就是第二次世界大战后开始的所谓"大加速"，它与前述人工核材料的出现有关，为一个新的地质时代提供了最明确的地层信号。这一时间点的特征是地球系统的许多参数急剧上升，可以用类似曲棍球棒的曲线来表示，该曲线代表地球系统参数和社会经济增长参数从线性增长过渡到指数增长。例如，国民生产总值的增长，化肥使用的增加，石油或水等资源的加速消耗，以及国际旅游业的快速发展。[28] 显然，无论实际动态的细节如

图15.4 在西弗吉尼亚州（West Virginia）的布朗矿（Brown Mine）工作的年轻矿工，1908年。图自美国国家档案馆

何，如果没有之前的第一次和第二次工业革命所产生的自我强化过程，大加速是无法想象的。

驱使我们进入人类世的动力与人口增长密切相关，自20世纪上半叶以来，人口已增加了1倍以上。人口增长与资源和（尤其是）能源消耗、农业和粮食生产、工业发展、运输以及商业等方面的急剧增长相耦合。[29] 地球系统参数的变化，例如温室气体的增加，与这些社会经济参数的变化密切相关。地球系统和人类社会的全球动态显然是联系在一起的，例如，越来越多的人口必然需要通过农业集约化来养活，这反过来又需要更多的能源和肥料。进入人类世是一个动态的现象，它涉及反馈回路，可以将人类社会的增长与进一步促进该增长的环境变化相挂钩——至少在达到环境安全界限之前。[30] "环境安全界限"由约翰·罗克斯特伦（Johan Rockström）和威尔·斯特芬（Will Steffen）提出，指的是地球某些子系统（例如氮循环或生物多样性整体）的阈值或临界点，超过这些阈值就有可能发生突然和不可逆转的环境变化。[31] 在人类世时代，环境安全界限是地球系统和全球人类社会研究之间边界问题中的一个典型概念。如第十章所述，对这种增长界限的讨论至少可以追溯到1950年代，并在1970年代达到高潮，在从费尔菲尔德·奥斯本（Fairfield Osborn）《我们被劫掠的星球》(Our Plundered Planet, 1948) 到著名的1972年罗马俱乐部报告的这些文本中就能体会。近年来，人们逐渐意识到地球是复杂而动态的系统，随着这种意识，这一问题才重新浮出水面。网络分析也很重要。[32] 鉴于人类世所代表的情况在地球历史上独一无二，我们必须采用一种预防性原则，其中既考虑到人类-地球耦合系统的日益复杂性，又考虑到有可能出现不可预测的波动并对人类造成毁灭性的后果。[33] 如果我们想保留至少一些全新世的舒适条件，我们可能就必须运用兰佩杜萨（Lampedusa）的"豹"辩证法，但不要把这种舒适条件局限于特权阶层，"如果我们想让事情保持原样，事情就必须改变"[34]。

回顾前面讨论过的知识经济，我们可以认识到，人类社会与地球系统的动态耦合不仅依赖于知识的生产，也会反过来增强知识生产的重要性。[35] 几千年来，科学知识最终成为经济增长的重要组成部分；现在，应对其后果变得越来越重要。在晚更新世和全新世，全球规模的实质性人为变化显然已经成为它们的特征，不仅包括新石器时代大型哺乳动物的灭绝，还包括科学革命和工业革命时期的城市化。人类世的特征则是需要积极防止地球系统越过环境安全界限。这种需要的出现与前述演化过程的级联密切相关。正如文化演化在成为人类生活的基本条件（conditio humana）之前就已经开始作为生物进化的附带表现一样，认知演化，即人类社会对产生科学的知识经济的日益依赖，在很长一段时间内无非是文化演化的外围部分。但随着人类世的出现，人类文化的生存将取决于认知的演化。[36]

无论是认知演化的开始，还是人类世的肇始，我们都无法轻易将其开始的时间确定到某一天、归结为某个特定原因或起源。从这个角度来看，主要问题不是什么事物或哪些人导致了人类世，而是人类该如何在人类世中与之共存。上面提出的每个可能起源都抓住了长期历史性发展的某些重要方面,这些长期发展驱使我们和我们居住的地球进入此新阶段。毫无疑问,权力、暴力、剥削和压迫等事关重大。在考察历史的阴暗面时,我们确实看到并非所有的猫都是灰的。我们能够很容易地区分出压迫者和被压迫者。[37] 但是,查明原因和罪魁祸首并不一定能让我们更好地预测哪些解决方案可以应对人类世挑战。我们不能简单地从知识的发展中脱身或为自己开脱,但我们可以尝试更好地理解它,包括把我们带到当下处境的详细路径,以及我们将从哪里被推向未来。

氮史话

要想了解推动我们进入人类世的动力,我们就必须探索那些历史路径,它们使地球系统的某些参数对人类社会的依赖性日益增加。人类世的标志之一是地球系统周期与人类活动的耦合。这种耦合使这些周期越来越依赖于人类干预和管理,因而也更加依赖于人类的知识,尤其是科学知识。

例如,考虑一下氮的生物地球化学循环,它对地球上的生命至关重要,并被现代的工业化农业和其他干预措施深刻地改变着。通过种植豆科植物,燃烧化石燃料,尤其是借助所谓的哈伯-博施法生产化肥,全球活性氮产量已经翻了一番。哈伯-博施法的命名是为了表彰弗里茨·哈伯(Fritz Haber)和卡尔·博施(Carl Bosch)的工作在氨合成的基础性科学和技术见解方面的贡献。[38]

20世纪初,农业产业养活世界人口的能力(在19世纪已经显著增长)主要取决于由智利硝石制成的天然氮肥。这种来自南美的硝酸钠数量有限,此外,依赖于单一来源也使氮肥供应很不稳定。随着合成氨生产的出现,情况发生了巨大改变。庞大的人口规模是人类世的决定性条件,而提供足够食物来维持当前世界人口的能力,现在则取决于化肥的工业化生产。

我想更详细地考察这一案例,不仅因为其本身的重要性,还因为它说明了我们的框架如何能够有助于理解进入人类世的历史路径。正如我们将要了解到的，该案例用到了前面各章所讨论的概念，诸如实践知识和理论知识的相互作用、挑战性对象，以及边界问题。

乍看之下，由氮元素（N）和氢元素（H）合成氨（NH_3）似乎只是解决了一个很简单的化学问题，类似于由氧元素和氢元素合成水。这个问题在19世纪初就已为人所知，但是直到一个多世纪之后的1904至1910年，人们才找到大规模工业形式的解决方案。

氨合成似乎只是一个化学上的胜利，它对农业产生的是意料之外的影响。但事实证明，如果没有实践知识、农业观察以及对肥料整体——特别是氮和氮循环——作用的理解，就不会有基本的化学见解。在19世纪，农业就是蓬勃发展的化学科学的一个重要研究领域。考虑到农业的关键经济作用和现代科学的前史（即它与实际问题的密切联系），这一点不足为奇。然而，正如英国经济学家托马斯·罗伯特·马尔萨斯（Thomas Robert Malthus，1766—1834）在19世纪初对养活不断增长的人口发出的警告，我们也能够察觉到一丝绝望。工业化和农业生产的持续优化能够在

图15.5 这是1915年的一张德国明信片，它展示了肥料对农作物的影响。下方文字："谁不将肥料大量撒入地球的褶皱中，就会生产出豌豆大小的马铃薯。因此，如果您想用马铃薯巨人装满麻袋，请使用硫酸铵作为肥料。"图自本书作者

19世纪结束之前化解这一威胁。

农业,特别是化肥的作用,最终成为化学研究的一个挑战性对象。这项研究的先驱之一是生于1803年的尤斯图斯·冯·李比希(Justus von Liebig,1803—1873)。他创建了一所影响了几代化学家的学校,深深影响了化学领域的教育。1840年,他出版过一本书,简称为《农业化学》(*Agricultural Chemistry*)。[39] 李比希为理解农业做出了重要贡献,这对后来的农业实践也产生了影响。他借助科学解决营养和公共卫生问题,不仅是一名大学教授,还是一名将科学与技术创新项目相结合的化学家。

他声称,只有补充因收割农作物而被去除的矿物营养,才能保持农田的肥力。他还提出了"最小因子定律",该定律表明,当耕地中的某种特定元素或化合物数量有限时,添加其他矿物质对该土地上的农作物生长没有影响。但李比希并没有想到氨也可以发挥这种关键的限制作用——他认为氨只能促进植物对其他营养物质的吸收。

李比希还引入了元素循环概念。他特别分析了氮循环,从而确定了重要的化学和生物化学问题。事实证明,空气中的氮是惰性的,当氮被植物吸收时,就会出现另一种化学形式。换句话说,大气中的氮(N_2)被转化为一种尚不清楚的形式,通过降水进入土壤。在那里,它被植物吸收。这些氮随后通过未知机制重新以N_2的形式进入大气。尽管李比希正确地声称氨以某种方式参与了氮循环,但他低估了其重要性。在人们最终了解到NH_3的关键作用之前,还需要进行进一步研究。

氮循环提出了关于固氮,特别是关于氨合成的基本问题:自然界能够做到而化学尚无法模拟出的氮转化机制究竟是哪些呢?人们最终才弄清楚,原来农作物需要固定氮,即需要使氮气的两个氮原子之间的三键断裂并使氮原子与其他元素结合,氨(NH_3)和智利硝石($NaNO_3$)均是如此。事实证明,细菌负责将土壤中的固定氮转化回双原子N_2。有了这些见解,完整的氮循环就可以理解了。

了解氨在农业中发挥的关键作用具有深远的经济和技术影响。它也影响了化学这一科学领域。19世纪中叶,固定氮的主要来源是智利的硝石和秘鲁的鸟粪(海鸟排泄物)。在亚历山大·冯·洪堡使这个问题在欧洲广为人知之后，在李比希阐述了化学肥料的重要性之后，约在19世纪中叶，商业进口开始了。

根据环境历史学家格雷戈里·库什曼（Gregory Cushman）的说法，1820至1914年是人类世开始的关键时期，他称这一时期为一个新的"肥力制度"（fertility regime）。在新兴的全球资本主义经济背景下，西方社会乃至全人类开始依赖对氮和磷等物质的工业开发，二者都是肥料中的关键成分。[40] 19世纪末，南美固定氮的供给限度变成了社会经济进一步发展的瓶颈。找到替代品成为政治、经济、科学和技术上的挑战。1898年，化学家威廉·克鲁克斯（William Crookes）向英国科学促进会发表演讲时表达出一种忧患意识，认为文明国家正在面临食物生产数量不足的危险，并指出固定大气氮是一个很有希望的解决方案。[41] 因此，随着对氮肥的需求增加，直接合成氨的神秘过程开始受到关注。

氨的合成立即成为经济和科学上的共同挑战——正如我们所看到的，这种耦合不可避免地刺激了进一步发展。氨合成法被确定为挑战性问题，由此开始的资源转化显然不是单个独创性突破的结果，而是一个综合性过程的一部分，该过程最终增强了人类对科学的依赖，同时加强了科学、技术、工业、农业之间的联姻。

但是，提出问题和解决问题是两码事。认识到氨合成的经济紧迫性并不意味着化学的发展实际上已经能够应对这一挑战。解决氨合成问题的方法是作为一长串实证研究中的一个环节出现的，并且还以热力学和物理化学的新理论视角为前提。而这种理论视角又是由19世纪化学日益增长的工业相关性所形成的。[42]

结果，理解支配化学反应的物理参数越来越具有实际意义和经济意义。化学反应被视为化学和物理学之间的边界问题，因为人们发现，化学反应在定量方面非常精确地依赖于一些热力学参数，如温度和压力。就像地图上的纬线和经线一样，热力学也形成了一个紧密的网格，科学家可以通过该网格，找到反应沿特定方向进行并以特定效率发生的点。这种对化学反应的新理解开创了化学的新时代。

正是在这种背景下，由元素合成氨的可能性在理论上得到证实。在

图15.6　1930年左右，弗里茨·哈伯抽着雪茄，在威廉皇帝研究院物理化学和电化学研究所（Kaiser Wilhelm Institute for Physical Chemistry and Electrochemistry）的实验室里与拉迪斯劳斯·法尔卡斯（Ladislaus Farkas）在一起。照片由柏林达勒姆的马普学会档案馆提供

19世纪末20世纪初，威廉·奥斯特瓦尔德（Wilhelm Ostwald）、瓦尔特·能斯脱（Walter Nernst）和弗里茨·哈伯等著名物理化学家对这一问题进行了研究。哈伯在1908年的最终突破为他赢得了诺贝尔奖，这一突破后来也由卡尔·博施和阿尔温·米塔施（Alwin Mittasch）在工业上进行了实施，这些都是合作努力的成果。然而，这些成功绝不是其前提的必然结果。[43]

特别值得一提的是，在技术上实施由哈伯证明了原理的氨合成，其关键取决于（用以提高反应速率的）催化剂的识别和经济可行性。由于人们对催化剂在化学反应中的确切作用了解有限，因此无法事先保证能够真正找到一种合适且价格合理的物质。为找到合适的催化剂，德国巴登苯胺苏打厂（Badische Anilin-und-Soda-Fabrik, BASF）在工业上做出了很大努力，进行了一项测试数千种化合物的庞大实验项目。

即使在技术上和工业上都成功实施了"哈伯-博施法"，即高压下合

图 15.7 1917年4月28日，第一批液氨罐离开位于德国洛伊纳的工厂。反映时代的"Glück auf！"（祝您好运！）和"Franzosen-Tod！"（让法国人去死！）被用粉笔写在车皮的侧面。I 525, FS Nr. G 786, 萨克森-安哈尔特州档案馆提供

成氨的工艺，其经济影响以及在为日益增长的世界人口提供人造肥料中的作用仍是不确定的。但是，哈伯-博施法迅速成了全球氮循环的人为驱动因素，这一点很大程度上是由于外部事件的推动，即第一次世界大战的爆发，它在进入人类世的道路上留下了自己的印记。

一战爆发时，氮市场陷入一片混乱。同盟国突然无法继续获得南美的氮源，它们的唯一选择是提高工业能力。德国建立了巨大的氨生产设施。氨合成被推到了工业的最前沿，用来生产马克斯·冯·劳厄（Max von Laue）所说的"来自大气的面包"[44]以及军用炸药的组成部分。德国很快从氮进口国变成净出口国。哈伯的传记作者玛吉特·佐洛西-扬泽（Margit Szöllösi-Janze）这样描述德国氮工业的尴尬处境——"输掉了战争，但取得了进展"（Losing the war but gaining ground）[45]。

第一次世界大战建立了某种反馈机制，即新的化学技术帮助延长了战争冲突，而战争又促进了新技术之工业基础的扩展。因此，上述科学、技术和工业之间的联姻得到巩固，并对战后的进一步工业发展产生了重要影响。通过这种反馈回路，氨的合成成为一项带来矛盾性全球后果的科学

发现：如果没有这一成就，世界上很大一部分人口将无法生存，但这一成就也影响了生物圈，增加了它对人类干预的依赖性。

考虑到哈伯-博施法的工业实施所需的能源，整个农业系统从一个主要在植物中积累太阳能的系统转变为一个使用化石能源的子系统。世界各地过度施肥的农田再也无法吸收更多的硝酸盐补剂。沿海地区、海洋和湖泊出现富营养化（溶解的营养物质使水体富集，导致藻类大量生长和含氧量低），没有动物生命的区域越来越多。[46] 发电厂和汽车进一步排放了大量的氨。处理人为改变氮循环的环境后果需要政治和经济措施来解决这些非故意的后果，这些措施必须依靠进一步的科学知识。

因此，氮的案例表明，创造科学知识可能对地球系统以及更大的物质和认知经济产生不可逆转的后果。如果我们将基因工程的可能性纳入我们对工业化农业的讨论中，那么这种变化的戏剧性后果可能会更加明显。在播种和收获这个古老的循环中，所涉及的知识曾经是公开的。但随着种子成为基因工程的产物，农业生产越来越依赖于市场经济下的私有化知识。农民失去了自己植物的种子，并越来越多地被迫从种子供应商那里购买种子，而这些供应商是一个日益集中产业的一部分。转基因作物将解决贫困、饥饿和气候变化问题的希望迄今尚未实现，更不用说新技术对可持续知识经济的意外后果。[47]

意外后果的威胁

这些后果之中有些很有问题，但在短时间内可能不会对整个物种造成致命威胁。然而，其他一些更引人注目的例子表明，我们需要通过利用新科学知识的政治干预来迅速应对非故意的后果。其中一个例子是科学史学家分析过的大加速时期的一个事件：大气中的臭氧空洞。[48] 臭氧空洞是工业发展，尤其是广泛使用氯氟烃的意外结果。如果没有相关科学家的干预——相关科学家们利用新获得的大气化学知识来警示公众，并引发迅速的政治和经济措施来预防灾难，这可能已经成为整个生物圈的致命威胁。

自19世纪末以来，科学家们就知道高层大气中存在臭氧。后来人们又清楚地认识到，臭氧层在保护地球免受紫外线辐射方面起着重要作用，而紫外线辐射对地球表面的生命有潜在危险。自1930年代以来，氯氟烃（或称CFCs）被用来满足日益增长的商业制冷需求，并被用作溶剂、发泡剂和喷雾罐中的推进剂。这似乎是合理的：氯氟烃无毒且不发生反应。但是后来，人们发现它们在平流层中积聚，通过一系列化学反应造成保护性臭氧层的消耗，因此对地球上的生命有潜在的灾难性后果。对这种危险的认识导致了1987年《蒙特利尔议定书》（Montreal Protocol on Substances that Deplete the Ozone Layer）中对氟氯烃使用的禁令。[49]

这样的事实描述倾向于淡化这一事件的戏剧性特征，它实际上是工业发展的动态，能够应对意外后果的知识生产，以及实施这一知识的政治措施之间的激烈竞争。人为干预对臭氧层的潜在影响最早在1960年代得到讨论，当时的讨论与超音速运输建议中的高空飞行影响有关。对这种潜在危险的认识提高了关于科学技术进步之全球影响的公众意识。无论如何，通过将细节性的化学研究和对地球系统的研究相结合，人们进一步揭示了氟氯烃的使用与南极上空臭氧空洞扩大之间的联系。

保罗·克鲁岑是最早思考氮氧化物在臭氧消耗中作用的人之一。在1970年，他证明了氮氧化物可以加快臭氧含量的损耗。在含氮化合物的研究方面，哈罗德·约翰斯顿（Harold Johnston）于1971年提出了喷气发动机副产品对臭氧层构成威胁的问题，从而激发了对平流层研究的大量投资。尽管很快发现超音速运输在经济上不可行，但美国宇航局的航天飞机也面临着类似的问题。[50]

第一个转折出现在1974年，当时马里奥·莫利纳（Mario Molina）和舍伍德·罗兰（Sherwood Rowland）在《自然》（Nature）杂志上发表了一篇文章，指出了这一事实，即广泛使用的氯氟烃正在向平流层释放出大量的一氧化氯。[51] 针对这些发现的政治反应相当迅速。1975年1月，福特政府成立了一个特别行动小组，该工作组邀请了美国国家科学院进行评估。他们的活动不断受到行业运动的挑战。1976年9月，美国国家科学院在更多研究的基础上得出结论，氟氯烃确实会消耗臭氧。仅仅2年之后，对推进剂使用的禁令开始生效。同时，消费者也已经大大减少了基于氟氯烃的推进剂的使用。

真正的冲击发生在1985年。根据1970年代掌握的知识，臭氧消耗应是相对较少的，渐进的，并发生在赤道附近。然而，到1980年代中期，英国在南极的调查结果表明，南极上空实际上发生了更多消耗，即臭名昭著的臭氧空洞。这些发现很快被美国的卫星数据以及对南极的进一步考察所证实。1980年代末进行的航空南极臭氧实验获得了新的数据，为氟氯烃的作用提供了进一步线索。

这一发现不仅构成了大气化学的挑战性对象（在前面几章中讨论的意义上），而且也形成了政治进程的挑战性对象，该政治进程甚至在科学尚未有定论之前就最终导致了《蒙特利尔议定书》的签署。围绕这一挑战性问题出现了认知共同体，该共同体重新调整了现有的研究议程，并向公众和政治领域延伸。尽管臭氧空洞的发现似乎与最初的预测完全相反，但这并没有导致对该预测的拒斥，而是在新获得的关于地球系统经验知识的基础上导向了对基本化学理论的进一步阐述。克鲁岑及其同事最终确定，在极低温度下形成的特征云，即极地平流层云（polar stratospheric clouds, PSCs），其中颗粒表面的化学反应是导致南极臭氧空洞的关键机制。1995年，保罗·克鲁岑、马里奥·莫利纳和舍伍德·罗兰因其研究获得了诺贝尔奖。

这两场辩论，无论是科学辩论还是政治辩论，都是在不确定的条件下进行的。然而，这种不确定性特征不仅源于对所涉及的过程并不完全了解，而且还源于工业化学先前的历史。正如我们所了解到的，在初步知识的基础上采取了重要的政治措施之后，人们对化学才形成了更深入的理解，这有助于避免出现最糟糕的情况——正如科学史学家杰德·布赫瓦尔德和乔治·史密斯（George Smith）所主张的，这是当前关于气候变化的争议应当学习的一课。但是，当我们更仔细地考虑知识演化所固有的制约因素时，工业干预、科学理解和政治行动之间看似激烈的竞争，以及它们的积极成果和乐观信息，也蕴含着更深的警告：我们无法事先保证及时产生和实施预防灾难所需要的知识。

事实上，如果使用溴氟烃代替氯氟烃，其结果将是灾难性的：在单个原子上，溴的有效性比氯高约100倍。诺贝尔奖获得者保罗·克鲁岑在他的诺贝尔演讲中详细阐述了这种替代方案：

> 这带来了一个可怕的想法：如果化学工业开发的是有机溴化合物而不是氟氯烃，或者，如果氯的化学性质更像溴，那么我们就会在没有任何准备的情况下，在1970年代面临灾难性的臭氧空洞，到处都是而且在任何季节都发生，很可能在大气化学家发展出必要的知识以识别问题、开发出适当的技术来采取必要的关键措施之前。鉴于在1974年之前没有人考虑过氯或溴的释放对大气的影响，我只能得出一个结论，人类非常幸运。[52]

另一个在我们与自然的互动中出现的威胁性意外后果，是在1938年发现的核裂变，这相当于发现了从物质之中获得能源的新途径。这再一次塑造了我们在人类世中的困境，并使我们依赖于不断产生的新知识，无论在科学还是在其他方面。[53] 核能的独特之处在于，它是唯一并非来自太阳的重要能源（如果不考虑地热能的话。实际上地热能也部分来源于放射性衰变）。没有基础科学及其不可预测的结果，就不可能实现这一发现。然而，核能在当今经济和军事上的重要性仍然要归功于一场有针对性的工业革命，这一革命随着第二次世界大战的紧急状态和制造原子弹的曼哈顿计划的出现而获得动力。这场变革不仅创造出一种新技术，而且创造出一种由技术、政治、经济和知识结构组成的新型社会认知复合体，它似乎不可能被废止。即使我们想要消除这种技术，我们仍然需要生产新的科学、技术和政策相关知识，以处理地球系统中残留的大量放射性物质，并处理有关核爆炸物的知识，这些都是难以被根除或甚至只是被封闭的。

最后一个例子是生物历史学家罗伯特·巴德（Robert Bud）和汉娜·兰德克（Hannah Landecker）所研究的抗生素耐药性的增加。[54] 在第十章中，我简要讨论过生物医学复合体的出现，以及第二次世界大战期间生物医学研究的回升。但我还没有讨论这种社会认知复合体对生态环境的巨大影响，这可以通过青霉素的例子进行说明。

青霉素是19世纪观察到的一种霉菌，其抑制细菌生长的能力由亚历山大·弗莱明（Alexander Fleming，1881—1955）在1928年重新发现。战争期间，霍华德·弗洛里（Howard Florey，1898—1968）和牛津大学的一个研究小组——其中包括厄恩斯特·钱恩（Ernst Chain，1906—1979）和诺曼·希特利（Norman Heatley，1911—2004）——将青霉素开发成了一种药物。青霉素可以用于治疗受伤士兵的前景推动了进一步的研究，并最终使其在美国大规模生产。美国政府机构和美国陆军检查来自世界各地的土壤样本，并将新知识和新技术转让给制药行业，通过这种方式为青霉素的生产提供便利。它们的主要目的是为美军提供足够的供给——这一目标到1944年就已达成。战后，青霉素在美国实现了商业化供应。青霉素从根本上改变了医学，被认为是对抗常见细菌感染的神奇疗法。

抗生素起源于土壤，其生态环境与现在使用抗生素防治疾病的环境完全不同。过去，人体细菌没有机会发展对抗生素的耐药性机制。现在它们有了，因为抗生素在工业化生产和销售的环境中无处不在。短短几十年内，在自然土壤中很少见的抗生素，其工业产量已达每年数千吨，这对生物圈和人类健康的全球状况产生了巨大影响。正如兰德克所指出的："我们的共生体、我们的病原体、我们的寄生虫、我们的家畜和鱼类及其共生体、我们的寄生虫的病原体、我们城市的鸟类食腐动物和野生动物——现在都在参与一种抗生素生态。"[55] 根据世界卫生组织2014年的一份新闻稿，"这一严重威胁不再是对未来的预测，它正在世界的各个角落发生，并有可能影响到任何国家和任何年龄层次的人。抗生素耐药性——细菌发生变化，因此那些受细菌感染的人的抗生素治疗不再有效——现已成为一个对公共健康的主要威胁"[56]。

总而言之，地球系统中的某些生物地球化学循环已经与一个明显的社会认知组件相结合，这一组件对其调控起到至关重要的作用。生态系统在过去可以实现的（如限制土壤中的活性氮含量）或根本无法实现的（如放射性物质的降解），现在必须通过人为干预来调节。人类社会需要致力于政治、经济和认知等基础设施的安装、维护和调整，而这些基础设施将产生必要的知识，并在未来的几千年里以切实可行的规章制度来实施它。

地球人类学

应对人类世挑战，需要新的分析形式、新的概念框架和新的研究工具。我们需要的是在一个受技术、应用科学、政治和经济利益强烈影响的领域进行的基础研究。此类研究必须克服自然科学、社会科学和人文科学之间的传统界限。我们可以把这一研究领域——地球系统视角下人类与地球之间的相互作用——称为"地球人类学"（geoanthropology）。[57]

地球人类学应该研究使我们进入人类世的各种机制、动态和途径。它应该以综合方式应对自然、社会技术和符号化环境的共同演化，并研究危及人类文明和大部分非人类生命的关键交界处和临界点。它应该研究能源系统、材料和信息的全球流动、农业和土地利用系统、工业化学和全球运输系统等关键系统如何相互影响，这些又如何与陆地和海洋生态系统、地球生物化学循环、水文循环、跨时空的能量存储和转移循环等自然领域发生相互作用。它也应该研究知识在连接所有这些过程中所起到的作用。

自30多年前出现以来，地球系统科学已经确定了人类对地球系统的扰动，并创建出数学框架，将人为因素纳入其生物物理建模策略。[58] 被称为"地球人类的综合历史与未来"（Integrated History and Future of People on Earth, IHOPE）的全球网络倡议也考虑到了不同尺度上的文化和历史维度。地球人类学应该利用地球系统建模和综合评估方法的这些进展，但它应该从历史的、演化的和系统的角度，在更根本的层面上探索人类行动者和地球系统之间相互作用的环境、社会、经济、政治和认知动态。同时，它应该超越传统的历史叙述和个案研究，在数据丰富的经验评估基础上提供系统变化的因果说明。

如何对人类-地球系统的动态和转变进行概念化和建模？人地系统的重大过渡有哪些？如何对其进行描述？让这些重大转变出现的进程是什么？如何根据环境安全界限和人道主义价值观来设计未来的"智能"人地系统？对这些问题的调查必须从一种新的、整合的方法开始，在人类-地球系统的研究过程中汇集三个维度：资源维度（劳动力、能源、材料）、调控维度（经济、政治、法律、知识、信念系统、自动化、人工智能），以及生态和演化维度（生物多样性、生态挑战、社会技术的和符号化的环境）。

对人地相互作用进行刻画需要考虑所有这些维度及其相互作用。但是，这一方法的新颖之处不仅在于三个维度的结合，还在于其中每个维度都扩大了更传统观点的范围。例如，不再将分析局限于经济与生态之间众所周知的紧张关系，而是将它们的关系更广泛地理解为不同调控系统、其资源和环境之间的相互作用。调控必须被广泛地理解为不仅包括经济、政治和法律，还包括知识和信念系统，以及在自动化和数字化不断发展和人工智能兴起的背景下产生的新调控功能。同样，生态学必须包括对自然环境和人为环境的理解，包括濒危生物多样性的作用，以及文化和自然系统的长期共同演化。

地球人类学应将模拟、进化论、历史和设计结合起来。它应该推进当前的综合评估模型，以处理关于过去和当前人类社会及其与地球环境相互作用的富数据。这些数据在数量上比历史个案研究中通常使用的数据更多，在质量上又比许多社会科学研究中的大数据更为精炼和带有更多背景信息。它应该开发和探索理论框架和分析工具，以研究具有强烈路径依赖性系统的发展；它应进一步解决整合宏观、中观和微观历史研究的方法论问题。地球人类学也应积极参与塑造当前人类-地球系统的转型，并处理随之而来的科学技术挑战和更广泛的系统特性。将这些不同观点汇集起来，可能会使地球人类学成为一个具有全球影响力的新型跨学科冒险事业。

增长可能是有限度的，但随着人类社会的全球动态与地球系统之间更多耦合的实现/被意识到，限制也可能会增长，这种增长反映了这一耦合系统日益增加的脆弱性，我们在进行修补时必须对此加以考虑。

第十六章

面向人类世的知识

> 但是我们不要过分陶醉于我们人类对自然界的胜利。对于每一次这样的胜利，自然界都对我们进行报复……因此我们每走一步都要记住：我们决不像征服者统治异族人那样支配自然界，决不像站在自然界之外的人似的去支配自然界——相反，我们连同我们的肉、血和头脑都是属于自然界和存在于自然界之中的；我们对自然界的整个支配作用，就在于我们比其他一切生物强，能够认识和正确运用自然规律。
>
> ——弗里德里希·恩格斯《自然辩证法》

> 地球足以满足每个人的需求，但满足不了每个人的贪婪。
>
> ——圣雄甘地语，引自皮亚瑞拉（Pyarelal）《圣雄甘地》卷十《最后阶段》

人类在人类世中的地位

就人类世而言，关于如何处理意外后果的威胁，以及如何引导人类对地球系统的干预以控制这些后果，人们提出的建议尚存争议。[1] 一些人提议从地球工程学、全球治理或改变全球经济秩序的意义上进行全球干预，但许多人认为这种干预是徒劳的，因为没有一个管理中心。另一些人则认为，进入人类世的进一步旅程主要由系统性限制所规定。[2]

一方面，布鲁诺·拉图尔（Bruno Latour）等思想家声称，需要一种全新的哲学态度。这种哲学态度暗示，只有承认人类也是一种动因，且动因不能被按照主观和客观的标准进行划分，我们才有可能应对人类行为造成的全球影响：

> 生活在人类世时代的意义在于，所有动因都分享着相同的形变命运，这种命运不能通过使用任何与主观性或客观性相关的旧特征来遵从、记录、讲述和表现。这项任务，这项至关重要的政治任务，远非试图"调和"或"结合"自然与社会；相反，它正以尽可能**不同的方式分配**起作用的事物——直到我们彻底失去主体和客体这两个概念之间的任何联系，除了它们各自从历史上承袭下来的以外。[3]

图16.1　2016年12月，科学家们在旧金山科学集会上：彼得·弗鲁姆霍夫（Peter Frumhoff），忧思科学家联盟的科学与政策部主任；以及（**后排从左至右**）詹姆斯·科尔曼（James Coleman），总部位于科罗拉多州博尔德市的气候教育联盟的高中生会员；金·科布（Kim Cobb），亚特兰大佐治亚理工学院地球与大气科学学院教授；内奥米·奥雷斯克斯，马萨诸塞州剑桥市的哈佛大学科学史教授。美国地球物理学会会刊《地球与空间科学新闻》（Eos）的记者兰迪·肖斯塔克（Randy Showstack）拍摄

在最近对时髦生态哲学的批判中，安德烈亚斯·马尔姆（Andreas Malm）尖锐地指出："当拉图尔写道，在一个正在变暖的世界中，'人类不再服从于客观自然的绝对命令，因为他们面临的也是一种强烈的主观行动形式'，他就完全搞错了：在冰川融化中没有任何强烈的主观性，而是很多客观性。或者，正如2016年12月，科学家们在美国地球物理学会举行的一次示威活动中一张标语牌上写的那样：'冰川无议程，它只是融化。'"[4]

相反的说法则是，人为干预之所以对地球系统内的人类生活状况造成了如此险恶甚至致命的后果，是因为人为因素还没有使自己摆脱对自然史的依赖。例如，这似乎是"生态现代主义宣言"（Ecomodernist Manifesto）背后的信念，该"宣言"声称，"知识和技术，再加上智慧，可能会带来美好的，甚至是伟大的人类世"，而美好的人类世"要求人类利用其日益增长的社会、经济和技术力量来改善生活、稳定气候，并保护自然界"。[5]

在这种对抗中，一种古老的二元论披上了新的外衣，其对立双方分别是：试图与命运的力量建立共谋关系——如有必要，以牺牲人类的主体性或可能涉及的其他形式自我牺牲为代价——与试图通过将地球置于人类智慧的卓越力量之下而实现人类的自治。这两种立场一种是现代主义的立场，一种是对现代主义的批评立场，它们通常被认为是相互排斥的选择。但是，实际上，这两大立场的共同点比乍看之下要多。

在第三章开头，我提到过希腊哲学家，他们认为保护自己免受命运变迁影响的最好方法是学会如何心甘情愿地顺从它，牺牲自己的欲望和抱负，同时期望这种与命运的共谋会使自己有能力应对世俗挑战。一般而言，将看似相反的立场统一起来的是一种共同的行动，即远离具体和个人的人类动因（经验性的人类主体和人类社会中不平等的权力分配），转向某种强有力的抽象形式，无论是通过"分配动因"，还是利用人类"不断发展的社会、经济和技术力量"来实现一个更好的人类世。我的建议是更系统地审视人类在地球系统中的作用，并且同时考虑到人类的物质干预和促成这些干预的知识。

我们如何在不忽略经验性人类主体的情况下，将人类在人类世中的地位概念化？我们是否可以，并且是否应该像界定生物圈那样界定一个"人类圈"（anthroposphere），并赋予其类似的独特性和韧性？这一概念由来已久，并广泛应用于地球系统科学和工业生态学领域。[6] 生物圈已经存在了超过35亿年，占地球存在时间的80%以上，持久且广泛。它在几次大灭绝事件中幸存下来，并渗透到地球上的各个空间，从大气层的边界到地表之下的深处。生物圈也已深刻改变了地球（例如，通过地球表面的氧化作用），并使地球继续处于其影响之下，调节着例如大气和海洋的化学成分。[7] 人类在地球系统的动态中发挥着越来越大的作用（尽管发生在相当短的时间尺度上），因此可能暗示了一个类似概念，该概念可以捕捉其全球影响。

在上一章中，我引用过理查德·巴克敏斯特·富勒（Richard Buckminster Fuller）于1969年出版的颇具影响力的书《地球号太空船操作手册》（*Operating Manual for Spaceship Earth*），他在书中设想地球是一个资源有限的系统，而太阳是地球唯一的能源供应。[8] 1970年代，化学家詹姆斯·洛夫洛克（James Lovelock）与微生物学家林恩·马古利斯（Lynn Margulis）提出了盖娅假说。[9] 他们声称，生命已经将地球的生物圈转变成自我调节的复杂全球系统。生物体凭借其生化活性，据说为它们自身在全球的扩张创造了更好的条件。虽然盖娅假说是一种理论、一项研究计划、一种自然哲学和一种宗教观点，但它（与富勒的观点一起）在地球系统科学作为一种广泛、跨学科研究计划的兴起中发挥了重要作用。这些想法的重要性和影响力表明，我们已经进入了科学的后韦伯时代，我们不再会像社会学家马克斯·韦伯（Max Weber）在其1917年的著名演讲《学术作为一种志业》（*Science as a Vocation*）中所说的那样，"只有通过严格的专业化，个人才能体验到他在学习领域已取得一些完美成就的那种满足感"，而且这将永远如此。[10]

自20世纪初以来，德米特里·阿努钦（Dmitry Anuchin，1843—1923）、弗拉基米尔·维尔纳茨基、德日进和爱德华·勒罗伊等思想家就以不同的侧重点提出了关于人类领域的类似建议。[11] 他们对"人类圈"或

"心智圈"（noosphere）的解释互有不同，尤其是在这一圈层与其他圈层的联结度方面。维尔纳茨基认为人类的集体思维是从生物地球化学过程中产生的，而对德日进来说，"心智"作为一种地质力量出现，是宇宙生成中的一个新阶段。之后的学者认为只关注全球人类存在的纯粹精神层面的这种方式存在不足，他们指出了技术人工制品和基础设施在塑造生物圈条件方面的作用。

前几章的讨论表明，人类历史的特殊之处在于，由于物质文化和技术的巧妙运用，人类文化从生物进化中解放出来，这从根本上为地球带来一种新的新陈代谢。人类正在改变地球，用人工制品覆盖地球，这些制品在人类社会及其环境之间进行介导。这一过程从人类自身的出现起就已经开始了。但是，这对于人类在人类世中的地位意味着什么呢？[12]

鉴于全球范围内的技术在改变地球面貌方面的作用日益增强，技术哲学家弗里德里希·拉普（Friedrich Rapp）和景观生态学家泽夫·纳韦（Zev Naveh）首先提出了"技术圈"的概念，且这一概念最近又被地球科学家彼得·哈夫（Peter Haff）重新提起。[13] 哈夫认为，人类以或多或少未经计划的方式构建的全部物质和社会组成部分，现在正变成一个全球的、以技术为基础的系统。他声称，这个宏观技术系统"表现出对物质和能源资源的大规模占有，显示出将环境产生的信息供自己使用的趋势，并且这一趋势是自主的"[14]。

从技术圈的角度来看，人类只是整个地球技术系统的组成部分，而这个系统并不是人类有意设计、能够控制或可以逃脱的。人类的生存需要技术圈，但技术圈对人类个体的命运无动于衷——只要人类作为一个整体帮助维持技术圈。人类社会在这里主要被概念化为个体的集合，每个个体都被限制在他或她的有限范围内，无法在结构层面上活动。哈夫通过从物理学中借用的一种被称为"粗粒化"（coarse graining）的操作，来证明对技术圈的这一描述是合理的。粗粒化是指"在描述系统的组成部分时，采用特定级别的分辨率或比例"，以便在一个比其单个组成部分更大的尺度上捕捉该系统的行为。[15]

技术圈在这里被描述得好像历史、社会或政治动态都不重要。它没有考虑到集体动因或政治、经济和社会结构，更没有考虑到知识的演化及其对塑造技术系统的强大影响。人类技术现在是否已经达到（或者很快就会达到）一个阶段，在该阶段中，人类技术能够凭其自身的动因实现有机体的自主性——一种能够复制其自身组织的自我再生结构？这种概括往往忽略了人类与全球环境互动的一些基本特征。

例如，生物圈已经在至少35亿年的进化过程中证明了其韧性，但技术圈可能只是人类生存的一个相当脆弱的支架。虽然可以想象，我们行为的意外后果之总和已经形成了自己的动态，但即使在人类世的时代，似乎仍有逃生之路，仍然可能会有一丝余地留给我们——当然，反过来说，这种观察并不意味着我们可以保证逃生路线一定存在。看起来，人类世的根本动态可能会大大增加我们所面临的挑战，也会提升我们应对这些挑战的机遇，唯一需要存疑的是，机遇是否总是足以应对挑战。例如，地球工程是否有可能介入地球系统中，使地球系统达到一种新的状态，在该状态下，高二氧化碳浓度、放射性污染以及工业化的其他意外后果将不再是挑战性问题，而是可以通过新技术安全地加以控制？鉴于对地球系统的宏观干预超出了人类工程迄今所取得的任何成就，也鉴于我们对地球系统的认识仍然存在重大缺口，对我们来说确定更安全的做法是，至少在目前，在可能的范围内，优先保护我们现有的地球系统并控制破坏程度。

动　圈

如何评估人类在地球系统中的作用，才能对我们生存的脆弱性以及我们为自己所构建技术外壳的脆弱性有一个公正的认识？回到物质文化和技术的资源化运用的关键作用，我建议使用"动圈"（ergosphere）这个概念，即人类"工作"的领域，其特征是人类劳动对全球环境和人类自身的变革性力量。希腊语ergon的意思是"工作"，在转化性物质的意义上，它不像ponos那样主要指努力和痛苦，也不像techne那样主要指过程性的、目标导向的才干。根据定义，动圈在其演化逻辑上仍然是开放的；就人为干预的累积效应体现在他们的"工作"中而言，动圈以不同的方式塑造人类与其地球家园之间的关系。

之前我曾引用马克思的话:"人们创造自己的历史,但是他们并不是随心所欲地创造,并不是在他们自己选定的条件下创造,而是在直接碰到的、既定的、从过去承继下来的条件下创造。"[16] 在人类世的条件下,由于环境安全界限的存在,可操作的空间在不断缩小,这一评价获得了新的紧迫性。动圈概念是为了充分体现这两点:人类干预的变革力量超出了他们的意图,以及在地球上开展这些干预的限制。

尽管因其全球性,我称之为"圈",但动圈的概念不该让我们忽略人类的巨大异质性,它在集体行动方面惊人的无能,撕裂它的基本张力和利益冲突,以及它的权力不对称性(例如,在那些干预地球系统周期的人与承受其后果的人之间)。这些权力不对称也关系到全球范围内知识和科学的产生。

人类世现在是一个"资本世",在这个意义上,金融化资本主义的经济、社会和政治结构推动并从根本上塑造了当前的人为环境变化,迫使自然界成为资本逻辑的外部世界。它是资源提供者,也是废物和排放物的倾倒场。[17] 但是,某些人为了给当前的困境起一个据称更忠实于所涉历史因果性的名字而拒绝"人类世"称号,我认为此提议大有问题。在我看来,这相当于拆掉了自然科学与社会科学及人文科学之间的重要桥梁。[18] 只要人类世这一名称不会欺骗我们,让我们误以为集体的"我们"或"民众"是地球系统大规模变化的主导者(或者反之,地层年代学意味着历史因果性),那么人类世的概念——以及也许是动圈的概念——将帮助我们整合所有相关学科的知识。

虽然哈夫构想的技术圈个体基本上无法进入,但动圈这一概念却考虑到了知识经济的作用。可以说,知识经济构成了技术圈这一以硬件为中心的隐喻中所缺少或淡化的软件部分。与计算机电路相反,我们人类至少在原则上可以理解上层逻辑,从而参与到地球系统的动态中。例如,如果没有近年来在整合各学科见解方面取得的进展,我们将无法把握我们造成的全球变化。

技术圈的概念强调大多数人缺乏影响大型技术系统行为的潜力,但动圈概念使这种影响成为可能，其可能性取决于适当的社会和政治结构及知识系统的存在，以及人类行动者的个人观点。有此希望的原因之一在于，知识经济不仅会生产和分配社会运作所需的知识（社会运作所需的知识往往更少），而且还会在不同程度上生产和分配可能引发意外发展的过剩知识（一种"认知溢出"）。

当然，人类肯定会维护和保存其工具、技术和基础设施，但他们也会在每次实施时对其进行改变。动圈的物质世界由自然和文化之间的边界物体组成，它们可能会引发创新以及不可预测的结果。[19] 动圈具有可塑性和多孔性，其中的材料和功能并不紧密地交织在一起，所以现有工具还有可能被重新用于新用途。原则上，动圈的每一个方面都可以从目的转变为手段，然后被用于新出现的意图和功能。然而，重新使用特定工具是一把双刃剑，它有可能会带来灾难性后果。因此，使用和开发技术系统的责任必须总是被重新承担。

问题的所在，也不是像技术圈概念所暗示的那样在于人类没有能力控制行为范围比其自身更大的系统，而是在于"控制"首先是什么意思。技术系统和基础设施的管理总是取决于它们的具体性质（尤其是它们在自然环境和文化环境中的嵌入方式），以及它们在知识和信念系统中的表征。人的认知始终是具体化的认知。有一些历史上的例子表明，人类能够长期管理和维持自己所创造的极其复杂的生态系统和基础设施。这些系统可施行的潜在行为总是远远超过其人类组成部分的行为，但这些是那种典型的生态系统和基础设施，其中人类行为的相关调节结构本身已经过了长期的共同演化，包括在它们知识和信念系统的表征中的共同演化。

正如最近关于德川时代（1603至1868年）日本生态的研究表明的，古老传统积累了关于如何可持续地管理为人类提供食物、住所、衣服和能源的复杂情形的知识。这些知识通过复杂的管理制度和从卫生到出版的物质实践来实施。[20] 我会在下面回到这一示例。值得注意的是，知识系统的有效复杂性并不一定与其所指导的技术和环境系统的复杂性成正比。

由于人类、技术系统及其环境同时在不同尺度上运行，因此，动圈是一个高度耦合的非线性系统，不能被划分为分层的层次结构，让其中每个层次被限制在自己的尺度范围内,就像哈夫所建议的粗粒化操作那样。相反,这些层次通过新陈代谢和其他各种循环相互联系。由于这些联系,人类活动有可能导致地球系统灾难性的不稳定。然而,通过创建合适的连接部分(例如重新设计能源供应系统或城市景观),人类社会也可能有能力稳定这些循环。

哈夫声称,技术圈为人类提供了一个人工环境,使他们能够作为整个系统的一部分生存和运作。这是不现实的。动圈并不为其自身或人类组成部分提供可持续性。相反,它使其所有组成部分,包括人类和非人类,面临可能危及其存在的风险。它并不是那种可以简明扼要地描述其功能的系统,就像技术圈(一个据称旨在通过转换能源和其他资源来维持自身的系统)那样。动圈本身不包括任何可以确保其在环境安全界限内长期稳定的机制。因此,我们不能认为已构建的技术系统将确保我们将来的生存——至少,如果我们不准备让它们继续适应不断变化的条件和环境安全界限之存在的话。

技术圈的隐喻可能有助于描述局部或暂时的情况,在这些情况下,人类社会为自己创造了一个技术外壳,这个外壳似乎在暂时稳定的系统中保护了它们。[21] 但是,没有迹象表明这已经奏效或即将奏效,无论是长期来说还是在全球层面。社会冲突、人类活动的意外后果,以及不可阻挡的创新进程,将不可避免地撞上环境安全界限,并打碎这样的外壳。这也使动圈的概念有别于技术圈的概念:动圈并没有为我们提供欺骗性的选择,即屈服于全球技术系统的自主性,从头开始重新设计它们,或完全拒绝它们。相反,它邀请我们将自己视为共同演化过程的一部分,在此过程中,我们的行动机会将取决于我们能够获得的知识。

缺失的知识

从动圈的角度来看,由于它具有极强的可塑性,我们可以将人类世中人类的困境视为一种知识挑战。这不是一种技术统治(technocratic)的观点——仅在当前的知识经济中生产新的科学和工程知识并不足以应对人类世的到来。许多必要的知识并不属于这些类别。它们可以被描述为系统知识（system knowledge）、转变知识（transformation knowledge）和导向知识（orientation knowledge）的结合。[22] 乍一看，人们可能会把这三种类型的知识与自然科学、社会科学和人文科学联系起来，但这还没有实现这里所设想的科学学科结构的重大转变，也不能实现公民、非学术知识的关键作用。

需要**系统知识**才能了解地球系统及其人类组成部分。它的前提是整合目前按学科界限分散的知识。**转变知识**主要涉及人类社会作为地球系统之一部分的作用，并提出一大问题，即人类集体行动该以何种方式影响地球系统的动态，才能确保可持续发展及物种最终的生存。**导向知识**指的是其他知识形式的反思层面，它将这些知识与个人和集体的道德、政治、信念系统联系起来，从而与个人和集体的身份认同以及价值观问题相关联。[23]

单纯的系统知识会倾向于支持技术统治的视角，转变知识本身可能会鼓励盲目的行动主义，而缺乏系统知识和转变知识的导向知识则是空谈。但是，如果不在包括研究、教育、公共讨论和政治行动的适当知识经济中实施这些知识，即使将这些知识组合起来也将是无益的。

许多所需的知识是不可获得的——要么是因为它难以理解、被封锁或未被实施，要么是因为它尚不存在或已经遗失。即使面对全球性的挑战，也不会只有一种方式通向未来，而是存在多种方式来汇集人类丰富多样的经验。应对人类世挑战的崭新知识形式以及崭新的个人和社会生活形式（包括知识生产和能源供应的新战略，处理社会正义和物资流动的新战略，医疗保健和交通的新战略，等等），将不仅仅来自激进的"范式转换"。它们将是探索过程的结果，那些探索过程最终形成一个母体，从中将产生出我们无法预料的新见解和新生活方式。

地方性知识的脆弱力量

新见解很可能来自强大中心的边缘地带，也可能隐藏在长期被埋没的经验中。因此，我将暂时回到第十一章中所讨论的历史上的知识全球化，以说明地方性知识的作用及遗失和压制它们的后果——因为其中可能会有被错过的全球性问题的答案。知识的全球化伴随着许多地方性知识的出现和消失。当然，地方性知识必须被理解为一个关系性概念，要相对于特定的历史情况及其自身的产生和发展来界定。它描述了那种曾经是或一直没有（或尚未）成为全球主导结构之一部分的知识。

尽管如此，从有关药理和健康问题的知识，到环境管理的经验，再到对人类社会性的洞察，地方性知识可能对未来的全球挑战至关重要。[24] 我们也不应忘记认知多样性（生物文化多样性的一个方面）在理解知识本身的演变中的意义。[25] 鉴于知识演化的全球性和路径依赖性，对地方性知识的破坏可能会对其未来进程产生不可预知的后果。

很多种地方性知识已经在人类历史中被遗失。世界范围内最大的损失之一是由于欧洲的殖民化及其后果。[26] 从20世纪初开始，在世界的每个角落几乎都可以感受到西方的军事力量、资本、产品、科学、技术和意识形态的存在。根据西方在全球政治和经济竞争中的优先事项，当地的经济和社会或被摧毁，或被重塑，而这几乎完全集中在对初级资源的开发上。地方性知识似乎被限制在很快就被西方经济、政治和认知力量的扩张所消灭的生态位中。压制地方性知识对应着对西方国家以外大多数人类的权力剥夺和贫困化。

当地居民的生存仍然部分地依赖于传统知识。但与此同时，他们也受到现代化进程的影响，例如城市化、单一种植农业、大规模畜牧、对初级资源的工业开发，以及军事化或殖民战争。所有这些都导致了传统知识的流失。在许多情况下（例如第十一章中讨论过的美洲的情况），流行病的蔓延进一步耗尽了本地资源，减少了人类和动物的数量，削弱了他们对新扩张来的经济和政治体制的抵抗。结果，人们越来越依赖于全球化的经济，而全球化经济（与他们的传统生存方式相比）并不能为他们提供可持续的生活条件，除非他们属于从这种局部现代化进程中受益的精英阶层。

然而，即使是在殖民主义时代，也存在着多种现代性展开的空间，这是利用了社会学家什穆埃尔·艾森施塔特的表达，他把"现代性"（在欧洲和西方传统中通常被理解为一条单行道）视为世界上几种共同演化的文化之一。[27] 在上文提到的日本德川时代，社会凝聚力和资源的可持续管理均取得了重大进展。[28] 这是在一个基本上（但从未完全）与世界其他地区隔绝的岛国上实现的，没有发达的资本主义制度，也没有使用化石燃料。日本走的是与西方国家不同的道路，其中一些道路甚至在1868到1912年明治时期的改革后仍在延续。一个例子是"夜香系统"（night soil system），即收集人类粪便作为资源，它多多少少一直持续到1920年代。

在农业、林业、粮食生产、建筑、城市化和废物处理等领域，德川时代的日本已经出现了引人注目的另类现代性形式，其中一些可能是当前问题的解决模式。尽管日本只有15%的土地是可耕种的，但日本的人口约为2600万，比除俄国以外的每个欧洲国家都要多。江户（现在的东京）是世界上最大的城市之一，1700年的人口超过100万。更难能可贵的是，由于采取了刻意控制人口的措施，从18世纪初到19世纪中叶，这一人口规模几乎保持稳定。许多因素促成了这一发展，其中包括将集权控制和权力下放的政治结构结合起来，这种结合在不同的生态规模上创造了韧性，在地方上建立起与自然资源的紧密关系，并带来了对资源稀缺性和需要具备可持续性的广泛认识。这种设置本身也是戏剧性的政治历史和特殊的生态条件的结果，例如为了有利于恢复森林。

在德川时代相对稳定的社会状况之前，日本经历了近150年的内战。当新的德川政权于1603年建立时，由天皇任命的征夷大将军直接管理日本四分之一的领土，同时牢牢统治着地方的大名，并垄断了军事力量。日本随后来到了和平与繁荣时期，这段时间内它强行与世界其他地区隔离，方式包括切断贸易联系、阻挡外国入侵，这些因素共同导致了人口增加和当地资源枯竭——例如，出现了因雄心勃勃的建筑和城市化项目导致的森林砍伐。1657年的一场大火摧毁了半个首都，杀死了10万人，这成为一个警告，并最终导致了自上而下的措施以改善当地资源的可持续性。因此，可持续发展的文化就这样在日本出现了，独立于其在德国的发展，因为大约在同一时期的德国，汉斯·卡尔·冯·卡洛维茨（Hans Carl von Carlowitz，1645—1714）引入了可持续性的概念，也是在造林学的背景下。[29] 正如贾雷德·戴蒙德在其著作《崩溃：社会如何选择成败兴亡》

(*Collapse: How Societies Choose to Fail or Succeed*）中所写的："在同一个十年中，日本开始在全国各个社会层面展开努力，以规范其对森林的利用；到1700年，一个完善的林地管理系统已经建立起来。"[30] 显然，学习过程是可能的，即使是在整个国家的尺度上。但这显然需要特殊条件。就日本而言，特殊条件之一就是在封闭、稳定的经济中生活的意识，或者用贾雷德·戴蒙德的话来说，"生活在一个没有外来思想输入的稳定社会中，日本的精英和农民都期望未来和以前一样，并且未来的问题可以用现在的资源来解决"[31]。然而，实际上，对这样一个封闭世界的脆弱性产生的广泛经验最终改变了各个层面的行为，加强了（尤其是）地方的生存策略。

在日本，当地人与自然的关系由乡村经济来塑造，人们在乡村经济中——通过战争和饥荒——学会了如何应对有限的资源。[32] 正如朱莉娅·阿德尼·托马斯（Julia Adeney Thomas）和其他日本历史学者所强调的，这包括对森林的可持续利用，例如，注重可再生材料（如用于建筑目的的芦苇）。日本人不给房间供暖，而是依靠简单且易于重复使用的衣服来保暖。房屋被刻意设计成朴素的风格。简单的习俗，例如进屋之前先脱鞋，有助于防止病菌入侵。公共卫生和预期寿命达到了很高的标准，这也是因为日本农民的饮食习惯不像欧洲农民那样依靠容易患病或传播疾病的家畜或进口农作物，而是依靠诸如杂粮或豆腐之类的本地食品。地方上也实行人口控制，相关措施包括晚婚与杀婴等。[33] 在危机时期，村庄的大户要对社会地位较低的农户负责。

但我并不是在谈论一个纯粹的农村社会。如上所述，德川时代的日本是近代早期城市化程度最高的国家之一。自17世纪末以来，它发展出了繁荣的印刷文化，拥有很高的识字率，维持了严格管制的社会。[34] 其韧性不仅仅是一个本地问题，毫不夸张地说，它还取决于城市和农村地区之间的代谢交换。这涉及复杂的水管理以及废弃物管理系统，在这些系统中，人类的排泄物在城市中被收集，并被卖到农田里作为肥料使用。[35] 反过来，城市也能得到周边农村的新鲜蔬菜。这两个系统一直运行到20世纪，伴随着日本进入现代性的独特道路。

但是日本的这种韧性也有其局限性，并且有代价。直到1830年代都经常发生的严重饥荒表明了其极限。[36] 例如,"天保大饥荒"(1833—1839)夺去了多达100万人的生命。而且,日本从未完全孤立。饥荒因17世纪引入甘薯(可能来自中国)作为救济作物而有所缓解,直到19世纪下半叶,随着明治维新和采用西方经济模式(如开放的全国市场),饥荒才逐渐消失。[37] 此外,韧性是在一个压制性的政治体制下实现的,它严重限制了个人自由,如流动性和出生率。然而,日本的例子说明了历史经验中所蕴藏的那种潜力,而这些经验并不属于西方视角所主导的现代化标准叙述的一部分。即使在明治维新之后,日本也不只是一个采用西方模式的"成功范例",而是在现代化进程中保留了一个独立的动因。

在殖民主义的条件下,尽管总的来说几乎没有空间让不同观点得以涌现并传播,但当西方的政治、军事和经济竞争升级为20世纪的世界大战时,情况发生了变化。战争后果大大削弱了西方的政治和军事霸权,为各种社会发展模式的全球传播和试验开辟了空间。这方面的例子包括社会主义和资本主义的区域差异化路径或"克里奥尔化"(creolizations,又译混合化),如非洲的社会主义,或"亚洲四小龙"(韩国、新加坡、中国香港地区和中国台湾地区)在1960年代至1990年代发展起来的资本主义形式。[38] 它们仍然主要植根于现代西方思想的传统,但也说明了欧洲模式可以被重新解释和重新创造。

这种现代化模式的传播至少部分地由知识全球化所推动,尤其是关于发展中国家在应对工业化国家和世界市场的外部压力时做出政治和经济选择的知识。这些模式经常被调整以适应当地情况,从而产生了针对发展问题的自主解决方案。人们对这些本土化模式寄予厚望,希望它们能帮助年轻国家在全球化世界中成为独立的行动者。例如,坦桑尼亚的社会主义由朱利叶斯·尼雷尔(Julius Nyerere,1922—1999)所演绎(他于1961年带领该国实现独立),其核心是关于自力更生、社区生活和非洲家庭的本土化理念。[39]

1959年革命之后的古巴提供了一个案例,说明了不发达国家沿着部分程度上自主决定的道路发展先进科学体系的过程。[40] 从1970年代起,古巴的发展受到与苏联和其他华约组织国家合作的强烈影响,但实际上,当地科学界在革命之后立刻开始了内部讨论，新的教育和科学体系的建立在此基础上早就启动了。这也涉及与西方科学家和机构进行合作，他们采用的战略不是简单地从发达国家引进更先进的科学，而是寻求将科学与当地经济和社会发展相结合的新途径。

但是，在大多数情况下，外部压力使本地解决方案难以为继。实际上，另类现代化模式的传播往往是新殖民主义和全球帝国主义的工具，特别是在冷战时期。从冷战时期的意识形态对抗到当代的宗教激进主义和"反恐战争"，这些模式在后殖民世界中要求捍卫权力主张，这显然增强了现代化模式对本地知识修改的免疫。在这些外部压力下，另类现代化模式将地方性知识整合到全球学习经验中的能力仍然十分有限。

世界市场，尤其是世界金融市场的动态，以倾向于抵消地方性可持续发展的方式，从根本上影响了政策选择领域。[41] 在1970年代，发展中国家正努力应对国际石油危机和全球经济衰退的后果。几乎所有关于一般发展模式的期望最终都落空了。社会主义模式并没有成为实现更平等财富分配的渠道（无论是在国内还是与工业化国家之间），保护主义也没有发挥作用。从世界市场转向南南合作也不一定能促进发展中国家的自主现代化。一个特殊的例子是中华人民共和国的快速经济发展，这首先是由于1950年代从苏联大规模转移过来的工业能力，然后是由于"文化大革命"之后，邓小平领导的、始于1978年的经济改革而重新释放的生产力。[42]

相比之下，新自由主义旨在放松对地方经济的管制并向世界市场开放，但它并未使发展中国家与工业化世界接轨。新自由主义的起源可以追溯到1971年所谓的尼克松冲击，当时的美国总统理查德·尼克松（Richard Nixon，1913—1994）单方面决定，在一定范围内放弃美元兑换黄金的保证。最终，在1973年，这导致了用于国际货币管理的布雷顿森林体系的崩溃，该体系将汇率维持在一个狭窄的范围内。崩溃伴随着市场的自由化，金融市场的自由化也日益扩大，国家的监管和控制遭到削弱。同时，石油价格上涨，这尤其对较贫穷的国家产生了巨大影响，加剧了他们的国际收支问题。

在1980年代，利率上升，资本被吸引到美国，这是其新自由主义政治的结果，其中包括减税和增加由信贷资助的军事开支。许多发展中国家因此无力偿还其债务。结果，贫穷国家现在变得更加依赖西方的支持，例如，以国际货币基金组织和世界银行提供的财政援助的形式，这些是富国主导的机构。此类援助旨在稳定宏观经济并偿还国家债务。

西方援助国将发展援助与执行西方标准的要求联系在一起，从人权到反腐败，再到援助项目的经济可行性。这种发展和结构改革的国际化标准通常还包括要求货币贬值，放松管制，减少贸易壁垒，国有企业私有化，减少用于医疗、教育和住房计划的公共开支，以及要求问责制。举例来说，在坦桑尼亚，此类政策导致公共医疗体系恶化，给人口中最贫穷的阶层带来了难以承受的医疗费用，并使该国的医疗体系越来越依赖于外部资金。[43]

然而，从长远来看，在1970年代后的几十年中，地方性知识以及其他各种当地条件的确在非西方国家的不同发展中发挥了作用。各式各样的条件刺激了经济的大发展，从阿拉伯封建政权利用对石油的地方性控制作为一项关键全球资源，到亚洲国家将地方经济重新导向全球出口。这些发展反映了特定举措对具体的本地条件的依赖，以及整个国家不仅从自己的历史经验中，而且从其他国家的经验中学习的能力。实际上，如果没有将培育知识作为自我完善方法的古老地方性传统（如儒学），或者没有一些国家和地区（中国香港地区、中国台湾地区、新加坡和韩国）作为其他国家（如印度尼西亚、马来西亚和泰国）的榜样，某些亚洲国家在最近几十年的快速经济发展是不可能的。[44]

由于经济、政治和文化的全球化进程，与满足主要生活需求的传统技术有关的地方性知识（如粮食生产、医药、建筑和出行）似乎普遍正在减弱，因为它面临着全球资本主义的经济与技术力量以及科学的普遍化趋势。但是，正如我在第十一章中所论证的，全球化的资本主义和科学在其涌现过程中，曾经极大受益于他们现在似乎正在压制的地方性知识。正如马歇尔·萨林斯（Marshall Sahlins）所简洁指出的："与其说这是一部地球物理学，不如说这是一部世界资本主义的**历史**——而且，它将以一种双重方式证明其他存在模式的真实性。首先，现代全球秩序是由所谓的边缘民族决定性地塑造的，他们通过这些不同方式，从文化上阐明了发生在他们身上的事情。其次，尽管遭受了可怕的损失，但多样性并没有消失；它在西方统治之后仍然存在。"[45] 因此，地方性知识在全球社会中，在过去和现在都不是一个生态位，而是一个母体，一个所有其他形式知识的底层，能够产生多样化和变化。如果没有残留的传统，没有对国际化知识的创造性挪用，没有对全球挑战的新的地方性应对——包括使新的食物适应传统的饮食习惯，或废物回收，生存对许多人来说将是不可能的。

事实证明，地方性知识之象往往比一阶的地方性知识更能抵御全球化的挑战，因为它们与直接经验的距离更远。家庭、族群和宗教信仰团体之类的地方性社会结构，在调节知识的生产、授权和传播等方面都发挥着作用，当其他规模更大的社会结构（如政治机构）早已成为全球化的受害者之时，这些地方性社会结构或许会幸存，甚至扩散开来。

无论如何，如果没有理解知识的地方性努力，知识传播就不会发生。地方性知识仍然是所有其他形式知识产生的基础，不是从原始意义上来说，而是从对共享知识不可避免的地方性掌握来说，无论这种共享知识是否是国际化的。因此，即使在全球化的情况下，当地条件的巨大可变性仍然是知识进一步多元化的驱动力。

通常，科学知识被认为是在当地生产的，并且普遍有效，埃尔卡纳将这种知识之象描述为"地方普遍主义"。[46] 然而，事实上，在共同的标准、方法论和广泛接受的科学成果之下，仍然存在着多种多样的地方传统，包括选择问题、解释问题的方案，以及将科学知识整合到信念系统和社会过程中的方式。因此，采用埃尔卡纳的另一个描述，将其称为"全球情境主义"，[47] 可能可以更充分地体现出科学在实际上的多元化。

但是，即使我们接受这种新的科学形象，知识多样性对我们应对人类世挑战的能力所产生的实际影响仍然有限。这种困境显然是不对称的权力关系造成的。由于缺乏有效的外部表征，这种困境变得更加严重，因为外部表征可以使形式多样的知识作为人类的集体经验得到反思——如果我们要以对当地条件和后果的认识来塑造推动我们进入人类世的力量，这将是一个关键视角。

暗知识

失去或缺乏获得地方性知识这一隐秘宝藏的途径，并不是当前知识经济所面临的唯一问题。正如乔纳森·耶施克（Jonathan Jeschke）、索菲·洛卡蒂斯（Sophie Lokatis）、伊莎贝尔·巴特拉姆（Isabelle Bartram）和克莱门特·托克纳（Klement Tockner）所做的评估中指出的，潜在公共知识与实际公共知识之间也存在着巨大差距。他们将隐藏在这一空白中的内容称为"暗知识"。[48] 他们还指出了造成缺口的原因：由于政治和经济利益，一些关键主题缺乏研究；由于某些科学知识的专业性或政治、军事和经济利益，公众无法获得这些知识；先前已获得知识的丢失；以及有偏见的信息的传播。带有偏见的信息传播的例子包括，制药业试图在烟草、糖或药品的健康风险等问题上影响公众舆论，或是那些否认气候变化之科学依据的政治和经济战略。

在一项开创性研究中，内奥米·奥雷斯克斯和埃里克·康韦（Erik Conway）重现了少数科学家的企图，这些科学家与公司和政治利益集团保持一致，通过在公共领域散布疑虑来掩盖科学发现，并限制其对民主决策过程的影响。[49] 一个重要策略是将人们的注意力从核心事实转移到边缘问题上，如讨论火山的作用而不是人为因素对空气污染的影响。这项策略（涉及大规模的游说活动以及受公司资助的研究）于1950年代首次在烟草的健康风险方面成功实施，之后又在酸雨、臭氧空洞和气候变化等其他问题上被故技重施并得到完善。它出于私利地利用了科学话语的开放式性质，给人留下这一印象：要做出禁止在某些环境中吸烟、停止使用氯氟烃或限制温室气体排放这样的重大决定总是为时尚早。

但是，为什么这种策略能够奏效？首先，它得益于现代社会高度分化的劳动分工。科学是一个复杂的社会子系统，与社会的大多数其他部分似乎没有什么直接关系。它与社会的一个可见接合部位是由过去的经验和意识形态塑造的过分简化的知识之象。在美国，它受到冷战经验和新自由主义信念的影响，即当涉及军事挑战、征服新领域和确保商业优势时，整个社会需要依赖科学。从本质上讲，科学是竞争环境中的一项资产，它被期望产生技术解决方案。

从这种知识之象的角度看，批判性科学家对工业、技术或科学发展的非故意副作用的警告，似乎是对其自然活动领域的侵犯；这些警告与政治混为一谈并制造出问题，而不是提供切实的解决方案，最好是以技术形式。在这种背景下，他们的反对者很容易对他们的成果，甚至对他们的个人诚信提出怀疑，并要求在采取任何不属于技术领域而属于社会法规领域的行动之前进行进一步的、"更严肃的"研究。因此，要抵制错误信息的战略性传播，就需要批判性地参与有问题的科学形象及其知识经济，科学知识（及错误信息）正是通过它们而在社会中共享。正如最近《自然气候变迁》(Nature Climate Change) 杂志刊登的一篇文章中所论证的：

> 随着科学继续受到大规模的蓄意破坏，研究人员和实践者不能再低估这些运动背后网络的经济影响、制度复杂性、战略成熟度、财务动机和社会影响了。错误信息的传播必须被理解为后真相政治和"假新闻"崛起的更大运动中的一项重要策略。针对这种偏离事实的认知改变的任何协调反应，都必须在错误信息的生产和传播中对抗其内容，而且〔也许更重要的是〕还必须对抗使错误信息的传播首先成为可能的制度和政治架构。[50]

事实证明，全世界在研究和发展方面投入的资金中，只有一小部分专门用于增加公共知识。即使是公共资助的研究，也可能受制于政治或经济利益或学术体系本身，或是它们施加的路径依赖——例如，鼓励集中研究主流课题，冒着以下这种危险，即应对人类世挑战所需的知识无法产生，或无法公开分享。目前普遍存在的是"知识的寡头化：了然者寡，无明者众"[51]。当然，这种知识的寡头化以权力的寡头化为条件，反之亦然。其风险在于，应对人类世挑战所必需的创新受到阻碍，特别是当这些创新以需要因地制宜的解决方案而不是通用处方的形式出现时。

对关键主题缺乏研究的例子之一是应对全球性疾病挑战的方法。[52] 疾病不仅是生物进化的一部分；它们也是文化演化的一部分，而且正在成为认知演化的挑战。它们出现于，例如，驯化过程中人与动物之间的接触。其中一个例子是天花，它是在几千年前的新石器革命时期从啮齿动物身上转移到人类身上的。如今，全球交通、全球营养链以及全球生活条件的不平等，为细菌和病毒性疾病的出现和传播提供了新的舞台。疾病可能构成挑战，影响全球范围内的社会和经济，即使其影响方式在世界不同地区极其不同。虽然人类现在的健康状况可能比历史上任何时候都要好，但这种进步可能是以破坏环境为代价的，因此也是以子孙后代的利益为代价；并且，人类现在的健康状况可能会受到我们干预地球系统所造成后果的威胁。在传统模式下产生的知识（作为通过基础研究和市场驱动创新的文化演化的副产品）可能不足以应对这些挑战。[53]

例如，全球药品市场仍然由为"第一世界"生产的药品所主导。发展中国家的主要疾病（如结核病、疟疾和人类免疫缺陷病毒/艾滋病）造成的挑战不仅仅是经济方面的——它们也是对知识生产和传播的挑战。数十年来，药理学研究和工业一直未能生产出急需的、可能有助于根除发展中国家主要疾病的药物。在20世纪最后几十年里获得许可的1393种药物中，只有3种用于治疗结核病，4种用于治疗疟疾，13种用于治疗所有被忽视的热带病，但有179种被批准用于治疗心血管疾病。[54]

全人类的巨大挑战使我们面临知识的结构性缺陷。现有的知识生产和传播模式很可能不足以应对这些问题。以本书开始时提到的能源转换为例。[55] 为了缓解气候变化，我们迫切需要对能源系统进行去化石化，使用可再生能源。从自然界出发，我们可以把碳循环的思路用作储存太阳能的方式，通过太阳能光伏和风力涡轮机达成的物理能转换来模拟自然界的光合作用，并通过化学能转换，如制造合成燃料，来模拟自然界的呼吸作用。[56] 从历史性视角看，如此规模的能源系统，其全球转换将构成地质时间尺度上的一个重大过渡，可与地球能源系统的其他重大过渡相媲美，如自然界中光合作用的出现。[57] 但是，我们没有实现这一过渡的地质时标。

无论如何，我们不仅面临技术转型，而且面临着将会影响政治和经济权力结构的重大社会经济变革和重大政治变革。正如蒂莫西·米切尔（Timothy Mitchell）等人所主张的，这些政治和经济结构，以及与人权和民主有关的基本价值体系，实际上已经被化石资源的可获得性深深地塑造了。[58] 因此，进行能源转型将需要对资源制度、社会构造和技术结构如何相互作用有一个新的理解。能源系统的转型将不可避免地影响国际贸易和全球政治。它可能有利于分散式而非集中式的电能生产，并且肯定会改变供应和分配结构。它将需要重组电网，也会诱发新的消耗模式，因为消耗者也可能成为生产者。

简而言之，气候变化挑战和能源系统转型的必要性来自我们目前的知识经济和市场经济，化石能源制度为此提供动力。目前尚不清楚如果不对两者进行重大改进，我们是否可以成功解决这些问题。正如蒂莫西·米切尔所指出的："在引入技术创新，或以新的方式使用能源，或开发替代能源时，我们不是在让'社会'遭受某些新的外部影响，或反过来利用社会力量来改变一个名为'自然'的外部现实。我们正在重组社会技术世界，其中每个点上都有我们称为社会、自然和技术的过程。"[59]

要实现能源系统（其目前的化石形式是人为气候变化的主要驱动力）等基础设施的转型，新形式的公共协商和政治决策在任何情况下都是需要的。除非这种转型获得社会、经济和技术动力，早期的基础设施创新被转变为自我加速的发展，并最终达到全球尺度，就像微电子或计算机的普及那样，否则它不会成功。

问题在于，我们在这里处理的系统与社会的许多其他方面（从粮食生产到出行方式）以复杂方式耦合在一起，并且不能按照不同的能源部门或国家结构进行分割，就像通常为做出这种决策会做的那样。另一方面，正如第十章中的讨论所显示的，技术系统的重大转变通常需要大规模的国家干预和投资才能获得必要的技术动力，尤其是当相关基础设施涉及大型硬件组件时，如在能源供应中的情况那样。因此，全球能源系统的必要转型就相当于一个包罗万象的社会转型过程，其中充满利益冲突、复杂的决策过程，以及巨大的技术和后勤挑战。这些挑战也应被视为知识生产的挑战，它们不仅需要系统知识，还需要转变知识和导向知识。

例如，未来的能源系统不仅要调节能源的流动（同时考虑到关于资源稀缺性和不同地方性条件的知识），还要调节能源转换对全球环境的影响,并调节知识本身的流动,以便能源供应和温室气体的排放限制不仅在当地而且在全球得到优化。换句话说,能源供应,就像其他具有人为后果的全球基础设施一样,很可能不仅要引入新的市场机制,例如碳定价,还必须利用人工智能系统迅速增长的力量。[60]

作为公共利益的知识

人类的未来将取决于其保存和开发共享资源的能力:自然资源,如清洁的空气和水、粮食和能源;以及文化资源,如用于出行、通信和知识传播的基础设施。其中许多都是公共池塘资源(common-pool resources, CPR),因此,它们会受到"公地悲剧"(tragedy of the commons)的威胁,也就是说,由于个人倾向于以公共利益(common good)为代价来最大化自身的利益,因此这些资源被过度使用和潜在破坏了。[61] 诺贝尔奖获得者、经济学家埃莉诺·奥斯特罗姆(Elinor Ostrom)认为,对于公共池塘资源来说,使用者很难被排除出去,且一个人的消耗量是从其他人的可用量中减去的——不像公共物品,比如日落,许多人可以同时享受且互不干扰。[62]

虽然根据加勒特·哈丁(Garrett Hardin)的观点,公地悲剧只能通过"社会主义或自由企业的私有化"来解决,[63] 但奥斯特罗姆和她的同事在他们的实证研究中发现了许多成功管理公共池塘资源的不同模式。虽然解决方案因资源的具体性质而表现出极大的多样性,但奥斯特罗姆确定了一些指导其成功实施的通用"设计原则"。

例如,她观察到,以下几点非常重要:确定资源的边界,以帮助排除"搭便车者";在社区内施行内部规则,这些规则应得到更高管理层的尊重;灵活地调整规则,以应对社会文化的多样性;发展监督和执行机制;加强对规则的道德承诺;以及建立解决争端的程序。她还发现,当对解决公共池塘资源问题感兴趣的社区直接参与规则的制定时,规则会更有效。特别是后一种见解以及监控在成功管理公地中的作用,说明了第八章中讨论过的制度与知识之间的重要相互关系。

人类世使我们日益面临着治理全球公域的需要。这种需要对奥斯特罗姆的一些设计原则提出了挑战：由于涉及的人口众多，而且其文化具有多样性，制定规则并且达成一致进而执行规则变得更加困难；耕地、森林、海洋、生物多样性和大气等不同的公共资源是复杂地球系统中相互作用的部分，因此无法对之进行单独管理；与传统的公地治理相比，变化发生得更快，而且与这些传统案例相比，并没有进行试验的空间。尽管如此，保持制度多样性对于找到适当的地方解决方案可能是至关重要的。奥斯特罗姆与她的合作者评论道："这些新挑战显然削弱了我们的信心，我们原本立志从过去和当前的成功管理案例中找到解决未来公共池塘资源问题的方法。"他们讨论了应对这些挑战的可能制度和技术对策，并得出结论："归根结底，要从过去的成功中吸取经验，就需要有新形式的沟通、信息和信任，其广泛性和深刻性都将超出先例，但这并非全无可能。"[64]

在其比较研究《崩溃：社会如何选择成败兴亡》中，贾雷德·戴蒙德建立了一种框架，以评估造成社会崩溃的因素。一个关键因素是社会识别挑战并应对其认识到的问题的能力，特别是应对日益严重的环境问题的能力。他认为两种策略对于社会发展的成败至关重要：长期规划，以及随时准备调整核心价值观。他还强调，今天我们拥有独特的机遇，可以监控全球形势并借鉴过去的经验。[65]

所有这些见解都表明，需要建立一个新型的全球知识经济。在应对人类世挑战时，知识很可能是最重要的公共利益。只要知识的外部表征是可削减的，即是一种竞争性物品，就像某个人在图书馆中使用一本书就削弱了这本书对其他人而言的可访问性，它们就构成了一种公共池塘资源。但是在数字世界中，知识的外部表征不再是可削减的，因此它们所反映的就更接近于知识作为一种公益的真实属性。然而，支撑知识经济的基础设施仍然属于公共池塘资源，需要以响应未来的全球知识经济需求的方式对其进行管理。在此，奥斯特罗姆及其学派提出的设计原则可能会被证明是有用的。

其中一个经验是需要考虑所管理资源的特殊性。在谈论数据高速公路或信息社会，而不是将知识作为重要的基础资源处理时，这个建议很容易被忽略。数据和信息属于衍生概念：数据是信息的单元，信息是被编码的知识（不考虑含义）。应对人类世挑战所需要的不仅仅是"信息"；它需要特定形式的知识，不仅是关于地球系统的，而且是关于人类行为和价值观的。每当新的通信基础设施建立起来，它们就会给人们带来这样一种希望，即可以通过在发送方和接收方之间建立更大的对称性来改善知识传播的条件。但是，如果我们仅专注于改善这些基础设施的技术功能，而不承担将知识作为公共利益进行管理的责任，那么这些希望就仍然是渺茫的。

数字化、智能系统和数据资本主义

数字化是一个加速的转型过程，具有普遍影响。它改变了我们的日常生活、工作世界、工业生产、市场，以及我们的社会关系。[66] 人们越来越多地参与到智能技术环境中，这个环境会对他们施加控制，例如，通过手环来指导工人在工作中的行动。如果考虑到大脑植入物等脑集成技术，那么更糟糕的情况还在后面。基于算法的决策辅助工具正被用于判断犯罪者的再犯可能性。网络公司使用自动化决策，这越来越多地塑造了当前社会的知识经济，例如，当新闻推送算法影响到人们关注和阅读哪些文章时。[67]

信息源的数字化改变了人们对现实的社会感知。即使在富裕的西方社会，许多人也有一种被遗弃的感觉，更不用说数字富人和数字穷人之间日益扩大的数字鸿沟了。个人主义变成了利己主义，而利己主义又变成对公共价值观的拒斥。民粹主义者构建起源神话以制造社会凝聚力，但同时他们也播下了不和谐的种子。自以为是取代了追求正义，假新闻取代了具有公共约束力的知识。难以评估的、前所未有的大量信息促进了这些发展。社会科学家们谈论社会分裂，并对数字世界中自我强化的回音室和过滤泡（filter bubbles）进行分析。[68]

数字化与其他全球转型过程紧密相关，但人们还并不十分理解这些联系。[69] 数字化可追溯至1940年代后半期随着信息理论、逻辑计算机设计、半导体物理和控制论的发展而开始的持久信息革命。显而易见的是，如果没有新的信息和通信技术，二战结束后的许多发展——它们可以归功于战时经济向消费社会的转变，从煤炭到石油的过渡，以及最终在人类生产力和资源开采等所有领域的大加速——都将是不可想象的。[70] 例如，埃尼阿克等早期计算机对于氢弹的研发至关重要。简而言之，核时代、数字化的发端，以及现在被认为是地层学人类世开始的时期，这些都是紧密交织的。

至于未来，毫无疑问，信息技术的发展以及生产和消费速率的同等增长将继续相互促进，数字化经济将进一步加速化石经济。数字技术提高经济效率的力量（例如，通过工业生产和分配的自动化和同步化，或者通过给微任务创建全球劳动力市场）几乎必然会产生出更多的商品和服务。这将很难摆脱威廉·杰文斯（William Jevons，1835—1882）的悖论，根据这一悖论，效率的提高会导致消费的增加，因为价格降低了。[71]

数字化转向也以多种方式影响着科学：科学受制于它，试图理解它，并为塑造它做出贡献。对于许多科学而言，数字化创造出巨大的机遇，因为它填补了实验、建模和理论之间的空白。例如，全球气候变化只有在有大量数据、充足计算设备和复杂建模的情况下才能进行研究。[72] 但是，数字化不仅是使科学更加有效，它也影响了科学的标准，例如当涉及可重复性、可信度和因果解释的问题时。它也提出了新的挑战性问题：[73] 究竟在哪些任务上智能机器可以比人类处理得更好？人类的判断力在何处起作用？机器学习如何影响决策？怎样才能让机器最好地协助人类做出决策？偏见从何而来？人类与人工智能之间的最佳接合方式是什么样的？

在这里，有关第十四章中文化演化动态的一些见解可能会派上用场。毕竟，机器学习算法只是，例如，人类思维外部化的一种新形式，即使它们是一种特别智能的形式。正如在它们之前的其他外部表征（如计算机）那样，它们以另一种模态部分地承担了人脑的功能。它们最终会超越甚至取代人类思维吗？回答这个问题的关键点不是它们的整体智力仍然远远落后于人类甚至动物的智力,而是它们只能在内部化和外部化的循环中发挥它们的全部潜力,而正如第十四章中所讨论的,内部化和外部化的循环是文化演化的标志和驱动力。

这一循环对于人类从大量数据中提取结构的能力是至关重要的,人类可以借助外部表征来反思经验,然后将其明确化。当这种反思的结果以人类可以理解的形式表达出来时,它们就可以作为下一级别的外部表征,从而引发迭代抽象过程,进而导致在第三章中分析过的高阶认知结构。考虑到文化传播的需要,自然语言和符号语言或其他可供人类交流的基于规则的符号系统很可能仍然是此类高阶结构最有效的外部表征。因此,人类与人工智能之间的接口应该根据这种迭代抽象和文化传播过程的动力学进行优化,而不是仅仅依靠算法的黑匣子——后者可能非常高效,但其运作方式对于人类理解力来说是完全不透明的。

数字化、大数据、人工智能和机器学习可能会在应对环境挑战方面发挥至关重要的作用。他们为地球系统的动力学提供了前所未有的洞见。但是,反讽地改编一下诗人弗里德里希·荷尔德林(Friedrich Hölderlin,1770—1843)的话:拯救之地,必有危厄生长。[74] 电子设备消耗的能量越来越多,它们使用了比以前任何技术都要多的化学元素,并产生出大量废弃物。[75] 网络上的个人数据为数据滥用和数据操纵提供了巨大可能性,如一家私营公司(剑桥分析公司)的案例所说明的,该公司不当收集了大约8000万个脸书(Facebook)用户的个人信息,意图影响政治观点的形成。当前推动数字化的经济和政治力量的一个目标是提高对社会进程的智能控制效率。问题在于,这种控制往往只关注注意力经济中的几个参数,而且是针对,例如,个人用户在脸书页面上花费的时间,目的在于使广告效果最大化。

面向商业上可用的有效性,这种片面定位几乎没有为思考可能的副作用留出多少空间,还可能因为出现单点故障而有不稳定的风险。如果像谷歌(Google)或优步(Uber)之类的公司改变了他们的搜索排名算法,许多人的生计就会受到影响。社会互动越来越多地被技术中的规则和指令所塑造,并由平台运营公司控制。市场竞争激烈,由此产生的时间压力显

图16.2 巴基斯坦男孩在非法丢弃的电子垃圾中工作。根据联合国环境规划署（UNEP）的数据，在每年产生的500万吨电子垃圾中，有90%是非法交易到或倾倒在有儿童于有毒废弃物中工作的国家。参见Keen for Green (2018)。"热衷绿色"组织供图

然太大，让人无法进行长期考虑。许多人坚信，他们必须跟上全球发展的步伐，就好像只有一种可能的发展方向。但是，这种信念只会反过来加强已经处于主导地位的从众行为。

当前，诸如物联网和工业互联网之类的倡议由强大的经济利益推动，并得到了新技术的助力，尤其是电子元件的成本和尺寸的减小。物联网设想了一个全球基础设施，其中物理对象与电子网络内无处不在的嵌入式计算设施和虚拟表征相结合，从而允许这些对象之间以及与人类之间进行新型的"智能"交互。[76] 工业物联网，或在德国被称为"工业4.0"，指的是使用人工智能通过自组织过程使制造业自动化。[77]

物联网的想法似乎始于1999年，当时英国企业家凯文·阿什顿（Kevin Ashton）做了一次演讲。他声称："我们需要赋予计算机自己收集信息的手段，这样它们就可以自己看到、听到和闻到这个五彩斑斓的世界。射频识别技术（Radio Frequency Identification, RFID）和传感器技术使计算机能够观察、识别和理解世界——不受人类输入数据的限

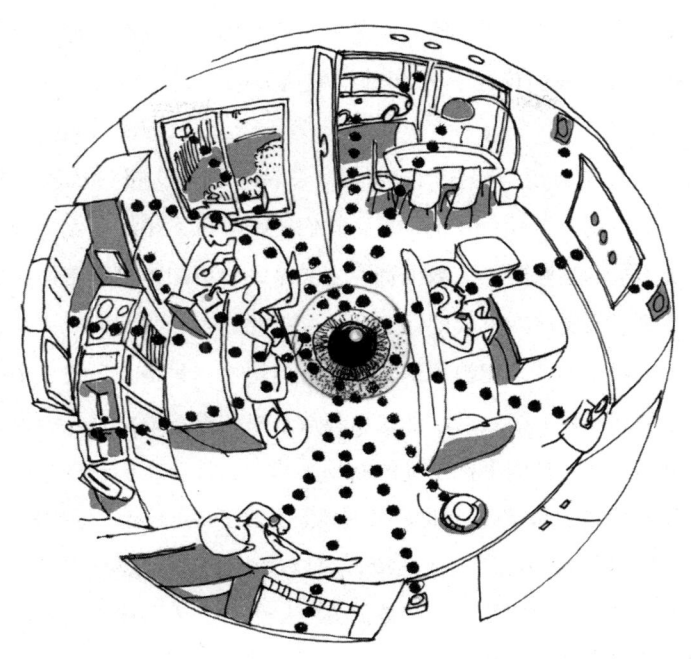

图16.3 互联世界：我们在谁的心灵之眼中？劳伦特·陶丁绘

制。"[78] 普适计算（ubiquitous computing）的想法更早，可以追溯到1990年代加州施乐帕罗奥多研究中心（PARC）的开创性发展。[79] 根据其先驱者之一马克·维瑟（Mark Weiser）的说法，这个想法是将计算机的位置从桌面或服务器机房转移到人类周围的环境中，"最深刻的技术是那些不出现的技术。它们将自己编织到日常生活的结构中，直到二者融为一体，无法区分"[80]。

在使全球基础设施适应人类世的挑战时，这些发展可能会变得非常有用。但是，它们也可能与下面要讨论的数据资本主义相结合，导致一个前所未有的监控社会。它们甚至可能成为向自我组织的智能技术圈迈出的一步，而这一技术圈最终将完全控制人类社会。这样一来，我们行为的非故意后果之总和将最终获得它自身的、自主的动态。

但是，我们怎样才能克服这样的困境——一方面，我们需要培养控制能力，另一方面，我们又越来越被我们所创造的控制工具所压制？人类社会和技术系统未来的共同演化会是何种局面——无须放弃人类价值观的共同演化吗？回答这些问题需要进一步的调查。就我们当前对数字化转型的理解而言，我们仅处于30年前气候研究的水平，即处于地球系统科学的起点。

数字化转型可以与哪些历史经验（如果有的话）进行比较？幸运的是，要完全控制人类社会并不容易，我们的物理现实还远远无法被嵌入到一个无所不包的物联网中。数据资本主义是一个更加紧迫但密切相关的发展，它塑造了人类应对挑战的回旋余地。就此而言，我们的时代是否可以与工业资本主义的开端相提并论？我们应当记住：只是在经过一个多世纪的阶级斗争和世界大战之后，那些新释放出来的经济力量才在当地暂时受到社会市场经济等社会平衡工具的制约（然而，社会市场经济的成功也取决于化石能源的富足，这使得世界某些地区实现了特定形式的"碳民主"）。[81] 我们是必须重复这些经历，还是或许可以找出避免这种暴力斗争的方式？我们能否找出从过去的教训中获益的方法，也许是为了建立某种类似全球"社会知识经济"的东西？

普适计算和物联网引起了人们对共享经济的平等主义愿景——在共享经济中，人类被赋予了以前仅适用于大型数据中心的计算能力，而且物品不仅是智能服务的提供方，甚至可以成为智能伙伴。[82] 然而，计算已经变得更加分散，也更加集中。[83] 原因是，分布式计算产生了大数据，而大数据已成为新型资本主义即"数据资本主义"的主要经济驱动力。谷歌、脸书、亚马逊、微软和苹果控制着80%以上的终端用户设备产生的流量，他们已将数据收集转变为一种关键的商业模式，该商业模式现在正被物联网的其他推动者所接受。正如布鲁斯·斯特林（Bruce Sterling）言简意赅地指出的："物联网基本上是其他权力参与者的一种认可，即五巨头的方法赢了，并且这些方法应该被效仿。"[84] 数据资本主义对当前知识经济的影响可与资本主义最初的崛起相提并论。这种崛起伴随着财富的"原始积累"，最终导致了生产资料所有者与除了劳动力之外一无所有者之间的阶级分离。

同样，近几十年来，在大数据所有者和那些被迫在互联网上的所有信息交易中生成数据的人之间，距离越来越大。如第八章所述，在基于互联网的流通领域,"数据"是一个抽象范畴,类似于传统物质经济中的"交换价值"概念。这两个概念之间的关系通过数据生成、获取、存储和传输的成本,以及数据所代表知识的生产过程来建立。

在资本主义的历史性崛起中,货币(在市场经济中作为交换价值的外部表征)承担了资本的新角色,成为使物质生产的发展适应市场条件的一种调节结构。当资本积累本身成为目的时,生产过程就会受制于第八章中所描述的新的、更抽象的逻辑:"商品—货币—商品"的循环转变为"货币—商品—更多货币"的循环,具有内置的、自我增强的反馈回路,且不考虑全球的边界条件。[85]

类似地,尽管电子数据最初只是作为一种存储和传输的媒介从外部表征信息,但私人或国家对大数据的积累(尤其是来自社交网络的数据)已经日益成为社会和经济过程中获取和转换控制权的一种手段。当工业物联网等概念付诸实践,生产领域也将越来越多地被大数据所控制。如第八章所述,前网络市场经济的"信息—数据—信息"循环因此被有效地转变为"数据—信息—更多数据"的循环,这种循环由互联网促成,并由那些拥有积累和使用这些数据的手段和基础设施的对象控制,无论控制者是私人公司还是国家。资本和数据积累的自我强化过程不仅相似,而且实际上是相互耦合的,因为积累的、私有或国有的大数据可以充当"数据资本"——一种不仅引导和控制市场经济,而且引导和控制整个社会的新手段。[86]

肖莎娜·祖博夫(Shoshana Zuboff)在新著《监控资本主义时代:在新的权力前沿为人类未来而战》(*The Age of Surveillance Capitalism: The Fight for a Human Future at the New Frontier of Power*)中谈到了"数字征用"(digital expropriation),并描述了其对人类自我决定的深远影响:

> [拉里]佩奇[谷歌的首席执行官兼联合创始人]意识到,人类经验可能是谷歌的原生木材,它可以在网上无额外成本地提取,也可以在现实世界中以非常低的成本获取,因为现实世界中"传感器真的很廉价"。一旦被获取,它就会被呈现为行为数据,产生一种剩

余，构成一种全新市场交易类别的基础。监控资本主义起源于这种**数字剥夺**行为……在这种新逻辑中，**人类经验屈服于监控资本主义的市场机制，并作为"行为"重生**……在这种未来中，我们从自己的行为中被放逐，无法获得或控制被他人为他们自己的利益而剥夺的知识。知识、权威和权力掌握在监控资本手中，对他们来说，我们只是"人类自然资源"。我们现在是原住民，我们对自我决定的默认要求已从我们的经验地图上消失。[87]

这些发展广泛影响着各大领域：消费市场（从健身追踪器到移动和零售服务，再到智能服装和环境辅助生活系统）、医疗服务、保险业务、前述工业互联网、基本基础设施（从用于能源流的智能电网到供水或交通的智能控制），以及农业和工业生产。由于所有这些领域都会产生并可能积累数据，我们不仅面临巨大的网络安全挑战，还面临着人类生存的各个方面控制手段的迅速增长。正如叶夫根尼·莫罗佐夫（Evgeny Morozov）所指出的，"由于传感器和互联网的连接，最平凡的日常物品也已经获得了调控行为的巨大力量"[88]。因此，继蒂姆·奥莱利（Tim O'Reilly）之后，莫罗佐夫也谈到了"算法调控"的潜力，它可与通过法律和政府干预进行调控的传统形式相竞争。[89]

但我们也不应忘记，大数据、人工智能、物联网和工业4.0可能会为实现智能系统和知识基础设施（保罗·N. 爱德华兹）提供机遇，这些系统和基础设施在应对全球挑战时可能变得有效（甚至必不可少），例如，使旨在实现可持续性的新会计实践成为可能。鉴于对大型基础设施的相互矛盾的需求，对环境条件和其他社会框架的影响，超国家因素，不同的经济和政治利益，以及对民主正当性的追求，人们如何才能将智能系统的潜在优势与明显危险相协调？

如果人们没有在全球层面上意识到，在应对人类世的多重挑战时必须进行彻底变革，这将几乎毫无可能。这种意识必须借助于全球共享的知识——例如，有关历史资源和基础设施转型的知识——并使替代方案及其影响尽可能透明。我乐意承认，仅凭知识不足以产生必要的变革，即使知识之中已经包含可以在所需规模上触发行为改变的内容。但是，尽管知识本身并不是这些变化的充分条件，它很可能是一个必要条件。

迈向知识之网

如何增强知识在这些变化中的作用？上述智能系统未对这一基本问题提供答案，因为它们没有在数字世界中创建或导向创建全球人类知识的共享表征。为处理这个问题，我们有必要回到万维网的起源，并回顾一下在第十章中简要讨论过的一些基本特征。网络虽然是最近才出现的一种现象，但却属于一个很长的知识表征技术链。网络已经从一个专门研究团体使用的小型工具迅速发展成为拥有近40亿用户的技术。1960年代后期，特德·纳尔逊（Ted Nelson）提出了全球超文本的设想。它可以用一种新方式潜在地表征人类的集体知识：作为互相链接的文本。[90] 直到1980年代后期，当万维网被开发出来时，这一设想才得以实现——最初是作为物理学家们的交流平台。只有在这时，大体构想才与准备好实现它的技术能力和认知共同体相遇。

网络为数量空前的人们提供了产生巨大影响的潜力。网络的协作可扩展性相当庞大：成千上万（或更多）的人可以互相协作，创建开源操作系统或百科全书这样的产品。网络承诺了几乎世界级的互连性：离散的文档可参与到与其他文档连接的巨大网络中。网络也具有出色的可塑性：它可以轻松容纳新的内容组织方式和新的内容类型，而且这些内容可以快速而频繁地更改。网络也允许迅捷的环境查找：在庞大的信息库中，所需的知识几乎可以从世界上的任何位置即时找到。网络有可能提供极低的延迟：事件发生后的几秒钟内，新闻（无论是真实新闻还是虚假新闻）就能在全球范围内传播。生命周期截然不同的数据汇聚在一起：当日的新闻故事可以立即在百科全书中找到自己的位置。

但是，尽管其发展迅速，网络在表征和共享全球人类知识方面的独特潜力尚未被系统地实现。目前的网络仍然是一种标准形态，也是其创建者所构想的形态。当前网络中的科学知识经济仍然十分落后，包含了印刷文化的过时特征，这些特征可以追溯到谷登堡（Gutenberg），甚至可以追溯到中世纪的缮写室（scriptorium）。新旧知识的整合仍然受到以下事实的阻碍：知识分散在各种媒体之中，并受到限制其可获得性和连接性的访问控制措施的保护。网络上文档之间复杂而动态的链接结构代表了不同知识领域之间的关系，其本身也构成一种重要知识。但是，当前的网络缺乏访问和注释这些结构的手段，因此无法创造有关这些结构的新知识，而这些结构本身对人类动因来说基本是不可见的。

当然，一个更适合应对人类世挑战的未来知识经济不仅仅是一个技术问题。正如我在本书开始时所强调的，它必须包括新的奖励方式，以帮助克服当前学术体系对获取象征资本和实际资本的关注，也包括科学知识经济和人类重大挑战之间的新接口，以及实施现有知识的新激励措施。当前知识经济的转型是一项政治、道德和智力任务。当然，这也是一项技术和经济挑战。

缺乏开放访问科学知识的机会极大地阻碍了充分利用网络潜力来支持研究和学术的递归性质。但是，尽管数字对象形式的实际内容正越来越多地进入公共领域（在开放访问运动的刺激下），它们所跨越的网络以及它们之间固有的语义正变得越来越私有化。当今的社交网站和知识平台发挥着数据筒仓的作用，贡献可以被注入其中，但却只能艰难地提取——如果还能提取的话。在数据资本主义时代，大公司控制着文档和与之交互的用户之间的关系，从而限制了由这些关系中产生新知识的潜力。

我们需要新的思维来将网络转变为一项技术，用以促进人类世时期全球社会对知识的共同生产和共享。我认为，我们需要的是一个知识之网，即一个为未来知识经济而优化的"认知之网"。在这样一个未来网络中，公众对内容和连接性的访问，以及对所表示知识的质量和可靠性的控制手段将变得至关重要。在网络上发布的内容被浏览——这一术语意味着文档的随意组合。正如马尔科姆·海曼所主张的，浏览可以用有目的的文档联合来补充。[91] 根据这一想法，一组文档通过联合文档的方式被组合在一起。例如，一个地理数据集的集合可以被整合成一份世界图（Mappa Mundi）。或者，也可以将一部文学作品的多个版本、译本和评论合并为一个综观版本。

然而，新领域中的知识发展需要有新的认知模型来联合文档。[92] 当前的模型（例如百科全书模型和地理空间模型）是组织大量信息的强大公共结构，但它们最终不过是对已经使用了超过1千纪的认知模型的渐进式改进。要克服当前对科学知识的分割及其与当地环境的分离，就需要一种灵活的知识表征技术，既能容纳数据和模型，又能让全球共同体对其进行递归式改进。新的认知模型可以使用前面各章中分析的深层知识结构。

尽管在传统网络中，文档之间的结构性链接大部分是隐藏的，并且不允许注释，但是在认知之网中，这些结构将暴露为包含丰富链接的联合文档。这些丰富链接包括传入和传出链接、多向链接、传递性和非传递性链接、附带语义标签的链接、具有特定行为的链接等。反过来说，我们可以对此类联合文档进行注释或递归联合。图书馆员通常将元数据视为规范的结构化词汇，它们可以用来描述某种知识表征的内容和形式。在认知之网中，所有数据都变成了元数据，所有文档均成为看向知识宇宙的视角。通过鼓励文档之间产生可动态充实的链接，认知之网将允许文档彼此描述。

由于任何文档都可以指向任何其他文档集，因此一个文档可以被理解为知识宇宙在网络上的一个实例化的投影。每个文档都是进入整个可用知识宇宙的视角，每个视角之远景的壮观程度是文档连通程度的函数。因此，文档类似于莱布尼茨的单子，"不过是单个宇宙的各个方面［视角］……"[93]。任何与其他文档相连的文档在某种意义上都是**关于**其他文档的，可以被理解为元数据。

用户将（根据他们的兴趣和需要）选择：把哪些文档放在一起查看；哪些文档是他们希望用来作为知识宇宙的入口的；以及哪些文档应作为主文档，控制辅助文档的见解。这些决定不一定要保持私密性（就像家里书上的注释那样）；相反，它们可能会导致公共的、可共享的知识的产生。某个人的观点可以被提供给其他人，并作为他们探索的潜在起点。

在当前的网络上，用户行为受制于偷偷摸摸的信息采集方法。通过使文档联合成为一项明确的活动，认知之网可以让用户控制他们产生的信息。为了增加互动性和反思性，浏览器概念应该被一种能够让用户发挥更积极作用的技术取代。知识消费者和知识生产者可以合并为知识"产消者"，该术语描述的是"共同创新和共同生产其所消费产品"的个体。马尔科姆·海曼认为，"中间代理"（interagent）应该取代传统的浏览器，并允许未来的网络产消者像当前的网络用户可以轻松浏览那样，轻松地对现有文档进行注释和创建新文档。[94] 当然，这种新颖技术将不得不依靠可信赖的基础设施，这些基础设施构成了前述意义上的全球公域。在这里，管理公共基础设施的经验（如维基百科等先驱性事业所收集的）可能会提供重要的指导。

如果以随意无计划的方式进行开发，互联网不会自发地朝乌托邦的方向发展，而是可能在实际上分解成多个子网络。事实上，认知之网的替代方案很可能在内容或其散播平台上存在商业垄断，缺乏开放的标准和基础设施，对创新有限制，并最终分叉成为两个网络：一个是为大多数人服务的、内容华而不实的主流内容网络，一个是为少数人服务的另类网络。两者都无法让我们凝聚起所需的知识来应对人类世的挑战。

因此，重要的是要意识到，正如原始网络是由（并且为了）对其开发和使用感兴趣的认知共同体创建的，认知之网只有在公众对改变当前知识经济的强烈兴趣和政治斗争的推动下才能形成，这将使其能够从全球地方性知识的多样性中受益，并释放与应对人类世挑战相关的暗知识。正如我所强调的，改变当前的知识经济不是技术统治的问题，而只能通过一个共同体的努力，并在科学、技术、经济和政治等方面发生变革的背景下才能实现。

然而，即使是在目前状态下，网络也已经成为推动数字化社会变革和行动主义的重要媒介。它大大降低了成本，改变了参与集体社会行动的形式，不再需要主要人物在时间和空间上共同在场。[95] 网络还促成了全新的社会互动形式，特别是自发性地组织和协调集体行动的新方式，以及对其结果做出反应的新方式。但是，网络对应对人类世全球挑战的集体行动的影响将不仅取决于新技术提供的社会机遇，还取决于它为这些行动提供的知识。换句话说，网络的影响将不仅取决于其作为社交网络的灵活性，还取决于其作为认知网络的质量。

当前的经济和社会转型过程以社交网络为先导，并且就科学知识在网络上的表征以及与其他形式知识的交织而言，这一转型过程才刚刚开始重塑知识经济。如前所述，科学知识在网络上的表征仍然部分地是过时的。但是，即使在网络私有化和商业化程度不断提高的条件下，也有可能（至少在某些科学领域，如高能物理学、天文学和气候科学）建立大型的知识基础设施，允许全球共享大量数据，以应对气候变化等紧迫问题。[96] 鉴于数字资本主义的动态变化，这一知识基础设施和表征应该不仅作为认知"阿尔门德"（Almende）——作为我们在人类世生存所必需的一种公共利益——来加以保护，也应该进一步发展为针对知识的联合生产、开放共享和公共分配而优化的网络的组成部分。

在第十三章中，我们了解过涉及认知网络的自组织过程如何形成认知共同体。显然，即使在目前的形式下，网络也极大地改善了这种自组织过程的条件。人类世挑战可能会成为一种催化剂，促成跨越学科战壕的全球认知共同体的兴起，促使网络重新关注知识问题，并在学术界与公民社会之间架起新的桥梁。在应对这一挑战时，应始终牢记，"作为人类并不是一种个人的生存或逃脱。这是一项团队运动。无论人类拥有何种未来，这都是人类共同的命运"[97]。

第十七章

科学与人类的挑战

> 自然科学往后将包括关于人的科学，正像关于人的科学包括自然科学一样：这将是一门科学。*
>
> ——卡尔·马克思《1844年经济学哲学手稿》

> 理智的声音是柔和的，但它在被听到之前是不会休息的。最终，在经历了无数次的拒绝之后，它终于成功了。这是人们可以对人类未来感到乐观的少数几点之一，但它本身也有不小的重要性。
>
> ——西格蒙德·弗洛伊德《一个幻觉的未来》

我认为，我们需要将科学与人类的挑战重新结合起来。但是，这一请求既不新鲜也不绝对安全，因为它需要承担风险。它可以被看作是近代早期那种科学与寻求重新确立人类在世界上的地位二者联盟的复兴。昔日今时，具有挑战性的问题都需要新的知识整合形式。在近代早期的欧洲，科学的挑战性对象来自大型工程冒险，它们使人们有必要整合所有可用的知识资源，从希腊数学到当时工程师的实践经验。[1]

在我们这个时代，重大挑战来自事件的后果。它们涉及的不再是当地城邦的命运，而是人类世条件下整个全球社会的命运。因此，我们的视角不再是无限种视阈和无限种新世界的其中之一。相反，它关注的是系统

---

* 中译引自［德］马克思：《1844年经济学哲学手稿》，第87页。——译注

的极限、内部复杂性和历史动态，无论这些系统是生态系统、社会系统还是认知系统。当前的主要关注点不再是使地方性普遍化（就像在近代早期那样），而是使所谓的普遍性本地化和情境化。我们不能再将文化与自然截然分开，而是必须面对这样一大事实，即文化领域与自然领域将不可避免地相互融合。

在近代早期，工匠、艺术家、工程师、科学家和哲学家努力克服着传统界限。现在，当我们探索迄今为止划分的知识领域，以便利用科学作为全球化世界中的反思性媒介时，我们需要同样的勇气来消除个人和制度两方面的新界限。反思性的科学实践方法对于重新控制导致人类世的、看似不可克服的动态而言至关重要——这是一种可能会威胁到我们生存条

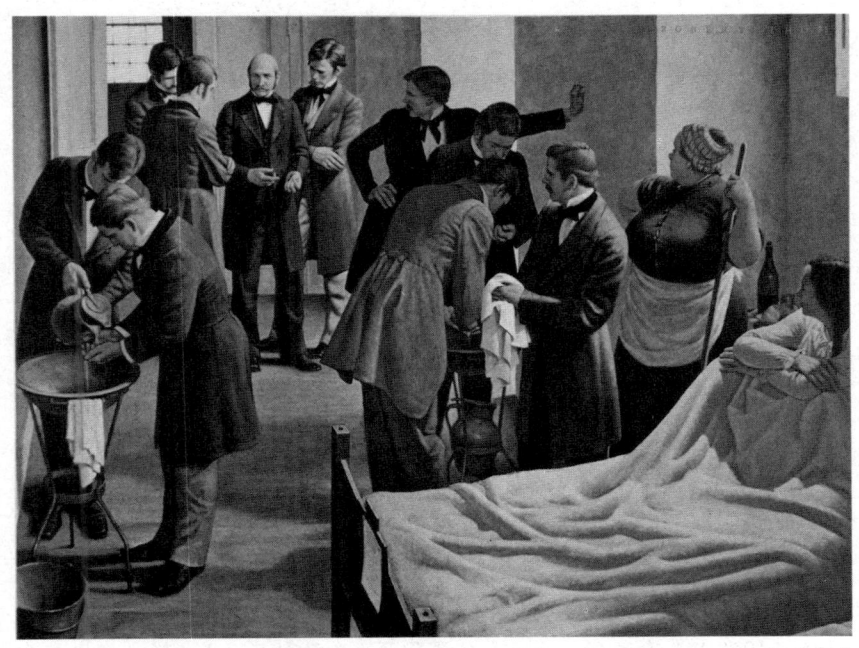

图17.1　罗伯特·汤姆（Robert Thom）的《泽梅尔魏斯——孕产捍卫者》（*Semmelweis—Defender of Motherhood*）。伊格纳茨·菲利普·泽梅尔魏斯（Ignaz Philipp Semmelweis，1818—1865）于1847至1848年在维也纳总医院的首家产科诊所工作，他建议医生和医学生在检查患者之前先用含氯石灰溶液洗手，以减少因产褥热而导致的分娩期产妇死亡。他的建议被当时的医学界拒绝。1865年，泽梅尔魏斯患上了神经衰弱，在一家精神病院去世，享年47岁。参见Bender and Thom (1961)。图自美国国家医学图书馆

件的动态。

在某种程度上，近代早期工程师型科学家们参与实际挑战的传统在18世纪和19世纪由混合型专家延续，他们生产有用的知识，目的是改善人类的状况。像亚历山大·冯·洪堡这样的人物不仅致力于通过促进科学知识和技术创新来解决社会问题，还会关注这种参与的政治意义和（在洪堡这里还有）全球意义。[2]

但是，还有其他一些例子可能会让人怀疑，让科学更广泛地参与公民和政治问题是否明智。在19世纪末至20世纪初的优生学运动等有问题并最终导致谋杀的政治运动中，科学家的参与凸显了跨越科学与政治之间界限的危险——更不用说科学家在纳粹或其他意识形态的名义下所犯的反人类罪行。鉴于此，我们能否真正宣称，科学仍可以作为生命和人类生

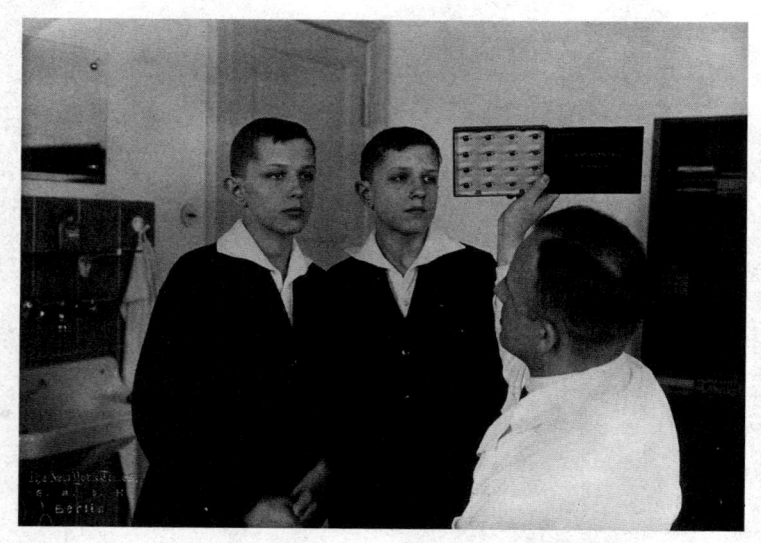

图17.2　人类生物学家和遗传学家奥特马·冯·费许尔（Otmar von Verschuer，1896—1969）在确定12岁双胞胎的眼睛颜色，1928年2月。冯·费许尔是优生学的领军人物，他在20世纪上半叶提倡强制性的绝育计划。他的学生之一是约瑟夫·门格勒（Josef Mengele，1911—1979），后者在1937年也成了他的助手和合作者。1938年，门格勒加入了党卫军，并在费许尔的鼓励下于1943年申请转到集中营服役。在集中营，他对囚犯进行了致命的人体实验，特别是对双胞胎，并挑选要在毒气室中杀死的受害者。参见Posner and Ware (1986); Sachse (2003); Schmuhl (2005)。照片由柏林达勒姆的马普学会档案馆提供

存的灯塔？

在处理此类请求的含混性（属于启蒙运动的传统）时，我们也许可以从宗教史中学到一些经验——这项任务不简单，而且很容易产生误解。我并不是希望抹去科学与宗教之间的界限。知识、批判和自我批评——这些通常被认为是科学的标志——对宗教传统来说并不陌生。但是，宗教并不主要与知识的制度化生产及其批判性评估有关；在本书所使用的意义上，科学才是。传统上，宗教为大型共同体提供生活导向，甚至声称为全人类提供生活导向。宗教传递着人类的基本经验，不仅使个人参与到提供集体认同的共同体之中，而且在某种意义上还使个人参与到整个人类的命运中。[3] 科学也可能为人类命运提供这种参与性视角吗？

面对现代化和全球化世界中人类经验的复杂性，传统宗教越来越无法在如此广泛的意义上提供导向，特别是基于对这个世界全面了解的导向。这种无能为力可能会使人们从这个世界的挑战中退缩，或者是根据传统宗教通常提供的相对狭窄的导向，基于构成宗教核心的更有限的经验，在组织生活本身时做出一些粗暴尝试。从世俗角度来看，这种缺点意味着将宗教还原为道德反思在历史上已经过时的来源，从而忽略了宗教建立和维持由共同实践、信仰和知识所组成的强大共同体的力量。

从启蒙运动的角度来看，我们已经习惯于以科学的标准来衡量宗教。因此，宗教充其量不过被视为一种文化容器，负责生死攸关的终极问题，并维护传统的认同、价值观、习俗和应对生活挑战的方式。然而，从这个角度来看，容易被忽视的是，宗教几千年来都在为全球个人和社会提供引导——这难道不能帮助我们提出关于科学引导人类之潜力的问题吗？例如：科学能否利用已积累的人类经验，来解决有关人类在人类世生存的问题？科学有助于使人类社会具有自我意识吗？科学能否使个人为塑造人类命运做出贡献（这在很大程度上取决于科学本身）？

在基督教神学中，末世论与人类的最终命运有关。如今，由于人类命运无法与科学和技术知识区分开，我们可以去寻找科学本身的末世论维度，并在一个脆弱的世界中培养它的指导作用，因为这个世界的未来取决于它。

只要我们将科学仅仅视为堆成山的事实,其巅峰并不提供任何远景,并且只要我们不揭开必然性的沉重面纱,这种面纱有时似乎用盲目的工具理性幻觉来压制科学,我们就不可能对这些问题做出建设性的回答。另一方面,前面的章节已经向我们表明,科学只是冰山一角,这座冰山的实质是对世界的认识,并且其形状是不断变化的。我们已经认识到,反思(关于思考的思考)是使知识的这种结构性变化成为可能的基本机制。因此,塑造我们对世界理解的范畴不会卡在预定逻辑的紧身衣中——至少在原则上,它们会在我们的评估下不断发生变化。同时,科学知识也已成为冰山的底座,首先是因为科学知识已与社会的几乎所有领域相关;更重要的是,它提供社会所需知识的能力已经成为一个生存问题。

在世界历史上的某些时期,科学或学术和学识已被用作"准宗教"——例如,作为专家们的精英主义宗教,或作为无所不包的救世事业,或作为制度化的教派。让我们逐一地简要考虑这些不同选择。专家宗教通常是精英阶层的建造物,他们把自己看作知识贵族,与大众及其琐碎

图17.3 科学事实堆积如山。劳伦特·陶丁绘

第十七章 科学与人类的挑战 467

的信仰相疏离。这一准宗教的知识之象与脑力劳动和体力劳动的分离一样古老。人们在美索不达米亚和埃及的抄写员中就已经发现了它，后来（如我们在第三章中了解到的）在希腊哲学家中它也有出现。将科学视为只向少数被选中的人揭示的奥秘，这一观点往往与抛弃不理解科学的人这一前景相伴而行——在过去，这种态度使科学家们与罪恶的政权结合在一起。

相比之下，在近代早期，我们看到科学研究是在一个"希望车间"中进行的，是包罗万象、入世的、面向全人类的救赎事业的一部分，与当时的巨大宗教动荡平行展开，而且常常相互竞争。早期近代科学不仅具有我讨论过的认知转型和经济转型的特征，还激起了许多改善生活的希望，而且不仅仅是对科学家。例如，哲学家、教育家和神学家约翰·阿摩司·夸美纽斯致力于普及教育，并提出了"关于改进人类事务的总建议"——

图17.4 马克斯·普朗克在纳粹时代初期继续担任威廉皇帝学会主席一职。他试图保护纯粹的科学不受意识形态的侵害，但在这样做时，他却反而将其置于政权的手中。图中是1936年即学会成立25周年之际，普朗克在哈纳克大楼（Harnack House）里讲话。普朗克相信，尽管纳粹政权对犹太人或其他不受欢迎的同行们进行了清洗，但他仍然可以通过担任主席一职来挽救德国的科学。参见Renn, Castagnetti, and Rieger (2001)。照片由柏林达勒姆的马普学会档案馆提供

这也是他一部主要作品的标题。[4] 在科学的末世论特征——在它所带来的终极希望的意义上——中，包括它对生产力的主张（即，它的价值应由其成果来判断）；它的归纳特性（即，个体被认为是整体的代表，而整体则依赖个体而存在或消亡）；它的内在性（即，它声称自己可以解释世界）；以及它的包容性（即，声称它的知识能够"保证人类的总体福祉"[5]，就像笛卡尔说的那样）。

在觉醒和充满希望的时期之后，接踵而至的是宗教史所熟悉的历史

图17.5 马滕·范·海姆斯凯克（Maarten van Heemskerck）《劳动与勤勉的回报》(The Reward of Labour and Diligence) 系列版画中的一幅。在这幅1572年的版画中，世界在三种不同视角下呈现：被工具和仪器覆盖的"动圈"；以弗所的狄安娜（Diana of Ephesus）用她多个乳房之一抚养着一个人类孩子；以及耕种的景观。通过人类劳动来改变世界，和把自己托付给自然界照顾，两者能够调和吗？在近代早期，这曾经是一种希望。参见 Bredekamp (1984; 2003)。© 大英博物馆受托人董事会

进程：僵化的教条主义和渐进的制度化使最初的救赎承诺失去了即时性。在面对法国大革命后的失望情绪时，从不成熟和非理性的束缚中解放整个人类的开明希望开始衰退。从解放角度对知识进行全面整合的希望仍然存在于一些哲学项目中，如被称为德国观念论的自然哲学，与格奥尔格·威廉·弗里德里希·黑格尔、弗里德里希·荷尔德林和弗里德里希·谢林（Friedrich Schelling，1775—1854）等人相关。他们最初提出的问题之一，是关于道德存在者的存在对物理世界之结构的影响：当一个世界中存在有思想自由和行动自由的道德存在者时，这个世界会是何种样式？[6] 如今，人类世以戏剧性的方式将我们带回自然哲学和道德哲学的十字路口。

但是，正如第十章所讨论的，在19世纪，科学和技术开始了迅疾的发展，比哲学家所预期的或能够纳入哲学框架的发展速度要快得多。这种扩展导致另一种类型的科学，即人们可以称之为"作为教派的科学"的东西，这是由于科学实践的制度化和人们对其施加的严格认知规范。[7] 从个体角度来看，将科学视作教派的信念在很大程度上是由大学、学院和研究机构中的组织性结构、程序和等级制度的日益主导性决定的——这一主导地位几乎不容置疑。最初的救赎承诺——至少在原则上仍然是对全人类做出的——因此最终被稀释为一种在庆典场合用来庆祝的机构使命，以赞美科学的统一性。

然而，在某些科学传统中，例如地理学和进化生物学中，仍然保留着这种认识，即科学的统一性不仅意味着方法或认识论的统一，而且意味着实际的内容整合，虽然这些内容可能分散在各个学科中。亚历山大·冯·洪堡和达尔文的作品中都阐明了这一点。在其五卷本的著名作品《宇宙》（Cosmos）中，洪堡试图对当时的科学知识进行概述，以显示"自然界是一个巨大的整体，由内在的力量推动和激活"[8]。如第七章所述，达尔文整合了来自地理学与形态学等不同领域的知识。知识整合的传统在之后的工作中也得到了保留。19世纪的突出例子包括赫尔曼·冯·亥姆霍兹、亨利·庞加莱和恩斯特·马赫。

科学的普及也鼓励人们对科学及其在社会中的作用形成综合性看法。年轻的爱因斯坦如饥似渴地阅读了阿龙·伯恩斯坦（Aaron Bernstein，

1812—1884）的《自然科学通俗读本》（*Naturwissenschaftliche Volksbücher*），这是这些流行观念影响个人的一个突出例子。[9] 这些小册子普及了科学的最新进展，并强调了其国际性、合作性，其与社会和政治进步的密切关系，以及对当局的批判态度。这些书让年轻的爱因斯坦了解到，科学是一项人类事业，他不仅可以欣赏，而且可以积极地参与其中——这不仅对其科学成就，而且对其关于科学的道德和政治意义的看法产生了众所周知的影响。在生命的最后阶段，爱因斯坦仍然记得阅读通俗科学书籍对自己克服先前的宗教信仰以及更广泛的世界观所造成的影响。他写道："对每一种权威的不信任都是从这种经历中产生的，对在任何特定社会环境中存在的信念的怀疑态度——这种态度再也没有离开过我，尽管后来对因果关系的更深入了解使这种态度有所缓和。"[10] 爱因斯坦的例子强调了科学世界观及其与世界各个层面的反思性和批判性思维进行联盟的重要性。正如博纳伊（Bonneuil）和弗雷索（Fressoz）所指出的："因此，在人类世中争取体面的生活意味着将自己从压制性制度中解放出来，摆脱异化统治和虚构。这可能是一种非同寻常的解放经历。"[11]

总而言之，解决当前全球挑战的可能性仍然取决于知识整合过程，该过程以全球共享的经验为基础，并由包括知识演化的社会条件及其末世

图 17.6　1950 年 2 月，爱因斯坦在电视演说中谴责美国政府研制氢弹的决定。图片由法新社提供

论维度在内的批判性反思介导。但是,我们必须谨慎地保持平衡,记住科学史提醒我们的诱惑、陷阱和过失。

一方面,在面对人类世时,我们应该将当前的知识经济重新导向全球责任。我们应该整合地方性观点,并找到一种新方法,将以问题为导向的研究与学术界内外的教学结合起来。在随后不可避免的全球转型过程中,公民参与及勇气也必不可少。这是一项复杂的挑战,需要仔细甄别能够维持这种重新定位的认知结构和体制架构。转型必须包括新课程和研究议程的开发,多种知识维度之间的相互联系,以及对知识与政治、经济和道德问题之纠缠的批判性参与——这些都是21世纪科学的标志。社会需要一些机制和机构,来帮助它们确保它们的政策利用并符合了关于全球挑战的现有知识。

另一方面,考虑到科学较长的创新周期及其对自主性的基本需求,我们仍然有必要为不受功利性约束的高信任度探索性研究争取社会支持,并同时保持传统上由学科提供的方法论标准和知识稳定性。解决人类世全球挑战所需要的新科学知识只有在以下条件下才能产生:科学自我组织的自由(这是科学创新潜力的根源)被加强,而不是通过进一步的控制或短期期望来削弱;通过反思和信任来促进科学中的问题选择,而不是由外部压力或拘泥于形式的职业模式来强加;不把对智力冒险的必要现实性检查用作借口,将科学禁锢在盲目追求"进步"或具有经济效益的应用中;科学的社会和制度结构鼓励智力流动和从全球社会的各个阶层招募人才;以及获取科学信息的新途径不因知识转化为商品而受到阻碍。

但是,只有直接参与改变人类状况的斗争,我们才能产生、共享和实施某些仍在暗处的知识——也就是说,通过实际尝试和地方性举措来找到对人类世面临的现实问题的具体回应。作为个体,无论我们以何种方式遇到这些问题,意识到科学是一个全球性、全面的知识演化的一部分(而不仅仅是专家们的精英主义追求),可能会有助于恢复以生命为导向的维度,这是近代早期科学及其解放性遗产的标志。因此,在寻找那些难以捉摸且朦胧的知识时,科学家们可能会再次成为"希望车间"的合作者,其中包括人类生存的希望。

术语汇编

抽象与反思（Abstraction and Reflection）

抽象（abstraction）：产生抽象概念的认知过程和历史过程，例如在具体情况下进行概括，或者反思性抽象和迭代抽象。

抽象概念（abstract concepts）：诸如数字、空间、因果关系、物质、基因、原子、化学元素、状态、心灵、颜色、行动、证明、事实或美等概念，通常涵盖广泛的经验，具有很大的指称域，与许多其他概念有语义关系。然而，仅仅通过观察词语，很难区分抽象概念是世界初级分类的一部分（例如，儿童学到的生物与非生物的区别）还是丰富而强大的概念体系的一部分（例如，几何学中的空间概念）。对于后者，抽象概念通常是一长串迭代抽象的结果。

递归盲目性（recursive blindness）：迭代抽象的一个副作用，即抽象概念似乎与产生它们的特定经验和具体行动无关。

迭代抽象（iterative abstraction）：形成反思性抽象层次体系的历史过程。反思性抽象层次体系基于这样一种可能性，即反思通常涉及外部表征（例如欧几里得几何的图表）的物质实践，这种物质实践有可能产生新的抽象层次。其中，外部表征本身来自对更基础的、历史上先前的经验（例如在测量实践中使用直尺和圆规）进行的反思。

反思（reflection）：对思考的思考，其中作为对象的思考通常涉及物质行动，尤其是诸如演讲、文字或计算之类的外部表征。因此，"对思考的思考"通常成为"关于涉及思维的外部表征的行动协调的思考"，从而导致反思性抽象。

反思性抽象（reflective abstraction）：让·皮亚杰提出的一个概念，这里用来描述通过对物质行动（例如，按长度来给木棍排序的行动）之协调的反思来产生抽象概念的认知过程。高阶形式的知识似乎与经验的初级对象脱钩，但实际上，它们通过历史上特定的知识转化而与这些经验对象保持联系。由此产生的抽象概念有助于将众多经验"整合"到概念体系之中（例如热力学或现代生物学的概念体系）。但是，所有这些抽象概念仍然有可能发生进一步改变。

反思性扩展（reflective expansion）：对知识表征进行反思从而产生高阶知识系统的过程。可与"认知心理学和认知科学"主题下的"广泛扩展"进行比较。

文化抽象（cultural abstraction）：将抽象这一普遍概念专门应用于一个社会中发挥调控作用的共享抽象概念。例子包括荣誉、价值、资本或时间等概念。

地球系统（Earth System）

大加速（Great Acceleration）：用于形容自20世纪下半叶以来，人类活动对地球系统的影响，影响之剧烈史无前例。

地球工程（geoengineering）：有意识地尝试在系统层次上操纵地球系统。

地球人类学（geoanthropology）：对人类社会进入人类世的过程、机制和途径的研究。

地球系统（Earth system）：由地球各圈层（大气圈、水圈、岩石圈与生物圈等）的集合构成的复杂系统。

动圈（ergosphere）：由人类的物质干预和基础设施塑造的地球圈层。其替代概念是人类圈和技术圈。在古希腊语中，"ergon"指的是由人类劳动创造出的东西。

环境安全界限（planetary boundaries）：由约翰·罗克斯特伦和威尔·斯特芬领导的一组科学家提出的地球系统科学概念，用于描述地球的生物地球物理子系统中的阈值或临界点，超出这些阈值或临界点可能会发生突然的、不可逆转和不安全的变化。

技术圈（technosphere）：一些人提议的新地球圈层，由人类创造的技术系统和基础设施的全球集合构成，强调其自组织动力学。它的替代概念是动圈。

全新世（Holocene）：所谓第四纪中的间冰期，在这期间，即过去的11,000年中，人类一直生活在非常舒适的环境中。"holocene"一词的意思是"完全最近的"。

人类世（Anthropocene）：人们提议的在全新世之后的新地质时代，人类活动对地球系统的影响是其决定性特征。为将其正式添加到官方地质时间表中，地层学界目前正在评估其存在和开始。

生物地球化学循环（biogeochemical cycles）：物质在地球系统的各个组成部分和领域中的流通和转换，例如在碳、氧、氮、磷、硫和水循环中。这些循环可能会受到人类的影响，或被人类引发。

生物圈（biosphere）：所有生态系统中有生命存在的区域。

资源耦合（resource couple）：技术创新和伴随的资源开发相互促进（例如，蒸汽机与对煤和铁的大规模开发、生产和利用）。

复杂系统理论与进化/演化（Complex Systems Theory and Evolution）

超大过渡（XXL transitions）：从根本上影响人类在其环境中位置和作用的重大过渡，如从生物进化到文化演化再到认知演化的级联。该术语与重大过渡不同的地方在于，超大过渡只针对人类而言。

出现/涌现（emergence）：复杂系统中，无法通过分析其中的简单系统来预测或推断的现象的出现。对于复杂系统的那些（从遗传上或空间上）整合了多个要素的属性，如果它们是这些要素的总和或可以从这些要素的属性中推断出来，那么它们就可以被称为是"由此引起的"；如果它们大于要素的总和且无法从构成的要素中确定，则它们是"涌现的"。

反馈机制（feedback mechanism）：一种系统特征，通过该特征，系统的输出作用于其输入，从而形成一个难以分辨因果关系的循环，因为任何一方的变化都可能导致另一方的变化，从而产生更多变化。

符号演化（symbolic evolution）：人类外部表征能力（说话、创造图像、阅读、写作、计数等）的出现和持续发展。广而言之，所有基于编码的表征形式（如遗传密码，以及调控和通信系统的演化）都可以看作是符号演化的实例。

复杂系统（complex system）：在多个层次上进行交互的要素所构成的网络，它们形成了一个运作着的动态整体。

复杂调控网络、结构或系统（complex regulatory networks, structures, or systems）：控制复杂系统运作的嵌套式层级结构。例如，控制生物体发展的基因调控网络和管理社会运作的机构等。

共同演化（coevolution）：一个系统不独立于其他系统而进化/演化的现象。因此，所有进化/演化过程原则上都是共同演化过程，它也影响到调控网络的嵌套层级结构中存在的许多相互依存性。

共振效应（resonance effects）：外力和外部环境对系统内部动态的刺激。

进化/演化（evolution）：一个迭代的、动态的系统变化过程，每个（世代性）步骤中的动因和环境因素都会生成相似的动因和环境因素，这个过程允许变异的产生。整个系统的再生产受调控结构的约束；变异会受到选择性（和其他）作用力的影响，这些作用力影响其在下一代中的表现。

扩展适应（exaptation）：斯蒂芬·杰伊·古尔德（Stephen Jay Gould）与伊丽莎白·弗尔芭（Elisabeth Vrba）引入的一个术语，用于描述以下现象，即一种原本具有特定进化功能的性状随后被"重新利用"，以发挥另一种功能（例如，根据一种假说，进化出羽毛最早是为了进行体温调节，但后来它又被用于飞行）。来自文化演化的一个例子可能是出于运动目的而发明的轮子，它随后又被用作陶工的拉坯轮，或者相反。

扩展演化（extended evolution）：用于理解表型、社会、文化和认知演化的理论框架，该框架将调控网络和生态位构建的观点进行整合并以此为基础，其基本要素包括内部化过程与外部化过程。

临界点（tipping point）：系统可能发生突然且不可逆的变化从而导致一个新平衡状态的阈值。在人类世（临界点之后的状态），地球系统的新平衡仍然不可预测。

路径依赖性（path-dependency）：复杂系统之演化的特性，即任何先前的系统状态都可能促进或限制未来的状态。历史（与时刻相对）是路径依赖性的结果。

内部化（internalization）：扩展演化中的一个过程，在这个过程中，环境要素（例如已构造的生态位或人类思维的外部表征）被纳入对系统行为和功能进行控制的调控结构。内部化的结果是内化适应。

内化适应（endaptation）：内部化的结果，即某些外部条件成为控制系统行为的复杂调控结构的一部分。文化演化中的一个例子是新石器化（Neolithization）过程，在这个过程中，偶然的生态条件，即通过驯养动植物来获取食物，成为人类社会的内在特质。

平台（platform）：用来执行功能的环境（或调控性生态位），它开辟了一个特定的可能性状态空间。该术语由曼弗雷德·劳比希勒引入，旨在描述进化/演化过程中的重大过渡。

人工进化（artificial evolution）：一种基于突变和选择等进化机制的优化程序。它被用来优化技术系统的设计，也与机器学习有关。

认知演化（epistemic evolution）：从文化演化中衍生出来的过程，在此过程中，科学知识经济已经从一个意外产物转变为保存、共享和发展文化演化成果，甚至可能是人类在全球范围内生存的必要条件。

生态位构建（niche construction）：生物体（或更普遍意义上的系统）主动构建与其自身功能相关的环境的现象。作为这个过程的一部分，它们将内部功能状态外部化，从而塑造相关的生态位；它们也可能将环境要素内部化为自己的调控结构。生态位构建是先前行为的沉积物，并可以充当未来行为的平台。

生物进化（biological evolution）：进化的一种特定情况，基于单个生物体内部遗传和发育系统层面的随机变异以及代际遗传的影响，其关键调节结构是选择性繁殖。

适应（adaptation）：作为一种过程，指的是功能性特征与它们的选择性挑战逐渐对应；作为一种特征，则指的是适应性过程的产物。

适应度地形（fitness landscape）：对于任何给定的动因种群，每种变体的适应度值的分布。根据种群的平均适应度会在选择条件下增加，适应度地形可以预测进化轨迹。适应度地形的结构还决定了局部或整体优化的可能性。

调节（或调控）结构［regulative (or regulatory) structures］：一些规则，其功能在复杂系统的演化中涌现，复杂系统中要素的协调是新颖性和创新性的主要来源。

外部化（externalization）：扩展演化中的一个过程，其中系统的内部功能状态或行为不仅改变了系统自身，还改变了系统的外部环境，从而形成生态位构建。例子包括海狸建造的水坝或人类社会的物质文化。这些构建起来的生态位随后可以通过内部化，被纳入控制系统行为的扩展调控结构中。

稳定性和不稳定性（stability and instability）：一个系统适应内部或外部刺激的能力（或无能），它使系统对变化（演化、内化适应、临界点、重大过渡、涌现等）具有相对敏感性。

文化演化（cultural evolution）：在社会和文化学习的背景下，随着物质实践和知识的传播而出现的生物进化的扩展。通常，文化系统具有多种传承途径；因此，文化演化的动态更加复杂，可以在多种时间尺度上运作。

先前行为的沉积物和沉积作用（sediment and sedimentation of prior actions）：社会在其环境中留下物质痕迹的过程。无论是物理沉积物（如有毒废弃物）还是其他类型的沉积物（如因移民导致的语言传播），它们都改变了后代的环境。

行动平台（action plateaus）：由特定物质手段提供的行动、计划和创新的机会，这些物质手段构成的前提条件本身可能是先前行动的沉积物。当它们作为具有调节功能的基础设施决定了一个特定的可能性空间时，它们就成为平台。

支架（scaffolding）：在通过发展主义传统对演化变化进行概念化时（也被称为"演化发育生物学"）广泛使用的一个概念。该术语是由美国认知心理学家杰罗姆·布鲁纳（Jerome Bruner）在1950年代后期引入的，用于描述最近发展区内支持学习过程的结构（例如，在儿童的语言习得过程中，成人说话者的指导）。科学史学家米歇尔·詹森使用这个概念描述理论发展的中间阶段，其充当了新知识系统的母体。

重大过渡（major transitions）：由约翰·梅纳德·史密斯和厄尔什·绍特

马里引入的术语，用于描述进化/演化中涉及调控功能重大重组的事件，这些调控功能对应于大规模表型新颖性的涌现。例子包括生命的起源、多细胞生物和真社会性。

自我强化机制（self-reinforcing mechanisms）：系统内的反馈回路，其能使该系统永续存在。例如，科学在近代早期欧洲知识经济中的融入创造了一种自我强化机制，其中知识生产的增加带来经济或政治上的优势，而这反过来又导致了对知识生产的需求增加。

自我再生结构（autopoietic structure）：根据社会理论家尼克拉斯·卢曼（Niklas Luhmann）的说法，自我再生结构是系统架构的一种特征，它可以使系统进行自组织、复制其自身的元素，从而自我复制。

自展（bootstrapping）：系统自身生成条件来将其自身发展为更复杂系统的过程。

历史认识论（Historical Epistemology）

不可通约性（incommensurability）：科学史学家托马斯·库恩使用的一个术语，用以描述不同的科学理论和世界观之间相互不兼容或不可翻译的特性。

常规科学（normal science）：科学史学家托马斯·库恩提出的一个术语，用于描述科学家在公认的既定框架内解决标准问题的常规性工作。

地方普遍主义（local universalism）：科学史学家耶胡达·埃尔卡纳提出的一个术语，用于描述一种特定的知识之象，它基于这样一种错觉，即从当地条件得出的结论足以创造出具有普遍有效性的概念。

范式（paradigm）：科学史学家托马斯·库恩提出的一个术语，用于描述构成典范性框架的一组典型问题、理论、方法和实践，在该框架内，人们对特定领域做出常规贡献。

范式转换（paradigm shift）：科学史学家托马斯·库恩提出的一个术语，用于描述在科学革命期间，已建立的框架被放弃时，突然发生的知识系统和科学共同体的颠覆性转变。

交易区（trading zone）：科学史学家彼得·加里森使用的一个术语，用于描述不同思想集体（例如理论物理学家和实验物理学家）之间进行有限交流和沟通的领域，尽管人们对交流沟通所涉及的对象和目标存在分歧，但交流沟通仍然得以进行。

科学革命（scientific revolutions）：科学史学家托马斯·库恩使用的一个术语，用于描述科学知识的这种转变，即它们引起了知识架构和相关科学共同体的深刻重组。根据库恩的说法，科学革命可以被描述为范式转换。

科学共同体（scientific community）：科学史学家托马斯·库恩使用的一个术语，用来描述在同一领域或学科内做研究且关注相同范式的一群科学家和研究人员。

历史认识论（historical epistemology）：对知识的历史性理解，它旨在质疑非历史性的认识论主张。

全球情境主义（global contextualism）：科学史学家耶胡达·埃尔卡纳提出的一个术语，用于描述在选择问题、解释其解决方案并将科学知识整合到信念系统和社会进程中时，考虑到各种当地情况的必要性。

认知德性（epistemic virtues）：一个旨在促进对科学精神进行分析的概念。实质上，此概念由科学社会学家罗伯特·K. 默顿（Robert K. Merton）在论述科学的基本规范性原则（或伦理价值）时提出。后来，科学史学家洛兰·达斯顿（Lorraine Daston）和彼得·加里森（Peter Galison）采纳了这一概念，他们将科学家共同的规范性标准（例如，实事求是、客观性或受过训练的判断力）作为集体或个人的美德来探讨，将这个概念与"科学自我的历史"相关联。认知德性是知识经济的重要方面。

认知物（epistemic things）：科学史学家汉斯-约尔格·莱茵贝格尔（Hans-Jörg Rheinberger）使用的术语，用于描述成为研究工作重点的物体和过程，它们展示出可能成为实验性探究之目标的未曾预料行为。

思维风格（thought style）：科学史学家路德维克·弗莱克使用的一个术语，用来描述研究人员通过共同的隐性前提对感知、思维和实践的调整，这些隐性前提可能随着时间的推移而改变。对于弗莱克而言，只有在共同的思维风格下才有可能达成共识。

思想集体（thought collective）：科学史学家路德维克·弗莱克使用的一个

术语，用来描述由思想和观念的交流以及共同的思维风格组成的一群研究人员。

危机（crisis）：科学史学家托马斯·库恩使用的一个术语，用以描述特定范式似乎被打破或被证伪时科学界内部的不和谐。

知识之象（images of knowledge）：科学史学家耶胡达·埃尔卡纳引入的一个术语，用于描述一个社会或认知共同体中对知识的共同看法。知识之象是二阶知识的一种形式，是知识经济的一个重要组成部分。

认知网络（Epistemic Networks）

符号学网络（semiotic networks）：该网络的节点是真实的对象，例如人工制品、物质工具或外部表征；网络的边是行动、物理过程或建立起连接的其他关系。

平均最短路径（average shortest path）：一种网络特性，用来衡量完全连通图中两个节点之间最短连接的平均边数。

强连接（strong ties）：网络中节点之间旨在长期保持并显示出高度互动的关系（例如，长期业务关系）。通常，这些关系必须由高额的经济和社会资源投资来保证。

认知网络（epistemic networks）：存储、积累、转移、转化和占有知识的网络。认知网络包括语义学网络、符号学网络和社交网络。

弱连接（weak ties）：基于偶发互动建立起的联系（例如，在一个广泛的朋友圈内的关系，或在交易会和展览会上的非正式会面）。

社交网络（social networks）：该网络的节点为个人或集体行动者，它的边是节点的互动或节点之间的其他关系。

小世界（small world）：仅添加少数几个新连接即可达到节点之间高连通性的网络。高连通性在此被理解为一个小的平均最短路径。

语义学网络（semantic networks）：该网络的节点为概念、心智模型及其要素，这些节点从它们在经验解释中的作用以及与其他节点的关系中获得意义。语义学网络的边由思维过程组成，认知构件通过这些思维过程而相互关联。

认知心理学和认知科学（Cognitive Psychology and Cognitive Science）

程序（procedure）：一系列相对稳定的可重复动作，可以将其编码为一组指令，即使在新情况下，个体也可以按照确定的顺序执行多个动作。

抽象（abstraction）：参见"抽象与反思"主题下的内容。

发生认识论（genetic epistemology）：认知心理学的一条进路（由皮亚杰和他的日内瓦学派在1920年代发展起来），其主要观点是，认知结构是在儿童发展过程中，通过动作协调之内化而逐步建立起来的。因此，儿童通过同化和顺应来适应新的经验，从而形成行动智力。

反思（reflection）：参见"抽象与反思"主题下的内容。

非单调逻辑（non-monotonic logic）：形式逻辑的一种，与单调逻辑相对。非单调逻辑允许默认推理和在已知进一步证据时推翻原结论，而在单调逻辑中，逻辑结果的集合不能因新信息的增加而更改。

概念（concepts）：用语言（有时用单个词语）表示的认知结构，可以用其内在含义（由它们与其他概念的关系来定义，从而构成语义网络）及其外在含义（指一组适用于这些概念的所指，如指称域）来描述。

感知运动智力（sensorimotor intelligence）：皮亚杰儿童认知发展阶段理论的第一阶段，从出生开始到大约2岁时完成，指的是反射和行动方案（例如吮吸或抓握）之间不断增强的协调性，这可以成为后续发展步骤的基础。

格式塔心理学（gestalt psychology）：心理学中的一个方向［可以追溯到20世纪初由马克斯·韦特海默、沃尔夫冈·苛勒（Wolfgang Köhler）和库尔特·考夫卡（Kurt Koffka）创立的柏林学派］，它强调认知结构及其变化的整体性和自组织性。

广泛扩展（extensive expansion）：通过拓宽知识领域的边界（例如，通过新的经验和随之而来的对曾陌生元素的吸收）来增长知识。可与"反思性扩展"进行比较。

集体意向性（collective intentionality）：根据迈克尔·托马塞洛的观点，

人类创造文化惯例、规范和制度的能力并不以个体间的共性为基础，而是以文化共性为基础。它的前提是联合注意。

建构主义的结构主义（constructivist structuralism）：一种研究进路，它假定认知结构是在发展过程中构造起来的（例如皮亚杰的进路）。

具身认知（embodied cognition）：认知科学中的一种观点，强调身体与环境的相互作用在认知过程（例如感知、思维、情感）中的构成作用，这与以前将认知作为大脑中的一种计算过程（例如在机器人学或人工进化中）的研究方法相反。

客体永久性（object permanence）：即使物体存在于可感觉的范围之外也能认识到物体仍然存在的认知能力。

框架（frame）：认知科学家马文·明斯基使用的概念，用来描述典型情况下的内部知识表征。框架包含变量（或插槽），这些变量可以由各种输入填充，例如感官经验或先前的知识。框架会提供在特定情况下的预期信息，此类信息可以通过相关插槽的默认设置来获得。

联合注意（joint attention）：与他人共享注意力的能力，发展和比较心理学家迈克尔·托马塞洛认为联合注意是人类认知的独特特征之一，人类认知的独特特征此外还有有意识采取行动的能力、模仿他人的能力和集体意向性。

描述符（descriptor）：一个标签，例如一个单词或短语，指代分组块的结果（例如，由多个步骤组成的一个过程的名称）。

名词状态（noun-status）：当一个分组块过程可以通过其描述符［例如，被命名的配方（参见"知识类型"主题下的"配方知识"）］被可理解地提及时，它所达到的状态。

默认设置/默认假设（default settings /default assumptions）：由先前经验产生的合理预期，可用于填充框架或心智模型中的变量或插槽，也可以在有新输入时被替换。

内部知识表征（internal knowledge representation）：在心智中存储特定知识的形式，可以用概念、框架、心智模型、过程或其他认知结构来描述。

平衡（equilibration）：认知结构应对反映出其不足的挑战的过程。通过这一过程（根据皮亚杰的观点），经过同化和顺应的相互作用，可以重建认知平衡。

前运算思维（preoperational thinking）：皮亚杰儿童认知发展阶段理论的第二阶段，大约是从2岁到7岁。在这一阶段，儿童学习形成内部表征，从而获得使用符号和语言的能力。

情境性行动协调（situative action coordination）：遭遇挑战的个体在把控需要他们合作的情况时，进行的具有情境依赖性的互动。

认知结构（cognitive structures）：用来加工和理解经验的心智结构。认知结构可以由其他认知结构组成。

认知科学（cognitive science）：关于认知的跨学科研究领域。在控制论及其之后的人工智能研究的推动下，该领域在1960年代开始流行起来。

认知心理学（cognitive psychology）：研究人类和非人灵长类动物的认知过程的心理学分支。

生成主义（enactivism）：认知科学中的一种方法，强调认知过程中思维、生物体和环境之间的相互作用。该方法认为这些部分紧密地交织在一起，因此它规避了认知的二元论模型，生物体的活动也得到了强调。

顺应（accommodation）：修订现有的认知结构以应对新内容。

提取（retrieval）：从记忆中调出知识表征结构的过程。

同化（assimilation）：将新内容纳入现有的认知结构。

文化记忆/外部记忆/制度记忆（cultural memory/external memory/institutional memory）：习惯、知识或规范的长期传播，包括外部表征的传播。

心智模型（mental model）：参见"心智模型"主题下的内容。

运算（operations）：可逆的思维过程（根据皮亚杰的观点），可以通过想象相反的变化来抵消变化产生的影响（例如，将水从一个容器倒入另一个容器，然后再倒回去）。

运算思维（operational thinking）：皮亚杰儿童认知发展阶段理论的后半程，分为具体运算思维阶段和形式运算思维阶段，这一区分取决于心理运算是与具体环境相联系还是可以与之分离。

组块（chunking）：将多个项目（例如某个程序的多个步骤）作为一个单元进行记忆的认知能力。

最近发展区（zone of proximal development）：苏联心理学家列夫·维果茨基提出的概念，描述了一个学习者在拥有和缺乏有利环境和支持的情况下所能取得的成就之间的差距（例如，在学习语言时）。

认知之网（Epistemic Web）

产消者（prosumer）：知识消费者和知识生产者的合并。

环境查找（ambient findability）：能够相对容易地在所收集的大量可用信息中定位特定信息的能力。

开放访问（open access）：在网络上公开提供知识以及获取知识的方法。

开源（open source）：公开提供计算机程序的源代码。

联合（federate）：用一个联合文档将一系列相关文档汇总到一起（例如，联合成一份世界图的地理数据集）。

认知之网（Epistemic Web）：为全球知识经济的目的而优化的万维网，它包括对内容和丰富链接结构的开放访问，也为产消者提供了通过中间代理与知识进行交互的多种方式。文档之间的链接结构以联合文档的形式呈现，其中所有数据都是元数据，所有文档都是看向知识宇宙的视角。

物联网（Internet of Things）：一种全球基础设施，其中物理对象与电子网络内的嵌入式泛在计算设施和虚拟表征相耦合，从而允许这些对象之间以及与人类的"智能"交互。

协作可扩展性（collaborative scalability）：网络承载多人同时协作的能力。

延迟（latency）：一个网络接受和传播信息之间的相对时滞。

中间代理（interagent）：网页浏览器的一种更具交互性的替代品，它使网络产消者可以像现在的网络用户浏览网页那样轻松地创建新文档、将文档联合起来以及给文档加注释。

社会与制度（Society and Institutions）

超临界理论（overcritical theories）：其假设范围超出人类学界域的理论。

二阶机构（second-order institutions）：二阶机构是保障现有机构运作的机构（例如监督部门），它会对个体施加上位逻辑从而改变合作行动的条件。

分形化（fractalization）：通过全球化，让不同尺度上的社会结构中产生相似的复杂模式。

工程师型科学家（engineer-scientist）：15世纪的欧洲出现的一群知识分子，他们结合实践知识和理论知识来应对当时的技术挑战。

管理部门（administrations）：一种二阶机构，其任务是控制或指导现有机构的运作。

规范性系统（normative systems）：包含价值、信念和知识的系统，这些价值、信念和知识与制度的运作、原理和对行动者的意义有关，可以让他们有能力按照制度法规中隐含的行为规范行事。

混合型专家（hybrid experts）：也被认为是科学家的技术专家。

集体行动潜力（collective action potential）：一个社会执行某种功能（例如，生产基础设施、维持公民治安或打仗）的能力。

均质化（homogenization）：全球化世界走向统一化和标准化的趋势。

客观利益（objective interests）：处于特定社会地位的个体的模式目标（依据其制度角色）。客观利益通过成为个人的主观利益来实现，因此可能会采取不同的形式。

权力（power）：个人或团体对其他个人或团体的行动进行指导和控制的潜力，通常是控制他们的行动条件。

全球化（globalization）：通过生存方式和社会凝聚力——从商品和技术到语言、知识、规范性系统和信念系统——以及政治和经济制度的全球传播，全球相互依存关系日益增强。即便这些传播是某种长期发展的一部分，该术语也同样适用。

人类学界域（anthropological gamut）：人类和人类社会的一系列关键属性，它们构成了人文和社会科学研究的共同基础。这些关键属性包括生物学特性，例如代谢需求（呼吸、营养等）和有性繁殖，以及文化特性，例如物质文化和知识的传播。

社会-认知复合体（socio-epistemic complexes）：增强人类社会对科学知

识生产之依赖性的大规模社会结构（例如，化学工业、核技术、基因工程、全球流动网络，以及信息与通信技术的社会结构）。

社会分裂（social fragmentation）：社会凝聚力的丧失。

社会化（socialization）：将个人及其需求、欲望和认知能力与社会及其制度的需求关涉起来的过程之总和。在家庭、学徒和学校教育的环境中，它通常呈现为教育、学习和训练的形式。

社会技术（social technologies）：制度的物质手段，用于操作性地实施制度性规定，例如违反规范时适用的成文法、货币在市场中的使用或时钟在工厂中的使用。

社会凝聚力（social cohesion）：社群建立联系并避免分裂和瓦解的能力。

社会自反性（societal reflexivity）：一种层次体系形成机制，通过这种机制，（依靠外部表征的）新制度应运而生，以引导现有制度或实践。

数据资本主义（data capitalism）：数据积累的自我强化过程，它使知识在私人或国家利益下被越来越全面地征服。在数据资本主义条件下，前网络知识经济的"信息—数据—信息"循环正在转变为"数据—信息—更多数据"的循环，这些循环由那些拥有积累和使用大数据之手段和基础设施的对象控制——无论是私人公司还是国家。

物质手段（material means）：特定社会及其制度可运用的工具、机械、基础设施、生产力和外部表征。

相互限制陷阱（entrapment of mutual limitation）：一种反馈回路，其中个人的能力和观点被社会提供给个人的有限经验范围所削弱，而制度性规定本身也受限于制定者个人有限的心智能力和观点。另一种反馈回路则因个人和社会制度的相互促进而刺激合作行动。

信念系统（belief systems）：在一个群体或社会中共享的心智状态，通常包括知识包，并经常在规范性系统中发挥作用。

学术资本主义（academic capitalism）：根据资本主义经济模型来塑造的科学知识经济，它引入了市场机制，并根据经济标准来评估研究和教学成果。

亚临界理论（undercritical theories）：其假设范围小于人类学界域的理论。

制度/机构（institutions）：人类互动的调控结构，它们使人类社会能够应对一再出现的问题。制度/机构对集体经验进行编码，并依靠分布式知识、制度性规定的物质手段和外部表征，以及个体头脑中的内部表征（规范性系统中的价值观和信念），对集体行动进行调停。另见"制度性变革的诱因"。

制度的外部表征（或物质体现）[external representations (or material embodiments) of institutions]：制度的有形符号、工具和基础设施，它们与个人头脑中的内部表征一起，根据制度规定来组织行为。当制度的物质体现具有可操作性功能（例如市场经济中的货币）时，我们也称其为社会技术。

制度角色（institutional persona）：制度中的一种角色，它是该制度中的特定位置所塑造的社会化过程带来的特征性结果。这一角色然后充当了该位置的角色模型。

制度性变革的诱因（triggers of institutional change）：导致社会框架发生非法转变的外部或内部刺激或挑战（冲突、经验的扩展或新物质手段的采用）。制度构成了社会互动中的动态平衡。它们不断变化。因为个体是不同的，因此体现和制定社会框架的方式往往在时间和空间上有所差别。在面临挑战时，制度稳定的关键条件在于它将集体问题的解决方案分解为个体行动的能力。

主观利益（subjective interests）：处于特定制度性位置的某个特定个体的实际、主观、个性化的目标，以及该个体对相应客观利益的看法。

阻滞（retardation）：全球化进程在实现其最初目的之后的放缓。

外部表征（External Representations）

超越性（transcendence）：某物获得意义的现象，且这一意义的指向超越其自身。

动作性表征（enactive representation）：思维的一种表征，是与动作本身直接关联的动作物质体现。

个体或主观意义（individual or subjective meaning）：与特定外部表征的

可能用法相关的个体内部表征，其特征由个体的独特经历所赋予。

可能性视域（horizon of possibilities）：一个知识系统不断变化且通常是不断扩大的潜力，由特定物理环境和物质文化提供的行动空间以及该知识系统的外部表征所开启。

社会意义（social meaning）：外部表征的行动潜力（比如语言中的词义或工具的可能用途），该潜力可能不是每个个体都能独立感知或预期的，而是在社会实践中实现的。

生成性歧义（generative ambiguity）：知识外部表征的悖论性质，即外部表征既是传承与保真的动因，也会推动创新和变革。

书面工具（paper tool）：科学史学家厄休拉·克莱因提出的一个概念，指表现为符号、图表或公式的知识的外部表征，它们以书面形式流传和操作。

图标性表征（iconic representation）：指向动作、对象或观念，但也同时模拟所表征事物属性的表征。

外部表征（external representation）：一个社会中可以编码知识的物质文化或环境的任何方面，如地标、工具、人工制品、模型、仪式、声音、手势、语言、音乐、图像、标志、文字、符号系统等。外部表征可以用来共享、存储、传播、占有或控制知识，但也会转变它。对外部表征的处理受其所代表的认知结构引导，并且可能会产生新的认知结构。外部表征的使用也可能受到符号学规则的限制，这些规则具有物质属性，在特定社会或文化背景下使用，比如书写中的正字法规则或文体惯例。

外部表征的次序（orders of external representations）：知识表征的级别，由产生知识所需要的迭代抽象来定义，尽管不一定是为了它们的延续或使用。

症候性意义（symptomatic meaning）：通过文化实践，如艺术或宗教，以及相关的外部表征，对冲突经验的矛盾性捕捉和保存。

知识表征技术（knowledge representation technology）：用于创建知识的外部表征的技术。

心智模型（Mental Models）

场论模型（field theory model）：经典物理学的一个模型，根据该模型，某个源产生可以用场方程描述的场，而场则根据运动方程规定了物体的运动。

地壳均衡模型（model of isostacy）：一种地质模型，根据该模型，山脉或大陆板块与其地下介质处于流体静力平衡状态。

杠杆模型（lever model）：机械模型的一个特定版本，它把杠杆作为一种省力装置。

拱模型（arch model）：基于实践知识的一种模型，即建筑物的开口可以由拱形物来跨越，而拱形物仅在插入拱顶石时才开始承受自身的重量。

机械模型（mechanae model）：在该模型中，一个机械工具可以在给定力的作用下实现"非自然"的效果，而如果没有该工具就无法达到这种效果。

加速度-暗示-力模型（acceleration-implies-force model）：经典物理学的基石模型，在此模型中，需要力的不是运动，而是运动的变化（即加速度）。

平衡模型（equilibrium model）：确定重量的模型，其中使天平处于平衡状态的力等于物体的重量。

天平杠杆模型（balance-lever model）：杠杆模型与天平模型的组合，随着不等臂天平的发明而出现。

推动力模型（impetus model）：根据推动力模型，引起运动的力是实体，可以从推动者传递到运动对象上。

稳定性模型（stability model）：根据这个模型，一个重物在没有另一个物体的支持或稳定的情况下，会向下落。

心智模型（mental model）：一种类似于框架的内部知识表征结构，但通常指的是呈现丰富内部结构或动态的（真实或理想的）对象和过程。心智模型通常可以用物质模型来进行外部表征。它们允许从不完整（或过剩）的信息中得出结论，尤其是通过运作心智模型。心智模型包含可以用输入信息填充的变量，这些输入信息来自不同来源，包括默认设置。其中某些变量格外关键，只有在这些变量被填充之后，模型才是可操作的。心智模型是特定于环境的，因此一般来说并非普遍有效。通过将新经验嵌入以前经验的认知网络中，心智模型将当前经验与过去经验联系起来。

运动－暗示－力模型（motion-implies-force model）：该模型认为运动是由于推动者施加的力引起的，更大的力必然引起更强的运动。

运作一个心智模型（running a mental model）：在这种操作中，心智模型被部署或被带到一个特定的情境中，人们从心理上探索改变其输入所产生的结果。

重心模型（center-of-gravity model）：天平模型的推广，根据重心模型，每个重物原则上都可以被视为处于平衡状态的天平，重心为其支点。

语言（Language）

词汇化（lexicalization）：概念在语言中的表示。

多语制（multilingualism）：在某种文化、地理或职业社群中使用多种语言的现象，往往指示（并促进）着知识传播。

翻译（translation）：将文本从一种语言转化为另一种语言的过程，在此过程中，文本的形式和含义都会不可避免地发生变化。

声门描记（glottography）：根据语言学家马尔科姆·海曼的说法，声门描记是文字系统中可以大声朗读出来的子系统（即可以说出来的语言内容）。

圣语（lingua sacra）：专门或主要用于神圣或礼拜仪式活动的语言（例如，在一些东正教教堂中使用的科普特语或斯拉夫语）。

通用语（lingua franca）：跨文化和跨语种群体的共同语言（例如，古代晚期的通用希腊语、当前的英语等）。

知识（Knowledge）

认知真空（epistemic vacuum）：假设的（和不可能的）状态，在这种状态下，所有关于现实的默认假设都被抛弃了。

数据（data）：以特定但普遍适用的外在表征编码的信息（通常表现为电子媒介中数字形式的符号序列，例如二进制体系中的1和0），它们也可以被用作信息的通用标准和量度。

信息（information）：通过通信渠道在发送方和接收方之间传递消息时对意外之事的一种度量，它在信息论中的概念化和量化可以追溯到克劳德·香农。由于信息标志着与随机性的距离，它与熵这一物理概念密切相关。与其他抽象概念（如时间）一样，信息也成为适用于广泛的自然和社会现象的概念框架的一部分。在知识经济的背景下，信息是以交换为目的而在外部表征中编码的知识。

知识（knowledge）：个体或群体解决问题并在心理上预期或采取相应行动的能力。知识通过认知结构进行内部表征，从而将过去和当前的经验联系起来。知识不仅仅是在个体心智结构中编码的经验，它还具有物质和社会维度，它让人类社会能够获取和编码经验，从而让经验在世代之间共享和传递。如果没有通过物质体现的知识的外部表征，知识就不能在个体之间进行交流，也不能进行代际传承。如果知识没有在一个社会的知识经济中实现生产和共享，个体的学习过程就会受到限制。

知识包（package of knowledge）：系统性程度较低的知识系统。

知识表征（knowledge representation）：参见"认知心理学和认知科学"主题下的"内部知识表征"。也可参见"外部表征"主题下的条目。

知识发展（knowledge development）：参见"知识发展"主题下的内容。

知识类型（knowledge type）：参见"知识类型"主题下的内容。

知识系统（knowledge system）：由于其要素在心智、物质和社会维度上的连通性而融汇在一起的知识。知识系统通常是一个共同体的共享知识的一部分。各种知识系统可能在分布性（它们在共同体内的共享程度）、系统性（它们的组织程度，决定了各组成部分的交织紧密度）、自反性（它们与主要物质行动的距离，通过它们在迭代抽象链中的次序来表示）等方面存在差异。

知识发展（Knowledge Development）

变革的诱因（trigger of change）：知识发展中的催化效应。变革的诱因是现有知识系统不可避免的干扰和不稳定因素。它们由内部挑战或外部挑战引起，例如，边界问题或挑战性对象。

边界问题（borderline problems）：属于多个不同知识系统的挑战性对象或问题。边界问题使这些知识系统相互关联（有时甚至直接冲突），从而有可能触发知识系统的整合和重组。

重定中心（re-centering）：知识重心的转移，例如，理论主题或概念焦点的变化，伴随着从旧知识系统到新知识系统的转变。

分裂（disintegration）：次级知识系统从上级知识系统中分离出来或提取出来的过程。

个体发生（ontogenesis）：单个生物体的发展。

历史发生（historiogenesis）：知识系统或人类文化的其他方面之涌现的历史性过程。

母体（matrix）：探索特定知识系统时产生的一组结果，这组结果通常构成一个知识孤岛，并充当知识系统之间过渡的中间阶段。母体通过支持最近发展区内的自展过程（例如，原始语言交流系统、原始语言、前驯化栽培、原算术、前经典力学）来为新知识系统的出现提供支撑。

内部挑战（internal challenges）：探索知识系统的过程中发现的模棱两可、不一致或矛盾，它会引发知识系统的重组。

视角（在知识系统中）[perspective (on a knowledge system)]：在个体学习过程中，与对知识系统的占有相关的一组特定的经验和认知结构。

探索（exploration）：调查和探究知识系统及其表征的过程，会不可避免地导致对知识系统边界的触碰和突破，以及视域的扩大。

挑战性对象（challenging objects）：指这种物质性对象、问题、过程或实践，即它们既在某解释性框架范围内，又触发了无法轻易被其同化，而是需要解释性框架进行扩展、转变或让步的经验。例如，近代早期的力学知识系统以对摆、飞轮和抛体运动等挑战性对象的研究为特征，它们激发了传统的解释框架。

系统发生（phylogenesis）：一个分类单元的生物学发展，例如人类物种的发展。

再情境化（recontextualization）：将系统或表征转移到新领域，通常会导致默认假设的变化和视域的扩大。

整合（integration）：将最初处于知识系统外部的要素归并到特定知识系统内的过程。

知识孤岛（epistemic island）：在与知识系统的核心（即在知识系统发展之初就具有高度系统性特征的那一部分，比如演绎系统中的公理与一些核心定理）有一定距离的地方发展起来的见解、结果或活动的集群。

知识经济（Knowledge Economy）

编纂（codification）：创造持久的外部知识表征（如纸质书籍）的行为，这些外部表征之后可以在知识经济中流通。

持久性（durability）：特定知识表征技术在没有显著退化的情况下持续存在的能力。

刺激性转移（stimulus transfer）：通过并非为表征知识的目的而设计的外部表征，对知识进行有中介的传播。

递归性（recursiveness）：关于知识表征的高阶知识（来自对其使用的反思）能够反过来被现有知识表征表示和整合的程度。

交互性（interactivity）：在访问一种知识表征时其所体现出的相对灵活性（例如，一本书可以跳读或重读，但电子文本可以全文搜索）。

交易成本（transaction costs）：道格拉斯·诺斯引入的术语，在这里指特定知识经济中知识的获取、再生产、占有、转移或传播的经济成本及其相关的控制程序。

解放性逆转（emancipatory reversal）：问题与解决策略之间关系的逆转，是独立教学机构出现的特征。最初，现实世界的问题决定了被教授的方法。然而在教学中，方法成为中心，并且问题的选择也取决于要传递的方法。

竞争性（rivalry）：个体对一种知识表征的使用在多大程度上降低了该知识表征对他人的价值。

科学知识经济（knowledge economy of science）：专门致力于科学知识生产的知识经济，允许知识的可修订性，并涉及适当的控制程序。

控制程序（control procedures）：为确保所传播的知识系统满足特定知识之象中包含的期望（例如，可验证性、稳定性或可修订性）而必须采取的社会实践。

联结度（connectivity）：一种知识表征与其他知识的连接程度以及连接的明确程度。

流通（circulation）：在组织化的知识经济中发生的知识转移（例如，在近代早期的欧洲，传播技术知识的手册的流通）。

免疫（immunization）：知识系统抵御外部影响的能力。

轻便性（portability）：一种知识表征传播起来的轻松程度。

认知共同体（epistemic community）：与特定共享知识系统的保存、积累、传播和改进有关的群体（或思想集体）。

认知溢出（epistemic spillover）：在知识经济中，专门为社会运转而生产和分配的知识以外的过剩知识。认知溢出可能会引发意外发展。

散播（dissemination）：知识的有意传播（例如，通过商业过程）。

散布（或扩散）［spread (or diffusion)］：同一知识系统的单个知识转移过程的集合，涉及众多知识接收方。

所有权（ownership）：获得知识表征技术的生产资料的途径。

同行（fellow traveling）：指这样一种过程，即知识参与其他传播过程，但并不支配它们，也不成为其目的。

文化折射（cultural refraction）：当知识被引入到另一种文化背景时，通过重新情境化实现知识的转化。

杂合（hybridization）：通过整合不同文化背景的知识系统来生成新形式知识的过程。

载体（vehicles）：知识传播所依靠的人员或外部表征。

占有（appropriation）：个体或社会主动将知识整合到认知结构或知识系统中的行为，会不可避免地改变已经接受的知识和既有的知识结构。

整合模式（modes of integration）：新知识被吸收到现有知识系统中的方式。

知识的社会可访问性（social accessibility of knowledge）：知识在一个社

会中的相对可获得性或不可获得性（例如，在知识垄断中，知之者寡，不知者众）。

知识经济（knowledge economy）：所有与知识的生产、保存、积累、流通和占有相关的社会过程，这些过程由知识的外部表征介导。

知识全球化（globalization of knowledge）：指这样一种知识传播，它不再局限于当地环境，因此原则上能够参与全球化进程。

知识全球化的内部动态（intrinsic dynamics of knowledge globalization）：不再局限于特定当地环境的知识发展。通过不断扩大的经验库以及迭代抽象过程，知识不再受地域束缚，因此原则上能够进行全球传播。

知识全球化的外部动态（extrinsic dynamics of knowledge globalization）：通过政治、经济、军事或宗教扩张而造成的知识传播，与其他转移过程同行，例如商业、征服或传教活动。

转移（transfer）或**传播**（transmission）：知识系统从某地迁移到其他地区，或从某个人或群体迁移到其他人或群体（例如，语言习俗或饮食习惯通过移民的迁移）。知识转移通过三个方面来描述：中介（外部表征的运用）、直接性、意图性。知识转移的过程也总是涉及接收方的动因（例如，拒绝或占有），该动因通常会对发送方产生影响。被传递的知识通常会在传递过程中发生转化。

自我增强动态（self-reinforcing dynamics）：转移了的知识趋向于刺激知识的进一步传播。

知识类型（Knowledge Type）

暗知识（dark knowledge）：乔纳森·耶施克等人引入的一个术语，指隐藏在潜在和实际公共知识之间空白中的内容。它也可以指因为政治、军事或经济利益导致的对关键主题缺乏研究，科学知识的专业性导致的公众无法获取，先前获得的知识的遗失，以及片面信息的传播。

导向知识（orientation knowledge）：将知识形式与个人或集体的道德、政治和信念系统联系起来，从而与个人或集体的身份和价值观等问题联系起来的反思性要素。

地方性知识（local knowledge）：从本地可定义的（文化、社团、社区）群体的具体经验中发展出来且依赖于这些经验的知识。

二阶知识（second-order knowledge）：通过反思其他知识而产生的知识，例如知识之象，或是证明和客观性等概念。

共享知识（shared knowledge）：分布在一个社会或团体中的知识，是其成员智力活动的共同基础。

规范性知识（normative knowledge）：允许个人或团体按照与制度密切相关的法规和合作形式行事的知识。

国际化知识（globalized knowledge）：不再局限于本地情况，因此原则上能够参与全球化进程的知识。

科学知识（scientific knowledge）：在专门用于产生这种知识的知识经济中，探索一个社会的物质或符号文化的内在潜力而产生的知识，允许对其进行修正，并涉及适当的控制程序（即科学知识经济）。

理论知识（theoretical knowledge）：具有高度系统性和反思性的知识系统，通常由文本表示，文本中的抽象概念由受规则限制的词汇或符号系统来表示，而词汇和符号系统只有通过先前的知识才能够理解。

配方知识（recipe knowledge）：由一系列相对稳定的可重复动作组成的程序知识，这些动作可被编码为一组指令，使人们在新情况下每次都能按确定的顺序执行多个动作。

缺失的知识（missing knowledge）：为维持文化演化的成就，甚至是为了人类在人类世的幸存而需要的未生产出来的知识。

实践知识（practical knowledge）：从受过专门训练的实践者的经验中产生的知识。它产生于特定任务的完成或对特定工具的使用中，是各种技艺（如建筑、医学等）的特点。在相当长的历史时期内，实践知识作为专业技能传承的一部分而传播。实践知识习惯化后就变成"自动化的"，因此可能类似于隐性知识。

系统知识（system knowledge）：了解复杂系统时所需的知识，例如关于地球系统的各圈层及其人类构成的知识。

隐性知识（implicit knowledge）：通常被用来描述直觉知识或实践知识，

因为口头表达仅代表其传播的非常有限的方面。

直觉知识（intuitive knowledge）：人类在个体发育过程中与其自然和文化环境相互作用而产生的广泛共享的知识。直觉并不意味着"没有中介"，而是指向认知必然具有的具身性和情境化方面（另见"具身认知"）。直觉知识的某些方面可能具有普遍性。

转变知识（transformation knowledge）：与这样一种集体和个人行动有关的知识，这些行动可以确保我们在人类世中的可持续生活。

注　释

中文版序

1. ［德］于尔根·雷恩、［美］罗伯特·舒尔曼编：《阿耳伯特·爱因斯坦和米列瓦·马里奇情书集》，赵中立译，湖南科学技术出版社，2003。［德］于尔根·雷恩：《站在巨人与矮子肩上：爱因斯坦未完成的革命》，关洪、方在庆译，北京大学出版社，2009。［以］哈诺赫·古特弗罗因德、［德］于尔根·雷恩：《相对论之路》，李新洲、翟向华译，湖南科学技术出版社，2019。［美］阿尔伯特·爱因斯坦著，［以］哈诺赫·古特弗罗因德、［德］于尔根·雷恩编：《相对论：狭义与广义理论（发表100周年纪念版）》，涂泓、冯承天译，人民邮电出版社，2020。
2. https://www.sciengine.com/CAHST/home.

本书的故事

1. 关于早期的纲领性出版物，参见 Renn (1994)，以 Renn (1995) 的形式出版。另见 Renn (1996)。有关正在进行工作的详细讨论也可参见马普科学史研究所半年一次的研究报告：https://www.mpiwg-berlin.mpg.de/research-reports。该报告自1994年以来定期发布。
2. Damerow (1996a)。有关戴培德贡献的更广泛的描述，参见 Renn and Schemmel (2019)。
3. 关于果蝇作为所有实验动物中最富有成效的动物之一的历史，参见 Kohler (1994)。科勒（Kohler）主张果蝇实验室构成了一种独特的生态位，野生果蝇在里面被转变成基因研究的实验工具。
4. Damerow, Freudenthal, McLaughlin, et al. (2004)。
5. Büttner, Damerow, and Renn (2001); Renn (2001b); Renn and Valleriani (2001); Büttner (2008); Valleriani (2017b)。
6. The Historical Epistemology of Mechanics (four-volume series): Schemmel (2008); Valleriani (2010); Feldhay, Renn, Schemmel, et al. (2018); Büttner (2019)。另见 Renn and Damerow (2012); Valleriani (2013)。
7. 尤其见 Renn (2007b)。
8. 见 Duncan and Janssen (2019)。

9. 除其他文章外，见 Klein (1994; 2003; 2015b); Klein and Lefèvre (2007)。
10. 见 Schemmel (2016a; 2016b)。
11. 见 Schlimme (2006); Renn, Osthues and Schlimme (2014a)。
12. Renn (2012c).
13. 见 Renn and Schemmel (2006); Zhang and Renn (2006); Zhang, Tian, Schemmel, et al. (2008)。
14. 见 Abattouy, Renn, and Weinig (2001a); Brentjes and Renn (2016c)。
15. 见 Renn, Wintergrün, Lalli, et al. (2016)。
16. 见 Bödeker (2006)。
17. 见 Renn and Schemmel (2000); Damerow, Renn, Rieger, et al. (2002)。
18. 见 Laubichler and Renn (2015; 2019); Renn and Laubichler (2017)。
19. 见 the Anthropocene Curriculum Project (2015–2018), https://www.anthropocene-curriculum.org。另见 Klingan, Sepahvand, Rosol, et al. (2014); Renn and Scherer (2015a)。
20. 见 Renn, Schlögl, and Zenner (2011); Nelson, Rosol, and Renn (2017); Renn, Schlögl, Rosol, et al. (2017)。
21. 有关近期讨论的重要分析，见 Omodeo (2018, 2019b)。另见 Engler and Renn (2018)。

第一章 人类世的科学史

1. 本章基于以下研究中对人类世作出的评估：Steffen, Sanderson, Tyson, et al. (2004); Steffen, Grinevald, Crutzen, et al. (2011); Schwägerl (2014); Möllers, Schwägerl, and Trischler (2015); Davies (2016); Trischler (2016)。本章也利用了以下文献：Renn, Laubichler, and Wendt (2014); Renn and Scherer (2015b); 和 Rosol, Nelson, and Renn (2017)。
2. 进一步的文献，参见 Costanza, Graumlich, and Steffen (2007); Zalasiewicz, Williams, Steffen, et al. (2010); Zalasiewicz, Williams, Waters, et al. (2014); Steffen, Broadgate, Deutsch, et al. (2015); Steffen, Richardson, Rockström, et al. (2015); Zalasiewicz, Waters, Williams, et al. (2015); Moore (2016)。
3. 见 Brooke (2018)。
4. Davies (2016, 42).
5. Davies (2016, 43). 另见 Crutzen and Stoermer (2000)。
6. 历史性概述请见 Trischler (2016) 和 Bonneuil and Fressoz (2016) 中关于当前讨论的出色研究。另见 Vernadsky ([1938] 1997); Moiseev (1993)。关于维尔纳茨基的"心智圈"及其与德日进和勒罗伊在解释方面的区别，参见 Levit (2001)。

7. 转引自 Trischler (2016, 311)。Buffon (1778, 237): "enfine la face entière de la Terre porte aujourd'hui l'empreinte de la puissance de l'homme."
8. 讨论始于克鲁岑和斯托默在2000年国际生物圈-岩石圈计划的通讯中所发表的建议：Crutzen and Stoermer (2000)。地球系统科学界立即选中了此议题。见，例如，Falkowski, Scholes, Boyle, et al. (2000)。
9. Waters, Zalasiewicz, Williams, et al. (2014); Steffen, Leinfelder, Zalasiewicz, et al. (2016); Voosen (2016); Zalasiewicz, Waters, Summerhayes, et al. (2017); Zalasiewicz, Waters, Williams, et al. (2018)。
10. Marx ([1844] 1970, 143)。
11. 关于人类世对史学界之挑战的讨论，参见 Nelson (2001); Oreskes (2004); Chakrabarty (2009; 2012; 2015; 2017); Bonneuil and Fressoz (2016); Haber, Held, and Vogt (2016); Omodeo (2017); Szerszynski (2017); Lewis and Maslin (2018); Steininger (2018)。
12. 关于"大加速"的概念，参见 Hibbard, Crutzen, Lambin, et al. (2007); Steffen, Crutzen, and McNeill (2007); McNeill and Engelke (2014); Steffen, Broadgate, Deutsch, et al. (2015)。
13. 有关资本主义历史的最新概述，参见 Kocka (2016)。关于"化石资本主义"的分析，参见 Malm (2016)。
14. 有关解决策略和非故意后果共同演化的典范性研究，参见 Leeuw (2012)。Bonneuil and Fressoz (2016) 正确地指出了现代社会的"环境反映性"。
15. 以下基于 Schlögl (2012); Renn, Laubichler, and Wendt (2014); Renn, Schlögl, Rosol, et al. (2017)。另见 Fischer-Kowalski, Krausmann, and Pallua (2014)。
16. Bourdieu ([1984] 2000, 291)。
17. 参见 Mayr (1971, 185)，以及 Tomlinson (2018, 185) 中的讨论。
18. 关于科学与化学战的批判性讨论，参见 Friedrich, Hoffmann, Renn, et al. (2017)。
19. 进一步的论述，参见 Chakrabarty (2015); Delanty and Mota (2017)。
20. "Die Welt ist uns nicht gegeben, sondern aufgegeben." 此说法通常被认为是康德提出来的，正如爱因斯坦在其《自述》(*Autobiographical Notes*) 中指出的。参见 Gutfreund and Renn (2020)。实际上，该表述可以在 Cohn (1907, 96) 中找到。
21. 参见 Losee (2004) 中讨论的各种途径。
22. 科学史与知识史之间的关系是最近很多讨论的主题；见，例如，Burke (2000; 2016); Lefèvre (2000); Vogel (2004); Ammon, Heineke, and Selbmann (2007); Renn (2015b); Adolf and Stehr (2017); Östling, Sandmo, Larsson Heidenblad, et al. (2018)。

23. Bacon ([1620] 2004, 193) [NO. 1, aphorism 129]. "Moreover, improvement of political conditions seldom proceeds without violence and disorder, whereas discoveries enrich and spread their blessings without causing hurt or grief to anybody." 相关论述，参见 Vickers (1992)。
24. Condorcet (1796). 历史性论述，参见 Meier and Koselleck (1975); Rohbeck (1987)。
25. 见 Klein (2012b; 2015b)。
26. Lefèvre (2003).
27. 将客观性作为知识之象以及科学实践的控制程序，对这一历史的典范性研究，参见 Daston and Galison (2007)。对于"科学的经典形象"这一说法，参见 Renn, Schoepflin, and Wazeck (2002)。
28. 在20世纪初，曾有将科学当作社会其余部分的理性模型的哲学尝试；关于这一问题的讨论，参见 Engler and Renn (2018)。
29. 见 Renn (2001b); Valleriani (2010)。另见 Smith (2004); Valleriani (2017b)。前科学知识的作用也早已得到强调；见，例如，Schumpeter (1949); Zilsel ([1976] 2000)。
30. Galilei (1638; 1974). 完整的意大利语版本参见 Favaro (1964–1966)。
31. 见 Renn and Valleriani (2001)。
32. Galilei (1974, 11). （中译引自［意］伽利略：《关于两门新科学的对话》，武际可译，北京大学出版社，2020，第3页。——译注）
33. 见 Elman (2005)。
34. 见 Popper ([1959] 2002)。
35. Elkana (1981, 15–19). 另见 Elkana (1975)。
36. 该定义基于 Damerow (1996b, 398)，其中戴培德与勒菲弗指出："如果某种社会活动的目标包括阐述脑力劳动之物质工具的潜力，这些物质工具在其他时候被用于对工作进行规划；或者社会活动的目标仅仅是为了获得有关可能结果的知识；那么我们可以称之为科学。"
37. 对长期发展的描述很少见。可以参见 Dijksterhuis ([1950] 1986); Cohen (2015); Høyrup (2017b)。对个案研究方法的反思，参见 Forrester (1996)。
38. 见 Chakrabarty (2007)。
39. Collins and Pinch (1993, 1).
40. 见，例如，Mach ([1905] 1976; 1910; [1910] 1992)。历史性的评述，参见 Bayertz (1987); Bayertz, Gerhard, and Jaeschke (2007)。见 Marx ([1867] 1990, 324, n. 4)。
41. 见 Sternberger (1977)，尤其是第四章。
42. 存在一些例外，见，例如，Toulmin (1972); Hull (1988; 2001); Thagard (1993); Fangerau (2013)。

43. Darwin (1859).
44. 见 Cavalli-Sforza and Bodmer (1971); Bodmer and Cavalli-Sforza (1976); Dawkins (1976; 1982); Boyd and Richerson (1985); Cavalli-Sforza, Menozzi, and Piazza (1994); Boyd and Silk (1997); Richerson and Boyd (2005)。
45. 关于生态位构建在人类文化出现中所起作用的简要概述和原创观点，参见 Tomlinson (2018)。
46. 关于文化演化的更近期的论述，参见 Mesoudi, Whiten, and Laland (2006); Richerson and Christiansen (2013); Gray and Watts (2017); Laland (2017); Tomlinson (2018)。
47. 见 Damerow and Lefèvre (1981)。
48. 见 Tomlinson (2018)。
49. Kuhn (1970).
50. Frege ([1892] 1997).
51. 关于"派珀原则"（Papert's Principle），参见 Minsky (1986, 102)。
52. 在人类世的背景下号召合作，参见 Brondizio, O'Brien, Bai, et al. (2016)。

第二章　人类知识历史理论的要素

1. 本章概述了全书的论点。它解释了知识的理论分析、对科学史事件的调查以及人类世的主题是如何相互关联起来的。它认为，知识演化的概念对于解决人类世的开端问题是必要的。另一方面，该概念只有在考虑长期发展的知识史基础上才能富有意义。用来说明这种长期发展的具体例子大多是作者自己的研究重点。
2. 相关讨论参见 Gutfreund and Renn (2020)。
3. Klein (2001).
4. Piaget (1970, 17).
5. Elkana (2012, 611–612).
6. 关于生态足迹的概念，参见 Wackernagel and Rees (1996)。

第三章　抽象与表征的历史性质

1. 本章基于一个对"抽象"和"反思"概念的各种研究方法的研究，这些研究方法包括哲学、心理学和历史学传统。此处提出的观点汇集了实用主义、新康德主义、符号学和马克思主义的见解，以及来自皮亚杰、维果茨基、鲁利亚和列昂季耶夫传统的认知心理学的认识。这在很大程度上要归功于戴培德的关键性工作，参见他的著作《抽象与表征》（*Abstraction and Representation*，1996a），下文中的部分内容基于该书；但这也归功于 Klaus Heinrich（1986；1987；1993；2000；2001）中对抽象在宗教和哲学传统中所起作用的重要考察。

2. Piaget (1970).
3. Crowe (1999, 205–208).
4. Sagan (1985).
5. 见 Wöhrle (2014)。以下基于 Heinrich (2001)。
6. Aristotle (1933, 19) [*Metaphysics*, I. 3, 983 b 5]. （中译引自［古希腊］亚里士多德：《亚里士多德全集（第七卷）》，苗力田译，中国人民大学出版社，2016，第34页。为统一译名，原译文中的泰利士此处改为泰勒斯。——译注）
7. Plato (1997c, 193) [*Theaetetus*, 174 a–b]. （中译引自［古希腊］柏拉图：《柏拉图全集（第二卷）》，王晓朝译，人民出版社，2018，第697页。——译注）
8. Aristotle (1932, 55–57) [*Politics*, I. 4, 1259 a 5–6]. （中译引自［古希腊］亚里士多德：《亚里士多德全集（第九卷）》，颜一、秦典华译，中国人民大学出版社，2016，第24—25页。为统一译名，原译文中的泰利士此处均改为泰勒斯。——译注）
9. Plato (1997b, 1135) [*Republic*, 517 b–c]. （中译引自［古希腊］柏拉图：《理想国》，郭斌和、张竹明译，商务印书馆，2019，第279页。——译注）
10. 以下论证基于 Damerow (1996a)。
11. Aristotle (1935, 67–69) [*Metaphysics*, XI 3, 1061 a 7]. （中译引自［古希腊］亚里士多德：《亚里士多德全集（第七卷）》，苗力田译，中国人民大学出版社，2016，第246页。——译注）
12. Hume ([1748] 2000, 37).
13. Hume ([1748] 2000, 24).
14. Kant ([1781] 1998, 247) [*Critique of Pure Reason* 8, B 132].
15. 见 Stadler (2001)。另见 Engler and Renn (2018)。
16. 以下内容参见 Damerow (1994)。另见 Gutfreund and Renn (2017, 118)。
17. Wertheimer ([1959] 1978, 213).
18. Wertheimer ([1959] 1978, 6).
19. Wertheimer ([1959] 1978, 9).
20. Piaget (1970, 15–16).
21. 例子源于 Piaget (1982, 217)。
22. 有关图式这一概念的定义，见，例如，Piaget (1983, 180–185)。
23. 见，例如，Piaget ([1947] 1981, 109–110); Newcombe and Huttenlocher (2003, 53–71)。此处的论述基于 Newcombe and Huttenlocher (2003); Schemmel (2016a, 10–12)。

24. Piaget (1970, 21ff.).
25. Piaget (1970, 29, 53).
26. 关于以下内容，参见 Piaget (1970, 28–31)。
27. Damerow (1996a, 99–100).
28. Piaget and Inhelder (1956, 455).
29. 在科学史和科学哲学中，这种见解是迟来的。早期的例子是耶胡达·埃尔卡纳关于"流变中的概念"（concepts in flux）的工作，以及科斯塔斯·加夫罗格鲁和尤尔格斯·古达鲁里（Yorgos Goudarouli）在低温物理学史领域的研究。参见 Elkana (1970; 1974); Gavroglu and Goudaroulis (1989)；另见 Arabatzis, Renn and Simoes (2015)中的论述。加夫罗格鲁与古达鲁里特别研究了在描述和解释新现象时，科学概念如何能够相对独立于其原始的理论背景。
30. Piaget (1970, 16–18).
31. Piaget (1970, here 41ff.).
32. 尤其见 Elias ([1984] 2007)。
33. 以下内容参见 Schemmel (2016a, 24–25)。关于埃博人，参见 Schiefenhövel (1991)。关于埃博人的空间语言及其实践，另见 Thiering and Schiefenhövel (2016)。
34. Marx ([1867] 1990, 62)[*Capital*, vol. 1, pt. 1, chap. 1, sec. 4, 41].（中译引自［德］马克思：《资本论》，中共中央马克思恩格斯列宁斯大林著作编译局编译，人民出版社，2018，第88页。——译注）
35. Marx ([1867] 1990, 62) [*Capital*, vol. 1, pt. 1, chap. 1, sec. 4, 42–43].（中译引自［德］马克思：《资本论》，第89页。——译注）
36. Marx ([1867]1990, 62) [*Capital*, vol. 1, pt. 1, chap. 1, sec. 4, 43].（中译引自［德］马克思：《资本论》，第90页。——译注）
37. 以下内容参见 Englund (2012, 427–458); Cripps (2014); Ritt-Benmimoun (2014); Schaper (2019)。
38. Marx ([1867] 1990, 62) [*Capital*, vol. 1, pt. 1, chap. 1, sec. 4, 42].（中译引自［德］马克思：《资本论》，第88—89页。——译注）
39. 见 Piaget and Garcia (1989)。从历史性角度对皮亚杰方法进行的批判性评价，参见 Damerow (1998)。
40. 历史性评述参见 Yasnitsky (2011; 2018a; 2018b); Hyman (2012)。另见 Leontiev (1978; 1981); Luria (1979); Vygotskij (1987–1999)。
41. Vygotskij and Luria (1994).
42. 见 Freudenthal (2005); Freudenthal and McLaughlin (2009b)。
43. Marx ([1867] 1990, 13) [*Capital*, vol. 1, pt. 4, chap. 13].
44. 见 Freudenthal (2005)。

注 释 505

45. Cassirer (1944, 24)。（中译引自［德］恩斯特·卡西尔：《人论》，甘阳译，上海译文出版社，2013，第42—43页。——译注）
46. 以下参见Schemmel (2016c)。
47. 这是戴培德处理认知之历史发生的基本思想。这一思想在1970年代诞生于柏林，当时戴培德与沃尔夫冈·勒菲弗、吉迪恩·弗罗伊登塔尔、彼得·鲁本（Peter Ruben）、彼得·富特（Peter Furth）、克劳斯·霍尔兹坎普（Klaus Holzkamp）等进行了热烈的讨论，参与讨论的还有其他研究马克思、卡西尔、赫森、格罗斯曼的学者，以及研究从皮亚杰到列昂季耶夫的心理学传统的学者。见，例如，Holzkamp (1968); Holzkamp and Schurig ([1973] 2015); Furth (1980); Freudenthal (1986); Freudenthal and McLaughlin (2009b); Hedtke and Warnke (2017)。这些和其他一些文本是当时以戴培德和沃尔夫冈·勒菲弗为首的定期座谈会的讨论核心，该座谈会于1970年代至1990年代在马克斯·普朗克人类发展研究所举行，汇集了后来成为马普科学史研究所核心小组的成员，厄休拉·克莱因和汉斯-约尔格·莱茵伯格也在其中。
48. 见，例如，Klein (2003); Kaiser (2005)。
49. 见 Piaget (1951); Cassirer (1944; 1955–1996); Simmel (2004)。历史性论述参见Freudenthal (2002)。
50. 相关概述，见Nöth (1995)。
51. Tomlinson (2018, 73–74)。
52. Peirce (1967, 415)。
53. Galilei (1623, 25; 1960, 183–184)。
54. 我对符号学及其在文化之系统发生中的作用的论述仰赖于Tomlinson (2018, 153)。
55. Tomlinson (2018, 69)。
56. Tomlinson (2018, 107)。
57. 关于前两个插曲，见Freudenthal and McLaughlin (2009b, 1–40)。第三个插曲见Engler and Renn (2016)。另见Engler and Renn (2018)。更广泛的背景，参见Omodeo and Badino (2020)。
58. 见Hessen ([1931] 2009)。
59. 转引自Freudenthal and McLaughlin (2009b, 28–29)。关于钟声的旧事，参见Chilvers (2015, 80)。
60. Bernal (1949, 336)。
61. Bernal (1949, 338)。
62. Grossmann (1935; 2009)。
63. Borkenau ([1934] 1976)。
64. Freudenthal and McLaughlin (2009a, 2–3)。

65. Freudenthal (2005).
66. 见 Engler and Renn (2016); Engler, Renn, and Schemmel (2018).
67. Fleck ([1935] 1980). 英文版见 Fleck ([1935] 1979)。见 Engler and Renn (2016, 140)。
68. Fleck ([1935] 1979, 98ff.)。
69. Engler and Renn (2016, 140–141).
70. 参见 Freudenthal (2012, 34ff.)。
71. Hegel ([1837] 1942, 33).
72. Dewey ([1925] 1981, 146)，转引自 Klein (2001, 13)。
73. 关于胡塞尔的部分，见 Husserl (1939, 27)。另见 Husserl (2001)。戴培德与勒菲弗在 Damerow and Lefèvre (1981) 中，在与此处相同的意义上引入了此术语。Freudenthal (2005, 167).
74. Kirk and Raven (1957, 197–198, § 218).
75. 关于此迭代过程的更广泛论述，见 Sperber (2000); Tomlinson (2018)。
76. Damerow (1996a, 46 ff.).
77. 这有点类似于与"边界对象"相关的歧义。见 Star (2010)。
78. "Whose thinking is abstract? That of the uneducated rather than the educated person." Hegel ([1807] 1996, 577ff.)，转引自 Damerow (1996a, 77)。
79. 这包括所有形式的知识体现。见 Overmann (2017)。

第四章　知识系统中的结构性变化

1. 本章汇集了对知识系统变革的各种研究得出的见解，并将之整合到一个更广泛的框架中，以便理解科学的变革。该框架反过来也利用了各种不同的理论传统。一个重要的起点是研究从前经典力学到经典力学的转变；参见 Damerow, Freudenthal, McLaughlin, et al. (2004)。更大研究计划的大纲已整合到当前的文本之中，可以参见 Renn (1995)。另见 Renn (1993)，其中引入了边界问题的概念。在 Renn (2001a); Renn, Damerow, and Rieger (2001) 中讨论了"挑战性对象"的概念。与汉斯-约尔格·莱茵伯格提出的"认知事物"（epistemic things）概念及其加斯东·巴什拉（Gaston Bachelard）传统形成对比，挑战性对象的概念特别强调，对于给定的知识系统而言，该对象有问题或令人烦恼，而不是一般性的"某人尚未了解之物"[Rheinberger (1997, 27)]。
Renn and Damerow (2007) 讨论了将认知科学的概念用于知识的历史理论；修订后的英译本，参见 Renn, Damerow, Schemmel, et al. (2018)。本章部分内容基于该文本。
将心智模型作为解释工具的基本思想可以追溯到 Craik (1943)。Minsky (1975)

中讨论了框架的概念。关于非单调逻辑的开创性出版物是 McDermott and Doyle (1980)。关于该主题的更多里程碑式出版物是 McCloskey, Caramazza, and Green (1980); Gentner and Stevens (1983); Johnson-Laird (1983); McCloskey (1983)。下文的论述基于有关该传统的综述，参见 Davis (1984); Lattery (2016)。在科学哲学和科学史领域，讨论模型有一个在很大程度上独立的传统，参见 Morgan and Morrison (1999)。

2. 见 Valleriani (2017b)。
3. 见 Schiefenhövel (2013)。
4. 关于隐性知识，见 Polanyi (1983)。
5. 见 Valleriani (2017b)。
6. 见 Høyrup (2007; 2009)。
7. "...ea quae sunt necessaria talibus ad sciendum non traduntur secundum ordinem disciplinae, sed secundum quod requirebat librorum expositio..." Aquinas (2006, 2).
8. 见 Archimedes's *On the Equilibrium of Planes* in Heath (2009)。
9. 有关认知科学的经典论文集，参见 Johnson-Laird and Wason (1977)。Aebli (1980–1981) 中也讨论了认知心理学和认知科学之间的关系。埃布利（Aebli）对将思维与行为关联的思维理论进行了广泛的综述。关于心智模型，见 Gentner and Stevens (1983); Davis (1984)，以下内容主要基于此。

Giere (1992) 中探究了认知科学对科学哲学的影响。有关语言在认知发展中的作用，参见 Bowerman and Levinson (2001)。Gärdenfors (2004) 提供了认知科学中一种更新的研究方法，该方法吸收了下文中阐述的许多经典见解，并可能为知识的历史理论带来一些希望。关于模型在科学教育中的作用，包括对相关文献的有益研究，参见 Lattery (2016)。另见 Geus and Thiering (2014)。

10. 具体参见 Davis (1984, 37ff.)。
11. 以下内容参见 Lefèvre (2009a)。
12. 历史性论述参见 Camardi (1999, 540)。另见 Hooykaas (1963, 32ff.)。
13. Darwin ([1876] 1958, 119–120).
14. 见 Clement (1983, 326ff.)。另见 Bödeker (2006, 22ff.)。
15. Charniak (1972)。马文·明斯基于1974年在麻省理工学院人工智能实验室的备忘录中使用该范式解释了框架的概念（以电子形式发布于 http://web.media.mit.edu/~minsky/papers/Frames/frames.html）。该范式后来通过备忘录的发表而广为人知，见 Minsky (1975, 241–247)。另见 Minsky (1986)。这里使用的对范式的描述和解释，见 Davis (1984)。另见 Renn, Damerow, Schemmel, et al. (2018)。
16. Minsky (1986, 230).
17. 见 Büttner, Damerow, and Renn (2001); Büttner (2019)。
18. 见 Renn (2007a)。

19. 以下内容参见Freudenthal (2000)，Renn and Damerow (2012)以此为基础。
20. 见Leibniz ([1686] 1989; [1695] 1989)。历史性论述参见Garber (1994); Smith (2006, 34ff.)。
21. 见Janssen (2019)。
22. 见Renn (1993)。关于洛伦兹，参见Janssen (2019, 22ff.)。关于玻尔与索末菲，参见Janssen (2019, 3ff.)。关于爱因斯坦与格罗斯曼，参见Janssen and Renn (2015, 31)。
23. 见Blum, Renn, and Schemmel (2016)。

第五章　作用中的外部表征

1. 视觉和图形表征在科学思维中的作用早已引发人们的关注和讨论。见，例如，Hankins (1999); Netz (1999); Lefèvre, Renn, and Schoepflin (2003); Kusukawa and Maclean (2006); Bredekamp, Dünkel, and Schneider (2015); Leeuwen (2016)。
2. 本章在很大程度上归功于戴培德及其合作者对文字和算术起源的研究。一份重要的出版物是Nissen, Damerow, and Englund (1993)。与这项工作相关的外部表征的概念也在Damerow (1996a)中得到阐述，其基础是以德语首次发表的著作Damerow (1981)。Damerow (2012)是戴培德关于文字和算术起源的叙述的简洁版本。本章以我自己的总结为基础，参见Renn (2015c, 2015d)。本章还参考了厄休拉·克莱因关于在化学中使用书面工具作为外部表征的研究，见Klein (2003)。在分析加速运动时使用中世纪关于变化的图表作为外部表征，这已在Damerow, Freudenthal, McLaughlin (2004)中进行过讨论。此处的介绍基于Schemmel (2014)中给出的系统性描述。
3. 见Damerow (1981; 2012); Damerow and Englund (1987); Nissen, Damerow, and Englund (1993); Bauer, Englund, and Krebernik (1998); Englund (1998; 2006); Høyrup and Damerow (2001); Høyrup (2015; 2017a)。
4. 关于巴比伦数学史及其背景的权威研究，参见Robson (2008)。另见Damerow (2010)。
5. 所有年代均为近似时间。出自Woods (2015, 13)。
6. 所有年代均为近似时间。由罗伯特·米德克-康林根据Damerow (1999, 52)改编。
7. 见Schmandt-Besserat (1992a; 1992b)。
8. 我这里依照惯例遵循了"中间纪年法"，以公元前2000年作为乌尔第三王朝结束的大概时间，尽管有确凿的证据表明六十进制系统的使用时间要更早。见Ouyang and Proust (forthcoming)。
9. 关于玛雅文字的历史与破译，见Coe (1992)。
10. 关于中国数学史的开创性著作，见Chemla and Shuchun (2004)。另见Chemla

(2006; 2012; 2017)。

11. 见 Feng (2017)。关于美索不达米亚的算盘，见 Woods (2017)。
12. 见 Ritter (2000)。另见 Damerow (1996a, 157–158)。
13. Plato (1997b, 1142–1143) [*Republic* 7, 525b–526c]。（中译引自［古希腊］柏拉图：《理想国》，第291—293页。——译注）
14. 以下参见 Englund (1991)。
15. 关于巴比伦的情况，参见 Damerow (2006, 2012)。关于埃及的情况，参见 Baines (1983; 2001; 2007)。关于文字和其他系统起源的概述，参见 Houston (2004); Woods (2015)。关于中国的情况，参见 Boltz (1986)。关于希腊字母的发展，参见 Woodard (1997)。
16. 关于口头表达与读写能力问题的人类学观点，见，例如，Goody and Watt (1963); Goody (1986; 2010a)。
17. Euclid (1956, book 8)。在线版本见：https://mathcs.clarku.edu/~djoyce/java/elements。以下内容基于 Lefèvre (1981); Damerow (1996a, 123–124)。
18. 关于楔形文字中的知识史，参见 Rochberg (2017)。
19. 这一说法来自 Klein (2003)。
20. Berzelius (1813; 1814)。
21. Proust (1794, 341; 1799, 31); Dalton (1810, 329)。
22. Klein (2003, 18–20)。
23. Damerow, Freudenthal, McLaughlin, et al. (2004) 中讨论了前经典力学中对这种图形表征的利用。以下内容根据 Schemmel (2014)。
24. 见 Oresme ([1350s] 1968)。历史性论述参见 Maier (1949–1958; 1964; 1982)。
25. 见 Clagett (1968, 15–19)。
26. 见 Damerow, Freudenthal, McLaughlin, et al. (2004)。另见 Schemmel (2008)。
27. 见 Peirce (1967, 415)。

第六章　作用中的心智模型

1. 本章基于与戴培德、彼得·麦克劳克林、吉迪恩·弗罗伊登塔尔、马深孟、约亨·比特纳和马泰奥·瓦莱里亚尼等人共同进行的力学史研究。论述中的一些材料可以追溯到 Damerow, Freudenthal, McLaughlin, et al. (2004) 及其他一些出版物，如 Büttner, Damerow, and Renn (2001); Renn (2001b); Renn and Damerow (2012); Valleriani (2017b)。对于前经典力学历史的全面描述可以参见"力学的历史认识论"（"The Historical Epistemology of Mechanics"，波士顿科学哲学和科学史研究中的四卷本丛书）：Schemmel (2008); Valleriani (2010); Feldhay, Renn, Schemmel, et al. (2018); Büttner (2019)。本书内容主要基于 Renn and Damerow

(2007)；已出版了一个扩写的英文版：Renn, Damerow, Schemmel, et al. (2018)。
2. Aristotle (1934; 1957). 见，例如，Prantl (1881)。
3. 见 McCloskey (1983)。另见 Piaget (1999)。
4. 动量理论出现的原因相当复杂，而且其应用并不限于物理现象。关于该理论之不同背景的概述，参见 Wolff (1978)。另见 Feldhay, Renn, Schemmel, et al. (2018)。
5. 对伽利略、笛卡尔与贝克曼的论述，见 Damerow, Freudenthal, McLaughlin, et al. (2004)。对哈里奥特的论述，见 Schemmel (2008)。
6. 见 Valleriani (2013); Büttner (2017)。
7. 以下参见 Büttner, Damerow, and Renn (2001); Damerow, Freudenthal, McLaughlin, et al. (2004); Büttner (2019)。
8. 见 Renn, Damerow, and Rieger (2001)。
9. 见，例如，Lefèvre, Renn, and Schoepflin (2003); Valleriani (2013)。
10. 详细论述见 Renn, Damerow, and Rieger (2001)。
11. 见 Wertheimer ([1912] 2012) 中的论述。中性运动既不属于自然运动，也不属于受迫运动，在伽利略早期的著作《论运动》(*De motu*, 1968a) 第 299—300 页中得到论述。另见 Damerow, Freudenthal, McLaughlin, et al. (2004, 163)。
12. 见 Renn, Damerow, and Rieger (2001)。
13. 见 Galilei (1968b, 272–273) [*Discorsi* 4, theorema 1, prop. 1]；英译本：Galilei (1974, 221)。
14. 见 Ms. Gal. 72, folio 175v (http://www.imss.fi.it/ms72)；以及 Schemmel (2001a; 2006, 366–368); Damerow, Freudenthal, McLaughlin, et al. (2004, 216ff.) 中的论述。
15. 见，例如，Torricelli (1919, 156)，在 Damerow, Freudenthal, McLaughlin, et al. (2004, 284–285) 中得到论述。
16. Newton ([1687] 2016).
17. 见 Newton ([1687] 2016, 404–405) 中的定义 3 与定义 4。
18. Toynbee (1954, 4)；另见 Goody (2010b)。
19. 接受者文化与参考系文化的相互构建被称为"化生"(allelopoiesis)，并在 DFG 合作研究中心课题"古代的转变"中发展成为一种核心的概念工具。见 Böhme (2011, esp. 9–15)。
20. 关于古今之争的论述基于 Lehner and Wendt (2017)，但以下内容也受益于来自莫迪凯·芬格尔德（Mordechai Feingold）的有益评论。
21. 见 Force (1999); Guicciardini (2002); Buchwald and Feingold (2013)。
22. 相关论述见 Meli (1993)。
23. Lagrange ([1811] 1997, 7).

24. 另见 Pulte (2005)。

第七章　科学革命的本质

1. 本章基于合作研究项目的结果，这些项目致力于理解知识系统的主要转变过程。除了在前几章中讨论过的经典力学的出现，以及近期由彼得罗·D. 奥莫迪奥所做的关于哥白尼革命的研究，正在研究的主要转变包括由厄休拉·克莱因负责的所谓化学革命，由沃尔夫冈·勒菲弗重建的达尔文革命，以及由更大的研究团队进行了广泛分析的现代物理学的相对论和量子革命。所有项目均以马普科学史研究所的第一研究室为中心。本章的注释中标明了相关的出版物。
2. 这一转型过程的长期性特征也在所谓的概率革命中被强调，参见 Hacking (1987)。对于所谓的量子革命，参见 Schweber (2015)。
3. 见 Klein (2016a); Omodeo (2016)，也可见 Blum, Gavroglu, Joas, et al. (2016)。关于库恩立场的论述，另见 Engler and Renn (2018)。
4. 有关库恩科学哲学的综述，参见 Hoyningen-Huene (1993)。对于库恩工作的历史性研究，见，例如，Gattei (2008)。关于最新的评价，参见 Devlin and Bokulich (2015); Blum, Gavroglu, Joas, et al. (2016)。关于库恩不可通约性概念的论述，参见 Buchwald (1992); Buchwald and Smith (2001b)。
5. 见 Engler and Renn (2016); Engler, Renn, and Schemmel (2018)。
6. Kuhn (2000, 283).
7. Kuhn (1979, x).
8. 见 Gattei (2016, 127ff.)。
9. Fleck ([1960] 1986, 154).
10. 库恩的科学革命概念可以看作是对柯瓦雷描述的哥白尼革命的概括，见，例如，Koyré (1939)，英译本：Koyré ([1939] 1978)。试比较 Omodeo (2016)。库恩对哥白尼的论述，见 Swerdlow (2004)。
11. 见 Kuhn (1959)。
12. 详尽的分析参见 Swerdlow and Neugebauer (1984)。
13. 见 Feldhay and Ragep (2017)。
14. 见 Hyman (1986); Genequand (2001)。关于它们与文艺复兴时期天文学的相关性，参见 Omodeo (2021)。
15. 见 Swerdlow (1973)。
16. Peuerbach (1473).
17. 见 Malpangotto (2016)。
18. 从近代早期天体物理学的角度看哥白尼，试比较 Regier and Omodeo (in press)。关于直到17世纪初期对哥白尼著作接受上的复杂性，试比较 Omodeo

(2014)。关于布鲁诺的自然哲学及其背景，参见 Hufnagel and Eusterschulte (2013)。
19. 见 Klein (2015a)。另见 Klein and Lefèvre (2007)。
20. Lavoisier, Guyton de Morveau, Berthollet, et al. (1787, 32).
21. Lavoisier (1778, 536).
22. Lavoisier, Guyton de Morveau, Berthollet, et al. (1787, 31).
23. Klein and Lefèvre (2007, 125–126, 191).
24. 以下基于 Lefèvre (2009a)。
25. Darwin ([1876] 1958, 124).
26. Huxley (1948, 22).
27. 关于生物遗传特征的历史，参见 Müller-Wille and Rheinberger (2012)。
28. Lefèvre (2009b, 314). 另见 Lefèvre (2003; 2007)。
29. 此过程的几个要素在一系列论文中都有描述：Laubichler (2009); Laubichler and Maienschein (2013); Laubichler, Prohaska, and Stadler (2018)。
30. 见 Laubichler (2009); Laubichler and Maienschein (2013); Laubichler, Prohaska, and Stadler (2018); Laubichler and Renn (2019)。
31. 相关概述，见 Harman (1982); Jungnickel and McCormmach (1986a); Nye (2003); Renn (2007a); Staley (2009)。当前对科学世界观的论述，见 Gutfreund and Renn (2020)。
32. 见 Planck (1900)，英文版见 Planck ([1900] 1967)。概述参见 Planck ([1920] 1967); Badino (2015)。以下基于 Renn (1993)。另见 Büttner, Renn, and Schemmel (2003)。
33. 见 Einstein (1905; 1989a)。历史性论述参见 Norton (2014); Renn and Rynasiewicz (2014)。
34. 见 Lorentz (1892; 1895; 1899)。历史性论述参见 Janssen (1995; 2002)。
35. Einstein (1905; 1989a).
36. Einstein (1905; 1989a).
37. Lorentz (1895).
38. Lorentz (1899).
39. Lorentz (1904).
40. Poincaré (1905, 1505).
41. Lorentz (1892).
42. Lorentz ([1892] 1937, 221).
43. Michelson (1881); Michelson and Morley (1887).历史性论述参见 Janssen and Stachel (2004); Staley (2009)。
44. 见，例如，Wien (1894); Planck ([1900] 1967)。

45. 以下参见 Renn and Rynasiewicz (2014)。
46. Einstein (1991, 53) 中提到阅读休谟与马赫在"解决问题"中所起的作用。
47. 见 Galison (2003)。
48. 见 Renn and Sauer (2007); Janssen and Renn (2015)。
49. 以下参见 Renn (2007b)。
50. Einstein (1907; 1989b).
51. Einstein (1915b; 1996a).
52. Einstein (1915a; 1996b).
53. Dyson, Eddington, and Davidson (1920).
54. Einstein (1995).
55. Einstein and Grossmann (1913; 1995).
56. Janssen and Renn (2015).
57. Gutfreund and Renn (2017).
58. Eisenstaedt (1986; 1989; 2006).
59. Will (1986; 1989). 另见 Blum, Lalli, and Renn (2015; 2016); Blum, Giulini, Lalli, et al. (2017)。
60. 以下基于 Blum, Jähnert, Lehner, et al. (2017)。另见 Renn (2013b)。
61. Heisenberg (1925).
62. Planck ([1900] 1967).
63. Bohr (1913).
64. Born and Jordan (1925, 859).
65. Heisenberg (1925, 880, 886, 893).
66. Von Neumann (1927a, 1927b, 1927c).
67. 此处及以下参见 Bub (2016, 2)。
68. Feynman (1967, 129).
69. 关于这三个标准，参见 Blum, Renn, and Schemmel (2016)。
70. 关于更多案例的论述，参见 Janssen (2019)。

第八章　知识经济

1. 本章呈现了对知识在社会中的作用以及科学的社会和制度条件的一些反思，这些反思是在一个关于马普学会历史的研究项目的背景下出现的，该项目与于尔根·科卡、卡斯滕·赖因哈特、弗洛里安·施马尔茨，以及一个历史学家和科学史学家团队共同进行。部分内容和初步版本已在 Renn (2014c; 2015a; 2016) 中发表。Renn and Hyman (2012b) 中介绍了此处所使用意义上的知识经济概念。

2. 我以与社会学和经济学文献不同的方式使用这一术语，见，例如，Powell and Snellman (2004)。有关最近"知识社会"的历史，参见 Reinhardt (2010)。
3. Shapin and Schaffer (1985, 15).
4. 见 Jasanoff (2004, 2–3)。
5. 相关概述，见 Misak (2013)。尤其参见 Dewey (1897)。
6. 一个有用的概述，见 Reckwitz (2003)。另见 Renn (2016, 98)。关于下文，另见 Joas and Beckert (2001); Beckert (2003)。
7. Durkheim ([1895] 1966).
8. Parsons (1949, 710–711).
9. 我在下文中提出的建议接近于布尔迪厄的"建构主义的结构主义或结构主义的建构主义"。见 Bourdieu (1989)。另见 Bourdieu (2001)。
10. 对于将行动视为社会理论和心理学之间边界问题的创新观点，参见 Prinz (2012)。
11. 有关经典研究方法的概述，参见 Schülein (1987)。侧重于不同哲学概念和研究传统的最新概述，参见 Miller (2014)。
12. 相反观点参见 Douglas (1986)。制度中共享知识的作用还与 Searle (1995) 中提出的集体意向性问题有关。这里给出的关于共享知识的历史观点可能可以提供一条摆脱方法论个人主义中问题方面的路径，众所周知，这些问题方面一直折磨着这些基本社会学问题。有关指向这个方向的启发性评论，参见 Arrow (1994)。
13. 除此以外，我密切关注 Streeck and Thelen (2005)。另见 Thelen and Steinmo (1992); Thelen (2004)。还可以比较一下 Malinowski (1947, 157) 中"许可证"（charter）概念的作用。有关更广泛的论述，参见 Schelsky (1970)。有关正式和非正式规则之间的关系，另见 Meyer 和 Rowan (1977)。
14. 见 Elkana (1981, 15–19)。另见 Elkana (2012, 608)。
15. 很多后续工作都建立在 Elkana (1981) 的基础上。另见 Elkana (1986a)。有关这种二阶概念和相关实践在特定历史背景下出现和历史转变的具体研究，参见 Daston and Galison (2007)。
16. 根据道格拉斯·诺斯的说法，交易成本是由经济交易中的信息不对称引起的成本。它们可能是为了解市场上是否有商品而需要的搜索和信息成本，可能是达成共识需要的讨价还价成本，也可能是确保合同得到履行的监管和执行成本。在诺斯看来，制度在确定交易成本中起着核心作用。见 North (1981; 1992)。
17. 参见 Raj (2013) 以及 Markovits, Pouchepadass and Subrahmanyam (2006) 中的讨论，其中"流通"用于强调知识交流的双向性及其社会和文化方面的框架条件，我在这里认为它们是**所有**知识交流过程背后的一般特征。最新概述参见

Östling, Sandmo, Larsson Heidenblad, et al. (2018)。关于中心和外围概念的史学研究，参见 Gavroglu, Patiniotis, Papanelopoulou, et al. (2008)。

18. 有关传播和转化方式的系统性分析，参见 Böhme, Bergemann, Dönike, et al. (2011)。

19. 见 Kroeber (1940); Smith (1977)。另见 Potts (2012, 107) 中的论述。

20. 本节遵循 Hyman and Renn (2012a)。

21. Marx ([1867] 1990, 29–135) [*Capital*, vol. 1, pts. 1–2]。

22. Marx ([1867] 1990, 132) [*Capital*, vol. 1, pt. 2, chap. 4]。（中译引自［德］马克思：《资本论》，第178页。——译注）

23. 经济人应该按照自己的利益理性行事，作为消费者实现效用最大化，作为生产者实现利润最大化。

24. Shannon and Weaver (1949, 31)。

25. 实际上，"数据"的概念历史悠久，可以追溯到希腊数学，参见 Taisbak (2003)。有关"科学中的信息文化"长期发展的历史性调查，见 Aronova, Oertzen, Sepkoski (2017)。

26. 这个概念推广了"科学角色"（scientific persona）的概念。参见 Daston and Sibum (2003)。

27. 有关道德社会化的心理学研究的历史性综述，参见 Keller (2007)。另见 Keller and Edelstein (1991)。皮亚杰的开创性著作是 Piaget (1965)。

28. 见 Hughes (1994)。

29. Hayek (1945, 526–527)。另见 Hayek (1937)。

30. 至少从启蒙运动开始，人们就在理论上讨论表征对社会运作的作用。见 Freudenthal (2012)。

31. 魏复古（Karl August Wittfogel, 1896–1988）在 Wittfogel (1957) 中甚至将这种文化称为"水力文明"（hydraulic civilizations）。

32. 见 Elias ([1984] 2007, esp. 99–100)。

33. 见 Freud ([1930] 1962)。Heinrich (2001) 将症状解释为同时隐藏和揭示了社会冲突。

34. Agee and Evans (1941, 310)。

35. 有关作为这种沉积物一部分的技术化石的讨论，参见 Zalasiewicz, Williams, Waters, et. al (2014)。

36. 关于以下内容，参见 Marin (1988)。

37. 我在这里遵循 Heinrich (2000, 146; 2001, 32–33)。

38. 见，例如，Rahwan and Cebrian (2018) 中的论述。

第九章　实践知识的经济

1. 本章介绍了一项致力于建筑知识史的大型研究项目的部分成果，该研究成果已分三卷出版：Renn, Osthues, and Schlimme (2014b; 2014c; 2014d)。该项目是与伊丽莎白·基芬（Elisabeth Kieven）和戴培德共同发起，并与威廉·奥斯图斯、赫尔曼·施利姆，以及一个由艺术和建筑史学家、考古学家、埃及学和近东文化专家组成的团队一起进行的。以下文本基于一个三卷本的引言，是与马泰奥·瓦莱里亚尼和单篇文章的作者共同撰写的：Renn and Valleriani (2014)。关于建筑史，参见 Becchi, Corradi, Foce, et al. (2002); Huerta (2003)。
2. 见 Bührig, Kieven, Renn, et al. (2006)。
3. Schlimme, Holste, and Niebaum (2014, 102)。
4. Schlimme, Holste, and Niebaum (2014, 336)。
5. 有关古代建筑史，见，例如，Frontinus Gesellschaft (1988); Heisel (1993); Lamprecht (1996); Cech (2012)。
6. Renn and Valleriani (2014, 51)。
7. Renn and Valleriani (2014, 8); Schlimme, Holste, and Niebaum (2014, 336)。
8. 见 Bührig (2014, 348–349, 361)。
9. 见 Rapoport (1969); Bernbeck (1994); Kurapkat (2014, 107, 113ff.)。
10. 见 Fauerbach (2014, 112); Renn and Valleriani (2014, 52–53)。
11. 见 Belli and Belluzzi (2003); Gargiani (2003); Schlimme, Holste, and Niebaum (2014, 332)。
12. 见 Osthues (2014b, 396)。
13. 见 Kurapkat (2014, 118–119); Sievertsen (2014, 250, 267)。
14. 见 Kroeber (1940)。
15. 见 Schlimme, Holste, and Niebaum (2014, 279)。
16. 见 Hilgert (2014, 283–284); Kurapkat (2014, 114)。
17. 见 Fauerbach (2014, 98); Osthues (2014a, 234–236)。
18. Barbaro (1567, 162–166 [*dieci libri dell'architettura di M. Vitruvio*, bk. 4, chap. 1], 325 [*Vitruvio*, bk. 7, chap. 12]); Osthues (2014b, 390–391); Schlimme, Holste, and Niebaum (2014, 100–101, 131)。
19. Binding (2014, 30); Schlimme, Holste, and Niebaum (2014, 327). 试比较 Becchi (2014)。
20. Kurapkat (2014, 104)。
21. Fauerbach (2014, 13); Renn and Valleriani (2014, 13–24, esp. 23, 52–53); Sievertsen (2014, 135, 153, 155)。
22. Bührig (2014, 336, 338–339, 343, 361); Fauerbach (2014, 10 esp. n.17, 103, 109–

110); Osthues (2014a, 133); Sievertsen (2014, 152)。

23. 见Binding (2014, 33); Fauerbach (2014, 28); Osthues (2014a, 127); Schlimme, Holste, and Niebaum (2014, 99, 103); Sievertsen (2014, 158)。

24. 见Binding (2014, 13); Kurapkat (2014, 100); Osthues (2014a, 141); Schlimme, Holste, and Niebaum (2014, 206)。

25. 见Osthues (2014a, 174, 177, 225ff.); Schlimme, Holste, and Niebaum (2014, 102–103)。

26. 关于建筑学作为一门职业的兴起，参见Binding (2004); Nerdinger (2012)。关于工程师的出现，参见Kaiser and König (2006)。

27. 见Kurapkat (2014, 115); Osthues (2014a, 128); Sievertsen (2014, 148–149)。

28. 见Osthues (2014a, 144ff.)。

29. Osthues (2014a, 229)。

30. 见Osthues (2014a, 127, 145, 227, 232)。

31. 见Kurapkat (2014, 60–61)。

32. 见Kurapkat (2014, 75, 100, 106)。

33. 见Kurapkat (2014, 73–75)。

34. 见Kurapkat (2014, 63–64); Osthues (2014a, 196); Renn and Valleriani (2014, 14)。

35. 见Osthues (2014b, 270–271, 294–296, 300, 405)。

36. Fauerbach (2014, 54); Renn and Valleriani (2014, 27)。

37. Binding (2014, 83); Osthues (2014a, 158–159; 2014b, 354); Schlimme, Holste, and Niebaum (2014, 296, 325–326)。

38. Schlimme, Holste, and Niebaum (2014, 102)。

39. Binding (2014, 25–26); Dubois, Guillouët, Van den Bossche, et al. (2014)。

40. Binding (1985–1986; 2014, 32, 34, 54)。

41. Schlimme, Holste, and Niebaum (2014, 98–100, 111–112, 161)。

42. Schlimme, Holste, and Niebaum (2014, 102–103)。

43. Schlimme, Holste, and Niebaum (2014, 129, 139, 142–143, 151–152, 328–329)。

44. Schlimme, Holste, and Niebaum (2014, 105–106)。

45. 见Haines (2015b, II 2 1, c.177)。这可能是主建设者和拱顶专家乔瓦尼·迪拉波·吉尼（Giovanni di Lapo Ghini）的"发明"，他被称为"圆形拱顶的军械库"（circa armaturam fiendam de volta cupole），在1371年获得了115弗罗林的奖金（Guasti 1887, doc. 231））。这种情况证实了马内蒂（Manetti）和瓦萨里（Vasari）的说法，即布鲁内莱斯基必须说服工作组的谈判对象，在继续证明如何将其作为自支撑式穹顶建造起来之前，不可能在木拱架上建造如此巨大的结构。我需要向玛格丽特·海恩斯就这些内容表示感谢。

46. Schlimme, Holste, and Niebaum (2014, 188–192, 196, 325–326, 333).
47. Schlimme, Holste, and Niebaum (2014, 102–103, 111–112).
48. Schlimme, Holste, and Niebaum (2014, 104–105).
49. 近似测量值取自 Galluzzi (1996a, 94)。以下内容主要基于 Schlimme, Holste, and Niebaum (2014) 以及 Margaret Haines (1989; 2011–2012) 的工作，他们也对这段文字进行了非常有益的评论。进一步的基本参考资料有：Saalman (1980); Galluzzi (1996a); Ippolito and Peroni (1997); Di Pasquale (2002); Fanelli and Fanelli (2004); Corazzi and Conti (2011)。
50. 关于布鲁内莱斯基的早期生平资料，参见 Vasari (1550; 1878–1885)；英译本参见 Manetti (1970; 1976); Vasari (1987)。另见 Ghiberti (1948–1967); Bartoli (1998)。布鲁内莱斯基的作品，参见 Battisti (1981); Gärtner (1998)。
51. Alberti ([1436] 1970, 39–40). 转引自 I. Hyman (1974, 27)。
52. Galluzzi (1996a, 98). 试比较 Fanelli and Fanelli (2004, 28, 184)。
53. 见 Prager and Scaglia (1970); Galluzzi (1996a; 1996b; 2005)。关于文艺复兴时期机械技术的一般背景，另见 Lefèvre (2004)；Lefèvre and Popplow (2006–2009)；Popplow (2015)。
54. 关于无文字记载的阿诺尔夫大教堂计划的研究状况，参见 Peroni (2006)。有关在接下来的一个世纪中记录的计划变更，参见 Saalman (1980, 32–57)，关于建立实施扩展项目所需的知识和共识的管理策略，参见 Haines (1989)。
55. 关于制度背景，参见 Grote (1959)。
56. Haines (2011–2012). 关于工作场所管理的两个主要方面的深入研究在名为"穹顶年代"（The Years of the Cupola）的网站上发表：Becattini (2015); Terenzi (2015)。半年一次的获准就业工人名册显示，在穹顶建造期间，平均有 65 名主要工人（人数存在波动），并显示了所谓核心专家团队的重要贡献，核心专家团队即在整个建造期间占据多数（62.6%）的长期泥瓦匠。
57. 以下参见 Haines (1996)。
58. Fabbri (2003)。
59. Guasti (1857; 1887) 发表了工作组管理文件的第一辑。《穹顶年代：1417—1436》（"The Years of the Cupola, 1417–1436"）是工作组在穹顶的最终规划和建造期间现存文件的完整数字版本，由玛格丽特·海恩斯及其合作者（2015a）编写，在工作组网站 http://www.operaduomo.firenze.it/cupola 和马普科学史研究所网站 http://duomo.mpiwg-berlin.mpg.de 上可以在线查看。该电子版由约亨·比特纳和克劳斯·托登（Klaus Thoden）在大教堂博物馆和马普科学史研究所的联合项目中实现。
60. Haines (2008)。
61. Haines (2015b, II 1 77, c. 34)。

62. Haines (2015a)。
63. Haines and Battista (2014)。工作组员工中的其他例子在 Terenzi (2015) 中得到研究。至于更广阔的背景，参见 Pinto (1984; 1991)。
64. 关于普遍的背景，参见 Goldthwaite (1980)。
65. 见 Schlimme, Holste, and Niebaum (2014, 104, 192–195)。另见 Lepik (1994; 1995)。
66. Guasti (1887, 100–103, 199–205)。
67. 该文档的日期为1418年8月19日，曾在 Guasti (1857, n.11) 中出版。现在可以在 Haines (2015a) 中找到日期、存档位置［Haines (2015b, II 174, c. 9)］以及各种主题。
68. 见 Saalman (1980)。
69. 这种珍贵的书面计划已从工作组档案中丢失，在布鲁内莱斯基的传记作者传下来的副本中，人们知道 Guasti (1857, doc. 51, 28–30) 中综合了这些内容。随后，在羊毛协会的档案中发现了另一份正式副本，并由 Doren (1898) 出版。
70. Haines (2015b, II 2 1, c. 107v)。
71. 以下基于 Renn and Valleriani (2001); Valleriani (2010)。
72. 关于伽利略的材料强度科学，参见 Portz (1994)。
73. Galilei (1974, 127 [Day 2, Proposition IX])。
74. 关于穹顶的保护，参见 Rossi (1982); Dalla Negra (1995); Di Pasquale (1996); Corazzi and Conti (2006); Rocchi Coopmans De Yoldi (2006); Como (2010); Ottoni and Blasi (2014)。

第十章　历史上的知识经济

1. 见 Schumpeter ([1934] 2008)。历史性论述，参见 McCraw (2007); Kocka (2017b)。另见 Komlos (2016)。
2. 见 Hansen and Renn (2018)。
3. 本章以 Damerow and Lefèvre (1998) 的知识系统类型学及其描述为基础，并紧跟其后。本章还借鉴了进一步的研究文献，以及与戴培德、勒菲弗和其他同事［例如马库斯·波普洛（Markus Popplow）］共同开展的相关研究［尤其利用了 Renn (2012c) 中收集的研究成果］和下文注释中指出的其他资料来源，从而扩展了他们的论述。对于更晚近的历史，我们还广泛使用了 Krige and Pestre (1997) 所收集的论文以及 Joel Mokyr (1999) 的有见地的论文。
4. Barth (2002, 3)。
5. 见 Barth (1975; 1987)。
6. Barth (2002, 4)。
7. 例如，见 Bronislaw Malinowski (2002) 的工作。

8. 关于瓜拉尼人，参见 Silva da Silva and Arantes Sad (2012)。关于埃博人，参见 Schiefenhövel, Heeschen, and Eibl-Eibesfeldt (1980); Eibl-Eibesfeldt, Schiefenhövel, and Heeschen (1989); Thiering and Schiefenhövel (2016)。
9. 见 Silva da Silva and Arantes Sad (2012, 536)。
10. 见 Gladwin (1974); Hutchins (1996); Holbrook (2012)。
11. 见 Eibl-Eibesfeldt, Schiefenhövel, and Heeschen (1989, 30–33); Thiering and Schiefenhövel (2016)。
12. 见 Thiering and Schiefenhövel (2016, 41–42)。
13. 以下内容，参见 Eibl-Eibesfeldt, Schiefenhövel, and Heeschen (1989)。
14. 目前，人们仍然对大约公元前3100至公元前2900年的所谓原始埃兰文本缺乏理解，它们可能反映的是语音。相关论述，参见 Englund (2004)。
15. 见 Rochberg (2004); Cancik-Kirschbaum (2005)。
16. 更准确地说，声门描记法是一个可以大声朗读的文字系统子系统（即代表可以说的语言内容），尽管书面文本在结构上与口语有很大不同。见 Hyman (2006)。有关巴比伦文学的历史性综述，参见 Sasson (1995); Alster (2005)。
17. 见 Scharf and Hyman (2012)。
18. 见 Krebernik (2007a; 2007b)。
19. 王朝初期的情况，参见 Bauer (1998); Krebernik (1998)。关于乌尔第三王朝时期，参见 Sallaberger (1999)。
20. 关于古亚述时期和古巴比伦时期，参见 Charpin, Edzard, and Stol (2004); Veenhof and Eidem (2008)。
21. 历史性论述参见 Hooker, Walker, Davies, et al. (1990)。另见 Krebernik (2007a)。
22. 关于古阿卡德时期，参见 Westenholz (1999)。
23. 见 Lambert (1957)。
24. 见 Graßhoff (2012)。
25. 见 Heisel (1993); Bagg (2011); Bührig (2014)。
26. 见 Kirkhusmo Pharo (2013)。
27. Jaspers ([1949] 1953)。
28. 有关背景的讨论，参见 Dittmer (1999)。
29. 见 Eisenstadt (1982; 1986)。有关该论文被历史学科接受的开端，参见 Graubard (1975)。
30. Elkana (1986b)。
31. 见 Assmann (1992; 2001; 2008; 2018)。
32. 见 Elkana (1986b)。
33. 见 Assmann (1989)。
34. Jaspers ([1949] 1953, 3). "Im *spekulativen Gedanken* schwingt er sich auf zu dem

Sein selbst, das ohne Zweiheit, im Verschwinden von Subjekt und Objekt, im Zusammenfallen der Gegensätze ergriffen wird." Jaspers ([1949] 1983, 22).

35. Eisenstadt (1988)也强调了这一点。
36. 见Dittmer (1999)。
37. 概述见Maier (1998)。
38. 见Heinrich (1986)。
39. Xenophanes (2016, 33–35) [LM D16–D19/DK 21 B23–B26]. 另见Asper (2013)。
40. 经典的概述，参见Kirk, Raven, and Schofield (1983)。
41. 历史性论述，参见Dijksterhuis (1956)。
42. 介绍性内容，参见Lloyd (1964)。
43. 见，例如，Most (1999); Freudenthal (2015)。
44. 介绍性内容，参见Barnes (1995); Russo (2004)。
45. 见Pedersen (1993); Lloyd (1970; 1973); Cuomo (2000); Schiefsky (2007)。
46. 犹太教的内容，参见Levine (2014)。佛教的内容，参见Braarvig (2012)。
47. 以下关于中世纪与近代早期的技术史在Popplow and Renn (2002)的基础上写成，并包含其中的一些文段。另见Popplow (2015)。
48. 见Lucas (2005)。
49. 早期历史研究，参见Olschki (1919, 1922, 1927); Zilsel ([1976] 2000); Smith (2004); Freudenthal and McLaughlin (2009b)。另见Klein (2016c; 2017)。
50. 见Tsuen-Hsuin (1987)。另见Bloom (2017)。
51. 以下基于与马泰奥·瓦莱里亚尼的对话。更详尽的关于近代早期书籍文化的探讨，参见Febvre and Martin (1900); Giesecke (1990, 1991); Nuovo (2013)。
52. 见Nuovo (2013)。
53. 见Buringh and van Zanden (2009)。
54. 关于教育机构与大型国际学术出版商之间联盟的实例，参见Pantin and Renouard (1986); Pantin (1998, 2006)。至于近代早期正统教材的建设，参见Valleriani (2017c)，以及MacLean (2009, 2012)中更广泛的概述。
55. 见Chartier (1994); Walsby and Constantinidou (2013)。
56. 见Vecce (2017)。
57. 有关以文本和图画形式编纂实践知识这类过程的调查，参见Hall (1979)。有关更一般的概述，参见Valleriani (2017b)。
58. 见Valleriani (2017a)。
59. 关于亚历山大里亚的希罗，参见Schiefsky (2007)。
60. 见Rüegg (1996)。
61. 见Renn (2013a)。
62. 见Jack (1976); Schlimme (2009)。另见Schlimme, Holste, and Niebaum (2014,

sec. 2.4.3）。
63. 见 Omodeo (2019a)。
64. Popplow and Renn (2002, 269).
65. 见 Chalmers (2017, 176ff.) 中的论述。
66. Popplow and Renn (2002, 268–269).
67. Popplow and Renn (2002, 265, 271–272).
68. Galilei (1967, 103 [Day 1])。（中译引自［意］伽利略：《关于托勒密和哥白尼两大世界体系的对话》，周熙良译，北京大学出版社，2006，第70页。——译注）
69. Bruno ([1584] 1995; [1584] 1999); Galilei (1967); Descartes (1985b).
70. Kepler ([1619] 1997); Newton ([1687] 2016, 390 [*Principia*, vol. 2, sec. 9, prop. 52, theorem 40, case 3, cor. 4]; [1730] 1952, 399 [*Opticks*, vol. 3, pt. 1, qu. 31]); Kant ([1746–1749] 2012; [1786] 2002); Lamarck ([1809] 1963). 关于18世纪时知识的迅速增长有一份令人印象深刻的综述，参见 Diderot and d'Alembert (1751–1772)。
71. 关于机械论世界观的历史，参见 Dijksterhuis ([1950] 1986)。对机械论世界观终结的概述，参见 Harman (1982)。关于更近期的论述，参见 Buchwald and Fox (2013)。
72. 政治思想家乔瓦尼·博特罗在《国家的理由》(*Della ragion di stato*, 1589) 等令人难忘的作品中，强调了领土政策和工业的重要性。它们不是为了赤裸裸的军事扩张，而是最恰当的"国家的理由"。见 Keller (2015, 35–45)。
73. Feldhay (2018) 中巧妙地讨论了新兴主权国家与新知识经济之间的关系。
74. 突出的例子，参见 Omodeo and Renn (2019)。
75. 以下内容参见 Grimm (2015)。
76. Bodin (1576; 1606).
77. Elias ([1969] 2006).
78. Hobbes (1651, 66–67) [*Leviathan*, pt. 1, chap. 10, sec. 41–42]. 对于利维坦形象的历史性论述，参见 Bredekamp (2006)。
79. Locke (1689, bk. 2, chaps. 10 and 11).
80. Rousseau ([1762] 1964, 360–361). 转引自 Scott (2006, 121)。
81. 这一点在两部关于文学史与艺术史的经典著作中得到展示，分别是：Benjamin (1928); Marin (1988)。
82. 对于这一外在表征局限性的论述，参见 Marx ([1859] 1987)。
83. Appleby (2013).
84. 关于科学学科出现的历史，参见 Stichweh (1984)。
85. 见 Renn, Schoepflin, and Wazeck (2002)。

86. 关于柏林洪堡大学的建立，见，例如，Humboldt ([1809/10] 1993)。历史性论述参见 Bruch (2010)。
87. 历史性论述，参见 Thomas (1985); Stearns (1993); Jacob (1997; 2014); Cohen (2015)。
88. Mokyr (2002, 29).
89. Jacob (2014, 221).
90. Mokyr (2002, 103).
91. Mokyr (2002, 74–75).
92. Mokyr (2002, 36).
93. Mokyr (2002, 65). 但是请注意，知识和聪明才智并不是推动工业革命所需的全部，它还取决于至关重要的环境和物质条件，参见 Albritton Jonsson (2012)。
94. 见 Cushman (2013)。
95. 以下基于 Mokyr (1999)。
96. 见 Jungnickel and McCormmach (1986b); Agar (2012)。
97. Klein (2012a; 2015b; 2016c; 2017).
98. 以下内容，参见 Steinberg ([1955] 2017); Austrian (1982); Nunberg (1996); Huurdeman (2005); Poe (2011); Hyman and Renn (2012b)。
99. 见，例如，Cahan (2011); Hoffmann, Kolboske, and Renn (2015)。
100. 见 Simon, Knie, Hornbostel, et al. (2016)。另见 Kaldeway and Schauz (2018)。
101. 以下内容紧跟 Mokyr (1999)。约翰·德斯蒙德·伯纳尔是最早讨论第二次工业革命的科学史学家之一，他将其描述为"科学在其中发挥比第一次工业革命更大、更自觉作用"的事件，见 Bernal (1939, 392)。
102. Mowery and Rosenberg (1999, chap. 2).
103. 见 Carlson (1997, 214–215)。
104. 见 Hughes (1983)。
105. 见 Carlson (1997); Collet (1997); Mokyr (1999)。
106. Maxwell (1865).
107. 见，例如，Hughes (1983, 91)。技术动量的概念，参见 Hughes (1994)。
108. Hertz (1888; 1889).
109. Collet (1997); Huurdeman (2005).
110. 以下内容，参见 Carlson (1997); Collet (1997)。
111. 见 Mokyr (1999)。
112. 见 Cahan (2011); Hoffmann, Kolboske, and Renn (2015)。
113. 见 Cohen (1997)。
114. 见 Collet (1997, 256)。
115. 见 Collet (1997, 258)。

116. 对20世纪科学与技术专家的综合性研究（侧重于欧洲），参见Kohlrausch and Trischler (2014)。对于20世纪战争对人类进入人类世作用的分析，参见 Bonneuil and Fressoz (2016)。
117. 关于使用毒气的历史，见Friedrich, Hoffmann, Renn, et al. (2017)。
118. Mokyr (1999).
119. 见Pestre (1997, 67–68)。
120. 见Krementsov (1997, 791–792)。
121. 见Agar (2012)。
122. 见Heim, Sachse, and Walker (2009)。
123. 见Preston (1996, 36); Hiltzik (2016)。
124. Hahn and Strassmann (1939).
125. Eisenhower (1961, 1038–1039).
126. Rheinberger (2012, 739).
127. National Human Genome Research Institute (n.d.).
128. 见Pestre (1997); Galambos and Sturchio (1998); Agar (2012, 433–465)。
129. 以下内容，参见Collet (1997)。
130. Collet (1997).
131. Moore (1965, 115). 相关论述，参见Mody (2016)。
132. 见Hafner and Lyon (1996, 247–254); Spicer, Bell, Zimmerman, et al. (1997)。
133. 见Gillies and Cailliau (2000)。
134. 见Minsky (1986); McCorduck (2004); Nilsson (2010); Lenzen (2018); Rosol, Steininger, Renn, et al. (2018)。
135. Garfield (2006). 关于同行评议的历史，另见Lalli (2014; 2016)。
136. Abir-Am (1997). 另见Pestre (1997)。
137. 见Oldroyd (1996); Doel (1997); Weart (2003); Zalasiewicz and Williams (2009); Rudwick (2014); Lax (2018a; 2018b)。关于现代气象学的诞生，参见Friedman (1993)。
138. Wegener (1912; 1915).
139. 以下内容基于内奥米·奥雷斯克斯的开创性研究：*The Rejection of Continental Drift* (1999)。
140. 见Hallam (1989); Lewis (2000); Dalrymple (2004)。
141. Wegener (1912; 1915). 英译版见Wegener (1966)。
142. Suess (1904–1924).
143. Dana (1873).
144. 以下内容，参见Oreskes (1999, 23–48)。另见Airy (1855); Pratt and Challis (1855); Bowie (1927)。

145. Holmes (1926).
146. 见 Oreskes (1999, chap. 10)。
147. Doel (1997, 412ff.).
148. Carson (1962). 有关1980年代以来气候科学中地球系统科学兴起的历史性描述，参见 Dahan (2010)。另见 Paillard (2008)。
149. 见 Porter (1997)。
150. 见 Berkhout (1997)。
151. 基于 Renn and Hyman (2012a, 578)，而此论文又是依据 Oreskes and Conway (2010)。另见 Oreskes, Conway, Karoly, et al. (2018)。
152. Oreskes and Conway (2010); Proctor (2011).
153. Lane (2000).
154. Slaughter and Leslie (1997) 讨论了大约1970年代到1990年代之间，英语国家的高等教育越来越依赖学术圈外的市场的情况，其结果是研究变得更少由"好奇心驱使"，而更多受市场驱使。另见 Nelson (1959; 1986); Heller and Eisenberg (1998); Mirowski and Sent (2007); Pagano and Rossi (2009); Münch (2016)。
155. 见 Slaughter and Leslie (1997, 50ff.)。
156. Flexner ([1939] 1997, 34–35).
157. Flexner ([1939] 1997, 36).
158. Ordine (2017, 107). 引文出自 Henri Poincaré (1907)。庞加莱引用了古罗马诗人尤维纳利斯（Juvenal）《讽刺诗》（*Satires*）中的著名六步格诗句："我却深信罪莫大于舍荣誉而求生 / 以及为活命而败坏生命之根。"（"summum crede nefas animam praeferre pudori / et propter vitam vivendi perdere causas."）

第十一章　历史上的知识全球化

1. 本章是在与几位同事共同研究历史上的知识全球化的基础上撰写的。这些研究始于对古代晚期和中世纪科学传播和转化的研究，先是与穆罕默德·阿巴图伊、戴培德和保罗·魏尼希一起，后来是与马克·盖勒（Mark Geller）和索尼娅·布伦特斯一起进行。此处提到的一些结果已经发表：Abattouy, Renn, and Weinig (2001b); Renn and Damerow (2012); Geller (2014); Brentjes and Renn (2016a; 2016c)。对伊比利亚世界的知识全球化研究是在与加那利奥罗塔瓦科学史基金会（Fundación Canaria Orotava de Historia de la Ciencia）合作的背景下开始的，当时是在何塞·蒙特西诺斯（José Montesinos）领导下，然后与海尔格·温特和安吉洛·巴拉卡（Angelo Baracca）一起进行，并特别关注了拉丁美洲世界。

例如，见 Montesinos Sirera and Renn (2003); Baracca, Renn, and Wendt (2014b); Wendt (2016b)。中欧科学之间的转移和转化过程是与马深孟一起研究的，并将在下一章中进行讨论。对历史上的知识全球化所做的全面调查是与戴培德、马尔科姆·海曼、路德米拉·海曼（Ludmilla Hyman）、科斯塔斯·加夫罗格鲁、伊娃·坎契克-基施鲍姆（Eva Cancik-Kirschbaum）、格尔德·格拉斯霍夫和耶胡达·埃尔卡纳等许多同事一起进行的，并以《历史上的知识全球化》（*The Globalization of Knowledge in History*）为题出版，见 Renn (2012c)。它的介绍性文章（部分是与马尔科姆·海曼共同撰写的），以及颜子伯、丹尼尔·波茨、阿里·克兰普夫（Arie Krampf）、汉斯约格·迪尔格（Hansjörg Dilger）、赛丝·玛丽·席尔瓦·达席尔瓦（Circe Mary Silva da Silva）、利吉娅·阿兰特斯·赛德（Ligia Arantes Sad）、马克·谢夫斯基的贡献对这一章都很重要。见 Braarvig (2012); Dilger (2012); Hyman and Renn (2012a); Krampf (2012); Potts (2012); Renn (2012a; 2012b); Renn and Hyman (2012a); Schiefsky (2012); Silva da Silva and Arantes Sad (2012)。同时，Braarvig and Geller (2018) 也更系统地论述了多语制在全球化进程中的重要作用。

2. 见 Basalla (1967); Wendt and Renn (2012)。批判性评估，参见 Cunningham and Williams (1993); Raina (1999); Lyth and Trischler (2003); Secord (2004); Arnold (2005); Werner and Zimmermann (2006); Edgerton (2007); Selin (2008); Elshakry (2010); Goody (2010c); Sivasundaram (2010a; 2010b); Günergun and Raina (2011); Howlett and Morgan (2011); Lipphardt and Ludwig (2011); Wallerstein (2011); Zemon Davis (2011); Patiniotis (2013); Raj (2013); Cancik-Kirschbaum and Traninger (2016); Duve (2016); Medick (2016); Kocka (2017a); Östling, Sandmo, Larsson Heidenblad, et al. (2018)。

3. 见 Balter (2012); Fu, Rudan, Pääbo, et al. (2012)。相关讨论及进一步的文献，参见 Hansen and Renn (2018, 14)。

4. 见 Diamond (2005b)。

5. 关于多语制的作用，参见 Braarvig and Geller (2018)。

6. 以下内容，参见 Mignolo (2000); Bayly (2004, 312–313); Osterhammel (2009, 1142–1146); Tilley (2010); Wallerstein (2011)。

7. 见 Hoffmann (2012)。

8. 关于政府间气候变化专门委员会，参见 IPCC (2018)。另见 Krige (2006); Edwards (2010); Klingenfeld and Schellnhuber (2012)。

9. IPCC and Watson (2001, 37)。

10. 批判性评估，参见 Uhrqvist and Linnér (2015)。关于跨国私人法规在全球化进程与市场机制政治构建中的作用，参见 Bartley (2007)。另见 Bartley and Child (2014); Bertelsen (2014); Bartley (2018)。

11. 见 Ezrahi (1990, 13)。
12. European Parliament (2000).
13. Friedman (2007).
14. 以下内容，参见 Krampf (2012)。
15. 见 Edgerton (2006)。
16. 以下内容，参见 Rottenburg (2012)。另见 Porter (2006)。
17. 以下内容，参见 Dilger (2012)。
18. Streeck (2014).
19. 见，例如，Frank (1998)。
20. Pacey (1990, vii–viii).
21. 见 Hublin, Ben-Ncer, Bailey, et al. (2017)。
22. 关于人口迁移与气候之间关系的最新调查，参见 Mauelshagen (2018b)。
23. 见 Rahmsdorf (2011); Parzinger (2014)。
24. 见 Braarvig and Geller (2018)。
25. 见 Hansen and Helwing (2018)。
26. 见 Gronenborn (2010); Fuller (2011); Özdoğan (2014; 2016)。
27. Özdoğan (2014, 33).
28. 见，例如，Beckwith (2009, 50–52); Potts (2011)。
29. 见 Rosińska-Balik, Ochał-Czarnowicz, Czarnowicz, et al. (2015)。
30. Diamond (2005b, chap. 10).
31. 关于文字传播条件的论述，参见 Cancik-Kirschbaum (2012) 中的研究。
32. 见 Potts (2007)。
33. 以下内容基于 Renn (2014b)。
34. Glick (2005, 6–7).
35. 见 Burnett (2001, 260)。
36. 见 Po-chia Hsia (2015)。
37. Edgerton (2006, 28ff.).
38. Casas ([1552] 1992). 历史性论述，参见 Abril Castelló (1987)。
39. 关于"西方科学"作为一种编史学构造的出现，参见 Elshakry (2010)。
40. 以下内容基于 Plofker (2009)。
41. 见，例如，Elkana (1986b)。
42. 见 Schiefsky (2012)。另见 Ostwald (1992)。
43. 以下内容，参见 Høyrup (2012)。
44. 见 Szabó (1978); Lefèvre (1981)。
45. 以下内容基于 Gutas (1998); Abattouy, Renn, and Weinig (2001b); Speer and Wegener (2008); Brentjes and Renn (2016c)。

46. 见 Braarvig (2012)。
47. 见 Brentjes and Renn (2016b)。
48. 见 Moody and Clagett (1960)。
49. 见 Jordanus de Nemore (1960)。
50. 见 Renn and Damerow (2012)。
51. 见 Lemay (1977)。
52. 见 Abattouy, Renn, and Weinig (2001b)。
53. 见 Lemay (1963)。
54. 见 Fraenkel, Fumo, Wallis, et al. (2011)。
55. 见 Brentjes and Renn (2016a)。
56. 见 Lemay (1962); Cronin (2003); Speer and Wegener (2008)。
57. 见 Russell-Wood (1998); Kamen (2003)。
58. 见 Bethell (1984–2008); Stern (1988)。
59. 见 Crosby (2003)。
60. 见 Yule (1903); Jackson and Morgan (1990); Larner (1999); Rossabi (2010); Francopan (2016)。
61. 见 McNeill (1993)。
62. 见 Needham (1986, 572–574); Pacey (1990, 45–46)。
63. 以下内容，参见 Crosby (1993)。
64. 见，例如，Bushnell (1993)。
65. 见 Diamond (2005b)。
66. 见 Bray, Coclanis, Fields-Black, et al. (2015)。
67. 见 Wendt (2016b)。
68. 见 Gruzinski (2004)。
69. 见，例如，Müller-Wille (1999)。另见 Montesinos Sirera and Renn (2003)。
70. Altshuler and Baracca (2014, 58).
71. McNeill (1994); Grove (1995); Haynes (2001); Klein (2016b).
72. Darwin ([1865] 2002, 238).

第十二章 自然科学的多种渊源

1. "Da Galileo, come già ho scritto altre volte, desidererei molto vivamente [ricevere] il calcolo delle eclissi, in particolare di quelle solari che si possono conoscere dalle sue molte osservazioni; tutto questo, infatti, ci è estremamente utile per la correzione del calendario; e se c'è qualche scritto su cui possiamo fare affidamento, perché non ci caccino da ogni parte del regno, è solo questo." Iannaccone (1998,

67–68)。

2. Pomeranz (2000)。

3. 本章中对希腊科学的研究基于与戴培德、彼得·麦克劳克林、马库斯·阿斯佩尔（Markus Asper）、马克·谢夫斯基和伊斯特凡·博德纳（Istvan Bodnar）的合作。对中国科学的研究，包括其与希腊科学的比较，是基于与马深孟、张柏春、田淼和鲍则岳的合作。这里的文本合并且扩展了早期联合出版物的内容，包括：Renn and Schemmel (2006; 2012; 2017); Büttner and Renn (2016); McLaughlin and Renn (2018)。本章中使用的关于耶稣会传播的重要研究结果已在 Schemmel (2012) 中发表。此外，对中国早期科学的处理还得益于 Graham (1978)。历法改革的历史基于 Elman (2005)。19 世纪新教传教的历史依赖于 Hu (2005)。对于耶稣会的历史，我利用了 Friedrich (2016)。

4. 改编自 Diogenes Laertius (1925, 43) [DL 6, 40]。（原文翻译为："柏拉图将人定义为一种具有两足且无羽毛的动物，受到了称赞。第欧根尼拔掉了一只鸡的毛，并将其带到教室，说：'这就是柏拉图所谓的人。'因此，定义中增加了'拥有宽指甲'。"）

5. 关于达尔文人类来自"早期祖先"的论点，参见 Darwin (1877, 160)。

6. 见 Pääbo (2014); Reich (2018)。另见 Rogers Ackermann, Mackay, and Arnold (2016)。

7. 关于摩洛哥的发现，参见 Hublin, Ben-Ncer, Bailey, et al. (2017)；关于智人悖论，参见 Renfrew (2008)。

8. 见 Chiaroni, Underhill, and Cavalli-Sforza (2009); Coop, Pickrell, Novembre, et al. (2009)，以及 Tomlinson (2018) 中的论述。

9. Aristotle (1939)。

10. 以下内容，参见 Damerow, Renn, Rieger, et al. (2002); Renn, Damerow, and McLaughlin (2003); McLaughlin and Renn (2018)。另，试比较 Krafft (1970)。

11. Aristotle (1939, 353) [*Mechanica*, 850 a 30–33]。

12. 见 Schemmel (2001b); Boltz, Renn, and Schemmel (2003); Renn and Schemmel (2006); Schemmel and Boltz (2016)。

13. 以下内容，另见 Graham (1978)，对文本历史的论述是在 Graham (1978, 68–69)。

14. Graham (1978, 30ff.)。

15. 英译引自 Schemmel (2001b, 7)。（括号中的文字据英译翻译。——编注）

16. Schemmel and Boltz (2016)。

17. 见 Ostwald and Lynch (1994)。

18. Graham (1978, 19–22)。

19. Graham (1978, 6–8)。

20. Graham (1978, 23).
21. 这一点在 Schemmel and Boltz (2016, 143) 中得到论证。
22. 抽象在中国古代数学中的作用，参见 Chemla (2006)。关于古代科学中对抽象的一般思考，参见 Schemmel (2019)。古希腊与古代中国科学之间的关系一直是杰弗里·E. R. 劳埃德（Geoffrey E. R. Lloyd）著作的核心主题：见，例如，Lloyd (1996; 2002); Lloyd and Sivin (2003)。
23. Needham (1954–2015). 对李约瑟问题批判性的重新评估，参见 O'Brien (2009); Goody (2012, chap. 5)。关于从比较的视野回答李约瑟问题，强调希腊哲学与科学、罗马法、基督教神学在欧洲之结合的独特性，以及更广泛层面上社会和制度结构作用的尝试，参见 Huff (2017, in particular chap. 8)。
24. 见 Feldhay (2006; 2011)。耶稣会的总体历史，参见 Friedrich (2016)。
25. 见 Feldhay (2011)。
26. 关于中欧关系视野下的历法改革史，参见 Elman (2005)。
27. 见 Elman (2005, chap. 2)。
28. 对于这些翻译与编纂项目的概况，参见 Elman (2005, 90–106)。
29. 见 Schemmel (2013)。
30. 见 Schemmel (2012, 269–270)。
31. Schemmel (2012, 276–277)。
32. Schemmel (2012, 280)。
33. 关于新教在19世纪的传教史，参见 Elman (2005, chaps. 8–10); Hu (2005)，另见 Medhurst (1838)。
34. Hu (2005, 16–18)。
35. 见，例如，Fung (1922, 249–250, 261); Hu (1922, 8–9, 59 ff.); Su (1996)。

第十三章　认知网络

1. 本章基于最初与马尔科姆·海曼，后来与曼弗雷德·劳比希勒、罗伯托·拉利、马泰奥·瓦莱里亚尼及德克·温特格林等人的合作。本章包括并扩展了 Renn and Hyman (2012b); Renn, Wintergrün, Lalli, et al. (2016) 中的文本段落；以及亚历山大·布卢姆、罗伯托·拉利和于尔根·雷恩关于广义相对论复兴的各种出版物［Blum, Lalli, and Renn (2015; 2016; 2018)］。对本章而言至关重要的出版物包括 Hyman (2007); Lalli (2017); Valleriani (2017c); Wintergrün (2019)。
2. 见 Lazega and Snijders (2016)。
3. 见 Renn, Wintergrün, Lalli, et al. (2016)。
4. 见 Granovetter (1973; 1983); Watts (2003)。

5. 见 Valente (1995); Wasserman and Faust (1997); Weyer (2012)。
6. 见，例如，Padgett and Ansell (1993)。另见 Reinhard (1979); Vleuten and Kaijser (2005); Malkin (2011)。
7. Preiser-Kapeller (2015)。另见 Laubichler, Maienschein, and Renn (2013); Lemercier (2015); Düring (2017)。
8. 见 Bettencourt, Kaiser, Kaur, et al. (2008); Bettencourt, Kaiser, and Kaur (2009); Bettencourt and Kaiser (2015); Herfeld and Doehne (2019)。
9. 见 Barabási and Albert (1999)。另见 Barabási (2016)。
10. 见 Price (1965)。
11. 见 Merton (1968); Price (1976)。
12. 见 Granovetter (1973; 1983)。
13. 见 Milgram (1967); Watts (2003, 70ff.)。
14. 以下内容，参见 Hyman (2007)。另见 Kintsch (1998)。
15. 以下内容，参见 Russo (2004); Malkin (2011); Hyman and Renn (2012a); Schiefsky (2012)。另见 Ossendrijver (2011)。
16. 历史性论述，参见 Di Pasquale (2005; 2007; 2010; 2012; 2013)。
17. Kühn (1828, 606–607)。另见 Blum (1977)。
18. 见 Russo (2004)。
19. 历史性论述参见，例如，Graßhoff (1990); Schiefsky (2007); Hankinson (2008)。
20. Valleriani (2017c)。
21. Harris (2006)。
22. 以下内容基于与马泰奥·瓦莱里亚尼的私下交流。关于历法与公历改革的历史，参见 Poole and Poole (1934); Pedersen (1983); Richards (1998); Wallis (1999); Glick, Livesey, and Wallis (2005)。
23. 见 Rochot (1967); Nellen (1990); Mauelshagen (2003); Grosslight (2013)。关于近代早期通信的在线数据库，见 *Early Modern Letters Online* by Cultures of Knowledge, http://emlo.bodleian.ox.ac.uk。
24. Fleck ([1935] 1979, 39); Kuhn (1996, 4)。
25. 见 Kräutli and Valleriani (2018)。
26. 有一个与《天球论》相似的文本，由普罗克洛斯（Proclus）所作，主要在新教大学中流传；对它的历史性分析参见 Biank (2019)。
27. Sacrobosco and Nunes (1537)。
28. Sacrobosco, Vinet, Valerianus, et al. (1556)。
29. Kuhn (1996, 122–123)。
30. 见 Lalli (2017)。

31. 见 Eisenstaedt (1986; 1989)。
32. 见 Will (1986; 1989)。关于复兴的一些关键出版物是：Kerr (1963); Matthews and Sandage (1963); Penrose (1965); Penzias and Wilson (1965); Hawking and Penrose (1970)。对彭齐亚（Penzia）和威尔逊（Wilson）的发现的最可能解释是：Dicke, Peebles, Roll, et al. (1965); Hewish, Bell, Pilkington, et al. (1968); Ruffini and Wheeler (1971)。
33. 见 Thorne (1994, 258–299)。
34. 此处的历史性论述基于 Blum, Lalli, and Renn (2015; 2016; 2018)。
35. 见 Kaiser (2005)。
36. Infeld (1964); Lalli (2017, 150–151)。
37. Lalli (2017, 55)。
38. 见 Mercier and Kervaire (1956)。

第十四章　认知演化

1. 本章基于各种合作项目。关于一种新的演化形式开始的推测可以追溯到与马尔科姆·海曼在《历史上的知识全球化》中的合作。本章中重复使用了该书的导言及概述4中的文字，见 Renn and Hyman (2012a; 2012b)。扩展演化概念将生态位构建与复杂的调控网络相结合，这可以追溯到与曼弗雷德·劳比希勒的联合研究。来自我们以下出版物中的文字已被使用和扩充：Laubichler and Renn (2015); Renn and Laubichler (2017)。关于空间思维发展的内容完全依赖于马深孟及其团队的工作：Schemmel (2016a; 2016b)。称重技术的例子仰赖与戴培德、马深孟、卡特娅·伯德克，以及约亨·比特纳及其团队的联合研究。与此合作研究相关的出版物文本已被使用和扩充，见 Damerow, Renn, Rieger, et al. (2002); Büttner and Renn (2016)。对语言演化的处理大大受益于与戴培德、斯蒂芬·莱文森以及卡罗琳·罗兰（Caroline Rowland）的讨论。对新石器时代与城市革命的处理紧跟汉斯·尼森（Hans Nissen）、傅稻镰以及詹姆斯·斯科特等人的工作。扩展演化的例子之前已经在以下出版物中进行过介绍，为了当前的目的，我从这些出版物中提取了各种文本并进行了重新加工：Renn (2015b; 2015c, 2015d)。
2. 以下内容，参见 Lefèvre (2003)。
3. 生态位构建的概念，参见 Odling-Smee, Erwin, Palkovacs, et al. (2013)。以下内容基于 Laubichler and Renn (2015); Renn and Laubichler (2017)。针对文化演化与我志趣相投的探讨，参见 Gray and Watts (2017); Tomlinson (2018)。
4. Toepfer (2011, 523–527)。

注释 533

5. Toepfer (2011, 40–41).
6. Marx ([1852] 1979, 103).（中译引自［德］马克思:《路易·波拿巴的雾月十八日》，中共中央马克思恩格斯列宁斯大林著作编译局编译，人民出版社，2015，第9页。——译注）
7. 见Laubichler and Renn (2015); Peter and Davidson (2015); Tomlinson (2018, 34, 113)。
8. 以下内容根据Büttner and Renn (2016); Büttner (2018); Büttner, Renn, and Schemmel (2018); McLaughlin and Renn (2018)进行改编。经典论述参见Basalla (1988); 关于更近期讨论的概述，参见Ziman (2000)。
9. Bödeker (2006); Senft (2016). 另见Malinowski (2002)。
10. Bödeker (2006, 322ff.).
11. 见Bödeker (2006, 199–205)。
12. 以下内容，参见Büttner and Renn (2016); Damerow, Renn, Rieger, et al. (2002)。
13. Aristophanes (1998, 587).
14. Schemmel (2016a).
15. 关于语言与认知在空间思维中的关系，参见Levinson (2003)。
16. Euclid (1956).
17. 见Vogel (1995)。
18. 见Piaget (1969)。这个解释框中概述的时间史研究方法是与马深孟共同发展的，效仿了他对空间的研究: Schemmel (2016a; 2016b)。
19. 见Szabó and Maula (1982, 23–24, 46–47)。
20. 关于将巴比伦的天文观测整合进古希腊的天文模型中，参见Graßhoff (1990, 214)。
21. 关于将欧几里得几何学解释为一种空间科学，参见De Risi (2015)。
22. 见Elias ([1984] 2007, 33–34)。
23. 对语言起源的讨论历史悠久，早期的里程碑包括赫尔德（Herder），格林（Grimm）和洪堡的著作: Herder (1772); Humboldt ([1820] 1994); Grimm (1852)。后来的讨论将语言起源与符号使用的一般性问题及符号在演化中的作用相关联，见，例如，Bickerton (1990; 1995); Deacon (1997)。我在这里的论述是从Damerow (2000); Lock (2000); Sperber (2000); Levinson and Holler (2014); Tomlinson (2018)中的考虑开始的。与此处采用的方法有关的其他更近期讨论包括Corballis (2003; 2011); Tallerman (2005)。关于当前讨论，另见Coolidge and Wynn (2009); Richerson and Boyd (2010); Steels (2011); Dor, Knight, and Lewis (2014); Friederici (2017)。关于迈克尔·托马塞洛的观点，参见以下论述。
24. 见Tomasello, Kruger, and Ratner (1993)。这几位学者认为，文化学习"是指这

种社会学习实例，其中主体间性或观点采择在最初的学习过程以及由此产生的认知结果中都发挥了重要作用",Tomasello, Kruger, and Ratner (1993, 495)。他们将文化学习描述为"社会学习的一种独特的人类形式，它允许行为和信息在同种个体之间的忠实传递，这在其他形式的社会学习中是无法达成的，从而为文化演化提供了心理基础",Tomasello, Kruger, and Ratner (1993, 495)。另见 Tomasello (1999; 2003)。Tomasello (2014) 中发展的假说是，为了生存，人类必须发展出他称为"共享意向性"的东西（第一章），包括从多种社会视角看待世界的能力。对于取得这些成就的演化过程的另一种观点，参见 Levinson (2014)。莱文森与托马塞洛的不同之处在于，他认为我们需要循环的交互反馈来发展语言，以及其支持性的神经解剖结构。

25. Tomasello (2014). 关于托马塞洛在灵长类动物认知方面的工作，参见 Tomasello and Call (1997)。
26. 见 Maynard Smith and Szathmáry (1995)。
27. Tomasello (2014, 141)。
28. Tomasello (2014, 127)。
29. Dediu and Levinson (2013, 1). 另见 Levinson and Dediu (2018)。
30. 这里所设想的人类行为之组织（包括网络和层级结构）与语言结构之间的关系，似乎与最近对语言的神经元基础的见解并不冲突，见 Friederici (2017)。在这篇文献中她主张："可以想象，处理结构性层级的能力应该被认为是通往语言能力的关键步骤。"（206）在另一篇论文中，她认为"语言最好被描述为一种由生物本能决定的计算认知机制，它可以产生一种无限的层级结构的表达阵列"；见 Friederici, Chomsky, Berwick, et al. (2017, 713)。关于对底层认知能力之更深进化根源的提示，参见 Krause, Lalueza-Fox, Orlando, et al. (2007); Milne, Mueller, Männel, et al. (2016)。另见 Cheney and Seyfarth (2018)。
31. Levinson and Holler (2014, 2); Levinson (2019)。
32. 关于对原始母语讨论的回顾，参见 Tomlinson (2015)。
33. 见 Dediu and Levinson (2013); Levinson and Holler (2014)。
34. Vygotskij (1978, 86). 另见 Damerow (2000); Lock (2000); Pradhan, Tennie, and van Schaik (2012); Bickerton (2014, 334)。
35. 见 Savage-Rumbaugh, Sevic, Rumbaugh, et al. (1985); Savage-Rumbaugh, Murphy, Sevic, et al. (1993); Sevic and Savage-Rumbaugh (1994); Savage-Rumbaugh, Fields, Segerdahl, et al. (2005); Lyn, Greenfield, Savage-Rumbaugh, et al. (2011)。另见 Logan, Breen, Taylor, et al. (2016)。
36. Tomlinson (2018, 156)。
37. Tomlinson (2018, 157)。

38. Tomlinson (2018, 160).
39. Tomlinson (2018, 108–110).
40. 我要感谢卡罗琳·罗兰提醒我注意下面讨论的尼加拉瓜手语的案例，并阅读了此解释框的初稿。
41. 关于从语言学角度来看尼加拉瓜手语的开拓性工作，参见 Senghas (1995; 2000); Senghas (1997); Senghas and Coppola (2001); Senghas, Senghas, and Pyers (2005)。当前的评论基于并遵循 Slobin (2004) 与 Blunden (2014) 中的论证。
42. Polich (2005).
43. Senghas and Coppola (2001, 328).
44. 关于第一个方面，参见 Senghas and Coppola (2001)；关于第二个方面，参见 Morford (2002, 333)。
45. 这一点在 Blunden (2014) 中得到了强调。
46. Pyers, Shusterman, Senghas, et al. (2010).
47. Vygotskij (1978, 86).
48. 见 Polich (2000, 298–299)。
49. 以下内容基于 Renn (2015b; 2015c)。下文中对许多细节的解释和描述紧跟 Scott (2017) 的研究和傅稻镰的工作：Fuller, Allaby, and Stevens (2010); Fuller (2011; 2012); Fuller, Willcox, and Allaby (2011)。我还使用了其他人的研究：Kennett and Winterhalder (2006); Pinhasi and Stock (2011); Watkins (2013); Krause and Haak (2017); Kavanagh, Vilela, Haynie, et al. (2018)。另见 Gronenborn (2010); Özdoğan (2014; 2016)。
50. 见 Scott (2017, 10, 107ff.) 中的论述。
51. Marx and Engels ([1845–1846] 1976, 47).（中译引自［德］马克思、恩格斯：《德意志意识形态（节选本）》，中共中央马克思恩格斯列宁斯大林著作编译局编译，人民出版社，2018，第30页。——译注）
52. 见 Gowlett (2016)。
53. 见 Ruddiman (2003)。
54. 见 Scott (2017, 3)。
55. 见 Zeder (2009, 32–33); Asouti (2010); Fuller, Willcox, and Allaby (2011)。
56. 对于前驯化的讨论，见，例如，Willcox, Fornite, and Herveux (2008)。
57. 见 Scott (2017, 43–44)。
58. 见 Kavanagh, Vilela, Haynie, et al. (2018) 中的论述。
59. 见 Fuller, Allaby, and Stevens (2010, 15ff.)。关于与定居和农业发展有关的陷阱的更广泛讨论，参见 Scott (2017)。
60. 关于通过生态位构建理论探索新石器化的方法，另见 Sterelny and Watkins

(2015)。
61. 见 Bogaard (2005)。
62. 关于符号构造在新石器革命中作用的论述，参见 Watkins (2010)。
63. 见 Scott (2017, 7)。以下内容基于这本著作。
64. Zeder (2011, 230–231).
65. 见 Nissen (1988, 33, 59–60, 66ff.); Thompson (2006, 171–172)。
66. Scott (2017, 21–23).
67. Scott (2017, 96).

第十五章　"出全新世记"

1. 见 Ward and Kirschvink (2015)。
2. 见 Zalasiewicz (2008); Zalasiewicz and Williams (2012); Schellnhuber, Serdeczny, Adams, et al. (2016)。
3. 见 Boulding (1966); Fuller (1969); Poole (2010); Höhler (2015)。
4. 本章基于与克里斯托夫·罗索尔、本杰明·约翰逊、本杰明·施泰宁格、托马斯·特恩布尔、海尔格·温特、曼弗雷德·劳比希勒、萨拉·纳尔逊、贝恩德·舍雷尔和朱莉娅·里斯波利等人的联合研究。它使用和扩展了与这些同事共同写作的文本，尤其是 Renn, Laubichler, and Wendt (2014); Renn and Scherer (2015a); Renn, Johnson, and Steininger (2017); Rosol, Nelson, and Renn (2017)。
5. 见 Brooke (2018)。
6. Davies (2016, 5).
7. 关于地球系统分析的论述，参见 Steffen, Sanderson, Tyson, et al. (2004); Huber, Schellnhuber, Arnell, et al. (2014); Rockström, Brasseur, Hoskins, et al. (2014); Ghil (2015); Donges, Lucht, Müller-Hansen, et al. (2017); Donges, Winkelmann, Lucht, et al. (2017); Steffen, Rockström, Richardson (2018)。
8. 见 Wright (2017); Brierley, Manning, and Maslin (2018)。
9. 关于气候科学的历史性发展，参见 Weart (2003; 2004); Edwards (2010); Rosol (2017); Heymann and Achermann (2018); Lax (2018a; 2018b); Mauelshagen (2018a)。
10. 最近的论述参见 Zalasiewicz, Williams, Steffen, et al. (2010); Davies (2016); Yusoff (2016); Zalasiewicz, Waters, Williams, et al. (2018)。
11. 以下内容基于 Nelson, Rosol, and Renn (2017)。另见 Bonneuil and Fressoz (2016)。
12. Zalasiewicz, Waters, Williams, et al. (2015); Zalasiewicz, Waters, Summerhayes, et al. (2017).

13. 见，例如，Certini and Scalenghe (2011); Edgeworth, Richter, Waters, et al. (2015)。
14. 见 Barnosky, Matzke, Tomiya, et al. (2011); Ceballos, Ehrlich, and Dirzo (2017); Ceballos and Ehrlich (2018)。
15. 见 Davies (2016, 86); Trischler (2016, 316)。近期的论述参见 Waters, Zalasiewicz, Summerhayes, et al. (2018)。
16. 见 Zalasiewicz, Waters, Williams, et al. (2015); Waters, Zalasiewicz, Summerhayes, et al. (2018)。
17. 见，例如，Sandom, Faurby, Sandel, et al. (2014); Johnson, Alroy, Beeton, et al. (2016)。
18. 见 Ruddiman (2005; 2013); Kaplan, Krumhardt, Ellis, et al. (2011)。
19. 见 Zeder, Bradley, Emshwiller, et al. (2006); Zeder and Smith (2009); B. Smith and Zeder (2013)。另见 Bellwood (2004); Fuller (2010); Fuller, van Etten, Manning, et al. (2011)。
20. 见 Petit, Jouzel, Raynaud, et al. (1999)。
21. 见 Edgeworth, Richter, Waters, et al. (2015)。
22. 见 Lewis and Maslin (2015; 2018)。
23. 见 Steffen, Grinevald, Crutzen, et al. (2011)。另见 Crutzen and Stoermer (2000); Crutzen (2002)。
24. 以下内容基于 Renn, Laubichler, and Wendt (2014)。有关工业革命生态条件的讨论，参见 Sieferle (2001)。
25. Wrigley (2010, 44–45)。另见 Farey ([1827] 1971)。
26. 见 Landes (1969); Hobsbawm (1975); Wrigley (2010); Malm (2016)。Evans and Rydén (2005) 中分析了其他历史背景下的这种联系。另见 Bayly (2004); Wendt (2016a)。
27. 见 Buffon (1778, 237)，转引自 Trischler (2016, 311)。
28. 见 Steffen, Broadgate, Deutsch, et al. (2015)。另见 McNeill and Engelke (2014)。
29. 有关全面的历史调查，参见 McNeill (2000)。
30. 关于如何将地球系统与人类行为之间的动态互动概念化，参见，例如，Müller-Hansen, Schlüter, Mäs, et al. (2017)。
31. 见 Rockström, Steffen, Noone, et al. (2009); Steffen, Richardson, Rockström, et al. (2015)。
32. 见 Osborn (1948); Meadows, Meadows, Randers, et al. (1972); Warde and Sörlin (2015)。
33. 相关论述参见 Steffen, Sanderson, Tyson, et al. (2004); Donges, Winkelmann, Lucht, et al. (2017); Müller-Hansen, Schlüter, Mäs, et al. (2017)。

34. Lampedusa ([1958] 1963, 29).
35. 见 Falkowski, Scholes, Boyle, et al. (2000); Klingenfeld and Schellnhuber (2012); Fischer-Kowalski, Krausmann, and Pallua (2014)。
36. 见 Steffen, Rockström, Richardson, et al. (2018)。
37. 见，例如，Bonneuil and Fressoz (2016); Malm (2016); Rich (2019)。
38. 基于 Renn, Johnson, and Steininger (2017)。另见 Ertl and Soentgen (2015) 中的文章。另见 Steininger (2014)。
39. Liebig (1840).
40. Cushman (2013, 346).
41. 见 Crookes (1898)。
42. 见，例如，Baracca, Ruffo, and Russo (1979); Travis (1993)。
43. 见 Nernst (1907); Haber and Le Rossignol (1913); Ostwald (1926–1927, 278–298); Mittasch (1951); Holdermann (1953); Farbwerke Hoechst AG (1964); Szöllösi-Janze (1998, chap. 4, esp. 175ff.)。另见 Steininger (2014); Friedrich, Hoffmann, Renn, et al. (2017)。
44. Laue (1934).
45. Szöllösi-Janze (2000).
46. 见 Singh and Verma (2007); Gorman (2015); Wissemeier (2015)。
47. 见 Mulvany (2005); McNeill, Rangarajan, and Padua (2009); Zeller (2016)。
48. 以下内容基于 Buchwald and Smith (2001a) 和 Oreskes and Conway (2010, chap. 4)。另见 Grundmann (2002); Buchwald (2017); Lax (2018a; 2018b)。
49. Ozone Secretariat (1987).
50. 见 Crutzen (1970); Johnston (1971)。
51. Molina and Rowland (1974).
52. Crutzen (1997, 214).
53. 以下内容基于 Baracca (2012)。
54. 以下内容基于 Bud (2007); Landecker (2016)。
55. Landecker (2016, 41). 另见 D'Abramo and Landecker (2019)。
56. 见 World Health Organization (2014)。
57. 相关说明参见，例如，Turner, Matson, McCarthy, et al. (2003)。
58. 关于地球系统科学的历史，参见 Uhrqvist (2014); Lax (2018a; 2018b)。

第十六章 面向人类世的知识

1. 本章基于与克里斯托夫·罗索尔及萨拉·纳尔逊在技术圈这一概念上的合作；使用并扩展了 Rosol, Nelson, and Renn (2017) 和 Renn (2017) 中的段落。关于人类世不同解释的讨论很大程度上依赖于 Davies (2016); Trischler (2016)。"圈"这一概念的历史得益于朱莉亚·里斯波利和克里斯托夫·罗索尔的建议。对地方性知识的讨论使用并扩展了 Renn (2012b); Baracca, Renn, and Wendt (2014a) 中的段落。认知之网的概念是与马尔科姆·海曼共同发展出来的；对这一概念的介绍方式则使用了 Hyman and Renn (2012b)。

2. 例如，Hamilton (2013) 中就认为地球工程干预和环境地球技术是徒劳和危险的。
3. Latour (2014, 15)。另见 Trischler (2016, 318)。
4. Malm (2018, 97)。
5. Asafu-Adjaye, Blomqvist, Brand, et al. (2015)，转引自 Trischler (2016, 322)。
6. 俄罗斯地理学家兼人类学家德米特里·阿努钦于1902年3月9日在莫斯科教育学会地理部的成立仪式上发表演讲，谈到了"人类圈"。他将人类圈描述为人类文化的圈层，其中包括人类的物质产物。见 Anuchin ([1902] 1949, 99–100)。关于最近的使用，参见 Lucht (2010)。另见 Baccini and Brunner (2002)。
7. 见 Lovelock ([1979] 2000)。
8. Fuller (1969)。
9. Lovelock and Margulis (1974); Lovelock ([1979] 2000)。
10. Weber ([1917/19] 2004, 7)。
11. 关于维尔纳茨基的"心智圈"及其与德日进和勒罗伊在解释方面的区别，参见 Levit (2001)。
12. 以下内容基于 Nelson, Rosol, and Renn (2017); Rosol, Nelson, and Renn (2017)。
13. Rapp (1981, 123, 154); Naveh (1982, 207); Haff (2014b, 301)。转引自 Rosol, Nelson, and Renn (2017, 3); Haff and Renn (2019)。
14. Haff (2014b, 301)。另见 Rosol, Nelson, and Renn (2017, 3)。
15. Haff (2014a, 129)。另见 Haff (2014b)。
16. Marx ([1852] 1979, 103)。（中译引自 [德] 马克思：《路易·波拿巴的雾月十八日》，第9页。——译注）
17. 见 Altvater (2016)。
18. 另见 Brondizio, O'Brien, Bai, et al. (2016); Delanty and Mota (2017)。
19. 动圈也可以被设想为人为干预产生的能量转换圈层。见，例如，Cipolla (1978); Fischer-Kowalski, Krausmann, and Pallua (2014); Kleidon (2016); Judson (2017)。
20. 以日本历史为例是受朱莉娅·阿德尼·托马斯2017年10月在柏林马普科学史研究所的演讲启发，参见 Thomas (2017)，另见她即将在普林斯顿大学出版社出版的著作：《史学家在人类世的任务：理论、实践和日本的案例》(*The Historian's Task in the Anthropocene: Theory, Practice, and the Case of Japan*)。下面对日本案例的更广泛讨论也基于 Ishikawa (2000b)，英译为 Ishikawa (2000a); Diamond (2005a); Ochiai (2007); Niles (2018)。另见 Parker (2013,

484–506); Niles and Leeuw (2018)。
21. 同时，技术圈甚至已经成为自足生态圈内社会技术实验的主题，参见 Höhler (2018)。
22. 关于这种知识类型学，参见 Hirsch Hadorn and Pohl (2007); Vilsmaier and Lang (2014, 87–113)。关于导向知识，参见 Schmieg, Meyer, Schrickel, et al. (2017); Lucht and Pachauri (2004)。关于转变知识，参见 Kollmorgen, Wagener, and Merkel (2015)。缺失知识的一个例子是粮食生产的真实全球成本和收益：Sukhdev, May, and Müller (2016)。
23. 见，例如，Raffnsøe (2016)。
24. 见，例如，Johnson, Behe, Danielsen, et al. (2016)。
25. 见 Mauelshagen (2016)。关于生物多样性的丧失，参见 Kolbert (2014)。
26. 见，例如，Fanon ([1961] 2005); Chambers and Gillespie (2000); Dirks (2001); Diawara (2004); Selin (2008)。
27. Eisenstadt (2000; 2002)。
28. 见 Beasley ([1969] 2001); Howell (1992); Inkster (2001, esp. chaps. 2–5); Diamond (2005a, chap. 9); Thomas (2017); Niles (2018)。
29. Carlowitz (1713)。
30. Diamond (2005a, 300–301)。
31. Diamond (2005a, 305)。
32. 有关更广阔背景的讨论，参见 Smitka (1998); Isett and Miller (2016)。关于日本的自然知识，参见 Marcon (2015)。
33. 关于日本的杀婴行为（mabiki），参见 Drixler (2013)。
34. 见 Brokaw and Kornicki (2013)。
35. Hanley (1987)。关于夜香系统，参见 Tajima (2007)。关于从全球角度对这种做法的讨论，参见 Ferguson (2014)。
36. 见 Saito (2002)。
37. 关于日本引进甘薯的情况，参见 O'Brien (1972)。
38. 见 Vogel (1991)。关于克里奥尔化的概念以及它和技术知识之间的关系，参见 Edgerton (2007)。
39. 见 Nyerere (1968)。
40. 见 Baracca, Renn, and Wendt (2014b)。
41. 见 Mosley (2003)。
42. 见 Zhang, Zhang, and Fan (2006)。
43. 见 Anderson (1999); Easterly (2006); Collier (2007); Dilger (2012); Rottenburg (2012)。
44. 见 Dirlik (1995); Kim (2000)。

45. Sahlins (1994, 414).
46. Elkana (2012, 610–612).
47. Elkana (2012, 610–612).
48. Jeschke, Lokatis, Bartram, et al. (2018, 2).
49. Oreskes and Conway (2010). 另见 Oreskes, Conway, Karoly, et al. (2018)。
50. Farrell, McConnell, and Brulle (2019, 194).
51. Jeschke, Lokatis, Bartram, et al. (2018, 12).
52. 这一段利用了 Kaufmann (2009)。另见 Benatar, Daar, and Singer (2005)。
53. 关于在全球健康问题上的人类世挑战，参见 Whitmee, Haines, Beyrer, et al. (2015)。
54. 见 Kaufmann and Parida (2007, 301)。
55. 见 Schlögl (2012); Renn, Schlögl, Rosol, et al. (2017)。
56. 见 Schlögl (2012)。
57. 相关概述，参见 Kleidon (2016); Judson (2017)。
58. 见 Mitchell (2011)。
59. Mitchell (2011, 239).
60. 见 Edwards (2017)。
61. 见 Hardin (1968)。
62. 见 Ostrom, Burger, Field, et al. (1999); Hess and Ostrom (2003); Ostrom (2012; 2015)。"公共利益"这个概念的用法遵循 Romer (1990); Engel (2002); Hess and Ostrom (2007)。
63. Hardin (1998, 683).
64. Ostrom, Burger, Field, et al. (1999, 282).
65. Diamond (2005a, 10–15, 522–525). 有关全球气候监测新可能性的历史，参见 Harper (2008); Edwards (2010)。
66. 见，例如，Graham (2018); Morozov (2018)。
67. 见 Kenney and Zysman (2016); Srnicek (2017)。
68. 见 Flaxman, Goel, and Rao (2016)。
69. 以下内容参见 Rosol, Steininger, Renn, et al. (2018)。
70. 见 Beniger (1986)。
71. 见 Jevons (1865)。
72. 见 Edwards (2010); Gabrys (2016); Rosol (2017); Schneider (2017)。
73. 我要感谢马克斯·普朗克软件系统研究所的克里希纳·古马迪（Krishna Gummadi），他就这些问题与我进行了非常有益的对话。以下的一些内容得益于他提供的信息。
74. "危厄之地，必有拯救生长。"（Wo aber Gefahr ist, wächst das Rettende auch.）

出自诗歌《帕特默斯》("Patmos"),见 Friedrich Hölderlin (1990, 54)。
75. 见 Rosol, Steininger, Renn, et al. (2018)。
76. 见 Evans (2011)。
77. 以下内容基于 Sprenger and Engemann (2015b),尤其是 Florian Sprenger and Christoph Engemann (2015a)这篇引言。以下的引文与参考资料也来自这本著作。
78. Ashton (2009)。关于RFID技术的历史,参见 Rosol (2007); Hayles (2009)。
79. 见 Want (2010)。另见 Hiltzik (1999)。
80. Weiser (1991, 94)。转引自 Sprenger and Engemann (2015a, 10)。
81. Mitchell (2011)。
82. 以下内容依然参见 Sprenger and Engemann (2015b),引文与参考资料也是如此。
83. Spindler (2014)。
84. Sterling (2015, 7)。转引自 Sprenger and Engemann (2015a, 19)。
85. Marx ([1867] 1990, 91)。[*Capital*, vol. 1, pt. 1, chap. 3, sec. 2a, 78]。
86. 另见 Moulier-Boutang (2012)。
87. Zuboff (2019, 99–100)。
88. Morozov (2014b)。引自 Sprenger and Engemann (2015a, 21)。
89. Morozov (2013; 2014a); O'Reilly (2013)。
90. 见 Gillies and Cailliau (2000, 104–105)。另见 Gromov (1995–2011); Abbate (1999)。以下内容基于 Hyman and Renn (2012b)。
91. Hyman and Renn (2012b, 833)。
92. 见 Renn (2014a)。
93. Leibniz ([1714] 1889, 248) [§ 57]。
94. Hyman and Renn (2012b, 834)。
95. 见 Earl and Kimport (2011)。
96. 见 Edwards (2010); Hoffmann (2012)。
97. 见 Rushkoff (2018)。

第十七章 科学与人类的挑战

1. 本章基于 Renn (2005); Renn and Hyman (2012a)。
2. 见 Klein (2015b)。
3. 见 Heinrich (1986; 1987; 1993; 2000)。
4. 见 Comenius ([1644] 1966)。关于历史性讨论,参见,例如,Sadler (2014)。即使在今天,他最初的教学思想也没有过时,并且仍在实践中,例如,以科学史家、教育家和儿童在柏林夸美纽斯花园的实验性合作的形式，参见 Vierck (2001)。关于近代早期科学提出的解放之希望的历史性讨论，参见 Lefèvre (1978); Heinrich (1987)。

5. Descartes (1985a, esp. 142).
6. 见 Jamme and Schneider (1984, 21–78)。
7. 此处我想的是，例如，Ringer (1990)。
8. Humboldt (1849–1858, author's preface, ix).
9. Bernstein (1897).
10. Einstein (1991, 3, 5).
11. Bonneuil and Fressoz (2016, 291).

参考文献

Abattouy, Mohammed, Jürgen Renn, and Paul Weinig, eds. (2001a). "Intercultural Transmission of Scientific Knowledge in the Middle Ages: Graeco-Arabic-Latin." Special issue of *Science in Context* 14 (1–2).
———(2001b). "Transmission as Transformation: The Translation Movements in the Medieval East and West in a Comparative Perspective." In "Intercultural Transmission of Scientific Knowledge in the Middle Ages: Graeco-Arabic-Latin," ed. M. Abattouy, J. Renn, and P. Weinig. Special issue of *Science in Context* 14 (1–2): 1–12.
Abbate, Janet (1999). *Inventing the Internet*. Cambridge, MA: MIT Press.
Abir-Am, Pnin G. (1997). "The Molecular Transformation of Twentieth-Century Biology." In *Science in the Twentieth Century*, ed. J. Krige and D. Pestre, 495–524. Amsterdam: Harwood Academic.
Abril Castelló, Vidal (1987). "Las Casas contra Vitoria, 1550–1552: La revolución de la duodécima réplica—Causas y consecuencias." *Revista de Indias* 47 (179): 83–101.
Adolf, Marian, and Nico Stehr (2017). *Knowledge: Is Knowledge Power?* 2nd ed. Abingdon: Routledge.
Aebli, Hans (1980–1981). *Denken: Das Ordnen des Tuns*. 2 vols. Stuttgart: Klett-Cotta.
Agar, John (2012). *Science in the Twentieth Century and Beyond*. London: Polity Press.
Agee, James, and Walker Evans (1941). *Let Us Now Praise Famous Men: Three Tenant Families*. Boston: Houghton Mifflin.
Airy, George Biddell (1855). "III. On the Computation of the Effect of Attraction of Mountain-Masses, as Disturbing the Apparent Astronomical Latitude of Stations in Geodetic Surveys." *Philosophical Transactions of the Royal Society of London* 145:101–104.
Albert, Réka, and Albert-László Barabási (2002). "Statistical Mechanics of Complex Networks." *Reviews of Modern Physics* 74 (1): 47–97.
Alberti, Leon Battista ([1436] 1970). *On Painting*. Translated by John R. Spencer. New Haven, CT: Yale University Press.
Albritton Jonsson, Frederik (2012). "The Industrial Revolution in the Anthropocene." *The Journal of Modern History* 84 (3): 679–696.
Alster, Bendt (2005). *Wisdom of Ancient Sumer*. Bethesda, MD: CDL Press.
Altshuler, José, and Angelo Baracca (2014). "The Teaching of Physics in Cuba from Colonial Times to 1959." In *The History of Physics in Cuba*, ed. A. Baracca, J. Renn, and H. Wendt, 57–106. Dordrecht: Springer.
Altvater, Elmar (2016). "The Capitalocene, or, Geoengineering against Capitalism's Planetary Bound aries." In *Anthropocene or Capitalocene? Nature, History, and the Crisis of Capitalism*, ed. J. W. Moore, 138–152. Oakland, CA: PM Press.
Ammon, Sabine, Corinna Heineke, and Kirsten Selbmann, eds. (2007). *Wissen in Bewegung: Vielfalt und Hegemonie in der Wissensgesellschaft*. Weilerswist: Velbrück Wissenschaft.
Anderson, Mary B. (1999). *Do No Harm: How Aid Can Support Peace—or War*. Boulder, CO: Lynne Rienner.
Anuchin, Dmitry Nikolaevich ([1902] 1949). "O prepodavanii geografii i o voprosakh s nim svyazannykh" [On the teaching of geography and on issues related to it]. Reprinted in *Izbrannye*

geograficheskie raboty [Selected geographical works], 99–110. Moscow: Gosudarstvennoe izdatel'stvo geograficheskoj literatury.

Appleby, Joyce (2013). *Shores of Knowledge: New World Discoveries and the Scientific Imagination.* New York: W. W. Norton.

Aquinas, Thomas (2006). *Summa Theologiae: Latin Text and English Translation, Introductions, Notes, Appendices and Glossaries.* Vol. 1: *Christian Theology (1a. 1)*. Cambridge: Cambridge University Press. https://aquinas.cc.

Arabatzis, Theodore, Jürgen Renn, and Ana Simoes, eds. (2015). *Relocating the History of Science: Essays in Honor of Kostas Gavroglu.* Boston Studies in the Philosophy and History of Science 312. Dordrecht: Springer.

Aristophanes (1998). "Peace." In *Clouds—Wasps—Peace*, 417–602. Loeb Classical Library 488. Cambridge, MA: Harvard University Press.

Aristotle (1932). "Book 1." In *Politics*, 3–67. Loeb Classical Library 264. Cambridge, MA: Harvard University Press.

———(1933). "Book 3." In *Metaphysics*. Vol. 1: *Books 1–9*, 17–25. Loeb Classical Library 271. Cambridge, MA: Harvard University Press.

———(1934). *Physics*. Vol. 2: *Books 5–8*. Translated by P. H. Wicksteed and F. M. Cornford. Loeb Classical Library 255. Cambridge, MA: Harvard University Press.

———(1935). "Book 11." In *Metaphysics*. Vol. 2: *Books 10–14—Oeconomica—Magna Moralia*, 53–121. Loeb Classical Library 287. Cambridge, MA: Harvard University Press.

———(1939). "Mechanical Problems." In *Minor Works*, 327–412. Loeb Classical Library 307. Cambridge, MA: Harvard University Press.

———(1957). *Physics*. Vol. 1: *Books 1–4*. Translated by P. H. Wicksteed and F. M. Cornford. Loeb Classical Library 228. Cambridge, MA: Harvard University Press.

Arnold, David (2005). "Europe, Technology, and Colonialism in the 20th Century." *History and Technology* 21 (1): 85–106.

Aronova, Elena, Christine von Oertzen, and David Sepkoski, eds. (2017). *Data Histories*. Osiris 32. Chicago: University of Chicago Press.

Arrow, Kenneth J. (1994). "Methodological Individualism and Social Knowledge." *American Economic Review* 84 (2): 1–9.

Asafu-Adjaye, John, Linus Blomqvist, Stewart Brand, Barry Brook, Ruth DeFries, Erle Ellis, Christopher Foreman, David Keith, Martin Lewis, Mark Lynas, Ted Nordhaus, Roger Pielke Jr., Rachel Pritzker, Joyashree Roy, Mark Sagoff, Michael Shellenberger, Robert Stone, and Peter Teague (2015). "An Ecomodernist Manifesto." Ecomodernist. Accessed March 28, 2018. http://www.ecomodernism.org/manifesto-english.

Ashton, Kevin (2009). "That 'Internet of Things' Thing: In the Real World, Things Matter More Than Ideas." *RFID Journal*. Accessed February 5, 2019. https://www.rfidjournal.com/articles/view?4986.

Asouti, Eleni (2010). "Beyond the 'Origins of Agriculture': Alternative Narratives of Plant Exploitation in the Neolithic of the Middle East." In *Proceedings of the 6th International Congress of the Archaeology of the Ancient Near East, Rome, May 5–10 2009*. Vol. 1, ed. P. Matthiae, F. Pinnock, L. Nigro, and N. Marchetti, 189–204. Wiesbaden: Harrassowitz Verlag.

Asper, Markus (2013). "Explanation between Nature and Text: Ancient Commentaries on Science." *Studies in History and Philosophy of Science Part A* 44 (1): 43–50.

Assmann, Aleida (1989). "Jaspers' Achsenzeit, oder Schwierigkeiten mit der Zentralperspektive in der Geschichte." In *Karl Jaspers: Denken zwischen Wissenschaft, Poliktik und Philosophie*, ed. D. Harth, 187–205. Stuttgart: J. B. Metzler.

Assmann, Jan (1992). *Das kulturelle Gedächtnis: Schrift, Erinnerung und politische Identität in frühen Hochkulturen.* Munich: C. H. Beck.

———(2001). *Ma'at: Gerechtigkeit und Unsterblichkeit im Alten Ägypten*. Munich: C. H. Beck.

———(2008). *Of God and Gods: Egypt, Israel, and the Rise of Monotheism*. Madison: University of Wisconsin Press.

———(2018). *The Invention of Religion: Faith and Covenant in the Book of Exodus*. Princeton, NJ: Princeton University Press.

Austrian, Geoffrey D. (1982). *Herman Hollerith: Forgotten Giant of Information Processing*. New York: Columbia University Press.

Baccini, Peter, and Paul H. Brunner (2002). *Metabolism of the Anthroposphere: Analysis, Evaluation, Design*. Cambridge, MA: MIT Press.

Bacon, Francis ([1620] 2004). *Novum organum*. In *The Oxford Francis Bacon*. Vol. 11: *The "Instauratio magna," Part II: "Novum organum" and Associated Texts*, ed. G. Rees and M. Wakely, 48–447. Oxford: Clarendon Press.

Badino, Massimiliano (2015). *The Bumpy Road: Max Planck from Radiation Theory to the Quantum (1896–1906)*. SpringerBriefs in History of Science and Technology. Cham: Springer.

Bagg, Ariel M. (2011). "Mesopotamische Bauzeichnungen." In *The Empirical Dimension of Ancient Near Eastern Studies: Die empirische Dimension altorientalischer Forschungen*, ed. G. J. Selz, 543–586, Wiener offene Orientalistik 6. Vienna: LIT Verlag.

Baines, John (1983). "Literacy and Ancient Egyptian Society." *Man New Series*, 18 (3): 572–599.

———(2001). *The Earliest Egyptian Writing: Development, Context, Purpose*. Preprint 180. Berlin: Max Planck Institute for the History of Science.

———(2007). *Visual and Written Culture in Ancient Egypt*. Oxford: Oxford University Press.

Balter, Michael (2012). "Ancient Migrants Brought Farming Way of Life to Europe." *Science* 336 (6080): 400–401.

Barabási, Albert-László (2016). *Network Science*. Cambridge: Cambridge University Press. http://networksciencebook.com.

Barabási, Albert-László, and Réka Albert (1999). "Emergence of Scaling in Random Networks." *Science* 286 (5439): 509–512.

Baracca, Angelo (2012). "The Global Diffusion of Nuclear Technology." In *The Globalization of Knowledge in History*, ed. J. Renn, 669–711. Studies 1. Berlin: Edition Open Access. http://edition-open-access.de/studies/1/31/index.html.

Baracca, Angelo, Jürgen Renn, and Helge Wendt (2014a). "A Short Introduction to This Volume." In *The History of Physics in Cuba*, ed. A. Baracca, J. Renn, and H. Wendt, 3–7. Boston Studies in the Philosophy and History of Science 304. Dordrecht: Springer.

———, eds. (2014b). *The History of Physics in Cuba*. Boston Studies in the Philosophy and History of Science 304. Dordrecht: Springer.

Baracca, Angelo, Stefano Ruffo, and Arturo Russo (1979). *Scienza e industria, 1848–1915: Gli sviluppi scientifici connessi alla seconda rivoluzione industriale*. Rome: Editori Laterza.

Baran, Paul (1964). "On Distributed Communications: I. Introduction to Distributed Communications Networks." Rand Corporation, Research Memoranda. Accessed January 31, 2019. https://www.rand.org/pubs/research_memoranda/RM3420.html.

Barbaro, Daniele (1567). *I dieci libri dell'architettura di M. Vitruvio, Tradotti & commentati da Mons: Daniel Barbaro eletto Patriarca d'Aquileia, da lui riveduti & ampliati; & hora in piu commoda forma ridotti*. Venice: Francesco de'Franceschi Senese & Giovanni Chrieger Alemano Compagni. http://echo.mpiwg-berlin.mpg.de/MPIWG/2D11R617.

Barnes, Jonathan, ed. (1995). *The Cambridge Companion to Aristotle*. Cambridge: Cambridge University Press.

Barnosky, Anthony D., Nicholas Matzke, Susumu Tomiya, Guinevere O. U. Wogan, Brian Swartz, Tiago B. Quental, Charles Marshall, Jenny L. McGuire, Emily L. Lindsey, Kaitlin C.

Maguire, Ben Mersey, and Elizabeth A. Ferrer (2011). "Has the Earth's Sixth Mass Extinction Already Arrived?" *Nature* 471 (7336): 51–57.
Barth, Fredrik (1975). *Ritual and Knowledge among the Baktaman of New Guinea*. New Haven, CT: Yale University Press.
———(1987). *Cosmologies in the Making: A Generative Approach to Cultural Variation in Inner New Guinea*. Cambridge: Cambridge University Press.
———(2002). "An Anthropology of Knowledge." *Current Anthropology* 43 (1): 1–18.
Bartley, Tim (2007). "Institutional Emergence in an Era of Globalization: The Rise of Transnational Private Regulation of Labor and Environmental Conditions." *American Journal of Sociology* 113 (2) :297–351.
———(2018). *Rules without Rights: Land, Labor, and Private Authority in the Global Economy*. Transformations in Governance Series. Oxford: Oxford University Press.
Bartley, Tim, and Curtis Child (2014). "Shaming the Corporation: The Social Production of Targets and the Anti-sweatshop Movement." *American Sociological Review* 79 (4): 653–679.
Bartoli, Lorenzo, ed. (1998). *Lorenzo Ghiberti: I commentarii*. Florence: Giunti.
Basalla, George (1967). "The Spread of Western Science." *Science* 156 (3775): 611–622.
———(1988). *The Evolution of Technology*. Cambridge History of Science. Cambridge: Cambridge University Press.
Battisti, Eugenio (1981). *Brunelleschi: The Complete Work*. London: Thames & Hudson.
Bauer, Josef (1998). "Der Vorsargonische Abschnitt der Mesopotamischen Geschichte." In *Mesopotamien: Späturuk-Zeit und Frühdynastische Zeit*, ed. J. Bauer, R. K. Englund, and M. Krebernik, 431–585. Annäherungen 1. Orbis Biblicus et Orientalis 160. Göttingen: Vandenhoeck & Ruprecht.
Bauer, Josef, Robert K. Englund, and Manfred Krebernik, eds. (1998). *Mesopotamien: Späturuk-Zeit und Frühdynastische Zeit*. Annäherungen 1. Orbis Biblicus et Orientalis 160. Göttingen: Vandenhoeck & Ruprecht.
Bayertz, Kurt (1987). "Wissenschaftsentwicklung als Evolution? Evolutionäre Konzeptionen wissenschaftlichen Wandels bei Ernst Mach, Karl Popper und Stephen Toulmin." *Zeitschrift für allgemeine Wissenschaftstheorie* 18 (1/2): 61–91.
Bayertz, Kurt, Myriam Gerhard, and Walter Jaeschke, eds. (2007). *Der Darwinismus-Streit*. Weltanschauung, Philosophie und Naturwissenschaft im 19. Jahrhundert 2. Hamburg: Felix Meiner Verlag.
Bayly, Christopher A. (2004). *The Birth of the Modern World, 1780–1914: Global Connections and Comparisons*. Malden, MA: Blackwell Publishing.
Beasley, William G. ([1969] 2001). "Japan and the West in the Mid-Nineteenth Century: Nationalism and the Origins of the Modern State." In *The Collected Writings of Modern Western Scholars on Japan*. Vol. 5, 127–144. Collected Writings of W. G. Beasley. Tokyo: Edition Synapse.
Becattini, Ilaria (2015). "Dalla Selva alla Cupola: Il trasporto del legname dell'Opera di Santa Maria del Fiore e il suo impiego nel cantiere brunelleschiano." The Years of the Cupola—Studies. http://duomo.mpiwg-berlin.mpg.de/STUDIES/study003/study003.html.
Becchi, Antonio (2014). "Fokus: Architektur und Mechanik." In *Wissensgeschichte der Architektur*. Vol. 3: *Vom Mittelalter bis zur Frühen Neuzeit*, ed. J. Renn, W. Osthues, and H. Schlimme, 397–428. Studies 5. Berlin: Edition Open Access. http://edition-open-access.de/studies/5/6/index.html.
Becchi, Antonio, Massimo Corradi, Federico Foce, and Orietta Pedemonte, eds. (2002). *Towards a History of Construction: Dedicated to Eduardo Benvenuto*. Basel: Birkhäuser.
Beckert, Jens (2003). "Economic Sociology and Embeddedness: How Shall We Conceptualize Economic Action?" *Journal of Economic Issues* 37 (3): 769–787.

Beckwith, Christopher I. (2009). *Empires of the Silk Road: A History of Central Eurasia from the Bronze Age to the Present*. Princeton, NJ: Princeton University Press. http://hdl.handle.net/2027/fulcrum.fn106z494.

Belli, Gianluca, and Amedeo Belluzzi (2003). *Il Ponte a Santa Trinita*. Florence: Edizioni Polistampa.

Bellwood, Peter (2004). *First Farmers: The Origins of Agricultural Societies*. Malden, MA: Blackwell Publishing.

Benatar, Solomon R., Abdallah S. Daar, and Peter A. Singer (2005). "Global Health Challenges: The Need for an Expanded Discourse on Bioethics." *PLOS Medicine* 2 (7): 587–589.

Bender, George, and Robert A. Thom, eds. (1961). *A History of Medicine in Pictures*. 3 vols. Detroit, MI: Parke, Davis & Co.

Beniger, James R. (1986). *The Control Revolution: Technological and Economic Origins of the Information Society*. Cambridge, MA: Harvard University Press.

Benjamin, Walter (1928). *Ursprung des deutschen Trauerspiels*. Berlin: Rowohlt.

———(2003). *Selected Writings*. Vol. 4: *1938–1940*. Translated by Edmund Jephcott et al. Cambridge, MA: Belknap Press of Harvard University Press.

Berkhout, Frans (1997). "Science in Public Policy: A History of High-Level Radioactive Waste Management." In *Science in the Twentieth Century*, ed. J. Krige and D. Pestre, 275–299. Amsterdam: Harwood Academic.

Bernal, John D. (1939). *The Social Function of Science*. London: Routledge.

———(1949). *The Freedom of Necessity*. London: Routledge & Kegan Paul.

Bernbeck, Reinhard (1994). *Die Auflösung der Häuslichen Produktionsweise: Das Beispiel Mesopotamiens*. Berliner Beiträge zum Vorderen Orient 14. Berlin: Reimer.

Bernstein, Aaron (1897). *Naturwissenschaftliche Volksbücher*. 21 vols. 5th ed. Berlin: Ferd. Dümmlers Verlagsbuchhandlung.

Bertelsen, Rasmus Gjedssø (2014). "American Missionary Universities in China and the Middle East and American Philanthropy: Interacting Soft Power of Transnational Actors." *Global Society* 28 (1): 113–127.

Bertolini, Lucia, ed. (2011). *Leon Battista Alberti: De pictura (redazione volgare)*. Florence: Edizioni Polistampa.

Berzelius, Jöns Jacob (1813). "Experiments on the Nature of Azote, of Hydrogen, and of Ammonia, and upon the Degrees of Oxidation of Which Azote Is Susceptible." *Annals of Philosophy* 2:276–284, 357–368.

———(1814). "Essay on the Cause of Chemical Proportions, and on Some Circumstances Relating to Them: Together with a Short and Easy Method of Expressing Them." *Annals of Philosophy* 3:51–62, 93–106, 244–257, 353–364.

Bethell, Leslie (1984–2008). *The Cambridge History of Latin America*. 11 vols. Cambridge: Cambridge University Press.

Bettencourt, Luís M. A., and David I. Kaiser (2015). "Formation of Scientific Fields as a Universal Topological Transition." Cornell University, arXiv. org. Accessed March 5, 2018. https://arxiv.org/abs/1504.00319.

Bettencourt, Luís M. A., David I. Kaiser, and Jasleen Kaur (2009). "Scientific Discovery and Topological Transitions in Collaboration Networks." *Journal of Informetrics* 3 (3): 210–221.

Bettencourt, Luís M. A., David I. Kaiser, Jasleen Kaur, Carlos Castillo-Chávez, and David Wojick (2008). "Population Modeling of the Emergence and Development of Scientific Fields." *Scientometrics* 75 (3): 495–518.

Biank, Johanna (2019). *Pseudo-Proklos' Sphaera und die Sphaera-Gattung im 15. bis 17. Jh.* Berlin: Edition Open Sources.

Bickerton, Derek (1990). *Language and Species*. Chicago: University of Chicago Press.

———(1995). *Language and Human Behavior*. Seattle: University of Washington Press.

———(2014). *More Than Nature Needs: Language, Mind, and Evolution*. Cambridge, MA: Harvard University Press.

Binding, Günther (1985–1986). "Zum Kölner Stadtmauerbau: Bemerkungen zur Bauorganisation im 12./13. Jahrhundert." *Wallraf-Richartz-Jahrbuch* 46–47:7–17.

———(2004). *Meister der Baukunst: Geschichte des Architekten-und Ingenieurberufes*. Darmstadt: Wissenschaftliche Buchgesellschaft.

———(2014). "Bauwissen im Früh-und Hochmittelalter." In *Wissensgeschichte der Architektur* Vol. 3: *Vom Mittelalter bis zur Frühen Neuzeit*, ed. J. Renn, W. Osthues, and H. Schlimme, 9–94. Studies 5. Berlin: Edition Open Access. http://edition-open-access.de/studies/5/3/index.html.

Bloom, Jonathan M. (2017). "Papermaking: The Historical Diffusion of an Ancient Technique." In *Mobilities of Knowledge*, ed. H. Jöns, P. Meusburger, and M. Heffernan, 51–66. Cham: Springer.

Blum, Alexander S., Kostas Gavroglu, Christian Joas, and Jürgen Renn, eds. (2016). *Shifting Paradigms: Thomas S. Kuhn and the History of Science*. Proceedings 8. Berlin: Edition Open Access. http://edition-open-access.de/proceedings/8/index.html.

Blum, Alexander S., Domenico Giulini, Roberto Lalli, and Jürgen Renn (2017). "Editorial Introduction to the Special Issue 'The Renaissance of Einstein's Theory of Gravitation.'" *European Physical Journal H* 42 (2): 95–105.

Blum, Alexander S., Martin Jähnert, Christoph Lehner, and Jürgen Renn (2017). "Translation as Heuristics: Heisenberg's Turn to Matrix Mechanics." *Studies in the History and Philosophy of Modern Physics* 60:3–22.

Blum, Alexander S., Roberto Lalli, and Jürgen Renn (2015). "The Reinvention of General Relativity: A Historiographical Framework for Assessing One Hundred Years of Curved Space-Time." *Isis* 106 (3): 598–620.

———(2016). "The Renaissance of General Relativity: How and Why It Happened." *Annalen der Physik* 528 (5): 344–349.

———(2018). "Gravitational Waves and the Long Relativity Revolution." *Nature Astronomy* 2:534–543.

Blum, Alexander S., Jürgen Renn, and Matthias Schemmel (2016). "Experience and Representation in Modern Physics: The Reshaping of Space." In *Spatial Thinking and External Representation: Towards a Historical Epistemology of Space*, ed. M. Schemmel, 191–212. Studies 8. Berlin: Edition Open Access. http://edition-open-access.de/studies/8/8/index.html.

Blum, Rudolf (1977). *Kallimachos und die Literaturverzeichnung bei den Griechen: Untersuchungen zur Geschichte der Biobibliographie*. Archiv für Geschichte des Buchwesens 18. Frankfurt am Main: Buchhändler-Vereinigung.

Blunden, Andy (2014). "The Invention of Nicaraguan Sign Language." Ethical Politics. Accessed November 28, 2018. https://ethicalpolitics.org/ablunden/works/nsl.htm.

Bödeker, Katja (2006). *Die Entwicklung intuitiven physikalischen Denkens im Kulturvergleich*. Münster: Waxmann Verlag.

Bodin, Jean (1576). *Les six livres de la republique*. Paris: Iacques du Puys.

———(1606). *The Six Bookes of a Commonweale*. Translated by Richard Knolles. London: G. Bishop.

Bodmer, Walter F., and Luigi L. Cavalli-Sforza (1976). *Genetics, Evolution, and Man*. San Francisco: W. H. Freeman and Co.

Bogaard, Amy (2005). " 'Garden Agriculture' and the Nature of Early Farming in Europe and the Near East." *World Archaeology* 37 (2): 177–196.

Böhme, Hartmut (2011). "Einladung zur Transformation." In *Transformation: Ein Konzept zur*

Erforschung kulturellen Wandels, ed. H. Böhme and Sonderforschungsbereich Transformationen der Antike, 7–37. Munich: Wilhelm Fink Verlag.

Böhme, Hartmut, Lutz Bergemann, Martin Dönike, Albert Schirrmeister, Georg Toepfer, Marco Walter, and Julia Weitbrecht, eds. (2011). *Transformation: Ein Konzept zur Erforschung kulturellen Wandels*. Munich: Wilhelm Fink Verlag.

Bohr, Niels (1913). "I. On the Constitution of Atoms and Molecules." *London, Edinburgh, and Dublin Philosophical Magazine and Journal of Science: Series 6* 26 (151): 1–25.

Boltz, William G. (1986). "Early Chinese Writing." *Early Writing Systems* 17 (3): 420–436.

Boltz, William G., Jürgen Renn, and Matthias Schemmel (2003). *Mechanics in the Mohist Canon and Its European Counterpart: Texts and Contexts*. Preprint 241. Berlin: Max Planck Institute for the History of Science.

Bonneuil, Christophe, and Jean-Baptiste Fressoz (2016). *The Shock of the Anthropocene*. London: Verso Books.

Borkenau, Franz ([1934] 1976). *Der Übergang vom feudalen zum bürgerlichen Weltbild: Studien zur Geschichte der Philosophie der Manufakturperiode*. Reprint, Darmstadt: Wissenschaftliche Buchgesellschaft.

Born, Max, and Pascual Jordan (1925). "Zur Quantenmechanik." *Zeitschrift für Physik* 34 (1): 858–888.

Botero, Giovanni (1589). *Della ragion di stato libri dieci, con tre libri delle cause della grandezza, e magnificenza delle città di Giovanni Botero Benese*. Venice: Gioliti.

Boulding, Kenneth E. (1966). "The Economics of the Coming Spaceship Earth." In *Environmental Quality in a Growing Economy*, ed. H. Jarrett, 3–14. Baltimore, MD: Johns Hopkins University Press. http://arachnid.biosci.utexas.edu/courses/THOC/Readings/Boulding_SpaceshipEarth.pdf.

Bourdieu, Pierre ([1984] 2000). *Distinction: A Social Critique of the Judgement of Taste*. Translated by Richard Nice. Reprint, Cambridge, MA: Harvard University Press.

———(1989). "Social Space and Symbolic Power." *Sociological Theory* 7 (1): 14–25.

———(2001). *Science of Science and Reflexivity*. Chicago: University of Chicago Press.

Bowerman, Melissa, and Stephen C. Levinson, eds. (2001). *Language Acquisition and Conceptual Development*. Cambridge: Cambridge University Press.

Bowie, William (1927). *Isostasy*. London: E. P. Dutton.

Boyd, Robert, and Peter J. Richerson (1985). *Culture and the Evolutionary Process*. Chicago: University of Chicago Press.

Boyd, Robert, and Joan B. Silk (1997). *How Humans Evolved*. New York: W. W. Norton.

Braarvig, Jens (2012). "The Spread of Buddhism as Globalization of Knowledge." In *The Globalization of Knowledge in History*, ed. J. Renn, 245–267. Studies 1. Berlin: Edition Open Access. http://edition-open-access.de/studies/1/14/index.html.

Braarvig, Jens, and Markham D. Geller, eds. (2018). *Multilingualism, Lingua Franca and Lingua Sacra*. Studies 10. Berlin: Edition Open Access. http://edition-open-access.de/studies/10/index.html.

Bray, Francesca, Peter A. Coclanis, Edda Fields-Black, and Dagmar Schäfer, eds. (2015). *Rice: Global Networks and New Histories*. Cambridge: Cambridge University Press.

Bredekamp, Horst (1984). "Der Mensch als Mörder der Natur: Das 'Iudicium Iovis' von Paulus Niavis und die Leibmeta phorik." In *All Geschöpf ist Zung' und Mund: Beiträge aus dem Grenzbereich von Naturkunde und Theologie*, ed. H. Reinitzer, 261–283. Hamburg: Friedrich Wittig Verlag.

———(2003). "Kulturtechnik zwischen Mutter und Stiefmutter Natur." In *Bild–Schrift–Zahl*, ed. S. Krämer and H. Bredekamp, 117–141. Munich: Wilhelm Fink Verlag.

———(2006). *Thomas Hobbes: Der Leviathan—Das Urbild des modernen Staates und seine*

Gegenbilder, 1651–2001. 3rd ed. Berlin: Akademie Verlag.
———(2010). *Theorie des Bildakts*. Berlin: Suhrkamp.
Bredekamp, Horst (2019). *Galileo's Thinking Hand: Mannerism, Anti-Mannerism and the Virtue of Drawing in the Foundation of Early Modern Science*. Berlin: De Gruyter.
Bredekamp, Horst, Vera Dünkel, and Birgit Schneider, eds. (2015). *The Technical Image: A History of Styles in Scientific Imagery*. Chicago: University of Chicago Press.
Brentjes, Sonja, and Jürgen Renn (2016a). "A Re-evaluation of the 'Liber de canonio.'" In *Scienze e rappresentazioni: Saggi in onore di Pierre Souffrin*, ed. P. Caye, R. Nanni, and P. D. Napolitani, 119–150. Florence: Leo S. Olschki.
———(2016b). "Contexts and Content of Thābit ibn Qurra's (Died 288/901) Construction of Knowledge on the Balance." In *Globalization of Knowledge in the Post-Antique Mediterranean, 700–1500*, ed. S. Brentjes and J. Renn, 67–99. New York: Routledge.
———, eds. (2016c). *Globalization of Knowledge in the Post-Antique Mediterranean, 700–1500*. New York: Routledge.
Brierley, Chris, Katie Manning, and Mark Maslin (2018). "Pastoralism May Have Delayed the End of the Green Sahara." *Nature Communications* 9 (2018): 1–9.
Brokaw, Cynthia, and Peter Kornicki, eds. (2013). *The History of the Book in East Asia*. Abingdon: Routledge.
Brondizio, Eduardo S., Karen O'Brien, Xuemei Bai, Frank Biermann, Will Steffen, Frans Berkhout, Christophe Cudennec, Maria Carmen Lemos, Alexander Wolfe, Jose Palma-Oliveira, and Chen-Tung Arthur Chen (2016). "Re-conceptualizing the Anthropocene: A Call for Collaboration." *Global Environmental Change* 39:318–327.
Brooke, John L. (2018). "The Holocene." In *The Palgrave Handbook of Climate History*, ed. S. White, C. Pfister, and F. Mauelshagen, 175–182. London: Palgrave Macmillan.
Bruch, Rüdiger vom (2010). "Aufbrüche und Zäsuren: Stationen der Berliner Wissenschaftsgeschichte." In *Weltwissen: 300 Jahre Wissenschaften in Berlin*, ed. J. Hennig and U. Andraschke, 22–33. Munich: Hirmer Verlag.
Bruno, Giordano ([1584] 1995). *La cena de le ceneri: The Ash Wednesday Supper*. Translated by Edward A. Gosselin and Lawrence S. Lerner. Renaissance Society of America Reprint Texts 4. Toronto: University of Toronto Press.
———([1584] 1999). *La cena de le ceneri—De la causa, principio et uno—De l'infinito, universo et mondi*. Opere italiane 2. Florence: Leo S. Olschki.
Bub, Jeffrey (2016). *Bananaworld: Quantum Mechanics for Primates*. Oxford: Oxford University Press.
Buchwald, Jed Z. (1992). "Kinds and the Wave Theory of Light." *Studies in History and Philosophy of Science Part A* 23 (1): 39–74.
———(2017). "Politics, Morality, Innovation, and Misrepresentation in Physical Science and Technology." In *The Romance of Science: Essays in Honour of Trevor H. Levere*, ed. J. Z. Buchwald and L. Stewart, 201–218. Archimedes 52. Cham: Springer.
Buchwald, Jed Z., and Mordechai Feingold (2013). *Newton and the Origin of Civilization*. Princeton, NJ: Princeton University Press.
Buchwald, Jed Z., and Robert Fox (2013). *The Oxford Handbook of the History of Physics*. Oxford: Oxford University Press.
Buchwald, Jed Z., and George E. Smith (2001a). "An Instance of the Fingerpost." Review of *The Ozone Layer: A Philosophy of Science Perspective*, by Maureen Christie. *American Scientist* 89 (6): 546–549.
———(2001b). "Incommensurability and the Discontinuity of Evidence." *Perspectives on Science* 9 (4): 463–498.
Bud, Robert (2007). *Penicillin: Triumph and Tragedy*. Oxford: Oxford University Press.

Buffon, Georges-Louis Leclerc de (1778). *Histoire naturelle, générale et particulière*. Suppl. 5: *Des époques de la nature*. Paris: Imprimerie Royale.

Bührig, Claudia (2014). "Fokus: Bauzeichnungen auf Tontafeln." In *Wissensgeschichte der Architektur. Vol. 1: Vom Neolithikum bis zum Alten Orient*, ed. J. Renn, W. Osthues, and H. Schlimme, 335–407. Studies 3. Berlin: Edition Open Access. http://edition-open-access.de/studies/3/8/index.html.

Bührig, Claudia, Elisabeth Kieven, Jürgen Renn, and Hermann Schlimme (2006). "Towards an Epistemic History of Architecture." In *Practice and Science in Early Modern Italian Building: Towards an Epistemic History of Architecture*, ed. H. Schlimme, 7–12. Milan: Electa.

Bullard, Edward, J. E. Everett, A. Gilbert Smith, Patrick Maynard Stuart Blackett, Edward Bullard, and Stanley Keith Runcorn (1965). "The Fit of the Continents around the Atlantic." *Philosophical Transactions of the Royal Society A: Mathematical, Physical and Engineering Sciences* 258 (1088): 41–51.

Buringh, Eltjo, and Jan Luiten van Zanden (2009). "Charting the 'Rise of the West': Manuscripts and Printed Books in Europe; A Long-Term Perspective from the Sixth through Eighteenth Centuries." *Journal of Economic History* 69 (2): 409–445.

Burke, Peter (2000). *A Social History of Knowledge: From Gutenberg to Diderot*. Cambridge: Polity Press.

——— (2016). *What Is the History of Knowledge?* Malden, MA: Polity Press.

Burnett, Charles (2001). "The Coherence of the Arabic-Latin Translation Program in Toledo in the Twelfth Century." In "Intercultural Transmission of Scientific Knowledge in the Middle Ages: Graeco-Arabic-Latin," ed. M. Abattouy, J. Renn, and P. Weinig. Special issue of *Science in Context* 14 (1–2): 249–288.

Bushnell, Oswald A. (1993). *The Gifts of Civilization: Germs and Genocide in Hawai'i*. Honolulu: University of Hawai'i Press.

Büttner, Jochen (2008). "Big Wheel Keep on Turning." *Galilaeana* 5:33–62.

——— (2017). "Shooting with Ink." In *The Structures of Practical Knowledge*, ed. M. Valleriani, 115–188. Cham: Springer.

——— (2018). "Waage und Wandel: Wie das Wiegen die Bronzezeit prägt." In *Innovationen der Antike*, ed. G. Graßhoff and M. Meyer, 60–78. Darmstadt: Philipp von Zabern.

——— (2019). *Swinging and Rolling: Unveiling Galileo's Unorthodox Path from a Challenging Problem to a New Science*. Cham: Springer.

Büttner, Jochen, Peter Damerow, and Jürgen Renn (2001). "Traces of an Invisible Giant: Shared Knowledge in Galileo's Unpublished Treatises." In *Largo campo di filosofare: Eurosymposium Galileo 2001*, ed. J. Montesinos and C. Solís, 183–201. La Orotava: Fundación Canaria Orotava de Historia de la Ciencia.

Büttner, Jochen, and Jürgen Renn (2016). "The Early History of Weighing Technology from the Perspective of a Theory of Innovation." In "Space and Knowledge." Special issue of *eTopoi: Journal for Ancient Studies* 6:757–776.

Büttner, Jochen, Jürgen Renn, and Matthias Schemmel (2003). "Exploring the Limits of Classical Physics: Planck, Einstein and the Structure of a Scientific Revolution." *Studies in History and Philosophy of Modern Physics* 34 (1): 37–59.

——— (2018). "The Early History of Weighing Technology from the Perspective of a Theory of Innovation." In *Emergence and Expansion of Pre-classical Mechanics*, ed. R. Feldhay, J. Renn, M. Schemmel, and M. Valleriani, 81–137. Boston Studies in the Philosophy and History of Science 333. Cham: Springer.

Cahan, David (2011). *Meister der Messung: Die Physikalisch-Technische Reichsanstalt im Deutschen Kaiserreich*. Bremerhaven: Wirtschaftsverlag NW.

Camardi, Giovanni (1999). "Charles Lyell and the Uniformity Principle." *Biology and Philoso-

phy 14 (4): 537–560.

Cancik-Kirschbaum, Eva (2005). "Beschreiben, Erklären, Deuten: Ein Beispiel für die Operationalisierung von Schrift im alten Zweistromland." In *Schrift: Kulturtechnik zwischen Auge, Hand und Maschine*, ed. G. Grube, W. Kogge, and S. Krämer, 399–411. Munich: Wilhelm Fink Verlag.

———(2012). "Writing, Language and Textuality: Conditions for the Transmission of Knowledge in the Ancient Near East." In *The Globalization of Knowledge in History*, ed. J. Renn, 125–151. Studies 1. Berlin: Edition Open Access. http://edition-open-access.de/studies/1/9/index.html.

Cancik-Kirschbaum, Eva, and Anita Traninger, eds. (2016). *Wissen in Bewegung: Institution—Iteration—Transfer*. Episteme in Bewegung 1. Wiesbaden: Harrassowitz Verlag.

Carlowitz, Hans Carl von (1713). *Sylvicultura oeconomica oder Hauswirthliche Nachricht und Naturgemäße Anweisung zur Wilden Baum-Zucht*. Leipzig: Johann Friedrich Braun.

Carlson, W. Bernard (1997). "Innovation and the Modern Corporation: From Heroic Invention to Industrial Science." In *Science in the Twentieth Century*, ed. J. Krige and D. Pestre, 203–226. Amsterdam: Harwood Academic.

Carson, Rachel (1962). *Silent Spring*. Boston: Houghton Mifflin.

Casas, Bartolomé de las ([1552] 1992). *A Short Account of the Destruction of the Indies*. Translated by Nigel Griffin. London: Penguin Books.

Cassirer, Ernst (1944). *An Essay on Man: An Introduction to a Philosophy of Human Culture*. New Haven, CT: Yale University Press.

———(1955–1996). *The Philosophy of Symbolic Forms*. Translated by Ralph Manheim and J. M. Krois. Reprint, New Haven, CT: Yale University Press.

———(1996). "From the Introduction to the First Edition of *The Problem of Knowledge in Modern Philosophy and Science*." *Science in Context* 9 (7): 195–215.

Cavalli-Sforza, Luigi L., and Walter F. Bodmer (1971). *The Genetics of Human Populations*. San Francisco: W. H. Freeman.

Cavalli-Sforza, Luigi L., Paolo Menozzi, and Alberto Piazza (1994). *The History and Geography of Human Genes*. Princeton, NJ: Princeton University Press.

Ceballos, Gerardo, and Paul R. Ehrlich (2018). "The Misunderstood Sixth Mass Extinction." *Science* 360 (6393): 1080–1081.

Ceballos, Gerardo, Paul R. Ehrlich, and Rodolfo Dirzo (2017). "Biological Annihilation via the Ongoing Sixth Mass Extinction Signaled by Vertebrate Population Losses and Declines." *Proceedings of the National Academy of Sciences of the United States of America* 114 (30): E6089–E6096.

Cech, Brigitte (2012). *Technik in der Antike*. Darmstadt: Wissenschaftliche Buchgesellschaft.

Certini, Giacomo, and Riccardo Scalenghe (2011). "Anthropogenic Soils Are the Golden Spikes for the Anthropocene." *Holocene* 21 (8): 1269–1274.

Chakrabarty, Dipesh (2007). *Provincializing Europe: Postcolonial Thought and Historical Difference*. Princeton, NJ: Princeton University Press. http://hdl.handle.net/2027/heb.04798.0001.001.

———(2009). "The Climate of History: Four Theses." *Critical Inquiry* 35 (2): 197–222.

———(2012). "Postcolonial Studies and the Challenge of Climate Change." *New Literary History* 43 (1): 1–18.

———(2015). "The Human Condition in the Anthropocene." University of Utah. Accessed August 27, 2018. https://tannerlectures.utah.edu/lecture-library.php.

———(2017). "The Future of the Human Sciences in the Age of Humans: A Note." *European Journal of Social Theory* 20 (1): 39–43.

Chalmers, Alan F. (2017). *One Hundred Years of Pressure: Hydrostatics from Stevin to Newton*.

Archimedes: New Studies in the History of Science and Technology 51. Cham: Springer.
Chambers, David Wade, and Richard Gillespie (2000). "Locality in the History of Science: Colonial Science, Technoscience, and Indigenous Knowledge." In "Nature and Empire: Science and the Colonial Enterprise." Special issue of *Osiris* 15:221–240.
Charniak, Eugene (1972). "Toward a Model of Children's Story Comprehension." Ph.D. diss., Massachusetts Institute of Technology.
Charpin, Dominique, Dietz Otto Edzard, and Marten Stol (2004). *Mesopotamia: The Old Assyrian Period*. Annäherungen 4; Orbis Biblicus et Orientalis 160. Göttingen: Vandenhoeck & Ruprecht.
Chartier, Roger (1994). *The Order of Books: Readers, Authors, and Libraries in Europe between the Fourteenth and Eighteenth Centuries*. Stanford, CA: Stanford University Press.
Chemla, Karine (2006). "Documenting a Process of Abstraction in the Mathematics of Ancient China." In *Studies in Chinese Language and Culture: Festschrift in Honor of Christoph Harbsmeier on the Occasion of His 60th Birthday*, ed. C. Anderl and H. Eifring, 169–194. Oslo: Hermes Academic Publishing.
———(2012). *The History of Mathematical Proof in Ancient Traditions*. Cambridge: Cambridge University Press.
———(2017). "Changing Mathematical Cultures, Conceptual History, and the Circulation of Knowledge: A Case Study Based on Mathematical Sources from Ancient China." In *Cultures without Culturalism: The Making of Scientific Knowledge*, ed. K. Chemla and E. Fox Keller, 352–398. Durham, NC: Duke University Press.
Chemla, Karine, and Guo Shuchun (2004). *Les neuf chapitres: Le classique mathématique de la Chine ancienne et ses commentaires*. Malakoff: Éditions Dunod.
Cheney, Dorothy L., and Robert M. Seyfarth (2018). "Flexible Usage and Social Function in Primate Vocalizations." *Proceedings of the National Academy of Sciences of the United States of America* 115 (9): 1974–1979.
Chiaroni, Jacques, Peter A. Underhill, and Luca L. Cavalli-Sforza (2009). "Y Chromosome Diversity, Human Expansion, Drift, and Cultural Evolution." *Proceedings of the National Academy of Sciences of the United States of America* 106 (48): 20174–79.
Chilvers, Christopher A. J. (2015). "Five Tourniquets and a Ship's Bell: The Special Session at the 1931 Congress." *Centaurus* 57 (2): 61–95.
Cipolla, Carlo M. (1978). *The Economic History of World Population*. 7th ed. Sussex: Harvester Press.
Clagett, Marshall (1968). *Nicole Oresme and the Medieval Geometry of Qualities and Motions: A Treatise on the Uniformity and Difformity of Intensities Known as "Tractatus de configurationibus qualitatum et motuum."* Publications in Medieval Science 12. Madison: University of Wisconsin Press.
Clement, John (1983). "A Conceptual Model Discussed by Galileo and Used Intuitively by Physics Students." In *Mental Models*, ed. D. Gentner and A. L. Stevens, 325–340. Hillsdale, NJ: Erlbaum.
Coe, Michael D. (1992). *Breaking the Maya Code*. London: Thames & Hudson.
Cohen, Hendrik Floris (2015). *The Rise of Modern Science Explained: A Comparative History*. Cambridge: Cambridge University Press.
Cohen, Yves (1997). "Scientific Management and the Production Process." In *Science in the Twentieth Century*, ed. J. Krige and D. Pestre, 111–125. Amsterdam: Harwood Academic.
Cohn, Jonas (1907). *Führende Denker: Geschichtliche Einleitung in die Philosophie*. Aus Natur und Geisteswelt: Sammlung wissenschaftlich-gemeinverständlicher Darstellungen 176. Leipzig: Teubner.
Collet, John Peter (1997). "The History of Electronics: From Vacuum Tubes to Transistors." In

Science in the Twentieth Century, ed. J. Krige and D. Pestre, 253–274. Amsterdam: Harwood Academic.

Collier, Paul (2007). *The Bottom Billion: Why the Poorest Countries Are Failing and What Can Be Done about It.* Oxford: Oxford University Press.

Collins, Harry, and Trevor J. Pinch (1993). *The Golem: What Every one Should Know about Science.* Cambridge: Cambridge University Press.

Comenius, Johann Amos ([1644] 1966). *Iohannis Amos Comenii: De rerum humanarum emendatione consultatio catholica.* 2 vols. Prague: Academiae Scientiarum Bohemoslovacae.

———(2001). *Pampædia.* 3rd ed. Schriften zur Comeniusforschung 18. Sankt Augustin: Academia Verlag.

Como, Mario (2010). *Statica delle costruzioni storiche in muratura: Archi, volte, cupole, architetture monumentali, edifici sotto carichi verticali e sotto sisma.* Rome: Aracne Editrice.

Condorcet, Jean Antoine Nicolas de Caritat de (1796). *Outlines of an Historical View of the Progress of the Human Mind: Being a Posthumous Work of the Late M. de Condorcet.* Philadelphia: M. Carey, H. & P. Rice & Co. J. Ormrod, B. F. Bache, and J. Fellows. http://oll.libertyfund.org/titles/1669.

Coo lidge, Frederick L., and Thomas Wynn (2009). *The Rise of Homo Sapiens: The Evolution of Modern Thinking.* Chichester: Wiley-Blackwell.

Coop, Graham, Joseph K. Pickrell, John Novembre, Sridhar Kudaravalli, Jun Li, Devin Absher, Richard Myers, Luigi Luca Cavalli-Sforza, Marcus W. Feldman, and Jonathan K. Pritchard (2009). "The Role of Geography in Human Adaptation." *PLOS Genetics* 5 (6): e1000500.

Corazzi, Roberto, and Giuseppe Conti (2006). *La cupola di Santa Maria del Fiore a Firenze: Il rilievo fotogrammetrico.* Livorno: Sillabe Casa Editrice.

———(2011). *Il segreto della cupola del Brunelleschi a Firenze.* Florence: Angelo Pontecorboli Editore.

Corballis, Michael C. (2003). *From Hand to Mouth: The Origins of Language.* Princeton, NJ: Princeton University Press.

———(2011). *The Recursive Mind: The Origins of Human Language, Thought, and Civilization.* Princeton, NJ: Princeton University Press.

Costanza, Robert, Lisa J. Graumlich, and Steffen Will, eds. (2007). *Sustainability or Collapse? An Integrated History and Future of People on Earth.* Cambridge, MA: MIT Press.

Craik, Kenneth (1943). *The Nature of Explanation.* Cambridge: Cambridge University Press.

Cripps, Eric L. (2014). "Money and Prices in the Ur III Economy of Umma." Review of *Monetary Role of Silver and Its Administration in Mesopotamia during the Ur III Period (c. 2112–2004 BCE): A Case Study of the Umma Province*, by Xiaoli Ouyang. *Wiener Zeitschrift für die Kunde des Morgenlandes* 104:205–232.

Cronin, Michael (2003). *Translation and Globalization.* London: Routledge.

Crookes, William (1898). "Address of the President before the British Association for the Advancement of Science, Bristol, 1898." *Science* 8 (200): 561–575.

Crosby, Alfred W. (1993). "The Columbian Voyages, the Columbian Exchange, and Their Historians." In *Islamic and European Expansion: The Forging of a Global Order*, ed. M. Adas, 141–164. Philadelphia: Temple University Press.

———(2003). *The Columbian Exchange: Biological and Cultural Consequences of 1492.* 30th anniversary ed. Westport, CT: Praeger.

Crowe, Michael J. (1999). *The Extraterrestrial Life Debate, 1750–1900.* Mineola, NY: Dover.

Crutzen, Paul J. (1970). "The Influence of Nitrogen Oxides on the Atmospheric Ozone Content." *Quarterly Journal of the Royal Metrological Society* 96 (408): 320–325.

———(1997). "My Life with O_3, NO_x and Other YZO_xs." In *Nobel Lectures: Chemistry, 1991–1995*, ed. B. G. Malmström, 189–242. Singapore: World Scientific Publishing.

———(2002). "Geology of Mankind." *Nature* 415 (6867): 23.

———(2017). "Foreword: Transition to a Safe Anthropocene." In *Well Under 2 Degrees Celsius: Fast Action Policies to Protect People and the Planet from Extreme Climate Change*, ed. V. Ramanathan, M. J. Molina, D. Zaelke, N. Borgford-Parnell, Y. Xu, K. Alex, M. Auffhammer, P. Bledsoe, W. Collins, B. Croes, F. Forman, Ö. Gustafsson, A. Haines, R. Harnish, M. Z. Jacobson, S. Kang, M. Lawrence, D. Leloup, T. Lenton, T. Morehouse, W. Munk, R. Picolotti, K. Prather, G. Raga, E. Rignot, D. Shindell, A. K. Singh, A. Steiner, M. Thiemens, D. W. Titley, M. E. Tucker, S. Tripathi, and D. Victor, 3–4. Washington, DC: Institute of Governance and Sustainable Development.

Crutzen, Paul J., and Eugene F. Stoermer (2000). "The 'Anthropocene.'" *Global Change Newsletter* 41:17–18.

Cultures of Knowledge (n.d.). "Early Modern Letters Online." Accessed January 31, 2019. http://emlo.bodleian.ox.ac.uk.

Cunningham, Andrew, and Perry Williams (1993). "De-centring the 'Big Picture': The Origins of Modern Science and the Modern Origins of Science." *British Journal for the History of Science* 26 (4): 407–432.

Cuomo, Serafina (2000). *Pappus of Alexandria and the Mathematics of Late Antiquity*. Cambridge: Cambridge University Press.

Cushman, Gregory T. (2013). *Guano and the Opening of the Pacific World: A Global Ecological History*. Cambridge: Cambridge University Press.

D'Abramo, Flavio, and Hannah Landecker. 2019. "Anthropocene in the Cell." *Technosphere Magazine*: https://technosphere-magazine.hkw.de/p/Anthropocene-in-the-Cell-fQjoLLgrE-7jbXzLYr1TLNn.

Dahan, Amy (2010). "Putting the Earth System in a Numerical Box? The Evolution from Climate Modeling toward Global Change." *Studies in History and Philosophy of Science Part B: Studies in History and Philosophy of Modern Physics* 41 (3): 282–292.

Dalla Negra, Riccardo (1995). "La cupola del Brunelleschi: Il cantiere, le indagini, i rilievi." In *Cupola di Santa Maria del Fiore: Il cantiere di restauro 1980–1995*, ed. C. Acidini Luchinat and R. Della Negra, 1–45. Rome: Istituto Poligrafico e Zecca dello Stato.

Dalrymple, Gary Brent (2004). *Ancient Earth, Ancient Skies: The Age of Earth and Its Cosmic Surroundings*. Stanford, CA: Stanford University Press.

Dalton, John (1810). *A New System of Chemical Philosophy*. Part 2. Manchester: Russell and Allen.

Damerow, Peter (1981). "Die Entstehung des arithmetischen Denkens: Zur Rolle der Rechenmittel in der altägyptischen und der altbabylonischen Arithmetik." In *Rechenstein, Experiment, Sprache: Historische Fallstudien zur Entstehung der exakten Wissenschaften*, ed. P. Damerow and W. Lefèvre, 11–113. Stuttgart: Klett-Cotta.

———(1994). "Albert Einstein e Max Wertheimer." In *L'eredità di Einstein*, ed. G. Pisent and J. Renn, 43–60. Padua: Il Poligrafo.

———(1996a). *Abstraction and Representation: Essays on the Cultural Evolution of Thinking*. Translated by Renate Hanauer. Boston Studies in the Philosophy and History of Science 175. Dordrecht: Kluwer Academic.

———(1996b). "Tools of Science." In *Abstraction and Representation: Essays on the Cultural Evolution of Thinking*, ed. P. Damerow, 395–404. Dordrecht: Kluwer Academic.

———(1998). "Prehistory and Cognitive Development." In *Piaget, Evolution, and Development*, ed. J. Langer and M. Killen, 247–269. Mahwah, NJ: Erlbaum.

———(1999). *The Material Culture of Calculation: A Conceptual Framework for an Historical Epistemology of the Concept of Number*. Preprint 117. Berlin: Max Planck Institute for the History of Science.

———(2000). "How Can Discontinuities in Evolution Be Conceptualized?" *Cultural Psychology* 6 (2): 155–160.

———(2006). "The Origins of Writing as a Problem of Historical Epistemology." *Cuneiform Digital Library Journal* 1.

———(2010). "From Numerate Apprenticeship to Divine Quantification." Review of *Mathematics in Ancient Iraq: A Social History*, by Eleanor Robson. *Notices of the American Mathematical Society* 57 (3): 380–384.

———(2012). "The Origins of Writing and Arithmetic." In *The Globalization of Knowledge in History*, ed. J. Renn, 153–173. Studies 1. Berlin: Edition Open Access. http://edition-open-access.de/studies/1/10/index.html.

Damerow, Peter, and Robert K. Englund (1987). "Die Zahlzeichensysteme der Archaischen Texte aus Uruk." In *Zeichenliste der Archaischen Texte aus Uruk*, ed. M. W. Green and H. J. Nissen, 117–166. Archaische Texte aus Uruk 2. Berlin: Gebr. Mann Verlag.

Damerow, Peter, Gideon Freudenthal, Peter McLaughlin, and Jürgen Renn (2004). *Exploring the Limits of Preclassical Mechanics: A Study of Conceptual Development in Early Modern Science—Free Fall and Compounded Motion in the Work of Descartes, Galileo, and Beeckman*. 2nd ed. Sources and Studies in the History of Mathematics and Physical Sciences. New York: Springer.

Damerow, Peter, and Wolfgang Lefèvre (1981). "Arbeitsmittel der Wissenschaft: Nachbemerkung zur Theorie der Wissenschaftsentwicklung." In *Rechenstein, Experiment, Sprache: Historische Fallstudien zur Entstehung der exakten Wissenschaften*, ed. P. Damerow and W. Lefèvre, 223–233. Stuttgart: Klett-Cotta.

———(1998). "Wissenssysteme im geschichtlichen Wandel." In *Enzyklopädie der Psychologie: Themenbereich C: Theorie und Forschung*. Series 2: *Kognition*. Vol. 6: *Wissen*, ed. F. Klix and H. Spada, 77–113. Göttingen: Hogrefe Verlag.

Damerow, Peter, Jürgen Renn, Simone Rieger, and Paul Weinig (2002). "Mechanical Knowledge and Pompeian Balances." In *Homo Faber: Studies on Nature, Technology, and Science at the Time of Pompeii*, ed. J. Renn and G. Castagnetti, 93–108. Studi della Soprintendenza Archeologica di Pompei 6. Rome: L'Erma di Bretschneider.

Dana, James Dwight (1873). "On Some Results of the Earth's Contraction from Cooling, Including a Discussion of the Origin of Mountains, and the Nature of the Earth's Interior." *American Journal of Science* 3/5 (105): 423–443.

Darwin, Charles (1859). *On the Origin of Species by Means of Natural Selection, or the Preservation of Favoured Races in the Struggle for Life*. London: John Murray. https://en.wikisource.org/wiki/On_the_Origin_of_Species_(1859).

———([1865] 2002). "To A. R. Wallace 22 September." In *The Correspondence of Charles Darwin*. Vol. 13: *1865—Supplement to the Correspondence 1822–1864*, ed. F. Burkhardt and D. M. Porter, 237–239. Cambridge: Cambridge University Press. http://www.darwinproject.ac.uk/DCP-LETT-4896.

———([1876] 1958). "Recollections of the Development of My Mind and Character." In *The Autobiography of Charles Darwin, 1809–1882*, ed. N. Barlow, 17–145. London: Collins. http://darwin-online.org.uk/content/frameset?itemID=F1497&viewtype=text&pageseq=1.

———(1877). *The Descent of Man: Selection in Relation to Sex*. Rev. and aug. 2nd ed. London: John Murray.

Daston, Lorraine, and Peter Galison (2007). *Objectivity*. New York: Zone Books.

Daston, Lorraine, and H. Otto Sibum, eds. (2003). "Scientific Personae and Their Histories." Special issue of *Science in Context* 16 (1–2).

Davies, Jeremy (2016). *The Birth of the Anthropocene*. Oakland: University of California Press.

Davis, Robert B. (1984). *Learning Mathematics: The Cognitive Science Approach to Mathemat-*

ics Education. Norwood, NJ: Ablex Publishing.
Dawkins, Richard (1976). *The Selfish Gene*. Oxford: Oxford University Press.
———(1982). *The Extended Phenotype: The Long Reach of the Gene*. Oxford: Oxford University Press.
Deacon, Terrence W. (1997). *The Symbolic Species: The Co-evolution of Language and the Human Brain*. New York: W. W. Norton.
de Bry, Theodor (1613). *Das vierdte Buch von der Neuwen Welt: Oder neuwe und gründtliche Historien, von dem Nidergängischen Indien, so von Christophoro Columbo im Jar 1492. erstlich erfunden*. Frankfurt am Main: Dietrichs von Bry. https://archive.org/details/dasvierdtebuchvo00benz_1.
Dediu, Dan, and Stephen C. Levinson (2013). "On the Antiquity of Language: The Reinterpretation of Neandertal Linguistic Capacities and Its Consequences." *Frontiers in Psychology* 4 (397): 1–17.
Delanty, Gerard, and Aurea Mota (2017). "Governing the Anthropocene: Agency, Governance, Knowledge." *European Journal of Social Theory* 20 (1): 9–38.
De Risi, Vincenzo (2015). "Introduction." In *Mathematizing Space: The Objects of Geometry from Antiquity to the Early Modern Age*, ed. V. De Risi. Basel: Birkhäuser.
Descartes, René (1664). *Le monde de Mr. Descartes, ou Le traité de la lumière et des autres principaux objets des sens: Avec un discours de l'action des corps, & un autre des fièvres, composez selon les principes du même auteur*. Paris: Theodore Girard. https://gallica.bnf.fr/ark:/12148/bpt6k5534491g.texteImage.
———(1985a). "Discourse on the Method of Rightly Conducting One's Reason and Seeking Truth in the Sciences." In *The Philosophical Writings of Descartes*. Vol. 1, 111–151. Cambridge: Cambridge University Press.
———(1985b). "Principles of Philosophy (1644)." In *The Philosophical Writings of Descartes*, 1:177–291. Cambridge: Cambridge University Press.
———(1986). "Le monde ou Le traité de la lumière." In *Œuvres de Descartes*. Vol. 11, ed. C. Adam and P. Tannery, 11:1–118. Paris: Librairie Philosophique J. Vrin.
Devlin, William J., and Alisa Bokulich (2015). *Kuhn's Structure of Scientific Revolutions: 50 Years On*. Cham: Springer.
Dewey, John (1897). *The Significance of the Problem of Knowledge*. University of Chicago Contributions to Philosophy 1, 3. Chicago: University of Chicago Press.
———([1925] 1981). *The Later Works, 1925–1953*. Vol. 1: *1925: Experience and Nature*, ed. J. A. Boydston. Carbondale: Southern Illinois University Press.
Diamond, Jared M. (2005a). *Collapse: How Societies Choose to Fail or Succeed*. New York: Viking Press.
———(2005b). *Guns, Germs, and Steel: The Fates of Human Societies*. Rev. ed. New York: W. W. Norton.
Diawara, Mamadou (2004). "Colonial Appropriation of Local Knowledge." In *Between Resistance and Expansion: Explorations of Local Vitality in Africa*, ed. P. Probst and G. Spittler, 273–293. Münster: LIT Verlag.
Dicke, Robert H., Phillip James E. Peebles, P. G. Roll, and David T. Wilkinson (1965). "Cosmic Black-Body Radiation." *Astrophysical Journal* 142 (1): 414–419.
Diderot, Denis, and Jean Le Rond d'Alembert, eds. (1751–1772). *Encyclopédie ou Dictionnaire raisonné des sciences, des arts et des métiers, par une Société de Gens de lettres*. Paris: Briasson, David, Le Breton, Durand.
Dijksterhuis, Eduard Jan ([1950] 1986). *The Mechanization of the World Picture: Pythagoras to Newton*. Translated by C. Dikshoorn. Princeton, NJ: Princeton University Press.
———(1956). *Archimedes*. Copenhagen: Ejnar Munksgaard.

Dilger, Hansjörg (2012). "The (Ir)Relevance of Local Knowledge: Circuits of Medicine and Biopower in the Neoliberal Era." In *The Globalization of Knowledge in History*, ed. J. Renn, 501–524. Studies 1. Berlin: Edition Open Access. http://edition-open-access.de/studies/1/26/index.html.

Diogenes Laertius (1925). "Book 6.2: Diogenes (404–323 B.C.)." In *Lives of the Eminent Philosophers. Vol.2: Books 6–10*, 22–85. Loeb Classical Library 185. Cambridge, MA: Harvard University Press.

Di Pasquale, Giovanni (2005). "The Museum of Alexandria: Myth and Model." In *From Private to Public: Natural Collections and Museums*, ed. M. Beretta, 1–12. New York: Science History Publications.

———(2007). "Una enciclopedia delle tecniche nel Museo di Alessandria." In *Il giardino antico da Babilonia a Roma*, ed. G. Di Pasquale and F. Paolucci, 58–71. Livorno: Sillabe Casa Editrice.

———(2010). "The 'Syrakousia' Ship and the Mechanical Knowledge between Syracuse and Alexandria." In *The Genius of Archimedes: 23 Centuries of Influence on Mathematics, Science and Engineering—Proceedings of an International Conference, Syracuse, June 8–10, 2010*, ed. S. A. Paipetis and M. Ceccarelli, 289–301. History of Mechanism and Machine Science 11. Dordrecht: Springer.

———(2012). *Le strade della tecnica: Tecnologia e pratica della scienza nel mondo antico*. Florence: Centro Di.

———(2013). "From Syracuse to Alexandria: A Technological Network in the Mediterranean." In *Archimedes: The Art and Science of Invention*, ed. G. Di Pasquale and C. Parisi Presicce, 77–82. Florence: Giunti.

Di Pasquale, Salvatore (1996). *L'arte del construire: Tra conoscenza e scienza*. Venice: Marsilio Editori.

———(2002). *Brunelleschi: La costruzione della cupola di Santa Maria del Fiore*. Venice: Marsilio Editori.

Dirks, Nicholas B. (2001). *Castes of Mind: Colonialism and the Making of Modern India*. Princeton, NJ: Princeton University Press.

Dirlik, Arif (1995). "Confucius in the Borderlands: Global Capitalism and the Reinvention of Confucianism." *boundary 2* 22 (3): 229–273.

Dittmer, Jörg (1999). "Jaspers' 'Achsenzeit' und das interkulturelle Gespräch: Überlegungen zur Relevanz eines revidierten Theorems." In *Globaler Kampf der Kulturen? Analysen und Orientierungen*, ed. D. Becker, 191–214. Stuttgart: W. Kohlhammer.

Doel, Ronald E. (1997). "The Earth Sciences and Geophysics." In *Science in the Twentieth Century*, ed. J. Krige and D. Pestre, 391–416. Amsterdam: Harwood Academic.

Donges, Jonathan F., Wolfgang Lucht, Finn Müller-Hansen, and Will Steffen (2017). "The Technosphere in Earth System Analysis: A Coevolutionary Perspective." *Anthropocene Review* 4 (1): 23–33.

Donges, Jonathan F., Ricarda Winkelmann, Wolfgang Lucht, Sarah E. Cornell, James G. Dyke, Johan Rockström, Jobst Heitzig, and Hans Joachim Schellnhuber (2017). "Closing the Loop: Reconnecting Human Dynamics to Earth System Science." *Anthropocene Review* 4 (2): 151–157.

Dor, Daniel, Chris Knight, and Jerome Lewis, eds. (2014). *The Social Origins of Language*. Oxford: Oxford University Press.

Doren, Alfred (1898). "Zum Bau der Florentiner Domkuppel." *Repertorium für Kunstwissenschaft* 21:249–262.

Douglas, Mary (1986). *How Institutions Think*. Syracuse, NY: Syracuse University Press.

Drixler, Fabian (2013). *Mabiki: Infanticide and Population Growth in Eastern Japan, 1660–*

1950. Berkeley: University of California Press.
Dubois, Jacques, Jean Marie Guillouët, Benoît Van den Bossche, and Annamaria Ersek (2014). *Les transferts artistiques dans l'Europe gothique: Repenser les circulations des hommes, des œuvres, des savoir-faire et des modèles (XIIe–XVIe siècle)*. Paris: Picard.
Du Halde, Jean Baptiste (1735). *Description géographique, historique, chronologique, politique et physique de l'empire de la Chine et de la Tartarie chinoise*. Vol. 3 of 4 vols. Paris: P. G. Lemercier. https://gallica.bnf.fr/ark:/12148/bpt6k5699174c.
Duncan, Anthony, and Michel Janssen, eds. (2019). *Constructing Quantum Mechanics*. Vol. 1: *The Scaffold: 1900–1923*. Oxford: Oxford University Press.
Düring, Marten (2017). "Historical Network Research: Network Analysis in the Historical Disciplines." Accessed March 1, 2018. http://historicalnetworkresearch.org.
Durkheim, Émile ([1895] 1966). *The Rules of Sociological Method*. Translated by Sarah A. Solovay and John H. Mueller. 8th ed. New York: Free Press.
du Toit, Alexander Logie (1937). *Our Wandering Continents*. Edinburgh: Oliver and Boyd.
Duve, Thomas (2016). "Global Legal History: A Methodological Approach." Oxford: Oxford University Press. Accessed June 27, 2018. http://www.oxfordhandbooks.com/view/10.1093/oxfordhb/9780199935352.001.0001/oxfordhb-9780199935352-e-25.
Dyson, Frank W., Arthur S. Eddington, and Charles Davidson (1920). "IX. A Determination of the Deflection of Light by the Sun's Gravitational Field, from Observations Made at the Total Eclipse of May 29, 1919." *Philosophical Transactions of the Royal Society A: Mathematical, Physical and Engineering Sciences* 220 (571–581): 291–333.
Earl, Jennifer, and Katrina Kimport (2011). *Digitally Enabled Social Change: Activism in the Internet Age*. Cambridge, MA: MIT Press.
Easterly, William Russell (2006). *The White Man's Burden: Why the West's Efforts to Aid the Rest Have Done So Much Ill and So Little Good*. Oxford: Oxford University Press.
Edgerton, David (2006). *The Shock of the Old: Technology and Global History since 1900*. London: Profile Books.
———(2007). "Creole Technologies and Global Histories: Rethinking How Things Travel in Space and Time." *HoST: Journal of History of Science and Technology* 1:75–112.
Edgeworth, Matt, Daniel D. Richter, Colin Waters, Peter Haff, Cath Neal, and Simon James Price (2015). "Diachronous Beginnings of the Anthropocene: The Lower Bounding Surface of Anthropogenic Deposits." *Anthropocene Review* 2 (1): 33–58.
Edwards, Paul N. (2010). *A Vast Machine: Computer Models, Climate Data, and the Politics of Global Warming*. Cambridge, MA: MIT Press.
———(2017). "Knowledge Infrastructures for the Anthropocene." *Anthropocene Review* 4 (1): 34–43.
Eibl-Eibesfeldt, Irenäus, Wulf Schiefenhövel, and Volker Heeschen (1989). *Kommunikation bei den Eipo: Eine humanethologische Bestandsaufnahme*. Berlin: Dietrich Reimer Verlag.
Einstein, Albert (1905). "Zur Elektrodynamik bewegter Körper." *Annalen der Physik* 322 (10): 891–921.
———(1907). "Über das Relativitätsprinzip und die aus demselben gezogenen Folgerungen." *Jahrbuch der Radioaktivität und Elektronik* 4:411–462.
———(1915a). "Die Feldgleichungen der Gravitation." *Sitzungsberichte der Königlich Preussischen Akademie der Wissenschaften* 48:844–847.
———(1915b). "Zur allgemeinen Relativitätstheorie." *Sitzungsberichte der Königlich Preussischen Akademie der Wissenschaften* 44:778–786.
———(1987). *Letters to Solovine: 1906–1955*. Translated by Wade Baskin. New York: Philosophical Library.
———(1989a). "On the Electrodynamics of Moving Bodies." 1905. In *The Collected Papers of*

Albert Einstein. Vol. 2: *The Swiss Years: Writings, 1900–1909; English Translation*, trans. Anna Beck, 140–171. Princeton, NJ: Princeton University Press. https://einsteinpapers.press.princeton.edu/vol2-trans/154.

———(1989b). "On the Relativity Principle and the Conclusions Drawn from It." 1907. In *The Collected Papers of Albert Einstein*. Vol. 2: *The Swiss Years: Writings, 1900–1909; English Translation*, trans. Anna Beck, 252–311. Princeton, NJ: Princeton University Press. https://einsteinpapers.press.princeton.edu/vol2-trans/266.

———(1991). *Autobiographical Notes*. Translated by Paul Arthur Schilpp. 2nd ed. LaSalle, IL: Open Court Publishing.

———(1995). "Research Notes on a Generalized Theory of Relativity." Ca. August 1912. In *The Collected Papers of Albert Einstein*. Vol. 4: *The Swiss Years: Writings, 1912–1914*, ed. M. J. Klein, A. J. Kox, J. Renn, and R. Schulman, 201–269. Princeton, NJ: Princeton University Press. https://einsteinpapers.press.princeton.edu/vol4-doc/223.

———(1996a). "On the General Theory of Relativity." 1915. In *The Collected Papers of Albert Einstein*. Vol. 6: *The Berlin Years: Writings, 1914–1917; English Translation*, trans. Alfred Engel, 98–107. Princeton, NJ: Princeton University Press. https://einsteinpapers.press.princeton.edu/vol6-trans/110.

———(1996b). "The Field Equations of Gravitation." 1915. In *The Collected Papers of Albert Einstein*. Vol. 6: *The Berlin Years: Writings, 1914–1917; English Translation*, trans. Alfred Engel, 117–120. Princeton, NJ: Princeton University Press. https://einsteinpapers.press.princeton.edu/vol6-trans/129.

Einstein, Albert, and Marcel Grossmann (1913). *Entwurf einer verallgemeinerten Relativitätstheorie und einer Theorie der Gravitation*. Leipzig: Teubner. https://einsteinpapers.press.princeton.edu/vol4-doc/324.

———(1995). "Outline of a Generalized Theory of Relativity and of a Theory of Gravitation." 1913. In *The Collected Papers of Albert Einstein*. Vol. 4: *The Swiss Years: Writings, 1912–1914; English Translation*, trans. Anna Beck, 151–188. Princeton, NJ: Princeton University Press. https://einsteinpapers.press.princeton.edu/vol4-trans/163.

Eisenhower, Dwight D. (1961). "Farewell Radio and Television Address to the American People: January 17, 1961." In *Dwight D. Eisenhower: 1960–1961: Containing the Public Messages, Speeches, and Statements of the President, January 1, 1960, to January 20, 1961*, 1035–1040. Public Papers of the Presidents of the United States. Washington, DC: Office of the Federal Register, National Archives and Records Service, General Services Administration. http://name.umdl.umich.edu/4728424.1960.001.

Eisenstadt, Shmuel N. (1982). "The Axial Age: The Emergence of Transcendental Visions and the Rise of Clerics." *European Journal of Sociology—Archives Européennes de Sociologie* 23 (2): 294–314.

———, ed. (1986). *The Origins and Diversity of Axial Age Civilizations*. SUNY Series in Near Eastern Studies. Albany: State University of New York Press.

———(1988). "Explorations in the Sociology of Knowledge: The Soteriological Axis in the Construction of Domains of Knowledge." In *Cultural Traditions and Worlds of Knowledge: Explorations in the Sociology of Knowledge*, ed. S. N. Eisenstadt and I. Friedrich-Silber, 1–71. Knowledge and Society: Studies in the Sociology of Culture Past and Present 7. Greenwich, CT: JAI Press.

———(2000). "Multiple Modernities." *Daedalus* 129 (1): 1–29.

———, ed. (2002). *Multiple Modernities*. New Brunswick, NJ: Transaction.

Eisenstaedt, Jean (1986). "La relativité générale à l'étiage: 1925–1955." *Archive for History of Exact Sciences* 35 (2): 115–185.

———(1989). "The Low Water Mark of General Relativity: 1925–1955." In *Einstein and the*

History of General Relativity, ed. D. Howard and J. Stachel, 1–277. Einstein Studies 1. Basel: Birkhäuser.
———(2006). *The Curious History of Relativity: How Einstein's Theory of Gravity Was Lost and Found Again*. Princeton, NJ: Princeton University Press.
Elias, Norbert ([1969] 2006). *The Court Society*. Vol. 2 of *The Collected Works of Norbert Elias*. Translated by Edmund Jephcott. Rev. ed. Dublin: University College Dublin Press.
———([1984] 2007). *An Essay on Time*. Vol. 9 of *The Collected Works of Norbert Elias*. Dublin: University College Dublin Press.
Elkana, Yehuda (1970). "Helmholtz' 'Kraft': An Illustration of Concepts in Flux." *Historical Studies in the Physical Sciences* 2:263–298.
———(1974). *The Discovery of the Conservation of Energy*. Cambridge, MA: Harvard University Press.
———(1975). "Boltzmann's Scientific Research Program and Its Alternatives." In *The Interaction between Science and Philosophy*, ed. Y. Elkana, 243–279. Atlantic Highlands, NJ: Humanities Press.
———(1981). "A Programmatic Attempt at an Anthropology of Knowledge." In *Sciences and Cultures: Anthropological and Historical Studies of the Sciences*, ed. E. Mendelsohn and Y. Elkana, 1–76. Sociology of the Sciences 5. Dordrecht: D. Reidel Publishing.
———(1986a). *Anthropologie der Erkenntnis: Die Entwicklung des Wissens als episches Theater einer listigen Vernunft*. Translated by Ruth Achlama. Wissenschaftsforschung 1. Frankfurt am Main: Suhrkamp.
———(1986b). "The Emergence of Second-Order Thinking in Classical Greece." In *The Origins and Diversity of Axial Age Civilizations*, ed. S. N. Eisenstadt, 40–64. Albany, NY: SUNY Press.
———(2012). "The University of the 21st Century: An Aspect of Globalization." In *The Globalization of Knowledge in History*, ed. J. Renn, 605–630. Studies 1. Berlin: Edition Open Access. http://edition-open-access.de/studies/1/29/index.html.
Elman, Benjamin A. (2005). *On Their Own Terms: Science in China, 1550–1900*. Cambridge, MA: Harvard University Press.
Elshakry, Marwa (2010). "When Science Became Western: Historiographical Reflections." *Isis* 101 (1) :98–109.
Engel, Christoph (2002). *Abfallrecht und Abfallpolitik*. Baden-Baden: Nomos Verlagsgesellschaft.
Engels, Frederick ([1883] 1987). "Dialectics of Nature." In *Karl Marx / Frederick Engels: Collected Works*. Vol. 25: *Engels: Anti-Dühring-Dialectics of Nature*, 311–588. London: Lawrence & Wishart. First published in its entirety in Russian and German in 1925.
Engler, Fynn Ole, and Jürgen Renn (2016). "Two Encounters." In *Shifting Paradigms: Thomas S. Kuhn and the History of Science*, ed. A. Blum, K. Gavroglu, C. Joas, and J. Renn, 139–147. Proceedings 8. Berlin: Edition Open Access. http://edition-open-access.de/proceedings/8/11/index.html.
———(2018). *Gespaltene Vernunft: Vom Ende eines Dialogs zwischen Wissenschaft und Philosophie*. Berlin: Matthes & Seitz.
Engler, Fynn Ole, Jürgen Renn, and Matthias Schemmel (2018). "Creating Room for Historical Rationality." *Isis* 109 (1): 87–91.
Englund, Robert K. (1991). "Hard Work: Where Will It Get You? Labor Management in Ur III Mesopotamia." *Journal of Near Eastern Studies* 50 (4): 255–280.
———(1998). "Texts from the Late Uruk Period." in *Mesopotamien: Späturuk-Zeit und Frühdynastische Zeit*, ed. J. Bauer, R. K. Englund, and M. Krebernik, 13–233. Fribourg: Academic Press.
———(2004). "The State of Decipherment of Proto-Elamite." In *The First Writing: Script Inven-*

tion as History and Process, ed. S. D. Houston, 100–149. Cambridge: Cambridge University Press.

———(2006). "An Examination of the 'Textual' Witnesses to Late Uruk World Systems." In "A Collection of Papers on Ancient Civilizations of Western Asia, Asia Minor and North Africa," ed. Y. Gong and Y. Chen. Special issue of *Oriental Studies* (Beijing: University of Beijing): 1–38.

———(2012). "Equivalency Values and the Command Economy of the Ur Ⅲ Period in Mesopotamia." In *The Construction of Value in the Ancient World*, ed. J. Papadopoulos and G. Urton, 427–458. Los Angeles: Cotsen Institute of Archaeology Press.

Ertl, Gerhard, and Jens Soentgen, eds. (2015). *N: Stickstoff—Ein Element schreibt Weltgeschichte*. Stoffgeschichten 9. Munich: Oekom Verlag.

Euclid (1956). *The Thirteen Books of the Elements*. Translated by Thomas L. Heath. 2nd rev. with add. ed. New York: Dover.

European Parliament (2000). "Lisbon European Council 23 and 24 March 2000: Presidency Conclusions." Accessed February 21, 2018. http://www.europarl.europa.eu/summits/lis1_en.htm.

Evans, Chris, and Göran Rydén (2005). *The Industrial Revolution in Iron: The Impact of British Coal Technology in Nineteenth-Century Europe*. Aldershot: Ashgate.

Evans, Dave (2011). "The Internet of Things: How the Next Evolution of the Internet Is Changing Every thing." CISCO white paper. Accessed October 15, 2018. http://www.cisco.com/web/about/ac79/docs/innov/IoT_IBSG_0411FINAL.pdf.

Ezrahi, Yaron (1990). *The Descent of Icarus: Science and the Transformation of Contemporary Democracy*. Cambridge, MA: Harvard University Press.

Fabbri, Lorenzo (2003). "La 'Gabella di Santa Maria del Fiore': Il finanziamento pubblico della cattedrale di Firenze." In *Pouvoir et édilité: Les grands chantiers dans l'Italie communale et seigneuriale*, ed. É. Crouzet-Pavan, 195–244. Collection de l'École française de Rome 302. Rome: École française de Rome.

Falkowski, Paul, Robert J. Scholes, Edward A. Boyle, Josep Canadell, Don Canfield, James Elser, Nicolas Gruber, Kathy Hibbard, Peter Högberg, Sune Linder, Fred T. Mackenzie, Berrien Moore Ⅲ, Thomas Pedersen, Yair Rosenthal, Sybil Seitzinger, Victor Smetacek, and Will Steffen (2000). "The Global Carbon Cycle: A Test of Our Knowledge of Earth as a System." *Science* 290 (5490): 291–296.

Fanelli, Giovanni, and Michele Fanelli (2004). *La cupola del Brunelleschi: Storia e futuro di una grande struttura*. Florence: Editrice La Mandragora.

Fangerau, Heiner (2013). "Evolution of Knowledge from a Network Perspective: Recognition as a Selective Factor in the History of Science." In *Classification and Evolution in Biology, Linguistics and the History of Science: Concepts, Methods, Visualization*, ed. H. Fangerau, H. Geisler, T. Halling, and W. Martin, 11–32. Kulturanamnesen 5. Stuttgart: Franz Steiner Verlag.

Fanon, Frantz ([1961] 2005). *The Wretched of the Earth*. Translated by Richard Philcox. New York: Grove Press.

Farbwerke Hoechst AG, ed. (1964). *Wilhelm Ostwald und die Stickstoffgewinnung aus der Luft*. Dokumente aus Hoechster Archiven 5. Frankfurt am Main: Farbwerke Hoechst AG.

Farey, John ([1827] 1971). *A Treatise on the Steam Engine: Historical, Practical and Descriptive*. Reprint, Newton Abbot: David & Charles.

Farrell, Justin, Kathryn McConnell, and Robert Brulle (2019). "Evidence-Based Strategies to Combat Scientific Misinformation." *Nature Climate Change* 9 (3): 191–195.

Fauerbach, Ulrike (2014). "Bauwissen im Alten Ägypten." In *Wissensgeschichte der Architektur*. Vol. 2: *Vom Alten Ägypten bis zum Antiken Rom*, ed. J. Renn, W. Osthues, and H. Schlimme, 7–124. Studies 4. Berlin: Edition Open Access. http://edition-open-access.de/studies/4/3/

index.html.
Favaro, Antonio, ed. (1964–1966). *Le opera di Galileo Galilei: Nuova ristampa della edizione nazionale 1890–1909*. 20 vols. Florence: Barbèra.
Febvre, Lucien Paul Victor, and Henri-Jean Martin (1990). *The Coming of the Book: The Impact of Printing, 1450–1800*. London: Verso Books.
Feldhay, Rivka (2006). "Religion." In *Early Modern Science*, ed. K. Park and L. Daston, 727–755. Cambridge History of Science 3. Cambridge: Cambridge University Press.
———(2011). "The Jesuits: Transmitters of the New Science." In *Il caso Galileo: Una rilettura storica, filosofica, teologica*, ed. M. Bucciantini, M. Camerota, and F. Giudice, 47–74. Florence: Leo S. Olschki.
———(2018). "Pre-classical Mechanics in Context: Practical and Theoretical Knowledge between Sovereignty, Religion, and Science." In *Emergence and Expansion of Pre-classical Mechanics*, ed. R. Feldhay, J. Renn, M. Schemmel, and M. Valleriani, 29–53. Boston Studies in the Philosophy and History of Science 333. Cham: Springer.
Feldhay, Rivka, and F. Jamil Ragep (2017). *Before Copernicus: The Cultures and Contexts of Scientific Learning in the Fifteenth Century*. Montreal: McGill-Queen's University Press.
Feldhay, Rivka, Jürgen Renn, Matthias Schemmel, and Matteo Valleriani, eds. (2018). *Emergence and Expansion of Pre-classical Mechanics*. Boston Studies in the Philosophy and History of Science 333. Cham: Springer.
Feng, Lisheng (2017). "On the Structure and Functions of the Multiplication Table in the Tsinghua Collection of Bamboo Slips." *Chinese Annals of History of Science and Technology* 1 (1): 1–23.
Ferguson, Dean T. (2014). "Nightsoil and the 'Great Divergence': Human Waste, the Urban Economy, and Economic Productivity, 1500–1900." *Journal of Global History* 9 (3): 379–402.
Feynman, Richard (1967). *The Character of Physical Law*. Cambridge, MA: MIT Press.
Fischer-Kowalski, Marina, Fridolin Krausmann, and Irene Pallua (2014). "A Sociometabolic Reading of the Anthropocene: Modes of Subsistence, Population Size and Human Impact on Earth." *Anthropocene Review* 1 (1): 8–33.
Flaxman, Seth, Sharad Goel, and Justin M. Rao (2016). "Filter Bubbles, Echo Chambers, and Online News Consumption." *Public Opinion Quarterly* 80 (S1): 298–320.
Fleck, Ludwik ([1935] 1979). *Genesis and Development of a Scientific Fact*. Translated by Fred Bradley and Thaddeus J. Trenn. Chicago: University of Chicago Press.
———([1935] 1980). *Entstehung und Entwicklung einer wissenschaftlichen Tatsache: Einführung in die Lehre vom Denkstil und Denkkollektiv*. Reprint, Frankfurt am Main: Suhrkamp.
———([1960] 1986). "Crisis in Science." In *Cognition and Fact: Materials on Ludwik Fleck*, ed. R. S. Cohen and T. Schnelle, 153–158. Dordrecht: D. Reidel.
Flexner, Abraham (1939). "The Usefulness of Useless Knowledge." *Harper's Magazine* 179:544–552.
———([1939] 1997). *The Usefulness of Useless Knowledge: With a Companion Essay by Robbert Dijkgraaf*. Princeton, NJ: Princeton University Press.
Force, James E. (1999). "Newton, the 'Ancients,' and the 'Moderns.'" In *Newton and Religion: Context, Nature, and Influence*, ed. J. E. Force and R. H. Popkin, 237–257. Dordrecht: Springer.
Forrester, John (1996). "If P, Then What? Thinking in Cases." *History of the Human Sciences* 9 (3): 1–25.
Foucault, Michel (1983). *This Is Not a Pipe: With Illustrations and Letters by René Magritte*. Berkeley: University of California Press.

Foucher, Alfred (1950). "Le cheval de Troie au Gandhâra." *Comptes rendus des séances de l'Académie des Inscriptions et Belles-Lettres* 94 (4): 407–412.

Fraenkel, Carlos, Jamie Fumo, Faith Wallis, and Robert Wisnovsky, eds. (2011). *Vehicles of Transmission, Translation, and Transformation in Medieval Textual Culture*. Turnhout: Brepols.

Francopan, Peter (2016). *The Silk Roads: A New History of the World*. London: Bloomsbury.

Frank, Andre Gunder (1998). *ReOrient: Global Economy in the Asian Age*. Berkeley: University of California Press. http://hdl.handle.net/2027/heb.31038.0001.001.

Frege, Gottlob (1892). "Über Sinn und Bedeutung." *Zeitschrift für Philosophie und philosophische Kritik* 100 (1): 25–50.

——— ([1892] 1997). "On Sinn and Bedeutung." In *The Frege Reader*, ed. M. Beaney, 151–171. Malden, MA: Blackwell Publishing.

Freud, Sigmund ([1927] 1964). "The Future of an Illusion." In *The Standard Edition of the Complete Psychological Works of Sigmund Freud*. Vol. 21: *1927–1931: The Future of an Illusion—Civilization and Its Discontents—and Other Works*, ed. J. Strachey, 1–56. London: Hogarth Press and the Institute of Psycho-Analysis.

——— ([1930] 1962). *Civilization and Its Discontents*. Translated by James Strachey. New York: W. W. Norton.

Freudenthal, Gideon (1986). *Atom and Individual in the Age of Newton: On the Genesis of the Mechanistic World View*. Dordrecht: D. Reidel.

——— (2000). "A Rational Controversy over Compounding Forces." In *Scientific Controversies: Philosophical and Historical Perspectives*, ed. P. Machamer, M. Pera, and A. Baltas, 125–142. New York: Oxford University Press.

——— (2002). " 'Substanzbegriff und Funktionsbegriff' als Zivilisationstheorie bei Georg Simmel und Ernst Cassirer." In *Gesellschaft denken: Eine erkenntnistheoretische Standortbestimmung der Sozialwissenschaften*, ed. L. Bauer and K. Hamberger, 251–276. Vienna: Springer.

——— (2005). "The Hessen-Grossman Thesis: An Attempt at Rehabilitation." *Perspectives on Science* 13 (2): 166–193.

——— (2012). *No Religion without Idolatry: Mendelssohn's Jewish Enlightenment*. Notre Dame, IN: University of Notre Dame Press.

——— (2015). "Commentary as Intercultural Practice." In *Wissen in Bewegung: Institution—Iteration—Transfer*, ed. E. Cancik-Kirschbaum and A. Traninger, 49–63. Wiesbaden: Harrassowitz Verlag.

Freudenthal, Gideon, and Peter McLaughlin (2009a). "Classical Marxist Historiography of Science: The Hessen-Grossmann-Thesis." In *The Social and Economic Roots of the Scientific Revolution: Texts by Boris Hessen and Henryk Grossmann*, ed. G. Freudenthal and P. McLaughlin, 1–40. Dordrecht: Springer.

———, eds. (2009b). *The Social and Economic Roots of the Scientific Revolution: Texts by Boris Hessen and Henryk Grossmann*. Boston Studies in the Philosophy and History of Science 278. Dordrecht: Springer.

Friederici, Angela D. (2017). *Language in Our Brain: The Origins of a Uniquely Human Capacity*. Cambridge, MA: MIT Press.

Friederici, Angela D., Noam Chomsky, Robert C. Berwick, Andrea Moro, and Johan J. Bolhuis (2017). "Language, Mind and Brain." *Nature Human Behaviour* 1 (10): 713–722.

Friedman, Robert Marc (1993). *Appropriating the Weather: Vilhelm Bjerknes and the Construction of a Modern Meteorology*. Ithaca, NY: Cornell University Press.

Friedman, Thomas L. (2007). *The World Is Flat: A Brief History of the Twenty-First Century*. Updated and exp. 3rd ed. New York: Picador.

Friedrich, Bretislav, Dieter Hoffmann, Jürgen Renn, Florian Schmaltz, and Martin Wolf, eds.

(2017). *One Hundred Years of Chemical Warfare: Research, Deployment, Consequences.* Cham: Springer. https://link.springer.com/book/10.1007/978-3-319-51664-6.
Friedrich, Markus (2016). *Die Jesuiten: Aufstieg, Niedergang, Neubeginn.* Munich: Piper Verlag.
Frontinus Gesellschaft, ed. (1988). *Die Wasserversorgung antiker Städte: Mensch und Wasser—Mitteleuropa—Thermen—Bau/Materialien—Hygiene.* Geschichte der Wasserversorgung 3. Mainz: Verlag Philipp von Zabern.
Fu, Qiaomei, Pavao Rudan, Svante Pääbo, and Johannes Krause (2012). "Complete Mitochondrial Genomes Reveal Neolithic Expansion into Europe." *PLOS ONE* 7 (3): e32473.
Fuller, Dorian Q. (2010). "An Emerging Paradigm Shift in the Origins of Agriculture." *General Anthropology* 17 (2): 1, 8–12.
———(2011). "Pathways to Asian Civilizations: Tracing the Origins and Spread of Rice and Rice Cultures." *Rice* 4 (3–4): 78–92.
———(2012). "New Archaeobotanical Information on Plant Domestication from Macro-Remains: Tracking the Evolution of Domestication Syndrome Traits." In *Biodiversity in Agriculture: Domestication, Evolution, and Sustainability*, ed. P. L. Gepts, T. R. Famula, R. L. Bettinger, S. B. Brush, A. B. Damania, P. E. McGuire, and C. O. Qualset, 110–135. Cambridge: Cambridge University Press.
Fuller, Dorian Q., Robin G. Allaby, and Chris Stevens (2010). "Domestication as Innovation: The Entanglement of Techniques, Technology and Change in the Domestication of Cereal Crops." *World Archeology* 42 (1): 13–28.
Fuller, Dorian Q., Jacob van Etten, Katie Manning, Cristina Castillo, Eleanor Kingwell-Banham, Alison Weisskopf, Ling Qin, Yo-Ichiro Sato, and Robert J. Hijmans (2011). "The Contribution of Rice Agriculture and Livestock Pastoralism to Prehistoric Methane Levels: An Archaeological Assessment." *Holocene* 21 (5): 743–759.
Fuller, Dorian Q., George Willcox, and Robin G. Allaby (2011). "Cultivation and Domestication Had Multiple Origins: Arguments against the Core Area Hypothesis for the Origins of Agriculture in the Near East." *World Archeology* 43 (4): 628–652.
Fuller, Richard Buckminster (1969). *Operating Manual for Spaceship Earth.* New York: Simon & Schuster.
Fung, Yu-Lan (1922). "Why China Has No Science: An Interpretation of the History and Consequences of Chinese Philosophy." *International Journal of Ethics* 32 (3): 237–263.
Furth, Peter (1980). "Arbeit und Reflexion." In *Arbeit und Reflexion: Zur materialistischen Theorie der Dialektik—Perspektiven der Hegelschen Logik*, ed. P. Furth, 71–80. Cologne: Pahl-Rugenstein Verlag.
Gabrys, Jennifer (2016). *Program Earth: Environmental Sensing Technology and the Making of a Computational Planet.* Minneapolis: University of Minnesota Press.
Galambos, Louis, and Jeffrey L. Sturchio (1998). "Pharmaceutical Firms and the Transition to Biotechnology: A Study in Strategic Innovation." *Business History Review* 72 (2): 250–278.
Galilei, Galileo (1623). *Il saggiatore vel quale con bilancia esquisita e giusta si ponderano le cose contenute nella libra astronomica e filosofica di Lotario Sarsi Sigensano* [pseud.] *scritto in forma di lettera all'illmo. et reuermo. monsre. d. Virginio Cesarini acco. linceo mo. di camera di N S dal sig. Galileo Galilei.* Rome: Appresso Giacomo Mascardi. http://lhldigital.lindahall.org/cdm/ref/collection/astro_early/id/10173.
———(1638). *Discorsi e dimostrazioni matematiche, intorno à due nuoue scienze Attenenti alla mecanica & i movimenti locali, del signor Galileo Galilei linceo, filosofo e matematico primario del Serenissimo Grand Duca di Toscana: Con vna appendice del centro di grauità d'alcuni solidi.* Leiden: Appresso gli Elsevirii. https://books.google.de/books?id=E9BhikF658wC.
———(1960). "The Assayer." 1623. In *The Controversy on the Comets of 1618: Galileo Galilei, Horatio Grassi, Mario Guiducci, Johann Kepler*, ed. S. Drake and C. D. O'Malley, 151–336.

Philadelphia: University of Pennsylvania Press.

———(1967). *Dialogue concerning the Two Chief World Systems: Ptolemaic & Copernican.* 1632. Translated by Stillman Drake. 2nd rev. ed. Berkeley: University of California Press.

———(1968a). "De motu." In vol. 1 of *Le opere di Galileo Galilei: Nuova ristampa della edizione nazionale*, ed. A. Favaro, 243–420. Florence: Giunti Barbèra.

———(1968b). *Le nuove scienze.* Vol. 8 of *Le opere di Galileo Galilei: Nuova ristampa della edizione nazionale.* Florence: Giunti Barbèra.

———(1974). *Two New Sciences: Including "Centers of Gravity" & "Force of Percussion."* 1638/1655. Translated by Stillman Drake. Madison: University of Wisconsin Press.

Galison, Peter (2003). *Einstein's Clocks and Poincare's Maps: Empires of Time.* New York: W. W. Norton.

Galluzzi, Paolo (1996a). *Gli ingegneri del Rinascimento: Da Brunelleschi a Leonardo da Vinci.* Florence: Giunti.

———(1996b). *Mechanical Marvels: Invention in the Age of Leonardo.* Florence: Giunti.

———(2005). "Machinae pictae: Immagine e idea della macchina negli artisti-ingegneri del Rinascimento." In *Machina: XI Colloquio Internazionale*, ed. M. Veneziani, 241–272. Florence: Leo S. Olschki.

Garber, Daniel (1994). "Leibniz: Physics and Philosophy." In *The Cambridge Companion to Leibniz*, ed. N. Jolley, 270–335. Cambridge: Cambridge University Press.

Gärdenfors, Peter (2004). *Conceptual Spaces: The Geometry of Thought.* Cambridge, MA: MIT Press.

Garfield, Eugene (2006). "The History and Meaning of the Journal Impact Factor." *JAMA* 295 (1): 90–93.

Gargiani, Roberto (2003). *Princìpi e costruzione nell'architettura italiana del Quattrocento.* Bari: Editori Laterza.

Gärtner, Peter (1998). *Filippo Brunelleschi 1377–1446.* Cologne: Könemann.

Gattei, Stefano (2008). *Thomas Kuhn's "Linguistic Turn" and the Legacy of Logical Empiricism: Incommensurability, Rationality and the Search for Truth.* Aldershot: Ashgate.

———(2016). "Science, Criticism and the Search for Truth: Philosophical Footnotes to Kuhn's Historiography." In *Shifting Paradigms: Thomas S. Kuhn and the History of Science*, ed. A. Blum, K. Gavroglu, C. Joas, and J. Renn, 123–138. Proceedings 8. Berlin: Edition Open Access. http://edition-open-access.de/proceedings/8/10/index.html.

Gavroglu, Kostas, and Yorgos Goudaroulis (1989). *Methodological Aspects of the Development of Low Temperature Physics 1881–1956: Concepts out of Context(s).* Science and Philosophy 4. Dordrecht: Kluwer Academic.

Gavroglu, Kostas, Manolis Patiniotis, Faidra Papanelopoulou, Ana Simões, Ana Carneiro, Maria Paula Diogo, José Ramón Bertomeu Sánchez, Antonio García Belmar, and Agustí Nieto-Galan (2008). "Science and Technology in the European Periphery: Some Historiographical Reflections." *History of Science* 46 (2): 153–175.

Geller, Markham J., ed. (2014). *Melammu: The Ancient World in an Age of Globalization.* Proceedings 7. Berlin: Edition Open Access. http://edition-open-access.de/proceedings/7/index.html.

Genequand, Charles, ed. (2001). *Alexander of Aphrodisias on the Cosmos.* Islamic Philosophy, Theology and Science 44. Leiden: Brill.

Gentner, Dedre, and Albert L. Stevens, eds. (1983). *Mental Models.* Cognitive Science. Hillsdale, NJ: Erlbaum.

Geoffroy, Etienne François (1777). "Table des différents rapports observés en chymie entre différentes substances." In *Histoire de l'Académie royale des sciences: Avec les mémoires de mathématique & de physique, pour la même année—Tirés des registres de cette Académie,*

256–269. Paris: Imprimerie Royal.
Geus, Klaus, and Martin Thiering, eds. (2014). *Features of Common Sense Geography: Implicit Knowledge Structures in Ancient Geographical Texts*. Vienna: LIT Verlag.
Ghiberti, Lorenzo (1948–1967). *The Commentaries*. Translated by Julius von Schlosser. London: Courtauld Institute of Art.
Ghil, Michael (2015). "A Mathematical Theory of Climate Sensitivity or, How to Deal with Both Anthropogenic Forcing and Natural Variability?" In *Climate Change: Multidecadal and Beyond*, ed. C.-P. Chang, M. Ghil, M. Latif, and J. M. Wallace, 31–51. World Scientific Series on Asia-Pacific Weather and Climate 6. Singapore: World Scientific Publishing/Imperial College Press.
Giere, Ronald N., ed. (1992). *Cognitive Models of Science*. Minnesota Studies in the Philosophy of Science 15. Minneapolis: University of Minnesota Press.
Giesecke, Michael (1990.) "Printing in the Early Modern Era: A Media Revolution and Its Historical Significance." *Universitas: A Quarterly German Review of the Arts and Sciences* 32 (3): 219–227.
———(1991). *Der Buchdruck in der frühen Neuzeit: Eine Fallstudie über die Durchsetzung neuer Informations-und Kommunikationstechnologien*. Frankfurt am Main: Suhrkamp.
Gillies, James, and Robert Cailliau (2000). *How the Web Was Born: The Story of the World Wide Web*. Oxford: Oxford University Press.
Ginzburg, Carlo (1999). *History, Rhetoric, and Proof*. The Menahem Stern Jerusalem Lectures. Hanover, NH: University Press of New England.
Gladwin, Thomas (1974). *East Is a Big Bird: Navigation and Logic on Puluwat Atoll*. 3rd ed. Cambridge, MA: Harvard University Press.
Glick, Thomas (2005). *Islamic and Christian Spain in the Early Middle Ages*. The Medieval and Early Modern Iberian World 27. Leiden: Brill.
Glick, Thomas F., Steven J. Livesey, and Faith Wallis, eds. (2005). *Medieval Science, Technology, and Medicine: An Encyclopedia*. New York: Routledge.
Goldthwaite, Richard A. (1980). *The Building of Renaissance Florence: An Economic and Social History*. Baltimore, MD: Johns Hopkins University Press.
Goody, Jack (1986). *The Logic of Writing and the Organization of Society*. Cambridge: Cambridge University Press.
———(2010a). *Myth, Ritual and the Oral*. Cambridge: Cambridge University Press.
———(2010b). *Renaissances: The One or the Many?* Cambridge: Cambridge University Press.
———(2010c). *The Eurasian Miracle*. Cambridge: Polity Press.
———(2012). *The Theft of History*. Cambridge: Cambridge University Press.
Goody, Jack, and Ian Watt (1963). "The Consequences of Literacy." *Comparative Studies in Society and History* 5 (3): 304–345.
Gorman, Hugh S. (2015). "Wie kann der menschliche Anteil am Stickstoffkreislauf begrenzt werden?" In *N: Stickstoff—Ein Element schreibt Weltgeschichte*, ed. G. Ertl and J. Soentgen, 217–238. Munich: Oekom Verlag.
Gould, Stephen J., and Richard C. Lewontin (1979). "The Spandrels of San Marco and the Panglossian Paradigm: A Critique of the Adaptationist Programme." *Proceedings of the Royal Society B: Biological Sciences* 205 (1161): 581–598.
Gowlett, John A. J. (2016). "The Discovery of Fire by Humans: A Long and Convoluted Process." *Philosophical Transactions of the Royal Society B: Biological Sciences* 371 (1696): 2015. 0–64.
Graham, Angus C. (1978). *Later Mohist Logic, Ethics and Science*. Hong Kong: Chinese University Press.
Graham, Mark (2018). "The Rise of the Planetary Labor Market—and What It Means for the

Future of Work." *Technosphere Magazine*. Accessed October 1, 2018. https://www.technosphere-magazine.hkw.de/p/The-Rise-of-the-Planetary-Labor-Marketand-What-It-Means-for-the-Future-of-Work-nyqzMRoxhWycwvwvtvAZVv.

Granovetter, Mark S. (1973). "The Strength of Weak Ties." *American Journal of Sociology* 78 (6): 1360–1380.

———(1983). "The Strength of Weak Ties: A Network Theory Revisited." *Sociological Theory* 1:201–233.

Graßhoff, Gerd (1990). *The History of Ptolemy's Star Catalogue*. Studies in the History of Mathematics and Physical Sciences 14. New York: Springer.

———(2012). "Globalization of Ancient Knowledge: From Babylonian Observations to Scientific Regularities." In *The Globalization of Knowledge in History*, ed. J. Renn, 175–190. Berlin: Edition Open Access. http://edition-open-access.de/studies/1/11/index.html.

Graubard, Stephen R. (1975). "Preface to the Issue 'Wisdom, Revelation, and Doubt: Perspectives on the First Millennium B.C.'" *Daedalus* 104 (2): v–vi.

Gray, Russell D., and Joseph Watts (2017). "Cultural Macroevolution Matters." *Proceedings of the National Academy of Sciences of the United States of America* 114 (30): 7846–7852.

Grimm, Dieter (2015). *Sovereignty: The Origin and Future of a Political and Legal Concept*. Translated by Belinda Cooper. Columbia Studies in Political Thought/Political History. New York: Columbia University Press.

Grimm, Jacob (1852). "Über den Ursprung der Sprache." 1851. In *Abhandlungen der Königlichen Akademie der Wissenschaften zu Berlin aus dem Jahre 1851*, 103–140. Berlin: Druckerei der Königlichen Akademie der Wissenschaften.

Gromov, Gregory (1995–2011). "History of the Internet and WWW: The Roads and Crossroads of Internet History, 1995–1998." Internet Valley. Accessed January 24, 2019. http://www.internetvalley.com/intval.html.

Gronenborn, Detlef (2010). "Climate, Crises, and the 'Neolithisation' of Central Europe between IRD-Events 6 and 4." In *The Spread of the Neolithic to Central Europe*, ed. D. Gronenborn and J. Petrasch, 61–81. Mainz: Verlag des Römisch-Germanischen Zentralmuseums Mainz.

Grosslight, Justin (2013). "Small Skills, Big Networks: Marin Mersenne as Mathematical Intelligencer." *History of Science* 51 (3): 337–374.

Grossmann, Henryk (1935). "Die gesellschaftlichen Grundlagen der mechanistischen Philosophie und die Manufaktur." *Zeitschrift für Sozialforschung* 4 (2): 161–231.

———(2009). "The Social Foundations of the Mechanistic Philosophy and Manufacture." In *The Social and Economic Roots of the Scientific Revolution: Texts by Boris Hessen and Henryk Grossmann*, ed. G. Freudenthal and P. McLaughlin, 103–156. Dordrecht: Springer.

Grote, Andreas (1959). *Studien zur Geschichte der Opera di Santa Reparata zu Florenz im vierzehnten Jahrhundert*. Munich: Prestel-Verlag.

Grove, Richard H. (1995). *Green Imperialism: Colonial Expansion, Tropical Island Edens and the Origins of Environmentalism, 1600–1860*. Cambridge: Cambridge University Press.

Grundmann, Reiner (2002). *Transnational Environmental Policy: Reconstructing Ozone*. Routledge Studies in Science, Technology and Society. London: Routledge.

Gruzinski, Serge (2004). *Les quatre parties du monde: Histoire d'une mondialisation*. Paris: La Martinière.

Guasti, Cesare (1857). *La cupola di Santa Maria del Fiore, illustrata con i documenti dell'archivio dell'Opera secolare*. Florence: Barbèra, Bianchi & Co.

———(1887). *Santa Maria del Fiore: La costruzione della chiesa e del campanile secondo i documenti tratti dall'Archivio dell'Opera secolare e da quello di stato*. Florence: Tipografia Ricci.

Guicciardini, Niccolò (2002). "Analysis and Synthesis in Newton's Mathematical Work." In *The Cambridge Companion to Newton*, ed. I. B. Cohen and G. E. Smith, 308–328. Cambridge:

Cambridge University Press.
Günergun, Feza, and Dhruv Raina, eds. (2011). *Science between Europe and Asia: Historical Studies on the Transmission, Adoption and Adaptation of Knowledge*. Dordrecht: Springer.
Gutas, Dimitri (1998). *Greek Thought, Arabic Culture: The Graeco-Arabic Translation Movement in Baghdad and Early 'Abbasid Society (2nd–4th/8th–10th Centuries)*. London: Routledge.
Gutfreund, Hanoch, and Jürgen Renn (2017). *The Formative Years of Relativity: The History and Meaning of Einstein's Princeton Lectures*. Princeton, NJ: Princeton University Press.
———(2020). *Einstein on Einstein: Autobiographical and Scientific Reflections*. Princeton, NJ: Princeton University Press.
Haber, Fritz, and Robert Le Rossignol (1913). "Über die technische Darstellung von Ammoniak aus den Elementen." *Zeitschrift für Elektrochemie* 19 (2): 53–72.
Haber, Wolfgang, Martin Held, and Markus Vogt, eds. (2016). *Die Welt im Anthropozän: Erkundungen im Spannungsfeld zwischen Ökologie und Humanität*. Munich: Oekom Verlag.
Hacking, Ian (1987). "Was There a Probabilistic Revolution 1800–1930?" In *The Probabilistic Revolution*. Vol. 1: *Ideas in History*, ed. L. Krüger, L. Daston, and L. J. Heidelberger, 45–58. Cambridge: MIT Press.
Haeckel, Ernst (1879). *The Evolution of Man: A Popular Exposition of the Principal Points of Human Ontogeny and Phylogeny*. 2 vols. New York: D. Appleton and Co.
Haff, Peter K. (2014a). "Humans and Technology in the Anthropocene: Six Rules." *Anthropocene Review* 1 (2): 126–136.
———(2014b). "Technology as a Geological Phenomenon: Implications for Human Well-Being." In *A Stratigraphical Basis for the Anthropocene*, ed. C. N. Waters, J. A. Zalasiewicz, M. Williams, M. A. Ellis, and A. M. Snelling, 301–309. Special Publications 395. London: Geological Society.
Haff, Peter K., and Jürgen Renn (2019). " 'Was Menschen wollen,' ist keine Richtschnur dafür, wie die Welt tatsächlich funktioniert." In *Technosphäre*, ed. K. Klingan and C. Rosol, 26–46. Berlin: Matthes & Seitz.
Hafner, Katie, and Matthew Lyon (1996). *Where Wizards Stay up Late: The Origins of the Internet*. New York: Simon & Schuster.
Hahn, Otto, and Fritz Strassmann (1939). "Über den Nachweis und das Verhalten der bei der Bestrahlung des Urans mittels Neutronen entstehenden Erdalkalimetalle." *Naturwissenschaften* 27 (1): 11–15.
Haines, Margaret (1989). "Brunelleschi and Bureaucracy: The Tradition of Public Patronage at the Florentine Cathedral." *I Tatti Studies in the Italian Renaissance* 3:89–125.
———(1996). "L'arte della lana e l'opera del Duomo a Firenze con un accenno a Ghiberti due istituzioni." In *Opera: Carattere e ruolo delle Fabbriche cittadine fino all'inizio dell'età moderna*, ed. M. Haines and L. Riccetti, 267–294. Florence: Leo S. Olschki.
———(2008). "Oligarchy and Opera: Institution and Individuals in the Administration of the Florentine Cathedral." In *Florence and Beyond: Culture, Society and Politics in Renaissance Italy—Essays in Honour of John M. Najemy*, ed. D. S. Peterson and D. E. Bornstein, 153–177. Toronto: Centre for Reformation and Renaissance Studies.
———(2011–2012). "Myth and Management in the Construction of Brunelleschi's Cupola." *I Tatti Studies in the Italian Renaissance* 14/15:47–101.
———(2015a). "The Years of the Cupola, 1417–1436: Digital Archive of the Opera di Santa Maria del Fiore." Accessed August 29, 2018. http://duomo.mpiwg-berlin.mpg.de/home_eng.HTML.
———(2015b). "The Years of the Cupola: Sources." Accessed January 25, 2019. http://duomo.mpiwg-berlin.mpg.de/ENG/AR/ARM001.HTM.

Haines, Margaret, and Gabriella Battista (2014). "Fokus: Die Kuppel des Florentiner Doms und ihre Handwerker." In *Wissensgeschichte der Architektur*. Vol. 3: *Vom Mittelalter bis zur Frühen Neuzeit*, ed. J. Renn, W. Osthues, and H. Schlimme, 467–492. Studies 5. Berlin: Edition Open Access. http://edition-open-access.de/studies/5/8/index.html.

Hall, Bert S. (1979). "Der Meister sol auch kennen schreiben und lesen: Writings about Technology ca. 1400–ca. 1600 A.D. and Their Cultural Implications." In *Early Technologies*, ed. D. Schmandt-Besserat, 47–58. Malibu, CA: Undena Publications.

Hallam, Anthony (1989). *Great Geological Controversies*. 2nd ed. New York: Oxford University Press.

Hamilton, Clive (2013). *Earthmasters*. New Haven, CT: Yale University Press.

Hankins, Thomas L. (1999). "Blood, Dirt, and Nomograms: A Particular History of Graphs." *Isis* 90 (1): 50–80.

Hankinson, Robert J., ed. (2008). *The Cambridge Companion to Galen*. Cambridge: Cambridge University Press.

Hanley, Susan B. (1987). "Urban Sanitation in Preindustrial Japan." *Journal of Interdisciplinary History* 18 (1): 1–26.

Hansen, Svend, and Barbara Helwing (2018). "Der Beginn der Landwirtschaft im Kaukasus." In *Gold und Wein: Georgiens* älteste Schätze, ed. L. Glemsch and S. Hansen, 26–41. Mainz: Nünnerich-Asmus Verlag.

Hansen, Svend, and Jürgen Renn (2018). "Technische und soziale Innovationen." In *Innovationen der Antike*, ed. G. Graßhoff and M. Meyer, 8–19. Zaberns Bildbände zur Archäologie. Darmstadt: Verlag Philipp von Zabern.

Hardin, Garrett (1968). "The Tragedy of the Commons." *Science* 162 (3859): 1243–1248.

———(1998). "Extensions of 'The Tragedy of the Commons.' " *Science* 280 (5364): 682–683.

Harman, Peter M. (1982). *Energy, Force, and Matter: The Conceptual Development of Nineteenth-Century Physics*. Cambridge: Cambridge University Press.

Harper, Kristine C. (2008). *Weather by the Numbers: The Genesis of Modern Meteorology*. Cambridge, MA: MIT Press.

Harrell, James A. (n.d.). "Turin Papyrus Map from Ancient Egypt." University of Toledo. Accessed January 28, 2019. http://www.eeescience.utoledo.edu/faculty/harrell/egypt/turin%20papyrus/harrell_papyrus_map_text.htm.

Harris, Steven (2006). "Networks of Travel, Correspondence, and Exchange." In *Early Modern Science*, ed. K. Park and L. Daston, 341–362. The Cambridge History of Science 3. Cambridge: Cambridge University Press.

Hawking, Stephen W., and Roger Penrose (1970). "The Singularities of Gravitational Collapse and Cosmology." *Proceedings of the Royal Society A: Mathematical, Physical and Engineering Sciences* 314 (1519): 529–548.

Hayek, Friedrich A. (1937). "Economics and Knowledge." *Economica* 4 (13): 33–54.

———(1945). "The Use of Knowledge in Society." *American Economic Review* 35 (4): 519–530.

Hayles, N. Katherine (2009). "RFID: Human Agency and Meaning in Information-Intensive Environments." *Theory, Culture & Society* 26 (2–3): 47–72.

Haynes, Douglas M. (2001). *Imperial Medicine: Patrick Manson and the Conquest of Tropical Disease*. Philadelphia: University of Pennsylvania Press.

Heath, Thomas L., ed. (2009). *The Works of Archimedes: Edited in Modern Notation with Introductory Chapter*. Cambridge: Cambridge University Press. https://www.cambridge.org/core/books/works-of-archimedes/E5F35917BA320E2B40696056CB6ED610.

Hedtke, Ulrich, and Camilla Warnke (2017). "Peter Ruben: Philosophische Schriften—Online Edition." Accessed August 23, 2018. http://www.peter-ruben.de.

Hegel, Georg Wilhelm Friedrich ([1837] 1942). *The Philosophy of History.* Translated by John Sibree. Rev. ed. Ann Arbor, MI: Edwards Brothers.
———([1807] 1996). "Wer denkt abstrakt?" In *Jenaer Schriften: 1801–1807.* Vol. 2 of *Georg Wilhelm Friedrich Hegel Werke,* ed. E. Moldenhauer and K. M. Michel, 575–581. Frankfurt am Main: Suhrkamp.
Heim, Susanne, Carola Sachse, and Mark Walker, eds. (2009). *The Kaiser Wilhelm Society under National Socialism.* Cambridge: Cambridge University Press.
Heinrich, Klaus (1986). *Anthropomorphe: Zum Problem des Anthropomorphismus in der Religionsphilosophie.* Dahlemer Vorlesungen 2. Basel: Stroemfeld/Roter Stern.
———(1987). *Tertium datur: Eine religionsphilosophische Einführung in die Logik.* 2nd ed. Dahlemer Vorlesungen 1. Basel: Stroemfeld/Roter Stern.
———(1993). *Arbeiten mit* Ödipus: Begriff der Verdrängung in der Religionswissenschaft. Dahlemer Vorlesungen 3. Basel: Stroemfeld/Roter Stern.
———(2000). *Vom Bündnis denken: Religionsphilosophie.* Dahlemer Vorlesungen 4. Basel: Stroemfeld/Roter Stern.
———(2001). *Psychoanalyse Sigmund Freuds und das Problem des konkreten gesellschaftlichen Allgemeinen.* Dahlemer Vorlesungen 7. Basel: Stroemfeld/Roter Stern.
Heisel, Joachim P. (1993). *Antike Bauzeichnungen.* Darmstadt: Wissenschaftliche Buchgesellschaft.
Heisenberg, Werner (1925). "Über quantentheoretische Umdeutung kinematischer und mechanischer Beziehungen." *Zeitschrift für Physik* 33 (1): 879–893.
Heller, Michael A., and Rebecca S. Eisenberg (1998). "Can Patents Deter Innovation? The Anticommons in Biomedical Research." *Science* 280 (1): 698–701.
Herder, Johann Gottfried (1772). *Abhandlung* über den Ursprung der Sprache. Berlin: Christian Friedrich Voß. http://www.deutschestextarchiv.de/book/view/herder_abhandlung_1772?p=5.
Herfeld, Catherine, and Malte Doehne (2019). "The Diffusion of Scientific Innovations: A Role Typology." *Studies in History and Philosophy of Science Part A.*
Hertz, Heinrich (1888). "Ueber electrodynamische Wellen im Luftraume und deren Reflexion." *Annalen der Physik und Chemie* 270 (8a): 609–623.
———(1889). "Die Kräfte electrischer Schwingungen, behandelt nach der Maxwell'schen Theorie." *Annalen der Physik und Chemie* 272 (1): 1–22.
Hess, Charlotte, and Elinor Ostrom (2003). "Ideas, Artifacts, and Facilities: Information as a Common-Pool Resource." *Law and Contemporary Problems* 66 (1): 111–146.
———(2007). *Understanding Knowledge as a Commons: From Theory to Practice.* Cambridge, MA: MIT Press.
Hessen, Boris ([1931] 2009). "The Social and Economic Roots of Newton's *Principia.*" In *The Social and Economic Roots of the Scientific Revolution: Texts by Boris Hessen and Henryk Grossmann,* ed. G. Freudenthal and P. McLaughlin, 41–101. Dordrecht: Springer.
Hewish, Antony, S. Jocelyn Bell, J.D.H. Pilkington, Paul F. Scott, and R. A. Collins (1968). "Observation of a Rapidly Pulsating Radio Source." *Nature* 217 (5130): 709–713.
Heymann, Matthias, and Dania Achermann (2018). "From Climatology to Climate Science in the Twentieth Century." In *The Palgrave Handbook of Climate History,* ed. S. White, C. Pfister, and F. Mauelshagen, 605–632. London: Palgrave Macmillan.
Hibbard, Kathy A., Paul J. Crutzen, Eric F. Lambin, Diana Liverman, Nathan J. Mantua, John R. McNeill, Bruno Messerli, and Will Steffen (2007). "Decadal Interactions of Humans and the Environment." In *Sustainability or Collapse? An Integrated History and Future of People on Earth,* ed. R. Costanza, L. Graumlich, and W. Steffen, 341–375. Dahlem Workshop Report 96. Cambridge, MA: MIT Press.
Hilgert, Markus (2014). "Fokus: Keilschriftliche Quellen zu Architektur und Bauwesen." In *Wis-*

sensgeschichte der Architektur. Vol. 1: *Vom Neolithikum bis zum Alten Orient*, ed. J. Renn, W. Osthues, and H. Schlimme, 281–296. Studies 3. Berlin: Edition Open Access. http://edition-open-access.de/studies/3/6/index.html.

Hiltzik, Michael A. (1999). *Dealers of Lightning: Xerox PARC and the Dawn of the Computer Age.* New York: HarperCollins.

———(2016). *Big Science: Ernest Lawrence and the Invention That Launched the Military-Industrial Complex.* New York: Simon & Schuster.

Hirsch Hadorn, Gertrude, and Christian Pohl (2007). *Principles for Designing Transdisciplinary Research.* Munich: Oekom Verlag.

The Historical Epistemology of Mechanics. 4-title series within Springer's Boston Studies in the Philosophy and History of Science (*see* entries under each author for full details).

> No. 1. Schemmel (2008). *The English Galileo: Thomas Harriot's Work on Motion as an Example of Preclassical Mechanics.*
> No. 2. Valleriani (2010). *Galileo Engineer.*
> No. 3. Büttner (2019). *Swinging and Rolling: Unveiling Galileo's Unorthodox Path from a Challenging Problem to a New Science.*
> No. 4. Feldhay, Renn, Schemmel, and Valleriani (2018). *Emergence and Expansion of Preclassical Mechanics.*

Hobbes, Thomas (1651). *Leviathan, or The Matter, Forme, & Power of a Common-Wealth Ecclesiasticall and Civill.* London: Andrew Crooke.

Hobsbawm, Eric J. (1975). *The Age of Capital, 1848–1875.* London: Weidenfeld & Nicolson.

Hoffmann, Dieter, Birgit Kolboske, and Jürgen Renn, eds. (2015). *"Dem Anwenden muss das Erkennen vorausgehen": Auf dem Weg zu einer Geschichte der Kaiser-Wilhelm/Max-Planck-Gesellschaft.* 2nd ed. Proceedings 6. Berlin: Edition Open Access. http://edition-open-access.de/proceedings/6/index.html.

Hoffmann, Hans Falk (2012). "The Role of Open and Global Communication in Particle Physics." In *The Globalization of Knowledge in History*, ed. J. Renn, 713–736. Studies 1. Berlin: Edition Open Access. http://edition-open-access.de/studies/1/32/index.html.

Höhler, Sabine (2015). *Spaceship Earth in the Environmental Age, 1960–1990.* London: Routledge.

———(2018). "Ecospheres: Model and Laboratory for Earth's Environment." *Technosphere Magazine.* Accessed July 17, 2018. https://technosphere-magazine.hkw.de/p/Ecospheres-Model-and-Laboratory-for-Earths-Environment-qfrCXdpGUyenDt224wXyjV.

Holbrook, Jarita (2012). "Celestial Navigation and Technological Change on Moce Island." In *The Globalization of Knowledge in History*, ed. J. Renn, 439–457. Studies 1. Berlin: Edition Open Access. http://edition-open-access.de/studies/1/23/index.html.

Hölderlin, Friedrich (1990). *Selected Poems—Including Hölderlin's Sophocles.* Translated by David Constantine. Hexham: Bloodaxe Books.

Holdermann, Karl (1953). *Im Banne der Chemie: Carl Bosch—Leben und Werk.* Düsseldorf: Econ-Verlag.

Holmes, Arthur (1926). "Contributions to the Theory of Magmatic Cycles." *Geological Magazine* 63 (7): 306–329.

Holzkamp, Klaus (1968). *Wissenschaft als Handlung: Versuch einer neuen Grundlegung der Wissenschaftslehre.* Berlin: De Gruyter.

Holzkamp, Klaus, and Volker Schurig ([1973] 2015). "Zur Einführung in A. N. Leontjew 'Probleme des Psychischen.'" In *Kritische Psychologie als Subjektwissenschaft: Marxistische Begründung der kritischen Psychologie*, ed. F. Haug, W. Maiers, and U. Osterkamp, 33–74. Schriften 6. Hamburg: Argument Verlag.

Hooker, James T., Christopher B. F. Walker, W. V. Davies, John Chadwick, John F. Healey, B. F.

Cook, and Larissa Bonfante (1990). *Reading the Past: Ancient Writing from Cuneiform to the Alphabet*. Berkeley: University of California Press.

Hooykaas, Reijer (1963). *Natural Law and Divine Miracle: The Principle of Uniformity in Geology, Biology and Theology*. 2nd ed. Leiden: Brill.

Houston, Stephen D., ed. (2004). *The First Writing: Script Invention as History and Process*. Cambridge: Cambridge University Press.

Howell, David L. (1992). "Proto-industrial Origins of Japanese Capitalism." *Journal of Asian Studies* 51 (2): 269–286.

Howlett, Peter, and Mary S. Morgan, eds. (2011). *How Well Do Facts Travel? The Dissemination of Reliable Knowledge*. Cambridge: Cambridge University Press.

Hoyningen-Huene, Paul (1993). *Reconstructing Scientific Revolutions: Thomas S. Kuhn's Philosophy of Science*. Chicago: University of Chicago Press.

Høyrup, Jens (2007). "The Roles of Mesopotamian Bronze Age Mathematics Tool for State Formation and Administration: Carrier of Teachers' Professional Intellectual Autonomy." *Educational Studies in Mathematics* 66 (2): 257–271.

———(2009). "State, 'Justice,' Scribal Culture and Mathematics in Ancient Mesopotamia." Sarton Chair Lecture. *Sartoniana* 22:13–45.

———(2012). "Was Babylonian Mathematics Created by 'Babylonian Mathematicians'?" In *Wissenskultur im Alten Orient: Weltanschauung, Wissenschaften, Techniken, Technologien*, ed. H. Neumann, 105–119. Wiesbaden: Harrassowitz Verlag.

———(2015). "Written Mathematical Traditions in Ancient Mesopotamia: Knowledge, Ignorance, and Reasonable Guesses." In *Traditions of Written Knowledge in Ancient Egypt and Mesopotamia: Proceedings of Two Workshops Held at Goethe-University, Frankfurt/Main in December 2011 and May 2012*, ed. D. Bawanypeck and A. Imhausen, 189–213. Alter Orient und Altes Testament 403. Münster: Ugarit-Verlag.

———(2017a). *Algebra in Cuneiform: Introduction to an Old Babylonian Geometrical Technique*. Textbooks 2. Berlin: Edition Open Access. http://edition-open-access.de/textbooks/2/index.html.

———(2017b). *From Hesiod to Saussure, from Hippocrates to Jevons: An Introduction to the History of Scientific Thought between Iran and the Atlantic*. Roskilde: Roskilde Universitet.

Høyrup, Jens, and Peter Damerow, eds. (2001). *Changing Views of Ancient Near Eastern Mathematics*. Berlin: Dietrich Reimer Verlag.

Hu, Danian (2005). *China and Albert Einstein: The Reception of the Physicist and His Theory in China 1917–1979*. Cambridge, MA: Harvard University Press.

Hu, Shih (1922). *The Development of the Logical Method in Ancient China*. Shanghai: Oriental Book Co.

Huber, Veronika, Hans Joachim Schellnhuber, Nigel W. Arnell, Katja Frieler, Andrew D. Friend, Dieter Gerten, Ingjerd Haddeland, Pavel Kabat, Hermann Lotze-Campen, Wolfgang Lucht, Martin Parry, Franziska Piontek, Cynthia Rosenzweig, Jacob Schewe, and Lila Warszawski (2014). "Climate Impact Research: Beyond Patchwork." *Earth System Dynamics* 5:399–408.

Hublin, Jean-Jacques, Abdelouahed Ben-Ncer, Shara E. Bailey, Sarah E. Freidline, Simon Neubauer, Matthew M. Skinner, Inga Bergmann, Adeline Le Cabec, Stefano Benazzi, Katerina Harvati, and Philipp Gunz (2017). "New Fossils from Jebel Irhoud, Morocco and the Pan-African Origin of Homo Sapiens." *Nature* 546 (7657): 289–292.

Huerta, Santiago, ed. (2003). *Proceedings of the First International Congress on Construction History: Madrid, 20th–24th January 2003*. 3 vols. Madrid: Institutio Juan de Herrera; Escuela Técnica Superior de Arquitectura.

Huff, Toby E. (2017). *The Rise of Early Modern Science: Islam, China and the West*. 3rd ed. Cambridge: Cambridge University Press.

Hufnagel, Henning, and Anne Eusterschulte, eds. (2013). *Turning Traditions Upside Down: Rethinking Giordano Bruno's Enlightenment*. Budapest: Central European University Press.

Hughes, Thomas P. (1983). *Networks of Power: Electrification in Western Society, 1880–1930*. Baltimore, MD: Johns Hopkins University Press. http://hdl.handle.net/2027/fulcrum.w6634365g.

———(1994). "Technological Momentum." In *Does Technology Drive History? The Dilemma of Technological Determinism*, ed. L. Marx and M. Roe Smith, 101–113. Cambridge, MA: MIT Press.

Hull, David L. (1988). *Science as a Process: An Evolutionary Account of the Social and Conceptual Development of Science*. Chicago: University of Chicago Press.

———(2001). *Science and Selection: Essays on Biological Evolution and the Philosophy of Science*. Cambridge: Cambridge University Press.

Humboldt, Alexander von (1849–1858). *Cosmos: A Sketch of a Physical Description of the Universe*. Translated by E. C. Otté, B. H. Paul, and W. S. Dallas. 5 vols. London: Henry G. Bohn.

Humboldt, Wilhelm von ([1809/10] 1993). "Über die innere und äußere Organisation der höheren wissenschaftlichen Anstalten in Berlin." In *Werke in fünf Bänden*. Vol. 4: *Schriften zur Politik und zum Bildungswesen*, ed. A. Flitner and K. Giel, 255–266. Darmstadt: Wissenschaftliche Buchgesellschaft.

———([1820] 1994). "Über das vergleichende Sprachstudium in Beziehung auf die verschiedenen Epochen der Sprachentwickelung." In *Werke in fünf Bänden*. Vol. 3: *Schriften zur Sprachphilosophie*, ed. A. Flitner and K. Giel, 1–25. Darmstadt: Wissenschaftliche Buchgesellschaft.

Hume, David ([1748] 2000). "Sceptical Solution of These Doubts." In *An Enquiry concerning Human Understanding: A Critical Edition*, ed. T. L. Beauchamp, 35–45. Oxford: Clarendon Press.

Hunt, Terry L., and Carl Philipp Lipo (2012). "Ecological Catastrophe and Collapse: The Myth of 'Ecocide' on Rapa Nui (Easter Island)." *PERC Research Paper* 12 (3).

Husserl, Edmund (1939). *Erfahrung und Urteil: Untersuchungen zur Genealogie der Logik*. Prague: Academia Verlag.

———(2001). *Analyses concerning Passive and Active Synthesis: Lectures on Transcendental Logic*. Translated by Anthony J. Steinbock. Husserliana: Edmund Husserl—Collected Works 9. Dordrecht: Springer.

Hutchins, Edwin (1996). *Cognition in the Wild*. 2nd ed. Cambridge, MA: MIT Press.

Huurdeman, Anton A. (2005). *The Worldwide History of Telecommunications*. Hoboken, NJ: John Wiley & Sons.

Huxley, Julian (1948). *Evolution: The Modern Synthesis*. 1942. 5th ed. London: George Allen & Unwin.

Hyman, Arthur, ed. (1986). *Averroes' de Substantia Orbis*. Cambridge, MA: Medieval Academy of America and Israel Academy of Sciences and Humanities.

Hyman, Isabelle, ed. (1974). *Brunelleschi in Perspective*. Upper Saddle River, NJ: Prentice Hall.

Hyman, Ludmilla (2012). "The Soviet Psychologists and the Path to International Psychology." In *The Globalization of Knowledge in History*, ed. J. Renn, 631–668. Studies 1. Berlin: Edition Open Access. http://edition-open-access.de/studies/1/30/index.html.

Hyman, Malcom D. (2006). "Of Glyphs and Glottography." *Language & Communication* 26 (3–4): 231–249.

———(2007). "Semantic Networks: A Tool for Investigating Conceptual Change and Knowledge Transfer in the History of Science." In *Übersetzung und Transformation*, ed. H. Böhme, C. Rapp, and W. Rösler, 355–367. Transformationen der Antike 1. Berlin: De Gruyter.

Hyman, Malcolm D., and Jürgen Renn (2012a). "Survey 1: From Technology Transfer to the Origins of Science." In *The Globalization of Knowledge in History*, ed. J. Renn, 75–104. Studies 1. Berlin: Edition Open Access. http://edition-open-access.de/studies/1/7/index.html.

———(2012b). "Toward an Epistemic Web." In *The Globalization of Knowledge in History*, ed. J. Renn, 821–838. Studies 1. Berlin: Edition Open Access. http://edition-open-access.de/studies/1/36/index.html.

Iannaccone, Isaia (1998). *Johann Schreck Terrentius: Le scienze rinascimentali e lo spirito dell'Accademia dei Lincei nella Cina dei Ming*. Series Minor 54. Naples: Istituto Universitario Orientale, Dipartimento di Studi Asiatici.

Infeld, Leopold, ed. (1964). *Relativistic Theories of Gravitation: Proceedings of a Conference Held in Warsaw and Jablonna, July, 1962*. Oxford: Pergamon Press.

Inkster, Ian (2001). *Japanese Industrialisation: Historical and Cultural Perspectives*. London: Routledge.

IPCC (2018). "History of the IPCC." Intergovernmental Panel on Climate Change (IPCC). Accessed January 4, 2019. https://www.ipcc.ch/about/history.

IPCC and Robert T. Watson (2001). *Climate Change 2001: Synthesis Report; A Contribution of Working Groups I, II, and III to the Third Assessment Report of the Intergovernmental Panel on Climate Change*. Cambridge: Cambridge University Press.

Ippolito, Lamberto, and Chiara Peroni (1997). *La cupola di Santa Maria del Fiore*. Rome: Nuova Italia Scientifica.

Isett, Christopher, and Stephen Miller (2016). *The Social History of Agriculture: From the Origins to the Current Crisis*. Lanham, MD: Rowman & Littlefield.

Ishikawa, Eisuke (2000a). "Japan in the Edo Period: An Ecologically-Conscious Society." Japan for Sustainability. https://www.japanfs.org/en/edo/index.html.

———(2000b). *Ōedo ekorojī jijō*. Tokyo: Kodansha.

Jack, Mary Ann (1976). "The Accademia del Disegno in Late Renaissance Florence." *Sixteenth Century Journal* 7 (2): 3–20.

Jackson, Peter, and David Morgan (1990). *The Mission of Friar William of Rubruck: His Journey to the Court of the Great Khan Möngke, 1253–1255*. Translated by Peter Jackson. London: Routledge/Hakluyt Society.

Jacob, Margaret C. (1997). *Scientific Culture and the Making of the Industrial West*. New York: Oxford University Press.

———(2014). *The First Knowledge Economy: Human Capital and the European Economy, 1750–1850*. Cambridge: Cambridge University Press.

Jamme, Christoph, and Helmut Schneider, eds. (1984). *Mythologie der Vernunft: Hegels ältestes Systemprogramm des deutschen Idealismus*. Frankfurt am Main: Suhrkamp.

Janssen, Michel (1995). "A Comparison between Lorentz's Ether Theory and Special Relativity in the Light of the Experiments of Trouton and Noble." Ph.D. diss., University of Pittsburgh.

———(2002). "Reconsidering a Scientific Revolution: The Case of Einstein versus Lorentz." *Physics in Perspective* 4 (4): 421–446.

———(2014). " 'No Success like Failure…': Einstein's Quest for General Relativity, 1907–1920." In *The Cambridge Companion to Einstein*, ed. C. Lehner and M. Janssen, 167–227. Cambridge: Cambridge University Press.

———(2019). "Arches and Scaffolds: Bridging Continuity and Discontinuity in Theory Change." In *Beyond the Meme: Articulating Dynamic Structures in Cultural Evolution*, ed. A. C. Love and W. C. Wimsatt, 95–199. Minneapolis: University of Minnesota Press.

Janssen, Michel, and Christoph Lehner, eds. (2014). *The Cambridge Companion to Einstein*. New York: Cambridge University Press.

Janssen, Michel, and Jürgen Renn (2015). "Arch and Scaffold: How Einstein Found His Field

Equations." *Physics Today* 68 (11): 30–36.
Janssen, Michel, and John Stachel (2004). *The Optics and Electrodynamics of Moving Bodies*. Preprint 265. Berlin: Max Planck Institute for the History of Science. https://www.mpi-wg-berlin.mpg.de/sites/default/files/Preprints/P265.pdf.
Jasanoff, Sheila, ed. (2004). *States of Knowledge: The Co-production of Science and the Social Order*. London: Routledge.
Jaspers, Karl ([1949] 1953). *The Origin and Goal of History*. Translated by Michael Bullock. London: Routledge & Kegan Paul.
———([1949] 1983). *Vom Ursprung und Ziel der Geschichte*. 8th ed. Munich: Piper Verlag.
Jeschke, Jonathan M., Sophie Lokatis, Isabelle Bartram, and Klement Tockner (2018). *Knowledge in the Dark: Scientific Challenges and Ways Forward*. EarthArXiv Preprints. https://eartharxiv.org/qrt6p.
Jevons, William Stanley (1865). *The Coal Question: An Inquiry Concerning the Progress of the Nation, and the Probable Exhaustion of Our Coal Mines*. London: Macmillan & Co.
Joas, Hans, and Jens Beckert (2001). "Action Theory." In *Handbook of Sociological Theory*, ed. J. H. Turner, 269–285. Dordrecht: Springer.
Johnson, Christopher N., John Alroy, Nicholas J. Beeton, Michael I. Bird, Barry W. Brook, Alan Cooper, Richard Gillespie, Salvador Herrando-Pérez, Zenobia Jacobs, Gifford H. Miller, Gavin J. Prideaux, Richard G. Roberts, Marta Rodríguez-Rey, Frédérik Saltré, Chris S. M. Turney, and Corey J. A. Bradshaw (2016). "What Caused Extinction of the Pleistocene Megafauna of Sahul?" *Proceedings of the Royal Society B: Biological Sciences* 283 (1824): 20152399.
Johnson, Noor, Carolina Behe, Finn Danielsen, Eva-Maria Krummel, Scot Nickels, and Peter L. Pulsifer (2016). *Community-Based Monitoring and Indigenous Knowledge in a Changing Arctic: A Review for the Sustaining Arctic Observing Networks*. Ottawa: Inuit Circumpolar Council Canada. http://www.inuitcircumpolar.com/community-based-monitoring.html.
Johnson-Laird, Philip N. (1983). *Mental Models: Towards a Cognitive Science of Language, Inference, and Consciousness*. Cambridge, MA: Harvard University Press.
Johnson-Laird, Philip N., and Peter Cathcart Wason, eds. (1977). *Thinking: Readings in Cognitive Science*. Cambridge: Cambridge University Press.
Johnston, Harold (1971). "Reduction of Stratospheric Ozone by Nitrogen Oxide Catalysts from Supersonic Transport Exhaust." *Science* 173 (3996): 517–522.
Jordanus de Nemore (1960). "Elementa Jordani super demonstrationem ponderum." In *The Medieval Science of Weights (Scienta de Ponderibus): Treatises Ascribed to Euclid, Archimedes, Thabit Ibn Qurra, Jordanus de Nemore and Blasius of Parma*, ed. E. A. Moody and M. Clagett, 119–142. Madison: University of Wisconsin Press.
Judson, Olivia P. (2017). "The Energy Expansions of Evolution." *Nature Ecology & Evolution* 1:0138.
Jungnickel, Christa, and Russell McCormmach (1986a). *Intellectual Mastery of Nature: Theoretical Physics from Ohm to Einstein*. 2 vols. Chicago: University of Chicago Press.
———(1986b). *The Second Physicist: On the History of Theoretical Physics in Germany*. Cham: Springer.
Kaiser, David I. (2005). *Drawing Theories Apart: The Dispersion of Feynman Diagrams in Postwar Physics*. Chicago: University of Chicago Press.
———(2012). "Booms, Busts, and the World of Ideas: Enrollment Pressures and the Challenge of Specialization." *Osiris* 27 (1): 276–302.
Kaiser, Walter, and Wolfgang König, eds. (2006). *Geschichte des Ingenieurs: Ein Beruf in sechs Jahrtausenden*. Munich: Hanser.
Kaldeway, David, and Désirée Schauz, eds. (2018). *Basic and Applied Research: The Language*

of Science Policy in the Twentieth Century. New York: Berghahn Books.
Kamen, Henry (2003). *Spain's Road to Empire: The Making of a World Power, 1492–1763*. London: Penguin Books.
Kant, Immanuel ([1746–1749] 2012). "Thoughts on the True Estimation of Living Forces and Assessment of the Demonstrations That Leibniz and Other Scholars of Mechanics Have Made Use of in This Controversial Subject, Together with Some Prefatory Considerations Pertaining to the Force of Bodies in General." In *Kant: Natural Science*, ed. E. Watkins, 1–155. Cambridge Edition of the Works of Immanuel Kant in Translation. Cambridge: Cambridge University Press.
———([1781] 1998). "On the Deduction of the Pure Concepts of the Understanding." In *Critique of Pure Reason*, ed. P. Guyer and A. W. Wood, 219–266. Cambridge: Cambridge University Press.
———([1786] 2002). "Metaphysical Foundations of Natural Science." In *Theoretical Philosophy after 1781*, ed. H. Allison, 171–270. Cambridge Edition of the Works of Immanuel Kant in Translation. Cambridge: Cambridge University Press.
Kaplan, Jed O., Kristen M. Krumhardt, Erle C. Ellis, William F. Ruddiman, Carsten Lemmen, and Kees Klein Goldewijk (2011). "Holocene Carbon Emissions as a Result of Anthropogenic Land Cover Change." *Holocene* 21 (5): 775–791.
Kaufmann, Stefan H. E. (2009). *The New Plagues: Pandemics and Poverty in a Globalized World*. London: Haus.
Kaufmann, Stefan H. E., and Shreemanta K. Parida (2007). "Changing Funding Patterns in Tuberculosis." *Nature Medicine* 13 (3): 299–303.
Kavanagh, Patrick H., Bruno Vilela, Hannah J. Haynie, Ty Tuff, Matheus Lima-Ribeiro, Russell D. Gray, Carlos A. Botero, and Michael C. Gavin (2018). "Hindcasting Global Population Densities Reveals Forces Enabling the Origin of Agriculture." *Nature Human Behaviour* 2 (7): 478–484.
Keen for Green (2018). "Pakistani Children Work in Our Discarded Illegal E-waste." Accessed February 5, 2019. http://keenforgreen.pk/pakistani-children-work-in-our-discarded-illegal-e-waste.
Keller, Monika (2007). "Moralentwicklung und moralische Sozialisation." In *Moralentwicklung von Kindern und Jugendlichen*, ed. D. Horster, 17–49. Wiesbaden: VS Verlag für Sozialwissenschaften.
Keller, Monika, and Wolfgang Edelstein (1991). "The Development of Socio-Moral Meaning Making: Domains, Categories, and Perspective-Taking." In *Handbook of Moral Behavior and Development*. Vol. 2: *Research*, ed. W. M. Kurtines and J. L. Gewirtz, 89–114. Hillsdale, NJ: Erlbaum.
Keller, Vera (2015). *Knowledge and the Public Interest, 1575–1725*. Cambridge: Cambridge University Press.
Kennett, Douglas J., and Bruce Winterhalder, eds. (2006). *Behavioral Ecology and the Transition to Agriculture*. Berkeley: University of California Press.
Kenney, Martin, and John Zysman (2016). "The Rise of the Platform Economy." *Issues in Science and Technology* 32 (3): 61–69.
Kepler, Johannes (1609). *Astronomia nova: Aitiologetos, seu physica coelestis, tradita commentariis de motibus stellae martis, ex observationibus G. V. Tychonis Brahe*. Heidelberg: Voegelin.
———([1619] 1997). *The Harmony of the World*. Translated by E. J. Aiton, Alistair M. Duncan, and Judith V. Field. Philadelphia: American Philosophical Society.
Kerr, Roy P. (1963). "Gravitational Field of a Spinning Mass as an Example of Algebraically Special Metrics." *Physical Review Letters* 11 (5): 237–238.

Kim, Samuel S. (2000). "East Asia and Globalization: Challenges and Responses." In *East Asia and Globalization*, ed. S. S. Kim, 1–30. Lanham, MD: Rowman & Littlefield.

Kintsch, Walter (1998). *Comprehension: A Paradigm for Cognition*. Cambridge: Cambridge University Press.

Kirk, Geoffrey S., and John E. Raven (1957). *The Presocratic Philosophers: A Critical History with a Selection of Texts*. 1st ed. Cambridge: Cambridge University Press.

Kirk, Geoffrey S., John Earle Raven, and M. Schofield (1983). *The Presocratic Philosophers: A Critical History with a Selection of Texts*. 2nd ed. Cambridge: Cambridge University Press.

Kirkhusmo Pharo, Lars (2013). *The Ritual Practice of Time: Philosophy and Sociopolitics of Mesoamerican Calendars*. The Early Americas: History and Culture 4. Leiden: Brill.

Kleidon, Axel (2016). *Thermodynamic Foundations of the Earth System*. Cambridge: Cambridge University Press.

Klein, Ursula (1994). *Verbindung und Affinität: Die Grundlegung der neuzeitlichen Chemie an der Wende vom 17. zum 18. Jahrhundert*. Basel: Birkhäuser.

———(2001). "The Creative Power of Paper Tools in Early Nineteenth-Century Chemistry." in *Tools and Modes of Representation in the Laboratory Sciences*, ed. U. Klein, 13–34. Boston Studies in the Philosophy and History of Science 222. Dordrecht: Kluwer Academic.

———(2003). *Experiments, Models, Paper Tools: Cultures of Organic Chemistry in the Nineteenth Century*. Stanford, CA: Stanford University Press.

———(2012a). "Artisanal-Scientific Experts in Eighteenth-Century France and Germany." *Annals of Science* 69 (3): 303–306.

———(2012b). "The Prussian Mining Official Alexander von Humboldt." *Annals of Science* 69 (1): 27–68.

———(2015a). "A Revolution That Never Happened." *Studies in History and Philosophy of Science Part A* 49:80–90.

———(2015b). *Humboldts Preußen: Wissenschaft und Technik im Aufbruch*. Darmstadt: Wissenschaftliche Buchgesellschaft.

———(2016a). "Abgesang on Kuhn's 'Revolutions.' " In *Shifting Paradigms: Thomas S. Kuhn and the History of Science*, ed. A. Blum, K. Gavroglu, C. Joas, and J. Renn, 223–231. Proceedings 8. Berlin: Edition Open Access. http://edition-open-access.de/proceedings/8/18/index.html.

———(2016b). "Alexander von Humboldt: Vater der Umweltbewegung?" In *Achtsamer Umgang mit Ressourcen und miteinander—gestern und heute*, ed. Humboldt-Gesellschaft für Wissenschaft, Kunst und Bildung e.V., 115–129. Abhandlungen der Humboldt-Gesellschaft für Wissenschaft, Kunst und Bildung e.V. 37. Roßdorf: TZ-Verlag.

———(2016c). *Nützliches Wissen: Die Erfindung der Technikwissenschaften*. Göttingen: Wallstein Verlag.

———(2017). "Hybrid Experts." In *The Structures of Practical Knowledge*, ed. M. Valleriani, 287–306. Cham: Springer.

Klein, Ursula, and Wolfgang Lefèvre (2007). *Materials in Eighteenth-Century Science: A Historical Ontology*. London: MIT Press.

Klingan, Katrin, Ashkan Sepahvand, Christoph Rosol, and Bernd M. Scherer, eds. (2014). *Textures of the Anthropocene: Grain Vapor Ray*. 4 vols. Cambridge, MA: MIT Press.

Klingenfeld, Daniel, and Hans Joachim Schellnhuber (2012). "Climate Change as a Global Challenge—and Its Implications for Knowledge Generation and Dissemination." In *The Globalization of Knowledge in History*, ed. J. Renn, 795–820. Studies 1. Berlin: Edition Open Access. http://edition-open-access.de/studies/1/35/index.html.

Kocka, Jürgen (2016). *Capitalism: A Short History*. Translated by Jeremiah Riemer. Princeton, NJ: Princeton University Press.

———(2017a). "Globalisierung als Motor des Fortschritts in der Geschichtswissenschaft?" *Nova Acta Leopoldina NF* 414:215–226.
———(2017b). "Schöpferische Zerstörung: Joseph Schumpeter über Kapitalismus." *Mittelweg 36* 26 (6): 45–54.
Kohler, Robert E. (1994). *Lords of the Fly: Drosophila Genetics and the Experimental Life*. Chicago: University of Chicago Press.
Kohlrausch, Martin, and Helmuth Trischler (2014). *Building Europe on Expertise: Innovators, Organizers, Networks*. Making Europe: Technology and Transformations, 1850–2000. New York: Palgrave Macmillan.
Kolbert, Elizabeth (2014). *The Sixth Extinction: An Unnatural History*. New York: Henry Holt.
Kollmorgen, Raj, Hans-Jürgen Wagener, and Wolfgang Merkel, eds. (2015). *Handbuch Transformationsforschung*. Wiesbaden: Springer.
Komlos, John (2016). "Has Creative Destruction Become More Destructive?" *B.E. Journal of Economic Analysis & Policy* 16 (4): 20160179.
Koyré, Alexandre (1939). Études galiléennes. Paris: Éditions Hermann.
———([1939] 1978). *Galileo Studies*. Translated by John Mepham. Atlantic Highlands, NJ: Humanities Press.
Krampf, Arie (2012). "Translation of Central Banking to Developing Countries in the Post–World War II Period: The Case of the Bank of Israel." In *The Globalization of Knowledge in History*, ed. J. Renn, 459–481. Studies 1. Berlin: Edition Open Access. http://edition-open-access.de/studies/1/24/index.html.
Krause, Johannes, and Wolfgang Haak (2017). "Neue Erkenntnisse zur genetischen Geschichte Europas." In *Tagungen des Landesmuseum für Vorgeschichte Halle (Saale)*. Band 17: *Migration und Integration von der Urgeschichte bis zum Mittelalter*, ed. H. Meller, F. Daim, J. Krause, and R. Risch, 21–38. Halle (Saale): Landesamt für Denkmalpflege und Archäologie Sachsen-Anhalt/Landesmuseum für Vorgeschichte.
Krause, Johannes, Carles Lalueza-Fox, Ludovic Orlando, Wolfgang Enard, Richard E. Green, Hernán A. Burbano, Jean-Jacques Hublin, Catherine Hänni, Javier Fortea, Marco de la Rasilla, Jaume Bertranpetit, Antonio Rosas, and Svante Pääbo (2007). "The Derived FOXP2 Variant of Modern Humans Was Shared with Neandertals." *Current Biology* 17 (21) :1908–1912.
Kräutli, Florian, and Matteo Valleriani (2018). "CorpusTracer: A CIDOC Database for Tracing Knowledge Networks." *Digital Scholarship in the Humanities* 33 (2): 336–346.
Krebernik, Manfred (1998). "Die Texte aus Fara und Tell Abu Salabikh." In *Mesopotamien: Späturuk-Zeit und Frühdynastische Zeit*, ed. P. Attinger and M. Wäfler, 237–227. Annäherungen 1. Orbis Biblicus et Orientalis 160. Göttingen: Vandenhoeck & Ruprecht.
———(2007a). "Buchstabennamen, Lautwerte und Alphabetgeschichte." In *Getrennte Wege? Kommunikation, Raum und Wahrnehmung in der alten Welt*, ed. R. Rollinger, A. Luther, and J. Wiesehöfer, 108–175. Frankfurt am Main: Verlag Antike.
———(2007b). "Zur Entwicklung des Sprachbewusstseins im Alten Orient." In *Das geistige Erfassen der Welt im Alten Orient*, ed. C. Wilcke, 39–62. Wiesbaden: Harrassowitz Verlag.
Krementsov, Nikolai (1997). "Russian Science in the Twentieth Century." In *Science in the Twentieth Century*, ed. J. Krige and D. Pestre, 777–794. Amsterdam: Harwood Academic.
Krige, John (2006). "Atoms for Peace, Scientific Internationalism, and Scientific Intelligence." *Osiris* 21 (1): 161–181.
Krige, John, and Dominique Pestre, eds. (1997). *Science in the Twentieth Century*. Amsterdam: Harwood Academic.
Kroeber, Alfred L. (1940). "Stimulus Diffusion." *American Anthropologist* 42 (1): 1–20.
Kühn, Karl Gottlob, ed. (1828). *Claudii Galeni opera omnia*. Vol. 17a: *Medicorum graecorum opera quae extant*. Leipzig: Car. Cnoblochii. http://www.biusante.parisdescartes.fr/histoire/

medica/resultats/?cote=45674x17a&do=chapitre.
Kuhn, Thomas S. (1959). *The Copernican Revolution: Planetary Astronomy in the Development of Western Thought*. New York: Random House.
———(1970). *The Structure of Scientific Revolutions*. 2nd enlg. ed. International Encyclopedia of Unified Science 2.2. Chicago: University of Chicago Press.
———(1979). Foreword to *Genesis and Development of a Scientific Fact*, by Ludwik Fleck (1935), ed. T. J. Trenn and R. K. Merton, vii–xi. Chicago: University of Chicago Press.
———(1996). *The Structure of Scientific Revolutions*. 1970. 3rd ed. Chicago: University of Chicago Press.
———(2000). *The Road since Structure: Philosophical Essays, 1970–1993, with an Autobiographical Interview*. Chicago: University of Chicago Press.
Kurapkat, Dietmar (2014). "Bauwissen im Neolithikum Vorderasiens." In *Wissensgeschichte der Architektur*. Vol. 1: *Vom Neolithikum bis zum Alten Orient*, ed. J. Renn, W. Osthues, and H. Schlimme, 57–127. Studies 3. Berlin: Edition Open Access. http://edition-open-access.de/studies/3/4/index.html.
Kusukawa, Sachiko, and Ian Maclean, eds. (2006). *Transmitting Knowledge: Words, Images, and Instruments in Early Modern Europe*. Oxford: Oxford University Press.
Lagrange, Joseph Louis de ([1811] 1997). *Analytical Mechanics*. Translated by Auguste Boissonnade and Victor N. Vagliente. Boston Studies in the Philosophy of Science 191. Dordrecht: Kluwer Academic.
Laland, Kevin N. (2017). *Darwin's Unfinished Symphony: How Culture Made the Human Mind*. Princeton, NJ: Princeton University Press.
Lalli, Roberto (2014). "A New Scientific Journal Takes the Scene: The Birth of Reviews of Modern Physics." *Annalen der Physik* 526 (9–10): A83–A87.
———(2016). " 'Dirty Work,' but Someone Has to Do It: Howard P. Robertson and the Refereeing Practices of *Physical Review* in the 1930s." *Notes and Records* 70 (2): 151–174.
———(2017). *Building the General Relativity and Gravitation Community during the Cold War*. SpringerBriefs in History of Science and Technology. Cham: Springer.
Lamarck, Jean-Baptiste Pierre Antoine de Monet de ([1809] 1963). *Zoological Philosophy: An Exposition with Regard to the Natural History of Animals—The Diversity of Their Organisation and the Faculties Which They Derive from It—The Physical Causes Which Maintain Life within Them and Give Rise to Their Various Movements—Lastly, Those Which Produce Feeling and Intelligence in Some among Them*. Translated by Hugh Elliot. New York: Hafner.
Lambert, Wilfred G. (1957). "Ancestors, Authors and Canonicity." *Journal of Cuneiform Studies* 11 (1): 1–14.
Lampedusa, Giuseppe Tomasi di ([1958] 1963). *The Leopard*. Translated by Archibald Colquhoun. Rev. ed. London: Collins/Fontana Books.
Lamprecht, Heinz-Otto (1996). *Opus Caementitium: Bautechnik der Römer*. Düsseldorf: Beton-Verlag.
Landecker, Hannah (2016). "Antibiotic Resistance and the Biology of History." *Body & Society* 22 (4): 19–52.
Landes, David S. (1969). *The Unbound Prometheus: Technological Change and Industrial Development in Western Europe from 1750 to the Present*. London: Cambridge University Press.
Lane, Jan-Erik (2000). *New Public Management: An Introduction*. London: Routledge.
Larner, John (1999). *Marco Polo and the Discovery of the World*. New Haven, CT: Yale University Press.
Latour, Bruno (2014). "Agency at the Time of the Anthropocene." *New Literary History* 45 (1):

1–18.
Lattery, Mark J. (2016). *Deep Learning in Introductory Physics: Exploratory Studies of Model-Based Reasoning*. Charlotte, NC: Information Age.
Laubichler, Manfred D. (2009). "Evolutionary Developmental Biology Offers a Significant Challenge to the Neo-Darwinian Paradigm." In *Contemporary Debates in Philosophy of Biology*, ed. F. J. Ayala and R. Arp, 199–212. Hoboken, NJ: Wiley-Blackwell.
Laubichler, Manfred D., and Jane Maienschein (2013). "Developmental Evolution." In *The Cambridge Encyclopedia of Darwin and Evolutionary Thought*, ed. M. Ruse, 375–382. Cambridge: Cambridge University Press.
Laubichler, Manfred D., Jane Maienschein, and Jürgen Renn (2013). "Computational Perspectives in the History of Science: To the Memory of Peter Damerow." *Isis* 104 (1): 119–130.
Laubichler, Manfred D., Sonja J. Prohaska, and Peter F. Stadler (2018). "Toward a Mechanistic Explanation of Phenotypic Evolution: The Need for a Theory of Theory Integration." *Journal of Experimental Zoology Part B: Molecular and Developmental Evolution* 330 (1): 5–14.
Laubichler, Manfred D., and Jürgen Renn (2015). "Extended Evolution: A Conceptual Framework for Integrating Regulatory Networks and Niche Construction." *Journal of Experimental Zoology Part B: Molecular and Developmental Evolution* 324 (7): 565–577.
———(2019). "Daring to Ask the Big Questions." In *Looking Back as We Move Forward: The Past, Present, and Future of the History of Science; Liber amicorum for Jed Z. Buchwald on His 70th Birthday*, 202–212. Pasadena, CA: N.p. [Caltech], ISBN 978-0-578-45417-7.
Laue, Max von (1934). "Fritz Haber." *Die Naturwissenschaften* 22 (7): 97.
Lavoisier, Antoine-Laurent de (1778). "Considérations générales sur la nature des acides, et sur les principes dont ils sont composés." In *Histoire de l'Académie Royale des Sciences: Avec les mémoires de mathématique & de physique, pour la même anneé—Tirés des registres de cette Académie*, ed. J. Boudot, 535–547. Paris: Imprimerie Royale.
———(1862–1893). *Oeuvres de Lavoisier: Publiées par les soins de son excellence le Ministre de l'instruction publique et des cultes*. Vol. 3 of 6. Paris: Imprimerie Impériale.
Lavoisier, Antoine-Laurent de, Louis Bernard Guyton de Morveau, Claude-Louis Berthollet, and Antoine François de Fourcroy (1787). *Méthode de nomenclature chimique*. Paris: Cuchet.
Lax, Gregor (2018a). *From Atmospheric Chemistry to Earth System Science: Contributions to the Recent History of the Max Planck Institute for Chemistry (Otto-Hahn-Institute), 1959–2000*. Translated by Sabine Wacker. Diepholz: GNT-Verlag.
———(2018b). *Von der Atmosphärenchemie zur Erforschung des Erdsystems: Beiträge zur jüngeren Geschichte des Max-Planck-Instituts für Chemie (Otto-Hahn-Institut), 1959–2000*. Preprint 5. Berlin: Forschungsprogramm Geschichte der Max-Planck-Gesellschaft. http://gmpg.mpiwg-berlin.mpg.de/media/cms_page_media/2/GMPG-Preprint_05_Lax_2018_gejUMBp.pdf.
Lazega, Emmanuel, and Tom A. B. Snijders, eds. (2016). *Multilevel Network Analysis for the Social Sciences: Theory, Methods and Applications*. Methodos Series 12. Cham: Springer.
Leeuw, Sander van der (2012). "For Every Solution There Are Many Problems: The Role and Study of Technical Systems in Socio-environmental Coevolution." *Geografisk Tidsskrift* 112 (2): 105–116.
Leeuwen, Joyce van (2016). *The Aristotelian Mechanics: Text and Diagrams*. Dordrecht: Springer.
Lefèvre, Wolfgang (1978). *Naturtheorie und Produktionsweise: Probleme einer materialistischen Wissenschaftsgeschichtsschreibung; Eine Studie zur Genese der neuzeitlichen Naturwissenschaft*. Darmstadt: Luchterhand Literaturverlag.
———(1981). "Rechensteine und Sprache: Zur Begründung der wissenschaftlichen Mathematik durch die Pythagoreer." In *Rechenstein, Experiment, Sprache: Historische Fallstudien zur*

Entstehung der exakten Wissenschaften, ed. P. Damerow and W. Lefèvre, 115–221. Stuttgart: Klett-Cotta.

———(2000). "Material and Social Conditions in a Historical Epistemology of Scientific Thinking." In *Science and Power: The Historical Foundations of Research Policies in Europe*, ed. L. Guzzetti, 239–246. Brussels: European Communities.

———(2003). "Darwin, Marx, and Warranted Progress." In *Revisiting the Foundations of Relativistic Physics: Festschrift in Honor of John Stachel*, ed. J. Renn, A. Ashtekar, R. S. Cohen, D. Howard, S. Sarkar, and A. Shimony, 593–613. Dordrecht: Springer.

———(2004). *Picturing Machines: 1400–1700*. Cambridge, MA: MIT Press.

———(2007). "Der Darwinismus-Streit der Evolutionsbiologen." In *Der Darwinismus-Streit*, ed. K. Bayertz, M. Gerhard, and W. Jaeschke, 19–46. Weltanschauung, Philosophie und Naturwissenschaft im 19. Jahrhundert 2. Hamburg: Felix Meiner Verlag.

———(2009a). *Die Entstehung der biologischen Evolutionstheorie*. 2nd ed. Frankfurt am Main: Suhrkamp.

———(2009b). "Epilog nach 25 Jahren: Facetten einer Revolution." In *Die Entstehung der biologischen Evolutionstheorie*, ed. W. Lefèvre, 294–317. Frankfurt am Main: Suhrkamp.

Lefèvre, Wolfgang, and Marcus Popplow (2006–2009). "Database Machine Drawings." Accessed August 22, 2018. http://dmd.mpiwg-berlin.mpg.de/home.

Lefèvre, Wolfgang, Jürgen Renn, and Urs Schoepflin, eds. (2003). *The Power of Images in Early Modern Science*. Basel: Birkhäuser.

Lehner, Christoph, and Helge Wendt (2017). "Mechanics in the Querelle des Anciens et des Modernes." *Isis* 108 (1): 26–39.

Leibniz, Gottfried Wilhelm ([1686] 1989). "A Brief Demonstration of a Notable Error of Descartes and Others concerning a Natural Law." In *Philosophical Papers and Letters*, ed. L. E. Loemker, 296–302. Dordrecht: Kluwer Academic.

———([1695] 1989). "Specimen dynamicum." In *Philosophical Papers and Letters*, ed. L. E. Loemker, 435–452. Dordrecht: Kluwer Academic.

———([1714] 1889). "The Monadology." In *The Monadology and Other Philosophical Writings*, 215–277. Oxford: Clarendon Press.

Lemay, Richard (1962). *Abu Ma'shar and Latin Aristotelianism in the Twelfth Century: The Recovery of Aristotle's Natural Philosophy through Arabic Astrology*. Oriental Series 38. Beirut: American University of Beirut.

———(1963). "Dans l'Espagne du XIIe siècle: Les traductions de l'arabe au latin." *Annales: Histoire, Sciences Sociales* 18 (4): 639–665.

———(1977). "The Hispanic Origin of Our Present Numeral Forms." *Viator* (8): 435–477.

Lemercier, Claire (2015). "Formal Network Methods in History: Why and How?" In *Social Networks, Political Institutions, and Rural Societies*, ed. G. Fertig, 281–304. Rural History in Europe 11. Turnhout: Brepols.

Lenzen, Manuela (2018). *Künstliche Intelligenz: Was sie kann & was uns erwartet*. Munich: C. H. Beck.

Leontiev, Aleksej N. (1978). *Activity, Consciousness, and Personality*. Translated by Marie J. Hall. Englewood Cliffs, NJ: Prentice Hall.

———(1981). *Problems of the Development of the Mind* [*Problemy razvitija psichiki*, originally published 1959]. Translated by M. Kopylova. Moscow: Progress.

Lepik, Andres (1994). *Das Architekturmodell in Italien 1335–1550*. Worms: Wernersche Verlagsgesellschaft.

———(1995). "Das Architekturmodell der frühen Renaissance: Die Erfindung eines Mediums." In *Architekturmodelle der Renaissance: Die Harmonie des Bauens von Alberti bis Michelangelo*, ed. B. Evers and S. Benedetti, 10–20. Munich: Prestel-Verlag.

Levine, Baruch A. (2014). "Global Monotheism: The Contribution of the Israelite Prophets." In *Melammu: The Ancient World in an Age of Globalization*, ed. M. J. Geller, 29–47. Proceedings 7. Berlin: Edition Open Access. http://edition-open-access.de/proceedings/7/4/index.html.

Levinson, Stephen C. (2003). *Space in Language and Cognition: Explorations in Cognitive Diversity*. Language, Culture and Cognition 5. Cambridge: Cambridge University Press.

———(2014). "Language and Wallace's Problem." *Science* 344 (6191): 1458–1459.

———(2019). "Interactional Foundations of Language: The Interaction Engine Hypothesis." In *Human Language: From Genes and Brains to Behavior*, ed. P. Hagoort. Cambridge, MA: Harvard University Press.

Levinson, Stephen C., and Dan Dediu (2018). "Neanderthal Language Revisited: Not Only Us." *Current Opinion in Behavioral Sciences* 21:49–55.

Levinson, Stephen C., and Judith Holler (2014). "The Origin of Human Multi-Modal Communication." *Philosophical Transactions of the Royal Society B: Biological Sciences* 369 (1651): 20130302.

Levit, Georgi S. (2001). *Biogeochemistry—Biosphere—Noosphere: The Growth of the Theoretical System of Vladimir Ivanovich Vernadsky*. Berlin: Verlag für Wissenschaft und Bildung.

Lewis, Cherry (2000). *The Dating Game: One Man's Search for the Age of the Earth*. Cambridge: Cambridge University Press.

Lewis, David (1972). *We, the Navigators: The Ancient Art of Landfinding in the Pacific*. Canberra: Australian National University Press.

Lewis, Simon L., and Mark A. Maslin (2015). "Defining the Anthropocene." *Nature* 519 (7542): 171–180.

———(2018). *The Human Planet: How We Created the Anthropocene*. New Haven, CT: Yale University Press.

Liebig, Justus von (1840). *Organic Chemistry in Its Applications to Agriculture and Physiology*. London: Taylor and Walton.

Lipphardt, Veronika, and David Ludwig (2011). "Wissens-und Wissenschaftstransfer." Institut für Europäische Geschichte (IEG). Accessed June 27, 2018. http://www.ieg-ego.eu/lipphardtvludwigd-2011-de.

Lloyd, Geoffrey E. R. (1964). *Aristotle: The Growth and Structure of His Thought*. Cambridge: Cambridge University Press.

———(1970). *Early Greek Science: Thales to Aristotle*. New York: W. W. Norton.

———(1973). *Greek Science after Aristotle*. New York: W. W. Norton.

———(1996). *Adversaries and Authorities: Investigations into Ancient Greek and Chinese Science*. Cambridge: Cambridge University Press.

———(2002). *The Ambitions of Curiosity: Understanding the World in Ancient Greece and China*. Cambridge: Cambridge University Press.

Lloyd, Geoffrey E. R., and Nathan Sivin (2003). *The Way and the Word: Science and Medicine in Early China and Greece*. New Haven, CT: Yale University Press.

Lock, Andrew J. (2000). "Phylogenetic Time and Symbol Creation: Where Do Zopeds Come From?" *Culture & Psychology* 6 (2): 105–129.

Locke, John (1689). *Two Treatises of Government: In the Former, the False Principles, and Foundation of Sir Robert Filmer, and His Followers, Are Detected and Overthrown, The Latter Is an Essay concerning the True Original, Extent, and End of Civil Government*. London: Awnsham Churchill. https://en.wikisource.org/wiki/Two_Treatises_of_Government.

Logan, Corina J., Alexis J. Breen, Alex H. Taylor, Russell D. Gray, and William J. E. Hoppitt (2016). "How New Caledonian Crows Solve Novel Foraging Problems and What It Means for Cumulative Culture." *Learning & Behavior* 44 (1): 18–28.

Lorentz, Hendrik Antoon (1892). *La théorie électromagnétique de Maxwell et son application aux corps mouvants.* Leiden: Brill.

———([1892] 1937). "The Relative Motion of the Earth and the Ether." In *Collected Papers.* Vol. 4, ed. P. Zeeman and A. D. Fokker, 219–223. The Hague: Martinus Nijhoff Publishers.

———(1895). *Versuch einer Theorie der electrischen und optischen Erscheinungen in bewegten Körpern.* Leiden: Brill.

———(1899). "Simplified Theory of Electrical and Optical Phenomena in Moving Systems." *Proceedings of the Royal Netherlands Academy of Arts and Sciences* 1:427–442.

———(1904). "Electromagnetic Phenomena in a System Moving with Any Velocity Smaller Than That of Light." *Proceedings of the Royal Netherlands Academy of Arts and Sciences* 6:809–831.

Losee, John (2004). *Theories of Scientific Progress: An Introduction.* London: Routledge.

Lovelock, James E. ([1979] 2000). *Gaia: A New Look at Life on Earth.* Reissued, with a new preface and corrections. Oxford: Oxford University Press.

Lovelock, James E., and Lynn Margulis (1974). "Atmospheric Homeostasis by and for the Biosphere: The Gaia Hypothesis." *Tellus* 26 (1–2): 2–10.

Lucas, Adam Robert (2005). "Industrial Milling in the Ancient and Medieval Worlds: A Survey of the Evidence for an Industrial Revolution in Medieval Europe." *Technology and Culture* 46 (1): 1–30.

Lucht, Wolfgang (2010). "Commentary: Earth System Analysis and Taking a Crude Look at the Whole." In *Global Sustainability: A Nobel Cause*, ed. H. J. Schellnhuber, N. Molina, M. Stern, V. Huber, and S. Kadner, 19–32. Cambridge: Cambridge University Press.

Lucht, Wolfgang, and Rajendra Kumar Pachauri (2004). "The Mental Component of the Earth System." In *Earth System Analysis for Sustainability*, ed. H. J. Schellnhuber, P. J. Crutzen, W. C. Clark, M. Claussen, and H. Held, 341–365. Cambridge, MA: MIT Press.

Lurija, Aleksandr R. (1979). *The Making of Mind: A Personal Account of Soviet Psychology.* Cambridge, MA: Harvard University Press.

Lyn, Heidi, Patricia M. Greenfield, E. Sue Savage-Rumbaugh, Kristen Gillespie-Lynch, and William D. Hopkins (2011). "Nonhuman Primates Do Declare! A Comparison of Declarative Symbol and Gesture Use in Two Children, Two Bonobos, and a Chimpanzee." *Language & Communication* 31 (1): 63–74.

Lyth, Peter, and Helmuth Trischler, eds. (2003). *Wiring Prometheus: History, Globalisation and Technology.* Aarhus: Aarhus University Press.

Mach, Ernst ([1905] 1976). *Knowledge and Error.* Translated by Thomas J. McCormack and Paul Foulkes. Dordrecht: D. Reidel.

———(1910). "Die Leitgedanken meiner naturwissenschaftlichen Erkenntnislehre und ihre Aufnahme durch die Zeitgenossen." *Physikalische Zeitschrift* 11 (1): 599–606.

———([1910] 1992). "The Leading Thoughts of My Scientific Epistemology and Its Acceptance by Contemporaries." In *Ernst Mach: A Deeper Look—Documents and New Perspectives*, ed. J. Blackmore, 133–139. Dordrecht: Kluwer Academic.

MacLean, Ian (2009). *Learning and the Market Place: Essays in the History of the Early Modern Book.* Leiden: Brill.

———(2012). *Scholarship, Commerce, Religion: The Learned Book in the Age of Confessions, 1560–1630.* Cambridge, MA: Harvard University Press.

Maier, Anneliese (1949–1958). *Studien zur Naturphilosophie der Spätscholastik.* 5 vols. Rome: Edizioni di Storia e Letteratura.

———(1964). *Ausgehendes Mittelalter: Gesammelte Aufsätze zur Geistesgeschichte des 14. Jahrhunderts.* 3 vols. Rome: Edizioni di Storia e Letteratura.

———(1982). *On the Threshold of Exact Science: Selected Writings of Anneliese Maier on Late*

Medieval Natural Philosophy. Translated by Steven D. Sargent. Philadelphia: University of Pennsylvania Press.
Maier, John (1998). *Gilgamesh: A Reader*. Mundelein, IL: Bolchazy-Carducci.
Malinowski, Bronislaw (1947). *Freedom and Civilization*. London: George Allen & Unwin.
———(2002). *Collected Works*. 10 vols. Reprint, London: Routledge.
Malkin, Irad (2011). *A Small Greek World: Networks in the Ancient Mediterranean*. Oxford: Oxford University Press.
Malm, Andreas (2016). *Fossil Capital: The Rise of Steam Power and the Roots of Global Warming*. London: Verso Books.
———(2018). *The Progress of This Storm: Nature and Society in a Warming World*. New York: Verso Books.
Malpangotto, Michaela (2016). "The Original Motivation for Copernicus's Research." *Archive for History of Exact Sciences* 70 (3): 361–411.
Manetti, Antonio (1970). *The Life of Brunelleschi*. University Park: Penn State University Press.
———(1976). *Vita di Filippo Brunelleschi, preceduta da la novella del Grasso*. Milan: Edizioni Il Polifilo.
Marcon, Federico (2015). *The Knowledge of Nature and the Nature of Knowledge in Early Modern Japan*. Chicago: University of Chicago Press.
Marin, Louis (1988). *Portrait of the King*. Translated by Martha M. Houle. Theory and History of Literature 57. Minneapolis: University of Minnesota Press.
Markovits, Claude, Jacques Pouchepadass, and Sanjay Subrahmanyam, eds. (2006). *Society and Circulation: Mobile People and Itinerant Cultures in South Asia, 1750–1950*. London: Anthem Press.
Marx, Karl ([1843] 1975). "Contribution to the Critique of Hegel's Philosophy of Law." In *Karl Marx / Frederick Engels: Collected Works*. Vol. 3: *Marx and Engels: March 1843–August 1844*, 3–129. London: Lawrence & Wishart.
———([1844] 1970). *Economic and Philosophic Manuscripts of 1844*. Translated by Martin Milligan. London: Lawrence & Wishart.
———([1852] 1979). "The Eighteenth Brumaire of Louis Bonaparte." In *Karl Marx / Frederick Engels: Collected Works*. Vol. 11: *Marx and Engels: 1851–53*, 99–197. London: Lawrence & Wishart.
———([1859] 1987). "A Contribution to the Critique of Political Economy: Part One." In *Karl Marx / Frederick Engels: Collected Works*. Vol. 29: *Marx: 1857–61*, 257–417. London: Lawrence & Wishart.
———([1867] 1990). *Capital, a Critical Analysis of Capitalist Production*. Translated by Samuel Moore and Edward Aveling (London, 1887). Originally published in German, 1867. *Marx-Engels-Gesamtausgabe* (*MEGA*). Abt. 2: "Das Kapital" und Vorarbeiten 9.1. Berlin: Dietz Verlag.
Marx, Karl, and Frederick Engels ([1845–1846] 1976). "The German Ideology: Critique of Modern German Philosophy According to Its Representatives Feuerbach, B. Bauer and Stirner, and of German Socialism According to Its Various Prophets." In *Karl Marx / Frederick Engels: Collected Works*. Vol. 5: *Marx and Engels: 1845–47*, 19–539. London: Lawrence & Wishart.
Matthews, Thomas A., and Allan R. Sandage (1963). "Optical Identification of 3c 48, 3c 196, and 3c 286 with Stellar Objects." *Astrophysical Journal* 138 (1): 30–56.
Mauelshagen, Franz (2003). "Netzwerke des Vertrauens: Gelehrtenkorrespondenzen und wissenschaftlicher Austausch in der Frühen Neuzeit." In *Vertrauen: Historische Annäherungen*, ed. U. Frevert, 119–151. Göttingen: Vandenhoeck & Ruprecht.
———(2016). "Der Verlust der (bio-)kulturellen Diversität im Anthropozän." In *Die Welt im*

Anthropozän: Erkundungen im Spannungsfeld zwischen Ökologie und Humanität, ed. W. Haber, M. Held, and M. Vogt, 39–55. Munich: Oekom Verlag.

——— (2018a). "Climate as a Scientific Paradigm: Early History of Climatology to 1800." In *The Palgrave Handbook of Climate History*, ed. S. White, C. Pfister, and F. Mauelshagen, 565–588. London: Palgrave Macmillan.

——— (2018b). "Migration and Climate in World History." In *The Palgrave Handbook of Climate History*, ed. S. White, C. Pfister, and F. Mauelshagen, 413–444. London: Palgrave Macmillan.

Maynard Smith, John, and Eörs Szathmáry (1995). *The Major Transitions in Evolution*. Oxford: Oxford University Press.

Mayr, Otto (1971). "Maxwell and the Origins of Cybernetics." *Isis* 62:424–444.

Max Planck Institute for the History of Science (1994–). "Research Reports." https://www.mpiwg-berlin.mpg.de/research-reports.

Maxwell, James Clerk (1865). "VIII. A Dynamical Theory of the Electromagnetic Field." *Philosophical Transactions of the Royal Society of London* 155:459–512.

McCloskey, Michael (1983). "Naive Theories of Motion." In *Mental Models*, ed. D. Gentner and A. L. Stevens, 299–324. Hillsdale, NJ: Erlbaum.

McCloskey, Michael, Alfonso Caramazza, and Bert Green (1980). "Curvilinear Motion in the Absence of External Forces: Naive Beliefs about the Motion of Objects." *Science* 210 (4474): 1139–1141.

McCorduck, Pamela (2004). *Machines Who Think: A Personal Inquiry into the History and Prospects of Artificial Intelligence*. 2nd ed. Natick, MA: A K Peters.

McCraw, Thomas K. (2007). *Prophet of Innovation: Joseph Schupmeter and Creative Destruction*. Cambridge, MA: Harvard University Press.

McDermott, Drew, and Jon Doyle (1980). "Non-monotonic Logic I." *Artificial Intelligence* 13 (1–2): 41–72.

McLaughlin, Peter, and Jürgen Renn (2018). "The Balance, the Lever and the Aristotelian Origins of Mechanics." In *Emergence and Expansion of Pre-classical Mechanics*, ed. R. Feldhay, J. Renn, M. Schemmel, and M. Valleriani. Boston Studies in the Philosophy and History of Science 333. Dordrecht: Springer.

McNeill, John R. (1994). "Of Rats and Men: A Synoptic Environmental History of the Island Pacific." *Journal of World History* 5 (2): 299–349.

——— (2000). *Something New under the Sun: An Environmental History of the Twentieth-Century World*. New York: W. W. Norton.

McNeill, John R., and Peter Engelke (2014). *The Great Acceleration: An Environmental History of the Anthropocene since 1945*. Cambridge, MA: Belknap Press of Harvard University Press.

McNeill, John R., Mahesh Rangarajan, and Jose Augusto Padua, eds. (2009). *Environmental History: As if Nature Existed*. New Delhi: Oxford University Press.

McNeill, William H. (1993). "The Age of Gunpowder Empires, 1450–1800." In *Islamic and European Expansion: The Forging of a Global Order*, ed. M. Adas, 103–140. Philadelphia: Temple University Press.

Meadows, Donella H., Dennis L. Meadows, Jørgen Randers, and William W. III Behrens (1972). *The Limits to Growth: A Report for the Club of Rome's Project on the Predicament of Mankind*. New York: Universe Books.

Medhurst, Walter Henry (1838). *China: Its State and Prospects, with Especial Reference to the Spread of the Gospel: Containing Allusions to the Antiquity, Extent, Population, Civilization, Literature, and Religion of the Chinese*. London: John Snow.

Medick, Hans (2016). "Turning Global? Microhistory in Extension." *Historische Anthropologie*

24 (2): 241–252.
Meier, Christian, and Reinhard Koselleck (1975). "Fortschritt." In *Geschichtliche Grundbegriffe.* Vol. 2, ed. C. Meier and R. Koselleck, 371–423. Stuttgart: Klett-Cotta.
Meli, Domenico Bertoloni (1993). *Equivalence and Priority: Newton versus Leibniz—Including Leibniz's Unpublished Manuscripts on the "Principia."* Oxford: Clarendon Press.
Mercier, André, and Michel Kervaire, eds. (1956). *Fünfzig Jahre Relativitätstheorie: Verhandlungen—Cinquantenaire de la théorie de la relativité: Actes—Jubilee of Relativity Theory: Proceedings.* Helvetica Physica Acta 4. Basel: Birkhäuser.
Merton, Robert K. (1968). "The Matthew Effect in Science." *Science* 159 (3810): 56–63.
Mesoudi, Alex, Andrew Whiten, and Kevin N. Laland (2006). "Towards a Unified Science of Cultural Evolution." *Behavioral and Brain Sciences* 29 (4): 329–347.
Meyer, John W., and Brian Rowan (1977). "Institutionalized Organizations: Formal Structure as Myth and Ceremony." *American Journal of Sociology* 83 (2): 340–363.
Michelson, Albert A. (1881). "The Relative Motion of the Earth and the Luminiferous Ether." *American Journal of Science* 3/22 (122): 120–129.
Michelson, Albert A., and Edward W. Morley (1887). "On the Relative Motion of the Earth and the Luminiferous Ether." *American Journal of Science* 3/34 (134): 333–345.
Middleton, Guy D. (2017). *Understanding Collapse: Ancient History and Modern Myths.* Cambridge: Cambridge University Press.
Mignolo, Walter D. (2000). *Local Histories / Global Designs: Coloniality, Subaltern Knowledges, and Border Thinking.* Princeton, NJ: Princeton University Press.
Milgram, Stanley (1967). "The Small-World Problem." *Psychology Today* 1 (1): 61–67.
Miller, Seumas (2014). "Social Institutions: The Stanford Encyclopedia of Philosophy." Metaphysics Research Lab, Center for the Study of Language and Information, Stanford University. Accessed August 23, 2018. https://plato.stanford.edu/archives/win2014/entries/social-institutions.
Milne, Alice E., Jutta L. Mueller, Claudia Männel, Adam Attaheri, Angela D. Friederici, and Christopher I. Petkov (2016). "Evolutionary Origins of Non-adjacent Sequence Processing in Primate Brain Potentials." *Scientific Reports* 6 (36259).
Minsky, Marvin (1975). "A Framework for Representing Knowledge." In *The Psychology of Computer Vision*, ed. P. H. Winston, 211–276. New York: McGraw-Hill.
———(1986). *The Society of Mind.* New York: Simon & Schuster.
Mirowski, Philip, and Esther-Mirjam Sent (2007). "The Commercialization of Science and the Response of STS." In *The Handbook of Science and Technology Studies*, ed. E. J. Hackett, O. Amsterdamska, M. E. Lynch, and J. Wajcman, 719–740. Cambridge, MA: MIT Press.
Misak, Cheryl (2013). *The American Pragmatists.* Oxford: Oxford University Press.
Mitchell, Timothy (2011). *Carbon Democracy: Political Power in the Age of Oil.* London: Verso Books.
Mittasch, Alwin (1951). *Geschichte der Ammoniaksynthese.* Weinheim: Verlag Chemie.
Mody, Cyrus C.M. (2016). *The Long Arm of Moore's Law: Microelectronics and American Science.* Cambridge: MIT Press.
Moiseev, Nikita N. (1993). "A New Look at Evolution: Marx, Teilhard de Chardin, Vernadsky." *World Futures* 36 (1): 1–19.
Mokyr, Joel (1999). "The Second Industrial Revolution, 1870–1914." In *L'età della rivoluzione industriale*, ed. V. Castronovo, 219–245. Storia dell'economia mondiale. Rome: Editori Laterza.
———(2002). *The Gifts of Athena: Historical Origins of the Knowledge Economy.* Princeton, NJ: Princeton University Press.
Molina, Mario J., and F. Sherman Rowland (1974). "Stratospheric Sink for Chlorofluorometh-

anes: Chlorine Atom-Catalysed Destruction of Ozone." *Nature* 249:810–812.
Möllers, Nina, Christian Schwägerl, and Helmuth Trischler, eds. (2015). *Willkommen im Anthropozän: Unsere Verantwortung für die Zukunft der Erde*. Munich: Deutsches Museum.
Montesinos Sirera, José , and Jürgen Renn (2003). "Expediciones científicas a las Islas Canarias en el periodo romántico (1770–1830)" In *Ciencia y romanticismo 2002*, ed. J. Montesinos, J. Ordónez, and S. Toledo, 329–353. Maspalomas: Fundación Canaria Orotava de Historia de la Ciencia.
Moody, Ernest A., and Marshall Clagett, eds. (1960). *The Medieval Science of Weights (Scienta de ponderibus): Treatises Ascribed to Euclid, Archimedes, Thabit Ibn Qurra, Jordanus de Nemore and Blasius of Parma*. 2nd ed. University of Wisconsin Publications in Medieval Science 1. Madison: University of Wisconsin Press.
Moore, Gordon E. (1965). "Cramming More Components onto Integrated Circuits." *Electronics* 38 (8): 114–117.
Moore, Jason W., ed. (2016). *Anthropocene or Capitalocene? Nature, History, and the Crisis of Capitalism*. Oakland, CA: PM Press.
Morford, Jill P. (2002). "Why Does Exposure to Language Matter?" In *The Evolution of Language out of Pre-language*, ed. T. Givón and B. F. Malle, 329–341. Typological Studies in Language 53. Amsterdam: John Benjamins.
Morgan, Mary S., and Margaret Morrison, eds. (1999). *Models as Mediators: Perspectives on Natural and Social Science*. Cambridge: Cambridge University Press.
Morozov, Evgeny (2013). *To Save Everything, Click Here: Technology, Solutionism, and the Urge to Fix Problems That Don't Exist*.London: Allen Lane.
———(2014a). "Don't Believe the Hype, the 'Sharing Economy' Masks a Failing Economy." *Guardian*, September 28. https://www.theguardian.com/commentisfree/2014/sep/28/sharing-economy-internet-hype-benefits-overstated-evgeny-morozov.
———(2014b). "The Rise of Data and the Death of Politics." *Guardian*. July 19. https://www.theguardian.com/technology/2014/jul/20/rise-of-data-death-of-politics-evgeny-morozov-algorithmic-regulation.
———(2018). "Silicon Valley oder die Zukunft des digitalen Kapitalismus." *Blätter für deutsche und internationale Politik* 1:93–104.
Mosley, Layna (2003). *Global Capital and National Governments*. New York: Cambridge University Press.
Most, Glenn W., ed. (1999). *Commentaries—Kommentare: Aporemata—Kritische Studien zur Philologiegeschichte*. Göttingen: Vandenhoeck & Ruprecht.
Moulier-Boutang, Yann (2012). *Cognitive Capitalism*. Cambridge: Polity Press.
Mowery, David C., and Nathan Rosenberg (1999). *Paths of Innovation: Technological Change in 20th-Century America*. Cambridge: Cambridge University Press.
Müller-Hansen, Finn, Maja Schlüter, Michael Mäs, Jonathan F. Donges, Jakob J. Kolb, Kirsten Thonicke, and Jobst Heitzig (2017). "Towards Representing Human Behavior and Decision Making in Earth System Models: An Overview of Techniques and Approaches." *Earth System Dynamics* 8:977–1007.
Müller-Wille, Staffan (1999). *Botanik und weltweiter Handel: Zur Begründung eines Natürlichen Systems der Pflanzen durch Carl von Linné (1707–1778)*. Studien zur Theorie der Biologie 3. Berlin: Verlag für Wissenschaft und Bildung.
Müller-Wille, Staffan, and Hans-Jörg Rheinberger (2012). *A Cultural History of Heredity*. Chicago: University of Chicago Press.
Mulvany, Patrick (2005). "Corporate Control over Seeds: Limiting Access and Farmers' Rights." *IDS Bulletin* 36 (2): 68–74.
Münch, Richard (2016). "Academic Capitalism." In *Oxford Research Encyclopedia of Pol-*

itics. Oxford: Oxford University Press. http://politics.oxfordre.com/view/10.1093/acrefore/9780190228637.001.0001/acrefore-9780190228637-e-15.

National Human Genome Research Institute (n.d.). "All about the Human Genome Project (HGP)." Accessed November 29, 2018. https://www.genome.gov/hgp.

Naveh, Zev (1982). "Landscape Ecology as an Emerging Branch of Human Ecosystem Science." In *Advances in Ecological Research*. Vol. 12, ed. A. Macfadyen Ford, 189–237. London: Academic Press.

Needham, Joseph, ed. (1954–2015). *Science and Civilisation in China*. 26 vols. Cambridge: Cambridge University Press.

———(1964). "Chinese Priorities in Cast Iron Metallurgy." *Technology and Culture* 5 (3): 398–404.

———(1986). *Chemistry and Chemical Technology 7: Military Technology—The Gunpowder Epic*. Reprint ed. Science and Civilization in China 5. Cambridge: Cambridge University Press.

Nellen, Henk (1990). "Editing Seventeenth-Century Scholarly Correspondence: Grotius, Huygens and Mersenne." *LIAS: Sources and Documents Relating to the Early Modern History of Ideas* 17 (1): 9–20.

Nelson, Anitra (2001). "The Poverty of Money: Marxian Insights for Ecological Economists." *Ecological Economics* 36 (3): 499–511.

Nelson, Richard R. (1959). "The Simple Economics of Basic Scientific Research." *Journal of Political Economy* 67 (3): 297–306.

———(1986). "Institutions Supporting Technical Advance in Industry." *American Economic Review* 76 (2): 186–189.

Nelson, Sara, Christoph Rosol, and Jürgen Renn, eds. (2017). "Perspectives on the Technosphere." Special issue of *Anthropocene Review* 4 (1–2).

Nerdinger, Winifried, ed. (2012). *Der Architekt: Geschichte und Gegenwart eines Berufstandes*. Vol. 1. Munich: Prestel-Verlag.

Nernst, Walther (1907). "Über das Ammoniakgleichgewicht." *Zeitschrift für Elektrochemie* 13 (32): 521–524.

Netz, Reviel (1999). *The Shaping of Deduction in Greek Mathematics: A Study in Cognitive History*. Cambridge: Cambridge University Press.

Neumann, John von (1927a). "Mathematische Begründung der Quantenmechanik." *Nachrichten von der Gesellschaft der Wissenschaften zu Göttingen, Mathematisch-Physikalische Klasse*: 1–57.

———(1927b). "Thermodynamik quantenmechanischer Gesamtheiten." *Nachrichten von der Gesellschaft der Wissenschaften zu Göttingen, Mathematisch-Physikalische Klasse*: 273–291.

———(1927c). "Wahrscheinlichkeitstheoretischer Aufbau der Quantenmechanik." *Nachrichten von der Gesellschaft der Wissenschaften zu Göttingen, Mathematisch-Physikalische Klasse*: 245–272.

Newcombe, Nora S., and Janellen Huttenlocher (2003). *Making Space: The Development of Spatial Representation and Reasoning*. Cambridge, MA: MIT Press.

Newman, Mark E. J., and Duncan J. Watts (1999). "Scaling and Percolation in the Small-World Network Model." *Physical Review E* 60 (6): 7332–7342.

Newton, Isaac ([1687] 2016). *The Principia: Mathematical Principles of Natural Philosophy—The Authoritative Translation and Guide*. Translated by I. Bernard Cohen and Anne Whitman. Berkeley: University of California Press.

———([1730] 1952). *Opticks: Or, A Treatise of the Reflections, Refractions, Inflections & Colours of Light*. Based on the London 4th ed. New York: Dover. https://archive.org/details/

Optics_285.
Niles, Daniel (2018). "Agricultural Heritage and Conservation beyond the Anthropocene." In *The Oxford Handbook of Public Heritage Theory and Practice*, ed. A. M. Labrador and N. A. Silberman, n.p. Oxford: Oxford Handbooks Online.
Niles, Daniel, and Sander van der Leeuw (2018). "The Material Order." *Technosphere Magazine*. Accessed July 17, 2018. https://technosphere-magazine.hkw.de/p/The-Material-Order-4gK5EMpZ3SzB79aTePfJo7.
Nilsson, Nils J. (2010). *The Quest for Artificial Intelligence: A History of Ideas and Achievements*. Cambridge: Cambridge University Press.
Nissen, Hans Jörg (1988). *The Early History of the Ancient Near East, 9000–2000 B.C.* Chicago: University of Chicago Press.
Nissen, Hans Jörg, Peter Damerow, and Robert K. Englund (1993). *Archaic Bookkeeping: Early Writing and Techniques of Economic Administration in the Ancient Near East*. Translated by Paul Larsen. Chicago: University of Chicago Press.
North, Douglass C. (1981). *Structure and Change in Economic History*. New York: W. W. Norton.
———(1992). *Transaction Costs, Institutions, and Economic Performance*. San Francisco: ICS Press.
Norton, John (2014). "Einstein's Special Theory of Relativity and the Problems in the Electrodynamics of Moving Bodies That Led Him to It." In *The Cambridge Companion to Einstein*, ed. C. Lehner and M. Janssen, 72–102. Cambridge: Cambridge University Press.
Nöth, Winfried (1995). *Handbook of Semiotics*. Advances in Semiotics. Bloomington: Indiana University Press.
Nunberg, Geoffrey (1996). "Farewell to the Information Age." In *The Future of the Book*, ed. G. Nunberg, 103–138. Berkeley: University of California Press.
Nuovo, Angela (2013). *The Book Trade in the Italian Renaissance*. Leiden: Brill.
Nye, Mary Jo, ed. (2003). *The Modern Physical and Mathematical Sciences*. The Cambridge History of Science 5. Cambridge: Cambridge University Press.
Nyerere, Julius K. (1968). *Ujamaa: Essays on Socialism*. London: Oxford University Press.
O'Brien, Patricia J. (1972). "The Sweet Potato: Its Origin and Dispersal." *American Anthropologist* 74 (3): 342–365.
O'Brien, Patrick K. (2009). "The Needham Question Updated: A Historiographical Survey and Elaboration." In *History of Technology*. Vol. 29, ed. I. Inkster, 7–28. London: Bloomsbury.
Ochiai, Eiichiro (2007). "Japan in the Edo Period: Global Implications of a Model of Sustainability." *Asia-Pacific Journal: Japan Focus* 5 (2): 1–10.
Odling-Smee, F. John, Douglas H. Erwin, Eric P. Palkovacs, Marcus W. Feldman, and Kevin N. Laland (2013). "Niche Construction Theory: A Practical Guide for Ecologists." *Quarterly Review of Biology* 88 (1): 4–28.
Oldroyd, David (1996). *Thinking about the Earth: A History of Ideas in Geology*. London: Athlone Press.
Olschki, Leonardo (1919). *Die Literatur der Technik und der angewandten Wissenschaften: Vom Mittelalter bis zur Renaissance*. Geschichte der neusprachlichen wissenschaftlichen Literatur 1. Heidelberg: Carl Winter's Universitätsbuchhandlung.
———(1922). *Bildung und Wissenschaft im Zeitalter der Renaissance in Italien*. Geschichte der neusprachlichen wissenschaftlichen Literatur 2. Leipzig: Leo S. Olschki.
———(1927). *Galilei und seine Zeit*. Geschichte der neusprachlichen wissenschaftlichen Literatur 3. Halle (Saale): Max Niemeyer.
Omodeo, Pietro D. (2014). *Copernicus in the Cultural Debates of the Renaissance: Reception, Legacy, Transformation*. Leiden: Brill.

———(2016). "Kuhn's Paradigm of Paradigms: Historical and Epistemological Coordinates of 'The Copernican Revolution.' " In *Shifting Paradigms: Thomas S. Kuhn and the History of Science*, ed. A. Blum, K. Gavroglu, C. Joas, and J. Renn, 71–104. Proceedings 8. Berlin: Edition Open Access. http://edition-open-access.de/proceedings/8/7/index.html.

———(2017). "The Politics of Apocalypse: The Immanent Transcendence of Anthropocene." *Stvar: Casopis Za Teoriskje Prakse* 9:1–11.

———(2018). "Soggettività, strutture, egemonie: Questioni politico-culturali in epistemologia storica." *Studi Culturali* 15(2): 211–234.

———, ed. (2019a). *Bernardino Telesio and the Natural Sciences in the Renaissance*. Leiden: Brill.

———(2019b). *Political Epistemology: The Problem of Ideology in Science Studies*. Cham: Springer.

———(2021). *Presence-Absence of Alexander of Aphrodisias in Renaissance Cosmo-Psychology*.

Omodeo, Pietro D., and Massimiliano Badino, eds. (2020). *Cultural Hegemony in a Scientific World. Gramscian Concepts for the History of Science*. Leiden: Brill.

Omodeo, Pietro D., and Jürgen Renn (2019). *Science in Court Society: Giovanni Battista Benedetti's "Diversarum speculationum mathematicarum et physicarum liber" (Turin, 1585)*. Berlin: Edition Open Access.

Ordine, Nuccio (2017). *The Usefulness of the Useless*. Translated by Alastair McEwen. Philadelphia: Paul Dry Books.

O'Reilly, Tim (2013). "Open Data and Algorithmic Regulation." In *Beyond Transparency: Open Data and the Future of Civic Innovation*, ed. B. Goldstein and L. Dyson, 289–300. San Francisco: Code for America Press. http://beyondtransparency.org/chapters/part-5/open-data-and-algorithmic-regulation.

Oreskes, Naomi (1999). *The Rejection of Continental Drift: Theory and Method in American Earth Science*. Oxford: Oxford University Press.

———(2004). "The Scientific Consensus on Climate Change." *Science* 306 (5702): 1686.

Oreskes, Naomi, and Erik M. Conway (2010). *Merchants of Doubt: How a Handful of Scientists Obscured the Truth on Issues from Tobacco Smoke to Global Warming*. New York: Bloomsbury.

Oreskes, Naomi, Erik M. Conway, David J. Karoly, Joelle Gergis, Urs Neu, and Christian Pfister (2018). "The Denial of Global Warming." In *The Palgrave Handbook of Climate History*, ed. S. White, C. Pfister, and F. Mauelshagen, 149–171. London: Palgrave Macmillan.

Oresme, Nicolas ([1350s] 1968). "Tractatus de configurationibus qualitatum et motuum." In *Nicole Oresme and the Medieval Geometry of Qualities and Motions: A Treatise on the Uniformity and Difformity of Intensities Known as "Tractatus de configurationibus qualitatum et motuum,"* ed. M. Clagett, 157–517. Madison: University of Wisconsin Press.

Osborn, Fairfield (1948). *Our Plundered Planet*. New York: Little, Brown and Co.

Ossendrijver, Mathieu (2011). "Science in Action: Networks in Babylonian Astronomy." In *Babylon: Wissenskultur in Orient und Okzident/Science Culture Between Orient and Occident*, ed. E. Cancik-Kirschbaum, M. van Ess, and J. Marzahn, 213–221. Berlin: De Gruyter.

Osterhammel, Jürgen (2009). *Die Verwandlung der Welt: Eine Geschichte des 19. Jahrhunderts*. Munich: C. H. Beck.

Osthues, Wilhelm (2014a). "Bauwissen im Antiken Griechenland." In *Wissensgeschichte der Architektur*. Vol. 2: *Vom Alten Ägypten bis zum Antiken Rom*, ed. J. Renn, W. Osthues, and H. Schlimme, 127–264. Studies 4. Berlin: Edition Open Access. http://edition-open-access.de/studies/4/4/index.html.

———(2014b). "Bauwissen im Antiken Rom." In *Wissensgeschichte der Architektur*. Vol. 2:

Vom Alten Ägypten bis zum Antiken Rom, ed. J. Renn, W. Osthues, and H. Schlimme, 265–422. Studies 4. Berlin: Edition Open Access. http://edition-open-access.de/studies/4/5/index.html.

Östling, Johan, Erling Sandmo, David Larsson Heidenblad, Anna Nilsson Hammar, and Kari Nordberg, eds. (2018). *Circulation of Knowledge: Explorations in the History of Knowledge*. Lund: Nordic Academic Press.

Ostrom, Elinor (2012). *The Future of the Commons: Beyond Market Failure and Government Regulation*. London: Institute of Economic Affairs.

———(2015). *Governing the Commons: The Evolution of Institutions for Collective Action*. Canto Classics. Cambridge: Cambridge University Press.

Ostrom, Elinor, Joanna Burger, Christopher B. Field, Richard B. Norgaard, and David Policansky (1999). "Revisiting the Commons: Local Lessons, Global Challenges." *Science* 284 (5412): 278–282.

Ostwald, Martin (1992). "Athens as a Cultural Centre." In *The Fifth Century*, ed. D. M. Lewis, J. Boardman, J. K. Davies, and M. Ostwald, 306–369. The Cambridge Ancient History 5. Cambridge: Cambridge University Press.

Ostwald, Martin, and John P. Lynch (1994). "The Growth of Schools and the Advance of Knowledge." In *The Fourth Century B.C.*, ed. D. M. Lewis, J. Boardman, S. Hornblower, and M. Ostwald, 592–633. The Cambridge Ancient History 6. Cambridge: Cambridge University Press.

Ostwald, Wilhelm (1926–1927). *Lebenslinien: Eine Selbstbiographie*. Berlin: Klasing.

Ottoni, Federica, and Carlo Blasi (2014). "Results of a 60-Year Monitoring System for Santa Maria del Fiore Dome in Florence." *International Journal of Architectural Heritage* 9 (1): 7–24.

Ouyang, Xiaoli, and Christine Proust (2022). "Place Value Notations in the Ur III Period: Marginal Numbers in Administrative Texts." In *Cultures of Computation and Quantification*, ed. K. Chemla, A. Keller, and C. Proust. Dordrecht: Springer.

Overmann, Karenleigh A. (2017). "Thinking Materially: Cognition as Extended and Enacted." *Journal of Cognition and Culture* 17 (3–4): 354–373.

Özdoğan, Mehmet (2014). "A New Look at the Introduction of the Neolithic Way of Life in Southeastern Europe: Changing Paradigms of the Expansion of the Neolithic Way of Life." *Documenta Praehistorica* 41:33–49.

———(2016). "The Earliest Farmers of Europe: Where Did They Come From?" In *Southeast Europe and Anatolia in Prehistory: Essays in Honor of Vassil Nikolov on His 65th Anniversary*, ed. K. Bacvarov and R. Gleser. Bonn: Rudolf Habelt Verlag.

Ozone Secretariat (1987). "The Montreal Protocol on Substances That Deplete the Ozone Layer." United Nations Environment Programme (UNEP). Accessed May 24, 2019. https://ozone.unep.org/montreal-protocol-substances-deplete-ozone-layer/79705/5.

Pääbo, Svante (2014). *Neanderthal Man: In Search of Lost Genomes*. New York: Basic Books.

Pacey, Arnold (1990). *Technology in World Civilization: A Thousand-Year History*. Cambridge, MA: MIT Press.

Padgett, John F., and Christopher K. Ansell (1993). "Robust Action and the Rise of the Medici, 1400–1434." *American Journal of Sociology* 98 (6): 1259–1319.

Pagano, Ugo, and Maria A. Rossi (2009). "The Crash of the Knowledge Economy." *Cambridge Journal of Economics* 33 (4): 665–683.

Paillard, Didier (2008). "From Atmosphere, to Climate, to Earth System Science." *Interdisciplinary Science Reviews* 33 (1): 25–35.

Pantin, Isabelle (1998). "Les problèmes de l'édition des livres scientifiques: L'exemple de Guillaume Cavellat." In *Le livre dans l'Europe de la Renaissance: Actes du XXVIII e Colloque international d'études humanistes de Tours*, ed. Bibliothèque nationale, 240–252. Paris: Pro-

modis, Éditions du Cercle de la Librairie.
———(2006). "Teaching Mathematics and Astronomy in France: The Collège Royal (1550–1650)." *Science & Education* 15:189–207.
Pantin, Isabelle, and Philippe Renouard, eds. (1986). *Imprimeurs et libraires parisiens du XVIe siècle: Cavellat—Marnef et Cavellat*. Paris: Bibliothèque nationale.
Parker, Geoffrey (2013). *Global Crisis: War, Climate Change and Catastrophe in the Seventeenth Century*. New Haven, CT: Yale University Press.
Parsons, Talcott (1949). *The Structure of Social Action: A Study in Social Theory with Special Reference to a Group of Recent European Writers*. 1937. 2nd ed. Glencoe, IL: Free Press.
Parzinger, Hermann (2014). *Die Kinder des Prometheus: Eine Geschichte der Menschheit vor der Erfindung der Schrift*. Munich: C. H. Beck.
Patiniotis, Manolis (2013). "Between the Local and the Global: History of Science in the European Periphery Meets Post-colonial Studies." *Centaurus* 55 (4): 361–384.
Pedersen, Olaf (1983). "The Ecclesiastical Calendar and the Life of the Church." In *Gregorian Reform of the Calendar: Proceedings of the Vatican Conference to Commemorate its 400th Anniversary, 1582–1982*, ed. G. V. Coyne, M. S. Hoskin, and O. Pedersen, 17–74. Vatican City: Specolo Vaticano.
———(1993). *Early Physics and Astronomy: A Historical Introduction*. 2nd ed. Cambridge: Cambridge University Press.
Peirce, Charles Sanders (1967). *The Simplest Mathematics*. 3rd ed. Collected Papers of Charles Sanders Peirce 4. Cambridge, MA: Belknap Press of Harvard University Press.
Penrose, Roger (1965). "Gravitational Collapse and Space-Time Singularities." *Physical Review Letters* 14 (3): 57–59.
Penzias, Arno A., and Robert Woodrow Wilson (1965). "A Mea surem ent of Excess Antenna Temperature at 4080 Mc/s." *Astrophysical Journal* 142 (1): 419–421.
Peroni, Adriano (2006). "Le ricostruzioni grafiche della Santa Maria del Fiore di Arnolfo: Un bilancio." In *Arnolfo di Cambio e la sua epoca: Costruire, scolpire, dipingere, decorare*, ed. V. F. Pardo, 381–394. Atti del Convegno Internazionale di Studi, Firenze-Colle di Val d'Elsa. Rome: Viella Libreria Editrice.
Pestre, Dominique (1997). "Science, Political Power and the State." In *Science in the Twentieth Century*, ed. J. Krige and D. Pestre, 61–75. Amsterdam: Harwood Academic.
Peter, Isabelle S., and Eric H. Davidson (2015). *Genomic Control Process: Development and Evolution*. London: Academic Press.
Petit, Jean R., Jean Jouzel, Dominique Raynaud, Nartsiss I. Barkov, Jean-Marc Barnola, Isabelle Basile, Michael Bender, Jérôme Chappellaz, M. Davis, Gilles Delaygue, Marc F. Delmotte, Vladimir M. Kotlyakov, Michel Legrand, V. Y. Lipenkov, Claude Lorius, Laurence Pépin, Catherine Ritz, Eric Saltzman, and Michel Stievenard (1999). "Climate and Atmospheric History of the Past 420,000 Years from the Vostok Ice Core, Antarctica." *Nature* 399 (6735): 429–436. Peuerbach, Georg von (1473). *Theoricae novae planetarum*. Nuremberg: [Regiomontanus].
Piaget, Jean (1951). *Play, Dreams and Imitation in Childhood*. [*La formation du symbole chez l'enfant: Imitation, jeu et reve, image et représentation* (1945)]. Translated by C. Gattegno and F. M. Hodgson. London: Routledge & Kegan Paul.
———(1965). *The Moral Judgment of the Child*. [*Le jugement moral chez l'enfant* (1932)]. Translated by M. Gabain. Glencoe, IL: Free Press.
———(1969). *The Child's Conception of Time*. [*Le développement de la notion de temps chez l'enfant* (1927)]. Translated by A. J. Pomerans. London: Routledge & Kegan Paul.
———(1970). *Genetic Epistemology*. New York: Columbia University Press.
———(1981). *The Psychology of Intelligence*. [*La psychologie de l'intelligence* (1947)]. Trans-

lated by M. Piercy and D. E. Berlyne. Totowa, NJ: Littlefield Adams.
———(1982). *The Essential Piaget: An Interpretative Reference and Guide*. London: Routledge & Kegan Paul.
———(1983). *Biologie und Erkenntnis: Über die Beziehung zwischen organischen Regulationen und kognitiven Prozessen*. Translated by A. Greyer. Frankfurt am Main: Fischer.
———(1999). *Child's Conception of Physical Causality*. [*La causalite physique chez l'enfant* (1927)]. Translated by Marjorie Gabain. London: Routledge.
Piaget, Jean, and Rolando Garcia (1989). *Psychogenesis and the History of Science*. Translated by Helga Feider. New York: Columbia University Press.
Piaget, Jean, and Bärbel Inhelder (1956). *The Child's Conception of Space*. [*La représantation de l'espace chez l'enfant* (1948).] Translated by F. J. Langdon and J. L. Lunzer. International Library of Psychology, Philosophy and Scientific Method. London: Routledge & Kegan Paul.
Pinhasi, Ron, and Jay Stock (2011). *Human Bioarchaeology of the Transition to Agriculture*. Chichester: Wiley-Blackwell.
Pinto, Giuliano (1984). "L'organizzazione del lavoro nei cantieri edili (Italia centro-settentrionale)." In *Artigiani e salariati: Il mondo del lavoro in Italia nei secoli XII – XV*, 69–101. Pistoia: Presso la sede del Centro.
———(1991). "I lavoratori salariati nell'Italia bassomedievale: Mercato del lavoro e livelli di vita." In *Travail et travailleurs en Europe au Moyen Âge et au debut des temps modernes*, ed. C. Dolan, 47–62. Toronto: Pontifical Institute of Mediaeval Studies.
Planck, Max (1900). "Zur Theorie des Gesetzes der Energieverteilung im Normalspectrum." *Verhandlungen der Deutschen Physikalischen Gesellschaft* 2 (1): 237–245.
———([1900] 1967). "On the Theory of the Energy Distribution Law of the Normal Spectrum." In *The Old Quantum Theory*, ed. D. Ter Haar, 82–90. Oxford: Pergamon Press.
———([1920] 1967). "The Genesis and Present State of Development of the Quantum Theory." In *Nobel Lectures: Physics, 1901–1921*, 407–420. Amsterdam: Elsevier.
Plato (1997a). *Phaedo*. In *Plato: Complete Works*. Translated by G. M. A. Grube, ed. J. M. Cooper, 49–100. Indianapolis, IN: Hackett.
———(1997b). *Republic*. In *Plato: Complete Works*. Translated by G. M. A. Grube, ed. J. M. Cooper, 971–1223. Indianapolis, IN: Hackett.
———(1997c). *Theaetetus*. In *Plato: Complete Works*. Translated by G. M. A. Grube, ed. J. M. Cooper, 157–234. Indianapolis, IN: Hackett.
Plofker, Kim (2009). *Mathematics in India*. Princeton, NJ: Princeton University Press.
Po-chia Hsia, Ronnie (2015). "The End of the Jesuit Mission in China." In *The Jesuit Suppression in Global Context: Causes, Events, and Consequences*, ed. J. D. Burson and J. Wright, 100–116. Cambridge: Cambridge University Press.
Poe, Marshall T. (2011). *History of Communications: Media and Society from the Evolution of Speech to the Internet*. Cambridge: Cambridge University Press.
Poincaré, Henri (1905). "Sur la dynamique de l'électron." *Comptes Rendus de l'Académie des Sciences* 140:1504–1508.
———(1907). *The Value of Science*. Translated by George Bruce Halsted. New York: Science Press.
Polanyi, Michael (1983). *The Tacit Dimension*. Gloucester, MA: Peter Smith.
Polich, Laura (2000). "The Search for Proto-NSL: Looking for the Roots of the Nicaraguan Deaf Community." In *Bilingualism and Identity in Deaf Communities*, ed. M. Metzger, 255–305. Washington, DC: Gallaudet University Press.
———(2005). *The Emergence of the Deaf Community in Nicaragua: "With Sign Language You Can Learn So Much."* Washington, DC: Gallaudet University Press.

Pomeranz, Kenneth (2000). *The Great Divergence: China, Europe, and the Making of the Modern World Economy*. Princeton, NJ: Princeton University Press.
Poole, Reginald Lane, and Austin Lane Poole (1934). *Studies in Chronology and History*. Oxford: Clarendon Press.
Poole, Robert (2010). *Earthrise: How Man First Saw the Earth*. New Haven, CT: Yale University Press.
Popper, Karl R. ([1959] 2002). *The Logic of Scientific Discovery*. London: Routledge.
Popplow, Marcus (2015). "Formalization and Interaction: Toward a Comprehensive History of Technology-Related Knowledge in Early Modern Europe." *Isis* 106 (4): 848–856.
Popplow, Marcus, and Jürgen Renn (2002). "Ingegneria e macchine." In *La rivoluzione scientifica*, ed. M. Bray, 258–274. Storia della scienza 5. Rome: Istituto della Enciclopedia Italiana.
Porter, Philip W. (2006). *Challenging Nature: Local Knowledge, Agroscience, and Food Security in Tanga Region, Tanzania*. Chicago: University of Chicago Press.
Porter, Theodore M. (1997). "The Management of Society by Numbers." In *Science in the Twentieth Century*, ed. J. Krige and D. Pestre, 97–110. Amsterdam: Harwood Academic.
Portz, Helga (1994). *Galilei und der heutige Mathematik-Unterricht: Ursprüngliche Festigkeitslehre und Ähnlichkeitsmechanik und ihre Bedeutung für die mathematische Bildung*. Lehrbücher und Monographien zur Didaktik der Mathematik 22. Mannheim: BI-Wissenschaftsverlag.
Posner, Gerald L., and John Ware (1986). *Mengele: The Complete Story*. New York: McGraw-Hill.
Potts, Daniel T. (2007). "Differing Modes of Contact between India and the West: Some Achaemenid and Seleucid Examples." In *Memory as History: The Legacy of Alexander in Asia*, ed. H. P. Ray and D. T. Potts, 122–130. New Delhi: Aryan Books International.
———(2011). "Equus Asinus in Highland Iran: Evidence Old and New." In *Between Sand and Sea: The Archaeology and Human Ecology of Southwestern Asia—Festschrift in Honor of Hans-Peter Uerpmann*, ed. N. J. Conard, P. Drechsler, and A. Morales, 167–175. Tübingen: Kerns Verlag.
———(2012). "Technological Transfer and Innovation in Ancient Eurasia." In *The Globalization of Knowledge in History*, ed. J. Renn, 105–123. Berlin: Edition Open Access. http://edition-open-access.de/studies/1/8/index.html.
Powell, Walter W., and Kaisa Snellman (2004). "The Knowledge Economy." *Annual Review of Sociology* 30:199–220.
Pradhan, Gauri R., Claudio Tennie, and Carel P. van Schaik (2012). "Social Organization and the Evolution of Cumulative Technology in Apes and Hominins." *Journal of Human Evolution* 63 (1): 180–190.
Prager, Frank D., and Gustina Scaglia (1970). *Brunelleschi: Studies of His Technology and Inventions*. Cambridge, MA: MIT Press.
Prantl, Carl von, ed. (1881). *De coelo et De generatione et corruptione: Aristotelis quae feruntur de coloribus, de audibilibus, physiognomonica*. Leipzig: Teubner.
Pratt, John Henry, and James Challis (1855). "I. On the Attraction of the Himalaya Mountains, and of the Elevated Regions beyond Them, upon the Plumb-Line in India." *Philosophical Transactions of the Royal Society of London* 145:53–100.
Preiser-Kapeller, Johannes (2015). "Harbours and Maritime Networks as Complex Adaptive Systems." In *Harbours and Maritime Networks as Complex Adaptive Systems: A Thematic Introduction*, ed. J. Preiser-Kapeller and F. Daim, 1–24. Regensburg: Verlag Schnell & Steiner.
Preston, Richard (1996). *First Light: The Search for the Edge of the Universe*. New York: Random House.
Price, Derek J. de Solla (1965). "Networks of Scientific Papers." *Science* 149 (3683): 510–515.

———(1976). "A General Theory of Bibliometric and Other Cumulative Advantage Processes." *Journal of the American Society for Information Science* 27 (5): 292–306.

Prinz, Wolfgang (2012). *Open Minds: The Social Making of Agency and Intentionality.* Cambridge, MA: MIT Press.

Proctor, Robert N. (2011). *Golden Holocaust: Origins of the Cigarette Catastrophe and the Case for Abolition.* Berkeley: University of California Press.

Proust, Joseph-Louis (1794). "Extrait d'un mémoire intitulé: Recherches sur le Bleu de Prusse." *Journal de Physique, de Chimie, d'Histoire Naturelle et des Arts* 2:334–341.

———(1799). "Recherches sur le cuivre." *Annales de Chimie ou Recueil de Mémoires concernant la Chimie et les Arts Qui en Dépendent* 32:26–54.

Pulte, Helmut (2005). *Axiomatik und Empirie: Eine wissenschaftstheoriegeschichtliche Untersuchung zur Mathematischen Naturphilosophie von Newton bis Neumann.* Darmstadt: Wissenschaftliche Buchgesellschaft.

Pyarelal (1958). *The Last Phase.* Part 2. Mahatma Gandhi 10. Ahmedabad: Navajiva.

Pyers, Jennie E., Anna Shustermann, Ann Senghas, Elizabeth S. Spelke, and Karen Emmorey (2010). "Evidence from an Emerging Sign Language Reveals That Language Supports Spatial Cognition." *Proceedings of the National Academy of Sciences of the United States of America* 107 (27): 12116–20.

Raffnsøe, Sverre (2016). *Philosophy of the Anthropocene: The Human Turn.* Basingstoke: Palgrave Macmillan.

Rahmsdorf, Lorenz (2011). "Re-integrating 'Diffusion': The Spread of Innovations among the Neolithic and Bronze Age Civilizations of Europe and the Near East." In *Interweaving Worlds: Systemic Interactions in Eurasia, 7th to 1st Millenium BC*, ed. T. C. Wilkinson, S. Sherratt, and J. Bennet, 100–120. Oxford: Oxbow Books.

Rahwan, Iyad, and Manuel Cebrian (2018). *Machine Behavior Needs to Be an Academic Discipline.* New York: Nautilus.

Raina, Dhruv (1999). "From West to Non-West? Basalla's Three-Stage Model Revisited." *Science as Culture* 8 (4): 497–516.

Raj, Kapil (2013). "Beyond Postcolonialism…and Postpositivism: Circulation and the Global History of Science." *Isis* 104 (2): 337–347.

Ramelli, Agostino (1588). *Le diverse et artificiose machine.* Paris: In casa del'autore.

Rapoport, Amos (1969). *House Form and Culture.* Foundations of Cultural Geography Series. Englewood Cliffs, NJ: Prentice Hall.

Rapp, Friedrich (1981). *Analytical Philosophy of Technology.* Translated by Stanley R. Carpenter and Theodor Langenbruch. Boston Studies in the Philosophy and History of Science 63. Dordrecht: D. Reidel.

Reckwitz, Andreas (2003). "Grundelemente einer Theorie sozialer Praktiken: Eine sozialtheoretische Perspektive." *Zeitschrift für Soziologie* 32 (4): 282–301.

Regier, Jonathan, and Pietro D. Omodeo (2022). "Celestial Physics." In *The Cambridge History of Philosophy of the Scientific Revolution*, ed. D. Jalobeanu and D. M. Miller. Cambridge: Cambridge University Press.

Reich, David (2018). *Who We Are and How We Got Here: Ancient DNA and the New Science of the Human Past.* New York: Pantheon Books.

Reinhard, Wolfgang (1979). *Freunde und Kreaturen: "Verflechtung" als Konzept zur Erforschung historischer Führungsgruppen—Römische Oligarchie um 1600.* Schriften der Philosophischen Fachbereiche der Universität Augsburg 14. Munich: Verlag Ernst Vögel.

Reinhardt, Carsten (2010). "Historische Wissenschaftsforschung, heute: Überlegungen zu einer Geschichte der Wissensgesellschaft." *Berichte zur Wissenschaftsgeschichte* 33 (1): 81–99.

Renfrew, Colin (2008). "Neuroscience, Evolution and the Sapient Paradox: The Factuality of

Value and of the Sacred." *Philosophical Transactions of the Royal Society B: Biological Sciences* 363 (1499): 2041–2047.

Renn, Jürgen (1993). "Einstein as a Disciple of Galileo: A Comparative Study of Concept Development in Physics." *Science in Context* 6 (1): 311–341.

——— (1994). *Historical Epistemology and Interdisciplinarity.* Preprint 2. Berlin: Max Planck Institute for the History of Science.

——— (1995). "Historical Epistemology and Interdisciplinarity." In *Physics, Philosophy, and the Scientific Community: Essays in the Philosophy and History of the Natural Sciences and Mathematics in Honor of Robert S. Cohen,* ed. K. Gavroglu, J. Stachel, and M. W. Wartofsky, 241–251. Boston Studies in the Philosophy and History of Science 163. Dordrecht: Kluwer Academic.

——— (1996). *Historical Epistemology and the Advancement of Science.* Preprint 36. Berlin: Max Planck Institute for the History of Science.

——— (2001a). "Editor's Introduction: Galileo in Context—An Engineer-Scientist, Artist, and Courtier at the Origins of Classical Science." In *Galileo in Context,* ed. J. Renn, 1–8. Cambridge: Cambridge University Press.

———, ed. (2001b). *Galileo in Context.* Cambridge: Cambridge University Press.

——— (2005). "Wissenschaft als Lebensorientierung: Eine Erfolgsgeschichte?" In *Leben: Verständnis—Wissenschaft—Technik,* ed. E. Herms, 15–31. Veröffentlichungen der Wissenschaftlichen Gesellschaft für Theologie 24. Tübingen: Gütersloher Verlagshaus.

——— (2007a). "Classical Physics in Disarray: The Emergence of the Riddle of Gravitation." In *Einstein's Zurich Notebook: Introduction and Source,* ed. M. Janssen, J. Norton, J. Renn, T. Sauer, and J. Stachel, 21–80. The Genesis of General Relativity 1. Dordrecht: Springer.

———, ed. (2007b). *The Genesis of General Relativity.* 4 vols. Boston Studies in the Philosophy and History of Science 250. Dordrecht: Springer.

——— (2012a). "Survey 2: Knowledge as a Fellow Traveler." In *The Globalization of Knowledge in History,* ed. J. Renn, 205–243. Studies 1. Berlin: Edition Open Access. http://edition-open-access.de/studies/1/13/index.html.

——— (2012b). "Survey 3: The Place of Local Knowledge in the Global Community." In *The Globalization of Knowledge in History,* ed. J. Renn, 369–397. Studies 1. Berlin: Edition Open Access. http://edition-open-access.de/studies/1/20/index.html.

———, ed. (2012c). *The Globalization of Knowledge in History.* Studies 1. Berlin: Edition Open Access. http://edition-open-access.de/studies/1/index.html.

——— (2013a). "Florenz: Matrix der Wissenschaft." In *Florenz!,* ed. Kunst-und Ausstellungshalle der Bundesrepublik Deutschland (Bonn), 100–111. Munich: Hirmer Verlag.

——— (2013b). "Schrödinger and the Genesis of Wave Mechanics." In *Erwin Schrödinger: 50 Years After,* ed. W. L. Reiter and J. Yngvason, 9–36. Zurich: European Mathematical Society.

——— (2014a). "Beyond Editions: Historical Sources in the Digital Age." In *Internationalität und Interdisziplinarität der Editionswissenschaft,* ed. M. Stolz and Y.-C. Chen, 9–28. Berlin: De Gruyter.

——— (2014b). "Preface: The Globalization of Knowledge in the Ancient Near East." In *Melammu: The Ancient World in an Age of Globalization,* ed. M. J. Geller, 1–3. Proceedings 7. Berlin: Edition Open Access. http://edition-open-access.de/proceedings/7/1/index.html.

——— (2014c). "The Globalization of Knowledge in History and Its Normative Challenges." *Rechtsgeschichte—Legal History* 22:52–60.

——— (2015a). "Die Globalisierung des Wissens in der Geschichte." In *Welt-Anschauungen: Interdisziplinäre Perspektiven auf die Ordungen des Globalen,* ed. O. Breidbach, A. Christoph, and R. Godel, 137–148. Acta Historica Leopoldina 67. Stuttgart: Wissenschaftliche Verlagsgesellschaft.

———(2015b). "From the History of Science to the History of Knowledge—and Back." *Centaurus* 57 (1): 37–53.

———(2015c). "Learning from Kushim about the Origin of Writing and Farming." In *Textures of the Anthropocene: Grain, Vapor, Ray*, ed. K. Klingan, A. Sepahvand, C. Rosol, and B. M. Scherer, 241–259. Cambridge, MA: MIT Press.

———(2015d). "Was wir von Kuschim über die Evolution des Wissens und die Ursprünge des Anthropozäns lernen können." In *Das Anthropozän: Zum Stand der Dinge*, ed. J. Renn and B. Scherer, 184–209. Berlin: Matthes & Seitz.

———(2016). "Q Quest." In *Wissen Macht Geschlecht: Ein ABC der transnationalen Zeitgeschichte*, ed. B. Kolboske, A. C. Hüntelmann, I. Heumann, S. Heim, R. Fritz, and R. Birke, 95–104. Proceedings 9. Berlin: Edition Open Access. http://edition-open-access.de/proceedings/9/18/index.html.

———(2017). "On the Construction Sites of the Anthropocene." In *Out There: Landscape Architecture on the Global Terrain*, ed. A. Lepik, 16–19. Berlin: Hatje Cantz.

Renn, Jürgen, Giuseppe Castagnetti, and Simone Rieger (2001). "Adolf von Harnack und Max Planck." In *Adolf von Harnack: Theologe, Historiker, Wissenschaftspolitiker*, ed. K. Nowak and G. Oexle, 127–155. Veröffentlichungen des Max-Planck-Instituts für Geschichte 161. Göttingen: Vandenhoeck & Ruprecht.

Renn, Jürgen, and Peter Damerow (2007). "Mentale Modelle als kognitive Instrumente der Transformation von technischem Wissen." In *Übersetzung und Transformation*, ed. H. Böhme, C. Rapp, and W. Rösler, 311–331. Transformationen der Antike 1. Berlin: De Gruyter.

———(2012). *The Equilibrium Controversy: Guidobaldo del Monte's Critical Notes on the Mechanics of Jordanus and Benedetti and Their Historical and Conceptual Background*. Sources 2. Berlin: Edition Open Access. http://www.edition-open-sources.org/sources/2/index.html.

Renn, Jürgen, Peter Damerow, and Peter McLaughlin (2003). "Aristotle, Archimedes, Euclid, and the Origin of Mechanics: The Perspective of Historical Epistemology." In *Symposium Arquímedes Fundación Canaria Orotava de Historia de la Ciencia*, ed. J. Montesinos, 43–59. Preprint 239. Berlin: Max Planck Institute for the History of Science.

Renn, Jürgen, Peter Damerow, and Simone Rieger (2001). "Hunting the White Elephant: When and How Did Galileo Discover the Law of Fall? (with an Appendix by Domenico Giulini)." In *Galileo in Context*, ed. J. Renn, 29–149. Cambridge: Cambridge University Press.

Renn, Jürgen, Peter Damerow, Matthias Schemmel, Christoph Lehner, and Matteo Valleriani (2018). "Mental Models as Cognitive Instruments in the Transformation of Knowledge." In *Emergence and Expansion of Pre-classical Mechanics*, ed. R. Feldhay, J. Renn, M. Schemmel, and M. Valleriani. Boston Studies in the Philosophy and History of Science 333. Cham: Springer.

Renn, Jürgen, and Malcolm D. Hyman (2012a). "Survey 4: The Globalization of Modern Science." In *The Globalization of Knowledge in History*, 561–604. Studies 1. Berlin: Edition Open Access. http://edition-open-access.de/studies/1/28/index.html.

———(2012b). "The Globalization of Knowledge in History: An Introduction." In *The Globalization of Knowledge in History*, ed. J. Renn, 15–44. Studies 1. Berlin: Edition Open Access. http://edition-open-access.de/studies/1/5/index.html.

Renn, Jürgen, Benjamin Johnson, and Benjamin Steininger (2017). "Ammoniak: Wie eine epochale Erfindung das Leben der Menschen und die Arbeit der Chemiker verändert." *Naturwissenschaftliche Rundschau* 70 (10): 507–514.

Renn, Jürgen, and Manfred D. Laubichler (2017). "Extended Evolution and the History of Knowledge: Problems, Perspectives, and Case Studies." In *Integrated History and Philoso-

phy of Science, ed. F. Stadler, 109–125. Vienna Circle Institute Yearbook 20. Cham: Springer.

Renn, Jürgen, Manfred D. Laubichler, and Helge Wendt (2014). "Energietransformationen zwischen Kaffee und Koevolution." In *Willkommen im Anthropozän! Unsere Verantwortung für die Zukunft der Erde, Katalog zur Sonderausstellung am Deutschen Museum*, ed. N. Möllers, C. Schwägerl, and H. Trischler, 81–84. Munich: Deutsches Museum.

Renn, Jürgen, Wilhelm Osthues, and Hermann Schlimme, eds. (2014a). *Wissensgeschichte der Architektur*. 3 vols. Studies 3–5. Berlin: Edition Open Access. http://edition-open-access.de/studies/index.html.

———, eds. (2014b). *Wissensgeschichte der Architektur*. Vol. 1: *Vom Neolithikum bis zum Alten Orient*. Studies 3. Berlin: Edition Open Access. http://edition-open-access.de/studies/3/index.html.

———, eds. (2014c). *Wissensgeschichte der Architektur*. Vol. 2: *Vom Alten Ägypten bis zum Antiken Rom*. Studies 4. Berlin: Edition Open Access. http://edition-open-access.de/studies/4/index.html.

———, eds. (2014d). *Wissensgeschichte der Architektur*. Vol. 3: *Vom Mittelalter bis zur Frühen Neuzeit*. Studies 5. Berlin: Edition Open Access. http://edition-open-access.de/studies/5/index.html.

Renn, Jürgen, and Robert Rynasiewicz (2014). "Einstein's Copernican Revolution." In *The Cambridge Companion to Einstein*, ed. C. Lehner and M. Janssen, 38–71. Cambridge Companions to Philosophy. Cambridge: Cambridge University Press.

Renn, Jürgen, and Tilman Sauer (2007). "Pathways out of Classical Physics: Einstein's Double Strategy in Searching for the Gravitational Field Equation." In *Einstein's Zurich Notebook: Introduction and Source*, ed. M. Janssen, J. Norton, J. Renn, T. Sauer, and J. Stachel. The Genesis of General Relativity 1. Dordrecht: Springer.

Renn, Jürgen, and Matthias Schemmel (2000). *Waagen und Wissen in China*. Preprint 136. Berlin: Max Planck Institute for the History of Science.

———(2006). "Mechanics in the Mohist Canon and Its European Counter parts." In *Studies on Ancient Chinese Scientific and Technical Texts: Proceedings of the 3rd ISACBRST, March 31–April 3, Tübingen, Germany*, ed. H. U. Vogel, C. Moll-Murata, and G. Xuan, 24–31. Zhengzhou: Elephant Press.

———(2012). "The Encounter of Two Systems of Knowledge in the Life and Works of the Jesuit Scholar Johannes Schreck." In *The Art of Enlightenment*, ed. L. Zhangshen, 74–82. Beijing: National Museum of China.

———(2017). "Wie oft sind die Naturwissenschaften entstanden?" *Nova Acta Leopoldina NF* 414:1–13.

———, eds. (2019). *Culture and Cognition: Essays in Honor of Peter Damerow*. Berlin: Edition Open Access.

Renn, Jürgen, and Bernd Scherer, eds. (2015a). *Das Anthropozän: Zum Stand der Dinge*. Berlin: Matthes & Seitz.

———(2015b). "Einführung." In *Das Anthropozän: Zum Stand der Dinge*, ed. J. Renn and B. Scherer, 7–23. Berlin: Matthes & Seitz.

Renn, Jürgen, Robert Schlögl, Christoph Rosol, and Benjamin Steininger (2017). "A Rapid Transition of the World's Energy Systems." *Nature Outlook*. Available for download at: https://www.mpg.de/11825144/socio-technical-energy-systems.

Renn, Jürgen, Robert Schlögl, and Hans-Peter Zenner, eds. (2011). *Herausforderung Energie: Ausgewählte Vorträge der 126. Versammlung der Gesellschaft Deutscher Naturforscher und Ärzte e.V.* Proceedings 1. Berlin: Edition Open Access. http://edition-open-access.de/proceedings/1/index.html.

Renn, Jürgen, Urs Schoepflin, and Milena Wazeck (2002). "The Classical Image of Science and the Future of Science Policy, Ringberg Symposium October 2000." In *Innovative Structures in Basic Research*, ed. U. Opolka and H. Schoop, 11–21. Munich: Max Planck Society.

Renn, Jürgen, and Matteo Valleriani (2001). "Galileo and the Challenge of the Arsenal." *Nuncius* 2:481–503.

———(2014). "Elemente einer Wissensgeschichte der Architektur." In *Wissensgeschichte der Architektur*. Vol. 1: *Vom Neolithikum bis zum Alten Orient*, ed. J. Renn, W. Osthues, and H. Schlimme, 7–53. Studies 3. Berlin: Edition Open Access. http://edition-open-access.de/studies/3/3/index.html.

Renn, Jürgen, Dirk Wintergrün, Roberto Lalli, Manfred Laubichler, and Matteo Valleriani (2016). "Netzwerke als Wissensspeicher." In *Die Zukunft der Wissensspeicher: Forschen, Sammeln und Vermitteln im 21. Jahrhundert*, ed. J. Mittelstraß, 35–79. Konstanzer Wissenschaftsforum 7. Konstanz: Universitätsverlag Konstanz.

Rheinberger, Hans-Jörg (1997). *Toward a History of Epistemic Things: Synthesizing Proteins in the Test Tube*. Stanford, CA: Stanford University Press.

———(2012). "Internationalism and the History of Molecular Biology." In *The Globalization of Knowledge in History*, ed. J. Renn, 737–744. Studies 1. Berlin: Edition Open Access. http://edition-open-access.de/studies/1/33/index.html.

Rich, Nathaniel (2019). *Losing Earth: A Recent History*. New York: MCD.

Richards, Edward Graham (1998). *Mapping Time: The Calendar and Its History*. Oxford: Oxford University Press.

Richerson, Peter J., and Robert Boyd (2005). *Not by Genes Alone: How Culture Transformed Human Evolution*. Chicago: University of Chicago Press.

———(2010). "Why Possibly Language Evolved." *Biolinguistics* 4 (2–3): 289–306.

Richerson, Peter J., and Morten H. Christiansen (2013). *Cultural Evolution: Society, Technology, Language, and Religion*. Cambridge, MA: MIT Press.

Ringer, Fritz K. (1990). *The Decline of the German Mandarins: The German Academic Community, 1890–1933*. Middletown, CT: Wesleyan University Press.

Ritt-Benmimoun, Veronika, ed. (2014). *Wiener Zeitschrift für die Kunde des Morgenlandes*. Vol. 104. Vienna: Selbstverlag des Instituts für Orientalistik.

Ritter, James (2000). "Egyptian Mathematics." In *Mathematics across Cultures: The History of Non-Western Mathematics*, ed. H. Selin, 115–136. Dordrecht: Kluwer Academic.

Robson, Eleanor (2008). *Mathematics in Ancient Iraq: A Social History*. Princeton, NJ: Princeton University Press.

Rocchi Coopmans de Yoldi, Giuseppe (2006). *Santa Maria del Fiore: Teorie e storie dell'archeologia e del restauro nella città delle fabbriche arnolfiane*. Florence: Alinea.

Rochberg, Francesca (2004). *The Heavenly Writing: Divination, Horoscopy, and Astronomy in Mesopotamian Culture*. Cambridge: Cambridge University Press.

———(2017). *Before Nature: Cuneiform Knowledge and the History of Science*. Chicago: University of Chicago Press.

Rochot, Bernard (1967). "Le P. Mersenne et les relations intellectuelles dans l'Europe du XVIIe siècle." *Cahiers d'Histoire Mondiale* 10:55–73.

Rockström, Johan, Guy Brasseur, Brian Hoskins, Wolfgang Lucht, Hans Joachim Schellnhuber, Pavel Kabat, Nebojsa Nakicenovic, Peng Gong, Peter Schlosser, Maria Máñez Costa, April Humble, Nick Eyre, Peter Gleick, Rachel James, Andre Lucena, Omar Masera, Marcus Moench, Roberto Schaeffer, Sybil Seitzinger, Sander van der Leeuw, Bob Ward, Nicholas Stern, James Hurrell, Leena Srivastava, Jennifer Morgan, Carlos Nobre, Youba Sokona, Roger Cremades, Ellinor Roth, Diana Liverman, and James Arnott (2014). "Climate Change: The Necessary, the Possible and the Desirable: Earth League Climate Statement on the Implications for Climate Policy from the 5th IPCC Assessment." *Earth's Future* 2 (12): 606–611.

Rockström, Johan, Will Steffen, Kevin Noone, Åsa Persson, F. Stuart Chapin III, Eric Lambin, Timothy M. Lenton, Marten Scheffer, Carl Folke, Hans Joachim Schellnhuber, Björn Nykvist, Cynthia A. de Wit, Terry Hughes, Sander van der Leeuw, Henning Rodhe, Sverker Sörlin, Peter K. Snyder, Robert Costanza, Uno Svedin, Malin Falkenmark, Louise Karlberg, Robert W. Corell, Victoria J. Fabry, James Hansen, Brian Walker, Diana Liverman, Katherine Richardson, Paul Crutzen, and Jonathan Foley (2009). "Planetary Boundaries: Exploring the Safe Operating Space for Humanity." *Ecology and Society* 14 (2): 32.

Rogers Ackermann, Rebecca, Alex Mackay, and Michael L. Arnold (2016). "The Hybrid Origin of 'Modern' Humans." *Evolutionary Biology* 43 (1): 1–11.

Rohbeck, Johannes (1987). *Die Fortschrittstheorie der Aufklärung*. Frankfurt am Main: Campus Verlag.

Romer, Paul M. (1990). "Endogenous Technological Change." *Journal of Political Economy* 98 (5, pt. 2): S71–S102.

Rosińska-Balik, Karolina, Agnieszka Ochał-Czarnowicz, Marcin Czarnowicz, and Joanna Dębowska-Ludwin, eds. (2015). *Copper and Trade in the South-Eastern Mediterranean: Trade Routes of the Near East in Antiquity*. British Archaeological Reports International Series 2753. Oxford: Archaeopress.

Rosol, Christoph (2007). *RFID: Vom Ursprung einer (All)gegenwärtigen Kulturtechnologie*. Berlin: Kadmos.

———(2017). "Data, Models and Earth History in Deep Convolution: Paleoclimate Simulations and their Epistemological Unrest." *Berichte zur Wissenschaftsgeschichte* 40 (2): 120–139. https://onlinelibrary.wiley.com/doi/full/10.1002/bewi.201701822.

Rosol, Christoph, Sara Nelson, and Jürgen Renn (2017). "Introduction: In the Machine Room of the Anthropocene." *Anthropocene Review* 4 (1): 2–8.

Rosol, Christoph, Benjamin Steininger, Jürgen Renn, and Robert Schlögl (2018). "On the Age of Computation in the Epoch of Humankind." Sponsor feature. *Nature Research*. Accessed November 29, 2018. https://www.nature.com/articles/d42473-018-00286-8.

Rossabi, Morris (2010). *Voyager from Xanadu: Rabban Sauma and the First Journey from China to the West*. Berkeley: University of California Press.

Rossi, Paolo Alberto (1982). *Le cupole del Brunelleschi: Capire per conservare*. Bologna: Calderini.

Rottenburg, Richard (2012). "On Juridico-Political Foundations of Meta-Codes." In *The Globalization of Knowledge in History*, ed. J. Renn, 483–500. Studies 1. Berlin: Edition Open Access. http://edition-open-access.de/studies/1/25/index.html.

Rousseau, Jean-Jacques ([1762] 1964). "Du contrat social: Ou, principes du droit politique." In *Du contrat social—Écrits politiques*. Vol. 3 of *Oeuvres complètes*, ed. B. Gagnebin and M. Raymond, 347–470. Paris: Éditions Gallimard.

Ruddiman, William F. (2003). "The Anthropogenic Green house Era Began Thousands of Years Ago." *Climatic Change* 61 (3): 261–293.

———(2005). *Plows, Plagues, and Petroleum: How Humans Took Control of Climate*. Princeton, NJ: Princeton University Press.

———(2013). "The Anthropocene." *Annual Review of Earth and Planetary Sciences* 41:45–68.

Rudwick, Martin J. S. (2014). *Earth's Deep History*. Chicago: University of Chicago Press.

Rüegg, Walter, ed. (1996). *Geschichte der Universität in Europa*. 2 vols. Munich: C. H. Beck.

Ruffini, Remo, and John A. Wheeler (1971). "Introducing the Black Hole." *Physics Today* 24 (1): 30–41.

Rushkoff, Douglas (2018). "Survival of the Richest: The Wealthy Are Plotting to Leave Us Behind." Medium: Future Human. Accessed July 18, 2018. https://medium.com/s / futurehuman/survival-of-the-richest-9ef6cddd0cc1.

Russell-Wood, Anthony J. R. (1998). *The Portuguese Empire, 1415–1808: A World on the Move*. Baltimore, MD: Johns Hopkins University Press.

Russo, Lucio (2004). *The Forgotten Revolution: How Science Was Born in 300 BC and Why It Had to Be Reborn*. Heidelberg: Springer.

Saalman, Howard (1980). *Filippo Brunelleschi: The Cupola of Santa Maria del Fiore*. Studies in Architecture 20. London: A. Zwemmer.

Sachse, Carola, ed. (2003). *Die Verbindung nach Auschwitz: Biowissenschaften und Menschenversuche an Kaiser-Wilhelm-Instituten*. Geschichte der Kaiser-Wilhelm-Gesellschaft im Nationalsozialismus 6. Göttingen: Wallstein Verlag.

Sacrobosco, Johannes de, and Pedro Nunes (1537). *Tratado da sphera com a theorica do sol & da lua e ho primeiro livro da geographia de Claudio Ptolomeo Alexandrino: Tirados novamente de Latim em lingoagem pello Doutor Pero Nunez cosmographo del Rey Don Joano. Et acrescentatos de muitas annotaçiones i figuras per que mays facilmente se podem entender. Tratado que ho doutor per nunez fez em defensam de carta de marear. Item dous tratados quo mesmo Doutor fez sobra a carta de marear. Em os quaes se decrerano todas as principaes du vidas da navegação. Con as pavoa do movimento do sol: I sua declinação. Eo regimento de altura*. Lisbon: Galharde.

Sacrobosco, Johannes de, Èlie Vinet, Petrus Valerianus, Petrus Nuñes, and Joannes Regiomontanus (1556). *Sphaera Ioannis de Sacro Bosco emendata: Eliae Vineti Santonis scholia in eandem sphaeram, ab ipso auctore restituta. Adiunximus huic libro compendium in sphaeram, per Pierium Valerianum Bellunensem, et, Petri Nonii Salaciensis demonstrationem eorum, quae in extremo capite de Climatibus Sacroboscius scribit, de inaequali climatum latitudine, eodem Vineto interprete*. Paris: Gulielmum Cavellat.

Sadler, John Edward (2014). *J. A. Comenius and the Concept of Universal Education*. New York: Routledge.

Sagan, Carl (1985). *Contact: A Novel*. New York: Simon & Schuster.

Sagan, Carl, Linda Salzman Sagan, and Frank Drake (1972). "A Message from Earth." *Science* 175 (4024): 881–884.

Sahagún, Fray Bernardino de (1577). *Historia general de las cosas de nueva España* [General history of the things of New Spain]. *The Florentine Codex*. Vol. 3, book 12: *The Conquest of Mexico*. Florence: Biblioteca Medicea Laurenziana. World Digital Library. https://www.wdl.org/en/item/10096/#institution=laurentian-library.

Sahlins, Marshall (1994). "Cosmologies of Capitalism: The Trans-Pacific Sector of the 'World-System.'" In *Culture/Power/History: A Reader in Contemporary Social Theory*, ed. N. B. Dirks, G. Eley, and S. B. Ortner, 412–456. Princeton, NJ: Princeton University Press.

Saito, Osamu (2002). "The Frequency of Famines as Demographic Correctives in the Japanese Past." In *Famine Demography: Perspectives from the Past and Present*, ed. T. Dyson and C. Ó Gráda, 218–239. Oxford: Oxford University Press.

Sallaberger, Walther (1999). "Ur III-Zeit." In *Mesopotamien: Akkade-Zeit und Ur-III Zeit*, ed. P. Attinger and M. Wäfler, 121–390. Annäherungen 3. Orbis Biblicus et Orientalis 160. Göttingen: Vandenhoeck & Ruprecht.

Sandom, Christopher, Søren Faurby, Brody Sandel, and Jens-Christian Svenning (2014). "Global Late Quaternary Megafauna Extinctions Linked to Humans, Not Climate Change." *Proceedings of the Royal Society B: Biological Sciences* 281 (1787): 20133254.

Sasson, Jack M., ed. (1995). *Civilizations of the Ancient Near East*. Vol. 4 of 4 vols. New York: Charles Scribner's Sons.

Savage-Rumbaugh, E. Sue, William M. Fields, Pär Segerdahl, and Duane M. Rumbaugh (2005). "Culture Prefigures Cognition in 'Pan/Homo' Bonobos." *Theoria: An International Journal for Theory, History and Foundations of Science, SEGUNDA EPOCA* 20 (3[54]): 311–328.

Savage-Rumbaugh, E. Sue, and Roger Lewin (1994). *Kanzi: The Ape at the Brink of the Human Mind*. New York: John Wiley & Sons.
Savage-Rumbaugh, E. Sue, Jeannine Murphy, Rose A. Sevic, Karen E. Brakke, Shelly L. Williams, Duane M. Rumbaugh, and Elizabeth Bates (1993). "Language Comprehension in Ape and Child." *Monographs of the Society for Research in Child Development* 58 (3–4): 1–252.
Savage-Rumbaugh, E. Sue, Rose A. Sevic, Duane M. Rumbaugh, and Elizabeth Rubert (1985). "The Capacity of Animals to Acquire Language: Do Species Differences Have Anything to Say to Us?" *Philosophical Transactions of the Royal Society B: Biological Sciences* 308 (1135): 177–185.
Schaper, Joachim (2019). " 'Real Abstraction' and the Origins of Intellectual Abstraction in Ancient Mesopotamia: Ancient Economic History as a Key to the Understanding and Evaluation of Marx's Labour Theory of Value." In *Culture and Cognition: Essays in Honor of Peter Damerow*, ed. J. Renn and M. Schemmel. Berlin: Edition Open Access.
Scharf, Peter M., and Malcolm D. Hyman (2012). *Linguistic Issues in Encoding Sanskrit*. Delhi: Motilal Banarsidass.
Schellnhuber, Hans Joachim, Olivia Maria Serdeczny, Sophie Adams, Claudia Köhler, Ilona Magdalena Otto, and Carl-Friedrich Schleussner (2016). "The Challenge of a 4°C World by 2100." In *Handbook on Sustainability Transition and Sustainable Peace*, ed. H. G. Brauch, Ú. Oswald Spring, J. Grin, and J. Scheffran, 267–283. Hexagon Series on Human and Environmental Security and Peace 10. Cham: Springer.
Schelsky, Helmut, ed. (1970). *Zur Theorie der Institution*. Interdisziplinäre Studien 1. Düsseldorf: Bertelsmann-Universitätsverlag.
Schemmel, Matthias (2001a). "England's Forgotten Galileo: A View on Thomas Harriot's Ballistic Parabolas." In *Largo campo di filosofare: Eurosymposium Galileo 2001*, ed. J. Montesinos and C. Solís, 269–280. La Orotava: Fundación Canaria Orotava de Historia de la Ciencia.
———(2001b). *The Sections on Mechanics in the Mohist Canon*. Preprint 182. Berlin: Max Planck Institute for the History of Science.
———(2006). "The English Galileo: Thomas Harriot and the Force of Shared Knowledge in Early Modern Mechanics." *Physics in Perspective* 8 (4): 360–380.
———(2008). *The English Galileo: Thomas Harriot's Work on Motion as an Example of Preclassical Mechanics*. Boston Studies in the Philosophy and History of Science 268. Dordrecht: Springer.
———(2012). "The Transmission of Scientific Knowledge from Europe to China in the Early Modern Period." In *The Globalization of Knowledge in History*, ed. J. Renn, 269–293. Studies 1. Berlin: Edition Open Access. http://edition-open-access.de/studies/1/15/index.html.
———(2013). "Stevin in Chinese: Aspects of the Transformation of Early Modern European Science in Its Transfer to China." In *Translating Knowledge in the Early Modern Low Countries*, ed. H. J. Cook and S. Dupré, 369–385. Münster: LIT Verlag.
———(2014). "Medieval Representations of Change and Their Early Modern Application." *Foundations of Science* 19 (1): 11–34.
———(2016a). *Historical Epistemology of Space: From Primate Cognition to Spacetime Physics*. Springer Briefs in History of Science and Technology. Cham: Springer.
———, ed. (2016b). *Spatial Thinking and External Representation: Towards a Historical Epistemology of Space*. Studies 8. Berlin: Edition Open Access. http://edition-open-access.de/studies/8/index.html.
———(2016c). "Towards a Historical Epistemology of Space: An Introduction." In *Spatial Thinking and External Representation: Towards a Historical Epistemology of Space*, ed. M. Schemmel, 1–33. Studies 8. Berlin: Edition Open Access. http://edition-open-access.de/stud-

ies/8/2/index.html.

———(2019). *Everyday Language and Technical Terminology: Reflective Abstractions in the Long-Term History of Spatial Terms*. Preprint 491. Berlin: Max Planck Institute for the History of Science.

Schemmel, Matthias, and William G. Boltz (2016). "Theoretical Reflections on Elementary Actions and Instrumental Practices: The Example of the Mohist Canon." In *Spatial Thinking and External Representation: Towards a Historical Epistemology of Space*, ed. M. Schemmel, 121–144. Studies 8. Berlin: Edition Open Access. http://edition-open-access.de/studies/8/5/index.html.

Schiefenhövel, Wulf (1991). "Eipo." In *Oceania*, ed. T. E. Hays, 55–59. Vol. 2 of *Encyclopedia of World Cultures*. Boston: G. K. Hall.

———(2013). "Biodiversity through Domestication: Examples from New Guinea." *Revue d'ethnoécologie* 3:1–16.

Schiefenhövel, Wulf, Volker Heeschen, and Irenäus Eibl-Eibesfeldt (1980). "Requesting, Giving and Taking: The Relationship between Verbal and Nonverbal Behavior in the Speech Community of the Eipo, Irian Jaya (West New Guinea)." In *The Relationship of Verbal and Nonverbal Communication*, ed. M. R. Key, 139–166. The Hague: Mouton.

Schiefsky, Mark (2007). "Theory and Practice in Heron's Mechanics." In *Mechanics and Natural Philosophy before the Scientific Revolution*, ed. W. R. Laird and S. Roux, 15–49. Boston Studies in the Philosophy of Science 254. New York: Springer.

———(2012). "The Creation of Second-Order Knowledge in Ancient Greek Science as a Process in the Globalization of Knowledge." In *The Globalization of Knowledge in History*, ed. J. Renn, 177–186. Studies 1. Berlin: Edition Open Access. http://edition-open-access.de/studies/1/12/index.html.

Schlimme, Hermann, ed. (2006). *Practice and Science in Early Modern Italian Building: Towards an Epistemic History of Architecture*. Milan: Electa.

———(2009). "Die frühe 'Accademia et Compagnia dell'Arte del Disegno' in Florenz und die Architekturausbildung." In *Entwerfen: Architektenausbildung in Europa von Vitruv bis Mitte des 20. Jahrhunderts—Geschichte, Theorie, Praxis*, ed. R. Johannes, 326–343. Hamburg: Junius Verlag.

Schlimme, Hermann, Dagmar Holste, and Jens Niebaum (2014). "Bauwissen im Italien der Frühen Neuzeit." In *Wissensgeschichte der Architektur*. Vol. 3: *Vom Mittelalter bis zur Frühen Neuzeit*, ed. J. Renn, W. Osthues, and H. Schlimme, 97–368. Studies 5. Berlin: Edition Open Access. http://edition-open-access.de/studies/5/4/index.html.

Schlögl, Robert (2012). "The Role of Chemistry in the Global Energy Challenge." In *The Globalization of Knowledge in History*, ed. J. Renn, 745–794. Studies 1. Berlin: Edition Open Access. http://edition-open-access.de/studies/1/34/index.html.

Schmandt-Besserat, Denise (1992a). *Before Writing*. Vol. 1: *From Counting to Cuneiform*. Austin: University of Texas Press.

———(1992b). *How Writing Came About*. Abridged ed. of *Before Writing*. Vol. 1: *From Counting to Cuneiform*. Austin: University of Texas Press.

Schmelz, Martin, Sebastian Grueneisen, Alihan Kabalak, Jürgen Jost, and Michael Tomasello (2017). "Chimpanzees Return Favors at a Personal Cost." *Proceedings of the National Academy of Sciences of the United States of America* 114 (28): 7462–7467.

Schmieg, Greogor, Esther Meyer, Isabell Schrickel, Jeremias Herberg, Guido Caniglia, Ulli Vilsmaier, Manfred Laubichler, Erich Hörl, and Daniel Lang (2017). "Modeling Normativity in Sustainability: A Comparison of the Sustainable Development Goals, the Paris Agreement, and the Papal Encyclical." *Sustainability Science* 13 (3): 785–796.

Schmuhl, Hans-Walter (2005). *Grenzüberschreitungen: Das Kaiser-Wilhelm-Institut für Anthro-*

pologie, menschliche Erblehre und Eugenik 1927–1945. Geschichte der Kaiser-Wilhelm-Gesellschaft im Nationalsozialismus 9. Göttingen: Wallstein Verlag.

Schneider, Birgit (2017). "The Future Face of the Earth: The Visual Semantics of the Future in the Climate Change Imagery of the IPCC." In *Cultures of Prediction in Atmospheric and Climate Science: Epistemic and Cultural Shifts in Computer-Based Modelling and Simulation*, ed. M. Heymann, G. Gramelsberger, and M. Mahony, 231–252. London: Routledge.

Schrödinger, Erwin (1946). *What Is Life? The Physical Aspect of the Living Cell: Based on Lectures Delivered under the Auspices of the Institute for Advanced Studies at Trinity College, Dublin, in February 1943*. Reprint, Cambridge: Cambridge University Press.

Schülein, Johann August (1987). *Theorie der Institution: Eine Dogmengeschichtliche und Konzeptionelle Analyse*. Opladen: Westdeutscher Verlag.

Schumpeter, Joseph A. ([1934] 2008). *The Theory of Economic Development: An Inquiry into Profits, Capital, Credit, Interest, and the Business Cycle*. Translated by Redvers Opie. 14th ed. Social Science Classics Series. New Brunswick, NJ: Transaction.

———(1949). "Science and Ideology." *American Economic Review* 39 (2): 346–359.

Schwägerl, Christian (2014). *The Anthropocene: The Human Era and How It Shapes Our Planet*. Santa Fe, NM: Synergetic Press.

Schweber, Silvan S. (2015). "Hacking the Quantum Revolution: 1925–1975." *European Physical Journal H* 40 (1): 53–149.

Scott, James C. (2017). *Against the Grain: A Deep History of the Earliest States*. New Haven, CT: Yale University Press.

Scott, John T., ed. (2006). *Jean-Jacques Rousseau: Critical Assessments of Leading Political Philosophers*. London: Routledge.

Searle, John R. (1995). *The Construction of Social Reality*. London: Penguin Books.

Secord, James A. (2004). "Knowledge in Transit." *Isis* 95 (4): 654–672.

Seipel, Wilfried, ed. (2003). *Der Turmbau zu Babel: Ursprung der Vielfalt von Sprache und Schrift*. Vol. 3: *Schrift*. Vienna: Kunsthistorisches Museum.

Selin, Helaine, ed. (2008). *Encyclopaedia of the History of Science, Technology, and Medicine in Non-Western Cultures*. 2nd ed. Dordrecht: Springer.

Senft, Gunter (2016). " 'Masawa—bogeokwa si tuta!': Cultural and Cognitive Implications of the Trobriand Islanders' Gradual Loss of Their Knowledge of How to Make a Masawa Canoe." In *Ethnic and Cultural Dimensions of Knowledge*, ed. P. Meusburger, T. Freytag, and L. Suarsana, 229–256. Knowledge and Space 8. Dordrecht: Springer.

Senghas, Ann (1995). "Children's Contribution to the Birth of Nicaraguan Sign Language." Ph.D. diss., Massachusetts Institute of Technology.

———(2000). "The Development of Early Spatial Morphology in Nicaraguan Sign Language." In *Proceedings of the 24th Annual Boston University Conference on Language Development*, ed. S. C. Howell, S. A. Fish, and T. Keith-Lucas, 696–707. Somerville, MA: Cascadilla Press.

Senghas, Ann, and Marie Coppola (2001). "Children Creating Language: How Nicaraguan Sign Language Acquired a Spatial Grammar." *Psychological Science* 12 (4): 323–328.

Senghas, Richard J. (1997). "An 'Unspeakable, Unwriteable' Language: Deaf Identity, Language and Personhood among the First Cohort of Nicaraguan Signers." Ph.D. diss., University of Rochester.

Senghas, Richard J., Ann Senghas, and Jennie E. Pyers (2005). "The Emergence of Nicaraguan Sign Language: Questions of Development, Acquisition, and Evolution." In *Biology and Knowledge Revisited: From Neurogenesis to Psychogenesis*, ed. S. T. Parker, J. Langer, and C. Milbrath, 287–306. Mahwah, NJ: Erlbaum.

Sevic, Rose A., and E. Sue Savage-Rumbaugh (1994). "Language Comprehension and Use by

Great Apes." *Language & Communication* 14 (1): 37–58.
Seyfarth, Robert M., Dorothy L. Cheney, and Peter Marler (1980). "Vervet Monkey Alarm Calls: Semantic Communication in a Free-Ranging Primate." *Animal Behavior* 28 (4): 1070–1094.
Shannon, Claude E., and Warren Weaver (1949). *The Mathematical Theory of Communication*. Urbana: University of Illinois Press.
Shapin, Steven, and Simon Schaffer (1985). *Leviathan and the Air-Pump: Hobbes, Boyle, and the Experimental Life*. Princeton, NJ: Princeton University Press.
Sieferle, Rolf Peter (2001). *The Subterranean Forest: Energy Systems and the Industrial Revolution*. Translated by Michael P. Osman. Knapwell: White Horse Press.
Sievertsen, Uwe (2014). "Bauwissen im Alten Orient." In *Wissensgeschichte der Architektur*. Vol. 1: *Vom Neolithikum bis zum Alten Orient*, ed. J. Renn, W. Osthues, and H. Schlimme, 131–280. Studies 3. Berlin: Edition Open Access. http://edition-open-access.de/studies/3/5/index.html.
Silva da Silva, Circe Mary, and Ligia Arantes Sad (2012). "The Transformations of Knowledge through Cultural Interactions in Brazil: The Case of the Tupinikim and the Guarani." In *The Globalization of Knowledge in History*, ed. J. Renn, 525–558. Studies 1. Berlin: Edition Open Access. http://edition-open-access.de/studies/1/27/index.html.
Simmel, Georg (2004). *The Philosophy of Money*. Translated by Tom Bottomore. London: Taylor & Francis.
Simon, Dagmar, Andreas Knie, Stefan Hornbostel, and Karin Zimmermann, eds. (2016). *Handbuch Wissenschaftspolitik*. Springer Reference Sozialwissenschaften. Wiesbaden: Springer.
Singh, Shree N., and Amitosh Verma (2007). "Environmental Review: The Potential of Nitrification Inhibitors to Manage the Pollution Effect of Nitrogen Fertilizers in Agricultural and Other Soils: A Review." *Environmental Practice* 9 (4): 266–279.
Sivasundaram, Sujit (2010a). "Focus: Global Histories of Science: Introduction." *Isis* 101 (1): 95–97.
———(2010b). "Sciences and the Global: On Methods, Questions, and Theory." *Isis* 101 (1): 146–158.
Slaughter, Sheila, and Larry L. Leslie (1997). *Academic Capitalism: Politics, Policies and the Entrepreneurial University*. Baltimore, MD: Johns Hopkins University Press.
Slobin, Dan I. (2004). "From Ontogenesis to Phylogenesis: What Can Child Language Tell Us about Language Evolution?" In *Biology and Knowledge Revisited: From Neurogenesis to Psychogenesis*, ed. J. Langer, S. T. Parker, and C. Milbrath, 255–285. Mahwah, NJ: Erlbaum.
Smith, Bruce D., and Melinda A. Zeder (2013). "The Onset of the Anthropocene." *Anthropocene* 4:8–13.
Smith, Cyril Stanley (1977). Reviews of *Metallurgical Remains of Ancient China*, by Noel Bernard and Tamotsu Sato; and *The Cradle of the East: An Enquiry into the Indigenous Origins of Techniques and Ideas of Neolithic and Early Historic China, 5000–1000 B.C.*, by Ping-Ti Ho. *Technology and Culture* 18 (1): 80–86.
Smith, George E. (2006). "The *Vis Viva* Dispute: A Controversy at the Dawn of Dynamics." *Physics Today* 59 (10): 31–36.
Smith, Pamela H. (2004). *The Body of the Artisan: Art and Experience in the Scientific Revolution*. Chicago: University of Chicago Press.
Smitka, Michael, ed. (1998). *The Japanese Economy in the Tokugawa Era 1600–1868*. Japanese Economic History 1600–1960 6. London: Routledge.
Solnit, Rebecca (2014). *Men Explain Things to Me*. New York: Haymarket Books.
Speer, Andreas, and Lydia Wegener (2008). *Wissen über Grenzen: Arabisches Wissen und Lateinisches Mittelalter*. Miscellanea Mediaevalia 33. Berlin: De Gruyter.
Sperber, Dan, ed. (2000). *Metarepresentations: A Multidisciplinary Perspective*. Vancouver Stud-

ies in Cognitive Science 10. New York: Oxford University Press.

Spicer, Dag, Gwen Bell, Jan Zimmerman, Jacqueline Boas, Bill Boas, and Dan Lythcott-Haims (1997). "Internet History 1962 to 1992." Computer History Museum. Accessed February 7, 2018. http://www.computerhistory.org/internethistory.

Spindler, Martin (2014). "The Center and the Edge." Accessed July 26, 2015. http://mjays.net/the-center-and-the-edge.

Sprenger, Florian, and Christoph Engemann (2015a). "Im Netz der Dinge: Zur Einleitung." In *Internet der Dinge: Über Smarte Objekte, Intelligente Umgebungen und die Technische Durchdringung der Welt*, ed. F. Sprenger and C. Engemann, 7–58. Bielefeld: Transcript Verlag.

———, eds. (2015b). *Internet der Dinge: Über Smarte Objekte, Intelligente Umgebungen und die Technische Durchdringung der Welt*. Bielefeld: Transcript Verlag.

Srnicek, Nick (2017). *Platform Capitalism*. Cambridge: Polity Press.

Stadler, Friedrich (2001). *The Vienna Circle: Studies in the Origins, Development, and Influence of Logical Empiricism*. Translated by Camilla Nielsen, Joel Golb, Sabine Schmidt, and Thomas Ernst. Vienna: Springer.

Staley, Richard (2009). *Einstein's Generation: The Origins of the Relativity Revolution*. Chicago: University of Chicago Press.

Star, Susan Leigh (2010). "This Is Not a Boundary Object: Reflections on the Origin of a Concept." *Science, Technology, & Human Values* 35 (5): 601–617.Stearns, Peter N. (1993). "Interpreting the Industrial Revolution." In *Islamic and European Expansion: The Forging of a Global Order*, ed. M. Adas. Philadelphia: Temple University Press.

Steels, Luc (2011). "Modeling the Cultural Evolution of Language." *Physics of Life Reviews* 8 (4): 339–356.

Steffen, Will, Wendy Broadgate, Lisa Deutsch, Owen Gaffney, and Cornelia Ludwig (2015). "The Trajectory of the Anthropocene: The Great Acceleration." *Anthropocene Review* 2 (1): 81–98.

Steffen, Will, Paul J. Crutzen, and John R. McNeill (2007). "The Anthropocene: Are Humans Now Overwhelming the Great Forces of Nature?" *AMBIO: A Journal of the Human Environment* 36 (8): 614–621.

Steffen, Will, Jacques Grinevald, Paul Crutzen, and John McNeill (2011). "The Anthropocene: Conceptual and Historical Perspectives." *Philosophical Transactions of the Royal Society A: Mathematical, Physical and Engineering Sciences* 369: 842–867.

Steffen, Will, Reinhold Leinfelder, Jan Zalasiewicz, Colin N. Waters, Mark Williams, Colin Summerhayes, Anthony D. Barnosky, Alejandro Cearreta, Paul Crutzen, Matt Edgeworth, Erle C. Ellis, Ian J. Fairchild, Agnieszka Galuszka, Jacques Grinevald, Alan Haywood, Juliana Ivardo Sul, Catherine Jeandel, J. R. McNeill, Eric Odada, Naomi Oreskes, Andrew Revkin, Daniel deB. Richter, James Syvitski, Davor Vidas, Michael Wagreich, Scott L. Wing, Alexander P. Wolfe, and H. J. Schellnhuber (2016). "Stratigraphic and Earth System Approaches to Defining the Anthropocene." *Earth's Future* 4 (8): 324–345.

Steffen, Will, Katherine Richardson, Johan Rockström, Sarah E. Cornell, Ingo Fetzer, Elena M. Bennett, Reinette Biggs, Stephen R. Carpenter, Wim de Vries, Cynthia A. de Wit, Carl Folke, Dieter Gerten, Jens Heinke, Georgina M. Mace, Linn M. Persson, Veerabhadran Ramanathan, Belinda Reyers, and Sverker Sörlin (2015). "Planetary Boundaries: Guiding Human Development on a Changing Planet." *Science* 347 (6223): 1259855.

Steffen, Will, Johan Rockström, Katherine Richardson, Timothy M. Lenton, Carl Folke, Diana Liverman, Colin P. Summerhayes, Anthony D. Barnosky, Sarah E. Cornell, Michel Crucifix, Jonathan F. Donges, Ingo Fetzer, Steven J. Lade, Marten Scheffer, Ricarda Winkelmann, and Hans Joachim Schellnhuber (2018). "Trajectories of the Earth System in the Anthropocene."

Proceedings of the National Academy of Sciences of the United States of America 115 (33): 8252–8259.
Steffen, Will, Angelina Sanderson, Peter Tyson, Jill Jäger, Pamela Matson, Berrien Moore III, Frank Oldfield, Kathrine Richardson, John Schellnhuber, B. L. Turner, and Robert Wasson (2004). *Global Change and the Earth System: A Planet under Pressure*. Heidelberg: Springer. Steinberg, Sigfrid Henry ([1955] 2017). *Five Hundred Years of Printing*. Reprint, Mineola, NY: Dover.
Steininger, Benjamin (2014). "Refinery and Catalysis." In *Textures of the Anthropocene: Grain, Vapor, Ray*. Vol. 2, ed. K. Klingan, A. Sepahvand, C. Rosol, and B. M. Scherer, 105–118. Cambridge, MA: MIT Press.
——(2018). "Petromoderne-Petromonströs." *Azimuth* 12 (VI): 15–29.
Sterelny, Kim, and Trevor Watkins (2015). "Neolithization in Southwest Asia in a Context of Niche Construction Theory." *Cambridge Archaeological Journal* 25 (3): 673–691.
Sterling, Bruce (2015). *The Epic Struggle of the Internet of Things*. Moscow: Strelka Press.
Stern, Steve J. (1988). "Feudalism, Capitalism, and the World-System in the Perspective of Latin America and the Caribbean." *American Historical Review* 93 (2): 829–872.
Sternberger, Dolf (1977). *Panorama of the Nineteenth Century*. Translated by Joachim Neugroschel. New York: Urizen Books.
Stevenson, Christopher M., Cedric O. Puleston, Peter M. Vitousek, Oliver A. Chadwick, Sonia Haoa, and Thegn N. Ladefoged (2015). "Variation in Rapa Nui (Easter Island) Land Use Indicates Production and Population Peaks prior to European Contact." *Proceedings of the National Academy of Sciences of the United States of America* 112 (4): 1025–1030.
Stichweh, Rudolf (1984). *Zur Entstehung des modernen Systems wissenschaftlicher Disziplinen: Physik in Deutschland 1740–1890*. Frankfurt am Main: Suhrkamp.
Streeck, Wolfgang (2014). *Buying Time: The Delayed Crisis of Democratic Capitalism*. Translated by Patrick Camiller and David Fernbach. London: Verso Books.
Streeck, Wolfgang, and Kathleen Thelen (2005). "Introduction: Institutional Change in Advanced Political Economies." In *Beyond Continuity: Institutional Change in Advanced Political Economies*, ed. W. Streeck and K. Thelen, 1–39. Oxford: Oxford University Press.
Su, Ching (1996). "The Printing Presses of the London Missionary Society among the Chinese." Ph.D. diss., University College London.
Suchak, Malini, Timothy M. Eppley, Matthew W. Campbell, Rebecca A. Feldman, Luke F. Quarles, and Frans B. M. de Waal (2016). "How Chimpanzees Cooperate in a Competitive World." *Proceedings of the National Academy of Sciences of the United States of America* 113 (36): 10215–20.
Suess, Eduard (1904–1924). *The Face of the Earth* [*Das Anlitz der Erde*]. Translated by Hertha B. C. Sollas. 5 vols. Oxford: Clarendon Press.
Sukhdev, Pavan, Peter May, and Alexander Müller (2016). "Fix Food Metrics." *Nature* 540 (7631): 33–34.
Swerdlow, Noel (1973). "The Derivation and First Draft of Copernicus's Planetary Theory: A Translation of the *Commentariolus* with Commentary." *Proceedings of the American Philosophical Society* 117 (6): 423–512.
——(2004). "An Essay on Thomas Kuhn's First Scientific Revolution: The Copernican Revolution." *Proceedings of the American Philosophical Society* 148 (1): 64–120.
Swerdlow, Noel M., and Otto Neugebauer (1984). *Mathematical Astronomy in Copernicus's "De revolutionibus."* 2 vols. Studies in the History of Mathematics and Physical Sciences 10. New York: Springer.
Szabó, Árpád (1978). *The Beginnings of Greek Mathematics*. Dordrecht: D. Reidel.
Szabó, Árpád, and Erkka Maula (1982). *Enklima: Untersuchungen zur Frühgeschichte der*

Griechischen Astronomie, Geographie und der Sehnentafeln. Athens: Akademie Athen, Forschungsinstitut für Griechische Philosophie.

Szerszynski, Bronislaw (2017). "The Anthropocene Monument: On Relating Geological and Human Time." *European Journal of Social Theory* 20 (1): 111–131.

Szöllösi-Janze, Margit (1998). *Fritz Haber 1868–1934: Eine Biographie*. Munich: C. H. Beck.

———(2000). "Losing the War, but Gaining Ground: The German Chemical Industry during World War I." In *The German Chemical Industry in the Twentieth Century*, ed. J. E. Lesch, 91–121. Chemists and Chemistry 18. Dordrecht: Springer.

Taisbak, Christian Marinus (2003). *Euclid's Data: The Importance of Being Given*. Acta Historica Scientiarum Naturalium et Medicinalium 45. Copenhagen: Museum Tusculanum Press.

Tajima, Kayo (2007). *The Marketing of Urban Human Waste in the Early Modern Edo/Tokyo Metropolitan Era*. Environnement Urbain: Cartographie d'un Concept 1. Quebec: Institut National de Recherche Scientifique Centre Urbanisation Culture et Société.

Tallerman, Maggie (2005). *Language Origins: Perspectives on Evolution*. Oxford: Oxford University Press.

Terenzi, Pierluigi (2015). "Maestranze e organizzazione del lavoro negli Anni della Cupola." "The Years of the Cupola—Studies." http://duomo.mpiwg-berlin.mpg.de/STUDIES/study004/study004.html.

Thagard, Paul (1993). *Conceptual Revolutions*. Princeton, NJ: Princeton University Press.

Thelen, Kathleen (2004). *How Institutions Evolve: The Political Economy of Skills in Germany, Britain, the United States, and Japan*. Cambridge: Cambridge University Press.

Thelen, Kathleen, and Sven Steinmo (1992). "Historical Institutionalism in Comparative Politics." In *Structuring Politics: Historical Institutionalism in Comparative Analysis*, ed. K. Thelen, S. Steinmo, and F. Longstreth, 1–32. Cambridge: Cambridge University Press.

Thiering, Martin, and Wulf Schiefenhövel (2016). "Spatial Concepts in Non-literate Societies: Language and Practice in Eipo and Dene Chipewyan." In *Spatial Thinking and External Representation: Towards a Historical Epistemology of Space*, ed. M. Schemmel, 35–92. Studies 9. Berlin: Edition Open Access. http://edition-open-access.de/studies/8/3/index.html.

Thomas, Brinley (1985). "Escaping from Constraints: The Industrial Revolution in a Malthusian Context." *Journal of Interdisciplinary History* 15 (4): 729–753.

Thomas, Julia Adeney (2017). "The Historians' Task in the Age of the Anthropocene: Finding Hope in Japan? Presentation 2, October 12, 2017." Presentation, Max Planck Institute for the History of Science. Accessed March 28, 2018. https://www.mpiwg-berlin.mpg.de/video/historians-task-age-anthropocene-finding-hope-japan-presentation-2.

———(forthcoming). *The Historian's Task in the Anthropocene: Theory, Practice, and the Case of Japan*. Princeton: Princeton University Press.

———(forthcoming). "Practicing Hope in the Anthropocene." *American Historical Review*.

Thompson, William R. (2006). "Climate, Water, and Political-Economic Crises in Ancient Mesopotamia and Egypt." In *The World System and the Earth System*, ed. A. Hornborg and C. Crumley, 163–179. Walnut Creek, CA: Left Coast Press.

Thorne, Kip (1994). *Black Holes and Time Warps: Einstein's Outrageous Legacy*. New York: W. W. Norton.

Tilley, Helen (2010). "Global Histories, Vernacular Science, and African Genealogies: Or, Is the History of Science Ready for the World?" *Isis* 101 (1): 110–119.

Toepfer, Georg (2011). *Analogie—Ganzheit*. Historisches Wörterbuch der Biologie: Geschichte und Theorie der biologischen Grundbegriffe 1. Stuttgart: J. B. Metzler.

Tomasello, Michael (1999). *The Cultural Origins of Human Cognition*. Cambridge, MA: Harvard University Press.

———(2003). *Constructing a Language: A Usage-Based Approach to Language*. Cambridge,

MA: Harvard University Press.

———(2014). *A Natural History of Human Thinking*. Cambridge, MA: Harvard University Press.

Tomasello, Michael, and Joseph Call (1997). *Primate Cognition*. Oxford: Oxford University Press.

Tomasello, Michael, Ann C. Kruger, and Hilary H. Ratner (1993). "Cultural Learning." *Behavioral and Brain Sciences* 16 (3): 495–511.

Tomlinson, Gary (2015). *A Million Years of Music: The Emergence of Human Modernity*. Cambridge, MA: Zone Books.

———(2018). *Culture and the Course of Human Evolution*. Chicago: University of Chicago Press.

Torricelli, Evangelista (1919). "De motu gravium naturaliter descendentium et proiectorum (1644)." In *Lezioni accademiche—Meccanica—Scritti vari*, ed. G. Vassura, 101–232. Opera di Evangelista Torricelli 2. Faenza: Danilo Montanari Editore.

Toulmin, Stephen (1972). *Human Understanding*. Vol. 1 of 3. Princeton, NJ: Princeton University Press.

Toynbee, Arnold J. (1954). *A Study of History*. Vol. 7. London: Oxford University Press.

Travis, Anthony S. (1993). *The Rainbow Makers: The Origins of the Synthetic Dyestuffs Industry in Western Europe*. Bethlehem, PA: Lehigh University Press.

Trischler, Helmuth (2016). "The Anthropocene: A Challenge for the History of Science, Technology, and the Environment." *NTM Zeitschrift für Geschichte der Wissenschaften, Technik und Medizin* 24 (3): 309–335.

Tsuen-Hsuin, Tsien (1987). *Chemistry and Chemical Technology Part 1: Paper and Printing*. 3rd ed. Science and Civilisation in China 5.1. Cambridge: Cambridge University Press.

Turner, Billie Lee, II, Pamela A. Matson, James J. McCarthy, Robert W. Corell, Lindsey Christensen, Noelle Eckley, Grete K. Hovelsrud-Broda, Jeanne X. Kasperson, Roger E. Kasperson, Amy Luers, Marybeth L. Martello, Svein Mathiesen, Rosamond Naylor, Colin Polsky, Alexander Pulsipher, Andrew Schiller, Henrik Selin, and Nicholas Tyler (2003). "Illustrating the Coupled Human—Environment System for Vulnerability Analysis: Three Case Studies." *Proceedings of the National Academy of Sciences of the United States of America* 100 (14): 8080–8085.

Ufano, Diego (1628). *Artillerie, ou vraye instruction de l'artillerie et de ses appartenances: Contenant une declaration de tout ce qui est de l'office du General d'icelle, tant en un siege qu'en un lieu assiegé; Item des batteries, contre-batteries, ponts, mines & galleries, & de toutes fortes de machines requises au train*. Rouen: Jean Berthelin.

Uhrqvist, Ola (2014). "Seeing and Knowing the Earth as a System: An Effective History of Global Environmental Change Research as Scientific and Political Practice." Ph.D. diss., Linköping University.

Uhrqvist, Ola, and Björn-Ola Linnér (2015). "Narratives of the Past for Future Earth: The Historiography of Global Environmental Change Research." *Anthropocene Review* 2 (2): 159–173.

Valente, Thomas W. (1995). *Network Models of the Diffusion of Innovations*. Cresskill, NJ: Hampton Press.

Valleriani, Matteo (2010). *Galileo Engineer*. Boston Studies in the Philosophy and History of Science 269. Dordrecht: Springer.

———(2013). *Metallurgy, Ballistics and Epistemic Instruments: The "Nova scientia" of Nicolò Tartaglia—a New Edition*. Translated by Matteo Valleriani, Lindy Divarci, and Anna Siebold. Sources 6. Berlin: Edition Open Access. http://www.edition-open-sources.org/sources/6/index.html.

———(2017a). "The Epistemology of Practical Knowledge." In *The Structures of Practical Knowledge*, ed. Matteo Valleriani, 1–19. Cham: Springer.
———, ed. (2017b). *The Structures of Practical Knowledge*. Cham: Springer.
———(2017c). "The Tracts on the Sphere: Knowledge Restructured over a Network." In *The Structures of Practical Knowledge*, ed. M. Valleriani, 421–473. Cham: Springer.
Vasari, Giorgio (1550). *Le vite de' più eccellenti architetti, pittori, et scultori italiani, da Cimabue infino a' tempi nostri: Descritte in lingua toscana da Giorgio Vasari, pittore arentino— Con una sua utile et necessaria introduzione a le arti loro*. 2 vols. Florence: Lorenzo Torrentino.
———(1878–1885). *Le vite de' più eccellenti pittori, scultori ed architettori, scritte da Giorgio Vasari pittore aretino, con nuove annotazioni e commenti di Gaetano Milanesi*. 9 vols. Florence: G. C. Sansoni.
———(1987). *Lives of the Artists*. Translated by George Bull. 2 vols. Harmonds worth: Penguin Books.
Vecce, Carlo (2017). *La biblioteca perduta: I libri di Leonardo*. Rome: Salerno Editrice.
Veenhof, Klaas R., and Jesper Eidem (2008). *Mesopotamia: The Old Assyrian Period*. Annäherungen 5; Orbis Biblicus et Orientalis 160. Göttingen: Vandenhoeck & Ruprecht.
Vernadsky, Vladimir I. ([1938] 1997). *Scientific Thought as a Planetary Phenomenon*. Translated by B. A. Starostin. Moscow: Nongovernmental Ecological V.I. Vernadsky Foundation.
Vickers, Brian (1992). "Francis Bacon and the Progress of Knowledge." *Journal of the History of Ideas* 53 (3): 495–518.
Vierck, Henning (2001). "Der Comenius-Garten in Berlin als philosophische Praxis." *Zeitschrift für Didaktik der Philosophie und Ethik* 23 (2): 160–164.
Vilsmaier, Ulli, and Daniel Lang (2014). "Transdisziplinäre Forschung." In *Nachhaltigkeitswissenschaften*, ed. H. Heinrichs and G. Michelsen, 87–113. Berlin: Springer.
Vleuten, Erik van der, and Arne Kaijser (2005). "Networking Europe." *History and Technology* 21 (1): 21–48.
Vogel, Ezra F. (1991). *The Four Little Dragons: The Spread of Industrialization in East Asia*. Cambridge, MA: Harvard University Press.
Vogel, Jakob (2004). "Von der Wissenschafts-zur Wissensgeschichte: Für eine Historisierung der 'Wissensgesellschaft.' " *Geschichte und Gesellschaft* 30 (4): 639–660.
Vogel, Klaus Anselm (1995). "Sphaera terrae: Das mittelalterliche Bild der Erde und die kosmographische Revolution." Ph.D. diss., Fachbereich Historisch-Philologische Wissenschaften, Georg-August-Universität zu Göttingen. https://ediss.uni-goettingen.de/bitstream/handle/11858/00-1735-0000-0022-5D5F-5/vogel_re.pdf.
Voosen, Paul (2016). "Anthropocene Pinned to Postwar Period." *Science* 353 (6302): 852–853.
Vygotskij, Lev S. (1978). *Mind in Society: The Development of Higher Psychological Processes*. Cambridge, MA: Harvard University Press.
———(1987). *Problems of General Psychology*. Vol. 1 of *The Collected Works of L. S. Vygotsky*. Translated by Norris Minick. New York: Plenum Press.
———(1987–1999). *The Collected Works of L. S. Vygotsky*. 6 vols. Cognition and Language: A Series in Psycholinguistics. New York: Plenum Press.
Vygotskij, Lev S., and Aleksandr R. Lurija (1994). "Tool and Symbol in Child Development." 1930. In *The Vygotsky Reader*, ed. J. Valsiner and R. van der Veer, 99–174. Oxford: Blackwell Publishing.
Wackernagel, Mathis, and William Rees (1996). *Our Ecological Footprint: Reducing Human Impact on the Earth*. Gabriola Island, BC: New Society Press.
Wallerstein, Immanuel (2011). *The Modern World-System*. 4 vols. Berkeley: University of California Press.

Wallis, Faith (1999). *Bede: The Reckoning of Time*. Translated Texts for Historians 29. Liverpool: Liverpool University Press.

Walsby, Malcolm, and Natasha Constantinidou, eds. (2013). *Documenting the Early Modern Book World: Inventories and Catalogues in Manuscript and Print*. Leiden: Brill.

Want, Roy (2010). "An Introduction to Ubiquitous Computing." In *Ubiquitous Computing Fundamentals*, ed. J. Krumm, 1–35. Boca Raton, FL: Chapman & Hall.

Ward, Peter, and Joe Kirschvink (2015). *A New History of Life: The Radical New Discoveries about the Origins and Evolution of Life on Earth*. New York: Bloomsbury.

Warde, Paul, and Sverker Sörlin (2015). "Expertise for the Future: The Emergence of Environmental Prediction c. 1920–1970." In *The Struggle for the Long Term in Transnational Science and Politics: Forging the Future*, ed. J. Anderson and E. Rindzevičiūtė, 38–62. Abingdon: Routledge.

Wasserman, Stanley, and Katherine Faust (1997). *Social Network Analysis: Methods and Applications*. Structural Analysis in the Social Sciences 8. Reprint with corr., Cambridge: Cambridge University Press.

Waters, Colin N., Jan A. Zalasiewicz, Colin Summerhayes, Ian J. Fairchild, Neil L. Rose, Neil J. Loader, William Shotyk, Alejandro Cearreta, Martin J. Head, James P. M. Syvitski, Mark Williams, Michael Wagreich, Anthony D. Barnosky, An Zhisheng, Reinhold Leinfelder, Catherine Jeandel, Agnieszka Gałuszka, Juliana A. Ivar do Sul, Felix Gradstein, Will Steffen, John R. McNeill, Scott Wing, Clément Poirier, and Matt Edgeworth (2018). "Global Boundary Stratotype Section and Point (GSSP) for the Anthropocene Series: Where and How to Look for Potential Candidates." *Earth-Science Reviews* 178:379–429.

Waters, Colin N., Jan A. Zalasiewicz, Mark Williams, Michael A. Ellis, and Andrea Snelling (2014). "A Stratigraphical Basis for the Anthropocene?" In *A Stratigraphical Basis for the Anthropocene*, ed. C. N. Waters, J. A. Zalasiewicz, and M. Williams, 1–21. Special Publications 395. London: Geological Society.

Watkins, Trevor (2010). "New Light on Neolithic Revolution in South-West Asia." *Antiquity* 84 (325): 621–634.

———(2013). "Neolithisation Needs Evolution, as Evolution Needs Neolithisation." *Neo-Lithics* 2:5–10.

Watts, Duncan J. (2003). *Six Degrees: The Science of a Connected Age*. New York: W. W. Norton.

Watts, Duncan J., and Steven H. Strogatz (1998). "Collective Dynamics of 'Small-World' Networks." *Nature* 393 (6684): 440–442.

Weart, Spencer (2003). *The Discovery of Global Warming*. New Histories of Science, Technology, and Medicine. Cambridge, MA: Harvard University Press.

———(2004). "Reflections on the Scientific Process, as Seen in Climate Studies." AIP Publishing. Accessed April 6, 2018. https://history.aip.org/climate/pdf/Reflect.pdf.

Weber, Max ([1917/19] 2004). "Science as a Vocation." In *The Vocation Lectures*, ed. D. Owen and T. B. Strong, 1–31. Indianapolis, IN: Hackett.

Wegener, Alfred L. (1912). "Die Entstehung der Kontinente." *Geologische Rundschau* 3 (4): 276–292.

———(1915). *Die Entstehung der Kontinente und Ozeane*. Braunschweig: Friedrich Vieweg.

———(1966). *The Origin of Continents and Oceans: Translated from the Fourth Revised German Edition*. 1929. Translated by John Biram. New York: Dover.

Weiser, Mark (1991). "The Computer for the 21st Century." *Scientific American* 265 (3): 94–104.

Wendt, Helge (2016a). "Kohle in Arcadien: Transformationen von Energiesystemen und Kolonialregimen (ca. 1630–1730)." In *Francia: Forschungen zur Westeuropäischen Geschichte (Sonderdruck)*. Vol. 43, ed. Deutsches Historisches Institut Paris, 119–136. Ostfildern: Jan

Thorbecke Verlag.

———, ed. (2016b). *The Globalization of Knowledge in the Iberian Colonial World*. Proceedings 10. Berlin: Edition Open Access. http://edition-open-access.de/proceedings/10/index.html.

Wendt, Helge, and Jürgen Renn (2012). "Knowledge and Science in Current Discussions of Globalization." In *The Globalization of Knowledge in History*, ed. J. Renn, 45–72. Studies 1. Berlin: Edition Open Access. http://edition-open-access.de/studies/1/6/index.html.

Werner, Michael, and Benedicte Zimmermann (2006). "Beyond Comparison: Histoire Croisee and the Challenge of Reflexivity." *History and Theory* 45 (1): 30–50.

Wertheimer, Max ([1912] 2012). "Experimental Studies on Seeing Motion." In *On Perceived Motion and Figural Organization*, ed. L. Spillmann, 1–9. Cambridge, MA: MIT Press.

———([1959] 1978). *Productive Thinking*. Enlarged ed. Westport, CT: Greenwood Press.

Wesolowski, Amy, Taimur Qureshi, Maciej F. Boni, Pål Roe Sundsøy, Michael A. Johansson, Syed Basit Rasheed, Kenth Engø-Monsen, and Caroline O. Buckee (2015). "Impact of Human Mobility on the Emergence of Dengue Epidemics in Pakistan." *Proceedings of the National Academy of Sciences of the United States of America* 112 (38): 11887–92.

West, Candace, and Don H. Zimmerman (1987). "Doing Gender." *Gender & Society* 1 (2): 125–151.

Westenholz, Aage (1999). "The Old Akkadian Period: History and Culture." In *Mesopotamien: Akkade-Zeit und Ur-III Zeit*, ed. P. Attinger and M. Wäfler, 17–117. Annäherungen 3. Orbis Biblicus et Orientalis 160. Göttingen: Vandenhoeck & Ruprecht.

Weyer, Johannes, ed. (2012). *Soziale Netzwerke: Konzepte und Methoden der sozialwissenschaftlichen Netzwerkforschung*. 2nd ed. Munich: Oldenbourg Verlag.

Whitmee, Sarah, Andy Haines, Chris Beyrer, Frederick Boltz, Anthony G. Capon, Braulio Ferreira de Souza Dias, Alex Ezeh, Howard Frumkin, Peng Gong, Peter Head, Richard Horton, Georgina M. Mace, Robert Marten, Samuel S. Myers, Sania Nishtar, Steven A. Osofsky, Subhrendu K. Pattanayak, Montira J. Pongsiri, Cristina Romanelli, Agnes Soucat, Jeanette Vega, and Derek Yach, (2015). "Safeguarding Human Health in the Anthropocene Epoch: Report of the Rockefeller Foundation–Lancet Commission on Planetary Health." *Lancet* 386 (10007): 1973–2028. Accessed July 28, 2019. https://www.thelancet.com/commissions/planetary-health.

Wien, Wilhelm (1894). "Temperatur und Entropie der Strahlung." *Annalen der Physik* 288 (5): 132–165.

Will, Clifford M. (1986). *Was Einstein Right? Putting General Relativity to the Test*. New York: Basic Books.

———(1989). "The Renaissance of General Relativity." In *The New Physics*, ed. P. Davies, 7–33. Cambridge: Cambridge University Press.

Willcox, George, Sandra Fornite, and Linda Herveux (2008). "Early Holocene Cultivation before Domestication in Northern Syria." *Vegetation History and Archaeobotany* 17 (3): 313–325.

Winchell, Frank, Chris J. Stevens, Charlene Murphy, Louis Champion, and Dorian Q. Fuller (2017). "Evidence for Sorghum Domestication in Fourth Millennium BC Eastern Sudan Spikelet Morphology from Ceramic Impressions of the Butana Group." *Current Anthropology* 58 (5): 673–683.

Wintergrün, Dirk (2019). "Netzwerkanalysen und semantische Datenmodellierung als heuristische Instrumente für die historische Forschung." Ph.D. diss., Technischen Fakultät der Friedrich-Alexander-Universität Erlangen-Nürnberg (FAU): https://opus4.kobv.de/opus4-fau/frontdoor/index/index/docId/11189.

Wissemeier, Alexander H. (2015). "Können neue, innovative Düngemitteltypen das moderne Stickstoffproblem lösen?" In *N: Stickstoff—Ein Element schreibt Weltgeschichte*, ed. G. Ertl

and J. Soentgen, 205–216. Munich: Oekom Verlag.
Wittfogel, Karl August (1957). *Oriental Despotism: A Comparative Study of Total Power*. New York: Random House.
Wöhrle, Georg, ed. (2014). *The Milesians*. Vol. 1: *Thales*. Traditio Praesocratica 1. Berlin: De Gruyter.
Wolff, Michael (1978). *Geschichte der Impetustheorie: Untersuchungen zum Ursprung der klassischen Mechanik*. Frankfurt am Main: Suhrkamp.
Woodard, Roger D. (1997). *Greek Writing from Knossos to Homer: A Linguistic Interpretation of the Origin of the Greek Alphabet and the Continuity of Ancient Greek Literacy*. Oxford: Oxford University Press.
Woods, Christopher, ed. (2015). *Visible Language: Inventions of Writing in the Ancient Middle East and Beyond*. 2nd ed. Oriental Institute Museum Publications 32. Chicago: Oriental Institute of the University of Chicago.
——— (2017). "The Abacus in Mesopotamia: Considerations from a Comparative Perspective." In *The First Ninety Years: A Sumerian Celebration in Honor of Miguel Civil*, ed. L. Feliu, F. Karahashi, and G. Rubio, 416–478. Studies in Ancient Near Eastern Records 12. Berlin: De Gruyter.
World Health Organization (2014). "Media Centre: WHO's First Global Report on Antibiotic Resistance Reveals Serious, Worldwide Threat to Public Health." Accessed April 6, 2018. https://www.who.int/mediacentre/news/releases/2014/amr-report/en.
Wright, David K. (2017). "Humans as Agents in the Termination of the African Humid Period." *Frontiers in Earth Science* 5 (4): 1–14.
Wrigley, Edward A. (2010). *Energy and the English Industrial Revolution*. Cambridge: Cambridge University Press.
Xenophanes (2016). "Testimonia, Part 2: Doctrine (D)." In *Early Greek Philosophy*. Vol. 3: *Early Ionian Thinkers*, pt. 2, ed. A. Laks and G. W. Most, 23–73. Loeb Classical Library 526. Cambridge, MA: Harvard University Press.
Yasnitsky, Anton (2011). "Vygotsky Circle as a Personal Network of Scholars: Restoring Connections between People and Ideas." *Integrative Psychological and Behavioral Science* 45:422–457.
———, ed. (2018a). *Questioning Vygotsky's Legacy: Scientific Psychology or Heroic Cult*. Oxford: Routledge.
——— (2018b). *Vygotsky: An Intellectual Biography*. Oxford: Routledge.
Yule, Henry (1903). *The Book of Ser Marco Polo, the Venetian, concerning the Kingdoms and Marvels of the East*. Translated by Henry Yule. 2 vols. Rev. 3rd ed. London: John Murray. https://archive.org/details/bookofsermarcopo001polo/page/n7; https://archive.org/details/bookofsermarcopo002polo/page/n9.
Yusoff, Kathryn (2016). "Anthropogenesis: Origins and Endings in the Anthropocene." *Theory, Culture & Society* 33 (2): 3–28.
Zabaglia, Niccola, and Domenico Fontana (1743). *Castelli, e ponti: Con alcune ingegnose pratiche e con la descrizione del trasporto dell'obelisco vaticano e di altri del cavaliere Domenico Fontana*. Rome: Niccolò e Marco Pagliarini.
Zalasiewicz, Jan. (2008). *The Earth After Us: What Legacy Will Humans Leave In the Rocks?* New York: Oxford University Press.
Zalasiewicz, Jan, Colin N. Waters, Colin Summerhayes, Alexander P. Wolfe, Anthony D. Barnosky, Alejandro Cearreta, Paul Crutzen, Erle C. Ellis, Ian J. Fairchild, Agnieszka Galuszka, Peter Haff, Irka Hajdas, Martin J. Head, Juliana Ivardo Sul, Catherine Jeandel, Reinhold Leinfelder, John R. McNeill, Cath Neal, Eric Odada, Naomi Oreskes, Will Steffen, James Syvitski, Davor Vidas, Michael Wagreich, and Mark Williams (2017). "The Working Group

on the Anthropocene: Summary of Evidence and Interim Recommendations." *Anthropocene* 19:55–60.

Zalasiewicz, Jan, Colin N. Waters, Mark Williams, Anthony D. Barnosky, Alejandro Cearreta, Paul Crutzen, Erle C. Ellis, Michael A. Ellis, Ian J. Fairchild, Jacques Grinevald, Peter K. Haff, Irka Hajdas, Reinhold Leinfelder, John McNeill, Eric O. Odada, Clément Poirier, Daniel Richter, Will Steffen, Colin Summerhayes, James P. M. Syvitski, Davor Vidas, Michael Wagreich, Scott L. Wing, Alexander P. Wolfe, An Zhisheng, and Naomi Oreskes (2015). "When Did the Anthropocene Begin? A Mid-twentieth Century Boundary Level Is Stratigraphically Optimal." *Quaternary International* 383:196–203.

Zalasiewicz, Jan, Colin N. Waters, Mark Williams, and Colin Summerhayes, eds. (2018). *The Anthropocene as a Geological Time Unit: A Guide to the Scientific Evidence and Current Debate*. Cambridge: Cambridge University Press.

Zalasiewicz, Jan, and Mark Williams (2009). "A Geological History of Climate Change." In *Climate Change: Observed Impacts on Planet Earth*, ed. T. M. Letcher, 127–142. Amsterdam: Elsevier.

———(2012). *The Goldilocks Planet: The 4 Billion Year Story of Earth's Climate*. New York: Oxford University Press.

Zalasiewicz, Jan, Mark Williams, Will Steffen, and Paul Crutzen (2010). "The New World of the Anthropocene." *Environmental Science & Technology* 44 (7): 2228–2231.

Zalasiewicz, Jan A., Mark Williams, Colin N. Waters, Anthony D. Barnosky, and Peter Haff (2014). "The Technofossil Record of Humans." *Anthropocene Review* 1 (1): 34–43.

Zeder, Melinda A. (2009). "The Neolithic Macro-(R)evolution: Macroevolutionary Theory and the Study of Culture Change." *Journal of Archaeological Research* 17 (1): 1–63.

———(2011). "The Origins of Agriculture in the Near East." *Current Anthropology* 52 (S4): 221–235.

Zeder, Melinda A., Daniel Bradley, Eve Emshwiller, and Bruce D. Smith, eds. (2006). *Documenting Domestication: New Genetic and Archaeological Paradigms*. Berkeley: University of California Press.

Zeder, Melinda A., and Bruce D. Smith (2009). "A Conversation on Agricultural Origins: Talking Past Each Other in a Crowded Room." *Current Anthropology* 50 (5): 681–690.

Zeller, Kirsten (2016). "The Privatisation of Seeds." Reset: Digital for Good. Accessed March 20, 2018. https://en.reset.org/knowledge/privatisation-seeds.

Zemon Davis, Natalie (2011). "Decentering History: Local Stories and Cultural Crossings in a Global World." *History and Theory* 50 (2): 188–202.

Zhang, Baichun, and Jürgen Renn (2006). *Transformation and Transmission: Chinese Mechanical Knowledge and the Jesuit Intervention*. Preprint 313. Berlin: Max Planck Institute for the History of Science.

Zhang, Baichun, Miao Tian, Matthias Schemmel, Jürgen Renn, and Peter Damerow, eds. (2008). *Chuanbo yu huitong: Qiqi tushuo yanjiu yu jiaoyi* [Transmission and integration: "Qiqi tushuo"]. Nanjing: Jiangsu kexue jishu chubanshe.

Zhang, Baichun, Jiuchun Zhang, and Yao Fang. (2006). "Technology Transfer from the Soviet Union to the People's Republic of China 1949–1966." *Comparative Technology Transfer and Society* 4 (2): 105–167.

Zilsel, Edgar ([1976] 2000). *The Social Origins of Modern Science*. Boston Studies in the Philosophy and History of Science 200. Dordrecht: Kluwer Academic.

Ziman, John, ed. (2000). *Technological Innovation as an Evolutionary Process*. Cambridge: Cambridge University Press.

Zuboff, Shoshana (2019). *The Age of Surveillance Capitalism: The Fight for a Human Future at the New Frontier of Power*. New York: PublicAffairs.

出版后记

我国读者对于尔根·雷恩教授这位拥有数学物理学博士学位的科学史学家应该说并不陌生。他的正式职业生涯始于1986年开始担任爱因斯坦文集的共同编辑。在本书出版前，雷恩教授已有4部作品相继出了中文版（见"中文版序"的注释1）。

于尔根·雷恩教授是德国马普学会人文社会科学学部主任、马普科学史研究所所长（全所共有3位所长，分别管理第一、第二、第三研究室），并在2022年成为马普学会地球人类学研究所的创始所长。其多年来的学术积累和职业交往使他能够广泛接触到科学知识的多个方面。正如本书中展现的，他带给我们的是一个宏大的科学发展框架和图景，但这也为作品的准确译介带来了一些难度。

人类知识的现状已经极大地丰富和分散，学科领域划分得也越来越细，在这样的背景下描述一个跨多领域的宏大框架，一定会是多方融合和折中的结果，包括对一些习用词汇的含义拓展。本书的理论框架发端于人类认知与生物进化的类比，evolution概念作为历史性论述的线索贯穿始终。但考虑到中文语境的习惯，我们在除生物进化外的其他语境中都译为了"演化"（"文化演化""认知演化"等）。又如，representation在哲学和心理学领域一般译为"表象"或"表征"，在政治领域有时又译为"代表"，在其他语境中还有"表现""再现"等不同的概念侧重。我们的译文进行的初步处理只能是一种权宜。再如"（知识）经济""基础设施"等术语：本书中的"经济"，是在资源调配、各个因素相互作用的意义上使用的；"基础设施"不光指物质性的，也指无形的制度性内容。这些较日常用法更广泛的含义还需要结合语境，才能更好地理解。

全球气候变化日益明显，极端天气频发。近两年来，不仅夏季高温一再创下新高，还越来越频繁地发生干旱、洪水、地震、流行病，我们与自然的关系越来越受到关注。这不再是我们人类发展的附带情况,多多少少能被忽略;而是日益重要,甚至可能会在可预见的将来威胁到人类生存的问题。本书在"人类世"这一地质时间背景下,以人类知识的发展作为切入点,全面又深入地梳理了知识史背景下的人类历史,理论论点均有论据。尤其还在历史性梳理的基础上给出了作者自己的建议,殊可参考。

作者在文章叙述和论证过程中综合运用了各个知识领域的专业知识,涉及的面非常广,并且在很多学科的论述中都用到了前沿领域专业且新颖的名词。在图书出版与编校过程中,尽管我们已经尽最大的努力希望做到仔细和准确,但一定难免疏漏,敬请广大读者批评指正。

图书在版编目（CIP）数据

人类知识演化史 /（德）于尔根·雷恩著；朱丹琼译. -- 北京：九州出版社，2023.10（2024.7重印）

ISBN 978-7-5225-2501-3

Ⅰ.①人… Ⅱ.①于… ②朱… Ⅲ.①知识论—研究 Ⅳ.①G302

中国国家版本馆CIP数据核字(2023)第211144号

The Evolution of Knowledge: Rethinking Science for the Anthropocene by Jürgen Renn
Copyright © 2020 by Princeton University Press
All rights reserved. No part of this book may be reproduced or transmitted in any form or by any means, electronic or mechanical, including photocopying, recording or by any information storage and retrieval system, without permission in writing from the Publisher.

著作权合同登记号：01-2023-4674
审图号：GS京（2023）0456号

人类知识演化史

作　　者	［德］于尔根·雷恩 著　朱丹琼 译
责任编辑	王　佶
出版发行	九州出版社
地　　址	北京市西城区阜外大街甲35号（100037）
发行电话	（010）68992190/3/5/6
网　　址	www.jiuzhoupress.com
印　　刷	河北中科印刷科技发展有限公司
开　　本	655毫米×1000毫米　16开
印　　张	40.5
字　　数	611千字
版　　次	2023年10月第1版
印　　次	2024年7月第2次印刷
书　　号	ISBN 978-7-5225-2501-3
定　　价	142.00元

★ 版权所有　侵权必究 ★